中 国 国 家 标 准 汇 编

2009 年修订-10

中国标准出版社　编

中 国 标 准 出 版 社

北　京

图书在版编目（CIP）数据

中国国家标准汇编：2009年修订.10/中国标准出版社编.—北京：中国标准出版社，2010

ISBN 978-7-5066-6041-9

Ⅰ.①中… Ⅱ.①中… Ⅲ.①国家标准-汇编-中国-2009 Ⅳ.①T-652.1

中国版本图书馆CIP数据核字（2010）第170318号

中国标准出版社出版发行
北京复兴门外三里河北街16号
邮政编码:100045

网址 www.spc.net.cn
电话:68523946 68517548
中国标准出版社秦皇岛印刷厂印刷
各地新华书店经销

*

开本 880×1230 1/16 印张 41.25 字数 1 202 千字
2010年9月第一版 2010年9月第一次印刷

*

定价 220.00 元

出 版 说 明

1.《中国国家标准汇编》是一部大型综合性国家标准全集。自 1983 年起，按国家标准顺序号以精装本、平装本两种装帧形式陆续分册汇编出版。它在一定程度上反映了我国建国以来标准化事业发展的基本情况和主要成就，是各级标准化管理机构，工矿企事业单位，农林牧副渔系统，科研、设计、教学等部门必不可少的工具书。

2.《中国国家标准汇编》收入我国每年正式发布的全部国家标准，分为"制定"卷和"修订"卷两种编辑版本。

"制定"卷收入上一年度我国发布的、新制定的国家标准，顺延前年度标准编号分成若干分册，封面和书脊上注明"20××年制定"字样及分册号，分册号一直连续。各分册中的标准是按照标准编号顺序连续排列的，如有标准顺序号缺号的，除特殊情况注明外，暂为空号。

"修订"卷收入上一年度我国发布的、修订的国家标准，视篇幅分设若干分册，但与"制定"卷分册号无关联，仅在封面和书脊上注明"20××年修订-1，-2，-3，……"字样。"修订"卷各分册中的标准，仍按标准编号顺序排列(但不连续)；如有遗漏的，均在当年最后一分册中补齐。需提请读者注意的是，个别非顺延前年度标准编号的新制定的国家标准没有收入在"制定"卷中，而是收入在"修订"卷中。

读者配套购买《中国国家标准汇编》"制定"卷和"修订"卷则可收齐上一年度我国制定和修订的全部国家标准。

3. 由于读者需求的变化，自 1996 年起，《中国国家标准汇编》仅出版精装本。

4. 2009 年我国制修订国家标准共 3158 项。本分册为"2009 年修订-10"，收入新制修订的国家标准 52 项。

中国标准出版社

2010 年 8 月

目　　录

ICS 17.140.20;47.020
Z 67

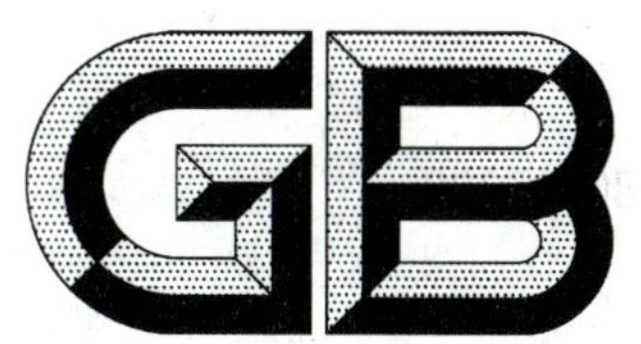

中华人民共和国国家标准

GB 5980—2009
代替 GB 5980—2000

内河船舶噪声级规定

Regulation on noise levels on board inland ships

2009-03-09 发布　　2009-11-01 实施

中华人民共和国国家质量监督检验检疫总局
中国国家标准化管理委员会　发布

前　言

本标准的全部技术内容为强制性。

本标准代替 GB 5980—2000《内河船舶噪声级规定》。

本标准与 GB 5980—2000 相比主要变化如下：

——将“船舶分类和噪声级限制值”调整为“船舶分类和噪声级最大限制值”(见第 3 章)。

——“航行时间，h”调整为“连续航行时间 T/h”(见表 1)。

——船长 75 m，调整为 70 m(见表 1)。

——Ⅰ类船机舱控制室由 74 dB(A)调整为 75 dB(A)；Ⅱ类船机舱控制室由 76 dB(A)调整为 75 dB(A)；工作间由 86 dB(A)调整为 85 dB(A)；Ⅰ类船驾驶室由 60 dB(A)调整为 65 dB(A)；Ⅱ类船驾驶室由 64 dB(A)调整为 65 dB(A)；Ⅰ类船报务室由 60 dB(A)调整为 65 dB(A)；Ⅱ类船厨房由85 dB(A)调整为 80 dB(A)(见表 2)。

——增加了“船长小于 25 m 的高速船可参照执行。”(见表 2)。

本标准由中华人民共和国交通运输部提出。

本标准由全国内河船标准化技术委员会(SAC/TC 130)归口。

本标准起草单位：长江船舶设计院。

本标准主要起草人：王前进。

本标准所代替标准的历次版本发布情况为：

——GB 5980—1986、GB 5980—2000。

内河船舶噪声级规定

1 范围

本标准规定了内河船舶舱室噪声级的最大限制值。

本标准适用于干货船、液货船、集装箱船、客船、推(拖)船、滚装船、高速船、耙吸式和绞吸式挖泥船，其他船舶参照执行。

2 规范性引用文件

下列文件中的条款通过本标准的引用而成为本标准的条款，凡是注日期的引用文件，其随后所有的修改单(不包括勘误的内容)或修订版均不适用于本标准，然而，鼓励根据本标准达成协议的各方研究是否可使用这些文件的最新版本，凡是不注日期的引用文件，其最新版本适用于本标准。

GB/T 4595　船上噪声测量(GB/T 4595—2000，idt ISO 2923:1996)

3 船舶分类和噪声级最大限制值

3.1　按船长和连续航行时间，内河船舶划分为三类，见表1。

表1　内河船舶分类

类别	船长(两柱间长)L/m	连续航行时间 T/h
Ⅰ	$L \geqslant 70$	$T \geqslant 24$
Ⅱ	$L \geqslant 70$	$12 \leqslant T < 24$
	$30 \leqslant L < 70$	$T \geqslant 12$
Ⅲ	$L < 30$	—
	—	$2 \leqslant T < 12$
注1：表中不包括内河高速船。 注2：连续航行小于2 h的船舶，参照第Ⅲ类船舶执行。		

3.2　内河船舶噪声以A声级为评价依据。各类船舶不同舱室噪声级的最大限制值见表2。

表2　内河船舶噪声级的最大限制值　　单位为分贝

<table>
<tr><th colspan="2" rowspan="2">部　位</th><th colspan="4">噪声最大限制值</th></tr>
<tr><th>Ⅰ</th><th>Ⅱ</th><th>Ⅲ</th><th>内河高速船</th></tr>
<tr><td rowspan="4">机舱区</td><td>有人值班机舱主机操纵处</td><td colspan="3">90</td><td>—</td></tr>
<tr><td>有控制室的或无人的机舱</td><td colspan="3">110</td><td>—</td></tr>
<tr><td>机舱控制室</td><td colspan="2">75</td><td>—</td><td>—</td></tr>
<tr><td>工作间</td><td colspan="3">85</td><td>—</td></tr>
<tr><td rowspan="2">驾驶区</td><td>驾驶室</td><td colspan="2">65</td><td>69</td><td>70</td></tr>
<tr><td>报务室</td><td colspan="2">65</td><td>—</td><td>—</td></tr>
</table>

表 2（续）　　单位为分贝

部位		噪声最大限制值			
		Ⅰ	Ⅱ	Ⅲ	内河高速船
起居区	卧　室	60	65	70	—
	医务室	60	65	—	—
	办公室、休息室、座席客舱	65	70	75	78/75[a]
	厨房	80		85	—

[a] 内河船长大于等于 25 m 的高速船客舱：连续航行时间不超过 4 h 噪声限制值为 78 dB(A)；连续航行时间超过 4 h 时，噪声限制值为 75 dB(A)。船长小于 25 m 的高速船可参照执行。

4　测量方法

船上噪声测量应符合 GB/T 4595 的规定。

5　防护措施

船员进入噪声级大于 90 dB(A)的场所时，应采取耳保护措施。凡噪声级大于 90 dB(A)的舱室，应在入口处设置明显告示牌**“进入高噪声区，必须戴耳保护器”**。

ICS 79.020
B 60

中华人民共和国国家标准

GB/T 6043—2009
代替 GB/T 6043—1999

木材 pH 值测定方法

Method for determination of pH value of wood

2009-02-23 发布 2009-08-01 实施

中华人民共和国国家质量监督检验检疫总局
中国国家标准化管理委员会 发布

前　言

本标准代替 GB/T 6043—1999《木材 pH 值测定方法》。

本标准与 GB/T 6043—1999 相比，主要变化如下：

——增补了对 pH 计的参比电极和玻璃电极的要求；

——增补了对校正 pH 计用缓冲溶液的要求；

——增补了对去除二氧化碳蒸馏水煮沸时间的要求；

——增补了对间伐材和小径材的 pH 值测定的取样方法。

本标准的附录 A 为规范性附录。

本标准由国家林业局提出。

本标准由全国木材标准化技术委员会归口。

本标准由东北林业大学负责起草。

本标准主要起草人：方桂珍、任世学、刘一星。

本标准所代替标准的历次版本发布情况为：

——GB/T 6043—1985、GB/T 6043—1999。

木材 pH 值测定方法

1 范围

本标准规定了测定木材 pH 值的仪器和试剂、试材取样及试样制备、测定方法以及精密度与偏差。

本标准适用于木材 pH 值的测定。

2 术语和定义

下列术语和定义适用于本标准。

2.1

木材 pH 值 pH value of wood

木粉在室温条件下其蒸馏水浸提液的 pH 值。

3 仪器和试剂

3.1 仪器

3.1.1 pH 计:精确度 0.01,仪器应有温度补偿系统并能防止外界感应电流的影响。

3.1.1.1 复合电极:一般将其浸入蒸馏水中保存。

3.1.1.2 采用参比电极和玻璃电极组装成的复合电极时,玻璃电极的膜应浸在蒸馏水中保存,参比电极应使用含有饱和氯化钾溶液的甘汞电极或氯化银电极,并将参比电极浸入饱和氯化钾溶液中保存。

3.1.2 天平:精确度 0.001 g。

3.1.3 50 mL 烧杯。

3.1.4 500 mL 磨口广口瓶。

3.1.5 1 000 mL 容量瓶。

3.1.6 30 mL 移液管。

3.1.7 磁力搅拌器或玻璃棒。

3.1.8 植物原料粉碎机。

3.1.9 40 目～60 目标准筛。

3.2 药品和试剂

3.2.1 pH 值标准物质

3.2.1.1 分析纯邻苯二甲酸氢钾[$KHC_6H_4(COO)_2$]。

3.2.1.2 分析纯磷酸二氢钾(KH_2PO_4)。

3.2.1.3 分析纯磷酸氢二钠(Na_2HPO_4)。

3.2.1.4 分析纯硼砂($Na_2B_4O_7 \cdot 10H_2O$)。

3.2.1.5 分析纯硼酸(H_2BO_3)。

3.2.1.6 分析纯柠檬酸($C_4H_2O_7 \cdot H_2O$)。

3.2.2 不含二氧化碳的蒸馏水

将蒸馏水煮沸 5 min～10 min,并冷却至室温。

4 试材取样及试样制备

4.1 试材要求

4.1.1 木材。

4.1.2 对间伐材和小径材。

4.1.3 锯材、单板、木屑、枝桠、木片等其他木质原料。

4.2 试材取样方法

4.2.1 对不同树种木材的 pH 值测定，样木要选择代表该地区该树种一般生长特性的中壮龄健康树木。

样木每个树种不得少于 3 株，每株在树干下部(树高 1/5 处)、中部(全长 1/3 处)、梢部(直径大于 10 cm)分别均匀截取 3 cm～5 cm 厚圆盘各一个。将圆盘去皮后通过髓心对剖成四等份，取两对相对等份，一对作为试材，另一对留存以备用。

试材在运输和存放中要避免雨淋、水浸、霉变、腐朽和接触化学药品等。

每株应有 3 份蜡叶标本，供鉴定树种之用。

4.2.2 对间伐材和小径材的 pH 值测定，样木每个树种不得少于 3 株，每株在树干上、中、下三部分分别均匀截取 3 cm～5 cm 厚圆盘各一个，取样总量不少于 1 kg。其他参见 4.2.1 的规定。

4.2.3 对锯材、单板、木片、木屑、枝桠等其他木质原料的 pH 值测定，在三个不同位置各取样 1 kg～2 kg，取样的位置应具有代表性。

4.3 试样制备

将试材破碎后置于通风良好，无酸、碱性气体的室内气干，均匀混合后取约 200 g，用植物原料粉碎机粉碎后取粒径为 40 目～60 目的木粉，置于具有磨口玻塞的广口瓶中备用。

5 测定方法

5.1 酸度计在使用前应按其使用说明书校正，其中 pH 值校正可以使用市售 pH 缓冲剂：邻苯二甲酸氢钾、混合磷酸盐和四硼酸钠，如没有市售 pH 缓冲剂可以使用附录 A 的方法校正。

5.2 称取木粉 3 g(以绝干计，精确至 0.001 g)，置于 50 mL 烧杯内，准确加入去除二氧化碳的蒸馏水 30.0 mL 搅拌 5 min，放置 15 min 后再搅拌 5 min，静置 20 min，测定 pH 值。

6 精密度与偏差

每一种木粉平行测定两次，两次测定结果差值不得大于 0.04，取其算术平均值为测定结果，小数点后保留两位有效数字。

附　录　A
（规范性附录）
标准缓冲溶液的配制

用下列标准缓冲溶液校正酸度计。

a） 20 ℃时 pH＝4.00 的缓冲溶液制备如下：称取预先在 125 ℃烘干至恒重的分析纯邻苯二甲酸氢钾[$KHC_6H_4(COO)_2$]10.211 g 溶于无二氧化碳（CO_2）蒸馏水中，稀释至 1 000 mL 容量瓶中定容，该溶液的 pH 值在 10 ℃时为 4.00，在 30 ℃时为 4.01。存放时要防止空气中的二氧化碳的进入。

b） 20 ℃时 pH＝5.40 的缓冲溶液制备如下：称取预先在 115 ℃烘干至恒重的分析纯磷酸氢二钠（Na_2HPO_4）15.835 g 和分析纯柠檬酸（$C_6H_8O_7 \cdot H_2O$）9.297 g 溶于无二氧化碳蒸馏水中，稀释至 1 000 mL 容量瓶中定容。存放时要防止空气中的二氧化碳的进入。

c） 20℃时 pH＝6.88 的缓冲溶液制备如下：称取预先在 115 ℃烘干至恒重的分析纯磷酸二氢钾（KH_2PO_4）3.402 g 和磷酸氢二钠（Na_2HPO_4）3.549 g 溶解于无二氧化碳蒸馏水中，稀释至 1 000 mL 容量瓶中定容，该溶液的 pH 值在 10 ℃时为 6.92，在 30 ℃时为 6.85。存放时要防止空气中的二氧化碳的进入。

d） 20 ℃时 pH＝8.00 的缓冲溶液制备如下：称取分析纯硼砂（$Na_2B_4O_7 \cdot 10H_2O$）（预先在盛有蔗糖饱和溶液干燥器中平衡两昼夜）5.721 g 和分析纯硼酸（H_2BO_3）8.659 g 溶于无二氧化碳蒸馏水中，稀释至 1 000 mL 容量瓶中定容。存放时要防止空气中的二氧化碳的进入。

ICS 17.040.30
J 04

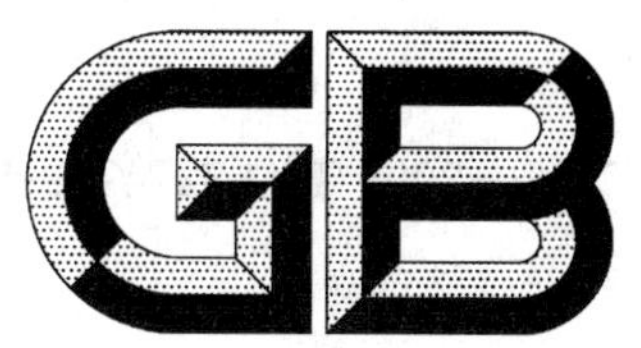

中华人民共和国国家标准

GB/T 6062—2009/ISO 3274:1996
代替 GB/T 6062—2002

产品几何技术规范(GPS) 表面结构 轮廓法 接触(触针)式仪器的标称特性

Geometrical Product Specifications (GPS)—Surface texture: Profile method—Nominal characteristic of contact (stylus) instruments

(ISO 3274:1996,IDT)

2009-03-16 发布　　2009-11-01 实施

中华人民共和国国家质量监督检验检疫总局
中国国家标准化管理委员会　发布

前　言

本标准等同采用国际标准 ISO 3274:1996《产品几何技术规范(GPS)　表面结构　轮廓法　接触(触针)式仪器的标称特性》(英文版)。本标准在技术内容上与 ISO 3274:1996 保持一致,仅根据 GB/T 1.1—2000 的规则,作了如下编辑性修改:

——删除了国际标准的引言;

——用标点符号“、”代替标点符号“,”。

本标准代替 GB/T 6062—2002《产品几何技术规范　表面结构　轮廓法接触(触针)式仪器的标称特性》。

本标准与 GB/T 6062—2002 相比主要变化如下:

——修改了原标准的封面和首页;

——增加了 6 项规范性引用文件;

——将“静测力的变化”改为“静态测力的变化”,“动态测量力”改为“动态测力”,“测头的测量范围”改为“测头测量范围”,“仪器的测量范围”改为“仪器测量范围”,“截止率”改为“截止波长比率”。

本标准的附录 A、附录 B、附录 C 为资料性附录。本标准在 GPS 体系中的位置在附录 C 中说明。

本标准由全国产品尺寸和几何技术规范标准化技术委员会(SAC/TC 240)提出并归口。

本标准起草单位:中机生产力促进中心、哈尔滨量具刃具集团有限责任公司、北京市计量检测科学研究院、中国计量科学研究院。

本标准主要起草人:王欣玲、郎岩梅、王忠滨、吴迅、高思田、陈景玉。

本标准所代替标准的历次版本发布情况为:

——GB/T 6062—1985、GB/T 6062—2002。

产品几何技术规范(GPS)
表面结构　轮廓法
接触(触针)式仪器的标称特性

1　范围

本标准规定了轮廓的定义及用于测量表面粗糙度及波纹度的接触(触针)式仪器的通用结构。

本标准还规定了影响轮廓评定的仪器特性,并提供了接触(触针)式仪器(轮廓计和轮廓记录仪)的基本技术规范。

本标准适用于对实际轮廓评定的触针仪器,使现行的国家标准能够用于实际轮廓的评定。

注1:由仪器制造商提供的关于接触(触针)式仪器特性的技术数据正在制定中,并将在今后的标定方法的标准中被引用。

注2:关于波纹度截止波长 λf 针尖半径和波纹度截止波长比率之间关系正在制定中,将作为一个修正加进本标准。

2　规范性引用文件

下列文件中的条款通过本标准的引用而成为本标准的条款。凡是注日期的引用文件,其随后所有的修改单(不包括勘误的内容)或修订版均不适用于本标准,然而,鼓励根据本标准达成协议的各方研究是否可使用这些文件的最新版本。凡是不注日期的引用文件,其最新版本适用于本标准。

GB/T 3505—2009　产品几何技术规范(GPS)　表面结构　轮廓法　术语、定义及表面结构参数(ISO 4287:1997,IDT)

GB/T 10610—2009　产品几何技术规范(GPS)　表面结构　轮廓法　评定表面结构的规则和方法 ISO 4288:1997,IDT)

GB/T 18618　产品几何量技术规范(GPS)　表面结构　轮廓法　图形参数(GB/T 18618—2002,eqv ISO 12085:1996)

GB/T 18777　产品几何量技术规范(GPS)　表面结构　轮廓法　相位修正滤波器的计量特性(GB/T 18777—2002,eqv ISO 11562:1996)

GB/T 18778.1—2002　产品几何量技术规范(GPS)　表面结构　轮廓法　具有复合加工特征的表面　第1部分:滤波和一般测量条件(eqv ISO 13565-1:1996)

GB/T 18778.2—2003　产品几何量技术规范(GPS)　表面结构　轮廓法　具有复合加工特征的表面　第2部分:用线性化的支承率曲线表征高度特性(ISO 13565-2:1996,IDT)

GB/T 18778.3—2006 产品几何技术规范(GPS)　表面结构　轮廓法　具有复合加工特征的表面　第3部分:用概率支承率曲线表征高度特性 (ISO 13565-3:1998,IDT)

GB/T 19067.1—2003　产品几何量技术规范(GPS)　表面结构　轮廓法　第1部分:实物测量标准 (ISO 5436-1:1996,IDT)

GB/Z 20308—2006　产品几何技术规范(GPS)　总体规划(ISO/TR 14638:1995,MOD)

3　术语和定义

下列术语和定义适用于本标准。

3.1 轮廓

3.1.1

轨迹轮廓 traced profile

测量表面时,触针在被测表面的横切面内针尖中心点的轨迹,这个触针具有理想的几何形状(带有球形尖端的圆锥体)、标称尺寸和标称测力。

注:本标准中所有其他轮廓都从该轮廓导出。

3.1.2

基准轮廓 reference profile

测头沿着导向基准在横切面内移动的轨迹。

注:基准轮廓的形状是一个理论准确轮廓的实际表现。它的标称偏差取决于导向基准的偏差以及外部和内部的干扰。

3.1.3

总轮廓 total profile

轨迹轮廓相对于基准轮廓的数字表示形式,它具有相互对应的垂直和水平坐标值。

注:总轮廓是由一一对应的垂直和水平数字坐标表示的。

3.1.4

原始轮廓 primary profile

通过 λs 轮廓滤波器后的总轮廓。

注1:原始轮廓是按照GB/T 3505进行轮廓滤波和参数计算的数字轮廓处理的基础。它是用一一对应的垂直和水平数字表示的,这些数据可以不同于总轮廓数据。

注2:技术文件标注的最小二乘拟合形状不是原始轮廓的一部分,应该在滤波器使用之前消除。对于一个圆,半径也应该包含在最小二乘优化中,不保持固定的标称值。

注3:应在得到原始轮廓之前去除标称形状。

3.1.5

残余轮廓 residual profile

通过测量一个理想的光滑平面(平晶)而获得的原始轮廓。

注:残余轮廓由导向基准的偏差、外部和内部的干扰及轮廓传输中的偏差组成。没有专用设备和适合的环境,一般不能确定这些偏差的原因。

3.2

触针式仪器 stylus instrument

用触针探测表面并获得表面轮廓、计算参数,还可以记录轮廓的测量仪器(见图1)。

注:图1所示框图仅表示在一个理论正确的测量系统中所需要的基本功能单元。各功能单元之间特有的内部关系可以通过设计考虑确定。因此,图1不是理论上正确配置的唯一形式。

3.2.1

位移敏感数字存储触针式仪器 displacement sensitive, digitally storing stylus instrument

轮廓中包含有长波成分和调整偏差的触针式仪器。

注:轮廓以数字形式存储。如果滤波,则为相位修正滤波。以数字形式计算参数,通过一个消除变形的图形系统来记录轮廓。

3.3 触针式仪器的部件

3.3.1

测量环 measurement loop

一个封闭链,包括连接被测工件和触针针尖的全部机械单元,例如:定位工具、紧固夹具、测量底座、驱动器、测头(传感器)(见图2)。

注:测量环会受到外部和内部的干扰,并将它们传递给基准轮廓。这些干扰的影响取决于每个单独的测量调整、测量环境和使用者的技能。干扰对残余轮廓值的影响很大。

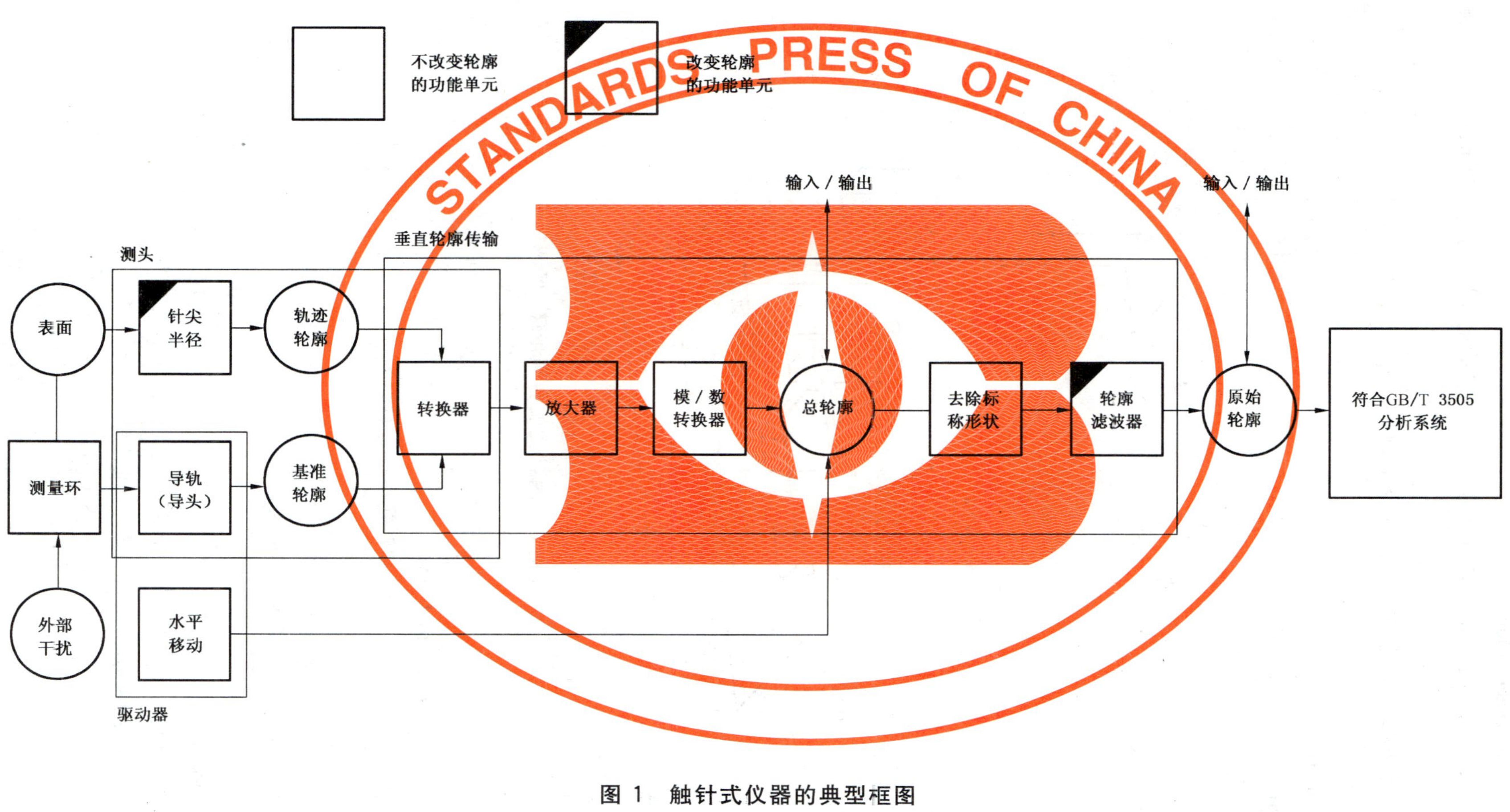

图 1 触针式仪器的典型框图

3.3.2

导向基准　reference guide

产生一个横切面,并在这个横切面内的一个理论正确的几何轨迹(基准轮廓)上引导测头的部件,这个轨迹通常是一条直线。

注:导向基准是驱动器的基本部件,有一部分可在测头中。导头的使用见附录A。

3.3.3

驱动器　drive unit

使测头沿着基准导轨移动,且以轮廓的水平坐标值传递触针针尖的水平位置的装置。

注:用可选择的最大行程长度表示驱动器特性。

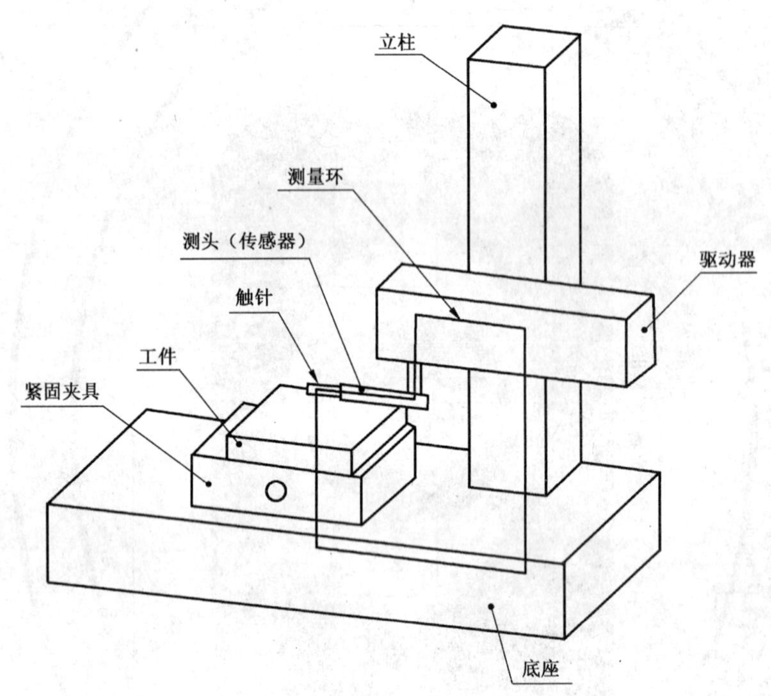

图2　触针式仪器测量环的示例

3.3.4

测头(传感器)　probe (pick-up)

包含带有触针针尖的拾取单元和转换器的部件。

3.3.5

拾取单元　tracing element

将触针针尖位移传递给转换器的机构。

3.3.6

针尖　stylus tip

具有确定圆锥角的标称正圆锥和确定半径的标称球形尖的零件。

注:使用触针式仪器采集轮廓时,它是个非常重要的元件。

3.3.7

转换器　transducer

将相对于基准轮廓的轨迹轮廓的垂直坐标转换成仪器所使用的信号形式的部件。

注:转换器不改变轮廓的形状。

3.3.8

放大器　amplifier

在仪器中影响信号转换，而不改变轮廓形状的单元。

3.3.9

模/数转换器(ADC)　analog-to-digital converter (ADC)

将仪器中模拟量转换为数字量的单元。

注：与水平坐标一一对应形成总轮廓。ADC不产生任何轮廓形状的改变。

3.3.10

数据输入　data input

仪器可以具有的允许一种或多种轮廓从外部计算机输入的数据接口。

3.3.11

数据输出　data output

仪器可以具有的允许一种或多种轮廓输出到外部计算机的数据接口。

3.3.12

轮廓滤波和评定　profile filtering and evaluation

根据GB/T 3505、GB/T 18777、GB/T 18618、GB/T 18778.1、GB/T 18778.2、GB/T 18778.3的参数和特性函数，对原始轮廓、粗糙度轮廓和波纹度轮廓执行的操作。

注：取样长度的标称值等于截止波长 λc。

3.3.13

轮廓记录器　profile recorder

仪器可以具有的允许一种或多种轮廓和参数值输出的记录器。

3.4　仪器的计量特性

3.4.1

静态测力　static measuring force

当针尖静止在表面上且处于量程的中间位置时，针尖施加在表面的力。

3.4.2

静态测力的变化　change of static measuring force

针尖上下垂直移动时，测力的变化。

注：通常这个变化与位移成比例。

3.4.3

动态测力　dynamic measuring force

连续测量表面时，由针尖加速度导致的力。

注：动态测量力叠加在静态测量力上。

3.4.4

滞后　hysteresis

针尖上下移动时，针尖指示位移与其实际位移之差。

3.4.5

正弦波传输特性　transmission function for sine waves

对应于一个给定的滑行速度，本特性取决于被测轮廓的波长和幅度。

注1：为了表示传输特性，对应于不同的滑行速度和一个给定的幅度，可以给出在规定容许误差极限内可以被传输的最小正弦波长(沟槽的间隔)。

注2：测头的传输特性取决于测头所采用的结构。对于给定的仪器，如果测头的结构发生变化，则测头的传输特性也将发生变化。

3.4.6

测头测量范围 measuring range of probe

触针针尖和转换器能拾取位移的垂直范围，该位移在确定的允许误差范围内，且能够转换为适合于数字化的信号。

3.4.7

仪器测量范围 measuring range of instrument

仪器能测得位移的垂直范围，该位移在确定的允许误差范围内，且能由仪器转换为适于数字化的信号，并将其数字化。

3.4.8

模/数转换器(ADC)量化步距 quantization step of the ADC

对应于模/数转换器(ADC)读数中最小有效变化的位移。

3.4.9

仪器分辨力 instrument resolution

仪器能够有效分辨在原始轮廓中相邻点坐标值能力的定量表示。

3.4.10

量程分辨力比 range-to-resolution ratio

仪器测量范围与仪器分辨力之比。

注：对于有几个测量范围的仪器，量程分辨力比是按每个单独的测量范围计算。因此，量程分辨力比不是最大测量范围与仪器最小测量范围的分辨力之比。

3.4.11

测头线性偏差 probe linearity deviation

在测量范围内，实际特性曲线相对于直线(标称特性曲线)的偏差。

3.4.12

短波传输界限 short-wave transmission limitation

由 λs 轮廓滤波器所确定的界限，它能分离出总轮廓中按定义不属于原始轮廓、粗糙度轮廓或波纹度轮廓的短波信号成分。

注：在 GB/T 3505 中已有定义。λs 轮廓滤波器可以设计成数字滤波器。

3.4.13

轮廓垂直成分传输 vertical profile component transmission

该传输特性表明在原始轮廓中正弦轮廓幅度作为波长的函数在转换器中所衰减的量。

注：波长传输特性具有符合 GB/T 18777 所规定的低通滤波器的标称形式。它通过转换器、放大器、带宽限制器和模/数转换器来实现。在波长的带通段，它们不改变轮廓。垂直轮廓的传输可以包含修正原始轮廓的其他成分，例如：调平修正、导向基准系统偏差修正、特性曲线的线性补偿等等。

3.4.14

轮廓水平位置传输 horizontal profile position transmission

总轮廓上任意位置的水平坐标之间的差值与其对应的针尖水平坐标之间的差值之比。

3.4.15

水平位置传输偏差 deviations of horizontal position transmission

实际轮廓水平位置传输与标称轮廓水平位置传输之差。

3.4.16

原始轮廓传输偏差 deviations of the profile transmission of the primary profile

仪器的实际轮廓传输特性与符合 GB/T 18777 规定的对短波带限制的理论传输特性之间的偏差。

注1：在带通段，轮廓传输等同于静态触针位移的传输。

注2:这个偏差包括仪器模拟部分的轮廓传输限制(通常包括仪器机械零件、放大器和模/数转换器的频响范围)。因为这些限制与频率相关,当仪器在不同的测量速度下测量时,它们将会不同,在高速测量时最敏感。

3.4.17

零点漂移　zero point drift

当环境温度恒定且触针位置不变时,仪器指示零点的变化。

注:零点漂移的缓慢不定向变化在轮廓获取时可忽略不计,它对滤波后的粗糙度轮廓完全没有影响。周期性漂移对于滤波后的粗糙度轮廓的评定可以接受,但是这个漂移可能影响原始轮廓和滤波后的波纹度轮廓。

3.4.18

垂直线性偏差　vertical linearity deviation

垂直方向的实际垂直传输特性曲线与线性回归直线的综合线性偏差(包括从触针到原始轮廓的各功能单元)。

3.4.19

轮廓滤波器偏差　profile filter deviation

所用滤波系统各波长的传输偏差。

3.4.20

轮廓评定偏差　profile evaluation deviation

使用实际算法获得的值与轮廓的真值之间的差。例如:仪器的测量值与一个已标定的如GB/T 19067.1—2003中的D型样板的真值之差。

注:参数的真值是使用这个参数的理想算法在同一个粗糙度标准轮廓上所获得的值。

3.4.21

触针式仪器的总偏差　total deviation of the stylus instrument

对于一个已定义的参数,用给定仪器评定一个表面所得出的值与真值之差。

注:这个真实值是用按照本标准定义的理想仪器所获得的值。

3.4.22

轮廓记录偏差　deviation of the profile recording

粗糙度或波纹度的数字原始轮廓与在图形打印机、绘图仪和显示器上的对应输出之间的偏差。

注:轮廓记录是将数字轮廓的水平和垂直坐标直接绘成对应于 Vv 和 Vh 的像素坐标。这两个坐标的偏差应该小于输出装置的像素间距。不应出现如线性度、滞后、幅度和相位误差或溢出等额外偏差。记录的传输偏差实际是指原始轮廓、粗糙度轮廓和波纹度轮廓的记录偏差。

4　仪器特性的标称值

4.1　触针几何结构

理想的触针形状是一个具有球形针尖的圆锥形。

标称尺寸如下:

——针尖半径:$r_{\text{tip}}=2\ \mu\text{m}$、$5\ \mu\text{m}$、$10\ \mu\text{m}$;

——圆锥角:60°、90°。

对于"理想"仪器,如果没有其他规定,圆锥角为60°。

4.2　静态测力

当触针在中间位置时,静态测力的标称值是0.000 75 N。

测力的标称变化率是0 N/m。

4.3　轮廓滤波器截止波长

滤波器特性的详细描述在GB/T 18777中给出。轮廓滤波器截止波长的标称值从下面系列值中获得:

… mm,0.08 mm,0.25 mm,0.8 mm,2.5 mm,8.0 mm,… mm

4.4 粗糙度截止波长 λc、针尖半径和粗糙度截止波长比率 $\lambda c/\lambda s$ 之间的关系

如果没有其他规定,针尖半径 r_{tip} 的标准值与对应于截止波长标准值的粗糙度截止波长比率之间的关系见表1。

表 1

λc/mm	λs/μm	$\lambda c/\lambda s$	针尖半径最大值 r_{tip} max/μm	最大采样长度间距/μm
0.08	2.5	30	2	0.5
0.25	2.5	100	2	0.5
0.8	2.5	300	2[a]	0.5
2.5	8	300	5[b]	1.5
8	25	300	10[b]	5

a 对于 Ra>0.5 μm 或 Rz>3 μm 的表面,通常可以使用 r_{tip}=5 μm 的测针,在测量结果中没有明显差别。

b 当截止波长 λs 为 8 μm 和 25 μm 时,几乎可以肯定,因具有推荐针尖半径的触针机械滤波所致的衰减特性将位于定义的传输带之外。既然如此,在触针半径或在形状上的微小变化对在测量轮廓上计算的参数值的影响将是可以忽略的。

如果认为其他截止波长比率是满足应用所必须的,则必须指定这个截止波长比率。

附　录　A
（资料性附录）
符合 GB/T 6062—2002 的仪器

A.1　前言

本标准相对于 GB/T 6062—2002 在以下两方面有重大变化。

——传输特性；

——导头的使用不再是本标准的一部分。

A.2　使用 2RC 滤波器的模拟仪器

当用 2RC 滤波器的仪器与在本标准正文中定义的理想仪器（理论准确），使用在 GB/T 10610 中指定的滤波器截止波长测量 Ra、Rz 等参数时，对应参数测得值之间的差别通常是可以忽略的。从工业生产加工中一次加工表面上测得的差值不大于表面上各测量值的自然分散性。

A.3　使用导头的仪器

使用导头的仪器只能用于测量粗糙度参数。

A.3.1　导头半径

如果使用导头，则它在测量方向上的半径应该不小于所用标称截止波长的 50 倍。如果使用两个同时工作的导头，它们的半径应该不小于标称截止波长的 8 倍。

A.3.2　导头压力

通过导头施加到被测表面上的力应该不大于 0.5 N。

附 录 B
（资料性附录）
本标准改进的背景

B.1 介绍

以前，人们知道仪器有一个意义明确的基于模拟 2RC 滤波器或具有相同特性数字处理的滤波特性。然而，通常人们并不理解所有仪器测量短波的能力都是有限的。这些限制源于以下部分或全部因素：

a) 针尖半径（例如：2 μm、5 μm 等）限制了针尖能进入谷底的程度，因此导致了一定程度的滤波；

b) 触针的形状（例如：四棱锥形、圆锥形、球形）明显降低了短波部分表面的还原度（例如：峰的变形）；

c) 采样间隔限制了表现表面上的微细结构的程度（例如：0.25 μm 、0.5 μm 等等）；

d) 采样方法（例如：按时间或水平位移、线性和非线性）可以影响传输特性。

这些因素可以使仪器在还原短波能力方面受到限制。这些限制很难确定，然而确实存在。

它们的影响在某些情况下可以确定（例如：采样间隔），而那些由触针引起的则不能确定（见图 B.1）。此外，这些因素中每个因素的影响对于不同的表面与/或滤波器截止波长可能是不同的。这意味着这些因素的综合影响是不确定的，因此产生一个不确定区域。

既然不能清楚地确定这些限制，本标准提供可确定的下限，或短波截止波长 λs 的一套方法，使得不确定区域在测量区域之外。

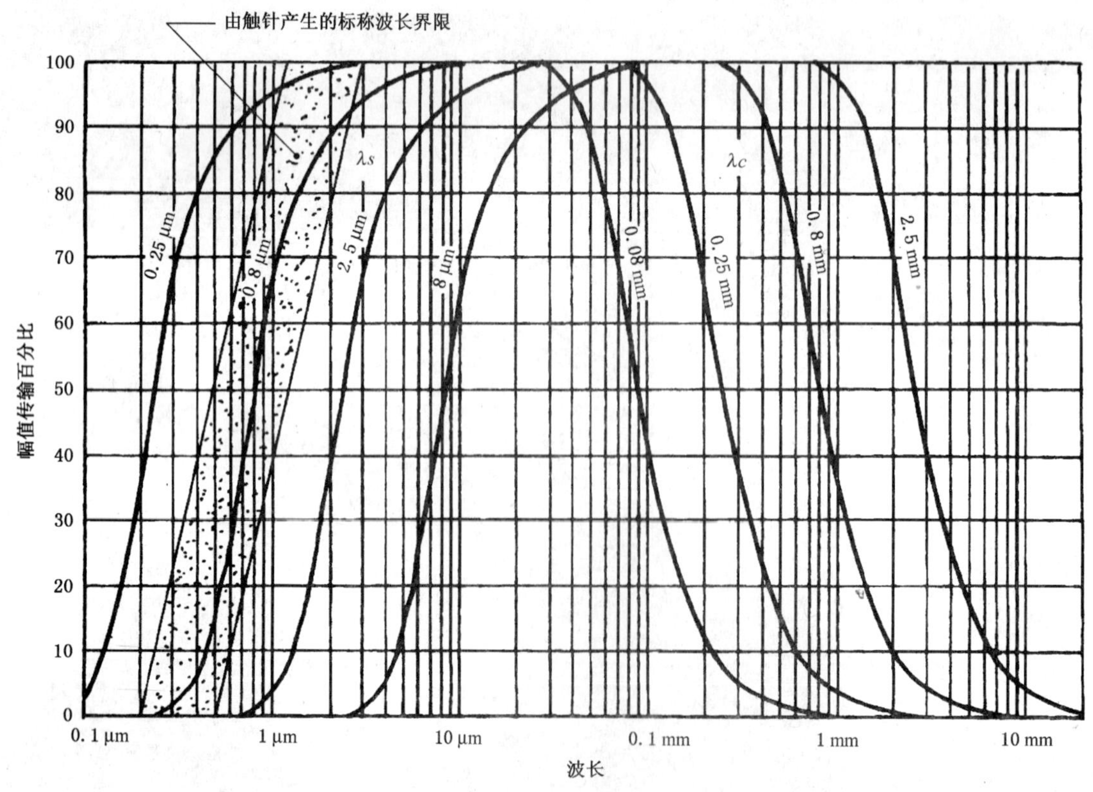

图 B.1 高斯滤波器传输特性和 2 μm 触针的不确定标称传输特性

B.2 介绍传输带的主要目的

通过使用在本标准的其余部分给出的原则,可以达到以下目的。

a) 能够进行“表面对表面”以及“仪器对仪器”之间的测量结果的比对。

本标准的主要目的是能够比较相似的表面(表面对表面)或比较不同仪器的测量结果(仪器对仪器)。为此要求充分地详细说明确定测量结果所涉及的方法和变量。

通过指定一个短的截止波长(λs)并注意推荐的触针尺寸,就可能克服引起仪器之间或表面之间缺乏测量可比性的主要因素。

b) 提供一个定义“仪器工作范围”的手段。

准确定义仪器的工作范围,将使用户能够根据被测零件的功能要求选择仪器。这些建议在信号处理设备(例如:高保真系统,示波器等)中是典型的。采用这些建议使得在仪器的技术指标中和所做测量结果中(必须使用正确的触针)能够有一个正确的无歧义的说明。

B.3 结论

本标准正文中给出的这些规则,通过应用意义明确的数学方法(即使用高斯形的相位修正滤波器)提供了能够使表面特性更加标准化的合适手段,进而通过寻求对仪器传输特性上下限的控制,能够在仪器之间和表面之间进行更加准确的测量比较。

附 录 C
(资料性附录)
在 GPS 矩阵模型中的位置

GPS 矩阵的全部详情参见 GB/Z 20308—2006。

C.1 本标准的信息及其应用

本标准规定了轮廓的定义及用于测量表面粗糙度及波纹度的接触(触针)式仪器的通用结构。

本标准还规定了影响轮廓评定的仪器特性,并提供了接触(触针)式仪器(轮廓计和轮廓记录仪)的基本技术规范。

本标准适用于对实际轮廓评定的触针仪器,使现行的国家标准能够用于实际轮廓的评定。

C.2 在 GPS 矩阵模型中的位置

本标准是 GPS 通用标准,它影响 GPS 通用标准矩阵中粗糙度轮廓、波纹度和原始轮廓标准链的链环 5,如图 C.1 所述。

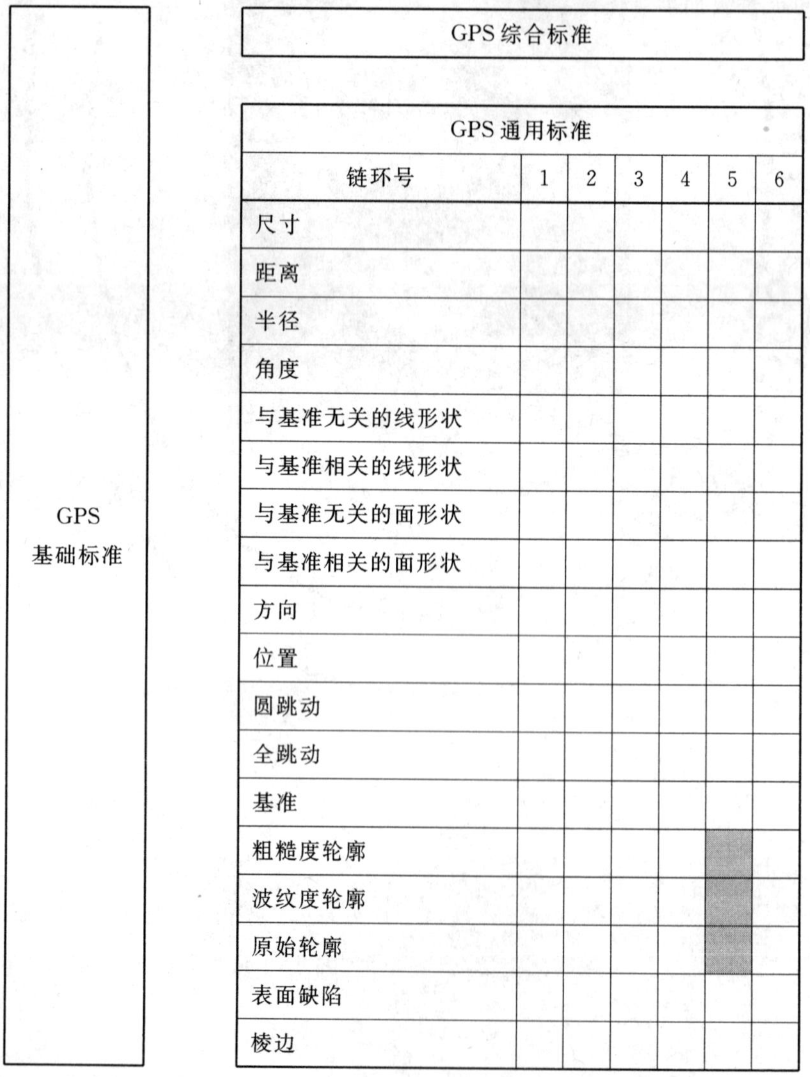

GPS 基础标准

GPS 综合标准

GPS 通用标准						
链环号	1	2	3	4	5	6
尺寸						
距离						
半径						
角度						
与基准无关的线形状						
与基准相关的线形状						
与基准无关的面形状						
与基准相关的面形状						
方向						
位置						
圆跳动						
全跳动						
基准						
粗糙度轮廓						
波纹度轮廓						
原始轮廓						
表面缺陷						
棱边						

图 C.1 在 GPS 矩阵模型中的位置

C.3 相关的标准

相关的标准为图 C.1 所示标准链涉及的标准。

ICS 13.340.99
C 73

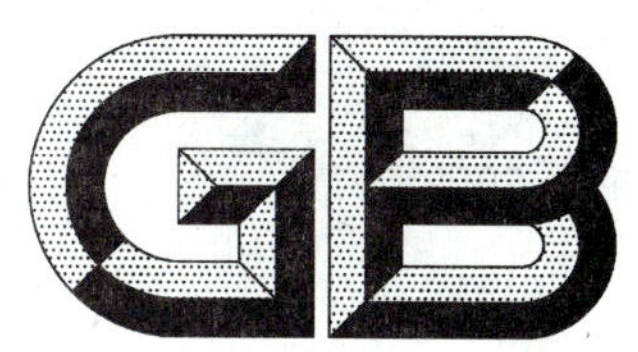

中华人民共和国国家标准

GB 6095—2009
代替 GB 6095—1985

安全带

Personal fall protection systems

2009-04-13 发布　　　　2009-12-01 实施

中华人民共和国国家质量监督检验检疫总局
中国国家标准化管理委员会　发布

前 言

本标准 5.1.1.4～5.1.1.8、5.1.2.3～5.1.2.7、5.1.3.2～5.1.3.17、5.2、5.3 和第 7 章为强制条款，其余为推荐性条款。

本标准代替 GB 6095—1985《安全带》。

本标准与 GB 6095—1985 相比主要变化如下：

——增加、修改了围杆作业安全带、区域限制安全带、坠落悬挂安全带等术语和定义；

——增加了区域限制安全带的内容；

——增加了材料、外观、结构等技术要求；

——增加了阻燃、抗腐蚀、适合特殊环境等特殊技术性能要求；

——修改了安全绳、自锁器、缓冲器等术语和定义；

——修改了安全带的分类；

——删除了材料、使用保管、运输和储存章节；

——增加了附录 A；

——增加了附录 B；

——增加了附录 C。

本标准附录 A、附录 B 为资料性附录，附录 C 为规范性附录。

本标准由国家安全生产监督管理总局提出。

本标准由全国个体防护装备标准化技术委员会(SAC/TC 112)归口。

本标准负责起草单位：北京市劳动保护科学研究所。

本标准参加起草单位：斯博瑞安(中国)安全防护设备有限公司、泰州市华泰劳保用品有限公司、乐清市华东安全器材厂、江苏曼杰克有限公司。

本标准主要起草人：杨文芬、肖义庆、臧兰兰、陆冰、陈倬为、邓宝举、章康明、王俊本。

本标准所代替标准的历次版本发布情况为：

——GB 6095—1985。

安　　全　　带

1　范围

本标准规定了安全带的分类和标记、技术要求、检验规则及标识。

本标准适用于高处作业、攀登及悬吊作业中使用的安全带。

本标准适用于体重及负重之和不大于 100 kg 的使用者。

本标准不适用于体育运动、消防等用途的安全带。

2　规范性引用文件

下列文件中的条款通过本标准的引用而成为本标准的条款。凡是注日期的引用文件，其随后所有的修改单(不包括勘误的内容)或修订版均不适用于本标准，然而，鼓励根据本标准达成协议的各方研究是否可使用这些文件的最新版本。凡是不注日期的引用文件，其最新版本适用于本标准。

GB/T 6096—2009　安全带测试方法

3　术语和定义

下列术语和定义适用于本标准。

3.1

安全带　personal fall protection systems

防止高处作业人员发生坠落或发生坠落后将作业人员安全悬挂的个体防护装备。

注：安全带的一般组成见附录 A。

3.2

围杆作业安全带　work positioning systems

通过围绕在固定构造物上的绳或带将人体绑定在固定构造物附近，使作业人员的双手可以进行其他操作的安全带。

注：示例图见附录 A 中图 A.1。

3.3

区域限制安全带　restraint systems

用以限制作业人员的活动范围，避免其到达可能发生坠落区域的安全带。

注：示例图见附录 A 中图 A.2。

3.4

坠落悬挂安全带　fall arrest systems

高处作业或登高人员发生坠落时，将作业人员安全悬挂的安全带。

注：坠落悬挂安全带示例图见附录 A 中图 A.3。

3.5

安全绳　lanyard

在安全带中连接系带与挂点的绳(带、钢丝绳)。

注：安全绳一般起扩大或限制佩戴者活动范围、吸收冲击能量的作用。

3.6

缓冲器　energy absorber

串联在系带和挂点之间，发生坠落时吸收部分冲击能量、降低冲击力的部件。

3.7

速差自控器 retractable type fall arrester

收放式防坠器

安装在挂点上，装有可伸缩长度的绳(带、钢丝绳)，串联在系带和挂点之间，在坠落发生时因速度变化引发制动作用的部件。

3.8

自锁器 guided type fall arrester

导向式防坠器

附着在导轨上、由坠落动作引发制动作用的部件。

注：该部件不一定有缓冲能力。

3.9

系带 harnesses

坠落时支撑和控制人体、分散冲击力，避免人体受到伤害的部件。

注：系带由织带、带扣及其他金属部件组成，一般有全身系带、单腰系带、半身系带。

3.10

主带 primary strap

系带中承受冲击力的带。

3.11

辅带 secondary strap

系带中不直接承受冲击力的带。

3.12

伸展长度 deploy distance

在坠落过程中，从悬挂点到安全带佩戴者的身体最低点(头或脚)的最大距离。

3.13

坠落距离 fall distance

从坠落起始点或作业面到安全带佩戴者的身体最低点(头或脚)的最大距离。

3.14

安全空间 safety space

位于作业面下方，不存在任何可能对坠落者造成碰撞伤害物体的立体空间。

3.15

锁止距离 locking distance

自锁器或速差自控器在动态负荷性能测试中，从启动到运动停止，自锁器在导轨上的运动距离或安全绳从速差自控器腔体伸出的距离。

3.16

调节扣 adjusting buckle

用于调节主带或辅带长度的零件。

3.17

扎紧扣 fastening buckles

带卡

用于将主带系紧或脱开的零件。

3.18

护腰带 comfort pad

同单腰带一起使用的宽带。

注：该部件起分散压力、提高舒适程度的作用。

3.19

连接器 connector

具有常闭活门的连接部件。

注：该部件用于将系带和绳或绳和挂点连接在一起。

3.20

挂点装置 anchor device

连接安全带与固定构造物的装置。

注：该点强度应满足安全带的负荷要求。可以是固定装置或滑动装置。挂点装置不是安全带的组成部分，但同安全带的使用密切相关。

3.21

挂点 anchor point

连接安全带与固定构造物的固定点。

注：该点强度应满足安全带的负荷要求。该装置不是安全带的组成部分，但同安全带的使用密切相关。

3.22

导轨 anchor line

附着自锁器的柔性绳索或刚性滑道，自锁器在导轨上可滑动。发生坠落时自锁器可锁定在导轨上。

注：导轨不是安全带的组成部分，但同安全带的使用密切相关。

3.23

模拟人 torso test mass

安全带测试时使用的模拟人的躯干外形、重心的重物。

注：应符合 GB/T 6096—2009 附录 A、附录 B 的规定。

3.24

调节器 adjustment device

用于调整安全绳长短的部件。

4 安全带的分类和标记

4.1 分类

安全带按作业类别分为围杆作业安全带、区域限制安全带、坠落悬挂安全带，其构成见附录 A。

4.2 标记

安全带的标记由作业类别、产品性能两部分组成。

——作业类别：以字母 W 代表围杆作业安全带、以字母 Q 代表区域限制安全带、以字母 Z 代表坠落悬挂安全带；

——产品性能：以字母 Y 代表一般性能、以字母 J 代表抗静电性能、以字母 R 代表抗阻燃性能、以字母 F 代表抗腐蚀性能、以字母 T 代表适合特殊环境(各性能可组合)。

示例：围杆作业、一般安全带表示为“W-Y”；区域限制、抗静电、抗腐蚀安全带表示为“Q-JF”。

5 技术要求

5.1 一般要求

5.1.1 总体结构

5.1.1.1 安全带与身体接触的一面不应有突出物，结构应平滑。

5.1.1.2 安全带不应使用回料或再生料，使用皮革不应有接缝。

5.1.1.3 安全带可同工作服合为一体，但不应封闭在衬里内，以便穿脱时检查和调整。

5.1.1.4 安全带按 GB/T 6096—2009 中 4.1 规定的方法进行模拟人穿戴测试，腋下、大腿内侧不应有绳、带以外的物品，不应有任何部件压迫喉部、外生殖器。

5.1.1.5　坠落悬挂安全带的安全绳同主带的连接点应固定于佩戴者的后背、后腰或胸前，不应位于腋下、腰侧或腹部。

5.1.1.6　旧产品应按 GB/T 6096—2009 中 4.2 规定的方法进行静态负荷测试，当主带或安全绳的破坏负荷低于 15 kN 时，该批安全带应报废或更换相应部件。

5.1.1.7　围杆作业安全带、区域限制安全带、坠落悬挂安全带当分别满足 5.2 时可组合使用，各部件应相互浮动并有明显标志；如果共用同一具系带应满足 5.2.3 的要求。

5.1.1.8　坠落悬挂安全带应带有一个足以装下连接器及安全绳的口袋。

5.1.2　零部件

5.1.2.1　金属零件应浸塑或电镀以防锈蚀。

5.1.2.2　调节扣不应划伤带子，可以使用滚花的零部件。

5.1.2.3　所有零部件应顺滑，无材料或制造缺陷，无尖角或锋利边缘。8 字环、品字环不应有尖角、倒角，几何面之间应采用 R4 以上圆角过渡。

5.1.2.4　金属环类零件不应使用焊接件，不应留有开口。

5.1.2.5　连接器的活门应有保险功能，应在两个明确的动作下才能打开。

5.1.2.6　金属零件按 GB/T 6096—2009 中 4.3 规定的方法进行盐雾试验，应无红锈，或其他明显可见的腐蚀痕迹，但允许有白斑。

5.1.2.7　在爆炸危险场所使用的安全带，应对其金属件进行防爆处理。

5.1.3　织带与绳

5.1.3.1　主带扎紧扣应可靠，不能意外开启。

5.1.3.2　主带应是整根，不能有接头。宽度不应小于 40 mm。

5.1.3.3　辅带宽度不应小于 20 mm。

5.1.3.4　腰带应和护腰带同时使用。

5.1.3.5　安全绳(包括未展开的缓冲器)有效长度不应大于 2 m，有两根安全绳(包括未展开的缓冲器)的安全带，其单根有效长度不应大于 1.2 m。

5.1.3.6　安全绳编花部分可加护套，使用的材料不应同绳的材料产生化学反应，应尽可能透明。

5.1.3.7　护腰带整体硬挺度不应小于腰带的硬挺度，宽度不应小于 80 mm，长度不应小于 600 mm，接触腰的一面应有柔软、吸汗、透气的材料。

5.1.3.8　织带和绳的端头在缝纫或编花前应经燎烫处理，不应留有散丝。

5.1.3.9　织带折头连接应使用线缝，不应使用铆钉、胶粘、热合等工艺。

5.1.3.10　钢丝绳的端头在形成环眼前应使用铜焊或加金属帽(套)将散头收拢。

5.1.3.11　织带折头缝纫后及绳头编花后不应进行燎烫处理。

5.1.3.12　绳、织带和钢丝绳形成的环眼内应有塑料或金属支架。

5.1.3.13　禁止将安全绳用作悬吊绳。悬吊绳与安全绳禁止共用连接器。

5.1.3.14　所有绳在构造上和使用过程中不应打结。

5.1.3.15　每个可拍(飘)动的带头应有相应的带箍。

5.1.3.16　用于焊接、炉前、高粉尘浓度、强烈摩擦、割伤危害、静电危害、化学品伤害等场所的安全绳应加相应护套。

5.1.3.17　缝纫线应采用与织带无化学反应的材料，颜色与织带应有区别。

5.2　基本技术性能

5.2.1　围杆作业安全带

5.2.1.1　整体静态负荷

围杆作业安全带按 GB/T 6096—2009 中 4.4 规定的方法进行整体静态负荷测试，应满足下列要求：

a) 整体静拉力不应小于 4.5 kN。不应出现织带撕裂、开线、金属件碎裂、连接器开启，绳断、金属件塑性变形、模拟人滑脱等现象；

b) 安全带不应出现明显不对称滑移或不对称变形；

c) 模拟人的腋下、大腿内侧不应有金属件；

d) 不应有任何部件压迫模拟人的喉部、外生殖器；

e) 织带或绳在调节扣内的滑移不应大于 25 mm。

5.2.1.2 整体滑落

围杆作业安全带按 GB/T 6096—2009 中 4.5 规定的方法进行整体滑落测试，应满足下列要求：

a) 不应出现织带撕裂、开线、金属件碎裂、连接器开启、带扣松脱、绳断、模拟人滑脱等现象；

b) 安全带不应出现明显不对称滑移或不对称变形；

c) 模拟人悬吊在空中时，其腋下、大腿内侧不应有金属件；

d) 模拟人悬吊在空中时，不应有任何部件压迫模拟人的喉部、外生殖器；

e) 织带或绳在调节扣内的滑移不应大于 25 mm。

5.2.2 区域限制安全带

区域限制安全带按 GB/T 6096—2009 中 4.6 规定的方法进行整体静态负荷测试，应满足下列要求：

a) 整体静拉力不应小于 2 kN；

b) 不应出现织带撕裂、开线、金属件碎裂、连接器开启，绳断、金属件塑性变形等现象；

c) 安全带不应出现明显不对称滑移或不对称变形；

d) 模拟人的腋下、大腿内侧不应有金属件；

e) 不应有任何部件压迫模拟人的喉部、外生殖器。

5.2.3 坠落悬挂安全带

5.2.3.1 整体静态负荷

坠落悬挂安全带按 GB/T 6096—2009 中 4.7 规定的方法进行整体静态负荷测试，应满足下列要求：

a) 整体静拉力不应小于 15 kN；

b) 不应出现织带撕裂、开线、金属件碎裂、连接器开启、绳断、金属件塑性变形、模拟人滑脱、缓冲器(绳)断等现象；

c) 安全带不应出现明显不对称滑移或不对称变形；

d) 模拟人的腋下、大腿内侧不应有金属件；

e) 不应有任何部件压迫模拟人的喉部、外生殖器；

f) 织带或绳在调节扣内的滑移不应大于 25 mm。

5.2.3.2 整体动态负荷

坠落悬挂安全带及含自锁器、速差自控器、缓冲器的坠落悬挂安全带按 GB/T 6096—2009 中 4.8 规定的方法进行整体动态负荷测试，应满足下列要求：

a) 冲击作用力峰值不应大于 6 kN；

b) 伸展长度或坠落距离不应大于产品标识的数值；

c) 不应出现织带撕裂、开线、金属件碎裂、连接器开启，绳断、模拟人滑脱、缓冲器(绳)断等现象；

d) 坠落停止后，模拟人悬吊在空中时不应出现模拟人头朝下的现象；

e) 坠落停止后，安全带不应出现明显不对称滑移或不对称变形；

f) 坠落停止后，模拟人悬吊在空中时安全绳同主带的连接点应保持在模拟人的后背或后腰，不应滑动到腋下、腰侧；

g) 坠落停止后,模拟人悬吊在空中时模拟人的腋下、大腿内侧不应有金属件;

h) 坠落停止后,模拟人悬吊在空中时不应有任何部件压迫模拟人的喉部、外生殖器;

i) 坠落停止后,织带或绳在调节扣内的滑移不应大于 25 mm。

注:对于有多个连接点或多条安全绳的安全带,应分别对每个连接点和每条安全绳进行整体动态负荷测试。

5.2.4 零部件性能

5.2.4.1 静态负荷

安全带的零部件(见 GB/T 6096—2009 中表 1)应按 GB/T 6096—2009 中 4.9 规定的方法进行静态负荷测试,应满足下列要求:

零部件不应产生织带撕裂、环类零件开口、绳断股、连接器打开、带扣松脱、缝线迸裂、运动机构卡死等足以使零件失效的情况。

5.2.4.2 零部件动态负荷

坠落悬挂安全带零部件(包括系带、连接器、自锁器、速差自控器、安全绳及缓冲器)应按 GB/T 6096—2009中 4.10 规定的方法进行动态负荷测试,应满足下列要求:

a) 零部件不应产生带撕裂、环类零件开口、绳断股、连接器打开、带扣松脱、缝线迸裂、运动机构卡死等足以使零件失效的情况;

b) 织带或绳在调节扣内的滑移不大于 25 mm。

5.2.4.3 零部件机械性能

安全带的缓冲器、连接器、自锁器、速差自控器及有运动机构、预设作用部件应按GB/T 6096—2009 中 4.11～4.13 规定的方法或原则测试缓冲器的永久变形、缓冲器的意外打开作用力、速差自控器、自锁器自锁可靠性、预设作用部件启动条件测试,应满足以下要求:

a) 缓冲器意外打开作用力大于 2 kN;

b) 连接器自动机构无卡死,失效等情况;

c) 自锁器、速差自控器应保持灵敏度、无部件损坏、零件失效等情况;

d) 运动机构应保持初始运动幅度、力度,无明显失效情况;

e) 预设作用部件在未达到标识规定的指标时不应启动。

5.3 特殊技术性能

5.3.1 总则

5.3.1.1 产品标识声明的特殊性能仅适用于相应的特殊场所。

5.3.1.2 具有特殊性能的安全带在满足本节特殊性能时,还应具有本标准规定的一般要求和基本技术性能。

5.3.1.3 具有特殊性能的安全带不一定具有本节所列出的全部特殊性能或某种特定组合。

5.3.2 抗腐蚀性能

按 GB/T 6096—2009 中 4.15 规定的方法进行预处理后,按 5.2 规定的方法测试。可以针对某种特定化学品进行测试。

5.3.3 阻燃性能

按 GB/T 6096—2009 中 4.16 规定的方法进行测试,续燃时间不大于 5 s。

5.3.4 适合特殊环境

按 GB/T 6096—2009 中 4.17 规定的方法进行环境条件处理后,按 5.2 规定的方法测试。可以针对某种特定的环境进行测试。

6 检验规则

6.1 出厂检验

生产企业应按照生产批次对安全带逐批进行出厂检验。各测试项目、测试样本大小、不合格分类、判定数组见表 1。

表 1 出厂检验

测试项目	批量范围/条	单项检验样本大小/条	不合格分类	单项判定数组	
				合格判定数	不合格判定数
整体静态负荷	小于 500	3	A	0	1
整体动态负荷 整体滑落测试 零部件静态负荷 零部件动态负荷 零部件机械性能	501～5 000	5		0	1

6.2 型式检验

有下列情况之一时需进行型式检验。

6.2.1 新产品鉴定或老产品转厂生产的试制定型鉴定。

6.2.2 当材料、工艺、结构设计发生变化时。

6.2.3 停产超过一年后恢复生产时。

6.2.4 周期检查，每年一次。

6.2.5 出厂检验结果与上次型式检验结果有较大差异时。

6.2.6 国家有关主管部门提出型式检验要求时。

6.2.7 样本由提出检验的单位或委托第三方从企业出厂检验合格的产品中随机抽取，样品数量以满足全部测试项目要求为原则。

7 标识

7.1 安全带的标识由永久标识和产品说明组成。

7.2 永久标识

7.2.1 永久性标志应缝制在主带上，内容应包括：

a) 产品名称；

b) 本标准号；

c) 产品类别(围杆作业、区域限制或坠落悬挂)；

d) 制造厂名；

e) 生产日期(年、月)；

f) 伸展长度；

g) 产品的特殊技术性能(如果有)；

h) 可更换的零部件标识应符合相应标准的规定。

7.2.2 可以更换的系带应有下列永久标记：

a) 产品名称及型号；

b) 相应标准号；

c) 产品类别(围杆作业、区域限制或坠落悬挂)；

d) 制造厂名；

e) 生产日期(年、月)。

7.3 产品说明

每条安全带应配有一份说明书，随安全带到达佩戴者手中。其内容包括：

a) 安全带的适用和不适用对象；

b) 生产厂商的名称、地址、电话；

c) 整体报废或更换零部件的条件或要求；

d) 清洁、维护、贮存的方法；

e) 穿戴方法；

f) 日常检查的方法和部位；

g) 安全带同挂点装置的连接方法(包括图示)；

h) 扎紧扣的使用方法或带在扎紧扣上的缠绕方式(包括图示)；

i) 系带扎紧程度；

j) 首次破坏负荷测试时间及以后的检查频次；

k) 声明“旧产品，当主带或安全绳的破坏负荷低于 15 kN 时，该批安全带应报废或更换部件”；

l) 根据安全带的伸展长度、工作现场的安全空间、挂点位置判定该安全带是否可用的方法；

m) 本产品为合格品的声明。

附 录 A
（资料性附录）
安全带的分类与构成

A.1 安全带的分类

按照使用条件的不同，安全带分为围杆作业安全带、区域限制安全带、坠落悬挂安全带。

A.2 安全带的构成

安全带的一般组成见表 A.1。

表 A.1 安全带组成

分 类	部 件 组 成	挂点装置
围杆作业安全带	系带、连接器、调节器（调节扣）、围杆带（围杆绳）	杆（柱）
区域限制安全带	系带、连接器（可选）、安全绳、调节器、连接器	挂点
	系带、连接器（可选）、安全绳、调节器、连接器、滑车	导轨
坠落悬挂安全带	系带、连接器（可选）、缓冲器（可选）、安全绳、连接器	挂点
	系带、连接器（可选）、缓冲器（可选）、安全绳、连接器、自锁器	导轨
	系带、连接器（可选）、缓冲器（可选）、速差自控器、连接器	挂点

A.3 安全带的一般样式（见图 A.1～图 A.3）

图 A.1 围杆作业安全带示意图

表 1 电测器测量允差

回潮率范围/%	测量允差/%
3.0～6.0	±0.2
6.1～11.0	±0.1
11.1～13.0	±0.2

5.1.4 分辨率：电测器分辨率应满足表 2 要求。

表 2 电测器分辨率

回潮率范围/%	分辨率/%
3.0～6.0	±0.02
6.1～11.0	±0.01
11.1～13.0	±0.02

5.1.5 极板面积：$(235\times100)mm^2$。

5.1.6 极板压力：(735±30)N。

5.1.7 试样质量：(50±5)g。

5.1.8 回潮率温度修正范围：－30 ℃～＋50 ℃。

5.1.9 具有细绒棉(锯齿棉、皮辊棉)、长绒棉和环境湿度因素对回潮率测试结果的修正功能。

5.2 电子秤或案秤

分度值不大于 5 g。

5.3 盛样容器

密封性好，不吸湿。

6 试验环境

试验环境温度：－30 ℃～＋50 ℃；相对湿度：20%～90%。

7 取样

取样数量和方法按 GB 1103 和 GB 19635 的规定或有关各方商定的协议执行。

8 试验步骤

8.1 样品处理

实验室测试的样品，应将取得的样品连同盛样容器置于试验环境下进行温度平衡，以使与环境的温度差异在±2℃以内。

8.2 电测器调整

按照仪器使用说明书检查仪器各项功能，使其处于正常状态。

8.3 测试

8.3.1 依据棉花的轧工方式、细绒棉或长绒棉，选择相应的测试档位。

8.3.2 每个试验样品中取出一份(50±5)g 的试验试样，放在电测器玻璃板上迅速撕松，均匀地推入两极板间，盖好玻璃盖板，操纵手柄加压，使压力达到(735±30)N，进入测试状态，完成测试。

8.3.3 记录回潮率数值，保留两位小数。

8.3.4 释放压力，取出试验试样。

8.3.5 每次抽取试验试样至测试完毕，时间不得超过 1 min。

8.3.6 现场测试时，应边扦样边测试。

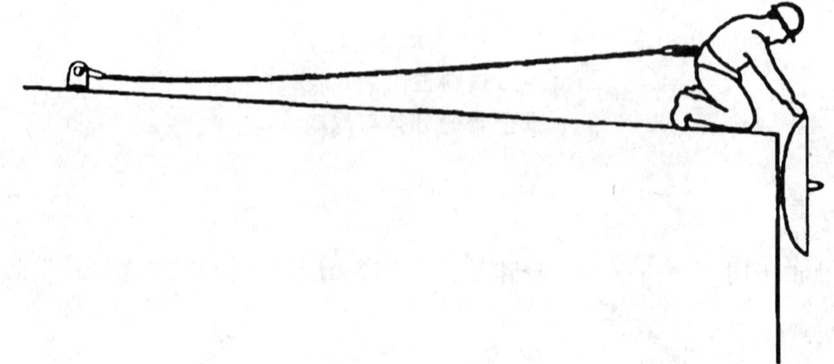

图 A.2 区域限制安全带示意图

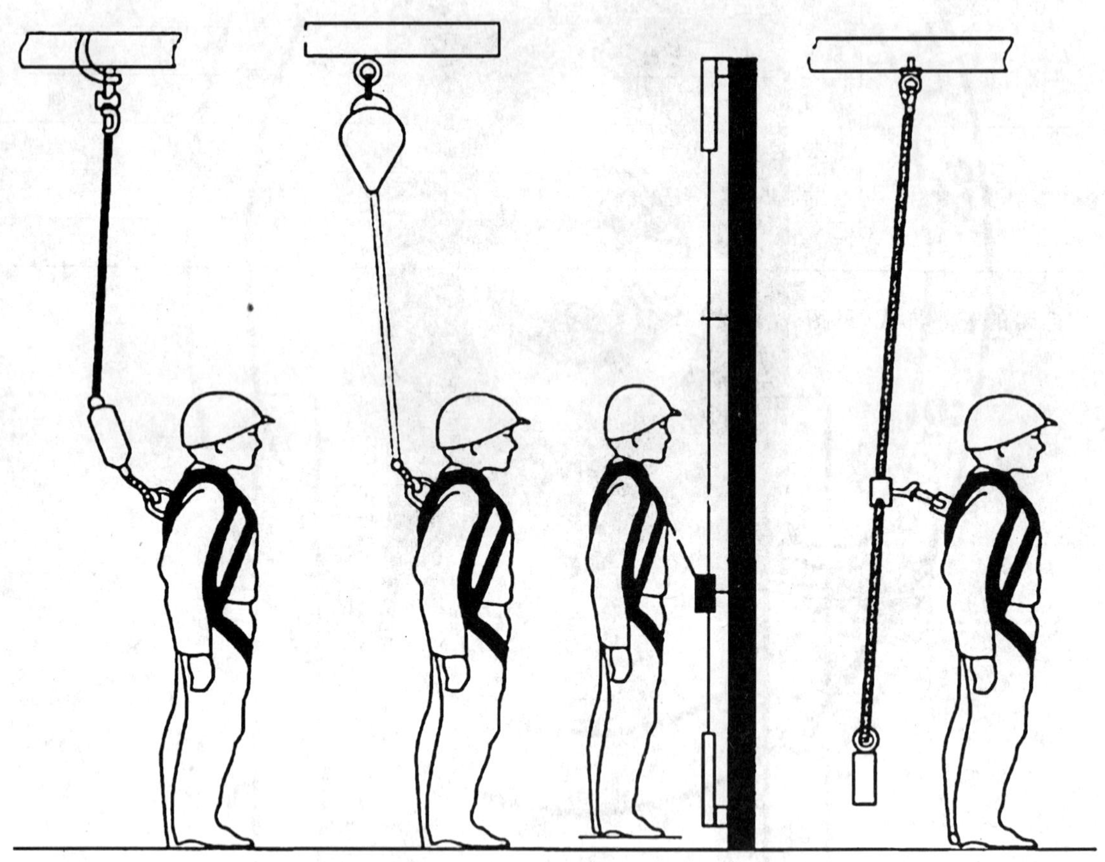

图 A.3 坠落悬挂安全带示意图

附　录　B
（资料性附录）
安全空间、伸展长度、坠落距离

B.1　本附录叙述了安全空间、伸展长度、坠落距离的确定和使用。

B.2　坠落距离同安全带挂点与佩戴者的相对位置密切相关。挂点与佩戴者的相对位置根据使用环境的不同可能是高挂、低挂或同人体平齐。发生坠落时，高挂对人体的威胁最小，低挂对人体的威胁最大。

B.3　安全空间体现工作场所的安全要素。一般为佩戴者下方的立体空间，在这个空间不存在任何物体会对坠落者造成碰撞伤害。最基本的安全空间是垂直方向的高度差，最理想的安全空间是以悬挂点为中心点，半径为伸展长度的半球空间。

B.4　伸展长度是安全带制造商提供的基本参数。安全带制造商应在最大负荷及最大坠落距离的情况下，通过试验取得伸展长度数据，并在产品标识中告知使用者，并作为售前、售后服务的基本参数。

B.5　工作中应根据伸展长度考察安全空间是否够用。以上三个数据的使用，应保证佩戴者在坠落过程中不发生碰撞，保证安全带起到悬挂作用。

附 录 C
（规范性附录）
悬吊作业、救援、非自主升降的说明

C.1 本附录规定了安全带在悬吊作业、救援、非自主升降中的作用及注意事项。

C.2 坠落悬挂安全带的全身系带经额外设计可以用于悬吊作业、救援、非自主升降。

C.3 坠落悬挂安全带的坠落防护用连接器、安全绳不应用于悬吊作业、救援、非自主升降。

C.4 悬吊作业、救援、非自主升降系统不应和连接器或安全绳共用全身系带的D形环(半圆环)。

C.5 围杆作业安全带和区域限制安全带不应用于悬吊作业、救援、非自主升降。

ICS 13.340.99
C 73

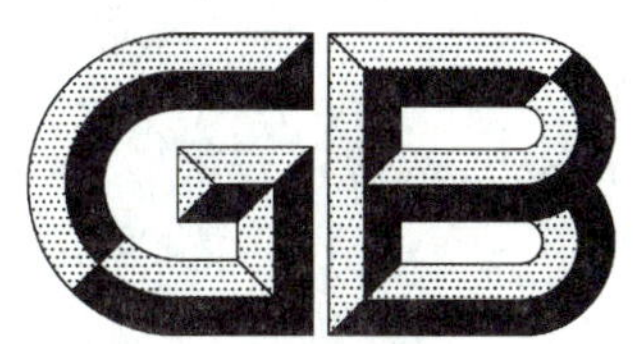

中华人民共和国国家标准

GB/T 6096—2009
代替 GB/T 6096—1985

安全带测试方法

Test method for personal fall protection systems

2009-04-13 发布　　　　2009-12-01 实施

中华人民共和国国家质量监督检验检疫总局
中国国家标准化管理委员会　发布

前　言

本标准代替 GB/T 6096—1985《安全带试验方法》。

本标准与 GB/T 6096—1985 相比主要变化如下：

——增加了模拟人穿戴测试方法；

——增加了盐雾测试方法；

——增加了围杆作业安全带滑落测试方法；

——增加了区域限制安全带整体静态、动态负荷测试方法；

——增加了坠落悬挂安全带的整体静态负荷测试方法；

——增加了使用加速度传感器测试方法；

——增加了测试图例；

——增加了附录 A；

——增加了附录 B。

本标准的附录 A、附录 B 是规范性附录。

本标准由国家安全生产监督管理总局提出。

本标准由全国个体防护装备标准化技术委员会(SAC/TC 112)归口。

本标准负责起草单位:北京市劳动保护科学研究所。

本标准参加起草单位:斯博瑞安(中国)安全防护设备有限公司、泰州市华泰劳保用品有限公司、乐清市华东安全器材厂、江苏曼杰克有限公司。

本标准主要起草人:杨文芬、肖义庆、臧兰兰、陆冰、陈倬为、邓宝举、章康明、王俊本。

本标准所代替的标准的历次版本发布情况为：

——GB 6096—1965,GB/T 6096—1985。

安全带测试方法

1 范围

本标准规定了安全带测试方法和测试设备。

本标准适用于 GB 6095—2009 中规定的安全带及安全带的技术要求。

2 规范性引用文件

下列文件中的条款通过本标准的引用而成为本标准的条款。凡是注日期的引用文件，其随后所有的修改单(不包括勘误的内容)或修订版均不适用于本标准，然而，鼓励根据本标准达成协议的各方研究是否可使用这些文件的最新版本。凡是不注日期的引用文件，其最新版本适用于本标准。

GB/T 5455—1997 纺织品 燃烧性能试验 垂直法

GB 6095—2009 安全带

GB/T 10125—1997 人造气氛腐蚀试验 盐雾试验

3 术语和定义

下列术语和定义适用于本标准。

3.1

砂包 test mass

在仅含单腰系带的安全带测试中，为降低成本使用的有简易外形的重物。

4 测试方法

4.1 模拟人穿戴测试

将本标准附录 A 规定的模拟人悬吊在挂架上。将安全带穿戴在模拟人身上，调节各活动部件，使系带同模拟人躯干贴合，改悬吊点为系带，观察是否有 GB 6095—2009 中 5.1.1.4 规定的不应出现的缺陷。

4.2 主带、安全绳静态负荷测试

4.2.1 测试设备

万能材料试验机：量程小于 50 kN；精度 1 级。

夹具：

a) 织带静态负荷测试夹具及夹持方法见图 1。

单位为毫米

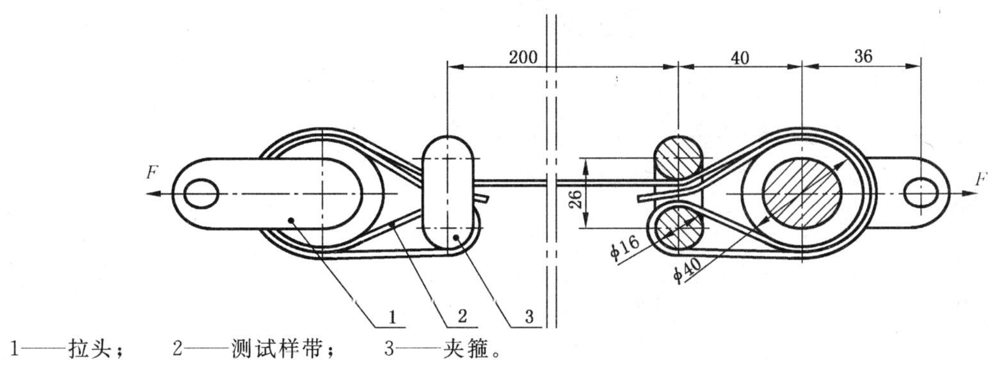

1——拉头； 2——测试样带； 3——夹箍。

图 1 织带静态负荷测试夹具及夹持方法示意图

b) 绳静态负荷测试夹具及夹持方法见图 2。

单位为毫米

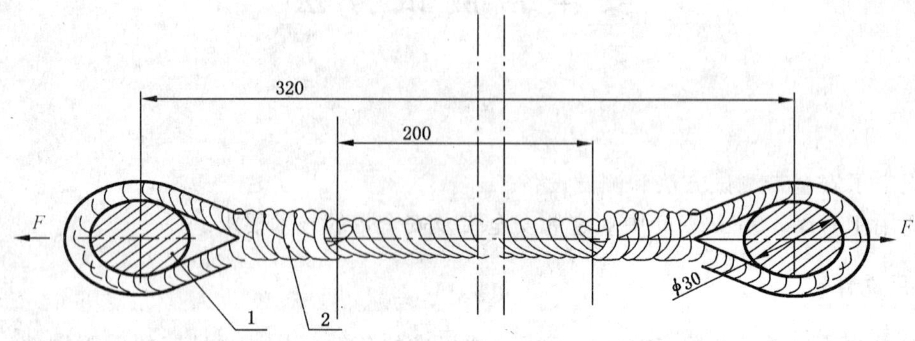

1——芯轴；

2——测试样绳。

图 2 绳静态负荷测试夹具及夹持方法示意图

4.2.2 测试步骤

取适当长度样品，按图 1、图 2 所示编花或缠绕，夹持在材料试验机夹头上，以(100±5)mm/min 速度加载至 15 kN，保持 2 min，卸载；观察并记录试样状态。如果样品不能完成上述过程则视为测试不通过。

4.3 盐雾测试

所有金属零件按照 GB/T 10125—1997 中性盐雾(NSS)的相关条款进行盐雾试验，测试周期为 48 h。

4.4 围杆作业安全带整体静态负荷测试

4.4.1 测试示例

围杆作业安全带整体静态负荷测试示例见图 3。

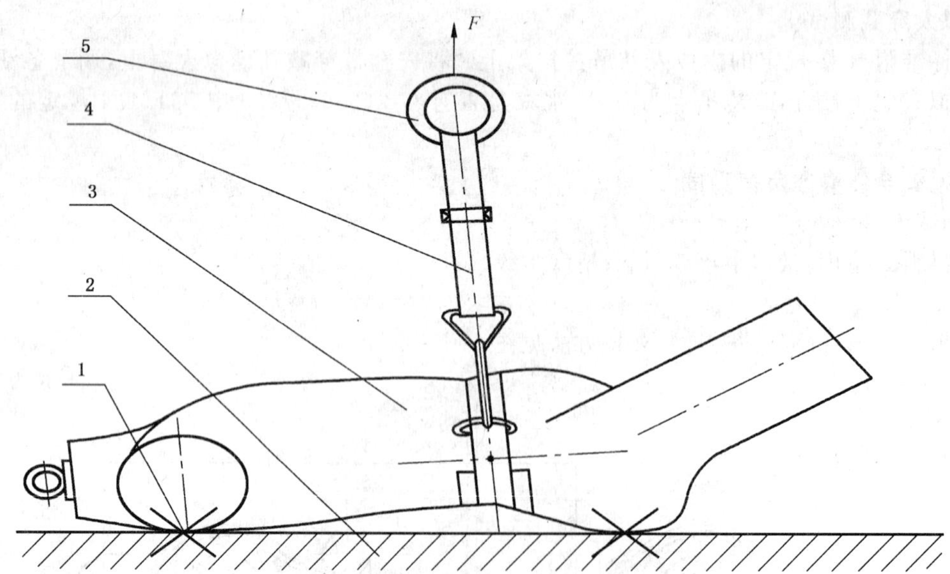

1——连接固定点；

2——测试台架；

3——模拟人；

4——测试样品；

5——加载拉环。

图 3 围杆作业安全带整体静态负荷测试示意图

4.4.2 测试设备

测试台架:有足够大的台面使模拟人固定在测试台架上,使模拟人承受测试负荷时不致歪斜。

加载装置:匀速加载,加载速度小于 100 mm/min,计时精度 1%,加载点应有缓冲装置不致形成对样品的冲击。

4.4.3 测试步骤

a) 按照产品说明将安全带穿戴在模拟人身上,固定在测试台架上;

b) 在穿过调节扣的带扣和带扣框架处做出标记;

c) 将加载点调整到围杆绳(带)与系带连接点的正上方;

d) 将 4.5 kN 力加载到围杆绳(带)上,保持 2 min;

e) 卸载后,测量并记录偏离标记的滑移,观察并记录安全带情况。

4.5 围杆作业安全带整体滑落测试

4.5.1 测试示例

围杆作业安全带整体滑落测试示例见图 4。

1——底座;
2——立柱;
3——翻板;
4——模拟人;
5——被测样品;
6——挂点。

图 4 围杆作业安全带整体滑落测试示意图

4.5.2 测试设备

底座:大地或质量不小于 500 kg 的水泥墩。

立柱:直径不小于 40 mm,当挂点部位受横向 20 kN 力时,变形小于 1 mm。

翻板:能承受模拟人的重量,测试时能够瞬间抽出或翻倒。

4.5.3 测试步骤

a) 按照产品说明将安全带穿戴在模拟人身上后摆放在翻板上。应保证系带悬挂点同固定挂点距离为(200~300)mm;

b) 在穿过调节扣的带扣和带扣框架处做出标记；

c) 抽出或翻倒翻板，使模拟人下坠；

d) 晃动停止后，测量并记录偏离标记的滑移，观察并记录安全带情况。

4.6 区域限制安全带整体静态负荷测试

4.6.1 测试示例

区域限制安全带整体静态负荷测试示例见图5。

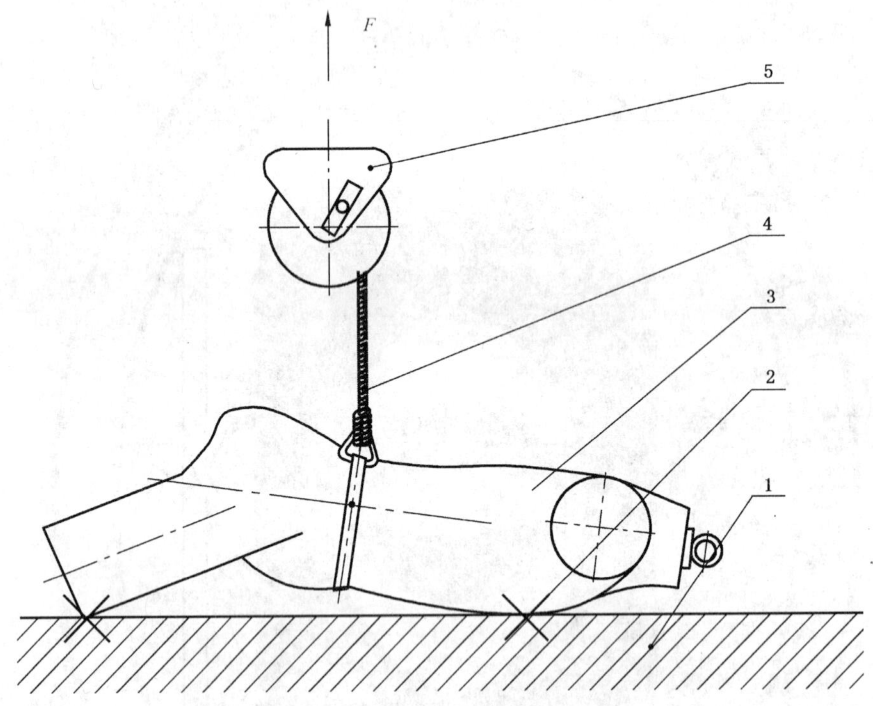

1——测试台架；
2——连接固定点；
3——模拟人；
4——被测样品；
5——调节器(带滚筒)。

图5 区域限制安全带整体静态负荷测试示意图

4.6.2 测试设备

同4.4.2。

4.6.3 测试步骤

a) 按照产品说明将安全带穿戴在模拟人身上，固定在测试台架上；

b) 将加载点调整到安全绳与系带连接点的正上方；

c) 将调节器或滑车同加载装置连接；

d) 匀速加载2 kN力到调节器或滑车上，保持2 min；

e) 卸载，观察并记录安全带情况。

4.7 坠落悬挂安全带整体静态负荷测试

4.7.1 测试示例

坠落悬挂安全带的整体静态负荷测试示例见图6、图7、图8。

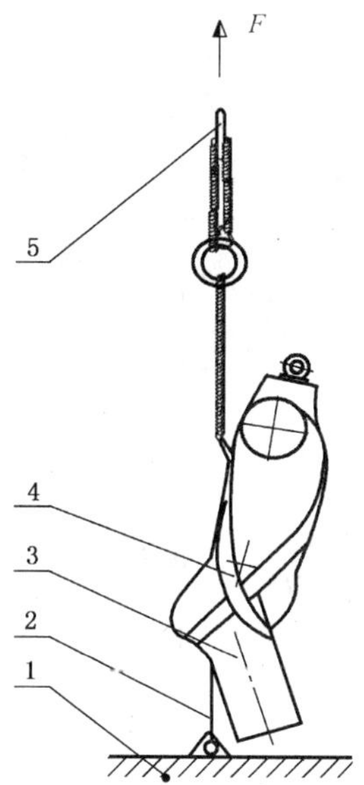

1——测试台架；

2——连接点；

3——模拟人；

4——被测样品；

5——挂点。

图6　仅含安全绳的坠落悬挂安全带的整体静态负荷测试示意图

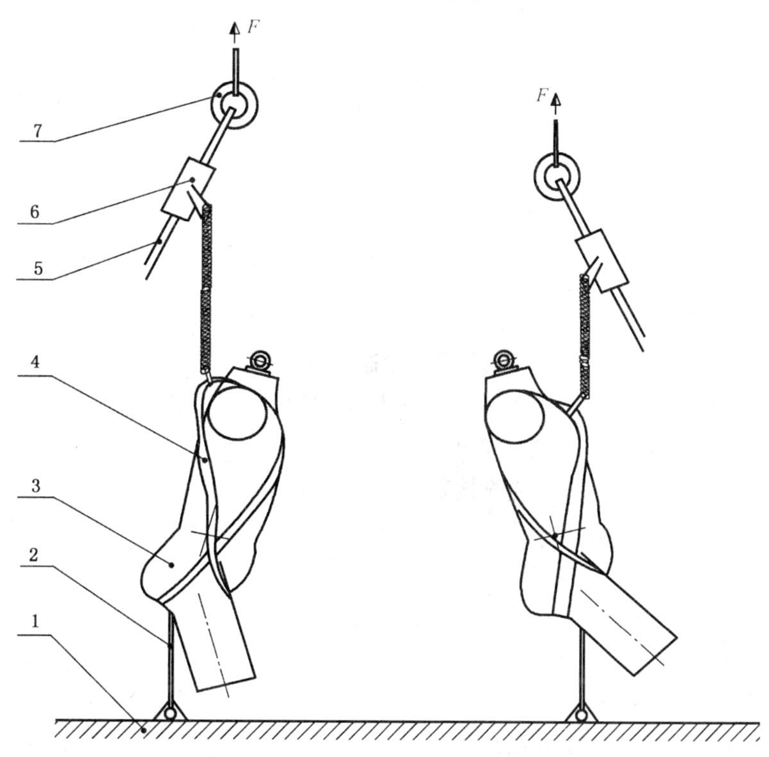

1——测试台架；

2——连接点；

3——模拟人；

4——被测样品；

5——导轨；

6——自锁器；

7——挂点。

图7　含安全绳、自锁器的坠落悬挂安全带的整体静态负荷测试示意图

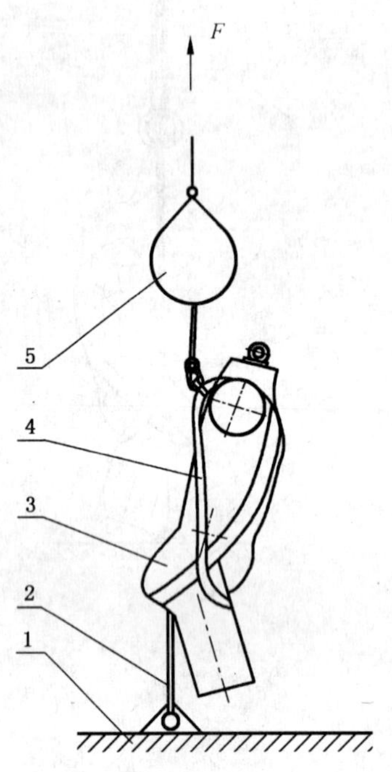

1——测试台架；

2——连接点；

3——模拟人；

4——被测样品；

5——自锁器。

图 8　含速差自控器的坠落悬挂安全带的整体静态负荷测试示意图

4.7.2　测试设备

同 4.4.2。

4.7.3　测试步骤

4.7.3.1　仅含安全绳的坠落悬挂安全带的整体静态负荷测试

a）按照产品说明将安全带穿戴在模拟人身上，将臀部吊环同测试台架连接；

b）在穿过调节扣的带扣和带扣框架处做出标记；

c）将安全带的连接器同加载装置连接；

d）将 15 kN 力加载到加载装置上，保持 5 min；

e）观察安全带情况，测量并记录偏离标记的滑移，卸载；

f）换一套安全带，将头部吊环同测试台架固定点连接；

g）重复步骤 b)～e)。

4.7.3.2　含安全绳、自锁器的坠落悬挂安全带的整体静态负荷测试

a）按照产品说明将安全带穿戴在模拟人身上，将臀部吊环同测验台架连接；

b）在穿过调节扣的带扣和带扣框架处做出标记；

c）将导轨同加载装置连接；

d）施加外力，使自锁器开始制动；

e）将 15 kN 力加载到导轨上，保持 5 min；

f）观察安全带情况，测量并记录偏离标记的滑移，卸载。

4.7.3.3　含速差自控器的坠落悬挂安全带的整体静态负荷测试

a)　按照产品说明将安全带穿戴在模拟人身上，将臀部吊环同测试台架连接；

b)　在穿过调节扣的带扣和带扣框架处做出标记；

c)　将速差自控器同加载装置连接；

d)　施加外力，使速差自控器开始制动；

e)　将 15 kN 力加载到速差自控器上，保持 5 min；

f)　观察安全带情况，测量并记录偏离标记的滑移，卸载。

4.8　坠落悬挂安全带整体动态负荷测试

4.8.1　测试图例

坠落悬挂安全带的整体动态负荷测试示例见图 9、图 10、图 11。

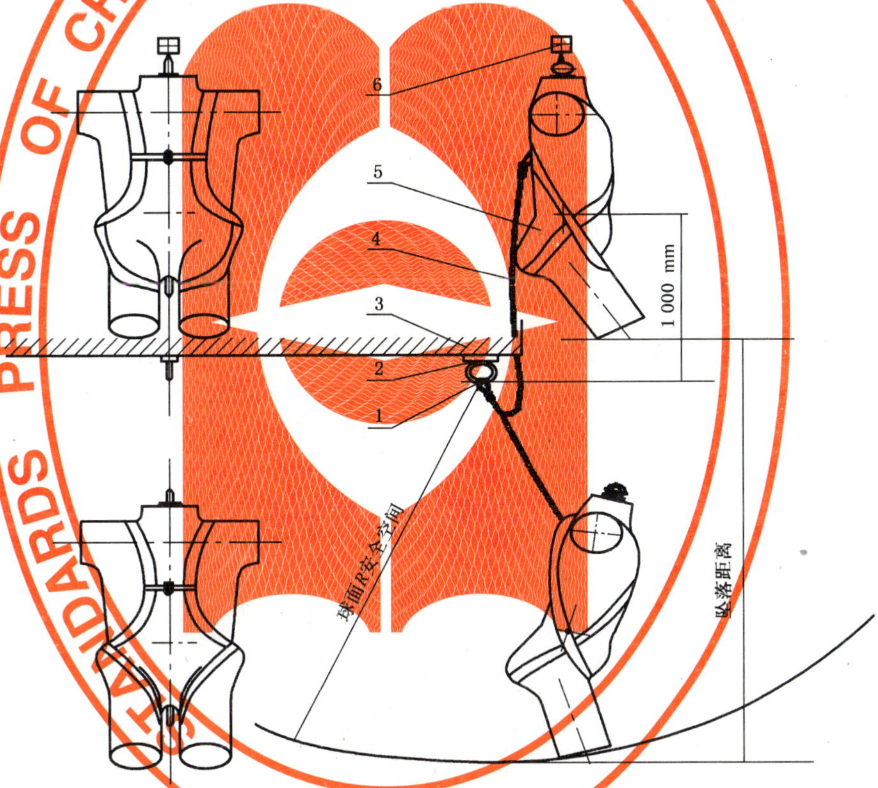

1——挂点；

2——传感器；

3——测试台架；

4——被测样品；

5——模拟人；

6——悬吊机构。

图 9　仅含安全绳的坠落悬挂安全带的整体动态负荷测试示意图

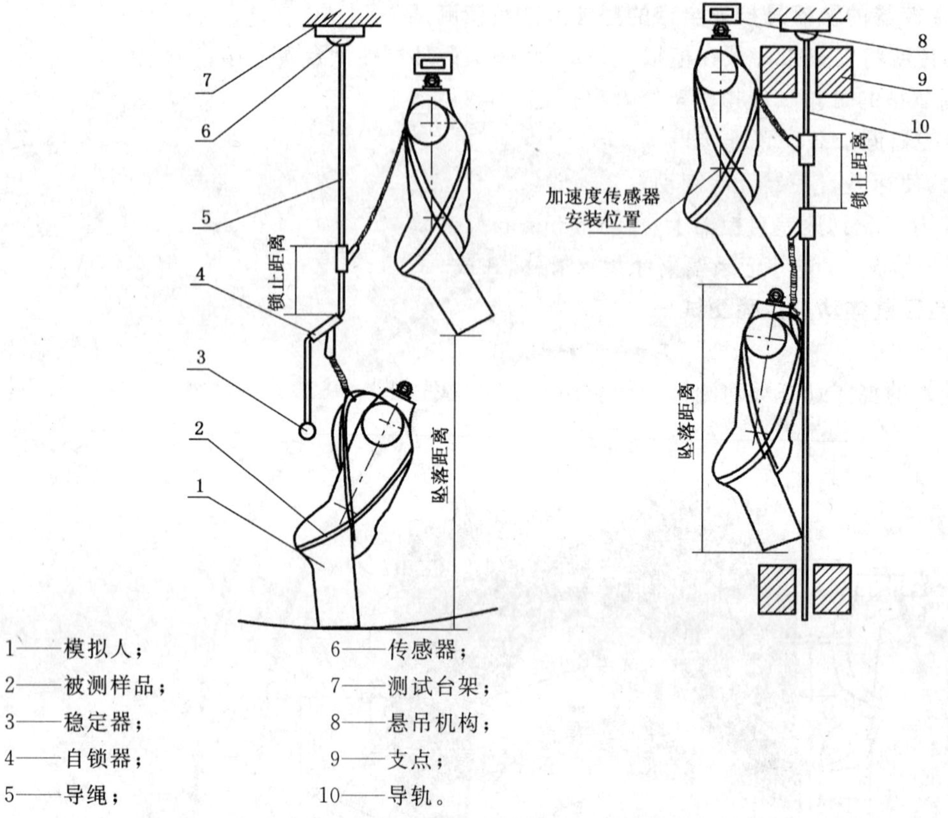

1——模拟人；
2——被测样品；
3——稳定器；
4——自锁器；
5——导绳；
6——传感器；
7——测试台架；
8——悬吊机构；
9——支点；
10——导轨。

图 10　含安全绳、自锁器的坠落悬挂安全带的整体动态负荷测试示意图

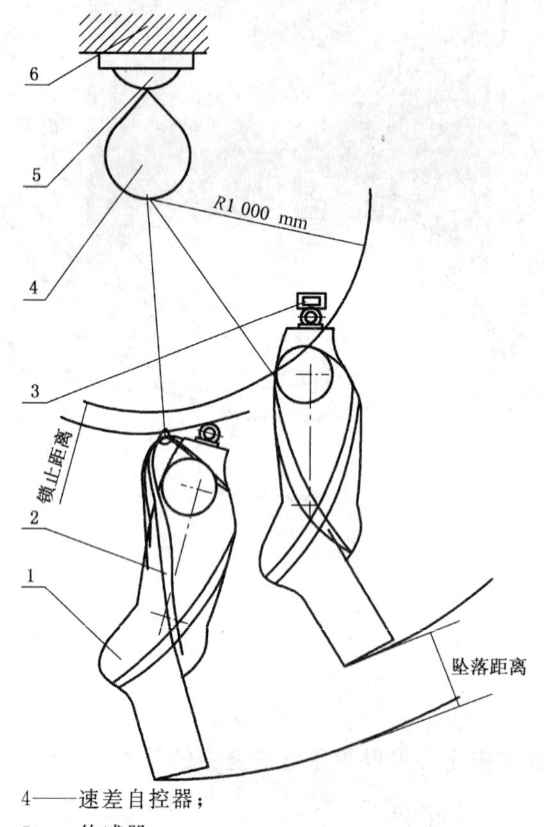

1——模拟人；
2——被测样品；
3——悬吊机构；
4——速差自控器；
5——传感器；
6——测试台架。

图 11　含速差自控器的坠落悬挂安全带的整体动态负荷测试示意图

4.8.2 测试设备

4.8.2.1 冲击测试架

同建筑结构连为一体或基础在大地的悬挂点，悬挂点在承受 20 kN 力时，最大位移小于 1 mm。

4.8.2.2 冲击力测量装置

可采用方法 A 或方法 B 测量冲击力，方法 A 是基于动态力传感器的测试方法，方法 B 是基于加速度传感器的测试方法，两者结果具有同等地位。

a) 方法 A：

动态力传感器：测量范围(0～20)kN；频率响应最小 5 kHz；安装在基座内；

b) 方法 B：

加速度传感器：测量范围(0～300)G，频率响应最小 5 kHz；安装在模拟人体内。

4.8.2.3 坠落距离、下滑距离测量装置、标尺

距离测试可以采用基于光学跟踪或测距、电磁感应、红外感应、超声探测的方法，精度：±2.0%。

注：当被测量距离长度大于 0.5 m 和动态距离测试时，不得采用标尺(皮尺、钢板尺)测量的方法。

4.8.2.4 底座

底座应具有一定强度，并安装传感器。

4.8.2.5 数据处理装置

与传感器配套，最终记录及显示冲击力数值的装置。技术要求：连续采样时间不低于 20 s；采样频率不低于 5 kHz；取采样区间内的最大值；测量精度：全量程范围内±2.0%。

4.8.3 测试步骤

4.8.3.1 测试要求

当安全绳长度(包括打开的缓冲器)不足 0.5 m 时，不做悬吊模拟人臀部吊环冲击。测试时，将传感器串联在连接器和挂点之间。对含安全绳、自锁器的坠落悬挂安全带的坠落冲击测试时，传感器组件应尽可能小，不应对自锁器的动作造成影响。

4.8.3.2 仅含安全绳的坠落悬挂安全带动态负荷测试

a) 按照产品说明将安全带穿戴在模拟人身上，模拟人头部吊环与释放器连接，提升模拟人到重心高于悬挂点 1 m 处，保证悬挂点到释放点水平距离小于 300 mm；
b) 在穿过调节扣的带扣和带扣框架处做出标记；
c) 释放模拟人，并开始计时；
d) 5 min 后，检查安全带情况，并记录测试结果；
e) 换一套新安全带，按照产品说明将安全带穿戴在模拟人身上，模拟人臀部吊环与释放器连接，提升模拟人头部吊环至与悬挂点水平，保证悬挂点到释放点水平距离小于 300 mm；
f) 释放模拟人，并开始计时；
g) 5 min 后，测量并记录偏离标记的滑移，观察并记录安全带情况。

4.8.3.3 含安全绳、自锁器的坠落悬挂安全带动态负荷测试

a) 按照产品说明将安全带穿戴在模拟人身上，模拟人头部吊环与释放器连接，提升模拟人至自锁器可以在导轨上自由滑动，保证悬挂点到释放点水平距离小于 300 mm；
b) 在穿过调节扣的带扣和带扣框架处做出标记；
c) 释放模拟人，并开始计时；
d) 5 min 后，测量并记录偏离标记的滑移，观察并记录安全带情况；
e) 用同一套安全带，重复步骤 a)～d)；
f) 换一套新安全带，按照产品说明将安全带穿戴在模拟人身上，模拟人臀部吊环与释放器连接，提升模拟人头部至自锁器可以在导轨上自由滑动，保证悬挂点到释放点水平距离小于 300 mm；

g) 重复步骤 b)～d)；

h) 用同一套安全带，重复步骤 f)～g)的测试过程。

4.8.3.4 含速差自控器的坠落悬挂安全带动态负荷测试

a) 按照产品说明将安全带穿戴在模拟人身上，模拟人头部吊环与释放器连接，提升模拟人使绳索拉出的距离为 1 m，保证悬挂点到释放点水平距离小于 300 mm；

b) 在穿过调节扣的带扣和带扣框架处做出标记；

c) 释放模拟人，并开始计时；

d) 5 min 后，测量并记录偏离标记的滑移，观察并记录安全带情况；

e) 换一套新安全带，按照产品说明将安全带穿戴在模拟人身上，模拟人臀部吊环与释放器连接，提升模拟人使绳索拉出的距离为 1 m，保证悬挂点到释放点水平距离小于 300 mm；

f) 在穿过调节扣的带扣和带扣框架处做出标记；

g) 释放模拟人，并开始计时；

h) 5 min 后，测量并记录偏离标记的滑移，观察并记录安全带情况。

4.9 零部件静负荷测试

4.9.1 测试图例

扎紧扣及缝制静负荷测试夹持示例见图 12。

单位为毫米

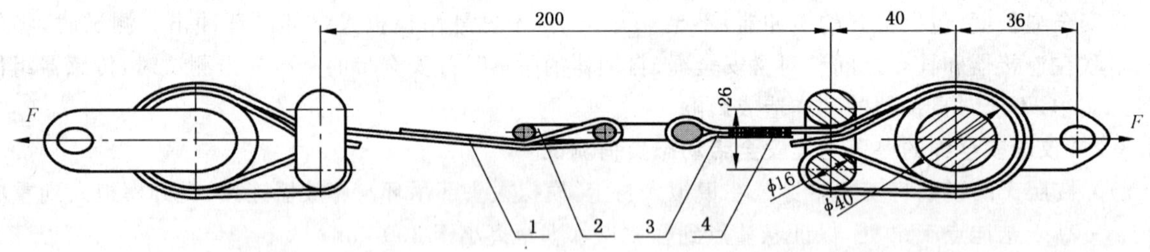

1——被测样品系带；

2——扎紧扣；

3——被测样品系带；

4——缝纫点。

图 12 扎紧扣及缝制部位静负荷测试夹持示意图

4.9.2 测试方法：

4.9.2.1 可采用方法 C 或方法 D，两者结果具有同等地位。测试时受力方向应为零件工作方向或较长方向，零件同夹具接触处应避免夹具产生切割作用。当部件由强度要求不同的零件组成时，应按强度要求，从低到高依次加载，通过加载测试的低强度零件可以用夹具替换。

4.9.2.2 安全绳和缓冲器必须采用方法 D 测试，应使用原有环眼。

4.9.2.3 方法 C：使用量程适当的材料试验机，拉伸速度(20±2)mm/min，当负荷达到表 1 要求数值时，保持 3 min，观察零件情况，卸载。材料试验机精度 1 级。

4.9.2.4 方法 D：使用定质量的重物，将被测部件一端固定在测试台架上，将同表 1 要求数值等效的重物加载在部件的另一端头，加载过程应无冲击效应，保持 3 min，观察部件情况，卸载。重物重量误差±1%。测试应在立式测试台架上完成，测试过程中被测部件不应接触辅助支点、滑轮等物。

表 1 零部件测试负荷表

安全带种类	零、部件名称		新产品测试负荷/kN	旧产品测试负荷/kN
坠落悬挂安全带	安全绳	织带式	22	15
		纤维绳式		
	Ⅰ型缓冲器			
	Ⅱ型缓冲器		15	15
	自锁器			
	速差自控器			
	辅带、调节扣		8	6
围杆作业安全带 区域限制安全带	安全绳	钢丝绳式		
		链条式		
	主带、主带缝合点、扎紧扣、连接器、扎紧扣和主带配合、调节器、辅带、调节扣			
注：旧产品为达到说明书中首次破坏负荷测试时间之后的产品。				

4.10 零部件的动态负荷测试

4.10.1 测试图例

零部件的冲击负荷性能测试示例见图 13。

1——钢丝绳；

2——铁砣；

3——悬吊机构；

4——被测样品；

5——挂点；

6——传感器；

7——测试台架。

图 13 零部件的冲击负荷性能测试示意图

4.10.2 测试设备：

未说明的设备同 4.8.2。

铁砣 1：质量(100±1)kg，圆柱体端面有吊环。

铁砣 2:质量(40±0.5)kg,圆柱体端面有吊环。

钢丝绳:直径 5 mm,两端结环,长度小于 1 m。

4.10.3 测试步骤

4.10.3.1 系带的动态负荷测试

a) 按照产品说明将系带穿戴在模拟人身上,将模拟人悬吊在悬吊机构挂点上;
b) 将钢丝绳一端连接在系带的连接器上,将另一端连接在测试台架挂点上,释放器悬吊模拟人至重心高于测试台架挂点 1 m,水平距离 0.3 m 内;
c) 释放模拟人,察看冲击力峰值,数值在(6±0.3)kN 之间,则测试视为有效;
d) 检查系带情况,卸载;
e) 换一副系带,悬吊模拟人臀部吊环,重复步骤 a)~d)。

4.10.3.2 连接器的动态负荷测试

a) 将钢丝绳一端连接在连接器上,另一端连接在铁砣 1 上;
b) 将连接器另一端连接在测试台架挂点上,起吊铁砣至一定高度;
c) 释放铁砣,察看冲击力峰值,数值在(6±0.3)kN 之间,则测试视为有效;
d) 检查连接器情况,卸载。

4.10.3.3 自锁器的动态负荷测试

a) 将钢丝绳一端连接在自锁器上,另一端连接在铁砣 1 上;
b) 起吊铁砣至一定高度,铁砣同自锁器水平距离小于 0.3 m;
c) 释放铁砣,察看冲击力峰值,数值在(6±0.3)kN 之间,则测试视为有效;
d) 重复步骤 b)~c);
e) 检查自锁器情况,测量锁止距离,卸载;
f) 使用同一自锁器,换铁砣 2,重复步骤 a)~e)。

4.10.3.4 速差自控器的动态负荷测试

a) 将速差自控器悬吊在测试台架吊环上,将铁砣 1 同速差自控器的连接器连接在一起;
b) 起吊铁砣至一定高度,铁砣同速差自控器水平距离小于 0.3 m;
c) 释放铁砣,察看冲击力峰值,数值在(6±0.3)kN 之间,则测试视为有效;
d) 检查速差自控器情况,测量锁止距离,卸载;
e) 换一副速差自控器,使用铁砣 2,重复步骤 a)~d)。

4.11 缓冲器的变形测试、意外打开作用力测试

4.11.1 测试设备

静态力学性能测试装置:量程不大于 5 kN;精度 1 级。

4.11.2 测试步骤

a) 悬垂状态下,末端挂 5 kg 重物,测量缓冲器端点间长度;
b) 将缓冲器安装在静态力学性能测试装置上;
c) 在两端受力点间加载 2 kN,保持 2 min;
d) 卸载,取下缓冲器,5 min 后检查缓冲器是否打开,并在悬垂状态下,末端挂 5 kg 重物,测量端点间长度;
e) 计算两次测量结果之差,即初始变形,精确至 1 mm。

注:在步骤 c)过程中如发生缓冲器打开、缓冲部件发生明显失效、测试无法完成则视为意外打开作用力测试不通过。

4.12 速差自控器、自锁器自锁可靠性测试

速差器、自锁器自锁可靠性按照其各自标准的相关条款进行测试。

4.13 运动机构工作次数、预设作用部件启动条件测试

测试原则为:

a） 可重复运动机构应模拟使用情况，循环次数 1 000 次，运动频率不超过 1 次/s，运动幅度为最大运动幅度的 80%；

b） 预设作用部件启动条件测试应参照产品说明模拟使用条件进行测试。非破坏性的启动动作，测试最少进行 5 次，频率不超过 1 次/s；破坏性的启动动作，最少测试 2 个样品。

4.14 抗化学品性能测试预处理

如果产品标识有适用条件，按适用条件测试；如果没有适用条件，则按下列条件测试：

a） 耐酸性能：分别浸泡在质量分数为 10%的盐酸、25%硫酸和 15%硝酸中 1 h，取出冲洗干净，晾干后测试；

b） 耐碱性能：浸泡在浓度为 5 mol/L 的氢氧化钠溶液中 1 h，取出冲洗干净，晾干后测试；

c） 耐油性能：浸泡在异辛烷中 4 h，取出 2 h 内测试。

4.15 阻燃性能

织带、绳套按 GB/T 5455—1997 的规定进行测试。测试应分别沿纵向和横向进行测试。

4.16 特殊环境测试条件

a） 高温：样品在(60±5)℃环境中预处理 1 h，取出后进行测试；

b） 低温：样品在(－30±5)℃环境中预处理 1 h，进行测试；

c） 油：在样品表面喷洒 10＃机油，形成稳定油膜即可进行测试；

d） 水：在样品表面喷洒水雾，在即将形成水流时进行测试；

e） 冰雪：在样品表面喷洒水雾，同时对导轨强制降温，形成薄冰时进行测试；

f） 尘：将干水泥粉喷洒在样品上，形成薄层时进行测试。

附　录　A
（规范性附录）
模　拟　人

A.1　本附录规定了安全带测试中使用的模拟人的质量、外形、材质、重心等要求。

A.2　外表面采用至少 40 mm 厚橡胶，内部采用整体其他材料，为调整重心位置，材料可以按部位有不同。

A.3　表面邵氏硬度大于 90。静态性能测试可以使用整体硬质材料制作。

注：表面硬度测试应在模拟人相对平坦的部位，使用邵氏硬度计手持测试。

A.4　模拟人质量：(100±2)kg。静态性能测试可以不限制总体质量。

A.5　外形尺寸见图 A.1。

A.6　模拟人表面应平滑过渡，外形轮廓未标注圆弧半径为 R50 mm～R200 mm、圆角半径为 R20 mm。

A.7　不会接触安全带的部位可以用金属材料。

单位为毫米

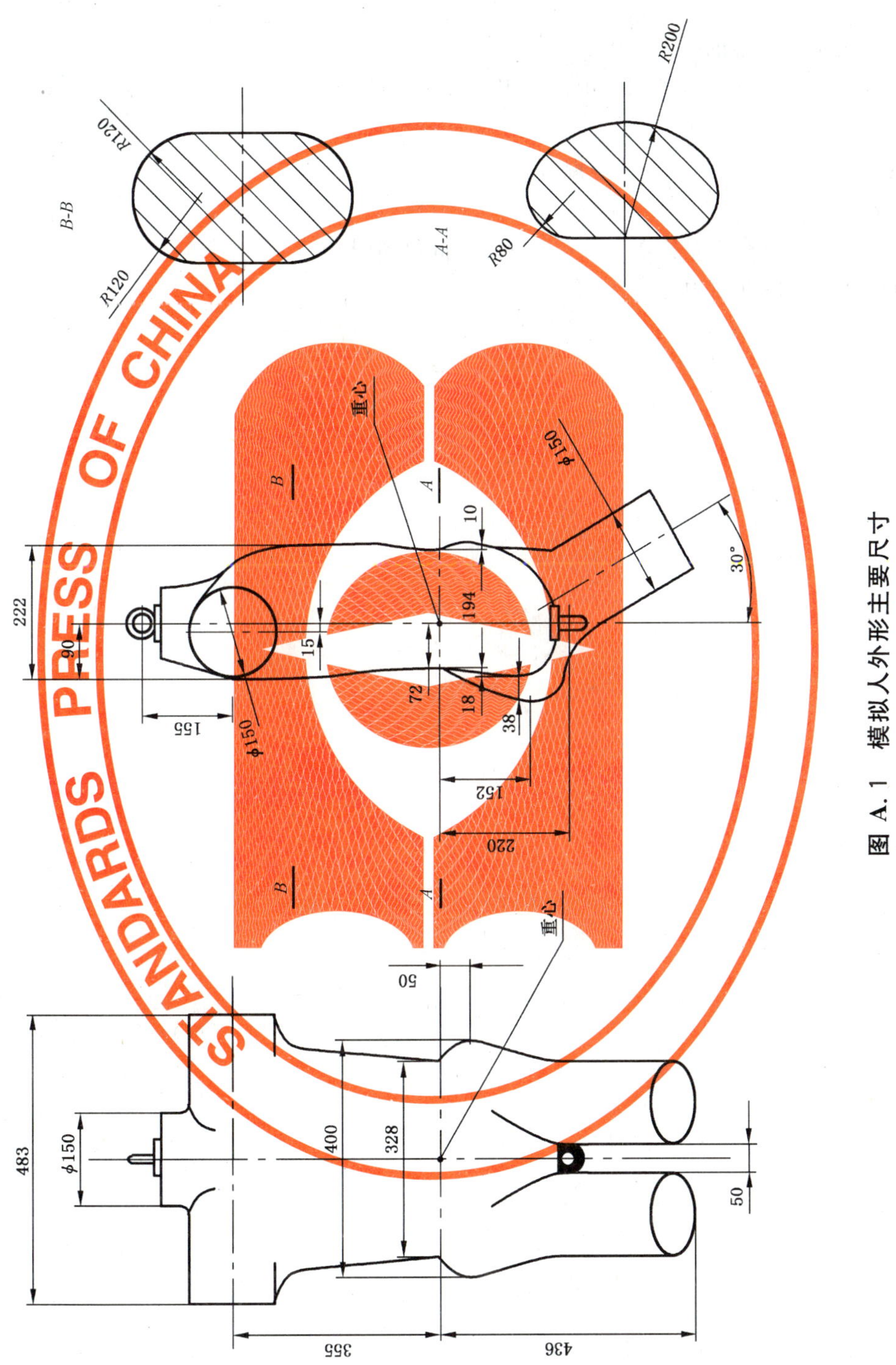

图 A.1 模拟人外形主要尺寸

附　录　B
（规范性附录）
砂　　包

B.1　本附录规定了砂包的一般要求。

B.2　在仅含单腰系带的安全带测试中可以用沙包替代模拟人。

B.3　砂包质量：(100±2)kg。

B.4　砂包填充物：沙土和锯末的均匀混合物。

B.5　砂包外型：

长：940 mm，截面形状周长 0.85 m，各形面之间平滑过渡。

悬挂点：在端面的几何中心。

ICS 59.060.10
W 10

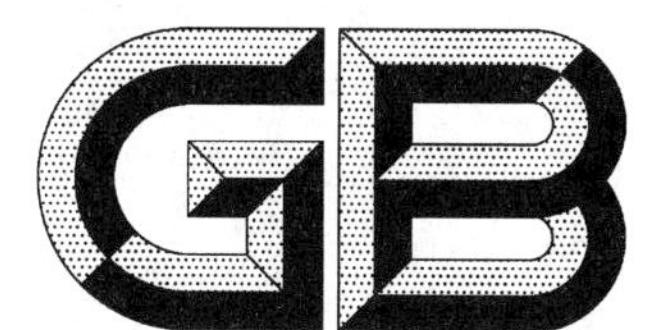

中华人民共和国国家标准

GB/T 6102.2—2009
代替 GB/T 6102.2—1985

原棉回潮率试验方法　电测器法

Test method for moisture regain in raw cotton—Electrical moisture meter

2009-04-23 发布　　2009-09-01 实施

中华人民共和国国家质量监督检验检疫总局
中国国家标准化管理委员会　发布

前　言

本标准代替 GB/T 6102.2—1985《原棉回潮率试验方法　电测器法》。

本标准与 GB/T 6102.2—1985 相比，修订的主要内容如下：

——增加了“范围”和“规范性引用文件”等内容，并将原棉回潮率测量适用范围由 6%～12%修改为 3%～13%。

——将“定义”修改为“术语和定义”，并删去了“含水率”的定义。

——把电测器的测量电压由(360±5)V 改为 DC(90±1)V。

——将手柄压力控制范围由(735±49)N 改为(735±30)N。

——表头刻度采用分辨率描述。

——增加了回潮率测量范围、允差和分辨率的规定，增加了温度修正范围的规定，增加了适应的试验环境温湿度范围的规定，增加了对棉花类型、轧工方式和湿度修正的规定。

——仪器和器具中删除了棉花电阻校验箱的内容；称量衡器增加了电子秤。

——简化了试验步骤。

——删除原标准附录 A“锯齿棉电测含水率与电测回潮率的换算表”和附录 B“皮辊棉电测含水率与电测回潮率的换算表”。

——增加了附录 A“XJ130 型电测器技术参数与仪器校验”。

本标准的附录 A 为资料性附录。

本标准由中国纤维检验局提出并归口。

本标准起草单位：中国纤维检验局、农业部种植业管理司、中国棉花协会、中国棉纺织行业协会、新疆维吾尔自治区纤维检验局、山东省纤维检验局、湖北省纤维检验局、陕西省纤维检验局、陕西华斯特仪器有限公司。

本标准主要起草人：徐水波、熊宗伟、张保国、杨照良、夏文省、范琥跃、卫军、都占元、陈春梅、仲学宪、韩刚、张明柱。

本标准所代替标准的历次版本发布情况为：

——GB/T 6102.2—1985。

原棉回潮率试验方法　电测器法

1　范围

本标准规定了采用电测器测定原棉回潮率的方法。

本标准适用于回潮率在3%～13%的细绒棉和长绒棉。

2　规范性引用文件

下列文件中的条款通过本标准的引用而成为本标准的条款。凡是注日期的引用文件，其随后所有的修改单(不包括勘误的内容)或修订版均不适用于本标准，然而，鼓励根据本标准达成协议的各方研究是否可使用这些文件的最新版本。凡是不注日期的引用文件，其最新版本适用于本标准。

GB 1103　棉花　细绒棉

GB/T 8170　数值修约规则与极限数值的表示和判定

GB 19635　棉花　长绒棉

3　术语和定义

下列术语和定义适用于本标准。

3.1

含湿质量　moisture weight

原棉含有水分时的质量。

3.2

干燥质量　dry weight

原棉经一定方法除去水分后的质量。

3.3

回潮率　moisture regain

在规定条件下测得的原棉水分含量，以试样的含湿质量与干燥质量的差值对干燥质量的百分率表示。

4　原理

根据不同回潮率的棉纤维具有不同电阻值的特性，在试样的质量、密度和极板电压等试验条件一定的情况下，棉花的电阻与其回潮率呈负相关，测量通过棉纤维试样的电流大小，间接地得出原棉的回潮率。

5　仪器和器具

5.1　电测器

5.1.1　测量电压：DC(90±1)V。

5.1.2　回潮率测量范围：3.0%～13.0%。

5.1.3　测量允差：用标准电阻箱校验时，电测器应满足表1要求。

9 试验结果

9.1 平均回潮率

平均回潮率按式(1)计算。

$$\bar{R} = \frac{\sum_{i=1}^{n} R_i}{n} \qquad \cdots\cdots(1)$$

式中：

$\bar{R}$——平均回潮率，%；

R_i——第 i 个试验试样的回潮率，%；

n——试验试样份数。

9.2 数值修约

平均回潮率的计算结果按 GB/T 8170 的规定修约至两位小数。

10 试验报告

试验报告应包括各试验试样的回潮率和平均回潮率，试验试样份数，并写明样品来源、样品编号、棉花类型、轧工方式、检验依据、仪器编号、试验日期、试验环境温湿度等。

附 录 A
（资料性附录）
XJ130 型电测器技术参数与仪器校验

XJ130 型电测器是快速测定原棉回潮率的仪器，适用于回潮率在 3%～13% 的锯齿棉、皮辊棉。具有锯齿棉、皮辊棉和环境温湿度对回潮率测量影响的自动修正功能。

A.1 仪器性能

A.1.1 回潮率测量

a) 测量范围

3.0%～13.0%。

b) 测量允差

3.0%～6.0%：±0.2%；6.1%～11.0%：±0.1%；11.1%～13.0%：0.2%。

c) 分辨率

3.0%～6.0%：0.02%；6.1%～11.0%：0.01%；11.1%～13.0%：0.02%。

A.1.2 温度测量

a) 范围

−30 ℃～+50 ℃。

b) 测量允差

−30 ℃～−10 ℃：±2 ℃；−9 ℃～+50 ℃：±1 ℃。

A.1.3 回潮率温度修正范围

−30 ℃～+50 ℃。

A.1.4 环境适应性

工作环境温度在−30 ℃～+50 ℃。

试样回潮率在 5.0%～7.0%之间时，环境相对湿度应≤65%；

试样回潮率在 7.0%～13.0%之间时，环境相对湿度应≤85%。

A.2 仪器技术规格

A.2.1 测量电压：(90±1)V。

A.2.2 极板面积：$(235\times100)\,mm^2$。

A.2.3 极板材料：不锈钢。

A.2.4 极板压力：(735±30)N。

A.2.5 试样质量：(50±5)g。

A.3 仪器校验

A.3.1 压力校验

将“方式”选择开关置于“压力校验”位置，把压力测试器的测头放在两极板中心位置，操纵加压手柄，在 600 N～850 N 的范围内，电测器显示的压力值与压力测试器显示的压力值差异应不大于 30 N。

A.3.2 电压校验

把直流电压表的正极接仪器外测端子的正极，负极接接地端子，按下“读数”按钮，电压表读数应为(90±1)V。

A.3.3 回潮率测定校验

A.3.3.1 把方式选择开关拨到"低水校验"位置，把标准电阻箱接入外测接线柱，按下"读数"按钮，对3.0%、4.0%、4.5%、5.0%、5.5%、6.0%、6.5%的回潮率依次进行校验。

A.3.3.2 把方式选择开关拨到"高水校验"位置，把电阻箱接入外测接线柱，按下"读数"按钮，对7.0%、8.0%、9.0%、10.0%、11.0%、12.0%、13.0%的回潮率依次进行校验。

A.3.3.3 温度校验

把方式选择开关拨到"温度校验"位置，按下"读数"按钮，显示的温度值与仪器周围的环境温度的差异应在±1 ℃范围内。

ICS 77.120.99
H 63

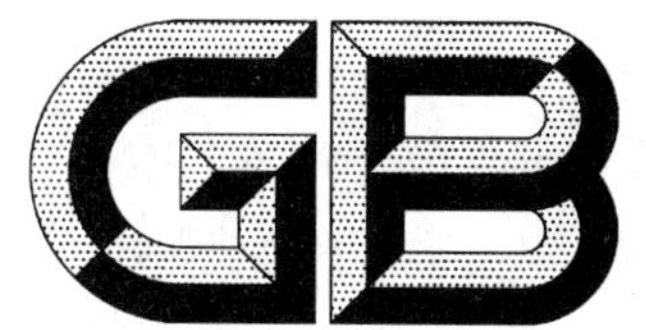

中华人民共和国国家标准

GB/T 6150.3—2009
代替 GB/T 6150.4—1985

钨精矿化学分析方法 磷量的测定 磷钼黄分光光度法

Methods for chemical analysis of tungsten concentrates—Determination of phosphorus content—The phosphorus molybdenum yellow spectrophotometry

2009-10-30 发布　　　　2010-06-01 实施

中华人民共和国国家质量监督检验检疫总局
中国国家标准化管理委员会　发布

前 言

GB/T 6150《钨精矿化学分析方法》分为17部分：

GB/T 6150.1 钨精矿化学分析方法 三氧化钨量的测定 钨酸铵灼烧重量法

GB/T 6150.2 钨精矿化学分析方法 锡量的测定 碘酸钾容量法和氢化物原子吸收光谱法

GB/T 6150.3 钨精矿化学分析方法 磷量的测定 磷钼黄分光光度法

GB/T 6150.4 钨精矿化学分析方法 硫量的测定 高频红外吸收法

GB/T 6150.5 钨精矿化学分析方法 钙量的测定 EDTA容量法和原子吸收光谱法

GB/T 6150.6 钨精矿化学分析方法 湿存水量的测定 重量法

GB/T 6150.7 钨精矿化学分析方法 钽铌量的测定 等离子体发射光谱法和分光光度法

GB/T 6150.8 钨精矿化学分析方法 钼量的测定 硫氰酸盐分光光度法

GB/T 6150.9 钨精矿化学分析方法 铜量的测定 火焰原子吸收光谱法

GB/T 6150.10 钨精矿化学分析方法 铅量的测定 火焰原子吸收光谱法

GB/T 6150.11 钨精矿化学分析方法 锌量的测定 火焰原子吸收光谱法

GB/T 6150.12 钨精矿化学分析方法 二氧化硅量的测定 硅钼蓝分光光度法和重量法

GB/T 6150.13 钨精矿化学分析方法 砷量的测定 氢化物原子吸收光谱法和DDTC-Ag分光光度法

GB/T 6150.14 钨精矿化学分析方法 锰量的测定 硫酸亚铁铵容量法和火焰原子吸收光谱法

GB/T 6150.15 钨精矿化学分析方法 铋量的测定 火焰原子吸收光谱法

GB/T 6150.16 钨精矿化学分析方法 铁量的测定 磺基水杨酸分光光度法

GB/T 6150.17 钨精矿化学分析方法 锑量的测定 氢化物原子吸收光谱法

本部分为GB/T 6150的第3部分。

本部分代替GB/T 6150.4—1985《钨精矿化学分析方法 钼黄光度法测定磷量》。

本部分与GB/T 6150.4—1985相比主要变化如下：

——扩大了测定范围，由0.01%～0.20%调整为0.005%～1.00%；

——样品熔融温度由650 ℃～700 ℃改为700 ℃～750 ℃；

——以硝酸钙为载体，使磷成磷酸钙沉淀与其他元素分离改为以硫酸铍为载体，使磷与氢氧化铍共沉淀与其他元素分离；

——将坩埚置于100 mL容量瓶的漏斗上，盖上表面皿，分3次吹入热水以浸取熔融物改为将坩埚浸入盛有50 mL浸取液的300 mL塑料杯中，以水洗净坩埚；

——比色皿由1 cm改为5 cm；

——增加了重复性限条款。

本部分由中国有色金属工业协会提出。

本部分由全国有色金属标准化技术委员会归口。

本部分由赣州有色冶金研究所、中国有色金属工业标准计量质量研究所负责起草。

本部分由赣州有色冶金研究所起草。

本部分由赣州华兴钨制品有限公司、江西下垄钨业有限公司参加起草。

本部分主要起草人：杨峰、刘柏禄、潘建忠。

本部分主要验证人：张倩、方宣如、许景光。

本部分所代替标准的历次版本发布情况为：

——GB/T 6150.4—1985。

钨精矿化学分析方法 磷量的测定 磷钼黄分光光度法

1 范围

GB/T 6150 的本部分规定了钨精矿中磷量的测定方法。

本部分适用于钨精矿中磷量的测定。测定范围:0.005%~1.00%。

2 方法提要

试料经碱熔、浸取后,在氨水溶液中,以硫酸铍为载体,使磷与氢氧化铍共沉淀与其他元素分离。在一定酸度的硝酸溶液中,以钒酸铵-钼酸铵为显色剂,于分光光度计 420 nm 处测其吸光度。

经分离后,残留的钨、砷、硅等均不影响测定。

3 试剂

除非另有说明,在分析中仅使用确认为分析纯的试剂和蒸馏水或去离子水或相对纯度的水。

3.1 氢氧化钾(GR)。

3.2 氨水(ρ 约 0.90 g/mL)。

3.3 硝酸(GR,ρ 约 1.42 g/mL)。

3.4 硝酸溶液(1+1),配制时硝酸先经煮沸,赶尽二氧化氮。

3.5 硝酸溶液(1+10),配制时硝酸先经煮沸,赶尽二氧化氮。

3.6 无水乙醇。

3.7 乙二胺四乙酸二钠溶液(100 g/L)。

3.8 硫酸铍溶液(40 g/L)。

3.9 氨水洗涤液(2+98),热水配制。

3.10 钼酸铵溶液(100 g/L):称取 10 g 钼酸铵溶解于 80 mL 热水中,冷却后,用水稀释至 100 mL,混匀。

3.11 钒酸铵溶液:称取 0.3 g 钒酸铵溶解于 50 mL 热水中,加 30 mL 硝酸(3.3)、40 mL 水,混匀。

3.12 钒酸铵-钼酸铵混合液:将已冷却的钼酸铵溶液(3.10)在不断搅拌下缓缓加入已冷却的钒酸铵溶液(3.11)中,过滤后使用。用时现配。

3.13 对硝基酚乙醇溶液(2 g/L)。

3.14 EDTA-乙醇浸取液:将 50 mL 无水乙醇(3.6)和 500 mL 乙二胺四乙酸二钠溶液(3.7)移入 1 000 mL 容量瓶中,以水稀释至刻度,混匀。

3.15 磷标准贮存溶液:称取 0.439 4 g 经烘干的纯磷酸二氢钾[$w(KH_2PO_4)\geqslant 99.95\%$],置于250 mL 烧杯中,加入 200 mL 水溶解,用水定容于 1 000 mL 容量瓶中,混匀。此溶液 1 mL 含 100 μg 磷。

3.16 磷标准溶液:移取 100.00 mL 磷标准贮存溶液(3.15),置于 500 mL 容量瓶中,用水稀释至刻度,混匀。此溶液 1 mL 含 20 μg 磷。

4 仪器

分光光度计。

5 试样

5.1 试样粒度小于0.074 mm。

5.2 试样预先在105 ℃～110 ℃烘2 h,置于干燥器中冷却至室温。

6 分析步骤

6.1 试料

按表1称取试样,精确到0.000 1 g。

表1

磷质量分数/%	试料量/g	分取试液体积/mL
0.005～0.04	0.50	50.00
>0.04～0.25	0.20	20.00
>0.25～1.00	0.10	10.00

6.2 测定次数

独立地进行两次测定,取其平均值。

6.3 空白试验

随同试料做空白试验。

6.4 测定

6.4.1 将试料(6.1)置于30 mL镍坩埚中[内盛预先脱水的5 g氢氧化钾(3.1)],再用1 g氢氧化钾(3.1)覆盖试料,在电炉上加热除去水分,置于700 ℃～750 ℃马弗炉中熔融至樱红并保持5 min,取出稍冷。

6.4.2 将坩埚浸入盛有50 mL浸取液(3.14)的300 mL塑料杯中(锰高时可酌情补加无水乙醇至锰的颜色褪去。)以水洗净坩埚,冷却后移入100 mL容量瓶中,以水稀释至刻度,混匀,立即倒回原塑料杯。干过滤。

6.4.3 按表1移取清液(6.4.2),置于250 mL烧杯中,加入1～2滴对硝基酚乙醇溶液(3.13),加入5 mL EDTA溶液(3.7),混匀,用硝酸溶液(3.4)中和至无色,再加入5 mL硫酸铍溶液(3.8),加热至近沸,取下,在不断搅拌下加入氨水(3.2)至沉淀出现并过量10 mL,加热至沸,取下稍冷。

6.4.4 用中速定量滤纸过滤,以氨水洗涤液(3.9)洗烧杯2次,洗沉淀7～8次。

6.4.5 以50 mL容量瓶承接漏斗,用热的硝酸(3.5)将沉淀溶入容量瓶中,并以此硝酸洗净烧杯2次及洗滤纸8～10次,冷却,以硝酸(3.5)稀释至刻度,混匀,准确加入10 mL钒酸铵-钼酸铵混合液(3.12),混匀,放置30 min。

6.4.6 将部分溶液移入5 cm比色皿中,以随同试料空白为参比,于分光光度计波长420 nm处测量试料溶液的吸光度,从工作曲线上查出相应的磷量。

6.5 工作曲线的绘制

6.5.1 移取0 mL、1.00 mL、2.00 mL、3.00 mL、4.00 mL、5.00 mL、6.00 mL磷标准溶液(3.16),置于一组50 mL容量瓶中,加入8 mL硝酸溶液(3.4),用水稀释至刻度,混匀。准确加入10 mL钒酸铵-钼酸铵混合液(3.12)混匀,放置30 min。

6.5.2 将部分溶液移入5 cm比色皿中,以试剂空白为参比,于分光光度计波长420 nm处测量其吸光度。以磷量为横坐标,吸光度为纵坐标绘制工作曲线。

7 分析结果的计算

磷含量以磷的质量分数w_P计,数值以%表示,按式(1)计算:

$$w_P = \frac{m_1 \times V_0}{m_0 \times V_1 \times 10^6} \times 100 \quad \cdots\cdots\cdots\cdots (1)$$

式中：

m_1——从工作曲线上查得磷量，单位为微克(μg)；

V_0——试液总体积，单位为毫升(mL)；

V_1——分取试液体积，单位为毫升(mL)；

m_0——称取试料的质量，单位为克(g)。

8 精密度

8.1 重复性

在重复性条件下获得的两个独立测试结果的测定值，在以下给出的平均值范围内，这两个测试结果的绝对差值不超过重复性限(r)，超过重复性限(r)的情况不超过5%，重复性限(r)按表2数据采用线性内插法求得。

表 2

磷的质量分数/%	0.010	0.042	0.166	0.498
r/%	0.001	0.005	0.014	0.016

8.2 允许差

实验室之间分析结果的差值应不大于表3。

表 3

磷的质量分数/%	允许差/%
0.005～0.010	0.002
>0.010～0.020	0.004
>0.020～0.050	0.008
>0.050～0.100	0.012
>0.100～0.200	0.020
>0.200～0.500	0.030
>0.500～1.000	0.040

9 质量控制与保证

应用国家级标准样品或行业标准样品(当两者都没有时，也可用控制样品代替)，每周或每两周校核一次本分析方法标准的有效性。当过程失控时，应找出原因，纠正错误后，重新进行校核。

ICS 77.120.99
H 63

中华人民共和国国家标准

GB/T 6150.8—2009
代替 GB/T 6150.10—1985

钨精矿化学分析方法 钼量的测定 硫氰酸盐分光光度法

Methods for chemical analysis of tungsten concentrates—Determination of molybdenum content—The thiocyanate spectrophotometry

2009-10-30 发布　　　　2010-06-01 实施

中华人民共和国国家质量监督检验检疫总局
中国国家标准化管理委员会　发布

前　言

GB/T 6150《钨精矿化学分析方法》分为17部分：

GB/T 6150.1　钨精矿化学分析方法　三氧化钨量的测定　钨酸铵灼烧重量法

GB/T 6150.2　钨精矿化学分析方法　锡量的测定　碘酸钾容量法和氢化物原子吸收光谱法

GB/T 6150.3　钨精矿化学分析方法　磷量的测定　磷钼黄分光光度法

GB/T 6150.4　钨精矿化学分析方法　硫量的测定　高频红外吸收法

GB/T 6150.5　钨精矿化学分析方法　钙量的测定　EDTA容量法和原子吸收光谱法

GB/T 6150.6　钨精矿化学分析方法　湿存水量的测定　重量法

GB/T 6150.7　钨精矿化学分析方法　钽铌量的测定　等离子体发射光谱法和分光光度法

GB/T 6150.8　钨精矿化学分析方法　钼量的测定　硫氰酸盐分光光度法

GB/T 6150.9　钨精矿化学分析方法　铜量的测定　火焰原子吸收光谱法

GB/T 6150.10　钨精矿化学分析方法　铅量的测定　火焰原子吸收光谱法

GB/T 6150.11　钨精矿化学分析方法　锌量的测定　火焰原子吸收光谱法

GB/T 6150.12　钨精矿化学分析方法　二氧化硅量的测定　硅钼蓝分光光度法和重量法

GB/T 6150.13　钨精矿化学分析方法　砷量的测定　氢化物原子吸收光谱法和DDTC-Ag分光光度法

GB/T 6150.14　钨精矿化学分析方法　锰量的测定　硫酸亚铁铵容量法和火焰原子吸收光谱法

GB/T 6150.15　钨精矿化学分析方法　铋量的测定　火焰原子吸收光谱法

GB/T 6150.16　钨精矿化学分析方法　铁量的测定　磺基水杨酸分光光度法

GB/T 6150.17　钨精矿化学分析方法　锑量的测定　氢化物原子吸收光谱法

本部分为GB/T 6150的第8部分。

本部分代替GB/T 6150.10—1985《钨精矿化学分析方法　硫氰酸盐光度法测定钼量》。

本部分与GB/T 6150.10—1985相比主要变化如下：

——样品熔融由过氧化钠-氢氧化钠熔融改为由过氧化钠熔融；

——显色剂由硫氰酸铵改为硫氰酸钾；

——扩大了测定范围，由0.005%～0.500%调整为0.005%～1.00%；

——比色管改为容量瓶；

——增加了重复性限条款。

本部分由中国有色金属工业协会提出。

本部分由全国有色金属标准化技术委员会归口。

本部分由赣州有色冶金研究所、中国有色金属工业标准计量质量研究所负责起草。

本部分由赣州有色冶金研究所起草。

本部分由赣州华兴钨制品有限公司、江西下垄钨业有限公司参加起草。

本部分主要起草人：邝静、刘红英、谢友贞、何栋梁。

本部分主要验证人：王长基、曾芳、许景光。

本部分所代替标准的历次版本发布情况为：

——GB/T 6150.10—1985。

钨精矿化学分析方法 钼量的测定 硫氰酸盐分光光度法

1 范围

GB/T 6150 的本部分规定了钨精矿中钼含量的测定方法。

本部分适用于钨精矿中钼含量的测定。测定范围：0.005%～1.00%。

2 方法提要

试料在高铝坩埚中以过氧化钠熔融，用水浸出，使钼与大部分铁、锰、铜、铋、钙等分离。用柠檬酸掩蔽钨，以铜盐为催化剂，在稀硫酸溶液中，用硫脲将钼还原成五价，然后与硫氰酸盐生成橙红色络合物，于分光光度计波长 460 nm 处测量其吸光度。

3 试剂

除非另有说明，在分析中仅使用确认为分析纯的试剂和蒸馏水或去离子水或相对纯度的水。

3.1 过氧化钠。

3.2 氢氧化钠溶液(50 g/L)。

3.3 无水乙醇。

3.4 硫酸高铁铵溶液(30 g/L)。配制时加几滴硫酸。

3.5 硫酸-柠檬酸-硫酸铜溶液：称取 200 g 柠檬酸，置于 1 000 mL 烧杯中，加入 400 mL 水，待溶解完全后，加入 330 mL 硫酸(1+1)、0.20 g 硫酸铜，用水稀释至 1 000 mL，混匀。

3.6 硫脲-硫氰酸钾混合溶液：100 mL 溶液中含 8 g 硫脲、50 g 硫氰酸钾。

3.7 钼标准贮存溶液：称取 0.150 0 g 经 550 ℃灼烧过的纯三氧化钼[$w(MoO_3)\geq 99.95\%$]，置于 250 mL 烧杯中，加入适量的氢氧化钠溶液(3.2)，加热至溶解完全，冷却后，用氢氧化钠溶液(3.2)移入 1 000 mL 容量瓶中并稀释至刻度，混匀。贮存于塑料瓶中。此溶液 1 mL 含 100 μg 钼。

3.8 钼标准溶液 A：移取 10.00 mL 钼标准贮存溶液(3.7)，置于 100 mL 容量瓶中，用氢氧化钠溶液(3.2) 稀释至刻度，混匀。贮存于塑料瓶中。此溶液 1 mL 含 10 μg 钼。

3.9 钼标准溶液 B：移取 20.00 mL 钼标准贮存溶液(3.7)，置于 100 mL 容量瓶中，用氢氧化钠溶液(3.2) 稀释至刻度，混匀。贮存于塑料瓶中。此溶液 1 mL 含 20 μg 钼。

4 仪器

分光光度计。

5 试样

5.1 试样粒度小于 0.074 mm。

5.2 试样预先在 105 ℃～110 ℃烘 2 h，置于干燥器中冷却至室温。

6 分析步骤

6.1 试料

按表 1 称取试样(精确到 0.000 1 g)。

表 1

钼的质量分数/%	试样量/g	试液总体积/mL
0.005～0.10	1.00	100
>0.10～0.40	0.50	100
>0.40～1.00	0.20	200

6.2 测定次数

独立地进行两次测定，取其平均值。

6.3 空白试验

随同试料做空白试验。

6.4 测定

6.4.1 将试料(6.1)置于 30 mL 高铝坩埚中，加入 4 g～5 g 过氧化钠(3.1)，用玻棒搅匀，置于 650 ℃～700 ℃高温炉中熔融 10 min～15 min，取出稍冷。

6.4.2 将坩埚置于预先盛有约 50 mL 沸水的 250 mL 烧杯中，浸取完全后，用水洗净坩埚，趁热加入 10 mL 硫酸高铁铵溶液(3.4)，搅动溶液，以加速过氧化氢分解。冷却后，移入按表 1 选取的容量瓶中，用水稀释至刻度，混匀。干过滤。

注：对黑钨精矿试样，不需加入硫酸高铁铵溶液(3.4)。试样溶液冷却之前，如出现紫色或绿色，应趁热滴加无水乙醇(3.3)至颜色消失。

6.4.3 移取 10.00 mL 溶液(6.4.2)，置于 25 mL 容量瓶中，用硫酸-柠檬酸-硫酸铜溶液(3.5)稀释至刻度，混匀。加入 1.0 mL 硫脲-硫氰酸钾混合溶液(3.6)，混匀，放置 30 min。

6.4.4 将部分溶液移入 3 cm 比色皿中，以随同试料的空白为参比，于分光光度计波长 460 nm 处测量其吸光度。从工作曲线上查出相应的钼量。

注：含钼量大于 0.40%，用 1 cm 比色皿，并绘制相应的工作曲线。

6.5 工作曲线的绘制

6.5.1 含钼量为 0.005%～0.40%时，移取 0 mL、0.50 mL、1.00 mL、2.00 mL、3.00 mL、4.00 mL 钼标准溶液 A(3.8)，置于一组 25 mL 容量瓶中，各补加氢氧化钠溶液(3.2)至体积为 10 mL，置于 25 mL 容量瓶中，用硫酸-柠檬酸-硫酸铜溶液(3.5)稀释至刻度，混匀。加入 1.0 mL 硫脲-硫氰酸钾混合溶液(3.6)，混匀，放置 30min。将部分溶液移入 3 cm 比色皿中，以试剂空白为参比，于分光光度计波长 460 nm 处测量其吸光度。以钼量为横坐标，吸光度为纵坐标，绘制工作曲线。

6.5.2 含钼量>0.40%～1.00%时，移取 0 mL、1.50 mL、3.00 mL、4.50 mL、6.00 mL、7.50 mL、9.00 mL 钼标准溶液 B(3.9)，置于一组 25 mL 容量瓶中，各补加氢氧化钠溶液(3.2)至体积为 10 mL，置于 25 mL 容量瓶中，用硫酸-柠檬酸-硫酸铜溶液(3.5)稀释至刻度，混匀。加入 1.0 mL 硫脲-硫氰酸钾混合溶液(3.6)，混匀，放置 30 min。将部分溶液移入 1 cm 比色皿中，以试剂空白为参比，于分光光度计波长 460 nm 处测量其吸光度。以钼量为横坐标，吸光度为纵坐标，绘制工作曲线。

7 分析结果的计算

钼含量以钼的质量分数 w_{Mo} 计，数值以%表示，按式(1)计算：

$$w_{Mo} = \frac{m_1 \cdot V_0}{m_0 \cdot V_1 \times 10^6} \times 100 \qquad \cdots\cdots(1)$$

式中：

m_1——从工作曲线上查得试料溶液中钼的量，单位为微克(μg)；

V_0——试液的总体积，单位为毫升(mL)；

V_1——分取试液的体积，单位为毫升(mL)；

m_0——试料量，单位为克(g)。

8 精密度

8.1 重复性

在重复性条件下获得的两次独立测试结果的测定值，在以下给出的平均值范围内，这两个测试结果的绝对差值不超过重复性限(r)，超过重复性限(r)的情况不超过5%。重复性限(r)按表2数据采用线性内插法求得。

表2

钼的质量分数/%	0.016	0.028	0.123	0.640
r/%	0.002	0.005	0.012	0.039

8.2 允许差

实验室之间分析结果的差值不应大于表3所列允许差。

表3

钼的质量分数/%	允许差/%
0.005～0.010	0.002
>0.010～0.020	0.004
>0.020～0.050	0.006
>0.050～0.100	0.010
>0.100～0.200	0.020
>0.200～0.500	0.040
>0.500～1.00	0.080

9 质量保证和控制

应用国家级标准样品或行业标准样品(当两者都没有时，也可用控制样品代替)，每周或每两周校核一次本分析方法标准的有效性。当过程失控时，应找出原因，纠正错误后，重新进行校核。

ICS 77.120.99
H 63

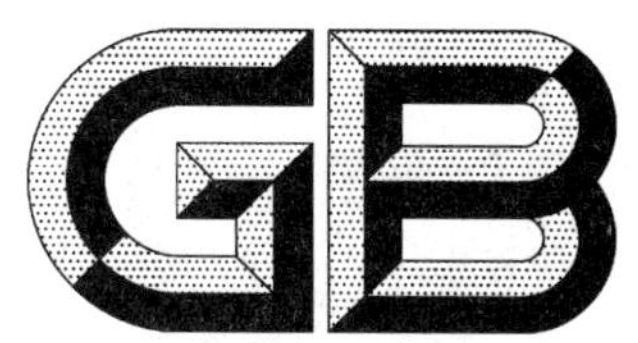

中华人民共和国国家标准

GB/T 6150.9—2009
代替 GB/T 6150.11—1985

钨精矿化学分析方法　铜量的测定 火焰原子吸收光谱法

Methods for chemical analysis of tungsten concentrates—
Determination of copper content—
Flame atomic absorption spectrometry

2009-10-30 发布　　2010-06-01 实施

中华人民共和国国家质量监督检验检疫总局
中国国家标准化管理委员会　发布

前　言

GB/T 6150《钨精矿化学分析方法》分为17部分：

GB/T 6150.1　钨精矿化学分析方法　三氧化钨量的测定　钨酸铵灼烧重量法

GB/T 6150.2　钨精矿化学分析方法　锡量的测定　碘酸钾容量法和氢化物原子吸收光谱法

GB/T 6150.3　钨精矿化学分析方法　磷量的测定　磷钼黄分光光度法

GB/T 6150.4　钨精矿化学分析方法　硫量的测定　高频红外吸收法

GB/T 6150.5　钨精矿化学分析方法　钙量的测定　EDTA容量法和原子吸收光谱法

GB/T 6150.6　钨精矿化学分析方法　湿存水量的测定　重量法

GB/T 6150.7　钨精矿化学分析方法　钽铌量的测定　等离子体发射光谱法和分光光度法

GB/T 6150.8　钨精矿化学分析方法　钼量的测定　硫氰酸盐分光光度法

GB/T 6150.9　钨精矿化学分析方法　铜量的测定　火焰原子吸收光谱法

GB/T 6150.10　钨精矿化学分析方法　铅量的测定　火焰原子吸收光谱法

GB/T 6150.11　钨精矿化学分析方法　锌量的测定　火焰原子吸收光谱法

GB/T 6150.12　钨精矿化学分析方法　二氧化硅量的测定　硅钼蓝分光光度法和重量法

GB/T 6150.13　钨精矿化学分析方法　砷量的测定　氢化物原子吸收光谱法和DDTC-Ag分光光度法

GB/T 6150.14　钨精矿化学分析方法　锰量的测定　硫酸亚铁铵容量法和火焰原子吸收光谱法

GB/T 6150.15　钨精矿化学分析方法　铋量的测定　火焰原子吸收光谱法

GB/T 6150.16　钨精矿化学分析方法　铁量的测定　磺基水杨酸分光光度法

GB/T 6150.17　钨精矿化学分析方法　锑量的测定　氢化物原子吸收光谱法

本部分为GB/T 6150的第9部分。

本部分代替GB/T 6150.11—1985《钨精矿化学分析方法　原子吸收分光光度法测定铜量》。

本部分与GB/T 6150.11—1985相比主要变化如下：

——测定介质由盐酸改为硝酸；

——扩大了测定范围，由0.005%～0.500%调整为0.005%～1.00%；

——标准溶液中由加入盐酸、高氯酸改为加入硝酸溶液；

——增加了重复性条款。

本部分由中国有色金属工业协会提出。

本部分由全国有色金属标准化技术委员会归口。

本部分由赣州有色冶金研究所、中国有色金属工业标准计量质量研究所负责起草。

本部分由赣州有色冶金研究所起草。

本部分由江西下垄钨业有限公司、赣州华兴钨制品有限公司参加起草。

本部分主要起草人：陈涛、赖剑、钟道国、施江海。

本部分主要验证人：许景光、王长基、葛卫红。

本部分所代替标准的历次版本发布情况为：

——GB/T 6150.11—1985。

钨精矿化学分析方法　铜量的测定　火焰原子吸收光谱法

1　范围

GB/T 6150 的本部分规定了钨精矿中铜含量的测定方法。

本部分适用于钨精矿中铜含量的测定。测定范围：0.005%～1.00%。

2　方法提要

试料在沸水浴上以盐酸分解，加入硝酸、高氯酸后加热溶解至冒浓白烟，取下冷却，加入硝酸，在硝酸介质中，于原子吸收光谱仪波长 324.8 nm 处，以空气-乙炔火焰测量铜的吸收度，用工作曲线法计算铜的质量分数。钨精矿中的杂质不干扰测定。

3　试剂

除非另有说明，在分析中仅使用确认为分析纯的试剂和蒸馏水或去离子水或相对纯度的水。

3.1　盐酸（ρ1.19 g/mL）。

3.2　硝酸（ρ1.42 g/mL）。

3.3　高氯酸（ρ1.67 g/mL）。

3.4　硝酸（1+1）。

3.5　铜标准贮存溶液：称取 0.200 0 g 纯金属铜[$w_{Cu}\geqslant$99.99%]于 300 mL 烧杯中，加入 100 mL 硝酸（3.4），加热溶解，冷却，定容于 1 000 mL 容量瓶中，混匀，此溶液 1 mL 含 200μg 铜。

4　仪器

原子吸收光谱仪，附铜空心阴极灯。

在仪器最佳工作条件下，凡能达到下列指标者均可使用：

——特征浓度：在与测量溶液基体相一致的溶液中，铜的特征浓度应不大于 0.059 μg/mL。

——精密度：用最高浓度的标准溶液测量 10 次吸光度，其标准偏差应不超过平均吸光度的 1.5%；用最低浓度的标准溶液（不是“零”浓度标准溶液）测量 10 次吸光度，其标准偏差应不超过最高浓度平均吸光度的 0.5%。

——工作曲线线性：将工作曲线按浓度等分成五段，最高段的吸光度差值与最低段的吸光度差值之比应不小于 0.7。

5　试样

5.1　试样粒度小于 0.074 mm。

5.2　试样预先在 105 ℃～110 ℃烘 2 h，置于干燥器中冷却至室温。

6　分析步骤

6.1　试料

按表 1 称取试样（精确到 0.000 1 g）。

表 1

铜的质量分数/%	试料量/g
≤0.02	1.00
>0.02~0.10	0.50
>0.10~0.50	0.20
>0.50~1.00	0.10

6.2 测定次数

独立地进行两次测定，取其平均值。

6.3 空白试验

随同试料做空白试验。

6.4 测定

6.4.1 将试料(6.1)置于 250 mL 的烧杯中，用水润湿，加入 50 mL 盐酸(3.1)，置于沸水浴中加热溶解 50 min，取下稍冷。加入 20 mL 硝酸(3.2)，2 mL 高氯酸(3.3)，加热至冒浓白烟，取下冷却，加入 2.5 mL 硝酸(3.2)，用水吹洗表面皿和杯壁，煮沸使可溶性盐类溶解，冷却后，移入 50 mL 容量瓶中，用水定容，混匀。

6.4.2 将澄清或干过滤的试液，于原子吸收光谱仪波长 324.8 nm 处，用空气-乙炔火焰，以水调零，测定试液及随同试料空白的吸光度。在工作曲线上查出相应的铜的浓度。

6.5 工作曲线的绘制

6.5.1 铜标准工作溶液：分别移取 0 mL、1.00 mL、2.50 mL、5.00 mL、10.00 mL、15.00 mL、20.00 mL铜标准贮存溶液(3.5)于一组 200 mL 容量瓶中，加入 20 mL 硝酸溶液(3.4)，用水定容，混匀。

6.5.2 将标准溶液(6.5.1)在原子吸收光谱仪上，于波长 324.8 nm，用空气-乙炔火焰，以水调零，测定铜的吸光度。以铜浓度为横坐标，吸光度为纵坐标绘制工作曲线。

7 分析结果的计算

铜含量以铜的质量分数 w_{Cu} 计，数值以%表示，按式(1)计算：

$$w_{Cu} = \frac{(\rho_1 - \rho_0) \cdot V}{m_0 \times 10^6} \times 100 \qquad \cdots\cdots (1)$$

式中：

ρ_1——从工作曲线上查的试液中铜的浓度，单位为微克每毫升(μg/mL)；

ρ_0——从工作曲线上查的空白溶液中铜的浓度，单位为微克每毫升(μg/mL)；

V——测定试液的体积，单位为毫升(mL)；

m_0——试料量，单位为克(g)。

8 精密度

8.1 重复性

在重复性条件下获得的两次独立测试结果的测定值，在以下给出的平均值范围内，这两个测试结果的绝对差值不超过重复性限(r)，超过重复性限(r)的情况不超过 5%。重复性限(r)按表 2 数据采用线性内插法求得：

表 2

铜的质量分数/%	0.010	0.199	0.871
r/%	0.001	0.014	0.027

8.2 允许差

实验室之间分析结果的差值不应大于表3所列允许差。

表3

铜的质量分数/%	允许差/%
0.005～0.010	0.002
>0.010～0.020	0.003
>0.020～0.050	0.006
>0.050～0.100	0.010
>0.100～0.300	0.015
>0.300～0.500	0.030
>0.500～1.000	0.050

9 质量保证和控制

应用国家级标准样品或行业标准样品(当两者都没有时,也可用控制样品代替),每周或每两周校核一次本分析方法标准的有效性。当过程失控时,应找出原因,纠正错误后,重新进行校核。

ICS 77.120.99
H 63

中华人民共和国国家标准

GB/T 6150.16—2009
代替 GB/T 6150.18—1985

钨精矿化学分析方法　铁量的测定　磺基水杨酸分光光度法

Methods for chemical analysis of tungsten concentrates—Determination of iron content—The sulfosalicylic acid spectrophotometry

2009-10-30 发布　　2010-06-01 实施

中华人民共和国国家质量监督检验检疫总局
中国国家标准化管理委员会　发布

前　言

GB/T 6150《钨精矿化学分析方法》分为17部分：

GB/T 6150.1　钨精矿化学分析方法　三氧化钨量的测定　钨酸铵灼烧重量法

GB/T 6150.2　钨精矿化学分析方法　锡量的测定　碘酸钾容量法和氢化物原子吸收光谱法

GB/T 6150.3　钨精矿化学分析方法　磷量的测定　磷钼黄分光光度法

GB/T 6150.4　钨精矿化学分析方法　硫量的测定　高频红外吸收法

GB/T 6150.5　钨精矿化学分析方法　钙量的测定　EDTA容量法和原子吸收光谱法

GB/T 6150.6　钨精矿化学分析方法　湿存水量的测定　重量法

GB/T 6150.7　钨精矿化学分析方法　钽铌量的测定　等离子体发射光谱法和分光光度法

GB/T 6150.8　钨精矿化学分析方法　钼量的测定　硫氰酸盐分光光度法

GB/T 6150.9　钨精矿化学分析方法　铜量的测定　火焰原子吸收光谱法

GB/T 6150.10　钨精矿化学分析方法　铅量的测定　火焰原子吸收光谱法

GB/T 6150.11　钨精矿化学分析方法　锌量的测定　火焰原子吸收光谱法

GB/T 6150.12　钨精矿化学分析方法　二氧化硅量的测定　硅钼蓝分光光度法和重量法

GB/T 6150.13　钨精矿化学分析方法　砷量的测定　氢化物原子吸收光谱法和DDTC-Ag分光光度法

GB/T 6150.14　钨精矿化学分析方法　锰量的测定　硫酸亚铁铵容量法和火焰原子吸收光谱法

GB/T 6150.15　钨精矿化学分析方法　铋量的测定　火焰原子吸收光谱法

GB/T 6150.16　钨精矿化学分析方法　铁量的测定　磺基水杨酸分光光度法

GB/T 6150.17　钨精矿化学分析方法　锑量的测定　氢化物原子吸收光谱法

本部分为GB/T 6150的第16部分。

本部分代替GB/T 6150.18—1985《钨精矿化学分析方法　磺基水杨酸光度法测定铁量》。

本部分与GB/T 6150.18—1985相比主要变化如下：

——扩大了测定范围，由0.05%～5.00%调整为0.05%～10.00%；

——比色管改为容量瓶；

——增加了重复性限条款。

本部分由中国有色金属工业协会提出。

本部分由全国有色金属标准化技术委员会归口。

本部分由赣州有色冶金研究所、中国有色金属工业标准计量质量研究所负责起草。

本部分由赣州有色冶金研究所、北京矿冶研究总院起草。

本部分由江西下垄钨业有限公司、赣州华兴钨制品有限公司参加起草。

本部分主要起草人：黎英、王林生、叶恩霞。

本部分主要验证人：许景光、肖福生、张倩、黄丽新。

本部分所代替标准的历次版本发布情况为：

——GB/T 6150.18—1985。

钨精矿化学分析方法　铁量的测定
磺基水杨酸分光光度法

1　范围

本部分规定了白钨精矿中铁量的测定方法。

本部分适用于白钨精矿中铁量的测定。测定范围：0.05%～10.00%。

2　方法提要

试料以盐酸、硝酸溶解后，钨以钨酸析出与铁分离，在氨性介质中，以盐酸羟胺掩蔽锰，铁与磺基水杨酸形成黄色络合物，于分光光度计波长 420 nm 处测定其吸光度。白钨精矿中的其他杂质均不干扰测定。

3　试剂

除非另有说明，在分析中仅使用确认为分析纯的试剂和蒸馏水或去离子水或相对纯度的水。

3.1　盐酸（GR，ρ1.19 g/mL）。

3.2　硝酸（GR，ρ1.42 g/mL）。

3.3　盐酸溶液（1+99）。

3.4　氨水溶液（1+1）。

3.5　磺基水杨酸溶液（250 g/L）。

3.6　盐酸羟胺溶液（50 g/L）。

3.7　铁标准贮存溶液：称取 1.000 0 g 纯铁[w(Fe)≥99.95%]，置于 250 mL 烧杯中，加入 15 mL 盐酸（3.1）、5 mL 硝酸（3.2），加热溶解完全，冷却后，加入 10 mL 硫酸（ρ1.84 g/mL），加热至冒浓白烟，取下冷却。用水吹洗杯壁和表面皿，加热使盐类溶解，冷却后用水定容于 1 000 mL 容量瓶中，混匀。此溶液 1 mL 含 1 mg 铁。

3.8　铁标准溶液：移取 50.00 mL 铁标准贮存溶液（3.7），置于 1 000 mL 容量瓶中，用水稀释至刻度，混匀。此溶液 1 mL 含 50 μg 铁。

4　仪器

分光光度计。

5　试样

5.1　试样粒度小于 0.074 mm。

5.2　试样预先在 105 ℃～110 ℃烘 2 h，置于干燥器中冷却至室温。

6　分析步骤

6.1　试料

按表 1 称取试样，精确到 0.000 1 g。

表 1

铁的质量分数/%	试料量/g	分取试液/mL	比色皿/cm
0.050～0.20	0.20	20.00	3
>0.2～1.0	0.20	10.00	1
>1.0～3.0	0.20	5.00	1
>3.0～5.0	0.10	5.00	1
>5.0～10.0	0.10	2.00	1

6.2 测定次数

独立地进行两次测定，取其平均值。

6.3 空白试验

随同试料做空白试验。

6.4 测定

6.4.1 将试料(6.1)置于250 mL烧杯中，用少量水润湿。

6.4.2 加入50 mL盐酸(3.1)，置于沸水浴上加热溶解1 h，取下冷却。

6.4.3 加入10 mL硝酸(3.2)，置于砂浴上加热蒸至溶液体积约为5 mL，再加入5 mL硝酸(3.2)，继续加热蒸至溶液体积约为5 mL，用水吹洗杯壁和表面皿使溶液体积约为50 mL，加热使盐类溶解，取下冷却。

6.4.4 用慢速定量滤纸过滤于100 mL容量瓶中，用盐酸溶液(3.3)洗涤烧杯和沉淀数次并稀释至刻度，混匀。

6.4.5 按表1分取试液，置于50 mL容量瓶中，用水补至约20 mL。加入5 mL磺基水杨酸溶液(3.5)、2 mL盐酸羟胺溶液(3.6)，滴加氨水溶液(3.4)至溶液由紫色变为黄色，再过量2 mL，用水稀释至刻度，混匀。

6.4.6 按表1将部分溶液移入比色皿中，以随同试料空白为参比，于分光光度计波长420 nm处测量试液的吸光度，从工作曲线上查出相应的铁量。

6.5 工作曲线的绘制

6.5.1 移取0 mL、0.5 mL、1.00 mL、1.50 mL、2.00 mL、3.00 mL、4.00 mL、5.00 mL、6.00 mL铁标准溶液(3.8)，置于一组50 mL容量瓶中，以下按分析步骤6.4.5进行。

6.5.2 将部分溶液移入与测定试料相同的比色皿中，以试剂空白为参比，于分光光度计波长420 nm处测量其吸光度。以铁量为横坐标，吸光度为纵坐标绘制工作曲线。

7 分析结果的计算

铁含量以铁的质量分数 w_{Fe} 计，数值以%表示，按式(1)计算：

$$w_{Fe} = \frac{m_1 \cdot V_0}{m_0 \cdot V_1 \times 10^6} \times 100 \qquad \cdots\cdots(1)$$

式中：

m_1——从工作曲线上查得铁量，单位为微克(μg)；

V_0——试液总体积，单位为毫升(mL)；

V_1——分取试液体积，单位为毫升(mL)；

m_0——称取试料的质量，单位为克(g)。

8 精密度

8.1 重复性

在重复性条件下获得的两个独立测试结果的测定值，在以下给出的平均值范围内，这两个测试结果的绝对差值不超过重复性限(*r*),超过重复性限(*r*)的情况不超过5%,重复性限(*r*)按表2数据采用线性内插法求得。

表 2

铁的质量分数/%	0.700	2.054	9.108
r/%	0.046	0.111	0.241

8.2 允许差

实验室之间分析结果的差值应不大于表3。

表 3

铁的质量分数/%	允许差/%
0.05~0.10	0.010
>0.10~0.30	0.020
>0.30~1.00	0.050
>1.00~2.00	0.10
>2.00~3.00	0.15
>3.00~5.00	0.20
>5.00~8.00	0.25
>8.00~10.00	0.40

9 质量保证和控制

应用国家级标准样品或行业标准样品(当两者都没有时,也可用控制样品代替),每周或每两周校核一次本分析方法标准的有效性。当过程失控时,应找出原因,纠正错误后,重新进行校核。

ICS 13.340.30
C 73

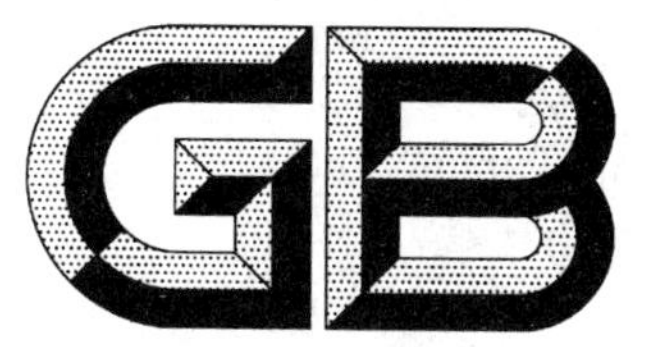

中华人民共和国国家标准

GB 6220—2009
代替 GB 6220—1986,GB 6221—1986

呼吸防护　长管呼吸器

Respiratory protection—Long tube breathing apparatus

2009-04-13 发布　　2009-12-01 实施

中华人民共和国国家质量监督检验检疫总局
中国国家标准化管理委员会　发布

前　言

本标准的5.2、5.3、5.4、7.2为强制性条款，其余为推荐性条款。

本标准代替GB 6220—1986《长管面具》、GB 6221—1986《长管面具性能试验方法》。

本标准与GB 6220—1986《长管面具》、GB 6221—1986《长管面具性能试验方法》相比主要变化如下：

——增加了高压送风面具低流量报警要求；

——增加了结构、零部件强度要求；

——增加了高压气瓶供气面具高压部分、报警装置、压力显示装置、气瓶技术要求及测试方法；

——修改了面罩镜片的技术要求；

——修改了呼吸阻力测试方法；

——增加了供气阀在不同开度的测试要求；

——增加了高低温适应性要求及测试方法；

——增加了标识要求。

本标准由国家安全生产监督管理总局提出。

本标准由全国个体防护装备标准化技术委员会(SAC/TC 112)归口。

本标准负责起草单位：北京市劳动保护科学研究所。

本标准参加起草单位：防化研究院、梅思安(中国)安全设备有限公司。

本标准主要起草人：杨文芬、丁松涛、肖义庆、姚海峰、陈倬为、臧兰兰、周芸芸、罗穆夏。

本标准所代替标准的历次版本发布情况为：

——GB 6220—1986；

——GB 6221—1986。

呼吸防护　长管呼吸器

1　范围

本标准规定了长管呼吸器的产品分类及组成、技术要求、测试方法及标识。

本标准规定的产品不适用于消防、救援场所。

2　规范性引用文件

下列文件中的条款通过本标准的引用而成为本标准的条款。凡是注日期的引用文件，其随后所有的修改单(不包括勘误的内容)或修订版均不适用于本标准，然而，鼓励根据本标准达成协议的各方研究是否可使用这些文件的最新版本。凡是不注日期的引用文件，其最新版本适用于本标准。

GB/T 1226　一般压力表

GB 2890—2009　呼吸防护　自吸过滤式防毒面具

GB 5099　钢质无缝气瓶

GB/T 16556—2007　自给开路式压缩空气呼吸器

DOT-CFFC　铝内胆全缠绕碳纤维增强气瓶的基本要求

3　术语和定义

下列术语和定义适用于本标准。

3.1

长管呼吸器　long tube breathing apparatus

使佩戴者的呼吸器官与周围空气隔绝，并通过长管输送清洁空气供呼吸的防护用品。

注：长管呼吸器按供气方式分为：自吸式长管呼吸器、连续送风式长管呼吸器和高压送风式长管呼吸器。

3.1.1

自吸式长管呼吸器　self-inhalation long tube breathing apparatus

靠佩戴者自主呼吸得到新鲜、清洁空气的长管呼吸器。

3.1.2

连续送风式长管呼吸器　powered long tube breathing apparatus

以风机或空压机供气为佩戴者输送新鲜、清洁空气的长管呼吸器。

3.1.3

高压送风式长管呼吸器　long tube breathing apparatus with high pressure

以压缩空气或高压气瓶供气为佩戴者输送清洁空气的长管呼吸器。

注1：亦称为压力需求式长管呼吸器。

注2：长管在输气时为承压部件。

3.2

导气管　breathing tube

用于连接面罩与长管的柔软、气密的导管。

3.3

固定带　straps

用于将长管固定在佩戴者腰部的环或套。

注：固定带包括腰带和挂环。

3.4

长管　long tube

用于输送清洁空气的、气密的、可弯曲的长导气管。

3.5

密合型面罩　tight-fitting face masks

能罩住鼻、口的与面部密和的面罩，或能罩住眼、鼻和口的与头面部密合的面罩。

注1：密合型面罩工作时靠密合框保证对工作环境的隔绝。

注2：密合型面罩分为全面罩和半面罩。

3.5.1

全面罩　full mask

与头部密合，能遮盖住眼、面、鼻、口和下颌等的密合型面罩。

3.5.2

半面罩　half mask

与头部密合，能覆盖口和鼻，或覆盖口、鼻和下颌的密合型面罩。

3.6

开放型面罩　loose-fitting facepiece

用于正压式呼吸防护装备的送气导入装置，只罩住眼、鼻和口，与脸部形成部分密合。

3.7

流量阀　continuous flow valve

在送风式长管呼吸器中，允许佩戴者调节吸气风量的装置。

3.8

低阻过滤器　low-resistance filters

在自吸式长管呼吸器中，在长管进气端为防止异物进入，装设的大孔径过滤装置。

注：该过滤器可防止0.15 mm以上异物通过。

3.9

肺动阀　demand valve

供气阀

由肺的呼吸动作控制，在需要时开启，供应可呼吸气体的阀。

3.10

报警装置　warning device

警告佩戴者呼吸防护将要或已经失去有效防护功能的装置。

3.11

静态压力　static pressure

在供气阀正压装置开启后，呼吸器气路平衡时面罩腔体内的压力。

3.12

高压　high pressure

气压大于或等于10 MPa的绝对压力。

3.13

中压　medium pressure

介于6 kPa和1 MPa之间的压力。

3.14

低压　low pressure

高于大气压力且不超过6 kPa的压力。

3.15

死腔　dead space

从前一次呼气中被重新吸入气体的体积。

注：用二氧化碳在吸入气中的体积分数表示。

4　产品分类及组成

典型长管呼吸器的分类、组成、工作环境、供气气源和承压能力见表1。

表1　长管呼吸器分类及组成

<table>
<tr><td>长管呼吸器种类</td><td colspan="5">系统组成主要部件及次序</td><td>供气气源</td></tr>
<tr><td>自吸式长管呼吸器</td><td rowspan="3">密合型面罩[a]</td><td>导气管[a]</td><td>低压长管[a]</td><td colspan="2">低阻过滤器[a]</td><td>大气[a]</td></tr>
<tr><td rowspan="2">连续送风式长管呼吸器</td><td rowspan="2">导气管[a]＋流量阀[a]</td><td rowspan="2">低压长管[a]</td><td rowspan="2">过滤器[a]</td><td>风机[a]</td><td rowspan="2">大气[a]</td></tr>
<tr><td>空压机[a]</td></tr>
<tr><td>高压送风式长管呼吸器</td><td>面罩[a]</td><td>导气管[a]＋供气阀[b]</td><td>中压长管[b]</td><td>高压减压器[c]</td><td>过滤器[c]</td><td>高压气源[c]</td></tr>
<tr><td>所处环境</td><td colspan="3">工作现场环境</td><td colspan="3">工作保障环境</td></tr>
<tr><td colspan="7">a 承受低压部件。
b 承受中压部件。
c 承受高压部件。</td></tr>
</table>

5　技术要求

5.1　一般要求

5.1.1　材料

5.1.1.1　直接与头面部接触的材料应无害或无致敏反应，金属件表面应进行防腐蚀处理。

5.1.1.2　材料应具有足够的强度和弹性，在正常使用寿命中不应出现破损或变形。

5.1.1.3　可进入工作现场的部件应能耐受制造者推荐的清洗或消毒处理。

5.1.1.4　长管应气密，并能抵抗外界液体的渗透。

5.1.2　结构

5.1.2.1　部件应不易产生结构性破损，其设计、组成和安装不应对使用者造成任何危险。

5.1.2.2　头带应可调，应能将面罩牢固地固定在脸上，且佩戴时不应出现明显的压迫或压痛现象。

5.1.2.3　面罩应视野开阔，视物真实无畸变。镜片不应出现结雾等影响视觉的情况。

5.1.2.4　导气管及送气面罩不应限制使用者的头部活动或行动。

5.1.2.5　风机送风供气装置停止工作时应能切换到备份供气装置或改为自吸工作方式，并向监护者报警。

5.1.2.6　长管长度不应大于80 m。

注：长度超过80 m的长管呼吸器应按制造商的说明进行额外测试以保证使用安全及舒适。

5.1.2.7　正常工作时，呼吸器应设计成每根长管只能为一个面罩供气。特殊情况下每根长管最多只能为两个面罩供气。

5.1.2.8　自吸式长管呼吸器应设置防止异物进入的低阻过滤器。

5.1.2.9　使用压力范围不同的连接件应不能互换。

5.1.2.10　不允许将空气过滤器设计及安装在腰部或面罩上。

5.1.3　总体性能

5.1.3.1　面罩的设计应避免由于空气流速或分布不当而引起佩戴者任何紧张或不适。

5.1.3.2　佩戴者蹲伏姿态或在空间受限的环境中作业时，长管不应妨碍其活动。

5.1.3.3　在需要戴安全帽的工作场所，长管呼吸器面罩不应妨碍安全帽的佩戴。

5.1.3.4　固定带应能将导气管或中压管固定在佩戴者身后或侧面而不影响操作，宽度不应小于40 mm。

5.1.3.5　呼吸器上需佩戴者操作的部件应触手可及，并可通过触摸加以识别。所有可调节的部件在使用中不应出现意外变动。

5.1.3.6　长管按6.2测试，抗拉强度应大于1 000 N。

5.2　低压部件性能要求

5.2.1　按6.3测试，用于密合型面罩的流量阀在最小开度时，通气流量应大于30 L/min，用于开放型面罩的流量阀在最小开度时，通气流量应大于115 L/min。

注：允许使用旁路保证最小流量。在使用旁路保证流量的情况下，允许流量阀关死。

5.2.2　密合型面罩泄漏率应符合GB 2890—2009中5.1.6要求。

5.2.3　按6.4测试，面罩呼吸阻力应符合表2的规定。

表2　呼吸阻力要求

测试项目	供气方式		
	自吸式	连续送风式	高压送风式
吸气阻力/Pa	面罩内压力>－300	面罩内压力>－100	面罩内压力>0
呼气阻力/Pa	<1 000		

5.2.4　按6.5测试，面罩腔体内的静态压力不应大于500 Pa。

5.2.5　呼气阀气密性应符合GB 2890—2009中面罩呼气阀相关条款的要求。

5.2.6　按6.6测试，送风机连续运转性能，送风机应能正常工作，无异常现象。

5.2.7　按6.7测试高低温适应性：

a)　应无僵硬、破裂、零件脱落、发粘；

b)　泄漏率应符合5.2.2的要求；

c)　呼吸阻力应符合5.2.3的要求。

5.2.8　按6.8测试风机送风流量，长管入口风量应大于100 L/min，风压应大于1 300 Pa。

5.2.9　按6.9测试最低送风量，面罩入口最低送风量应大于30 L/min。

5.2.10　按6.10测试固定带强度，固定带应能承受1000 N拉力无破坏。

5.2.11　面罩死腔应符合GB 2890—2009中5.1.6要求。

5.2.12　面罩的视野应符合GB 2890—2009中5.1.7要求。

5.2.13　面罩观察眼窗应符合GB 2890—2009中5.1.9要求。

5.2.14　头带强度应符合GB 2890—2009中5.1.11要求。

5.2.15　按GB 2890—2009中6.12测试连接强度，所有连接点在承受250 N、持续10 s轴向拉力不应出现滑脱、断裂或塑性变形。

5.2.16　连续送风式长管呼吸器，流量阀在最大开度及最小开度时应满足5.2.3的要求。

5.3　中压部件性能要求

按6.11测试，连接到供气阀的管线(包括连接件)应能承受减压器泄压阀的2倍工作压力或至少3 MPa的压力，取两者数值高者为测试压力，持续15 min。

5.4　高压部件性能要求

5.4.1　高压管接头不得超过3处。

5.4.2　高压送风长管呼吸器应设置低流量报警装置，当长管出口气体流量低于设定流量时，向监护者发出求救信号。

5.4.3　高压送风式呼吸器的抗微粒性能应符合 GB/T 16556—2007 中 5.12 要求。

5.4.4　高压送风式长管呼吸器气密性应符合 GB/T 16556—2007 中 5.23 要求。

5.4.5　按 6.11 测试高压部件耐压性能，承受高压的金属部件至少承受 1.5 倍气瓶工作压力，承受高压的非金属部件至少承受 2 倍气瓶工作压力。

5.4.6　钢质气瓶应符合 GB 5099 的规定，复合气瓶应符合 DOT-CFFC 的规定。

5.4.7　按 6.12 测试导气管、长管的输气可靠性，不应出现限制、阻塞气流的情况。气体流量的降低应不超过指定测试空气流量的 10%。测试结束 10 min 后，应无可观察到的扭曲。

5.4.8　气瓶阀应满足 GB/T 16556—2007 中 5.15 的要求。

5.4.9　减压器应满足以下要求：

5.4.9.1　长管呼吸器设置有减压器时，则中压段任一可调节的部件应牢固地锁紧，并采取适当的密封措施，使得能够观察出非法的调节。

5.4.9.2　长管呼吸器的下游部件不能承受气瓶内的全部压力时，则应当设置卸压阀。

5.4.9.3　带减压器卸压阀的长管呼吸器，在输入不超过 3 MPa 的压力下，减压器卸压阀应能通过 400 L/min 的气流；减压器卸压阀启动后，吸气阻力和呼气阻力应不大于 2.5 kPa。

5.4.10　高压送风长管呼吸器上应安装符合 GB/T 1226 规定的压力表，压力表及其连接管应满足以下要求：

a)　外壳应装橡胶防护套。压力表在气瓶阀打开时，应能读出气瓶中的压力，以便能分别测量单瓶压力或平衡压力；

b)　压力表的位置应能方便地读出压力值；

c)　压力表量程的最低值为 0，最高值应比气瓶额定工作压力高出至少 5 MPa，精度应不低于 2.5 级，最小分格值应不大于 1 MPa；

d)　压力表上的压力值在光照不良的条件应明显易读；

e)　按 6.13 测试，当从长管呼吸器上拆除压力表和连接管后，在 20 MPa 的压力下泄漏气流量不应大于 25 L/min。

5.4.11　警报器应满足以下要求：

a)　在任何情况下，警报器和压力表(见 5.4.10)所提供的信息应是互补的。

b)　长管呼吸器应设置合适的警报器，当气瓶压力下降到预定值时可向监护者发出警报。

c)　警报器应在打开气瓶阀时自动启动。

d)　当气瓶内压力下降至(5.5±0.5)MPa，或当气瓶中剩余气体至少为 200 L 时，警报器应启动报警。

e)　警报器启动后，应发出连续声响警报或间歇声响警报，声强应不小于 90 dB(A)，声响频率范围应在 2 000 Hz～4 000 Hz 之间。连续声响警报的持续时间应不少于 15 s；间歇警报声响应不少于 60 s。之后，警报器应继续报警，直至气瓶压力降至 1 MPa 为止。

f)　警报器启动后，佩带者应能继续正常使用长管呼吸器。

g)　按 6.14 测试，气动警报器从启动至气瓶压力降至 1 MPa 为止，警报器的平均耗气量应不大于 5 L/min。

6　测试方法

6.1　测试条件总则

6.1.1　本章节要求的实验室环境为：温度(20±2)℃，湿度 30%～70%。

6.1.2　测试头模应符合 GB 2890—2009 中 6.9.2.3 要求。

6.1.3　本章使用的计量器具精度、精确度要求为：

a)　气体流量计：精度 2.5 级，精确到 0.2 L/min；

b) 气量表：精度 2.5 级，精确到 0.2 L；

c) 气体压力计：精度 1 级，精确到 0.1 MPa 或 1 Pa；

d) 温度计：精度 1 级，精确到 0.1 ℃；

e) 计时器：精度 1 级，精确到 0.1 s。

6.2 长管抗拉强度

取适当长度长管，一端拴挂（捆）1 000 N 的重物，一端栓挂（捆）在加载夹具上，用（100±5）mm/min 速度加载，当重物被吊起时，长管未发生撕裂或破断视为测试通过。

6.3 流量阀最小流量测试

使用经过 6.6 测试的风机给长管送风，在流量阀出口连接流量计，将流量阀调到最小，读取流量计读数。

6.4 呼吸阻力

6.4.1 测试设备

a) 人工肺：呼吸频率 20 次/min，呼吸流量（40±1）L/min，正弦波气流；

b) 压力测量装置：动态压力测量装置，记录曲线，读取最大值和最小值。

6.4.2 测试步骤

把面罩戴在测试头模上，其余部分调整到工作状态，呼吸接口同人工肺相连，启动人工肺，测量面罩内的压力即为呼吸阻力。

注 1：高压系统应从最高工作压力测试到 1 MPa。

注 2：带流量阀的系统应分别测试最大开度和最小开度状态。

6.5 静态压力测试

6.5.1 连续送风式长管呼吸器

将面罩及导管佩戴在测试头模上，用经 6.6 测试的风机或产品所配空压机给长管送风，将流量阀调到最大开度，在气流稳定情况下使用压力计测量面罩内压力，取最大值。

6.5.2 高压送风式长管呼吸器

将面罩及导管佩戴在测试头模上，开启自动正压机构，在气流稳定情况下使用压力计测量面罩内压力，取最大值。

将面罩及导管佩戴在测试头模上，开启强制供气（冲泄）机构到最大开度，在气流稳定情况下使用压力计测量面罩内压力，取最大值。

6.6 送风机连续工作性能测试

将面罩佩戴在测试头模上，使用送风机通过长管向面罩供气，流量阀调到最小开度，连续工作 24 h。

6.7 高低温适应性

取含长管的样品分别放入（50±2）℃、（−20±2）℃环境 3 h，取出后 5 min 内进行相应测试。

6.8 送风量测试

使用经过 6.6 测试的风机，在风机或产品所配空压机出口串联流量计，读取流量计读数。

使用经过 6.6 测试的风机，风机或产品所配空压机出口接适当长度软管，软管开口置于水面下 130 mm 处，应有气泡产生。

6.9 最低送风量

使用经过 6.6 测试的风机给长管送风，流量阀调到最小开度，在导气管出气端串联流量计，读取流量计读数。

6.10 固定带拉力

将腰带和固定带分别放置在测试夹头上，在两测试夹头上施加（1 000±10）N 的张力，保持 5 min。

注：加载时，不应冲击测试样品。

6.11 耐压性能

将压力加载装置安装在三通一端，三通其余两段串联在管路内，开启加压部件全部阀门，缓慢加载，加载介质使用油或水。加载到规定压力，保持 15 min 后卸载。

6.12 输气可靠性

在导气管出气口接流量计，在长管进气口供气，调整流量为制造商规定的使用流量或(100±2)L/min。分别完成下列检测：

a） 将长管及导气管绕在直径 30 mm 原木上 3 圈，读取流量计读数。

b） 将长管夹在长度 500 mm 的木板之间，施加 1 000 N 压力，读取流量计读数。

注：应优先采用制造商规定的使用流量。

6.13 压力表漏气量

调整压力表上游供气压力为 20 MPa，拆除压力表，换为流量计，至少测量 5 min。

6.14 报警器耗气量

调整报警器上游供气压力为高压气源最高工作压力～1 MPa，报警哨后端接流量计，每降低 5 MPa 测一个点，取平均值。

7 标识

7.1 产品应有永久标识和说明书。

7.2 永久标识应包括：

a） 产品名称；

b） 标准号；

c） 制造商标识；

d） 型号或号型(如果适用)。

7.3 说明书应有下列内容：

a） 产品名称；

b） 制造商信息；

c） 面罩类型；

d） 标准号；

e） 生产日期或批号；

f） 使用方法；

g） 储存期限；

h） 清洗、维护建议；

i） 储存条件；

j） 认证标志。

ICS 83.100
G 32

中华人民共和国国家标准

GB/T 6343—2009/ISO 845:2006
代替 GB/T 6343—1995

泡沫塑料及橡胶 表观密度的测定

Cellular plastics and rubbers—Determination of apparent density

(ISO 845:2006,IDT)

2009-05-04 发布　　　　2009-11-01 实施

中华人民共和国国家质量监督检验检疫总局
中国国家标准化管理委员会　发布

前　言

本标准等同采用ISO 845:2006《泡沫塑料和橡胶　表观密度的测定》，在技术内容和文本结构上与ISO 845:2006完全相同。

本标准代替GB/T 6343—1995《泡沫塑料和橡胶　表观(体积)密度的测定》。

本标准与GB/T 6343—1995相比主要变化如下：

——标准名称修订为《泡沫塑料及橡胶　表观密度的测定》；

——删除体积密度的定义；

——天平测量误差由0.5%改至0.1%(本版的第4章)；

——试样数量统一为5个，删去原标准对软质及半硬质材料的特殊要求，修改对“5.3　状态调节”的描述(本版的第5章)；

——对尺寸测量点个数进行说明(本版的第6章)；

——对“式(2)”的适用范围进行改动，把原来的低于30 kg/m³的闭孔材料，改为低于15 kg/m³的闭孔材料(本版的第7章)；

——增加了对精确度的阐述(本版的第8章)；

——增加了试验报告部分内容。

本标准由中国轻工业联合会提出。

本标准由全国塑料制品标准化技术委员会归口。

本标准起草单位：北京工商大学、国家塑料制品质量监督检验中心(北京)。

本标准主要起草人：金伟、陈倩。

本标准所替代标准的历次版本发布情况为：

——GB/T 6343—1995。

泡沫塑料及橡胶　表观密度的测定

1　范围

本标准规定了测定泡沫塑料及橡胶的表观总密度和表观芯密度的试验方法。

模制或自由发泡或挤出时形成表皮的材料表观总密度、表观芯密度可用本标准测试。

术语“表观总密度”不适用于在模制时未形成表皮的材料。

对于不规则形状的产品应采用如浮力法等方法进行测定。

2　规范性引用文件

下列文件中的条款通过本标准的引用而成为本标准的条款。凡是注日期的引用文件，其随后所有的修改单(不包括勘误的内容)或修订版均不适用于本标准，然而，鼓励根据本标准达成协议的各方研究是否可使用这些文件的最新版本。凡是不注日期的引用文件，其最新版本适用于本标准。

GB/T 2918—1998　塑料试样状态调节和试验的标准环境(idt ISO 291:1997)

GB/T 6342—1996　泡沫塑料和橡胶　线性尺寸的测定(idt ISO 1923:1981)

3　术语和定义

下列术语和定义适用于本标准。

3.1

表观总密度　apparent overall density

单位体积泡沫材料的质量，包括模制时形成的全部表皮。

3.2

表观芯密度　apparent core density

去除模制时形成的全部表皮后，单位体积泡沫材料的质量。

4　仪器

4.1　天平

称量精确度为0.1%。

4.2　量具

符合GB/T 6342—1996规定。

5　试样

5.1　尺寸

试样的形状应便于体积计算。切割时，应不改变其原始泡孔结构。

试样总体积至少为100 cm^3，在仪器允许及保持原始形状不变的条件下，尺寸尽可能大。

对于硬质材料，用从大样品上切下的试样进行表观总密度的测定时，试样和大样品的表皮面积与体积之比应相同。

5.2　数量

至少测试5个试样。

在测定样品的密度时会用到试样的总体积和总质量。试样应制成体积可精确测量的规整几何体。

5.3 状态调节

5.3.1 测试用样品材料生产后，应至少放置72 h，才能进行制样。

如果经验数据表明，材料制成后放置48 h或16 h测出的密度与放置72 h测出的密度相差小于10%，放置时间可减少至48 h或16 h。

5.3.2 样品应在下列规定的标准环境或干燥环境（干燥器中）下至少放置16 h，这段状态调节时间可以是在材料制成后放置的72 h中的一部分。

标准环境条件应符合GB/T 2918—1998：

a) 23 ℃±2 ℃，(50±10)%；

b) 23 ℃±5 ℃，(50^{+20}_{-10})%；

c) 27 ℃±5 ℃，(65^{+20}_{-10})%。

干燥环境：23 ℃±2 ℃或27 ℃±2 ℃。

6 试验步骤

6.1 按GB/T 6342—1996的规定测量试样的尺寸，单位为毫米(mm)。每个尺寸至少测量三个位置，对于板状的硬质材料，在中部每个尺寸测量五个位置。分别计算每个尺寸平均值，并计算试样体积。

6.2 称量试样，精确到0.5%，单位为克(g)。

7 结果计算式

7.1 由式(1)计算表观密度，取其平均值，并精确至0.1 kg/m^3。

$$\rho = \frac{m}{V} \times 10^6 \qquad (1)$$

式中：

ρ——表观密度（表观总密度或表观芯密度），单位为千克每立方米(kg/m^3)；

m——试样的质量，单位为克(g)；

V——试样的体积，单位为立方毫米(mm^3)。

对于一些低密度闭孔材料（如密度小于15 kg/m^3的材料），空气浮力可能会导致测量结果产生误差，在这种情况下表观密度应用式(2)计算：

$$\rho_a = \frac{m + m_a}{V} \times 10^6 \qquad (2)$$

式中：

ρ_a——表观密度（表观总密度或表观芯密度），单位为千克每立方米(kg/m^3)；

m——试样的质量，单位为克(g)；

m_a——排出空气的质量，单位为克(g)；

V——试样的体积，单位为立方毫米(mm^3)。

注：m_a指在常压和一定温度时的空气密度(g/mm^3)乘以试样体积(mm^3)。当温度为23 ℃、大气压为101 325 Pa(760 mm汞柱)时，空气密度为1.220×10^{-6} g/mm^3；当温度为27 ℃、大气压为101 325 Pa(760 mm汞柱)时，空气密度为1.1955×10^{-6} g/mm^3。

7.2 标准偏差估计值S由式(3)计算，取两位有效数字。

$$S = \sqrt{\frac{\sum x^2 - n\bar{x}^2}{n-1}} \qquad (3)$$

式中：

S——标准偏差估计值；

x——单个测试值；

$\bar{x}$——一组试样的算术平均值；

n——测定个数。

8 精确度

8.1 本章给出的值只来自于使用硬质材料并经 72 h 状态调节后得到的数据。对于其他材料和其他状态调节时间，其数值的有效性还有待确定。

8.2 对个别材料本试验方法在实验室间与实验室内精确度预计不同。对于特定材料而言，5 个实验室的对比试验结果显示，在实验室内所测得的绝对密度误差可以控制在 1.7%(置信水平为 95%)内。在不同的实验室间，对同一试样测量出的绝对密度误差可以控制在 2.6%(置信水平为 95%)内。

9 试验报告

试验报告应包括下列各项：

a) 采用标准编号；

b) 试验材料的完整的标识；

c) 状态调节的温度和相对湿度；

d) 试样是否有表皮和表皮是否被除去；

e) 有无僵块、条纹及其他缺陷；

f) 各次试验结果，详述试样情况(形状、尺寸和取样位置)；

g) 表观密度(表观总密度或表观芯密度)的平均值和标准偏差估计值；

h) 是否对空气浮力进行补偿，如果已补偿，给出修正量，试验时的环境温度，相对湿度及大气压；

i) 任何与本标准规定步骤不符之处。

ICS 03.120.30
A 41

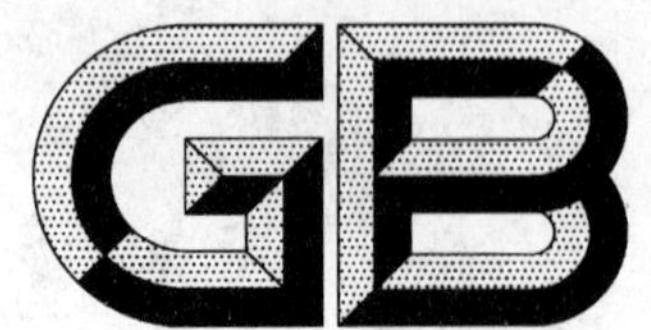

中华人民共和国国家标准

GB/T 6379.6—2009/ISO 5725-6:1994

测量方法与结果的准确度（正确度与精密度）第6部分:准确度值的实际应用

Accuracy (trueness and precision) of measurement methods and results—Part 6: Use in practice of accuracy values

(ISO 5725-6:1994,IDT)

2009-03-13 发布 2009-09-01 实施

中华人民共和国国家质量监督检验检疫总局
中国国家标准化管理委员会 发布

前　言

GB/T 6379《测量方法与结果的准确度(正确度与精密度)》分为以下六个部分,其结构及对应的国际标准为:

——第1部分:总则与定义(ISO 5725-1:1994,IDT);

——第2部分:确定标准测量方法的重复性和再现性的基本方法(ISO 5725-2:1994 IDT);

——第3部分:标准测量方法精密度的中间度量(ISO 5725-3:1994,IDT);

——第4部分:确定标准测量方法正确度的基本方法(ISO 5725-4:1994,IDT);

——第5部分:确定标准测量方法精密度的可替代方法 (ISO 5725-5:1998,IDT);

——第6部分:准确度值的实际应用(ISO 5725-6:1994,IDT)。

本部分为GB/T 6379的第6部分。

本部分等同采用国际标准ISO 5725-6:1994《测量方法与结果的准确度(正确度与精密度) 第6部分:准确度值的实际应用》及ISO于2001-10-15发布的对1994版ISO 5725-6的技术修改单。对ISO 5725-6:1994的错误作了如下更正:

——根据计算结果,重新绘制了图10;

——原表6中x_1合计16.84一项计算错误,改为16.74。

GB/T 6379第1部分至第6部分作为一个整体代替GB/T 6379—1986及GB/T 11792—1989。标准中将原精密度概念加以扩展,增加了正确度概念,统称为准确度;除重复性条件和再现性条件外,增加了中间精密度条件。

本部分的内容部分代替GB/T 6379—1986和GB/T 11792—1989。

本部分的附录A为规范性附录。

本部分由广东出入境检验检疫局提出。

本部分由全国统计方法应用标准化技术委员会归口。

本部分起草单位:广东出入境检验检疫局、中国科学院数学与系统科学研究院、中国标准化研究院。

本部分主要起草人:李成明、冯士雍、张震坤、姜健、周崎、丁文兴、宋武元、于振凡、李政军、肖惠、刘建斌、陈玉忠。

本部分于2009年首次发布。

引　言

0.1　GB/T 6379 用两个术语“正确度”与“精密度”来描述一种测量方法的准确度。正确度指大量测试结果的(算术)平均值与真值或接受参照值之间的一致程度;而精密度指测试结果之间的一致程度。

0.2　考虑精密度的原因主要是因为假定在相同的条件下对同一或认为是同一的物料(物质/材料)进行测试,一般不会得到相同的结果。这主要是因为在每个测量程序中不可避免的会出现随机误差,而那些影响测量结果的因素并不能完全被控制。在对测量数据进行实际解释过程中,必须考虑这种变异。例如,测试结果与规定值之间的差可能在不可避免的随机误差范围内,在此情形,测试值与规定值之间的真实偏差是不能确定的。同样,比较两批物料的测试结果时,如果它们之间的差异是来自测量程序中的内在变化,则不能揭示两批物料间的本质差别。

0.3　GB/T 6379 的第 1 至第 5 部分讨论了精密度(用重复性标准差与再现性标准差表示)与正确度(用偏倚的诸分量表示)评定的背景,并给出了利用一种标准测量方法所得的测试结果对精密度和正确度进行评定的一些方法。然而,如果评定结果不能用于实际,这些评定方法就失去了意义。

0.4　测量方法的准确度一旦确定,GB/T 6379 本部分将利用这些知识为商业与贸易提供便利,同时用来监督并改进实验室的操作。

测量方法与结果的准确度
（正确度与精密度）
第6部分：准确度值的实际应用

1 范围

1.1 GB/T 6379本部分的目的是说明能应用准确性数据的各种不同的实际情形：

a) 给出计算重复性限、再现性限以及其他限的标准方法，所计算的这些限值将被用于检查使用标准测量方法所获得的测试结果；

b) 提出对重复性或再现性条件下所获得的测试结果进行可接收性检查的方法；

c) 描述如何评定一个实验室在某个时期内测试结果的稳定性，从而对实验室内操作提出“质量控制”方法；

d) 描述如何评定某个特定的实验室是否具有正确使用给定的标准测量方法的能力；

e) 描述如何比较可替代的测量方法。

1.2 本部分所涉及的测量方法特指对连续量进行测量，并且每次只取一个测量值作为测试结果的测量方法，尽管这个值可能是一组观测值的计算结果。

1.3 本部分假定测量方法的正确度及精密度的估计值已按GB/T 6379的第1部分至第5部分的方法获得。

1.4 有关使用场合的任何额外信息应在每次特定使用开始时给出。

2 规范性引用文件

下列文件中的条款通过GB/T 6379的本部分的引用而成为本部分的条款。凡是注日期的引用文件，其随后所有的修改单(不包括勘误的内容)或修订版本均不适用于本部分，然而，鼓励根据本部分达成协议的各方研究是否可使用这些文件的最新版本。凡是不注日期的引用文件，其最新版本适用于本部分。

GB/T 3358.1—1993 统计学术语 第一部分 一般统计术语

GB/T 4091—2001 常规控制图(ISO 8258:1991,IDT)

GB/T 6379.1—2004 测量方法与结果的准确度(正确度与精密度) 第1部分：总则与定义(ISO 5725-1:1994,IDT)

GB/T 6379.2—2004 测量方法与结果的准确度(正确度与精密度) 第2部分：确定标准测量方法的重复性和再现性的基本方法(ISO 5725-2:1994,IDT)

GB/T 6379.4—2006 测量方法与结果的准确度(正确度与精密度) 第4部分：确定标准测量方法正确度的基本方法(ISO 5725-4:1994,IDT)

GB/T 6379.5—2006 测量方法与结果的准确度(正确度与精密度) 第5部分：确定标准测量方法精密度的可替代方法(ISO 5725-5:1998,IDT)

GB/T 27025 检测和校准实验室能力的通用要求(GB/T 27025—2008,ISO/IEC 17025:2005,IDT)

ISO 3534-1:1993 统计学 词汇和符号 第1部分：概率和一般统计术语

ISO 5725-3:1994 测量方法与结果的准确度(正确度与精密度) 第3部分：标准测量方法精密度的中间度量

ISO 指南 33：1989　有证标准物质(标准物质)的使用

ISO 指南 35：1989　标准物质(标准物质)的定值　总则和统计原理

3　术语和定义

GB/T 3358.1 和 GB/T 6379.1 中给出的术语和定义在 GB/T 6379 本部分中仍适用。

GB/T 6379 使用的符号由附录 A 给出。

4　限的确定

4.1　重复性限和再现性限

4.1.1　GB/T 6379.2 主要研究在重复性条件和再现性条件下所进行测量的各种标准差的估计。然而在通常的实验室工作中往往要求对两个(或多个)测试结果观测值的差进行检查，为此需确定一些类似临界差之类的度量，而不仅是标准差。

4.1.2　如果一个估计量是 n 个独立估计量的和或差，每个估计量的标准差均为 σ，则和或差的标准差为 $\sigma\sqrt{n}$。再现性限 R 和重复性限 r 均为两个测试结果之间的差，因而相应的标准差为 $\sigma\sqrt{2}$。在常规的统计工作中，为了检查两个测试结果之间的差异，往往用这个标准差的 f 倍作为临界差。临界差系数 f 的值依赖于与临界差相应的概率水平及测量结果所服从的分布。对重复性限和再现性限，概率水平规定为 95%。在 GB/T 6379 全部分析中，假定基本分布是近似正态的。对正态分布，95%的概率水平下，$f=1.96$，因此，$f\sqrt{2}=2.77$。GB/T 6379 本部分的目标是给出一些简单的经验法则供非统计专家使用，将 $f\sqrt{2}$修约为 2.8。

4.1.3　如前所述，当标准差的真值未知时，估计精密度的结果给出了标准差的估计值。在统计实践中，标准差的估计用 s，而不用 σ 表示。按照 GB/T 6379.1 和 GB/T 6379.2 给出的程序，这些估计值是基于一定数量的测试结果，带给我们关于标准差的真值可能的最佳信息。因此，在以后的其他应用中，记 s 为基于相对有限次测试结果的标准差的估计值，以 σ 表示由完全精密度试验得到的值，并以该值作为标准差的真值，与其他估计值进行比较。

4.1.4　由 4.1.1 至 4.1.3 知，在对重复性条件或再现性条件下得到的两个单一测试结果进行检验时，应与重复性限 $r=2.8\sigma_r$ 或再现性限 $R=2.8\sigma_R$ 进行比较。

4.2　基于超过两个值的比较

4.2.1　一个实验室内两组测结果的比较

在一个实验室内，如果在重复性条件下进行两组测量，第一组测试结果数为 n_1，其算术平均值为 $\bar{y}_1$；第二组测试结果数为 n_2，其算术平均值为 $\bar{y}_2$，则$(\bar{y}_1-\bar{y}_2)$的标准差为：

$$\sigma=\sqrt{\sigma_r^2\left(\frac{1}{n_1}+\frac{1}{n_2}\right)}$$

在 95%的概率水平下，$|\bar{y}_1-\bar{y}_2|$的临界差为：

$$CD_{0.95}=2.8\sigma_r\sqrt{\frac{1}{2n_1}+\frac{1}{2n_2}}$$

注 1：如果 $n_1=n_2=1$，上述临界差化简为 $r=2.8\sigma_r$。

4.2.2　两个实验室内两组测量结果的比较

如果在重复性条件下，第一个实验室测试结果数为 n_1，其算术平均值为 $\bar{y}_1$；第二个实验室测试结果数为 n_2，其算术平均值为 $\bar{y}_2$；则$(\bar{y}_1-\bar{y}_2)$的标准差为：

$$\sigma=\sqrt{\sigma_L^2+\frac{1}{n_1}\sigma_r^2+\sigma_L^2+\frac{1}{n_2}\sigma_r^2}$$

$$=\sqrt{2\sigma_L^2+\sigma_r^2\left(\frac{1}{n_1}+\frac{1}{n_2}\right)}$$

$$=\sqrt{2(\sigma_L^2+\sigma_r^2)-2\sigma_r^2\left(1-\frac{1}{2n_1}-\frac{1}{2n_2}\right)}$$

在 95%的概率水平下，$|\bar{y}_1-\bar{y}_2|$的临界差为：

$$CD_{0.95}=\sqrt{(2.8\sigma_R)^2-(2.8\sigma_r)^2\left(1-\frac{1}{2n_1}-\frac{1}{2n_2}\right)}$$

注 2：如果 $n_1=n_2=1$，则上述临界差化简为 $R=2.8\sigma_R$。

4.2.3 一个实验室的测试结果与参照值的比较

如果在重复性条件下，一个实验室得到了 n 个测试结果，其算术平均值为 $\bar{y}$，那么就应将它与某个确定的参照值 μ_0 进行比较，在偏倚的实验室分量尚未确定的情况下，$(\bar{y}-\mu_0)$的标准差为：

$$\sigma=\sqrt{\sigma_L^2+\frac{1}{n}\sigma_r^2}$$

$$=\frac{1}{\sqrt{2}}\sqrt{2(\sigma_L^2+\sigma_r^2)-2\sigma_r^2\left(1-\frac{1}{n}\right)}$$

$$=\frac{1}{\sqrt{2}}\sqrt{2(\sigma_L^2+\sigma_r^2)-2\sigma_r^2\left(\frac{n-1}{n}\right)}$$

在 95%的概率水平下，$|\bar{y}-\mu_0|$的临界差为：

$$CD_{0.95}=\frac{1}{\sqrt{2}}\sqrt{(2.8\sigma_R)^2-(2.8\sigma_r)^2\left(\frac{n-1}{n}\right)}$$

4.2.4 多个实验室的测试结果与参照值的比较

如果有 p 个实验室，分别在重复性条件下得到了 $n_i(i=1,2,\cdots,p)$个测试结果，每个实验室测试结果的算术平均值为 $\bar{y}_i$，所有实验室测试结果的总平均为：

$$\bar{\bar{y}}=\frac{1}{p}\sum_{i=1}^{p}\bar{y}_i$$

将总平均与参照值 μ_0 进行比较，则$(\bar{\bar{y}}-\mu_0)$的标准差为：

$$\sigma=\sqrt{\frac{1}{p}\sigma_L^2+\frac{1}{p^2}\sigma_r^2\sum_{i=1}^{p}\frac{1}{n_i}}$$

$$=\frac{1}{\sqrt{2p}}\sqrt{2(\sigma_L^2+\sigma_r^2)-2\sigma_r^2+\frac{2\sigma_r^2}{p}\sum_{i=1}^{p}\frac{1}{n_i}}$$

$$=\frac{1}{\sqrt{2p}}\sqrt{2(\sigma_L^2+\sigma_r^2)-2\sigma_r^2\left(1-\frac{1}{p}\sum_{i=1}^{p}\frac{1}{n_i}\right)}$$

于是，在 95%的概率水平下，$|\bar{\bar{y}}-\mu_0|$的临界差为：

$$CD_{0.95}=\frac{1}{\sqrt{2p}}\sqrt{(2.8\sigma_R)^2-(2.8\sigma_r)^2\left(1-\frac{1}{p}\sum_{i=1}^{p}\frac{1}{n_i}\right)}$$

4.2.5 报告比较结果

如果测试结果的绝对差超过以上条款给出的合理的限值，应认为相应的绝对差可疑。此时，用于计算此绝对差的所有测量都应被认为可疑，需对它们作进一步审查。

5 检查测试结果可接收性的方法及确定最终报告结果

5.1 总则

5.1.1 本章描述的检查方法仅适用于所使用的测量方法已标准化，且重复性标准差 σ_r 和再现性标准差 σ_R 均已知的情形。因此，当 N 个测试结果的极差超过第 4 章所给出的合理的限值时，则认为 N 个测试结果中的一个、两个、或者所有测试结果异常。建议从技术的角度查找发生异常的原因。然而，可能因为商业上的原因，有必要得到某个可接受值，此时应根据本章规定的方法对测试结果进行处理。

5.1.2 本章假定所有测试结果均在重复性条件或再现性条件下得到，计算中所用概率水平为95%。若测试结果是在中间精密度条件（参见ISO 5725-3:1994）下得到的，须用相应的中间精密度度量代替 σ_r。

5.1.3 在某些情况下，5.2描述的方法将导致把测试结果的中位数作为最终报告结果，这些数据最好丢弃不用。

5.2 在重复性条件下所得测试结果可接收性的检查方法

注3：在5.2.2.1和5.2.2.2中，测量费用的低或高不仅指耗资多少，还包括测量是否复杂、执行是否困难以及是否费时。

5.2.1 单一测试结果

在商品检验中仅取一个测试结果的情形是不多见的。当仅有一个测试结果时，要立即对特定的重复性度量进行可接收性的统计检验是不可能的。若对测试结果的准确性有任何疑问，都应取得第二个测试结果。下面描述较常见的有两个测试结果的情形。

5.2.2 两个测试结果

两个测试结果都应在重复性条件下取得，测试结果之差的绝对值应与重复性限 $r=2.8\sigma_r$ 比较。

5.2.2.1 测试费用较低的情形

如果两个测试结果之差的绝对值不大于 r，可以接收这两个测试结果。最终报告结果为两测试结果的算术平均值。如果两测试结果之差的绝对值大于 r，实验室应再取两个测试结果。

此时，若4个测试结果的极差（$x_{max}-x_{min}$）等于或小于 $n=4$ 时概率水平为95%的临界极差 $CR_{0.95}(4)$，则取这4个测试结果的算术平均值作为最终报告结果。

临界极差按下式计算：

$$CR_{0.95}(n)=f(n)\sigma_r$$

式中 $f(n)$ 称为临界极差系数。表1中列出了 n 从2至40以及从45到100的部分临界极差系数的值。

如果4个测试结果的极差大于重复性临界极差，则取4个测试结果的中位数作为最终报告结果。上述过程可以用图1的流程图表示。

5.2.2.2 测试费用较高的情形

如果两个测试结果之差的绝对值不大于 r，这两个测试结果可以接收。最终报告结果为两个测试结果的算术平均值。如果两个测试结果之差的绝对值大于 r，实验室应再取一个测试结果。

此时，若3个测试结果的极差（$x_{max}-x_{min}$）等于或小于 $n=3$ 时概率水平为95%的临界极差 $CR_{0.95}(3)$，则取3个测试结果的平均值作为最终报告结果。

若3个测试结果的极差大于临界极差 $CR_{0.95}(3)$，则由下面两种情形之一来确定最终报告结果。

a) 不可能取得第4个测试结果的情形：

该实验室宜取中位数作为最终报告结果。

此过程可用图2的流程图表示。

b) 有可能取得第4个测试结果的情形：

该实验室应取第4个测试结果。如果4个测试结果的极差（$x_{max}-x_{min}$）等于或小于临界极差 $CR_{0.95}(4)$，则取4个测试结果的算术平均值作为最终报告结果；如果极差大于 $CR_{0.95}(4)$，则取4个测试结果的中位数作为最终报告结果。

此过程可用图3的流程图表示。

表 1 临界极差系数 $f(n)$

n	$f(n)$	n	$f(n)$
2	2.8	25	5.2
3	3.3	26	5.2
4	3.6	27	5.2
5	3.9	28	5.3
6	4.0	29	5.3
7	4.2	30	5.3
8	4.3	31	5.3
9	4.4	32	5.3
10	4.5	33	5.4
11	4.6	34	5.4
12	4.6	35	5.4
13	4.7	36	5.4
14	4.7	37	5.4
15	4.8	38	5.5
16	4.8	39	5.5
17	4.9	40	5.5
18	4.9	45	5.6
19	5.0	50	5.6
20	5.0	60	5.8
21	5.0	70	5.9
22	5.1	80	5.9
23	5.1	90	6.0
24	5.1	100	6.1

注：临界极差系数 $f(n)$ 是 $(x_{max}-x_{min})/\sigma$ 之分布的 95% 分位数，其中 x_{max} 与 x_{min} 分别为从标准差为 σ 的正态总体中抽取的样本量为 n 的样本的极大值与极小值。

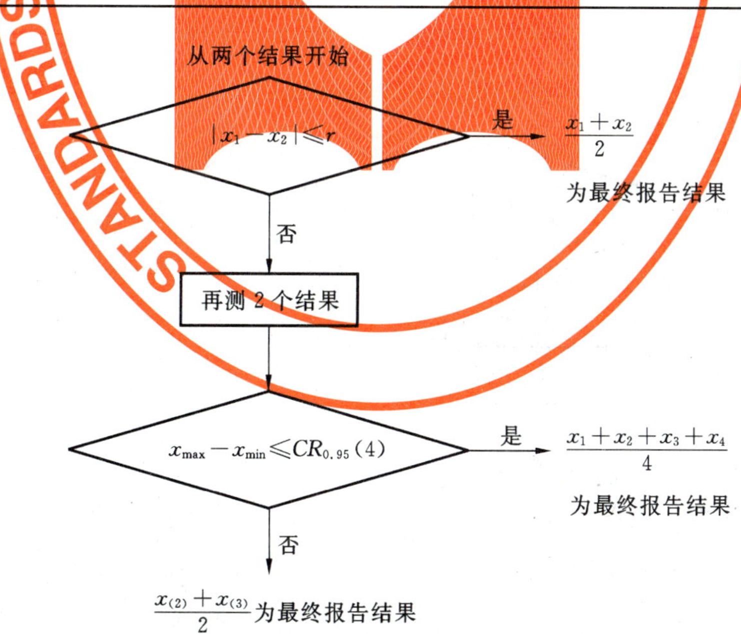

其中：$x_{(2)}$ 为排序第二小的测试结果，$x_{(3)}$ 为排序第三小的测试结果

图 1 在重复性条件下所得测试结果可接收性的检查方法

（从两个测试结果开始且测试费用较低时：情形 5.2.2.1）

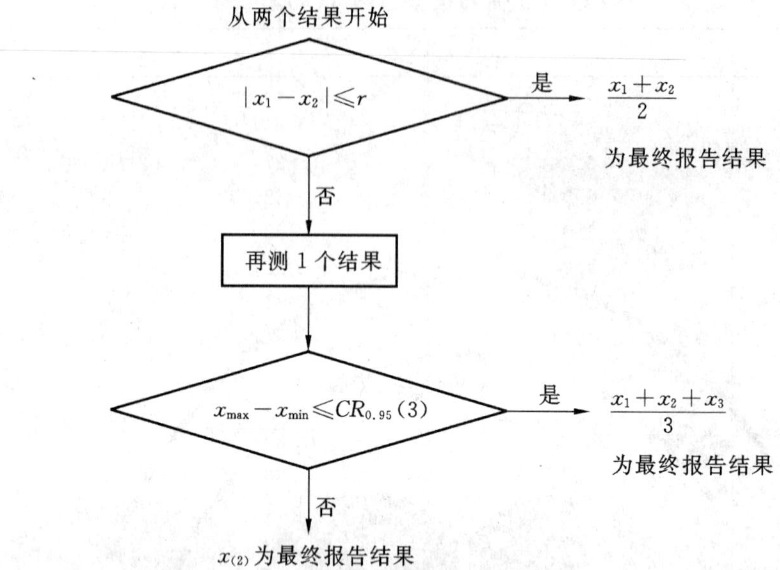

其中:$x_{(2)}$为排序第二小的测试结果

图 2 在重复性条件下所得测试结果可接收性的检查方法
(从两个测试结果开始且测试费用较高时:情形 5.2.2.2a))

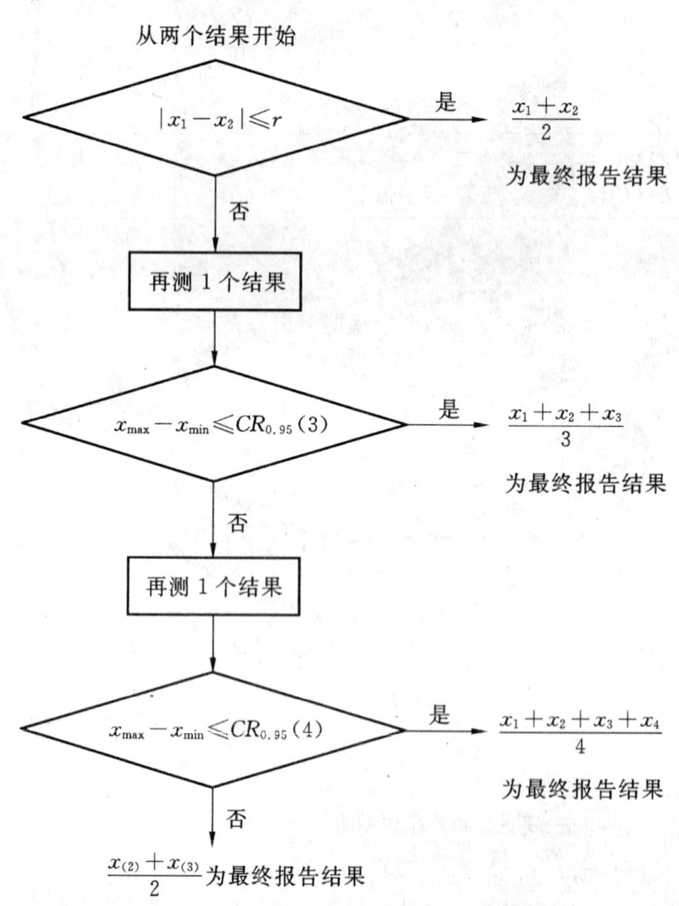

其中:$x_{(2)}$为排序第二小的测试结果,$x_{(3)}$为排序第三小的测试结果

图 3 在重复性条件下所得测试结果可接收性的检查方法
(从两个测试结果开始且测试费用较高时:情形 5.2.2.2b))

5.2.3 从两个以上结果开始

实际工作中常有初始结果数大于 2 的情形。在重复性条件下，$n>2$ 时确定最终报告结果的方法与 $n=2$ 时的方法相类似。

将 n 个结果的极差（$x_{max}-x_{min}$）与按表 1 查得计算的临界极差 $CR_{0.95}(n)$ 比较：若极差等于或小于临界极差，则取 n 个结果的算术平均值作为最终报告结果。

若极差大于临界极差，则由下面图 4 至图 6 表明的 A，B，C 三种情形之一来确定最终报告结果。

情形 A 与情形 B 分别对应于测试费用较低与较高的情形。情形 C 是可供选择的，推荐用于对 $n\geqslant 5$ 且测试费用较低，或 $n\geqslant 4$ 且测试费用较高的情形。

对测试费用较低的情形，情形 A 与情形 C 的区别在于：情形 A 需要追加 n 次测量，而情形 C 只需要追加小于 $n/2$ 次的测量。按何种情形确定最终报告结果，最终依赖于 n 的大小以及每次测量的难易程度。

对测试费用较高的情形，情形 B 与情形 C 的区别在于：情形 C 需要追加测量，而情形 B 不需要追加测量；当追加测量的费用非常高因而不可能时，情形 B 是唯一的选择。

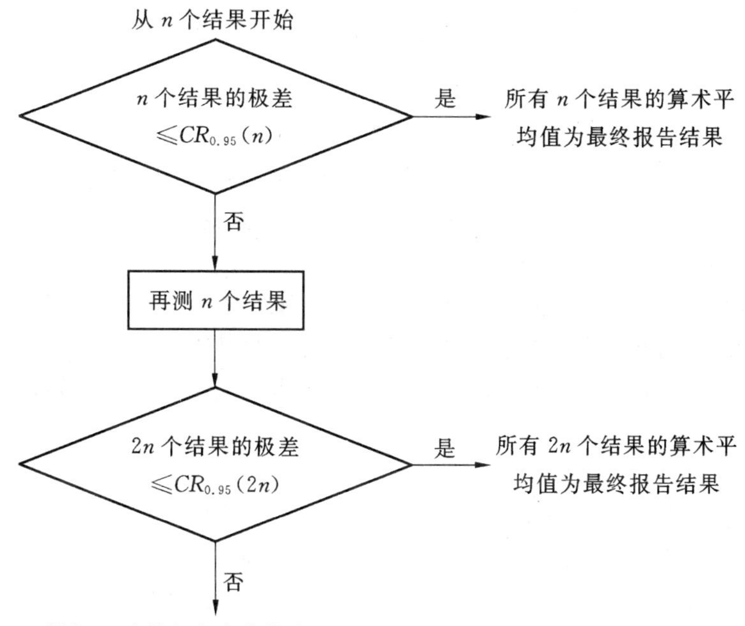

图 4　在重复性条件下所得测试结果可接收性的检查方法
（从 n 个测试结果开始且测试费用较低时：情形 A）

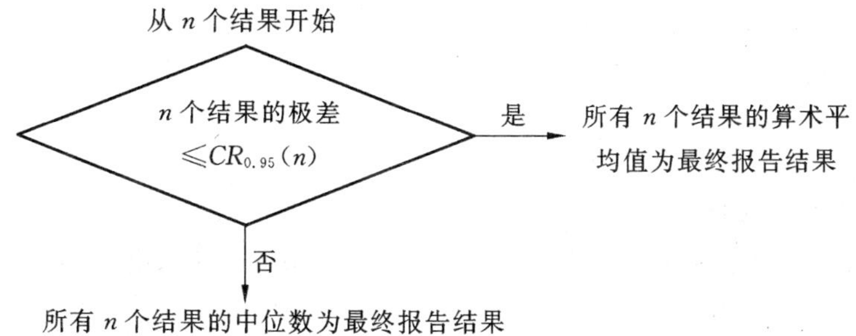

图 5　在重复性条件下所得测试结果可接收性的检查方法
（从 n 个测试结果开始且测试费用较高时：情形 B）

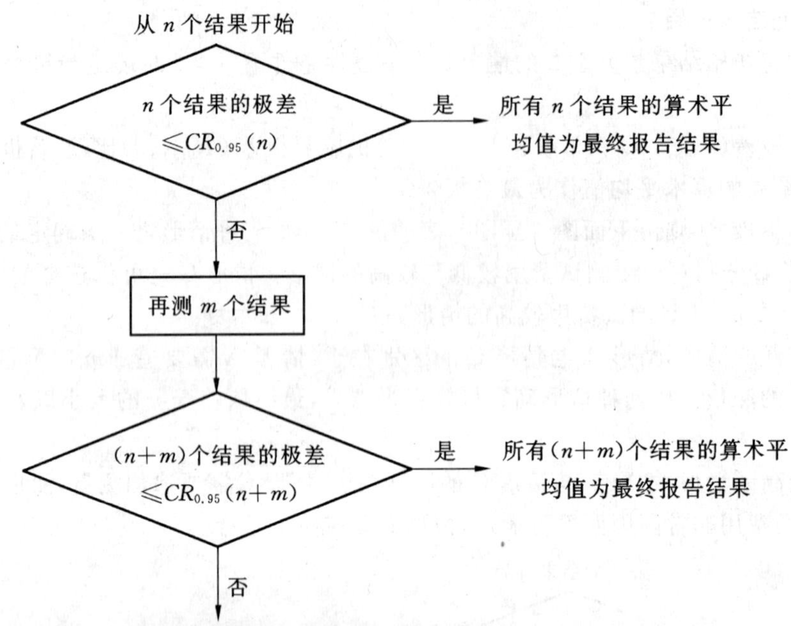

1) m 应选为满足条件 $n/3 \leqslant m \leqslant n/2$ 的整数

图 6 在重复性条件下所得测试结果可接收性的检查方法

(从 n 个测试结果开始且测试费用较高时:情形 C)

5.2.4 情形 B 的例:高费用的化学分析

在复杂而且耗时的化学分析中,费用昂贵的情形经常遇到,往往需要 2 天、3 天或者更多时间完成一次分析。如果在第一次分析中发现有技术上可疑的数据或者离群值,那么进行再分析将既费时又费钱。因此,通常在重复性条件下一开始就获得 3 或 4 个测试结果,然后按照情形 B 的程序进行分析。参见图 5。

举个例子,用火试金分析法确定矿石中金、银的含量时,尽管有许多方法可用,但所有方法都要求有昂贵的特定设备、高度熟练的操作员和相当长的测量时间,通常需要 2 天左右。当矿石中含有铂族元素或其他共生的金属时,完成一次完整测量分析过程就需更多的时间。

以下是在重复性条件下精铜矿石中得到的金含量的 4 个测试结果,用情形 B 的方法对这些测试结果进行处理:

金的含量(g/t): 11.0 11.0 10.8 10.5

目前尚无测定矿石中金与银含量方法的国际标准,然而当给定 $\sigma_r = 0.12$ g/t 时,由表 1 查得 $f(4) = 3.6$,相应的临界极差为:

$$CR_{0.95}(4) = 3.6 \times 0.12 = 0.43\ \text{g/t}$$

因为上述 4 个测试结果的极差为:$11.0 - 10.5 = 0.5$ g/t,该极差大于临界极差,所以最终报告结果为 4 个结果的中位数,即:

$$\frac{11.0 + 10.8}{2} = 10.9\ \text{g/t}$$

5.2.5 关于精密度试验的说明

如按 5.2.2 或 5.2.3 所述的方法,结果频频超过临界值,则应对该实验室测量方法的精密度和(或)精密度试验进行调查。

5.2.6 最终报告结果

如果仅需要最终测试结果时,应对如下两点进行说明:

——用于计算最终报告测试结果所用的测试结果数;

——最终报告测试结果用的是测试结果的算术平均值还是中位数。

5.3 在再现性条件下所得测试结果可接收性的检查方法

5.3.1 总则

这些方法适用于有两个实验室且所得测试结果或结果的算术平均值有差异的情形。此时应当像重复性情形一样，用再现性标准差来作统计检验。

各种情况下均应保证有足够量的测试物料(物质或材料)用作测试，包括保存一部分备用样品以在必要时重新测试时使用。备用材料的多少取决于测量方法及其复杂程度。应妥善保存备用物料，防止损坏和变质。

两实验室的试样应是同一的，即两个实验室应使用样本制备阶段中的末级样本。

5.3.2 两实验室测试结果一致性的统计检验

5.3.2.1 每个实验室只有一个测试结果的情形

当每个实验室只有一个测试结果时，两实验室结果之差的绝对值应用再现性限 $R=2.8\sigma_R$ 来检验。如果绝对差小于或等于 R，即认为结果一致，取其平均值作为最终报告结果；如果两个测试结果的绝对差大于 R，必须找出差异的原因是否是由于测试方法的精密度低和(或)测试样本有差别。两个实验室应遵循 5.2.2 的规定程序在重复性条件下对精密度进行检验。

5.3.2.2 每个实验室有一个以上测试结果的情形

假定每个实验室都按 5.2 的规定程序取得了最终报告结果。因而，只要考虑两个最终报告结果的可接收性即可。为检验两个实验室的结果是否一致，应将两个结果的绝对差与临界差 $CD_{0.95}$ 比较。不同情况的 $CD_{0.95}$ 的表达式如下：

a) 两个结果均为算术平均值(重复次数分别为 n_1 和 n_2)时的临界差 $CD_{0.95}$ 为：

$$CD_{0.95}=\sqrt{R^2-r^2\left(1-\frac{1}{2n_1}-\frac{1}{2n_2}\right)}$$

若 $n_1=n_2=1$，上式化简为 5.3.2.1 给出的 R；若 $n_1=n_2=2$，则化简为：

$$CD_{0.95}=\sqrt{R^2-\frac{r^2}{2}}$$

b) 两个结果之一为平均值(重复次数为 n_1)，另一为中位数(重复次数为 n_2)时的临界差 $CD_{0.95}$ 为：

$$CD_{0.95}=\sqrt{R^2-r^2\left(1-\frac{1}{2n_1}-\frac{\{c(n_2)\}^2}{2n_2}\right)}$$

其中 $c(n)$ 为中位数的标准差与平均值的标准差之比，其值见表 2。

c) 两个结果均为中位数(重复次数分别为 n_1 和 n_2)时的临界差 $CD_{0.95}$ 为：

$$CD_{0.95}=\sqrt{R^2-r^2\left(1-\frac{\{c(n_1)\}^2}{2n_1}-\frac{\{c(n_2)\}^2}{2n_2}\right)}$$

$c(n)$ 的数值见表 2。

如果两个结果差的绝对值不大于临界差，则两个实验室的最终报告结果均可接收，取两个结果的总平均作为最终报告结果。如果两结果之差的绝对值大于临界差，则应采用 5.3.3 给出的程序处理。

表 2 $c(n)$ 的数值

测试结果数 n	$c(n)$
1	1.000
2	1.000
3	1.160
4	1.092
5	1.197

表 2（续）

测试结果数 n	$c(n)$
6	1.135
7	1.214
8	1.160
9	1.223
10	1.176
11	1.228
12	1.187
13	1.232
14	1.196
15	1.235
16	1.202
17	1.237
18	1.207
19	1.239
20	1.212

5.3.3 解决两实验室的测试结果不一致的办法

引起两实验室的最终报告结果不一致的原因可能有：

——两实验室之间的系统差异；

——测试样本的差异；

——确定 σ_R 和(或)σ_r 过程中的误差。

若有可能交换所用的试样和(或)标准物料(标准物质/标准材料)，每个实验室都应用另一实验室的试样进行测试，以判断系统误差存在与否及其程度。如无此种可能，每一实验室应使用一种共同的试样(最好是已知测量特性值的物料)，这样做的优点是可以找出某个实验室或两个实验室的各自的系统误差。如果不能用这种方法来确定系统误差，两实验室应参照第三方参考实验室的结果来解决。

当不一致可能是因测试样本的差异引起时，两实验室应联合制作共同试样或委托第三方进行抽样。

5.3.4 仲裁

在合同签约或发生争议时，合同双方可通过仲裁解决。

6 实验室内检查测试结果稳定性的方法

6.1 背景

6.1.1 质量控制的第一步就是通过化学分析、物理测试和感官检验等手段进行量化。用上述量化方法获得的观测值总会有一些误差，依其来源可分为如下几类：

——抽样误差；

——样本制备误差；

——测量误差，等。

本章中仅讨论测量误差，包括由于同一测试样本不同测试份样之间的不可分离的差异所引起的误差。

6.1.2 测量误差又可分为：

——由随机因素引起的误差(对应于精密度)；

——由系统因素引起的误差(对应于正确度)。

6.1.3 考虑一个测量方法，自然希望它的精密度和正确度都能够满足要求。然而，当一个测量方法的精密度满足要求时，并不能保证它的正确度也满足要求。因此，当检查一个实验室内测试结果的稳定性时，有必要对测试结果的精密度和正确度都进行检查，将两种度量分别长期维持在所要求的水平。

6.1.4 对某些测量方法，真值可能不存在，或即使存在但由于没有标准物料(RM)而不能对测试结果的正确度进行检查。表3给出了若干例子。

如果没有标准物料(RM)，要检查一个测试结果的正确度是困难的。然而，在许多实际情形，可以用如下的测试结果代替认定值，作为参照值使用。这个测试结果必须由技术熟练的操作员在设备精良的实验室内，严格、仔细、完全地按照标准测量方法(更确切的应称为“确定的”方法)进行测量获得。

6.1.5 为检查实验室内测试结果的稳定性，GB/T 6379 本部分需用到常规控制图(参见 GB/T 4091—2001)及累积和控制图(参见 GB/Z 4887—2006)。

当精密度或正确度有某种变化趋势或偏移时，使用累积和控制图来检查测试结果的稳定性较常规控制图效率更高；当正确度或精密度的变化是突然发生时，累积和控制图比常规控制图相比并没有明显的优势。

因为正确度的变化往往具有某种变化趋势或偏移，而精密度的变化往往是突然发生的，所以建议在检查正确度时使用累积和控制图，在检查精密度时使用常规控制图。

不过，对正确度和精密度的检查同时使用两种控制图方法也是值得的。

6.1.6 由于检查的过程可能要经历较长一段时间，在此期间，操作员、设备可能会发生变化，从而使真正的重复性条件不再适用。因此，检查也涉及到 ISO 5725-3 中所述的中间精密度度量。

6.2 检查稳定性的方法

6.2.1 总则

6.2.1.1 检查实验室内测试结果的稳定性时，需要考虑如下两种情况(测试物料特性分类见表3)：

a) 过程控制中使用的常规测试结果；

b) 原材料和产品定价过程中使用的测试结果。

表3 为检查测试结果的准确度(正确度与精密度)根据真值和重要参数对测试物料特性的分类

分类[1]	例		
	物料特性	是否有标准物料可用[2]	检查准确度的重要参数[3]
根据科学原理的一个理论值在实际中能作为真值	苯(甲)酸的化学成分	有标准物料[4]	Δ 和 σ_W
尽管真值在理论上存在，但在实际中用现有技术不能唯一确定；此时，可把一个由科学的或工程的协作组织在协同试验中确认的值作为约定真值	a) 矿石中铁含量的百分比 b) 黄铁矿中硫含量的百分比	有标准物料 无标准物料[5]	Δ 和 σ_W σ_W 和 σ_L
依照某标准测试方法，由国际、国内或某个组织确定的一个指定值作为约定真值	a) 汽油中的辛烷值 b) 焦炭的强度 c) 热塑性塑料的熔流率	有标准物料 无标准物料[6] 无标准物料[7]	Δ 和 σ_W σ_M/σ_W，σ_L 和 σ_W σ_W 和 σ_L

1) 见 GB/T 3358.1。

2) 见 ISO 指南 35。

3) Δ 是实验室偏倚；σ_W 是实验室内标准差；σ_L 是实验室间标准差；σ_M 是测试样本间的标准差。

4) 如果测试物料本身是纯的并且是稳定的，可用作标准物料。

5) 因为测试物料不稳定而不能确定标准物料。

6) 测试物料由大量易碎的，粒度、形状不同的固体颗粒组成，为测定其成分的测试又是破坏性的，从而不能确定标准物料。

7) 参照值由测量方法本身给定。

6.2.1.2 对于a)的情形,必须在一个特定的实验室长时间地分别对中间精密度条件下获得的测试结果进行检查(这里中间精密度条件包括一个因素不同、两个因素不同和三个因素不同等情况),以确保精密度度量维持在一个理想的水平(见6.2.3的例2)。对此情形,大多数情况下只需检查精密度就足够了。因为即使测试结果是有偏的,如果测试结果的变异相对于生产过程的变异足够小,只检查精密度就能反映过程变异。然而,如果把重复性标准差作为精密度的检查指标,由于过高的灵敏性会导致过程控制的过度反应;因此建议用适当的中间精密度标准差作为检查指标。

6.2.1.3 对于b)的情形,在检查精密度的同时,必须也对正确度(参见6.2.4中的例3)进行检查,看两种度量是否分别维持在所需的水平。在此情形,需要一个认可的参照值。

6.2.1.4 下面给出四个例子:

——例1和例2说明如何用常规控制图方法检查重复性或中间精密度度量的稳定性;

——例3和例4说明如何用常规控制图或累积和技术检查正确度。

6.2.2 例1 常规分析中重复性标准差的稳定性检查

6.2.2.1 背景

a) 测量方法:

用ISO 6352:1985《镍铁 镍成分含量的测定 丁二酮肟重量法》测定镍的含量。

b) 资料来源:

某镍铁熔炼厂实验室1985年9月的常规报告。

c) 说明:

在镍铁熔炼厂的工作实验室里,每天都要进行化学分析来测定镍铁产品的化学成分,用实验室自己制备的标准物料进行镍含量的稳定性检查。

为检查镍铁成份的稳定性,每天在重复性条件下对实验室自制的标准物料的两部分进行测试分析,这里的重复性条件是指由同一个操作员、使用同样的设备,在同一时间进行测试。

以下是实验室自制标准物料的化学成分:

Ni	47.21%	Co	1.223%	Si	3.50%	Mn	0.015%
P	0.003%	S	0.001%	Cr	0.03%	Cu	0.038%

6.2.2.2 原始数据

表5给出了重复性条件下自制标准物料的常规分析测试结果,分别记为x_1和x_2,以质量分数表示。

6.2.2.3 用常规控制图方法进行的稳定性检查

把常规控制图(R图,即极差控制图,参见GB/T 4091—2001)用于表5的测试结果,可以检查测试结果的稳定性,同时可以估计重复性标准差的大小。在计算中心线和控制限时,需用表4中列出的各种系数。

注4:此处R图是指GB/T 4091中的极差控制图,不要与本标准中使用的再现性符号R相混淆。

表4 用于计算极差控制图的系数

计算中心线与行动限的系数[1)]			用于计算警戒限的系数[2)]		
子组中的观测数	用于中心线的系数 d_2	用于行动限的系数 D_2	用于警戒限的系数		
			d_3	$D_1(2)$	$D_2(2)$
2	1.128	3.686	0.853	—	2.834
3	1.693	4.358	0.888	—	3.469
4	2.059	4.698	0.880	0.299	3.819
5	2.326	4.918	0.864	0.598	4.054

1) 部分数值引自GB/T 4091—2001的表2。

2) 用于计算警戒限的系数为:

$D_1(2)=d_2-2d_3$

$D_2(2)=d_2+2d_3$

表 5　6.2.2 例 1　控制图的数据表

1. 质量特性：自制标准物料中锂含量
2. 计量单位：%(m/m)
3. 分析方法：ISO 6352
4. 测试时间：1985 年 9 月 1 日～9 月 30 日
5. 实验室：某钢铁厂的实验室 A

分析日期 (子组号)	观测值		极差	说　明
	x_1	x_2	w	
1	47.379	47.333	0.046	
2	47.261	47.148	0.113	位于警戒限之上
3	47.270	47.195	0.075	
4	47.370	47.287	0.083	
5	47.288	47.284	0.004	
6	47.254	47.247	0.007	
7	47.239	47.160	0.079	
8	47.239	47.193	0.046	
9	47.378	47.354	0.024	
10	47.331	47.267	0.064	
11	47.255	47.278	0.023	
12	47.313	47.255	0.058	
13	47.274	47.167	0.107	位于警戒限之上
14	47.313	47.205	0.108	位于警戒限之上
15	47.296	47.231	0.065	
16	47.264	47.247	0.017	
17	47.238	47.253	0.015	
18	47.181	47.255	0.074	
19	47.327	47.240	0.087	
20	47.358	47.308	0.050	
21	47.295	47.133	0.162	位于警戒限之上
22	47.310	47.244	0.066	
23	47.366	47.293	0.073	
24	47.209	47.185	0.024	
25	47.279	47.268	0.011	
26	47.178	47.200	0.030	
27	47.211	47.193	0.018	
28	47.195	47.216	0.021	
29	47.274	47.252	0.022	
30	47.300	47.212	0.088	
合计			1.660	
平均值			0.055 3	$\overline{w}/d_2=0.049\ 0$

注：$\sigma_r=0.037\ 5$

a) 中心线 $=d_2\sigma_r=1.128\times0.037\ 5=0.042\ 3$

b) 行动限

$\mathrm{UCL}=D_2\sigma_r=3.686\times0.037\ 5=0.138\ 2$

UCL=—

c) 警戒限

$\mathrm{UCL}=D_2(2)\sigma_r=2.834\times0.037\ 5=0.106\ 2$

UCL=—

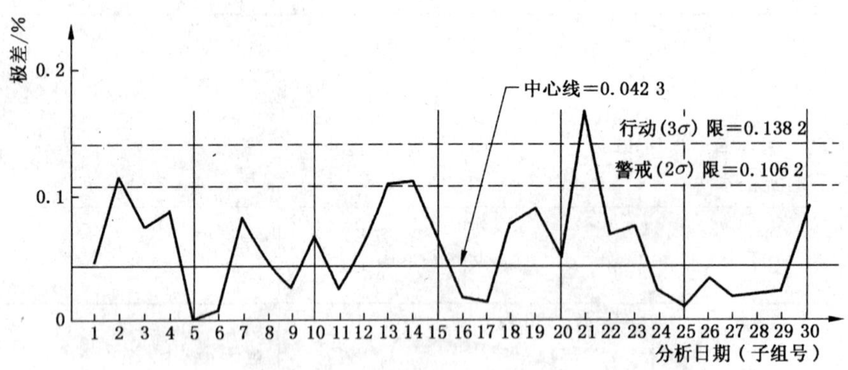

图 7 重复性条件下自制标准物料的镍含量(%)的极差控制图

本例中,把该年前一季度测试结果所得的重复性标准差 δ_r 作为极差控制图的标准值,控制图的计算如下:

a) 中心线 $= d_2\sigma_r = 1.128 \times 0.0375 = 0.0423$

b) 行动限

UCL$= D_2\sigma_r = 3.686 \times 0.0375 = 0.1382$

LCL=—

注:"—"表示无限制,不需标出,下同。

c) 警戒限

UCL$= D_2(2)\sigma_r = 2.834 \times 0.0375 = 0.1062$

LCL=—

计算重复性标准差的估计(s_r)如下:

$$w = |x_1 - x_2|$$

$$s_r = \left(\sum_1^{30} w_i/30\right)/d_2 = \overline{w}/d = 0.0553/1.128 = 0.0490$$

共计算了 30 个子组的极差,每个子组中包含两个观测值。表 5 是计算过程中的工作表,图 7 则是标有控制限的数据点图。

在图 7 的控制图中,因为有一个点在行动限之上,且连续有两个点高于警戒限,这表明例中的测试结果不稳定。

6.2.3 例 2 常规分析中时间与操作员不同的中间精密度标准差的稳定性检查

6.2.3.1 背景

a) 测量方法

用 ISO 351:1984《固体矿物燃料 总硫含量的测定 高温燃烧法》,测定高炉焦炭中的硫含量,测试结果以质量百分数表示。

b) 资料来源

1985 年 8 月某钢铁厂实验室的常规报告。

c) 说明

在生产高炉焦碳的炼焦炉中,每天三班轮换,在每一班生产的每一批产品中定期抽取焦碳样本,制作成实验室进行化学分析的测试样本,测定焦炭中硫的含量[%(m/m)]。

6.2.3.2 原始数据

表6是对焦碳中硫含量[%(m/m)]质量控制分析的测试结果,所测试的焦碳样本均在1985年8月取自1号焦炉。在测试过程中,把随机抽取的每个焦碳测试样本与其他测试样本分开,先由第一班的一名操作员对其分析,观测值记作 x_1;然后由另一班的另一操作员在第二天对它再作分析,观测值记作 x_2。每天都对测试结果进行比较。

6.2.3.3 用常规控制图方法进行的稳定性检查

把常规控制图(R图,参见GB/T 4091)用于表6的测试结果,可以对测试结果的稳定性进行检查,同时可以估计时间与操作员不同的中间精密度标准差的大小。

有关计算中心线、行动限和警戒限(UCL和LCL)时所需的系数见6.2.2的例1。把该年前一季度测试结果得到的时间与操作员不同的中间精密度标准差 $\sigma_{I(TO)}$ 作为极差控制图的标准值。控制图的有关计算如下:

a) 中心线 $= d_2\sigma_{I(TO)} = 1.128 \times 0.013\,3 = 0.015\,0$

b) 行动限

$UCL = D_2\sigma_{I(TO)} = 3.686 \times 0.013\,3 = 0.049\,0$

LCL=—

c) 警戒限

$UCL = D_2(2)\sigma_r = 2.834 \times 0.013\,3 = 0.037\,8$

LCL=—

时间与操作员不同的中间精密度标准差的估计 $s_{I(TO)}$ 计算如下:

$$w = |x_1 - x_2|$$

$$s_{I(TO)} = \left(\sum_{1}^{31} w_i/31\right)/d_2 = \overline{w}/d_2 = 0.014\,2/1.128 = 0.012\,6$$

共计算了31个子组的极差,每个子组中包含两个观测值,数据见表6,而图8则是标有控制限的这些数据的点图。

在图8的控制图中,没有证据表明测试结果不稳定。

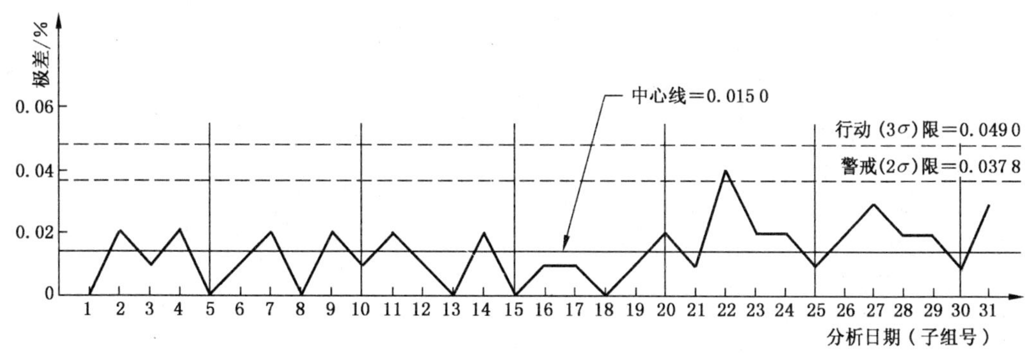

图8 时间与操作员不同的中间精密度条件下所得的高炉焦碳硫含量(%)的极差控制图

表 6 6.2.3 例 2 控制图数据表

1. 质量特性:高炉焦炭中的硫含量
2. 计量单位:%(*m*/*m*)
3. 分析方法:ISO 351
4. 测试时间:1985 年 8 月 1 日~8 月 31 日
5. 实验室:某钢铁厂的实验室 B

分析日期(子组号)	观测值 x_1	观测值 x_2	极差 w	说明
1	0.56	0.56	0.00	
2	0.48	0.50	0.02	
3	0.57	0.58	0.01	
4	0.60	0.58	0.02	
5	0.58	0.58	0.00	
6	0.50	0.49	0.01	
7	0.56	0.58	0.02	
8	0.56	0.56	0.00	
9	0.48	0.46	0.02	
10	0.54	0.53	0.01	
11	0.55	0.57	0.02	
12	0.46	0.45	0.01	
13	0.58	0.58	0.00	
14	0.54	0.56	0.02	
15	0.56	0.56	0.00	
16	0.57	0.58	0.01	位于警戒限之上1)
17	0.46	0.45	0.01	
18	0.56	0.56	0.00	
19	0.56	0.57	0.01	
20	0.57	0.55	0.02	
21	0.44	0.45	0.01	
22	0.59	0.55	0.04	
23	0.55	0.57	0.02	
24	0.58	0.56	0.02	
25	0.46	0.45	0.01	
26	0.60	0.58	0.02	
27	0.59	0.56	0.03	
28	0.54	0.56	0.02	
29	0.47	0.49	0.02	
30	0.59	0.58	0.01	
31	0.49	0.52	0.03	
合计	16.74	16.72	0.44	
平均数			0.014 2	$\overline{w}/d_2=0.012\ 6$

注:$\sigma_{I(TO)}=0.013\ 3$

x_1:常规分析

x_2:由不同的操作员在第二天所作的第二次分析

a) 中心线$=d_2\sigma_{I(TO)}=1.128\times0.013\ 3=0.015\ 0$

b) 行动限

UCL$=D_2\sigma_{I(TO)}=3.686\times0.013\ 3=0.049\ 0$

UCL=—

c) 警戒限

UCL$=D_2(2)\sigma_{I(TO)}=2.834\times0.013\ 3=0.037\ 8$

UCL=—

1) 为了获得 x_2 的实际加热温度低于指定温度。

6.2.4 例3 常规分析中正确度的稳定性检查

6.2.4.1 背景

a) 测量方法

用 ISO 1171:1981《固体矿物燃料 灰分含量的确定》,测定煤炭中的灰分,测试结果以质量分数表示。

b) 资料来源

1985年6月某钢铁厂实验室的常规报告。

c) 说明

在钢铁厂中,按三班轮换方式用煤在炼焦炉提炼高炉焦碳。

为控制焦碳产品的质量,每一班对所用的原料煤按 ISO 1171:1981 给定的方法测定其中的灰分[%(*m*/*m*)],并对常规分析时间与操作员不同的中间精密度标准差的稳定性进行检查,如6.2.3的例2。

本例将说明对常规分析中止确度稳定性检查的方法,此间用到了自制的标准物料(灰分为10.29%)。

6.2.4.2 原始数据

每天在三个班全体操作员中随机指定一人对标准物料进行分析,测试结果 y 列在表7中。

6.2.4.3 用常规控制图方法进行稳定性检查

将常规控制图用于表7的数据,对常规分析正确度的稳定性进行检查,同时估计偏倚的大小。

重复性标准差(s_r)不能用于检查该特定实验室内偏倚,因为实验室内的常规分析是在时间与操作员不同中间精密度条件下进行的,因而 s_r 不能代表该实验室所得测试结果的实际精密度。

为此采用较简单的移动极差控制图方法,而无需进行另外的试验以得到时间与操作员不同中间精密度标准差 $s_{I(TO)}$。

利用表7的注中给出的公式及事先确定的 μ 和 $\sigma_{I(TO)}$ 值,可绘制控制图。从图9中的控制图可以看出,有时偏倚和极差都很小,有时测试结果则不是很稳定,对此应进行调查。

6.2.4.4 用累积和控制图方法进行的稳定性检查

$\hat{\delta}$ 的累积和控制图中(H;K)的计算如下,其中(h;k)=(4.79;0.5):

上侧:

$$H=h\sigma_{I(TO)}=4.79\times0.06645=0.318$$

$$K_1=\mu+k\sigma_{I(TO)}=10.29+0.5\times0.06645=10.323$$

下侧:

$$-H=-0.318$$

$$K_2=\mu-k\sigma_{I(TO)}=10.29-0.5\times0.06645=10.257$$

表7 6.2.4例3控制图数据表

1. 质量特性：自制标准物料中的灰分含量
2. 计量单位：%(*m*/*m*)
3. 分析方法：ISO 1171
4. 测试时间：1985年6月1日～6月30日
5. 实验室：某钢铁厂的实验室C

分析日期 (子组号)	测试结果 y	偏倚的估计值 $\hat{\delta}$	移动极差 w	说　明
1	10.30	0.01	0.01	
2	10.29	0.00	0.01	
3	10.28	−0.01	0.02	
4	10.30	0.01	0.01	
5	10.29	0.00	0.00	
6	10.29	0.00	0.09	
7	10.20	−0.09	0.08	
8	10.28	−0.01	0.01	
9	10.29	0.00	0.00	
10	10.29	0.00	0.10	
11	10.19	−0.10	0.10	
12	10.29	0.00	0.00	
13	10.29	0.00	0.00	
14	10.29	0.00	0.01	
15	10.28	−0.01	0.02	
16	10.30	0.01	0.01	
17	10.29	0.00	0.00	
18	10.29	0.00	0.01	
19	10.28	−0.01	0.00	
20	10.28	−0.01	0.00	
21	10.28	−0.01	0.03	
22	10.31	0.02	0.12	
23	10.19	−0.10	0.10	
24	10.29	0.00	0.07	
25	10.36	0.07	0.00	
26	10.36	0.07	0.07	
27	10.29	0.00	0.01	
28	10.30	0.01	0.02	
29	10.28	−0.01	0.09	
30	10.19	−0.10		
合计	308.44	−0.26	0.99	
平均值		−0.086 6	0.034 1	$\overline{w}/d_2=0.030\ 2$

注：

自制标准物料中的灰分含量：$\mu=10.29$

上季度所得测试结果的标准差：$\sigma_{I(TO)}=0.066\ 45$

偏倚的估计值：$\hat{\delta}=y-\mu$

移动极差：$w=|\hat{\delta}_{i+1}-\hat{\delta}_i|$

x—图：

中心线 $=0$

行动限 $UCL=+3\sigma_{I(TO)}=0.199\ 4$

$UCL=-3\sigma_{I(TO)}=-0.199\ 4$

警戒限 $UCL=+2\sigma_{I(TO)}=0.132\ 9$

$UCL=-2\sigma_{I(TO)}=-0.132\ 9$

移动极差图：

中心线 $=d_2\sigma_{I(TO)}=1.128\times0.066\ 45=0.074\ 96$

行动限 $UCL=D_2(2)\sigma_{I(TO)}=3.396\times0.066\ 45=0.245$

$UCL=-$

警戒限 $UCL=D_2(2)\sigma_{I(TO)}=2.834\times0.066\ 45=0.188\ 3$

$UCL=-$

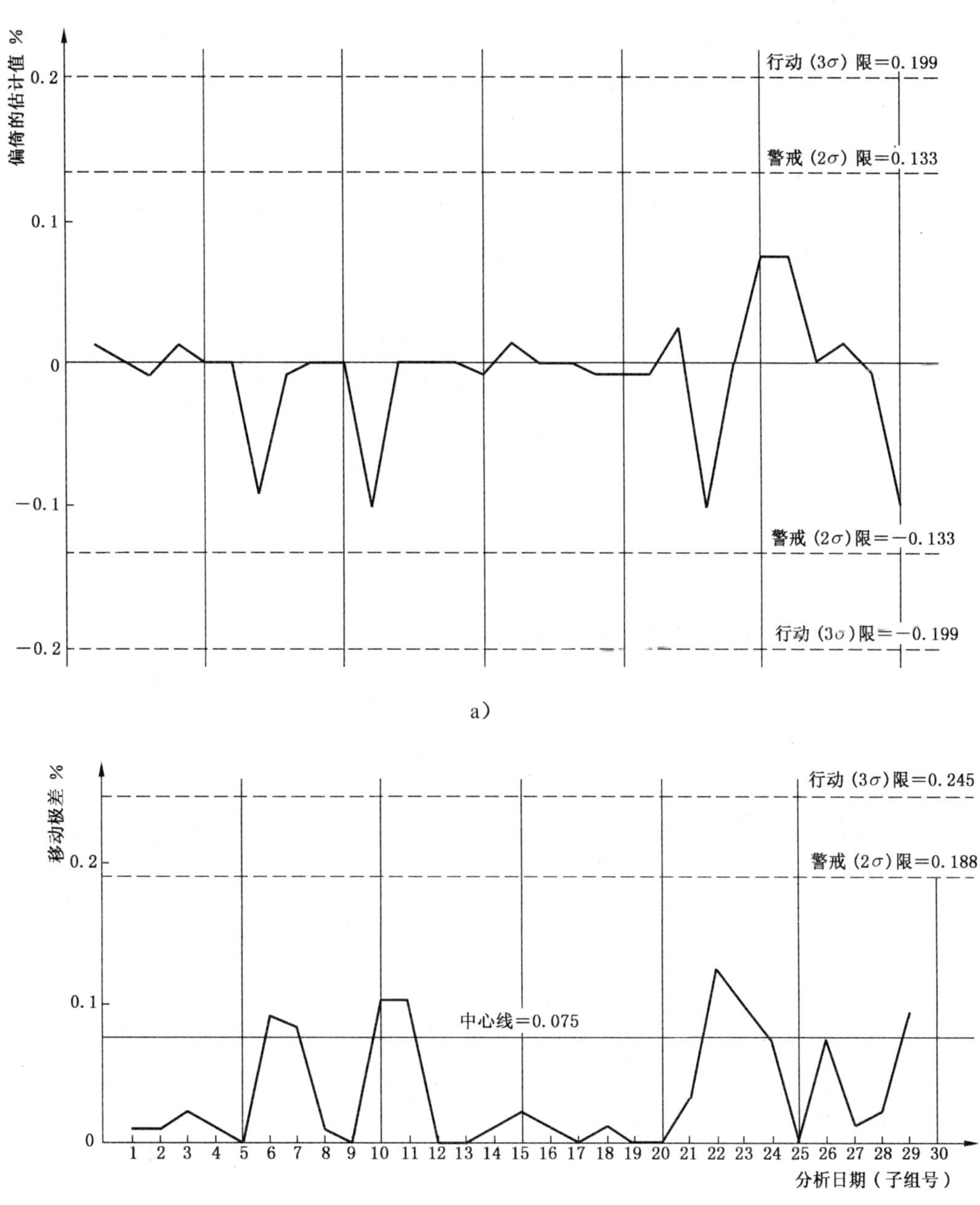

图9　自制标准物料中灰分的偏倚估计 $\hat{\delta}$[%(*m*/*m*)]的常规控制图

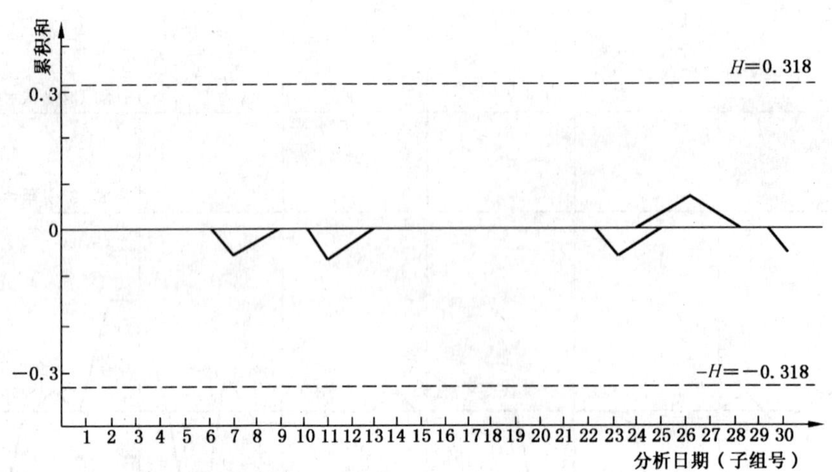

图 10 自制标准物料中灰分的偏倚估计 $\hat{\delta}$[%(*m*/*m*)]的累积和控制图

6.2.5 例 4 常规分析正确度稳定性检查的另一例

6.2.5.1 背景

a) 测量方法

用二乙基硫代氨基甲酸银-砷化三氢比色法确定氧化锌中的砷含量。

b) 资料来源

Kanzelmeyer J. H.,“分析方法的质量控制”,美国材料试验学会标准化通讯,1977 年 10 月,第 27 页,图 2。

6.2.5.2 原始数据

见表 8。

6.2.5.3 用常规控制图方法进行的稳定性检查

利用表 8 注释中给出的公式以及事先确定的 μ 和 σ_r 值,可绘制 $\bar{x}$ 的常规控制图(见图 11)。因有一个点高于行动限,且有两个链长大于或等于 7 的链在中心线以下,这表明例中的测试结果不稳定。

6.2.5.4 用累积和控制图法进行稳定性检查

对 $\bar{x}$ 的累积和控制图(见图 12)中(H;K)的计算如下,其中(h;k)=(4.79;0.5):

上侧:

$$H = h\sigma_r/\sqrt{n} = 4.79 \times 0.167 = 0.800$$

$$K_1 = \mu + k\sigma_r/\sqrt{n} = 3.800 + 0.5 \times 0.167 = 3.88$$

下侧:

$$-H = -0.800$$

$$K_2 = \mu - k\sigma_r/\sqrt{n} = 3.800 - 0.5 \times 0.167 = 3.72$$

表 8　6.2.5　例 4　$\bar{x}$ 控制图数据表

1. 质量特性：自制标准物料中的砷含量
2. 计量单位：质量×10^{-6}
3. 分析方法：二乙基硫代氨基甲酸银—砷化三氢比色法

子组号	观测值		$\bar{x}$	说　明
	x_1	x_2		
1	3.70	3.80	3.75	
2	3.76	3.86	3.81	
3	3.64	3.38	3.51	
4	4.01	3.62	3.82	
5	3.40	3.52	3.46	
6	3.65	3.53	3.59	
7	3.20	3.58	3.39	
8	4.19	4.65	4.42	
9	3.97	3.77	3.87	
10	2.95	3.69	3.32	
11	3.43	3.55	3.49	
12	3.85	3.53	3.69	
13	3.77	3.17	3.47	
14	3.19	3.60	3.40	
15	3.75	3.45	3.60	
16	3.55	3.25	3.40	位于行动限之上
17	3.98	3.76	3.87	
18	3.56	3.78	3.67	
19	3.54	4.02	3.78	
20	3.35	3.55	3.45	
21	3.37	3.25	3.31	
22	3.42	3.42	3.42	
23	3.71	3.87	3.79	
24	3.77	3.62	3.70	
25	3.82	3.58	3.70	
26	3.73	3.02	3.38	
27	3.48	3.28	3.38	
28	4.01	4.19	4.10	
29	3.63	3.11	3.37	
30	3.51	3.23	3.37	
合计			108.28	
平均值			3.609	

注：

自制标准物料中的砷含量：

$\mu=3.80$

以往的标准差：

$\sigma_r=0.236$

$\bar{x}$—图

中心线=3.80

行动限

UCL$=\mu+3\sigma_r/\sqrt{n}=4.300$

UCL$-\mu-3\sigma_r/\sqrt{n}=3.299$

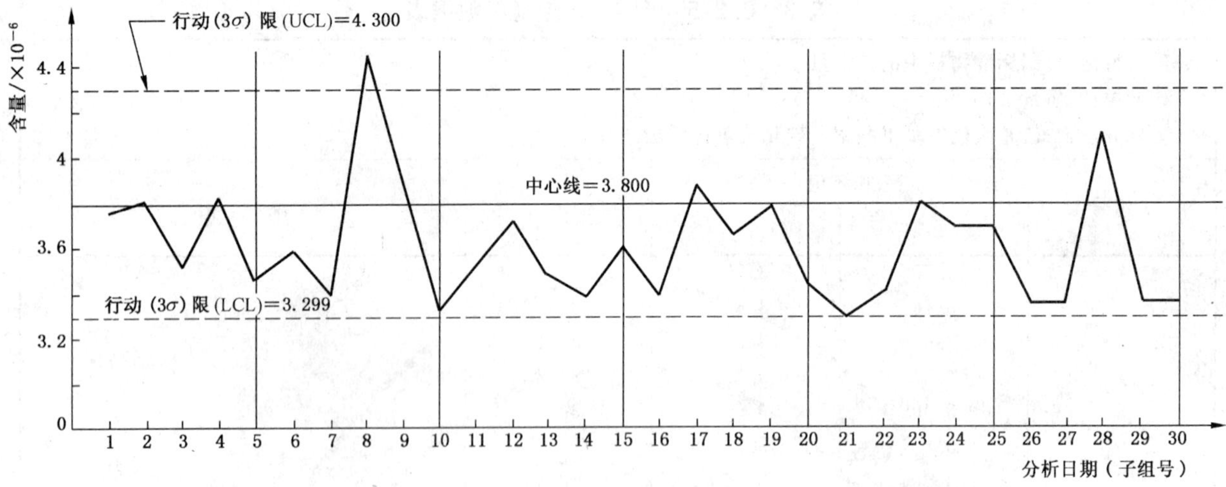

图 11　用二乙基硫代氨基甲酸银-砷化三氢比色法测定氧化锌中的砷含量的 x 常规控制图

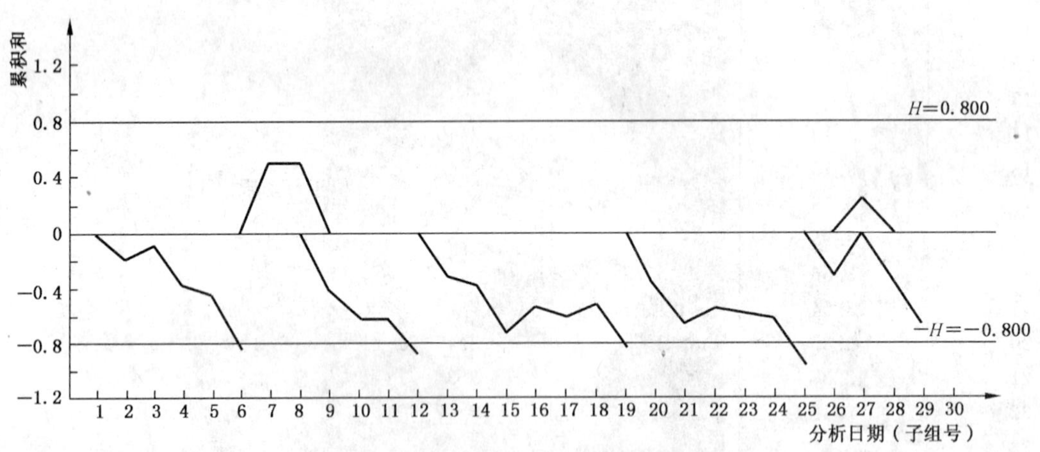

图 12　用二乙基硫代氨基甲酸银-砷化三氢比色法测定氧化锌中的砷含量的 x 累积和控制图

7　重复性标准差和再现性标准差在实验室评定中的应用

7.1　评定方法

7.1.1　总则

本章描述一种被许多实验室使用，且已标准化其测量方法的实验室的评定。因而该测量方法的精密度可以重复性标准差和再现性标准差的形式获得估计。假定这些值经精密度试验已事先确定。

根据测量方法是否存在标准物料和是否存在参照实验室的不同情况，实验室评定分为三种不同类型。当标准物料在一定数量水平上都存在时，只需待评实验室本身参与。对于不存在标准物料的测量方法，则不能按上述简单方法。待评实验室必须与一个被广泛认可的、可为评定提供基准的“高质量”实验室进行比较。对于实验室的连续再评定，常需对多个实验室同时进行，此时需进行一个协同评定试验。

进行协同评定试验的目的是把每一个实验室的测试结果与其他实验室的测试结果进行比较，以提高效能。

7.1.2　协同评定试验定义的含义

测量方法的重复性标准差是对在同一实验室、一致条件下所得测试结果不确定性的度量，即 GB/T 6379.1 中定义的重复性条件下实验室内精密度的一种表示。

当所测量的真值存在且已知时，或者有标准物料时，实验室偏倚即可立刻确定。当所测量的真值未知时，实验室偏倚只能间接确定。一种方法是将该实验室与一个已知偏倚的实验室进行比较。然而这种方法过分依赖于所“参照”实验室的偏倚和精密度。

在协同评定试验的情形，再现性是表示不同实验室所得测试结果一致性的度量，因此可以用来估计每一实验室的偏倚。当评定试验的再现性已确定时，系统偏差大的实验室表现为离群实验室。

本章中，假定测量方法的精密度已经事先确定，这意味着重复性方差 σ_r^2、实验室间方差 σ_L^2 及再现性方差 σ_R^2 均已知。

第 7 章的方法主要用于检查实验室偏倚。当检查一个实验室内重复性或中间精密度时，第 6 章的方法更有效。

7.2 由未经评定的实验室使用的测量方法的评估

7.2.1 实验室运作的评估

关于实验室评估的一般准则，见 GB/T 27025。实验室应有良好的运作模式，且有令人满意的内部质量控制。内部质量控制的方法已在第 6 章中给出。

本部分控制仅基于对每一实验室日常工作状态的检查。这种控制可以直接进行，无需特定的测试物料，也不涉及别的实验室。

为了对实验室中测量方法的使用进行定量评估，必须进行对照试验。对照试验既可以在实验室内部通过使用标准物料进行(参见 7.2.3)，也可以通过与一个高质量的实验室进行比较来完成(参见 7.2.4)。

7.2.2 关于对照试验的一般考虑

在计划一个对照试验时，应考虑如下问题：

a) 试验需在几个水平上进行？GB/T 6379.1—2004 的 6.3 中考虑了这个问题。

b) 每一水平上应进行几次重复？

在协同评定试验情形，还要考虑：

c) 需要多少实验室参与？

在安排对照试验时，需考虑 GB/T 6379.1—2004 的 6.1 及 GB/T 6379.2—2004 的第 5 章和第 6 章中的内容。

测试物料应匿名发送给实验室，其目的是确保实验室不会对测试物料以特殊对待，而应与平时操作保持一致。

7.2.3 有标准物料时的测量方法

7.2.3.1 总则

7.2.3.1.1 当有标准物料时，可以对单个实验室进行评定。当测量方法的精密度已知时，已知的重复性标准差用来评估实验室内精密度，而偏倚则可将测试结果与参照值比较来确定。

有时需要引入一个可检出的实验室偏倚 Δ_m，作为试验者希望从试验结果中能以高概率检测出实验室偏倚的最小值。

7.2.3.1.2 为评估实验室内部精密度，必须在实验室内部进行重复测量。在对 7.2.2 所提的问题加以考虑后，按 q 个水平派送测试物料，每一水平进行 n 次重复测量。用 GB/T 6379.2—2004 第 7 章给出的方法评估测试结果。在评估实验室内部精密度时，将单元内标准差 s_r 与已知的重复性标准差 σ_r 进行比较。接收准则是：

$$s_r^2/\sigma_r^2 < \chi^2_{(1-\alpha)}(\nu)/\nu \qquad \cdots\cdots(1)$$

其中 $\chi^2_{(1-\alpha)}(\nu)$ 是 χ^2 分布的 $1-\alpha$ 分位点，自由度 $\nu=n-1$。除非特别说明，显著性水平 α 假定为 0.05。

q 个水平中大约有 95% 满足不等式(1)。由于通常 q 相当小，这意味着实验室中所有的 q 个水平都应满足准则(1)。

7.2.3.1.3 对偏倚进行评估时，要将每一水平的测试结果的平均值 $\bar{y}$ 与相应的参照值 μ 进行比较。因为

$$s_{(\bar{y})}^2 = s_L^2 + \frac{1}{n}s_r^2 = s_R^2 - s_r^2\frac{(n-1)}{n} \qquad \cdots\cdots(2)$$

故接收准则为：

$$|\bar{y}-\mu| < 2\sqrt{\sigma_R^2 - \sigma_r^2\frac{(n-1)}{n}} \qquad \cdots\cdots(3)$$

实验室中所有的 q 个水平都应满足准则(3)。

当 $n=2$ 时，接收准则(3)化简为：

$$|\bar{y}-\mu| < 2\sqrt{\sigma_R^2 - \frac{\sigma_r^2}{2}} \qquad \cdots\cdots(4)$$

当有可检出的实验室偏倚 Δ_m 时，相应的接收准则为：

$$|\bar{y}-\mu| < \Delta_m/2 \qquad \cdots\cdots(5)$$

7.2.3.2 例:混凝土中水泥含量的测定

7.2.3.2.1 背景

混凝土中的水泥含量是一个重要指标，因为它影响混凝土的耐久性。在混凝土规范中常标出水泥含量的最小值。水泥含量可以通过测量水泥(和混凝料)样本及混凝土样品中的钙含量的而确定。为对一个实验室进行评定，可以事先准备已知水泥含量的混凝土样品。

为对 6 个实验室进行评定，制备了水泥含量为 425 kg/m³ 的参照样品，每一个实验室对此做 2 次水泥含量的测定。

7.2.3.2.2 原始数据

见表 9。已知重复性标准差和再现性标准差的值为：

$$\sigma_r=16, \sigma_R=25$$

表 9 混凝土中水泥的含量

实验室 i	观 测 值	
	y_{i1}	y_{i2}
1	406	431
2	443	455
3	387	431
4	502	486
5	434	456
6	352	399

7.2.3.2.3 单元平均值和极差的计算

见表 10。

表 10 单元平均值和极差

实验室	单元平均值	极差
1	418.5	25
2	449	12
3	409	44
4	494	16
5	445	22
6	375.5	47

7.2.3.2.4 实验室内精密度的评定

用以下公式将表 10 中的极差与重复性标准差进行比较：

$$\frac{(y_{i1}-y_{i2})^2}{2\sigma_r^2} \leqslant \chi_{(1-\alpha)}^2(\nu)$$

当 $\alpha=0.05$ 且 $\nu=1$ 时，$\chi^2_{0.95}(1)=3.841$

第 6 实验室的测试结果计算得到的检验值为：

$$\frac{(y_{61}-y_{62})^2}{2\sigma_r^2}=\frac{220\ 9}{2\times 16^2}=4.31$$

因而该实验室为离群实验室。

7.2.3.2.5 **偏倚的评定**

式(4)的接收准则为：

$$|\bar{y}-425|<44.59$$

对第 4 实验室，检验值为：

$$|\bar{y}_4-425|=69$$

对第 6 实验室，检验值为：

$$|\bar{y}_6-425|=50.5$$

故上述两实验室的偏倚都不满足要求。

7.2.4 **无标准物料时的测量方法**

7.2.4.1 当没有标准物料可用时，必须将待评实验室与一个高质量的实验室进行比较来评定。为了对待评实验室得出可靠的结论，核心问题是找到一个精密度和偏倚都满意的实验室。

与标准物料存在的情形类似，有时需要引入一个可检出的两个实验室偏倚之差值 λ。它是试验者希望能以高概率检出的两个实验室测试结果期望值之差的最小值。

7.2.4.2 将测试物料按 7.2.3.1.2 派送到两个实验室，每个实验室内的精密度评定也按类似方法进行。两个实验室在每一水平的测试结果数 n 最好也相同。

7.2.4.3 在评定测量方法的偏倚 δ 时，要把两个实验室每一水平上所得测试结果的算术平均值进行比较。对一般情形，记两个实验室所得测试结果数分别为 n_1，n_2，则有：

$$s^2_{(\bar{y}(1)-\bar{y}(2))}=2\sigma_L^2+\sigma_r^2\left(\frac{1}{n_1}+\frac{1}{n_2}\right)$$

$$=2\left[\sigma_R^2-\sigma_r^2\left(1-\frac{1}{2n_1}-\frac{1}{2n_2}\right)\right] \quad \cdots\cdots(6)$$

接收准则为：

$$|\bar{y}_1-\bar{y}_2|\leqslant 2\sqrt{2}\sqrt{\sigma_R^2-\sigma_r^2\left(1-\frac{1}{2n_1}-\frac{1}{2n_2}\right)} \quad \cdots\cdots(7)$$

q 个水平中的每一个都应满足接收准则(7)。

当 $n_1=n_2=2$ 时，接收准则(7)化简为：

$$|\bar{y}_1-\bar{y}_2|\leqslant 2\sqrt{2}\sqrt{\sigma_R^2-\frac{\sigma_r^2}{2}} \quad \cdots\cdots(8)$$

7.3 **对已认可实验室的再评定**

7.3.1 **连续对照试验的一般考虑**

为了确保已通过评定的，即已认可实验室的工作一直满足要求，需要通过现场检查或参与评定试验来对实验室进行再评定。由于受到技术、经济和安全等诸多因素的影响，实验室应间隔多长时间进行一次再评定，没有简单硬性的规则可循，负责部门应根据情况决定评定的频率。

再评定常会遇到需对多个实验室进行同时评定的情形。因此不建议用将每个实验室与一个高质量实验室进行比较的做法，因为即使最好的实验室本身也必须进行检查。在此情况下，有必要进行协同评定试验。

7.3.2 **对实验室运作的评估**

对实验室运作的评估，按 7.2 所述的现场检查方式进行。

7.3.3 **有标准物料时的测量方法**

GB/T 6379.4 所描述的方法可相应地用于实验室的再评定。

7.3.4 无标准物料的测量方法

7.3.4.1 总则

7.3.4.1.1 在无标准物料可用的情形，每一个实验室的评定需通过由若干个实验室参与的协同评定试验进行。

安排一个评定试验与安排一个精密度试验非常相似，因此 GB/T 6379.1 和 GB/T 6379.2 提到的许多考虑对安排评定试验也适用。由于目标是对每一实验室进行评定，所以在每一水平上选择测试重复次数的方法与 7.2.2 中所述的一个实验室情形类似。

鉴于最终目的是对实验室进行评定，所以参与协同评定试验的实验室个数可少于精密度试验中的实验室数。例如，一种显而易见的方法是只有本国实验室参与试验。尤其重要的是参与试验的实验室数减少并不降低实验室间的系统偏差，因为系统偏差的降低会增加检出离群实验室的困难。

7.3.4.1.2 经过 7.2.2 提到的各种考虑，测试物料以 q 个水平派送到 p 个实验室，每一水平要求进行 n 次测量。用 GB/T 6379.2—2004 第 7 章描述的方法对测试结果进行估计。由于测试过程中可能产生测试结果的缺失或增加，各单元的结果数可能不同。

每个实验室内部精密度按第 6 章描述的方法进行评定。

7.3.4.1.3 为给出对偏倚的整体评定，对每一测试水平计算再现性方差(见 GB/T 6379.2—2004 的 7.5)。

$$s_R^2 = s_L^2 + s_r^2 \qquad (9)$$

其中

$$s_L^2 = \left\{\frac{1}{p-1}\left[\sum_{i=1}^{p} n_i(\bar{y}_i - \bar{\bar{y}})^2\right] - s_r^2\right\} \Big/ \bar{\bar{n}} \qquad (10)$$

而

$$\bar{\bar{n}} = \frac{1}{p}\sum_{i=1}^{p} n_i \qquad (11)$$

将算得的实验室间方差的估计值 s_L^2 与已知的实验室间方差 σ_L^2 比较，按如下的接收准则进行检验：

$$\frac{\bar{\bar{n}}s_L^2 + s_r^2}{\bar{\bar{n}}\sigma_L^2 + \sigma_r^2} \leqslant \frac{\chi^2_{(1-\alpha)}(\nu)}{\nu} \qquad (12)$$

其中 $\chi^2_{(1-\alpha)}(\nu)$ 是 χ^2 分布的 1-α 分位点，自由度 $\nu = p-1$。除非特别说明，显著性水平 α 假定为 0.05。

如果接收准则(12)成立，则认为试验室间方差的估计值 s_L^2 是可接收的，并由此推断出所有实验室在所考虑的水平上获得了足够准确的测试结果。

如果接收准则(12)不成立，则通过计算格拉布斯检验统计量找出偏离最大的离群观测值，并剔除该实验室在这个水平上的所有测试结果，用剩下的($p-1$)个实验室的测试结果重新估计实验室方差。如果这次的方差估计值满足接收准则(12)，则这($p-1$)个实验室通过评定，否则再次计算格拉布斯检验统计量。必要时可多次重复上述步骤。GB/T 6379.2 中曾提到，格拉布斯检验不宜重复应用。因此，当离群值较多时，应在所有水平上对所有数据进行检查。如果同样实验室在几个水平上偏离都大，则可以断定这些实验室的测量的偏倚过大。如果这些实验室仅在某一个水平上偏离较大，就有理由检查一下测试物料是否不均匀。如果偏离在多个实验室的多个水平上发生，可能是评定试验有缺陷。为了对此作出可能的解释，有必要对评定试验的每个环节进行严格检查。

如果某个实验室已被认为是离群实验室(无论是对实验室内精密度或偏倚)，应将结果通知该实验室，并对实验室使用的方法进行检查，以改进该实验室的工作。

7.3.4.1.4 在进行再评定试验时，要采用不同的测试物料，以避免某些实验室对某些特定的测试物料有特别高的精密度，从而影响评定效果。此外，测试物料按 7.2.2 中的规定匿名地分发给各参与试验的实验室，以确保各实验室不对测试物料以特殊对待。

如果在一次评定试验产生的测试结果与以前试验得到的测试结果差异太大，重要的是分析可得到的所有信息，对这些意料之外的观测值找到可能的解释。

7.3.4.2 例:水的含碱量分析

7.3.4.2.1 背景

在对水质进行控制时,由多个实验室对水进行化学分析。这些实验室要得到认可,必须经过多次评估。本例中,用电位滴定法确定水的含碱总量,因无标准物料可用,所以评定必须通过评定试验来进行。

共有18个实验室参加评定试验,试验设两个水平,每个实验室在每一水平上进行两次测定。

7.3.4.2.2 原始数据

原始数据见表11。

表11 水的含碱量

实验室	水平		实验室	水平	
	1	2		1	2
1	2.040	5.250	10	2.170	5.520
	2.040	5.300		2.200	5.330
2	2.100	5.460	11	1.980	4.990
	2.110	5.460		1.940	5.020
3	2.070	5.240	12	2.120	5.340
	2.070	5.200		2.110	5.330
4	2.070	5.308	13	2.160	5.330
	2.090	5.292		2.150	5.420
5	2.740	5.850	14	2.050	5.330
	2.610	5.850		2.070	5.330
6	2.086	5.305	15	2.070	5.387
	2.182	5.325		2.056	5.335
7	2.128	5.296	16	2.010	5.210
	2.076	5.346		2.030	5.330
8	2.060	5.340	17	2.066	5.300
	2.080	5.340		2.070	5.280
9	2.060	5.310	18	2.060	5.300
	2.080	5.300		2.070	5.280

7.3.4.2.3 单元平均值和极差的计算

表12和表13分别给出了表11数据的单元平均值和单元极差。

表12 表11数据的单元平均值

实验室	水平	
	1	2
1	2.040	5.275
2	2.105	5.460
3	2.070	5.220
4	2.080	5.300
5	2.675	5.850
6	2.134	5.315
7	2.102	5.321
8	2.070	5.340
9	2.070	5.305
10	2.185	5.425
11	1.960	5.005
12	2.115	5.335
13	2.155	5.375
14	2.060	5.330
15	2.063	5.361
16	2.020	5.270
17	2.068	5.290
18	2.065	5.290

表13 表11数据的单元极差

实验室	水平	
	1	2
1	0.000	0.050
2	0.010	0.000
3	0.000	0.040
4	0.020	0.016
5	0.130	0.000
6	0.096	0.020
7	0.052	0.050
8	0.020	0.000
9	0.020	0.010
10	0.030	0.190
11	0.040	0.030
12	0.010	0.010
13	0.010	0.090
14	0.020	0.000
15	0.014	0.052
16	0.020	0.120
17	0.004	0.020
18	0.010	0.020

在所定的两个水平上重复性标准差和再现性标准差的事先确定值分别为：

$$\sigma_{r1}=0.023, \sigma_{r2}=0.027$$

$$\sigma_{R1}=0.045, \sigma_{R2}=0.052$$

7.3.4.2.4 对实验室内精密度的评定

用如下公式将表 13 中所列的极差与重复性标准差进行比较：

$$w_{ij}^2/2\sigma_{rj}^2<\chi_{(1-\alpha)}^2(\nu)/\nu$$

取 $\alpha=0.05, \nu=1, \chi_{0.95}^2(\nu)/\nu=3.841$

运用上述准则，对水平 1，如下实验室由于检验值超出临界值(3.841)被判定为离群：

实验室 5：$w^2=0.016\,9$，　检验值=15.974

实验室 6：$w^2=0.009\,216$，　检验值=8.711

对水平 2，如下实验室由于检验值超出临界值被判定为离群：

实验室 10：$w^2=0.036\,1$，　检验值=24.76

实验室 13：$w^2=0.008\,1$　检验值=5.55

实验室 16：$w^2=0.014\,4$　检验值=9.88

7.3.4.2.5 实验室偏倚的评定

根据表 12 的数据，按如下公式计算实验室间方差：

$$s^2=\frac{1}{p-1}\sum_{i=1}^{p}n_i(\bar{y}_i-\bar{y})^2=\bar{n}s_L^2+s_r^2$$

对水平 1，求得：

$$n\sigma_L^2+\sigma_r^2=n\sigma_R^2-(n-1)\sigma_r^2=0.003\,521$$

$$s^2=0.044\,36, \text{检验值}=12.60$$

取 $\alpha=0.05, \nu=17, \chi_{0.95}^2(\nu)/\nu=1.623$

发现实验室 5 的偏离最远。实验室 5 的格拉布斯检验值为：

$$G=(2.675-2.113)/0.148\,9=3.77$$

用 GB/T 6379.2—2004 第 9 章的结果，在 $p=18$ 时，5%水平的临界值为 2.651，将 $G=3.77$ 与之相比较，判定实验室 5 为离群实验室。

用实验室 5 以外的其他实验室的测试结果计算得：

$$s^2=0.005\,357,$$

$$\text{检验值}=1.521$$

取 $\alpha=0.05, \nu=16, \chi_{0.95}^2(\nu)/\nu=1.644$。因此得出结论：除第 5 实验室以外的其他实验室在水平 1 下所得测试结果都有足够的准确度。

对水平 2，求得：

$$n\sigma_L^2+\sigma_r^2=n\sigma_R^2-(n-1)\sigma_r^2=0.004\,679$$

$$s^2=0.050\,34, \text{检验值}=10.758$$

其中 $\alpha=0.05, \nu=17, \chi_{0.95}^2(\nu)/\nu=1.623$。

发现实验室 5 的偏离最远。实验室 5 的格拉布斯检验值为：

$$G=(5.85-5.337)/0.158\,6=3.235$$

$p=18$ 时，5%水平下的临界值为 2.651，将 $G=3.235$ 与之相比较，判定实验室 5 为离群实验室。

用实验室 5 以外的其他实验室的测试结果计算得：

$$s^2=0.018\,67, \text{检验值}=3.990$$

其中 $\alpha=0.05, \nu=16, \chi_{0.95}^2(\nu)/\nu=1.644$。

发现实验室 11 的偏离最远。实验室 11 的格拉布斯检验值为：

$$G=(5.005-5.3069)/0.09661=-3.125$$

$p=17$ 时,5%水平下的临界值为 2.620,将 $G=-3.125$ 与之相比较,判定实验室 11 为离群实验室。

用实验室 11 以外的其他实验室的测试结果计算得:

$$s^2=0.00700,\text{检验值}=1.496$$

取 $\alpha=0.05,\nu=15,\chi^2_{0.95}(\nu)/\nu=1.666$。

因此,除第 5 实验室和实验室 11 以外的其他实验室在水平 2 下所得测试结果有足够的准确度。

7.3.4.2.6 结论

评定试验表明,有多个实验室的内部精密度不好,它们是第 5,6,10,13 和 16 实验室;而第 5 和 11 两个实验室在一个或两个水平上有较大的偏倚。应把评定结果告知相关实验室。

8 与可替代测量方法的比较

8.1 考虑可替代测量方法的原因

国际标准方法是指已经标准化的,且能满足多方面要求的方法。这些要求包括:

a) 测量方法应适用于测试特性的较大水平范围,覆盖国际贸易中大多数物料。例如,一种测定铁矿石中含铁总量的方法应当对尽可能多的国际贸易中的铁矿石适用;

b) 测量所涉及的设备、试剂和人员在国际上能够找到;

c) 测量费用在可接受的范围内;

d) 测量方法的正确度和精密度应被结果的用户所认可。

标准测量方法可能因为过于繁琐而不适用于日常工作,因此往往需要折中处理。某个特定实验室可能会找到一个比较简单但足够满足自身要求的方法。例如,当测试物料来源相同,其特性变异相对很小时,使用一个简单花费较少的方法就够了。

由于历史原因,某些地区可能更愿意采用某些测量方法。在此情形下,也许希望有另外的测量方法来替代国际标准方法。

本章描述的比较是基于一个测试样本结果的。在比较两种测量方法的精密度和正确度时,要求使用的测试样本应多于一个。比较所需的测试样本数依赖于多种因素,如所关心的特性水平的范围及测量方法对样本成分变化的灵敏程度等。

8.2 比较测量方法的目的

8.2.1 8.2 描述比较两种测量方法的精密度和正确度的程序,所比较的两种方法中的一种(称为方法 A)是国际标准方法或国际标准方法的首要候选方法。所作比较只提供两种方法的精密度和(或)正确度是否不同的证据,不作其中一种方法比另一种方法更适宜于某种特定情形的建议。实际中使用哪种方法,要结合费用及可利用的设备等多种因素而定。

8.2.2 8.2 内容主要是对以下应用设计的:

a) 在一个国际标准方法的形成过程中,技术委员会有时会面对这样问题:在候选方法中,哪一种最为适宜采用为国际标准方法?方法的精密度和正确度是选择准则中的基础部分。

b) 某些时候发现有必要开发可替代国际标准方法的另一种方法。候选方法应与国际标准方法一样准确。方法比较程序有助于确定候选方法是否满足要求。

c) 对某些实验室而言,大部分待测样本来源相同,这些样本总体上有着非常一致的成分。在这种情况,若将国际标准方法作为常规方法采用会造成不必要的浪费。这时实验室可能需要有一个较简单的常规方法。用这种方法测得的结果应与现有国际标准方法具有相同正确度和精密度。

8.3 方法 B:作为候选的可替代标准方法("标准化试验"未确立)

对方法 A 和方法 B 的比较要依据精密度试验结果进行。如果方法 A 是一种已完全确立的标准方法，它的精密度可作为比较的基础。如果方法 A 乃是一个尚在完善过程中的标准方法，它本身也应进行精密度试验。方法 A 和方法 B 的精密度试验均应根据 GB/T 6379.2 进行。

试验的目的如下：

a) 确定方法 B 是否与方法 A 具有相同的精密度。试验结果应能检测出方法 B 和方法 A 的精密度度量之比是否大于某一特定值；

b) 确定方法 B 是否与方法 A 具有相同的正确度。可通过精密度试验按以下方式确定：当分别使用两种方法对同一样本进行测量时，所得测试结果的总平均值在统计上没有显著差异；或者当使用已定值的标准物料作为测试样本时，方法 B 在精密度试验所得的测试结果总平均值与标准物料的定值之间在统计上没有显著差异。

此外，试验应能检测出两种测量方法所得测试结果的期望值之差或每一方法所得测试结果的期望值与定值之差是否大于某一特定值。

8.4 准确度试验

8.4.1 一般要求

准确度试验应按 GB/T 6379.1 规定的总则进行。

应用文件形式明确两种测量方法的操作程序，对各个细节给予充分的说明，以免参与试验的实验室误解。在试验中对测量的程序不允许作任何更改。

参与试验的实验室应为测量方法所有潜在用户的一个代表性样本。

8.4.2 测试样本

许多测量方法的精密度都要受测试样本的基体和测试特性水平的影响，对这些方法的精密度进行比较时，最好使用同一测试样本。另外，在对测量方法的正确度进行比较时也只能使用同一测试样本。鉴于此原因，应指定一位执行负责人，负责协调每种测量方法准确度试验的各工作组之间的事务和交流。

对测试样本的主要要求是均匀性，即每一实验室应该使用同一测试样本。如果怀疑单元内样本是非均匀的，应在文件中对选择试样的方法给予明确的说明。对一些测试样本，使用标准物料（RM）有其优点。在标准物料的均匀性已经得到保证的前提下，可以检查测试结果相对标准物料的定值的偏倚。使用标准物料的缺点是通常费用较高。在许多情况下，这可通过对标准物料单元进行再细分来克服。关于用某一标准物料作为测试样本的方法，参见 ISO 指南 33。

8.4.3 测试样本的数量

试验中所使用的测试样本的数量，随所测特性的水平范围及准确度与测试水平之间依赖程度而变化。在许多情形，测试样本数量还受测量工作量以及在要求水平上能否找到测试样本等因素的制约。

8.4.4 实验室数及测量次数

8.4.4.1 总则

在实验室间试验中，两种测量方法所需的实验室数以及每个实验室所需测量次数依赖于：

a) 两种测量方法的精密度；

b) 两种测量方法精密度度量的可测出比 ρ 或者 ϕ，即试验者希望能以高概率检测到从两种测量方法的测试结果所得的精密度度量之比的最小值。当精密度以重复性标准差表示时，该比值记为 ρ；当精密度以实验室间均方的平方根表示时，该比值记为 ϕ。

c) 两种测量方法偏倚的可检出的差 λ，即能检测到从两种测量方法所得测试结果期望值之差的最小值。

建议使用 $\alpha=0.05$ 的显著水平来比较精密度的估计值。把不能测出选定的标准差之比最小值的风险，或偏倚之差的最小值的风险定为 $\beta=0.05$。

规定了 α 与 β 的值，可用下面的公式计算可检出的差 λ：

$$\lambda = 4\sqrt{(\sigma_{LA}^2+\sigma_{rA}^2/n_A)/p_A+(\sigma_{LB}^2+\sigma_{rB}^2/n_B)/p_B} \qquad (13)$$

其中下标 A 和 B 分别代表方法 A 和方法 B。

在大多数情形，方法 B 的精密度未知。对此种情形，可用方法 A 的精密度代替：

$$\lambda = 4\sqrt{(\sigma_{LA}^2+\sigma_{rA}^2/n_A)/p_A+(\sigma_{LA}^2+\sigma_{rA}^2/n_B)/p_B} \qquad (14)$$

试验者应把 n_A，n_B，p_A和 p_B的不同取值（从小到大）代入公式(13)或(14)，直到找出能满足等式的 n_A，n_B，p_A和 p_B。这些参数值是考虑安排一个适当的比较精密度估计的试验所需要的。

表 14 列出了在给定 α 和β 值的情况下，标准差之比作为自由度 ν_A和 ν_B的函数的最小值。（表 14 按 ISO 于 2001-10-15 发布的技术修改单改）

表 14 $\rho(\nu_A,\nu_B,\alpha,\beta)$或 $\phi(\nu_A,\nu_B,\alpha,\beta)$的值($\alpha=0.05,\beta=0.05$)

ν_B	ν_A																	
	6	7	8	9	10	11	12	13	14	15	16	17	18	19	20	25	50	200
6	4.99	4.64	4.39	4.21	4.07	3.95	3.86	3.79	3.72	3.67	3.62	3.58	3.54	3.51	3.48	3.37	3.17	3.02
7	4.69	4.35	4.11	3.93	3.79	3.68	3.59	3.52	3.45	3.40	3.35	3.31	3.28	3.25	3.22	3.11	2.91	2.77
8	4.48	4.14	3.90	3.73	3.59	3.48	3.40	3.32	3.26	3.21	3.16	3.12	3.09	3.06	3.03	2.93	2.72	2.58
9	4.32	3.99	3.75	3.58	3.44	3.34	3.25	3.18	3.12	3.06	3.02	2.98	2.94	2.91	2.89	2.78	2.58	2.44
10	4.19	3.86	3.63	3.46	3.33	3.22	3.13	3.06	3.00	2.95	2.91	2.87	2.83	2.80	2.77	2.67	2.47	2.33
11	4.09	3.77	3.54	3.37	3.23	3.13	3.04	2.97	2.91	2.86	2.81	2.78	2.74	2.71	2.68	2.58	2.38	2.24
12	4.01	3.69	3.46	3.29	3.16	3.05	2.97	2.90	2.84	2.78	2.74	2.70	2.67	2.64	2.61	2.51	2.31	2.16
13	3.94	3.62	3.39	3.22	3.09	2.99	2.90	2.83	2.77	2.72	2.68	2.64	2.60	2.57	2.55	2.44	2.24	2.10
14	3.88	3.56	3.34	3.17	3.04	2.94	2.85	2.78	2.72	2.67	2.62	2.59	2.55	2.52	2.49	2.39	2.19	2.04
15	3.83	3.52	3.29	3.12	2.99	2.89	2.80	2.73	2.67	2.62	2.58	2.54	2.51	2.47	2.45	2.34	2.14	1.99
16	3.79	3.47	3.25	3.08	2.95	2.85	2.76	2.69	2.63	2.58	2.54	2.50	2.47	2.43	2.41	2.30	2.10	1.95
17	3.75	3.44	3.21	3.05	2.92	2.81	2.73	2.66	2.60	2.55	2.50	2.46	2.43	2.40	2.37	2.27	2.07	1.92
18	3.72	3.41	3.18	3.02	2.89	2.78	2.70	2.63	2.57	2.52	2.47	2.43	2.40	2.37	2.34	2.24	2.03	1.88
19	3.69	3.38	3.15	2.99	2.86	2.75	2.67	2.60	2.54	2.49	2.44	2.41	2.37	2.34	2.31	2.21	2.01	1.85
20	3.67	3.35	3.13	2.96	2.83	2.73	2.65	2.58	2.52	2.46	2.42	2.38	2.35	2.32	2.29	2.18	1.98	1.83
25	3.57	3.25	3.03	2.87	2.74	2.64	2.55	2.48	2.42	2.37	2.33	2.29	2.25	2.22	2.19	2.09	1.88	1.72
50	3.37	3.07	2.85	2.68	2.55	2.45	2.37	2.30	2.24	2.18	2.14	2.10	2.06	2.03	2.00	1.89	1.87	1.50
200	3.24	2.93	2.71	2.55	2.42	2.32	2.23	2.16	2.10	2.04	2.00	1.96	1.92	1.89	1.86	1.75	1.51	1.29

注：

1　$\rho=\dfrac{\sigma_{rB}}{\sigma_{rA}}$；$\nu_A=p_A(n_A-1)$；$\nu_B=p_B(n_B-1)$

2　$\phi=\sqrt{\left[\dfrac{n_B\sigma_{LB}^2+\sigma_{rB}^2}{n_A\sigma_{LA}^2+\sigma_{rA}^2}\right]}$；$\nu_A=p_A-1$；$\nu_B=p_B-1$

当使用重复性标准差时，自由度为：

$$\nu_A=p_A(n_A-1),\nu_B=p_B(n_B-1)$$

当使用实验室间均方时，自由度为：

$$\nu_A=p_A-1,\nu_B=p_B-1$$

如果两种方法之一的精密度已完全确立，则用表 14 中自由度等于 200 的数值。

8.4.4.2　例:铁矿石中铁含量的测定

8.4.4.2.1　背景

考察了两种测定铁矿石中铁含量的分析方法,假定它们有相同的精密度:

$$\sigma_{rA}=\sigma_{rB}=0.1\%$$

$$\sigma_{LA}=\sigma_{LB}=0.2\%$$

8.4.4.2.2　要求

取 $\lambda=0.4\%$,$\rho=\phi=4$。在计算所需最小实验室数时,假定两种方法取相等数目的实验室,每个试样分析两次,即:

$$p_A=p_B, n_A=n_B=2$$

a)　正确度试验要求:

$$0.4=4\sqrt{(0.2^2+0.1^2/2)/p_A+(0.2^2+0.1^2/2)/p_B}$$

求得

$$p_A=p_B=9$$

b)　精密度试验要求:

从表 14 可以看出,当 $\nu_A=\nu_B=9$ 时,ρ(或 ϕ)≈ 4。

比较重复性标准差时有:$\nu_A=p_A$,$\nu_B=p_B$,故 $p_A=p_B=9$。

比较实验室间均方时有:$\nu_A=p_A-1$,$\nu_B=p_B-1$,故 $p_A=p_B=10$。

8.4.4.2.3　结论

每个实验室间试验项目所需参与实验室数的最小值为 10。

8.4.5　测试样本的分发

实验室间试验项目的协调员应对获取、制备、分发测试样本担负最终责任。应确保参与实验室间试验的各实验室收到的测试样本状态良好,标记明确。应告知所有参与试验的实验室在相同条件下对样本进行分析。譬如,“在干燥条件下”表示样本称重前需在 105 ℃下干燥若干小时等。

8.4.6　参与试验的实验室

每一参与实验室间试验的实验室,应当安排一名成员负责组织实施试验协调员的指令。这名实验室成员应是合格的分析师。不应安排技术特别突出的人员(例如研究人员或“最佳”操作者)担任此职,以免得到一个低得不符合实际的标准差估计。被指定的实验室成员应在重复性条件下进行所要求次数的测量,而实验室负责在规定时间内向协调员报告测试结果。

8.4.7　测试结果的收集

每一方法试验项目的协调员要负责在合理的时间内收集到所有的测试结果。

协调员的职责是对测试结果进行仔细检查,以查出物理异常值,即查出那些由于可解释的物理原因而与其他测试结果不属于同一分布的测试结果。

8.4.8　测试结果的计算

测试结果应由合格的统计人员按 GB/T 6379.2 所描述的方法进行计算处理。对每一测试样本,要计算以下诸量:

s_{rA}　　方法 A 的重复性标准差估计

s_{rB}　　方法 B 的重复性标准差估计

s_{RA}　　方法 A 的再现性标准差估计

s_{RB}　　方法 B 的再现性标准差估计

$\bar{\bar{y}}_A$　　方法 A 所得测试结果的总平均值

$\bar{\bar{y}}_B$　　方法 B 所得测试结果的总平均值

8.4.9　方法 A 与方法 B 所得测试结果的比较

应在每一水平上对实验室间试验项目的测试结果进行比较。方法 B 在测试特性的较低水平上可能准确度较高，而在测试特性的较高水平上准确度较低；或者正好相反。

8.4.9.1 图形表示

可以将对每一水平的原始数据用图形来表示。有时通过图形，从精密度和(或)偏倚来看，两种方法的测试结果之间的差异非常明显，无须做进一步的统计评估。

所有水平的精密度与总平均值的图形表示也是需要的。

8.4.9.2 精密度的比较

8.4.9.2.1 方法 A 为已确立的标准方法情形

此时，方法 A 的精密度已经完全确定。

a) 实验室内精密度

若

$$\frac{s_{rB}^2}{\sigma_{rA}^2} \leqslant \frac{\chi_{(1-\alpha)}^2(\nu_{rB})}{\nu_{rB}}$$

则没有证据表明方法 B 的实验室内精密度不如方法 A；

若

$$\frac{s_{rB}^2}{\sigma_{rA}^2} > \frac{\chi_{(1-\alpha)}^2(\nu_{rB})}{\nu_{rB}}$$

则表明方法 B 的实验室内精密度比方法 A 的差。

这里 $\chi_{(1-\alpha)}^2(\nu_{rB})$ 是自由度为 ν_{rB} 的 χ^2 分布的 $(1-\alpha)$ 分位数，其

$$\nu_{rB} = p_B(n_B - 1)$$

b) 总精密度

若

$$\frac{s_{RB}^2 - (1-1/n_B)s_{rB}^2}{\sigma_{RA}^2 - (1-1/n_B)\sigma_{rA}^2} \leqslant \frac{\chi_{(1-\alpha)}^2(\nu_{LB})}{\nu_{LB}}$$

则没有证据表明方法 B 的均方不如方法 A；

若

$$\frac{s_{RB}^2 - (1-1/n_B)s_{rB}^2}{\sigma_{RA}^2 - (1-1/n_B)\sigma_{rA}^2} > \frac{\chi_{(1-\alpha)}^2(\nu_{LB})}{\nu_{LB}}$$

则表明方法 B 的均方不如方法 A。

这里 $\chi_{(1-\alpha)}^2(\nu_{LB})$ 是自由度为 ν_{LB} 的 χ^2 分布的 $(1-\alpha)$ 分位数，且

$$\nu_{LB} = p_B - 1$$

8.4.9.2.2 两种方法均为新的候选标准方法情形

a) 实验室内精密度(按 ISO 于 2001-10-15 发布的技术修改单改)

令

$$F_r = \frac{s_{rB}^2}{s_{rA}^2}$$

若

$$F_{\alpha/2}(\nu_{rB}, \nu_{rA}) \leqslant F_r \leqslant F_{(1-\alpha/2)}(\nu_{rB}, \nu_{rA})$$

则没有证据表明两种方法的实验室内精密度有显著差异；

若

$$F_r < F_{\alpha/2}(\nu_{rB}, \nu_{rA})$$

则表明方法 B 的实验室内精密度优于方法 A；

若

$$F_r > F_{(1-\alpha/2)}(\nu_{rB}, \nu_{rA})$$

则表明方法B的实验室内精密度比方法A的差。

这里 $F_{\alpha/2}(\nu_{rB},\nu_{rA})$ 和 $F_{(1-\alpha/2)}(\nu_{rB},\nu_{rA})$ 分别是分子自由度为 ν_{rB}，分母自由度为 ν_{rA} 的 F 分布的 $\alpha/2$ 和 $1-\alpha/2$ 分位数，且

$$\nu_{rB}=p_B(n_B-1)$$

$$\nu_{rA}=p_A(n_A-1)$$

b) 总精密度

令

$$F_R=\frac{s_{RB}^2-(1-1/n_B)s_{rB}^2}{s_{RA}^2-(1-1/n_A)s_{rA}^2}$$

若

$$F_{\alpha/2}(\nu_{RB},\nu_{RA})\leqslant F_R\leqslant F_{(1-\alpha/2)}(\nu_{RB},\nu_{RA})$$

则没有证据表明两种方法的实验室间精密度有显著差异；

若

$$F_R<F_{\alpha/2}(\nu_{RB},\nu_{RA})$$

则表明方法B的总精密度要好于方法A；

若

$$F_R>F_{(1-\alpha/2)}(\nu_{RB},\nu_{RA})$$

则表明方法B的总精密度比方法A差；

这里 $F_{\alpha/2}(\nu_{RB},\nu_{RA})$ 和 $F_{(1-\alpha/2)}(\nu_{RB},\nu_{RA})$ 分别是分子自由度为 ν_{RB}，分母自由度为 ν_{RA} 的 F 分布的 $\alpha/2$ 和 $1-\alpha/2$ 分位数，且

$$\nu_{RB}=p_B-1$$

$$\nu_{RA}=p_A-1$$

注5：在许多 F 分布表中只列出了 $1-\alpha/2$ 分位数，此时可利用下面关系推出 $\alpha/2$ 分位数：

$$F_{\alpha/2}(\nu_{rB},\nu_{rA})=1/F_{(1-\alpha/2)}(\nu_{rA},\nu_{rB})$$

$$F_{\alpha/2}(\nu_{RB},\nu_{RA})=1/F'_{(1-\alpha/2)}(\nu_{RA},\nu_{RB})$$

8.4.9.3 正确度的比较

8.4.9.3.1 平均值与标准物料定值的比较

当测试样本中的一个使用标准物料时，使用如下的检验可将每种方法的总平均值与标准物料的定值进行比较：

a) 若

$$|\mu-\overline{\overline{y}}|\leqslant 2\sqrt{[s_{RB}^2-(1-1/n_B)s_{rB}^2]/p_B}$$

则认为该方法的结果的总平均值与标准物料的定值的差异不显著；

b) 若

$$|\mu-\overline{\overline{y}}|>2\sqrt{[s_{RB}^2-(1-1/n_B)s_{rB}^2]/p_B}$$

则认为该方法测得结果的总平均值与标准物料的定值差异显著。

当二者差异显著时，又有以下两种可能：

1) 若

$$|\mu-\overline{\overline{y}}|\leqslant\delta_m/2$$

则没有证据表明该测量方法的偏倚是不可接收的；

2) 若

$$|\mu-\overline{\overline{y}}|>\delta_m/2$$

则表明该测量方法的偏倚是不可接收的。

这里 δ_m 是指试验者希望根据某一测量方法测试结果，能以高概率检测出的测试结果期望

值与标准物料定值之差的最小值。

8.4.9.3.2 **方法 A 与方法 B 平均值的比较**

a) 若

$$\left|\frac{\overline{y}_A-\overline{y}_B}{s}\right|\leqslant 2.0$$

则方法 A 与方法 B 平均值之间差异不显著;

b) 若

$$\left|\frac{\overline{y}_A-\overline{y}_B}{s}\right|>2.0$$

则方法 A 与方法 B 平均值有显著差异;其中

$$s=\sqrt{s_A^2+s_B^2}$$

$$s_A^2=[s_{RA}^2-(1-1/n_A)s_{rA}^2]/p_A$$

$$s_B^2=[s_{RB}^2-(1-1/n_B)s_{rB}^2]/p_B$$

当二者之间差异显著时,又有以下两种可能:

1) 若

$$|\overline{y}_A-\overline{y}_B|\leqslant\lambda/2$$

则没有证据表明两种测量方法偏倚的差是不可接收的;

2) 若

$$|\overline{y}_A-\overline{y}_B|>\lambda/2$$

则表明两种测量方法偏倚的差是不可接收的。

这里 λ 为两种测量方法偏倚之间的可检出的差。

8.5 方法 B 作为候选的常规方法

8.5.1 参数

对一个常规的实验室测量方法,比较关注的参数有:长期均值 μ_t,重复性标准差 σ_r 和时间不同的中间精密度标准差 $\sigma_{I(T)}$。

为估计上述参数,实验室应进行一种准实验室间试验,用"时间"因素代替参与的实验室(见 ISO 5725-3)。表示准实验室间试验所用的数学模型与一般实验室间试验的模型一致,只是将下标 L 用 T 代替(即用时间代替实验室)。此时,由时间不同引起的变异包含了实验室内通常发生的各种变化所产生的变异,比如设备校准、不同试剂、不同分析员及试验环境所引起的变异等。准实验室间试验的时间段在通常情况下应能覆盖这些变化。比较精密度的方法与 8.4.9.3 中描述的方法一致。

将一种方法应用于已定值的标准物料,即可确定该方法的偏倚。令 μ 是标准物料的接受值(定值)。

8.5.2 长期偏倚的检验

计算长期算术平均值:

$$\overline{\overline{y}}=\sum_{i=1}^{p_{tB}}\sum_{j=1}^{n_B}\frac{y_{ij}}{n_B p_{tB}}$$

其中 i 和 j 分别表示长期(中间精密度)和短期(重复性)。

a) 若

$$|\overline{\overline{y}}-\mu_t|\leqslant 2\sqrt{\left(s_{tB}^2+\frac{s_{rB}^2}{n_B}\right)/p_{tB}}$$

则认为测试结果的长期平均值与标准物料的接受值之间的差异不显著;

b) 若

$$|\overline{\overline{y}}-\mu_t|>2\sqrt{\left(s_{tB}^2+\frac{s_{rB}^2}{n_B}\right)/p_{tB}}$$

则认为测试结果的长期平均值与标准物料的接收值之间的差异显著。

当认为二者之间差异显著时，又有以下两种可能：

1） 若

$$|\bar{y}-\mu_t|\leqslant\delta_m/2$$

则没有证据表明测量方法的长期偏倚是不可接收的；

2） 若

$$|\bar{y}-\mu_t|>\delta_m/2$$

则表明测量方法的长期偏倚是不可接收的。

δ_m是由试验者事先设定的长期可检测的差异。

附　录　A
（规范性附录）
GB/T 6379 所用的符号与缩略语

a　关系式 $s=a+bm$ 中的截距

A　用来计算估计值的不确定度系数

b　关系式 $s=a+bm$ 中的斜率

B　表示一个实验室测试结果与总平均值的偏差分量(偏倚的实验室分量)

B_0　表示在中间精密度条件下所有因素皆保持不变时 B 的分量

$B_{(1)}, B_{(2)}, \cdots$　表示在中间精密度条件下,因素发生改变时 B 的分量

c　关系式 $\lg s=c+d\lg m$ 中的截距

C, C', C''　检验统计量

$C_{\text{crit}}, C'_{\text{crit}}, C''_{\text{crit}}$　用于统计检验的临界值

CD_P　概率 P 的临界差

CR_P　概率 P 的临界极差

d　关系式 $\lg s=c+d\lg m$ 中的斜率

e　发生在每次测试结果中随机误差分量

f　临界极差系数

$F_p(\nu_1,\nu_2)$　自由度为 ν_1 和 ν_2 的 F 分布的 p 分位数

G　格拉布斯检验统计量

h　曼得尔实验室间一致性检验统计量

k　曼得尔实验室内一致性检验统计量

LCL　控制下限(行动限或警戒限)

m　测试特性的总平均值;水平

M　在中间精密度条件中考虑的因素数

N　交互作用数

n　一个实验室在一个水平(即一个单元中)上的测试结果数

p　参加实验室间试验的实验室数

P　概率

q　在实验室间试验中测试特性的水平数

r　重复性限

R　再现性限

RM　标准物料(标准物质/标准材料)

s　标准差的估计值

$\hat{s}$　标准差的预测值

T　总和

t　测试目标个数或组数

UCL　控制上限(行动限或警戒限)

W　加权回归中的权数

w　一组测试结果的极差

x　用于格拉布斯检验的数据

y　测试结果

$\bar{y}$ 测试结果的算术平均值

$\bar{\bar{y}}$ 测试结果的总平均值

α 显著性水平

β 第二类错误概率

γ 再现性标准差与重复性标准差的比值(σ_R/σ_r)

Δ 实验室偏倚

$\hat{\Delta}$ Δ的估计值

δ 测量方法偏倚

$\hat{\delta}$ δ的估计值

λ 两个实验室偏倚或两个测量方法偏倚之间的可检出的差

μ 测试特性的真值或接受参照值

ν 自由度

ρ 方法A和方法B的重复性标准差之间的可检出的比

σ 标准差的真值

τ 表示从上次校准始由时间变化引起的测试结果变异的分量

ϕ 方法A和方法B的实验室间均方的平方根可检出的比

$\chi_p^2(\nu)$ 自由度为ν的χ^2分布的p分位数

用作下标的符号

C 校准-不同

E 设备-不同

i 实验室标识

$I(\ )$ 精密度的中间度量;括号内表示中间情形类型

j 水平的标识(GB/T 6379.2);测试或因素的标识(ISO 5725-3)

k 实验室i,水平为j的测试结果的标识

L 实验室间

m 可检出偏倚的标识

M 试样间

O 操作员-不同

r 重复性

R 再现性

T 时间-不同

W 实验室内

1,2,3,… 测试结果按获得顺序的编号

(1),(2),(3),… 测试结果按数值大小递增顺序的编号

ICS 17.160;47.020.05
U 05

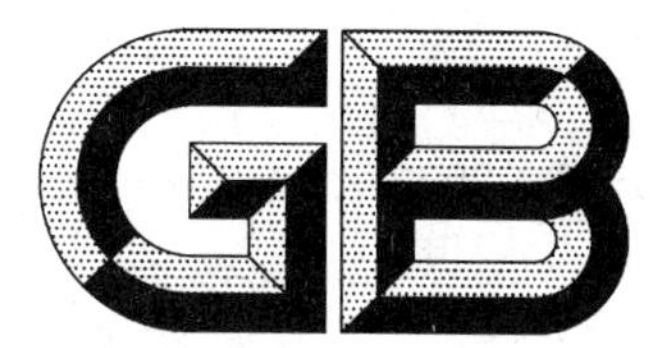

中华人民共和国国家标准

GB/T 6383—2009
代替 GB/T 6383—1986

振动空蚀试验方法

The method of vibration cavitation erosion test

2009-03-09 发布　　2009-11-01 实施

中华人民共和国国家质量监督检验检疫总局
中国国家标准化管理委员会　发布

前　言

本标准对应于 ASTM G32—06《使用振动装置对气泡侵蚀的标准试验方法》。本标准与 ASTM G32—06 的一致性程度为非等效，术语与定义、标准试样及数据分析等方面与 ASTM G32 的规定一致。

本标准代替 GB/T 6383—1986《振动空蚀试验方法》。

本标准与 GB/T 6383—1986 相比，主要变化如下：

——修改了试验装置的振幅和校准、试样尺寸的要求；

——扩展了标准和非标准试验条件和试样的规定；

——修订了试验报告和记录的内容和格式。

本标准附录 A 和附录 B 均为资料性附录。

本标准由中国船舶重工集团公司提出。

本标准由全国海洋船标准化技术委员会船用材料应用工艺分技术委员会(SAC/TC 12/SC 4)归口。

本标准起草单位：中国船舶重工集团公司第七二五研究所。

本标准主要起草人：闫永贵、钱建华。

本标准所代替标准的历次版本发布情况为：

——GB/T 6383—1986。

振动空蚀试验方法

1 范围

本标准规定了振动空蚀试验的试验装置及校验、试样制备、试验条件、试验方法、数据处理。

本标准适用于测定各种材料在振动空蚀条件下的累积空蚀量和空蚀速率与时间的关系曲线。

2 规范性引用文件

下列文件中的条款通过本标准的引用而成为本标准的条款。凡是注日期的引用文件，其随后所有的修改单(不包括勘误的内容)或修订版均不适用于本标准，然而，鼓励根据本标准达成协议的各方研究是否可使用这些文件的最新版本。凡是不注日期的引用文件，其最新版本适用于本标准。

GB/T 10123 金属和合金的腐蚀 基本术语和定义(GB/T 10123—2001,eqv ISO 8044:1999)

GB/T 16545 金属和合金的腐蚀 腐蚀试样上腐蚀产物的清除(GB/T 16545—1996,idt ISO 8407:1991)

3 术语和定义

GB/T 10123 中确立的以及下列术语和定义适用于本标准。

3.1

空蚀 cavitation erosion

由腐蚀和空泡联合作用引起的损伤过程。

3.2

空蚀速率 cavitation erosion rate

单位时间、单位面积内由连续空蚀作用造成材料的损失量。

3.3

累积空蚀量 cumulative erosion

空蚀过程中材料表面在试验时间内总的损失量。

3.4

累积空蚀速率 cumulative erosion rate

单位时间、单位面积内由多次空蚀作用造成材料的总损失量。

3.5

孕育阶段 incubation stage

空蚀速率与试验时间曲线中的初始段。这一阶段的空蚀速率为零或者与随后的空蚀速率相比可以忽略。

3.6

最大空蚀速率 maximum erosion rate

空蚀过程中最大的瞬时空蚀速率。

3.7

平均空蚀厚度 mean depth of erosion

由空蚀作用造成材料损失减少厚度的平均值。

4 试验装置及校验

4.1 试验装置

4.1.1 振动空蚀试验装置见图 1。

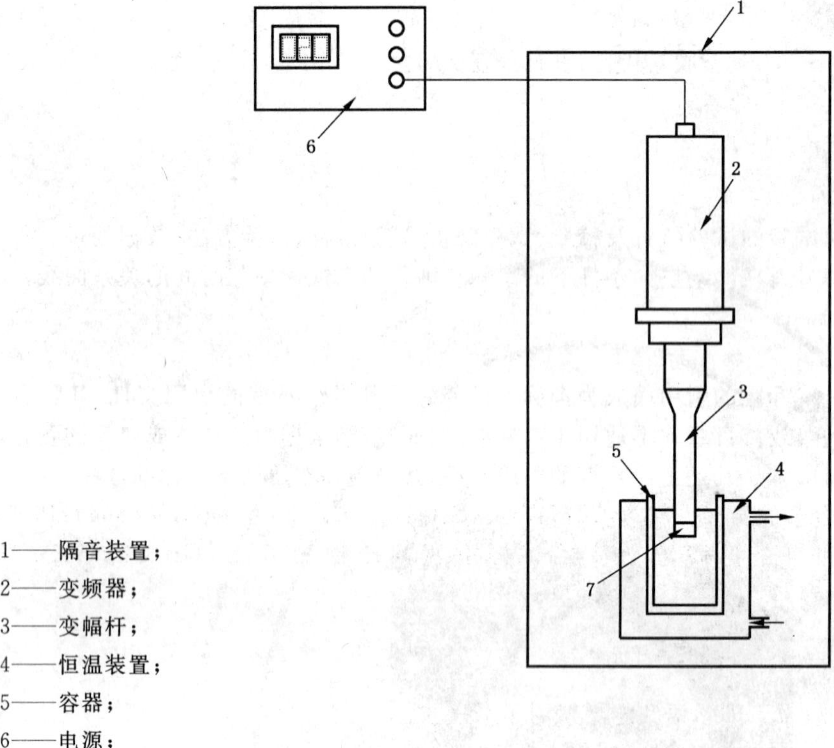

1——隔音装置；
2——变频器；
3——变幅杆；
4——恒温装置；
5——容器；
6——电源；
7——试样。

图1 试验装置示意图

4.1.2 振动空蚀试验装置采用变频器使试样在试验溶液中产生轴向振动，变频器采用20 kHz超声传感器或速度转换器采用装在变幅杆上，测试试样置于变幅杆的端部。

4.1.3 变幅杆的长度(包括试样厚度)应保证工作端获得最大振幅。

4.1.4 试样直径应与变幅杆顶端外直径相等，且一端带螺纹，螺纹与变幅杆的螺纹孔相配合，试样尺寸见图2和表1。

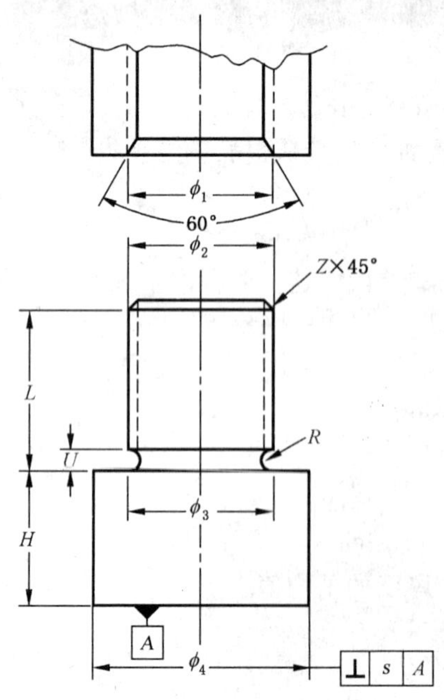

图2 测试试样示意图

表 1 试样尺寸及公差

单位为毫米

项　　目	尺　　寸
ϕ_4[a](试样工作面直径)	15.9±0.05
ϕ_2(试样固定螺纹外径)	10±0.05
H(试样厚度)	4～10
L(配合螺纹长度)	10.0±0.5
R(圆滑过渡段半径)	0.8±0.15
ϕ_1(配合螺纹内径)	(ϕ_2+2.2)±0.25
U(连接处厚度)	2.0±0.5
ϕ_3(连接处直径)	10±0.15
Z(倒角长度)	0.8±0.15
s[a](垂直于工作面允许的变动量)	0.025
倒角[a]	<0.15
[a] 表示该尺寸为强制尺寸;其他为推荐尺寸。	

4.1.5 变频器和变幅杆应无外力和振动的干扰。

4.1.6 试验容器应采用圆柱形玻璃容器,直径至少为 100 mm。

4.2 装置的校验

4.2.1 根据第 5 章～第 7 章中的规定进行装置的校验,偏差范围参见附录 A,试验数据落在偏差区内表明试验装置正常,可进行相应的试验。

4.2.2 定期用标准试样校验仪器的运行状况,校准时应保证在相同条件下每组试样有三个平行样。

4.2.3 标准试样材料采用退火处理的铸造 Ni200。其化学成分、物理性能见表 2 和表 3。也可采用耐蚀性能等同于 Ni200 的材料作为辅助校准材料。表 4 给出了两种辅助校准材料及其物理性能。

表 2 Ni200 材料的化学成分

%

元素	Ni	Cu	Fe	Mn	C	Si	S
含量	≥99	<0.25	<0.40	<0.35	<0.15	<0.35	<0.01

表 3 Ni200 材料的物理性能

密度/(g/cm³)	屈服强度/MPa	抗拉强度/MPa	断后伸长率/%	硬度/HB
8.89	103～207	379～517	40～55	90～120

表 4 辅助校验材料的物理性能

特　　性	铝合金 6061-T6	奥氏体 316L 不锈钢
硬度/HRB	60.1	74.8
抗拉强度/MPa	328	560
断后伸长率/%	21.5	69.0
断面收缩率/%	44.0	76.9
密度/(g/cm³)	2.71	7.91
最大空蚀速率/(mg/h)	182(149～213)	11.2(9.6～11.9)

5 试样制备

5.1 同一个变幅杆进行不同材料的测试时，试样应具有相同的质量，其偏差范围为±10 mg。

5.2 试样的表面状态应该根据测试目的确定。筛选一定使用条件下的耐空蚀材料时，试验材料的表面处理方法应一致。评定材料的耐空蚀性能时，试样表面状态应尽量与使用状态一致。

5.3 连接试样和变幅杆之间的螺纹应保证有足够的预应力，避免试验过程中引起振动、疲劳、破坏以及液体向螺纹内泄漏。螺纹的根部应无尖锐的倒角，与变幅杆连结处的密封环和退刀槽应光滑。

5.4 对于相对较轻、软、脆的材料或者不易加工成均匀样品的被测材料，可以用与变幅杆同样的材料加工成平板，通过焊接、粘接等类似的方法连接制成测试试样。

5.5 测试涂层或镀层的空蚀性能，使用基体材料做底托，试样制备可根据具体试验目的准备。

5.6 试样紧固时不应破坏试样和变幅杆的表面。

6 试验条件

在无附加试验参数的条件下，应按以下条件进行试验：

a) 试验介质通常采用蒸馏水或二次去离子水，每次试验应更换新的试验溶液；

b) 液体深度应为(100±10)mm；

c) 测试面浸入液面深度应为(12±4)mm；

d) 试样(变幅杆)应与圆柱形容器轴线同心，误差应小于容器直径的±5%；

e) 试验介质温度应保持在(25±1)℃；

f) 环境气压为一个标准大气压(101.3 kPa)，如果压强发生变化，应记录下来；

g) 振幅应为(50±2.5)μm，非金属材料振幅宜为25 μm。

7 试验步骤

7.1 试验前，先将试样编号，然后清洗去除试样表面油污和杂物，清洗后放入烘箱中在105 ℃下烘干1 h后，放置在干燥器中冷却到室温，取出试样用分析天平称重，精度为0.1 mg。再重新放入烘箱中烘干并冷却后再称重，直至两次称重读数差值小于0.1 mg。对称重后的试样照相。

7.2 测试每一个新试样，容器应清洗干净，更换新的溶液。试验前应将变频杆深入液面下，在试验高度模拟振动30 min，以便稳定液体中的气体含量。

7.3 变幅杆和试样用螺纹固定，施加合适的扭矩，保证试样与变幅杆不脱节，接触良好。

7.4 安装试样，开启设备和计时器。

7.5 试验结束后，取出试样，清洗后放入烘箱中在105 ℃下烘干1 h后，放置在干燥器中冷却到室温，取出试样称重，再重新放入烘箱中烘干并冷却后再称重，直至两次称重读数差值小于0.1 mg。试样清洗可用化学方法和超声波方法，化学方法按GB/T 16545进行。

7.6 重复7.1～7.5，进行下一组试验。

7.7 同一试样在同样的介质中测试8 h～12 h，取出试样，更换新的溶液。

7.8 对处理后的试样进行拍照。

8 数据处理

8.1 根据空蚀试验结果绘制累积空蚀量-时间曲线，通过计算空蚀速率，绘制空蚀速率与时间的曲线。不同空蚀阶段的划分参见附录B。

8.2 不同材料在相同试验时间内累积空蚀量-时间曲线不能进行比较时，可通过平均腐蚀厚度进行比较。

9 试验报告

试验报告应包括下列内容：

a) 试样的材质、成分、热处理状态和力学性能及委托方；

b) 材料表面状态(包括原始状态)和试样制备的方法；

c) 试样的数量及编号；

d) 试验装置；

e) 试验条件；

f) 使用介质；

g) 介质的温度(℃)；

h) 压力(Pa)；

i) 仪器的振幅(mm)和频率(Hz)等；

j) 总的试验时间，单位为小时(h)；

k) 记录每一个特殊和异常的情况和现象及观察结果；

l) 试验结果，包括原始数据、累积空蚀量、瞬时空蚀速率、最大空蚀速率、试验前后试样的照片。

附 录 A
（资料性附录）
Ni200 材料空蚀的偏差带

A.1 Ni200 的失重、平均空蚀深度与时间的变化曲线见图 A.1。

A.2 空蚀试验条件为：

a) 试验介质：蒸馏水；

b) 试样为标准试样，试验介质温度为 25 ℃；

c) 振动频率为 20 kHz，振幅为 50 μm；

d) 试验次数：三个平行样。

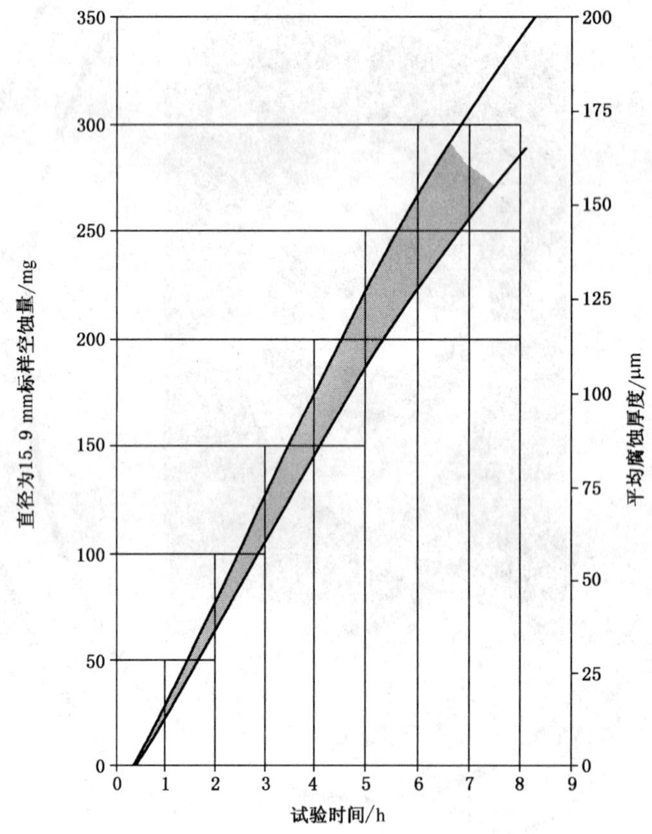

图 A.1 Ni200 的空蚀量、平均腐蚀厚度与试验时间的变化曲线

附 录 B
（资料性附录）
空蚀速率与时间曲线中不同阶段的划分

B.1 根据试验时间与材料的累积空蚀量绘制曲线，见图 B.1。

B.2 根据累积空蚀量计算单位时间内的空蚀速率，按公式(B.1)计算空蚀速率。绘制空蚀速率与时间的曲线。划分空蚀试验过程中的不同阶段。

$$V_C = \frac{W_{t_i} - W_{t_j}}{t_i - t_j} \qquad \cdots\cdots(B.1)$$

式中：

V_C——空蚀速率的数值，单位为毫克每小时(mg/h)；

W_{t_i}——空蚀时间为 t_i 时的累积空蚀量的数值，单位为毫克(mg)；

W_{t_j}——空蚀时间为 t_j 时的累积空蚀量的数值，单位为毫克(mg)；

t_i、t_j——空蚀试验时间的数值，单位为小时(h)。

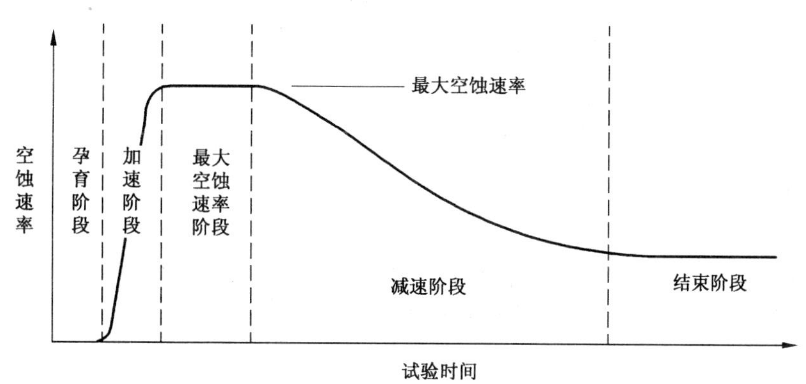

图 B.1 空蚀速率与时间曲线中不同阶段的划分

ICS 25.100.70
J 43

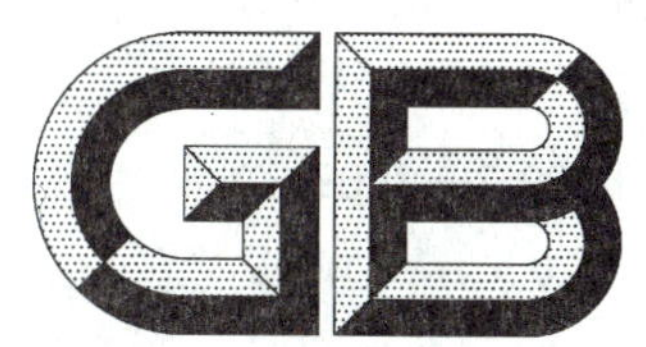

中华人民共和国国家标准

GB/T 6409.2—2009
代替 GB/T 6409.2—1996

超硬磨料制品 金刚石或立方氮化硼磨具 形状和尺寸

Superabrasives—Diamond or cubic boron nitride grinding tools—Shapes and dimensions

2009-04-23 发布 2009-12-01 实施

中华人民共和国国家质量监督检验检疫总局
中国国家标准化管理委员会 发布

前　言

本部分代替 GB/T 6409.2—1996《超硬磨料制品　金刚石或立方氮化硼磨具　形状和尺寸》。

本部分与 GB/T 6409.2—1996 相比主要变化如下：

——根据近几年超硬磨料制品实际发展情况将原标准规格、尺寸加以增减。

本部分由中国机械工业联合会提出。

本部分由全国磨料磨具标准化技术委员会(SAC/TC 139)归口。

本部分起草单位:郑州磨料磨具磨削研究所、浙江超硬磨具有限公司。

本部分主要起草人:郭凤英、吕申峰、吕月珍、包华、朱嘉、孙黔阳。

本部分所代替标准的历次版本发布情况为：

——GB/T 6409.2—1986、GB/T 6409.2—1996。

超硬磨料制品
金刚石或立方氮化硼磨具　形状和尺寸

1　范围

GB/T 6409 的本部分规定了超硬磨料制品——金刚石或立方氮化硼砂轮、磨盘、磨头、磨石的形状和尺寸。

本部分适用于金刚石或立方氮化硼砂轮、磨盘、磨头和磨石。

2　形状和尺寸

2.1　砂轮

2.1.1　平形系列砂轮

2.1.1.1　平形砂轮——1A1 型形状、尺寸见图 1、表 1、表 2(用于无心磨削)。

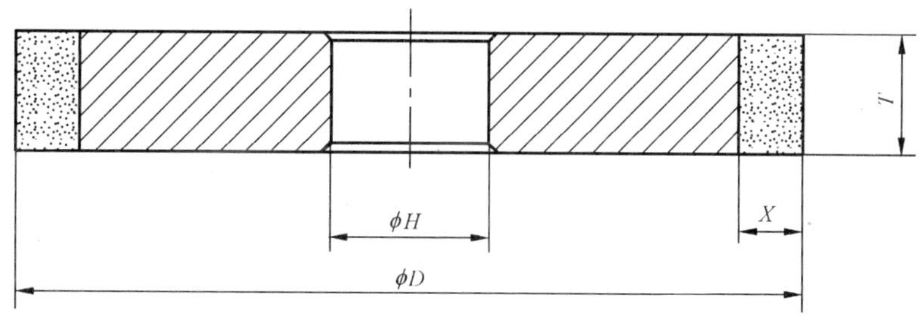

图 1　平形砂轮——1A1 型

表 1　平形砂轮——1A1 型尺寸

单位为毫米

D	T	H	X
12	8～12	6	2,3
14	8～14		
15			
16	8～16	10	
18			
20			
23	12～20		
25	2～20	5,6,8,10,12	2,2.5,3,4
30		5,6,8,10,12,13	
35		10,12,12.7,16	2,2.5,3,4,5
40	0.2～20	8,10,12,12.7,16	
45			
50			
60		8,10,12,12.7,16,19.05,20, 22.23	
75	0.4～30	10,16,19.05,20,22.23,25.4	3,4,5
80			
100	0.4～35	19.5,20, 22.23,25.4,31.75,32	3,4,5,6

表 1（续）　　单位为毫米

<table>
<tr><th>D</th><th>T</th><th>H</th><th>X</th></tr>
<tr><td>115</td><td>2～20</td><td rowspan="2">19.5,20, 22.23,25.4,31.75,32</td><td>3,4,5,6</td></tr>
<tr><td>125</td><td>0.8～35</td><td rowspan="2">4,5,6,8,10</td></tr>
<tr><td>150</td><td>1～35</td><td>25.4,31.75,32,40</td></tr>
<tr><td>175</td><td>3～35</td><td>31.75,32,40</td><td rowspan="2">5,6,8,10,16</td></tr>
<tr><td>180</td><td>10～40</td><td rowspan="2">31.75,32,40,50.8,75,76.2</td></tr>
<tr><td>200</td><td>1～40</td><td rowspan="2">5,6,8,10,16,20</td></tr>
<tr><td>250</td><td>10～60</td><td>50.8,75, 76.2,101.6,127</td></tr>
<tr><td>300</td><td>3～60</td><td>75, 76.2,101.6,127,203</td><td rowspan="3">5,6,8,10,16,20,25</td></tr>
<tr><td>350</td><td>12～50</td><td rowspan="2">127,203</td></tr>
<tr><td>400</td><td>3.5～50</td></tr>
<tr><td>450</td><td rowspan="5">12～60</td><td rowspan="5">203,304.8,305</td><td rowspan="8">5,6,8,10,12,15</td></tr>
<tr><td>500</td></tr>
<tr><td>600</td></tr>
<tr><td>700</td></tr>
<tr><td>750</td></tr>
<tr><td>800</td><td rowspan="3">18～50</td><td rowspan="3">132, 304.8, 305</td></tr>
<tr><td>850</td></tr>
<tr><td>900</td></tr>
</table>

表 2　平形砂轮——1A1 型（用于无心磨削）尺寸　　单位为毫米

<table>
<tr><th>D</th><th>T</th><th>H</th><th>X</th></tr>
<tr><td>100</td><td>50,60,100</td><td rowspan="2">31.75,32,35,50</td><td rowspan="4">3,5</td></tr>
<tr><td>125</td><td rowspan="2">50,60,100,120</td></tr>
<tr><td>150</td><td>31.75,32,35,50,70</td></tr>
<tr><td>160</td><td>50,60,100,125</td><td>31.75,32,35,50</td></tr>
<tr><td>175</td><td>50,60,100,120,125</td><td>31.75,32,35,50,75</td><td rowspan="4">3,5,6</td></tr>
<tr><td>200</td><td>50,60,100,120,125</td><td rowspan="2">50,75,80</td></tr>
<tr><td>250</td><td>50,100,125</td></tr>
<tr><td>300</td><td>80,100,125,150,200</td><td>120,127</td></tr>
<tr><td>350</td><td>60, 120,125,150,200</td><td>120,127,203</td><td rowspan="2">5,6,10</td></tr>
<tr><td>400</td><td>60, 120,150,200</td><td>127,203,228.6</td></tr>
<tr><td>450</td><td>60, 150,200,250,300</td><td>203,228.6,250,305</td><td rowspan="4">5,6,10,15</td></tr>
<tr><td>500</td><td>60, 120,150,200,225,300,400,600</td><td>203,254,304.8,305</td></tr>
<tr><td>600</td><td rowspan="2">60, 100,150,200,250,300,400</td><td rowspan="2">304.8,305</td></tr>
<tr><td>700</td></tr>
</table>

2.1.1.2 平形砂轮——1A8 型形状、尺寸见图 2、表 3。

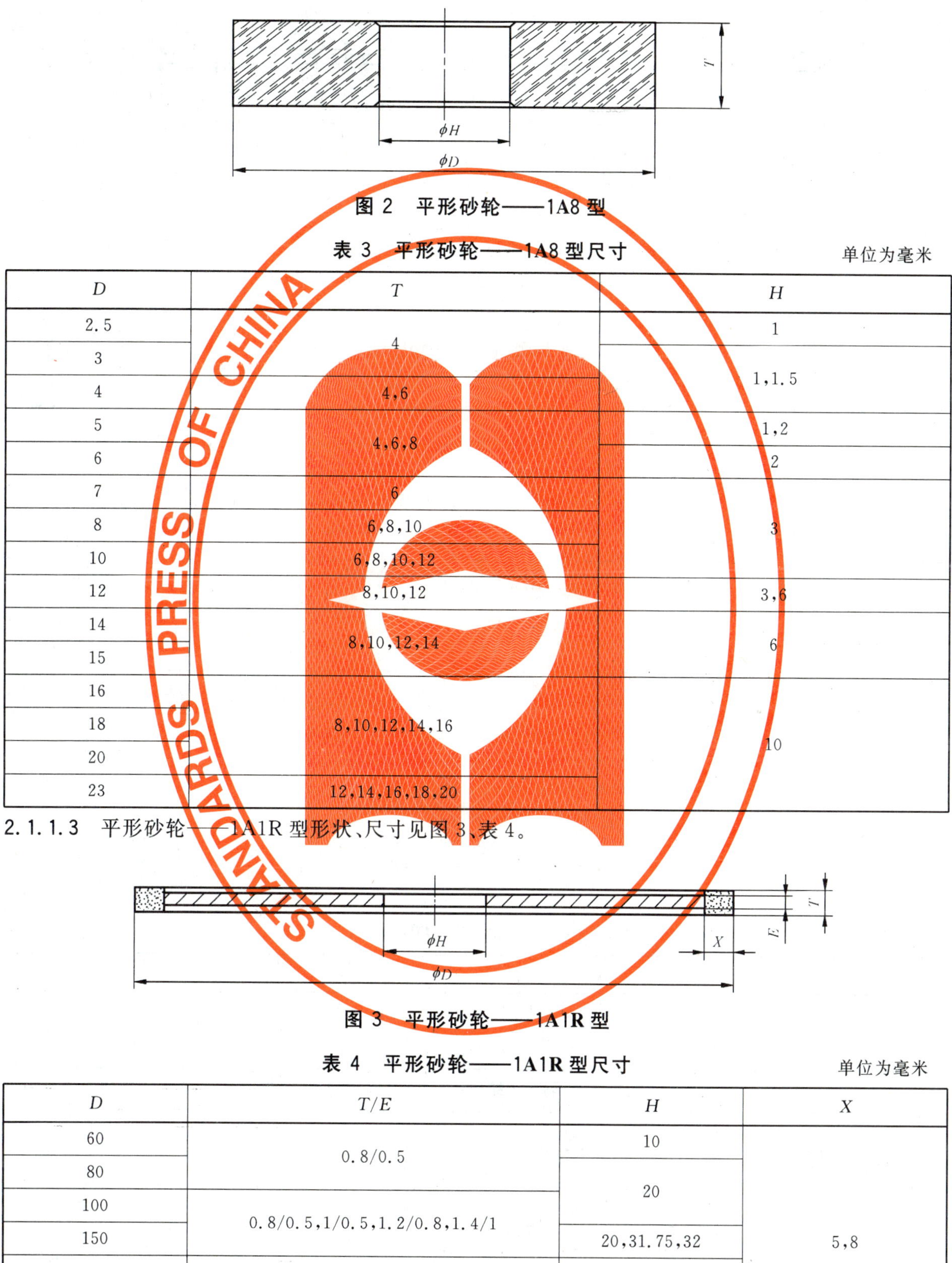

图 2 平形砂轮——1A8 型

表 3 平形砂轮——1A8 型尺寸

单位为毫米

D	T	H
2.5	4	1
3		1,1.5
4	4,6	
5	4,6,8	1,2
6		2
7	6	3
8	6,8,10	
10	6,8,10,12	
12	8,10,12	3,6
14	8,10,12,14	6
15		
16	8,10,12,14,16	10
18		
20		
23	12,14,16,18,20	

2.1.1.3 平形砂轮——1A1R 型形状、尺寸见图 3、表 4。

图 3 平形砂轮——1A1R 型

表 4 平形砂轮——1A1R 型尺寸

单位为毫米

D	T/E	H	X
60	0.8/0.5	10	5,8
80		20	
100	0.8/0.5,1/0.5,1.2/0.8,1.4/1		
150		20,31.75,32	
200	1/0.5,1.2/0.8,1.4/1	31.75,32,75	
250	1.4/1		
300		31.75,32,75	

2.1.1.4 平形砂轮——1A6Q 型形状、尺寸见图 4、表 5。

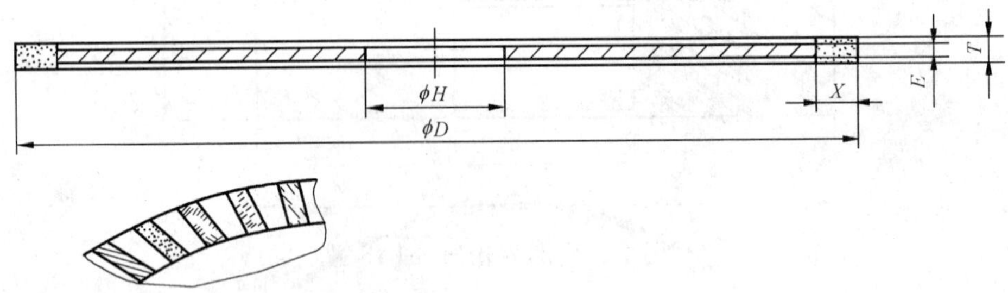

图 4 平形砂轮——1A6Q 型

表 5 平形砂轮——1A6Q 型尺寸 单位为毫米

<table>
<tr><th>D</th><th>T</th><th>H</th><th>E</th><th>X</th></tr>
<tr><td>250</td><td>1.2</td><td>32,75</td><td rowspan="2">1</td><td rowspan="4">6</td></tr>
<tr><td rowspan="2">300</td><td>1.6</td><td rowspan="2">32</td></tr>
<tr><td rowspan="2">2.1</td><td rowspan="2">1.5</td></tr>
<tr><td>400</td><td>40</td></tr>
</table>

2.1.1.5 平形砂轮——1DD1 型形状、尺寸见图 5、表 6、表 7。

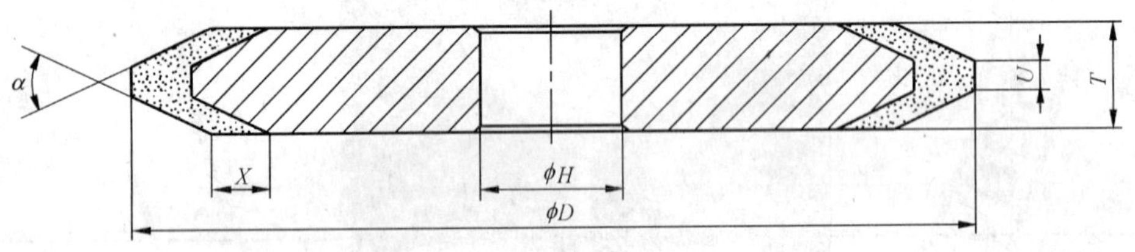

图 5 平形砂轮——1DD1 型

表 6 平形砂轮——1DD1 型尺寸 单位为毫米

α	30°	35°	40°	45°	60°	90°
X	3.5	3	3	2.5	2	1.5
	7	6	6	5	4	3

表 7 平形砂轮——1DD1 型尺寸 单位为毫米

<table>
<tr><th>D</th><th>T</th><th>H</th><th>U</th></tr>
<tr><td>75</td><td rowspan="2">6,8</td><td>19.05,20,32</td><td rowspan="2">1～2</td></tr>
<tr><td>90</td><td rowspan="2">20,31.75,32</td></tr>
<tr><td>100</td><td>8,10,12,14,16,18</td><td>1.5～3</td></tr>
<tr><td>125</td><td>12,14,16,18</td><td rowspan="2">31.75,32</td><td>2～3</td></tr>
<tr><td>150</td><td>16,18,20</td><td>3～4</td></tr>
</table>

2.1.1.6　平形砂轮——1E6Q 型形状、尺寸见图 6、表 8。

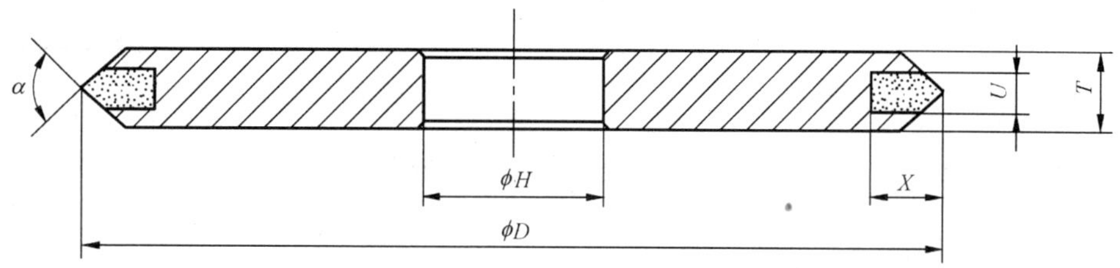

图 6　平形砂轮——1E6Q 型

表 8　平形砂轮——1E6Q 型尺寸

单位为毫米

D	T	H	U	X	α
40	6	10	1～2	6	35°,45°,60°,90°
50					
75		10,19.05,20,22.23			
100					
125	8	31.75,32			
150					
220	12	76.2,75			

2.1.1.7　平形砂轮——1EE1V 型形状、尺寸见图 7、表 9。

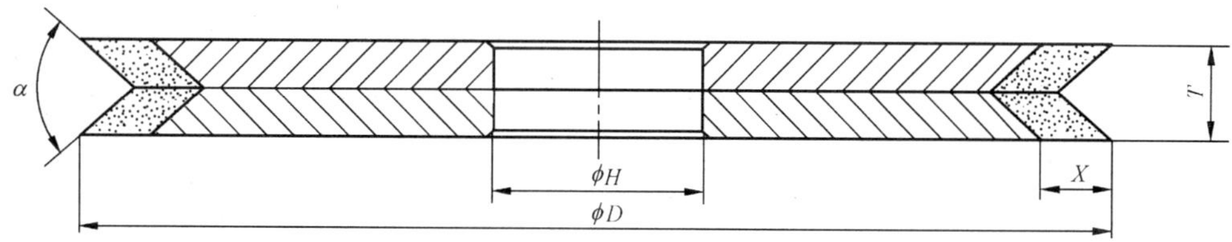

图 7　平形砂轮——1EE1V 型

表 9　平形砂轮——1EE1V 型尺寸

单位为毫米

D	T	H	α	X
100	7	20	120°	1.5,3
110				
125				
150	10,12	31.75,32	125°,135°	
175	15		135°	

2.1.1.8　平形砂轮——1F1 型形状、尺寸见图 8、表 10。

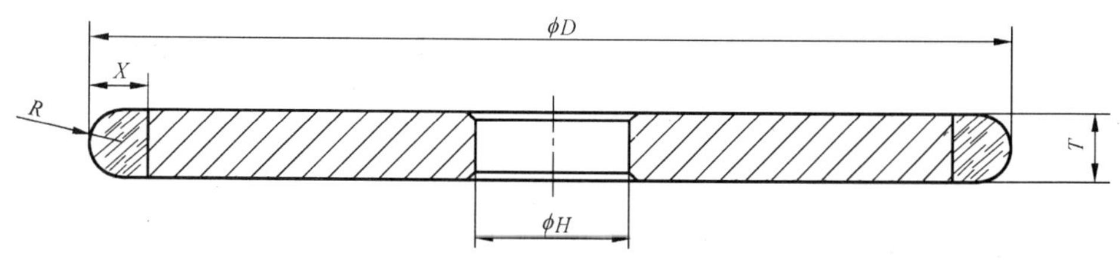

图 8　平形砂轮——1F1 型

表 10　平形砂轮——1F1 型尺寸

单位为毫米

D	T	H	X
12	1～4	3	3,4,5,6
15			
35	1～5	5	
50		5,10	
60	2～6	10	4,5,6,7
75			
80		10,20	
100	3～12	19.05,20	4,5,6,7,8
125		19.05,20,31.75,32	
150	3～16	31.75,32	3,3.5,5,6,7,8,8.5,10
175	4～20		5,6,7,8,10
200		31.75,32,75	
250	6～25	75,127	5,6,7,8,10,15
300			
350	8～30	127,203	
400			
$R=T/2$。			

2.1.1.9　平形砂轮——1FF1 型形状、尺寸见图 9、表 11。

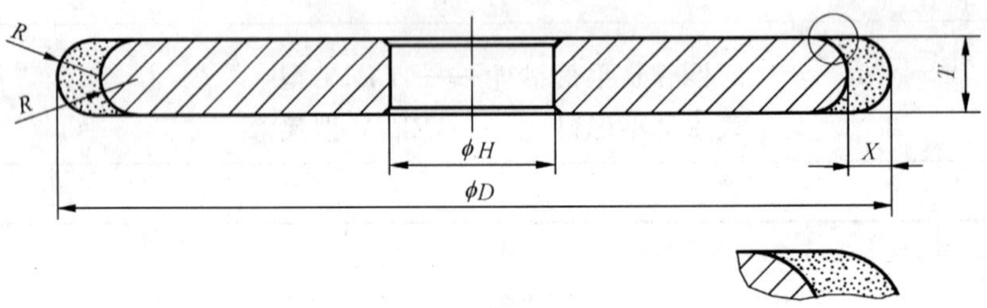

图 9　平形砂轮——1FF1 型

表 11　平形砂轮——1FF1 型尺寸

单位为毫米

D	T	H
50	4,5,6,8,10	10
75		19.05,20
100	4,5,6,8,10,12,15	19.05,20,31.75,32
125		
150	8,10,12,15,20	31.75,32
200		31.75,32,75
$R=T/2$，$X\leqslant R$。		

2.1.1.10　平形砂轮——1FF1V 型形状、尺寸见图 10、表 12。

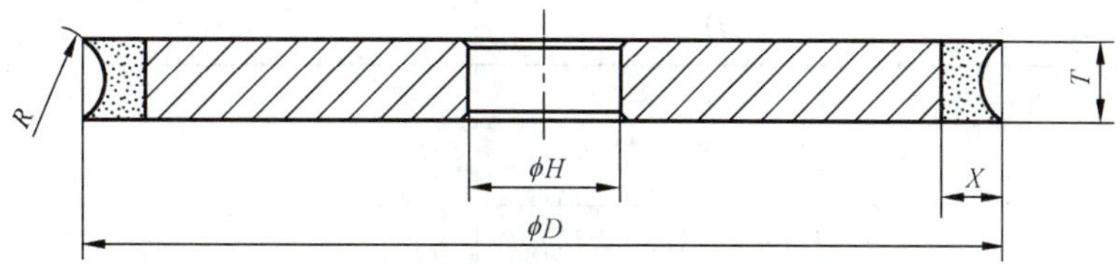

图 10　平形砂轮——1FF1V 型

表 12　平形砂轮——1FF1V 型尺寸

单位为毫米

D	T	H	X	R
125	13	20	10	10
150	18	32	15	12

2.1.1.11　平形砂轮——1L1 型形状、尺寸见图 11、表 13。

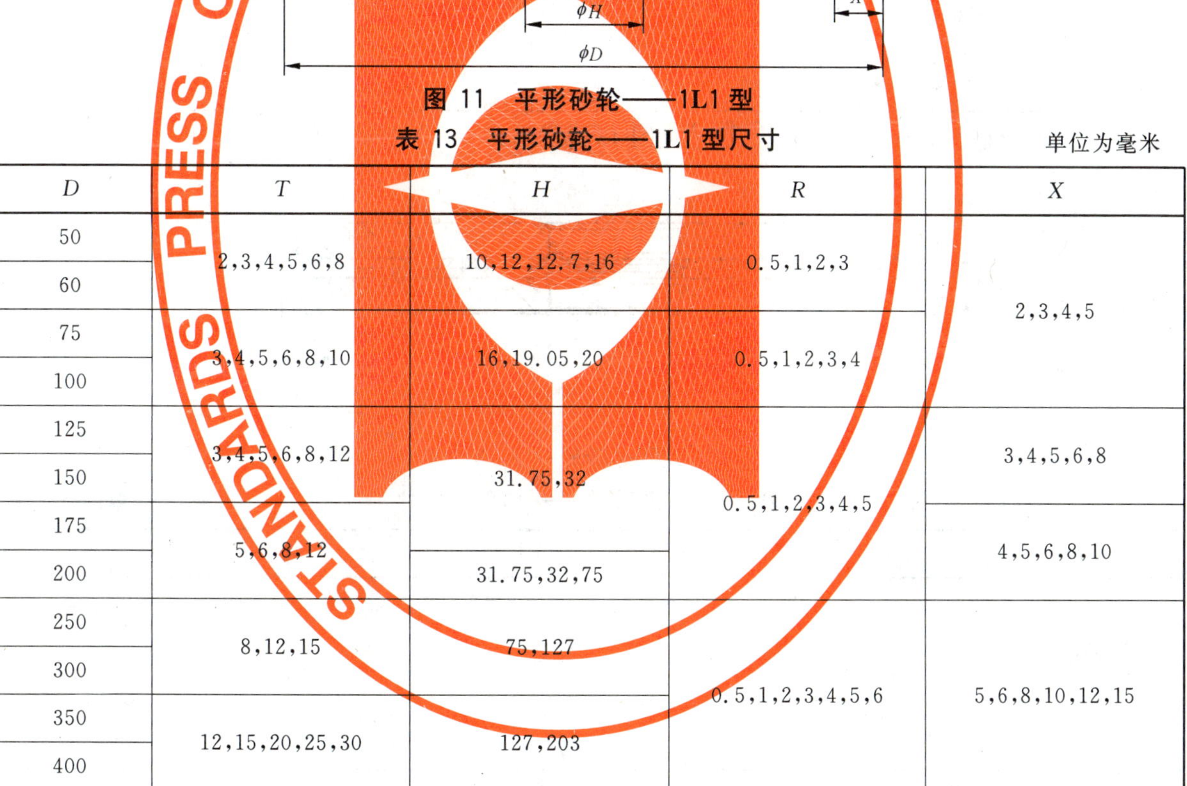

图 11　平形砂轮——1L1 型

表 13　平形砂轮——1L1 型尺寸

单位为毫米

D	T	H	R	X
50	2,3,4,5,6,8	10,12,12.7,16	0.5,1,2,3	2,3,4,5
60				
75	3,4,5,6,8,10	16,19.05,20	0.5,1,2,3,4	
100				
125	3,4,5,6,8,12	31.75,32	0.5,1,2,3,4,5	3,4,5,6,8
150				
175	5,6,8,12			4,5,6,8,10
200		31.75,32,75		
250	8,12,15	75,127	0.5,1,2,3,4,5,6	5,6,8,10,12,15
300				
350	12,15,20,25,30	127,203		
400				

2.1.1.12　平形砂轮——1V1 型形状、尺寸见图 12、表 14。

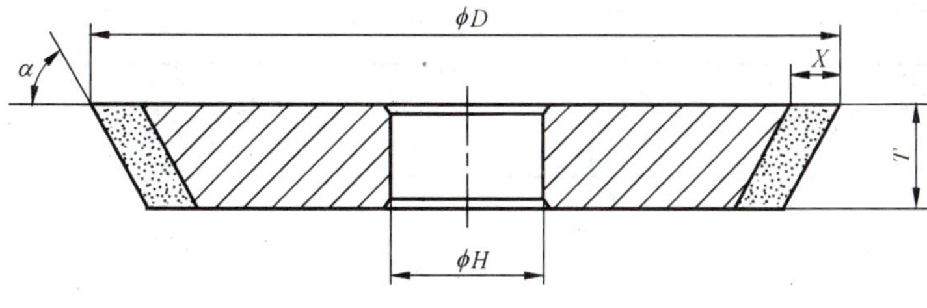

图 12　平形砂轮——1V1 型

表 14 平形砂轮——1V1 型尺寸

单位为毫米

D	T	H	α	X
45	2～15	10,12,12.7,16	20°,25°,30°,45°,60°	2,3,4,5
50				
60		12,12.7,16,19.05,20		
75		16,19.05,20,25.4		
80				
100	3～20	19.5,20,25.4,31.75,32		
125				
150		25.4,31.75,32,40		3,4,5
175		31.75,32,40		
200	8～25	31.75,32,40,50.8,75		
250		50.8,75,101.6,127		3,4,5,6,8
300	10～30	75,101.6,127,203		
350		127,203		
400	10～35			

2.1.1.13 平形砂轮——1V9 型形状、尺寸见图 13、表 15。

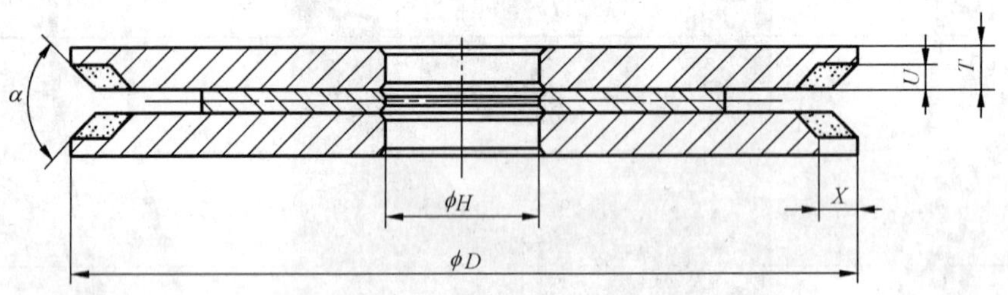

图 13 平形砂轮——1V9 型

表 15 平形砂轮——1V9 型尺寸

单位为毫米

D	T	H	U	X	α
150	10	32	2,3	1.5,3,6	90°,120°
175					90°
200		75			
250					

2.1.1.14 单面凸砂轮——3A1 型形状、尺寸见图 14、表 16。

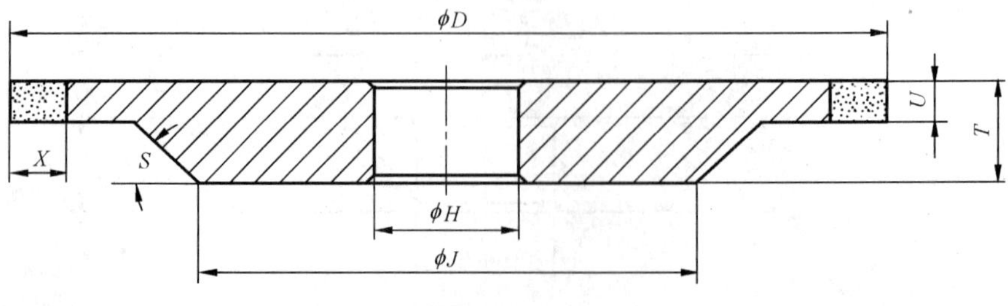

图 14 单面凸砂轮——3A1 型

表 16 单面凸砂轮——3A1 型尺寸

单位为毫米

D	T	H	J	U	X	S
75	5～10	19.05,20	40～50	0.8～5	2,3,4,5	30°,45°
100	5～15	19.05,20,31.75,32	50～80	1～8	3,4,5,6	
125			90～110			
150	10～15	31.75,32	100～130	1～10		
175	12～20		120～140			
200	12～30	31.75,32,75	130～160	2～10	4,5,6,8,10	
250			150～200	5～10		
300	15～40	127,203	200～250	6～15		
350			250～300			
400	20～50		300～350	6～20	5,6,8,10,12,15	
500		203,305	350～400	10～30		
600	20～60	305	400～500			
700			450～600			

2.1.1.15 斜边砂轮——4BT1 型形状、尺寸见图 15、表 17。

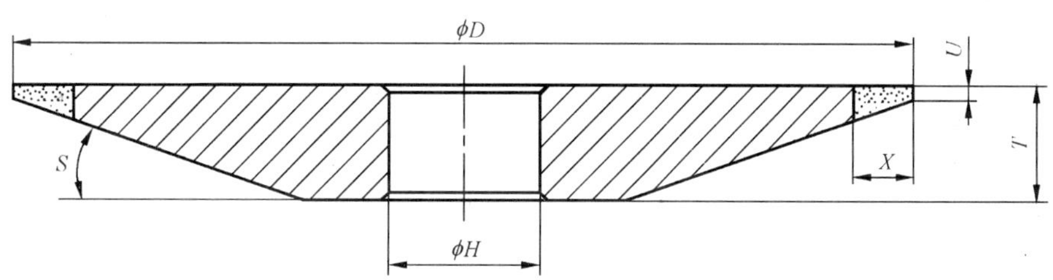

图 15 斜边砂轮——4BT1 型

表 17 斜边砂轮——4BT1 型尺寸

单位为毫米

D	T	H	X	U	S
75	6～8	10,19.05,20	5,8	0.5～1.2	20°,25°,30°
100		19.05,20			15°,20°,25°,30°
125	8～10	19.05,20,31.75,32			20°,25°,30°
150		31.75,32		1～5	15°,20°,25°,30°
175	10～15	31.75,32	5,8	1～5	20°,25°,30°
200		31.75,32,75	5,8,10		15°,20°,25°,30°
250	15～20	75,127			25°,30°
300					20°,25°,30°
350	20～25	127,203		2～6	
400					

2.1.1.16 双面凹砂轮——9A1 型形状、尺寸见图 16、表 18(用于无心磨削)。

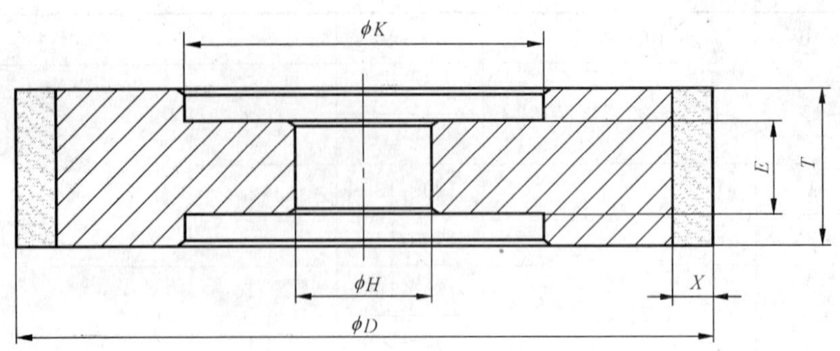

图 16 双面凹砂轮——9A1 型

表 18 双面凹砂轮——9A1 型尺寸

单位为毫米

D	T	H	X	K
100	50,60,100	31.75,32,35,50	3,5	—
125	50,60,100,120			
150		31.75,32,35,50,70		
160	50,60,100,125	31.75,32,35,50		
175	50,60,100,120,125	31.75,32,35,50,75	3,5,6	—
200	50,60,100,120,125	50,75,80		
250	50,100,125			
300	80,100,125,150,200	120,127	3,5,6	—
350	60, 120,125,150,200	20,127,203	5,6,10	200,265
400	60, 120,150,200	127,203,228.6		
450	60, 150,200,250,300	203,228.6,250,305	5,6,10,15	265,375
500	60,120,150,200,225,300,400,600	203,254,304.8,305		
600	60, 100,150,200,250,300,400	304.8,305		375
700				
E 由供需双方商定。				

2.1.1.17 双面凹砂轮——9A3 型形状、尺寸见图 17、表 19。

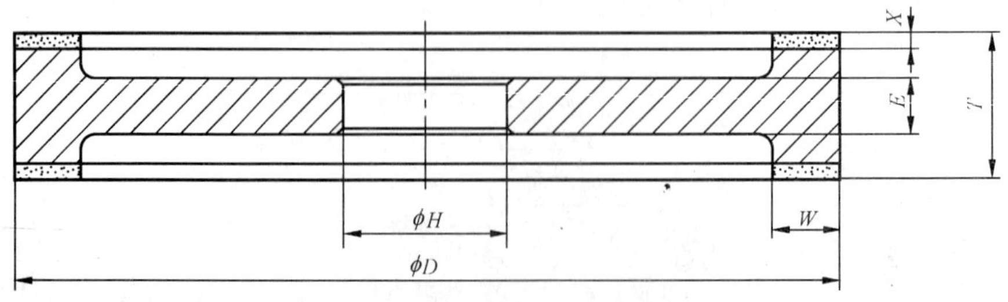

图 17 双面凹砂轮——9A3 型

表 19　双面凹砂轮——9A3 型尺寸

单位为毫米

D	T	H	W	X
75	15～20	16,19.05、20,22	4,5,6	2,3,4,5
100	20～25	19.09、20、22,31.75,32	4,5,6,8,10	
125				
150	20～30	31.75,32	4,5,6,8,10,12,15	
175				
200	20～40			
230		31.75,32,75		
250		31.75,32,75,127		
300	25～50	75,127	8,10,12,15	
350		127		
E≤T/2。				

2.1.1.18　双面凸砂轮——14A1 型形状、尺寸见图 18、表 20。

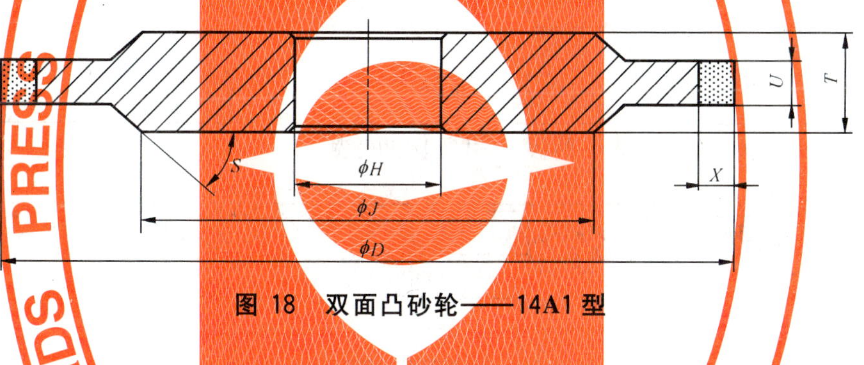

图 18　双面凸砂轮——14A1 型

表 20　双面凸砂轮——14A1 型尺寸

单位为毫米

D	T	H	J	U	X	S
75	5～10	19.05,20	40～50	0.8～5	2,3,4,5	30°,45°
100	5～15	19.05,20,31.75,32	50～80	1～8	3,4,5,6	
125			90～110			
150	10～15	31.75,32	100～130	1～10		
175	12～20		120～140			
200	12～30	31.75,32,75	130～160	2～10	4,5,6,8,10	
250			150～200	5～10		
300	15～40	127,203	200～250	6～15	4,5,6,8,10	30°,45°
350			250～300			
400	20～50		300～350	6～20	5,6,8,10,12,15	
500		203,305	350～400	10～30		
600	20～60	305	400～500			
700			450～600			

2.1.1.19 双面凸砂轮——14E1 型形状、尺寸见图 19、表 21。

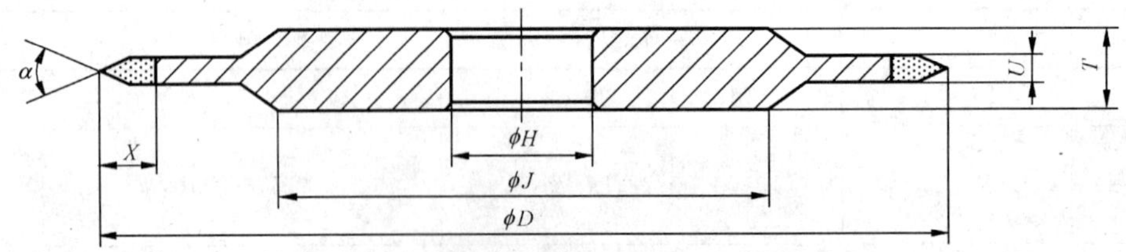

图 19 双面凸砂轮——14E1 型

表 21 双面凸砂轮——14E1 型尺寸

单位为毫米

<table>
<tr><th>D</th><th>J</th><th>T</th><th>H</th><th>U</th><th>X</th><th>α</th></tr>
<tr><td>50</td><td>24</td><td>4～6</td><td rowspan="2">10</td><td rowspan="6">1～5</td><td rowspan="9">6,8</td><td rowspan="9">35°,45°,40°,60°,90°</td></tr>
<tr><td>60</td><td>28</td><td rowspan="4">5～8</td></tr>
<tr><td>70</td><td>35</td><td rowspan="2">10,20</td></tr>
<tr><td>100</td><td>50</td></tr>
<tr><td>125</td><td>66</td><td rowspan="3">31.5,32</td></tr>
<tr><td>150</td><td>85</td><td>6～10</td></tr>
<tr><td>200</td><td>120</td><td>8～12</td><td>3～10</td></tr>
<tr><td>300</td><td>250</td><td rowspan="2">12～20</td><td>75,127</td><td rowspan="2">5～16</td></tr>
<tr><td>400</td><td>350</td><td>203</td></tr>
</table>

2.1.1.20 双面凸砂轮——14E6Q 型形状、尺寸见图 20、表 22。

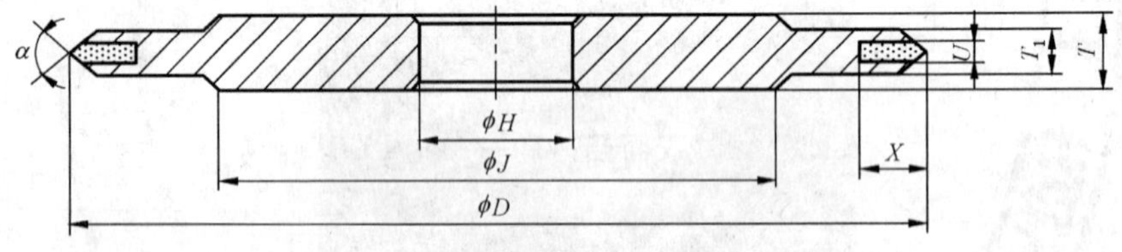

图 20 双面凸砂轮——14E6Q 型

表 22 双面凸砂轮——14E6Q 型尺寸

单位为毫米

<table>
<tr><th>D</th><th>T</th><th>T_1</th><th>H</th><th>U</th><th>X</th><th>J</th><th>α</th></tr>
<tr><td>40</td><td rowspan="4">6</td><td rowspan="4">4</td><td rowspan="2">10</td><td rowspan="7">1～2</td><td rowspan="7">6</td><td>22</td><td rowspan="7">35°,45°,60°,90°</td></tr>
<tr><td>50</td><td>32</td></tr>
<tr><td>75</td><td rowspan="2">10,19.05,20,22.23</td><td>50</td></tr>
<tr><td>100</td><td>70</td></tr>
<tr><td>125</td><td rowspan="2">5</td><td rowspan="3">5</td><td rowspan="2">31.75,32</td><td>100</td></tr>
<tr><td>150</td><td>120</td></tr>
<tr><td>220</td><td>12</td><td>76.2,75</td><td>180</td></tr>
</table>

2.1.1.21 双面凸砂轮——14EE1 型形状、尺寸见图 21、表 23、表 24。

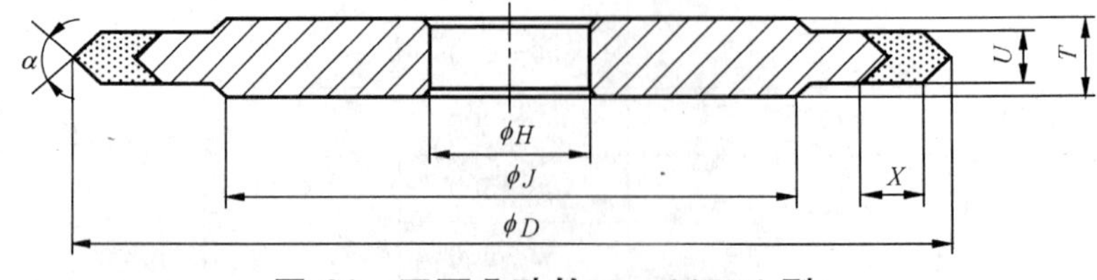

图 21 双面凸砂轮——14EE1 型

表 23　双面凸砂轮——14EE1 型尺寸

单位为毫米

<table>
<tr><td>α</td><td>30°</td><td>35°</td><td>40°</td><td>45°</td><td>60°</td><td>90°</td></tr>
<tr><td rowspan="2">X</td><td>3.5</td><td>3</td><td>3</td><td>2.5</td><td>2</td><td>1.5</td></tr>
<tr><td>7</td><td>6</td><td>6</td><td>5</td><td>4</td><td>3</td></tr>
</table>

表 24　双面凸砂轮——14EE1 型尺寸

单位为毫米

<table>
<tr><th>D</th><th>T</th><th>J</th><th>H</th><th>U</th></tr>
<tr><td>75</td><td rowspan="3">6,8,10</td><td>50</td><td rowspan="2">19.05,20</td><td rowspan="3">3,4,6,8</td></tr>
<tr><td>100</td><td>70</td></tr>
<tr><td>125</td><td>100</td><td rowspan="3">31.75,32</td></tr>
<tr><td>150</td><td>6</td><td>120</td><td>3,4</td></tr>
<tr><td>175</td><td>8</td><td>140</td><td rowspan="3">4,5</td></tr>
<tr><td>200</td><td>10</td><td>160</td><td rowspan="2">32,75</td></tr>
<tr><td>250</td><td>15</td><td>200</td></tr>
<tr><td>400</td><td>10</td><td>230</td><td>32,75,203</td><td>6,8</td></tr>
</table>

2.1.1.22　双面凸砂轮——14F1 型形状、尺寸见图 22、表 25。

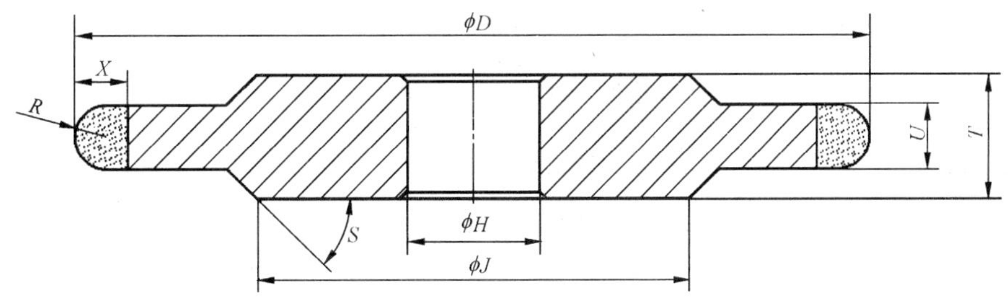

图 22　双面凸砂轮——14F1 型

表 25　双面凸砂轮——14F1 型尺寸

单位为毫米

<table>
<tr><th>D</th><th>T</th><th>H</th><th>J</th><th>U</th><th>X</th><th>S</th></tr>
<tr><td>75</td><td>5～10</td><td>19.05,20</td><td>40～50</td><td>1～5</td><td>3,4,5</td><td rowspan="10">30°,45°</td></tr>
<tr><td>100</td><td rowspan="2">5～15</td><td rowspan="2">19.05,20,31.75,32</td><td>50～80</td><td rowspan="2">1～8</td><td rowspan="2">3,4,5,6</td></tr>
<tr><td>125</td><td>90～110</td></tr>
<tr><td>150</td><td>10～15</td><td rowspan="2">31.75,32</td><td>100～130</td><td rowspan="3">2～10</td><td rowspan="4">4,5,6,7,8</td></tr>
<tr><td>175</td><td>12～20</td><td>120～140</td></tr>
<tr><td>200</td><td rowspan="2">12～30</td><td rowspan="2">31.75,32,75</td><td>130～160</td></tr>
<tr><td>250</td><td>150～200</td><td>5～10</td></tr>
<tr><td>300</td><td rowspan="2">15～40</td><td rowspan="3">127,203</td><td>200～250</td><td rowspan="2">6～15</td><td rowspan="3">5,6,7,8,10</td></tr>
<tr><td>350</td><td>250～300</td></tr>
<tr><td>400</td><td>20～50</td><td>300～350</td><td>6～20</td></tr>
<tr><td colspan="7">$R=U/2$。</td></tr>
</table>

2.1.1.23 磨量规砂轮——14A3 型和 16A3 型形状、尺寸分别见图 23、图 24、表 26。

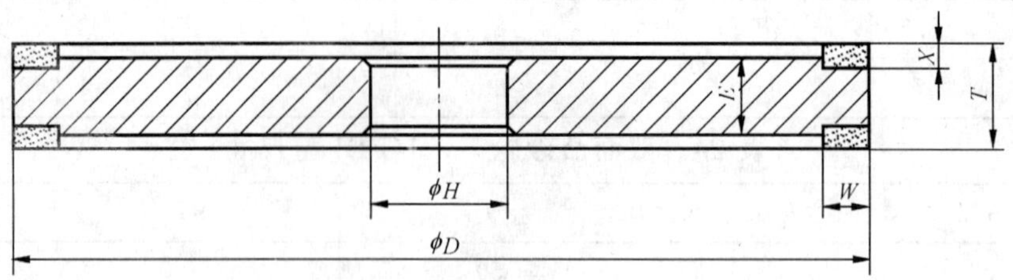

图 23 磨量规砂轮——14A3 型

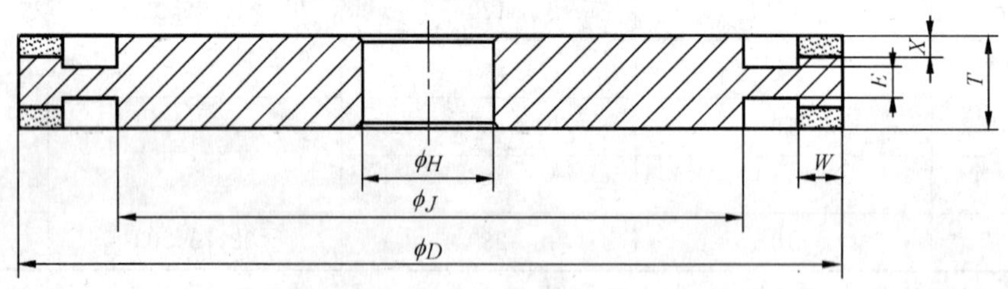

图 24 磨量规砂轮——16A3 型

表 26 磨量规砂轮——14A3 型和 16A3 型尺寸

单位为毫米

<table>
<tr><th>D</th><th>T</th><th>H</th><th>X</th><th>W</th></tr>
<tr><td>125</td><td>12</td><td rowspan="3">31.75,32</td><td rowspan="2">2</td><td rowspan="2">4,5</td></tr>
<tr><td>150</td><td rowspan="2">12,16</td></tr>
<tr><td>175</td><td rowspan="2">2,3</td><td>5,6,8,10</td></tr>
<tr><td>230</td><td>12,
16,20</td><td>75</td><td>8,10</td></tr>
<tr><td colspan="5">J,E 由供需双方商定。</td></tr>
</table>

2.1.2 杯碗碟形系列砂轮

2.1.2.1 杯形砂轮——6A2 型形状、尺寸见图 25、表 27。

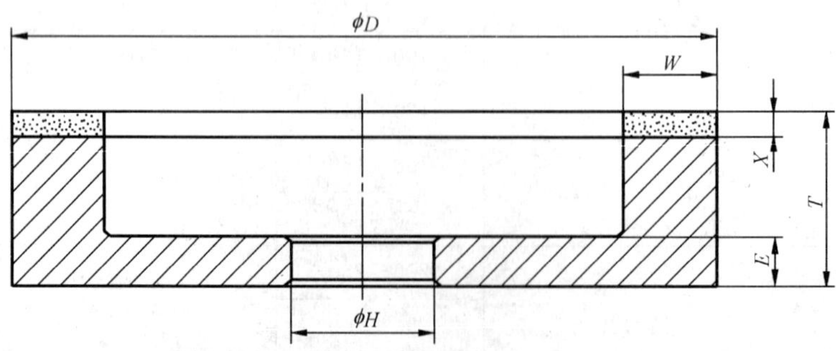

图 25 杯形砂轮——6A2 型

表 27　杯形砂轮——6A2 型尺寸

单位为毫米

D	T	H	W	X
40	10～20	10	3,5	2,3,4
50			3,5,6,8	2,3,4,5
75	10～25	10,19.05,20	3,5,6,8,10	
100	15～30	19.05,20	3,5,6,8,10,12,15,20	3,4,5,6
125	15～35	25.4,31.75,32	3,5,6,8,10,12,15,20,25,30	
150				
175	15～40		5,6,8,10,12,15,20,25	3,4,5,6,8
200	20～55		6,8,10,12,15,20,25	
250		32,75	6,8,10,12,15,20,25,30	
300	25～60	75,127	10,12,15,20,25,30	4,5,6,8,10
350	30～60			
400		127,203	15,20,25,30,35,40	
450	30～80		20,25,30,35,40,50	
E 由供需双方商定。				

2.1.2.2　杯形砂轮——6A9 型形状、尺寸见图 26、表 28。

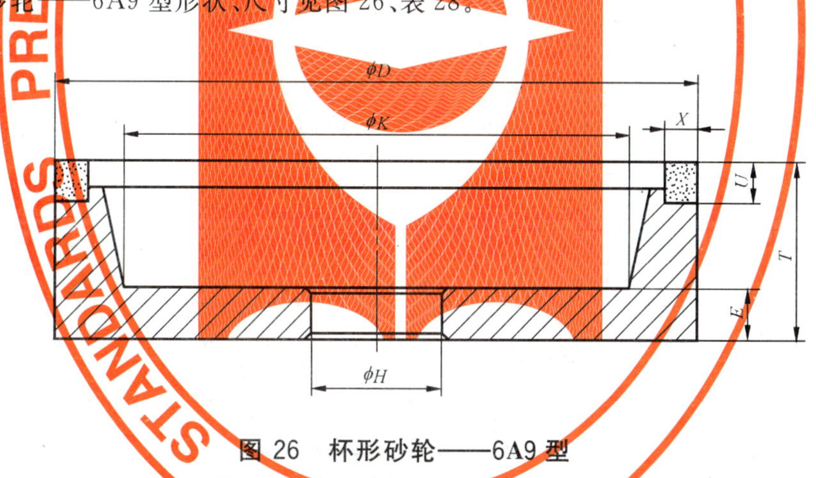

图 26　杯形砂轮——6A9 型

表 28　杯形砂轮——6A9 型尺寸

单位为毫米

D	T	H	X	U
75	25	19.05,20	1.5,3	6,10
100	25,30			
125		31.75,32		
150	30,35			
175				
200	35,40,50	31.75,32,75		
250				
E,K 由供需双方商定。				

2.1.2.3 碗形砂轮——11A2 型形状、尺寸见图 27、表 29。

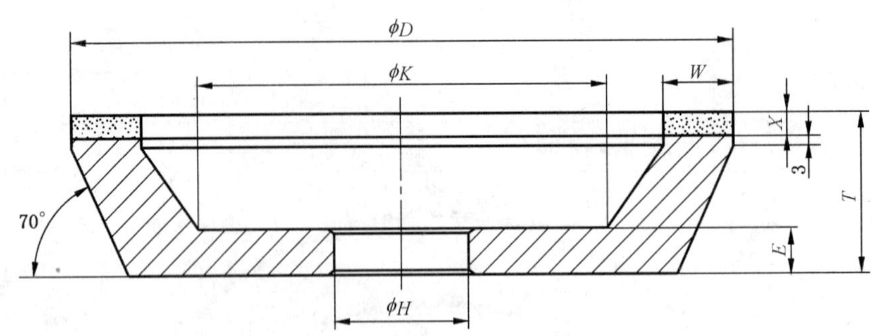

图 27 碗形砂轮——11A2 型

表 29 碗形砂轮——11A2 型尺寸

单位为毫米

<table>
<tr><th>D</th><th>T</th><th>H</th><th>E</th><th>W</th><th>X</th></tr>
<tr><td>75</td><td>25</td><td>19.05,20</td><td rowspan="4">10</td><td>3,5,6,8,10</td><td rowspan="2">2,3,4,5,6</td></tr>
<tr><td>100</td><td rowspan="3">25～40</td><td rowspan="2">19.05,20,31.75,32</td><td>6,8,10,12</td></tr>
<tr><td>125</td><td rowspan="2">8,10,12,15</td><td rowspan="3">3,4,5,6,8</td></tr>
<tr><td>150</td><td rowspan="2">31.75,32,40</td></tr>
<tr><td>200</td><td>30～50</td><td>12,15</td><td>8,10,12,15,20,25</td></tr>
<tr><td colspan="6">K 由供需双方商定。</td></tr>
</table>

2.1.2.4 碗形砂轮——11A9 型形状、尺寸见图 28、表 30。

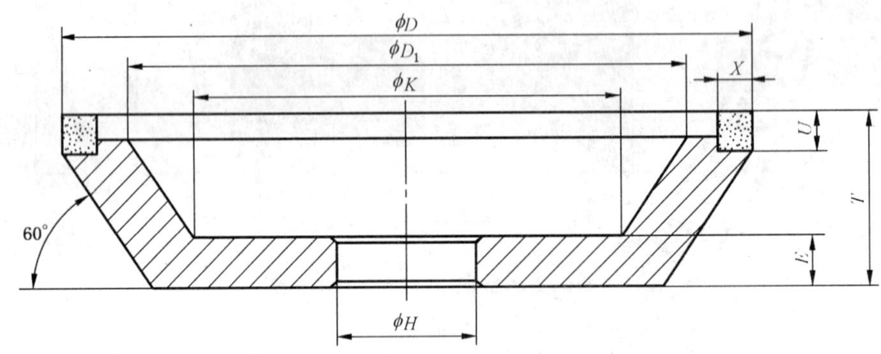

图 28 碗形砂轮——11A9 型

表 30 碗形砂轮——11A9 型尺寸

单位为毫米

<table>
<tr><th>D</th><th>D1</th><th>T</th><th>H</th><th>X</th><th>U</th></tr>
<tr><td>90</td><td>75</td><td>25</td><td>19.05,20,35</td><td>3</td><td>4</td></tr>
<tr><td>100</td><td>80～85</td><td rowspan="3">25～40</td><td rowspan="2">19.05,20,31.75,32</td><td rowspan="3">3,4,5</td><td rowspan="3">4～8</td></tr>
<tr><td>125</td><td>105～110</td></tr>
<tr><td>150</td><td>130～135</td><td>31.75,32,40</td></tr>
<tr><td colspan="6">E、K 由供需双方商定。</td></tr>
</table>

2.1.2.5 碗形砂轮——11V2 型和 11V9 型形状、尺寸分别见图 29、图 30、表 31。

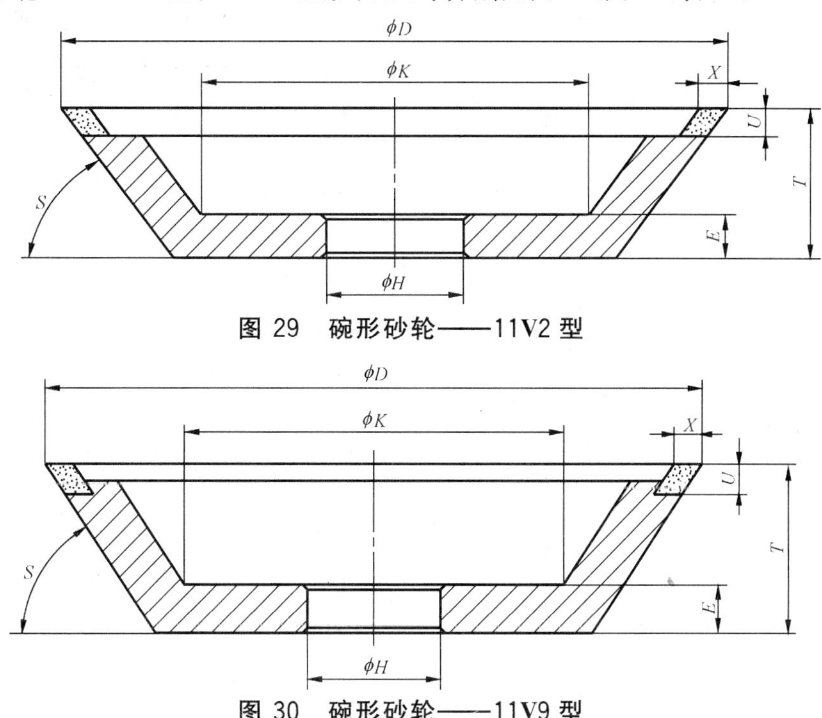

图 29 碗形砂轮——11V2 型

图 30 碗形砂轮——11V9 型

表 31 碗形砂轮——11V2 型和 11V9 型尺寸

单位为毫米

<table>
<tr><th>D</th><th>T</th><th>H</th><th>S</th></tr>
<tr><td>30</td><td>15</td><td>8,10</td><td rowspan="7">60°
70°</td></tr>
<tr><td>50</td><td>25</td><td>10,19.05,20</td></tr>
<tr><td>75</td><td>25,30,32</td><td rowspan="2">19.05,20</td></tr>
<tr><td>90</td><td rowspan="2">35,40</td></tr>
<tr><td>100</td><td rowspan="2">19.05,20,31.75,32
19.05,20,31.75,32</td></tr>
<tr><td>125</td><td rowspan="2">35,40,45,50</td></tr>
<tr><td>150</td><td>31.75,32</td></tr>
<tr><td rowspan="2">X</td><td>11V9</td><td colspan="2">1.5,2,3,4,5,10</td></tr>
<tr><td>11V2</td><td colspan="2">3,4,5,10</td></tr>
<tr><td rowspan="2">U</td><td>11V9</td><td colspan="2">5,6,7,8,10</td></tr>
<tr><td>11V2</td><td colspan="2">2,3,4</td></tr>
<tr><td colspan="4">K,E 由供需双方商定。</td></tr>
</table>

2.1.2.6 碟形砂轮——12A2/20°型形状、尺寸见图 31、表 32。

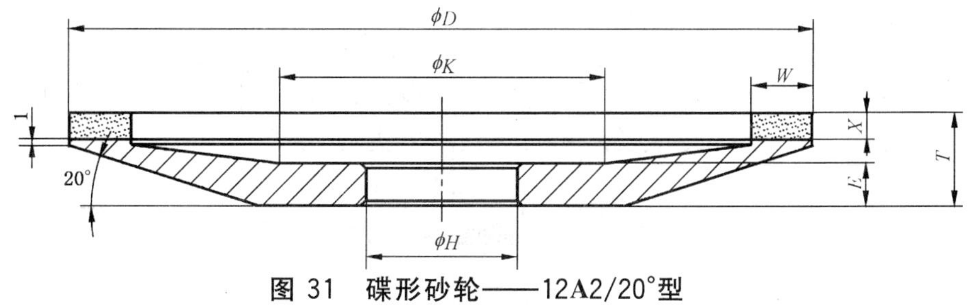

图 31 碟形砂轮——12A2/20°型

表 32　碟形砂轮——12A2/20°型尺寸

单位为毫米

D	T	H	E	W	X
75	12	10,19.05,20	5	3,5,6,10	2,3,4,6
100	15	19.05,20	6		
125	18	31.75,32	8	5,6,10	
150	20		9	5,6,10,15	
175	22		10	6,10,15	
200	24	31.75,32,40,75	11	6,10,15,20	
250	26		12		
K 由供需双方商定。					

2.1.2.7　碟形砂轮——12A2/45°型形状、尺寸见图 32、表 33。

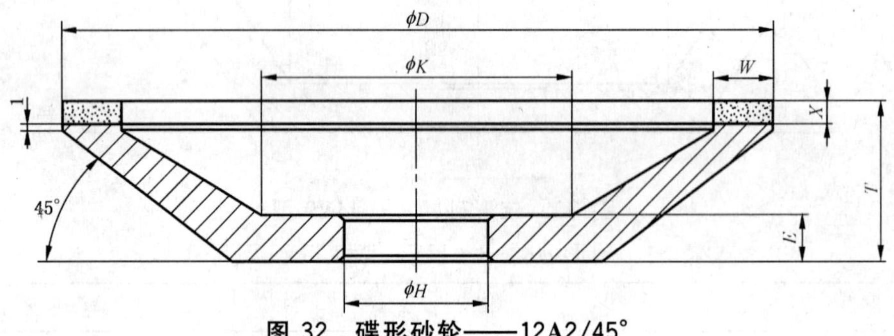

图 32　碟形砂轮——12A2/45°

表 33　碟形砂轮——12A2/45°尺寸

单位为毫米

D	T	W	H	X
50	20	2	10	2,3,4
75	25	3,5	19.05,20,32	
100	32	3,5,6,8,10	19.05,20,31.75,32	2,3,4,6
125				
150		5,6,8,10,12,13,15	20,31.75,32	
175			31.75,32,75	
200	40	6,8,10,12,13,15	31.75,32,75	
250		6,8,10,12,13,15,20		
K,E 由供需双方商定。				

2.1.2.8　碟形砂轮——12D1 型形状、尺寸见图 33、表 34。

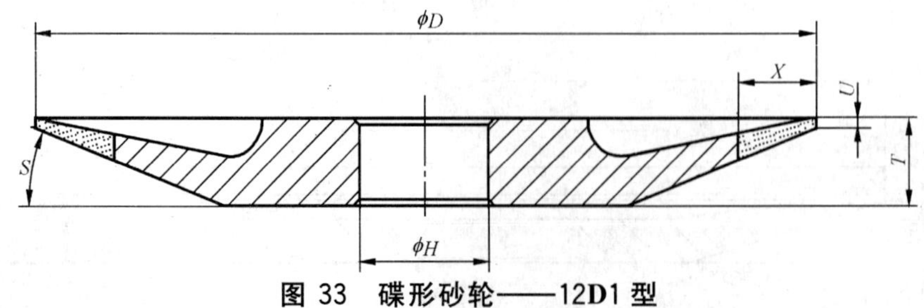

图 33　碟形砂轮——12D1 型

表 34　碟形砂轮——12D1 型尺寸

单位为毫米

D	T	H	X	U	S
50	6	10	6,7,8,10	1	20°,25°
75	8,10	10,19.05,20	6,8,8.5,10		
100	8,10,12	19.05,20	6,8,10,12,14.5	1～1.5	20°
125	15	31.75,32	8,10,12,14.5,15	1.5～3	

2.1.2.9　碟形砂轮——12V2 型形状、尺寸见图 34、表 35。

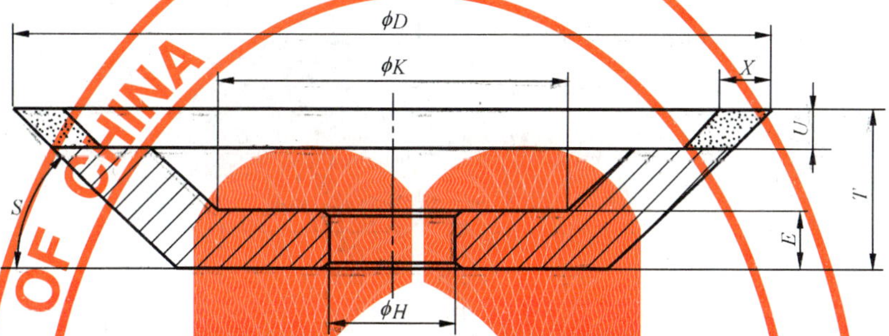

图 34　碟形砂轮——12V2 型

表 35　碟形砂轮——12V2 型尺寸

单位为毫米

D	T	H	U	X	S
50	10,12	10	2,3	2,3	40°
75	10,12,15	10,19.05,20			30°,45°
90			3	3,5	45°
100	12,15	19.05,20,31.75,32			
125	15,16,18		3,4	5,6,8	25°,45°
150	16,18	31.75,32			45°
175	18,20		3,4,5		
200	20,25	31.75,32,75	3,4,5	5,8,10	
250	20,25,30	75,127	5,6,8		
K,*E* 由供需双方商定。					

2.1.2.10　碟形砂轮——12V9 型形状、尺寸见图 35、表 36。

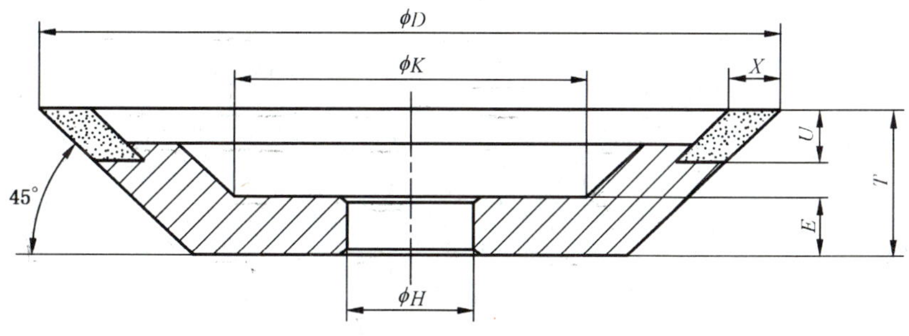

图 35　碟形砂轮——12V9 型

表 36　碟形砂轮——12V9 型尺寸　　单位为毫米

<table>
<tr><th>D</th><th>T</th><th>H</th><th>E</th><th>U</th><th>X</th></tr>
<tr><td>75</td><td rowspan="2">20</td><td rowspan="2">19.05,20</td><td rowspan="4">10</td><td>6</td><td rowspan="4">1.5,3</td></tr>
<tr><td>100</td><td rowspan="3">6,10</td></tr>
<tr><td>125</td><td rowspan="2">25</td><td rowspan="2">19.05,20,31.75,32</td></tr>
<tr><td>150</td></tr>
<tr><td colspan="6">K 由供需双方商定。</td></tr>
</table>

2.1.3　筒形系列砂轮

2.1.3.1　筒形砂轮 1 号——2F2/1 型形状、尺寸见图 36、表 37。

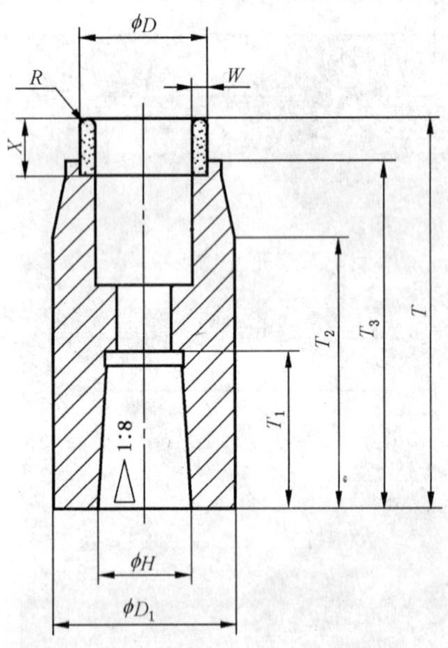

图 36　筒形砂轮 1 号——2F2/1 型

表 37　筒形砂轮 1 号——2F2/1 型尺寸　　单位为毫米

<table>
<tr><th>D</th><th>D₁</th><th>T</th><th>H</th><th>W</th><th>X</th><th>R</th><th>T₁</th><th>T₂</th><th>T₃</th></tr>
<tr><td>8</td><td rowspan="3">26</td><td rowspan="8">55</td><td rowspan="8">15.5</td><td rowspan="3">2</td><td rowspan="8">4,6</td><td rowspan="3">1</td><td rowspan="8">22</td><td rowspan="8">38</td><td rowspan="8">48</td></tr>
<tr><td>10</td></tr>
<tr><td>12</td></tr>
<tr><td>14.5</td><td rowspan="5">28</td><td rowspan="5">2.5</td><td rowspan="5">1.25</td></tr>
<tr><td>16.5</td></tr>
<tr><td>18.5</td></tr>
<tr><td>20.5</td></tr>
<tr><td>22.5</td></tr>
</table>

2.1.3.2　筒形砂轮 2 号——2F2/2 型形状、尺寸见图 37、表 38。

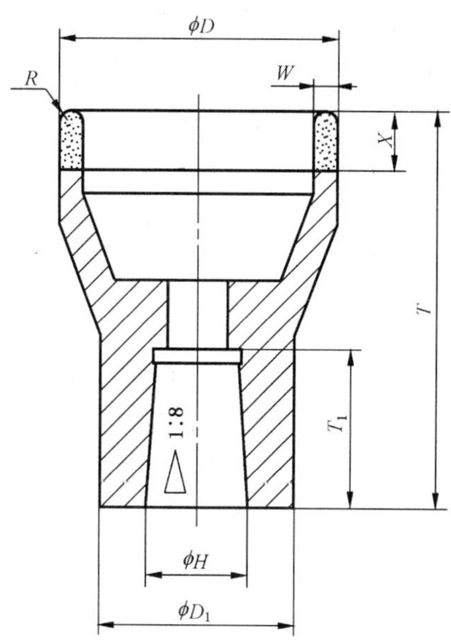

图 37　筒形砂轮 2 号——2F2/2 型

表 38　筒形砂轮 2 号——2F2/2 型尺寸

单位为毫米

D	D_1	T	H	W	X	R	T_1
28	28	55	18	3	7	1.5	22
33							
38							
43							
53							
63							

2.1.3.3　筒形砂轮 3 号——2F2/3 型形状、尺寸见图 38、表 39。

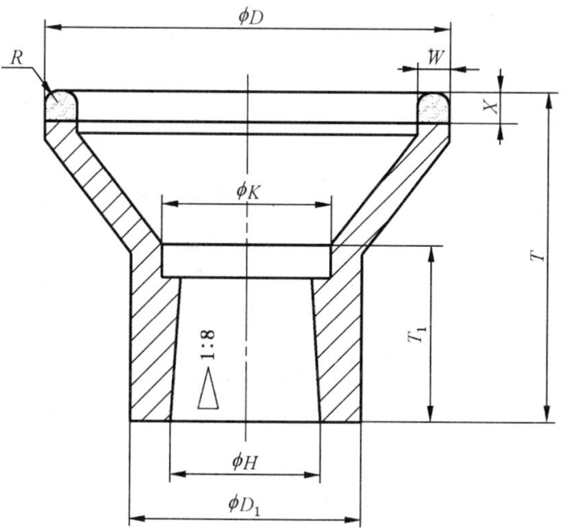

图 38　筒形砂轮 3 号——2F2/3 型

表 39　筒形砂轮 3 号——2F2/3 型尺寸

单位为毫米

<table>
<tr><th>D</th><th>D₁</th><th>T</th><th>H</th><th>W</th><th>K</th><th>R</th><th>T₁</th></tr>
<tr><td>74</td><td rowspan="9">60</td><td rowspan="10">95</td><td rowspan="3">23</td><td rowspan="3">4</td><td rowspan="10">30</td><td rowspan="3">2</td><td rowspan="10">40</td></tr>
<tr><td>84</td></tr>
<tr><td>94</td></tr>
<tr><td>115</td><td rowspan="7">32</td><td rowspan="4">5</td><td rowspan="4">2.5</td></tr>
<tr><td>135</td></tr>
<tr><td>165</td></tr>
<tr><td>195</td></tr>
<tr><td>227</td><td rowspan="3">7</td><td rowspan="3">3.5</td></tr>
<tr><td>257</td></tr>
<tr><td>307</td><td>80</td></tr>
<tr><td colspan="8">X=7,10</td></tr>
</table>

2.1.3.4　筒形砂轮——2A2T 型形状、尺寸见图 39、图 40、表 40。

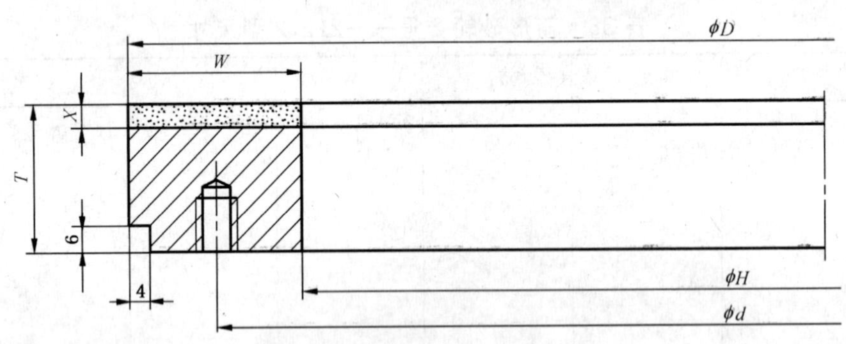

图 39　筒形砂轮——2A2T 型

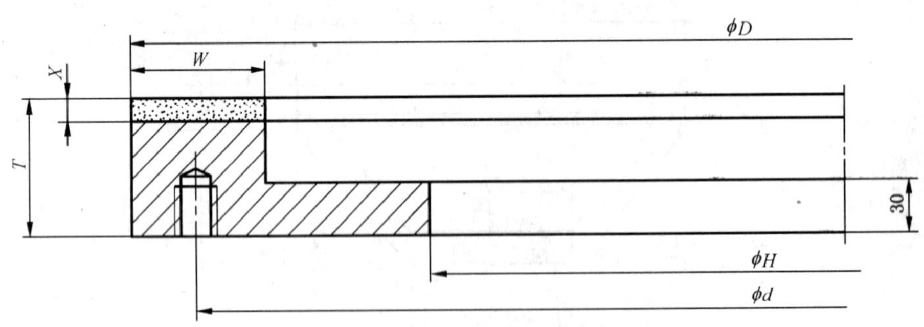

图 40　筒形砂轮——2A2T 型

表 40　筒形砂轮——2A2T 型尺寸

单位为毫米

D	T	H	W	X
300	60	250,240	25	3
450	50,80	370,360	40	5

2.1.4 专用系列砂轮

2.1.4.1 磨边砂轮——1DD6Y 型形状、尺寸见图 41、表 41。

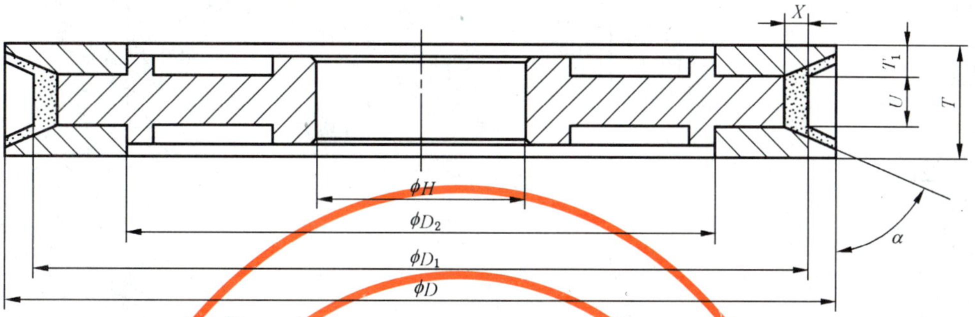

图 41 磨边砂轮——1DD6Y 型

表 41 磨边砂轮——1DD6Y 型尺寸

单位为毫米

D	D_1	D_2	T_1	U	H	X	α
101	100	65	6,8	4,6,8,10	30,32	2	30°,45°,60°,90°
102							
103							
104							
105							
106							
161	160	105		4,6,8,10,12,16,20,25,32			
162							
163							
164							
165							
166							
167							
168							
$T=U+2T_1$。							

2.1.4.2 磨边单斜边砂轮——2D9 型形状、尺寸见图 42、表 42。

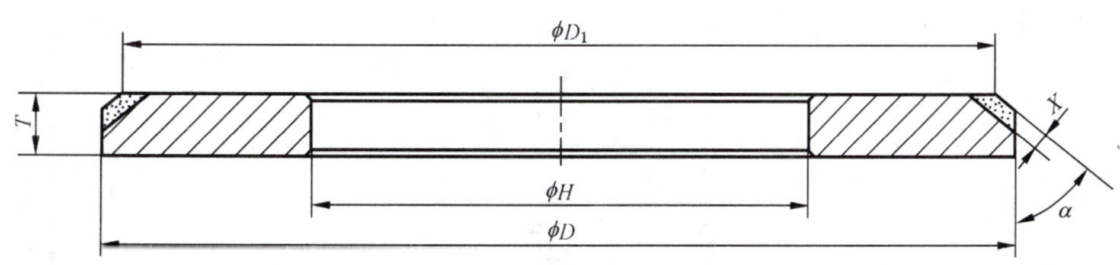

图 42 磨边单斜边砂轮——2D9 型

表 42 磨边单斜边砂轮——2D9 型尺寸

单位为毫米

D	D_1	H	X	α
101	100	65	2	30°,45°,60°
102				
103				
104				
105				
106				
161	160	105		
162				
163				
164				
165				
166				
167				
168				
$T=6$(V≥45°),$T=8$(V<45°)。				

2.1.4.3 磨边砂轮——14A1 型形状、尺寸见图 43、表 43。

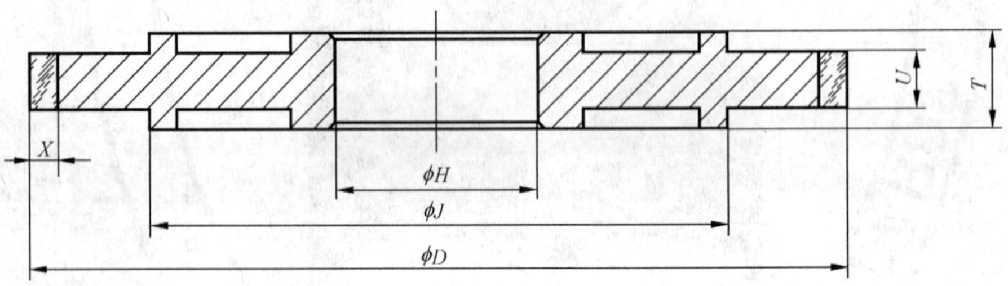

图 43 磨边砂轮——14A1 型

表 43 磨边砂轮——14A1 型尺寸

单位为毫米

D	J	T	U	H	X
100	65	14	4	30,32	2
		16	6		
		18	8		
		20	10		
160	105	14	4		
		15	5		
		16	6		
		18	8		
		20	10		
		22	12		

表 43（续）　　单位为毫米

D	J	T	U	H	X
160	105	24	14	30,32	2
		25	15		
		26	16		
		28	18		
		30	20		
		35	25		
		42	32		

2.1.4.4 磨边砂轮——16A1 型形状、尺寸见图 44、表 44。

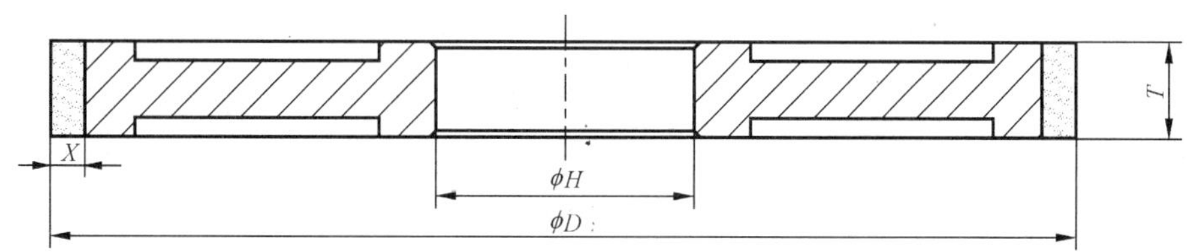

图 44 磨边砂轮——16A1 型

表 44 磨边砂轮——16A1 型尺寸　　单位为毫米

D	T	H	X
160	25	16	2.5
170			
180			
190			

2.1.4.5 磨边组合砂轮——2EEA1V 型形状、尺寸见图 45、表 45。

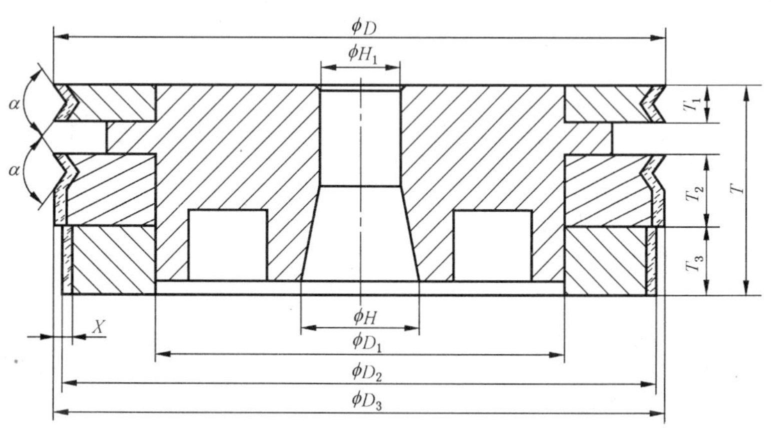

图 45 磨边组合砂轮——2EEA1V 型

表 45 磨边组合砂轮——2EEA1V 型尺寸　　单位为毫米

D	D_1	D_2	D_3	T	T_1	T_2	T_3	H	H_1	X	α
120	80	117	118	46	8	16	15	22.5	16	1.5	115°

2.2 磨盘

2.2.1 磨盘——1A2T 型形状、尺寸见图 46、表 46。

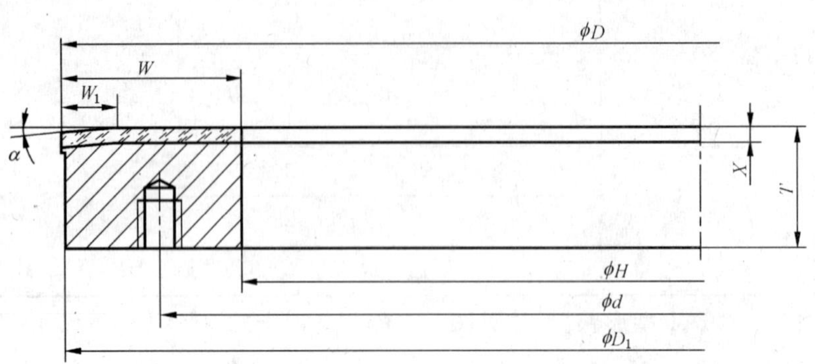

图 46 磨盘——1A2T 型

表 46 磨盘——1A2T 型尺寸

单位为毫米

D	D_1	T	H	W	W_1	X	d	α	安装孔
200	199	25、28	140	30	8	3、5	170	2°30′	4-M12
250	249	25、28	180	35	8	3、5	220	2°30′	4-M12
250	249	25、28	150	50	10	3、5	200	3°	4-M12
300	299	28	220	40	10	3、5	250	2°30′	6-M12
350	349	28	270	40	10	3、5	300	2°30′	6-M12
350	349	28	230	60	10	3、5	300	3°	6-M12

2.2.2 磨盘——3×1A2T 型形状、尺寸见图 47、表 47。

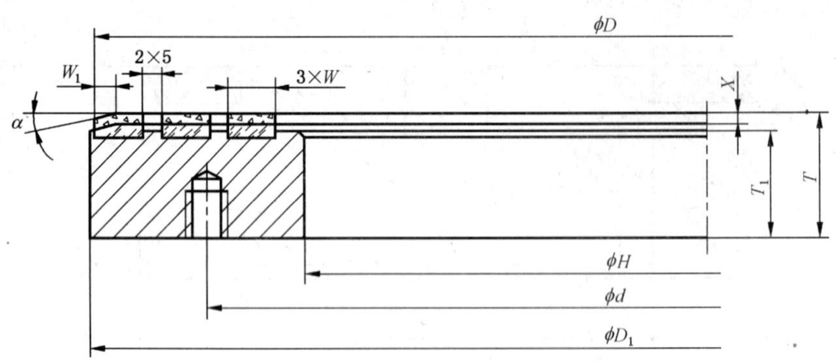

图 47 磨盘——3×1A2T 型

表 47 磨盘——3×1A2T 型尺寸

单位为毫米

D	D_1	T	T_1	H	W	W_1	X	d	α	安装孔
340	350	28	24	190	20	10	3	300	3°	6-M12
390	400	28	24	244	20	10	3	350	3°	6-M12

2.2.3 磨盘——4×1A2T 型形状、尺寸见图 48、表 48。

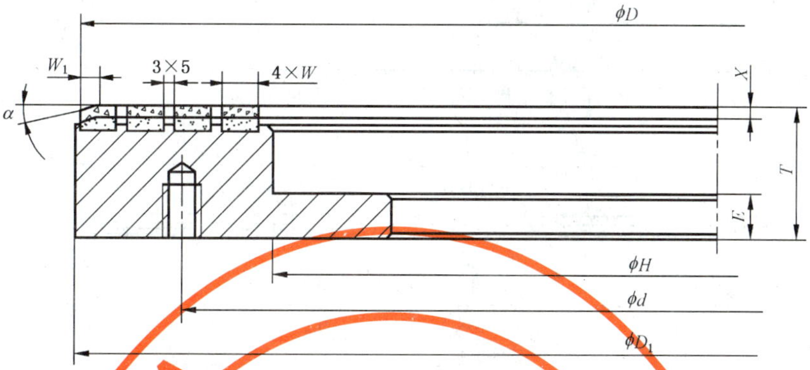

图 48 磨盘——4×1A2T 型

表 48 磨盘——4×1A2T 型尺寸

单位为毫米

D	D_1	T	H	W	W_1	X	d	α	安装孔
340	350	28	140	20	8	3	300	3°	6-M12
390	400	28	194	20	10	3	350	3°	6-M12
440	450	28	244	20	10	3	400	3°	6-M12

2.2.4 磨盘——7×1A2T 型形状、尺寸见图 49、表 49。

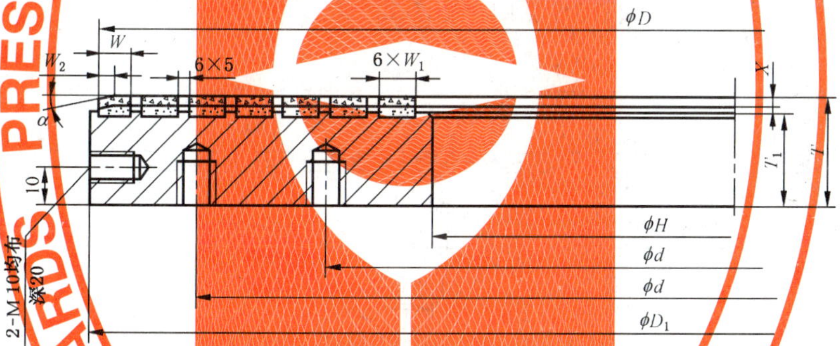

图 49 磨盘——7×1A2T 型

表 49 磨盘——7×1A2T 型尺寸

单位为毫米

D	D_1	T	T_1	H	W	W_1	W_2	X	α	d	安装孔
600	610	28	24	240	25	20	10	3.5	3°	300	6-M10
										500	12-M10

2.2.5 磨盘——8×1A2T 型形状、尺寸见图 50、表 50。

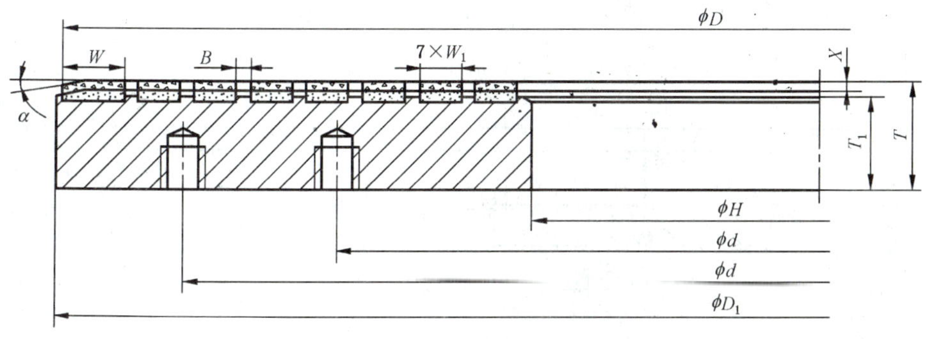

图 50 磨盘——8×1A2T 型

表 50 磨盘——8×1A2T 型尺寸

单位为毫米

D	D_1	T	T_1	H	W	W_1	X		d	B	α
600	620	25	21	190	25	20	3	5	300,500	5	3°

2.2.6 磨盘——9×1A2T 型形状、尺寸见图 51、表 51。

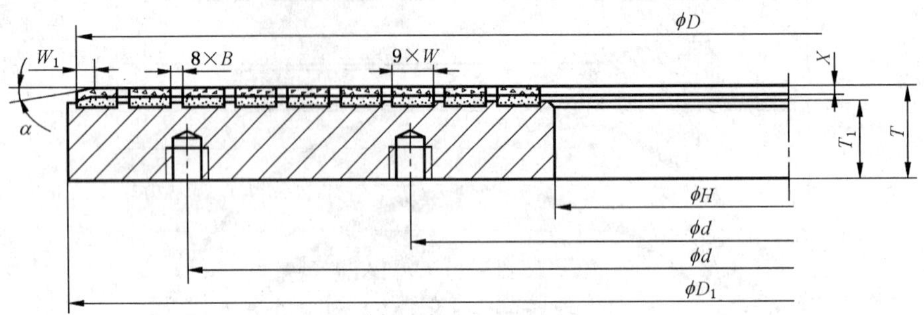

图 51 磨盘——9×1A2T 型

表 51 磨盘——9×1A2T 型尺寸

单位为毫米

D	D_1	T	T_1	H	W	W_1	X	B	α	d	安装孔
744	752	28	24	314	19	10	3	5	3°	440	10-M10
										640	15-M10

2.2.7 磨盘——10×1A2T 型形状、尺寸见图 52、表 52。

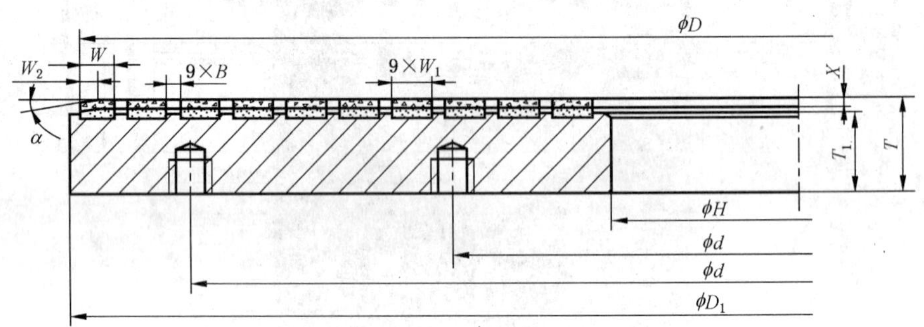

图 52 磨盘——10×1A2T 型

表 52 磨盘——10×1A2T 型尺寸

单位为毫米

D	D_1	T	T_1	H	W	W_1	W_2	X	B	α	d	安装孔
738	750	28	24	314	18	11	10	3	10	3°	440	10-M10
						15			6		640	15-M10

2.2.8 磨盘——6A2T 型形状、尺寸见图 53、表 53。

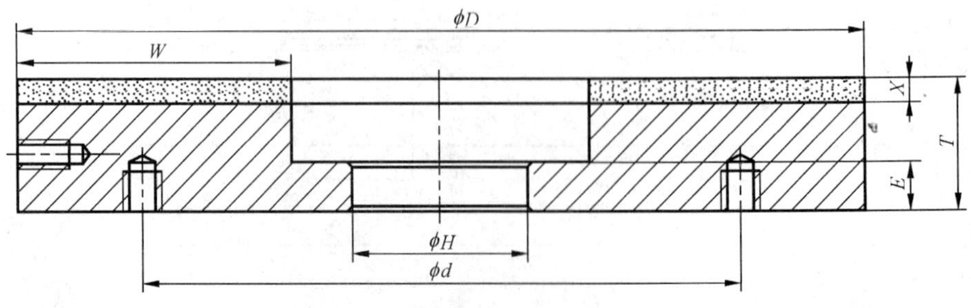

图 53 磨盘——6A2T 型

表 53 磨盘——6A2T 型尺寸

单位为毫米

D	T	H	W	X	d
305	50	80	45	3,5	266.7
305	50	80	50		
305	50	80	60		
305	50	80	75		
305	50	80	80		
355	50	50	75		312
450	50	50	75		354
450	65	370	35		415/412
450	64	160	102.5	6,9	325
455	50	160	100	5	
500	40	380.5	40		
710	63	300	205	3,5	540
750	40～65		225		430,670
850		275	287.5		300,650,750
E 由供需双方商定，*H* 根据用户机床要求确定。					

2.2.9 磨盘——4×6A2T 型形状、尺寸见图 54、表 54。

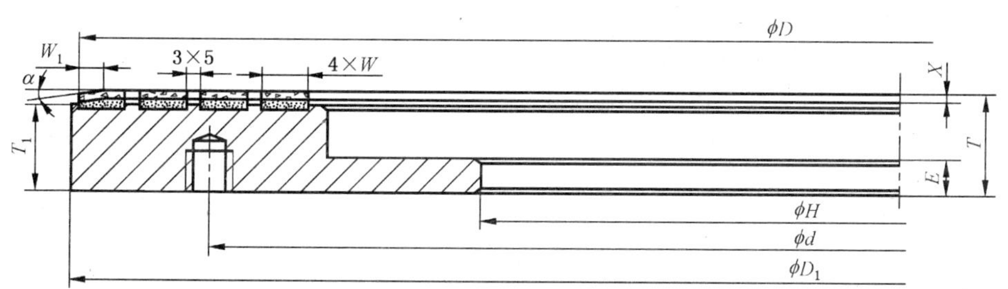

图 54 磨盘——4×6A2T 型

表 54 磨盘——4×6A2T 型尺寸

单位为毫米

D	D_1	T	T_1	H	K	E	W	W_1	X	d	α	安装孔
340	350	28	24	32	140	10	20	10	3	300	3°	6-M12

2.2.10 磨盘——7×6A2T 型形状、尺寸见图 55、表 55。

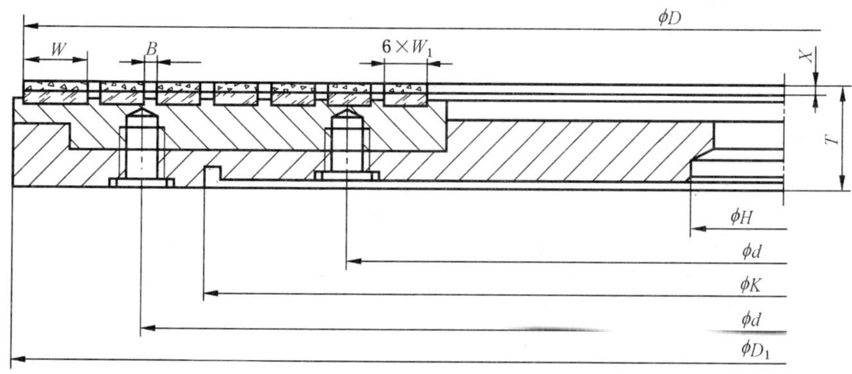

图 55 磨盘——7×6A2T 型

表 55 磨盘——7×6A2T 型尺寸

单位为毫米

D	D_1	K	T	H	W	W_1	X		B	α
550	570	407	60	19	25	20	3	5	5	3°

2.2.11 磨盘——6C2B 型形状、尺寸见图 56、表 56。

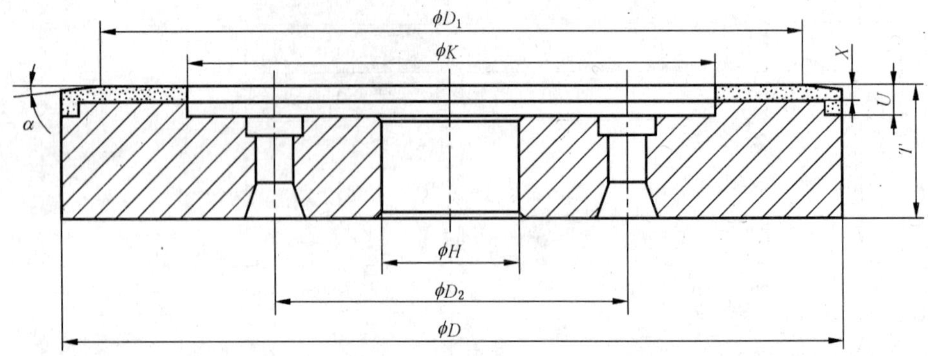

图 56 磨盘——6C2B 型

表 56 磨盘——6C2B 型尺寸

单位为毫米

D	D_1	T	H	K	U	X	α
350	290	50	25	250	12	5	2°30′
400	350	50	25	300	15	5	
	350	50	90	300	12	5	
d 由供需双方商定。							

2.2.12 磨盘——12A2T 型形状、尺寸见图 57、表 57。

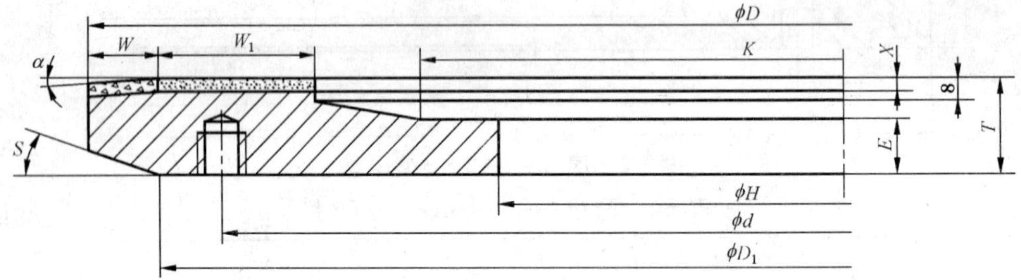

图 57 磨盘——12A2T 型

表 57 磨盘——12A2T 型尺寸

单位为毫米

D	D_1	T	H	E	K	W	W_1	X	α	S	d	安装孔
180	140	37	50.8	16	88	15	25	5	1°30′	45°	110	6-M8
300	210	50	100	20	170	18	22	6	2°	34°	185	6-M8
320	220	50	32	20	170	22	28	6	2°	32°	185	6-M8
			100									
400	280	45	25	20	220	35	35	6	3°	23°	240	6-M12
			100									
450	290	45	100	20	220	30	2×20	6	3°	18°	250	6-M12
			200		270							

2.2.13 磨盘——4A2H 型形状、尺寸见图 58、表 58。

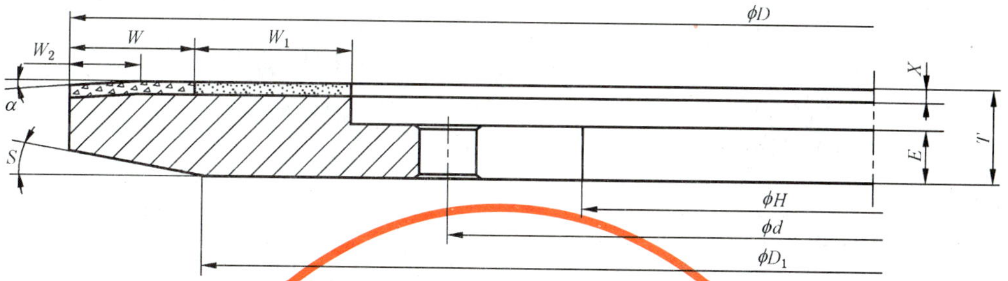

图 58 磨盘——4A2H 型

表 58 磨盘——4A2H 型尺寸

单位为毫米

D	D_1	T	H	E	W	W_1	W_2	X	α	S	d	安装孔
250	140	40	60	16	25	35	10	6	3°	20°	100	4-φ12

2.2.14 磨盘——4A2B 型形状、尺寸见图 59、表 59。

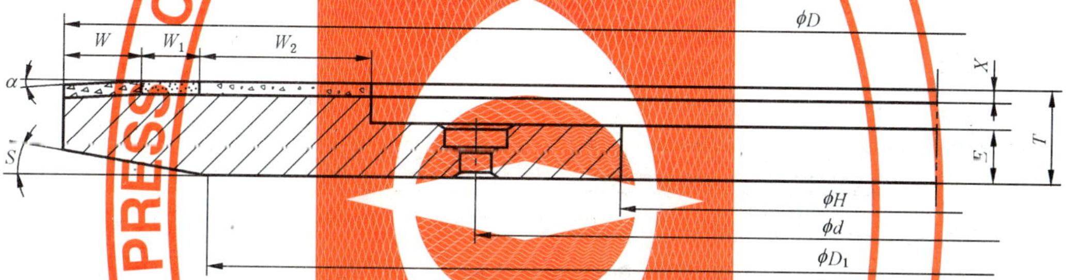

图 59 磨盘——4A2B 型

表 59 磨盘——4A2B 型尺寸

单位为毫米

<table>
<tr><th>D</th><th>D₁</th><th>T</th><th>H</th><th>E</th><th>W</th><th>W₁</th><th>W₂</th><th>α</th><th>S</th><th>d</th><th>X</th><th>安装孔</th></tr>
<tr><td rowspan="2">400</td><td rowspan="2">280</td><td rowspan="2">45</td><td rowspan="2">25</td><td rowspan="2">28</td><td rowspan="2">17.5</td><td rowspan="2">17.5</td><td rowspan="2">35</td><td rowspan="2">3°</td><td rowspan="2">23°</td><td rowspan="2">67</td><td>3</td><td>4-φ17.5</td></tr>
<tr><td rowspan="2">4</td><td>沉孔 φ28 深 18</td></tr>
<tr><td rowspan="2">450</td><td rowspan="2">290</td><td rowspan="2">45</td><td rowspan="2">25</td><td rowspan="2">28</td><td rowspan="2">30</td><td rowspan="2">20</td><td rowspan="2">20</td><td rowspan="2">3°</td><td rowspan="2">18°</td><td rowspan="2">67</td><td>4-φ17.5</td></tr>
<tr><td>5</td><td>沉孔 φ28 深 18</td></tr>
</table>

2.3 磨头

2.3.1 平形磨头——1A1W 型形状、尺寸见图 60、表 60。

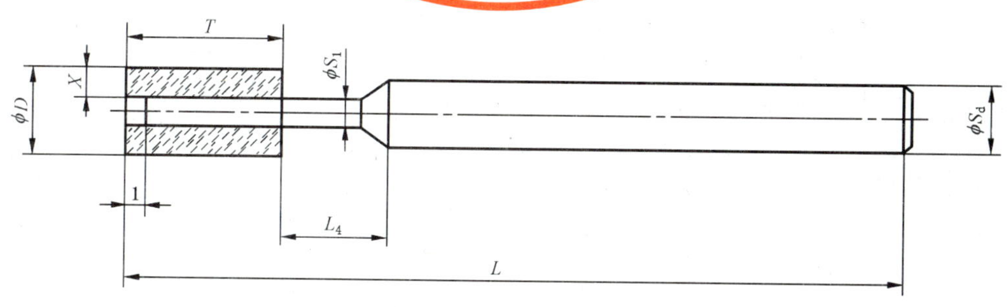

图 60 平形磨头——1A1W 型

表 60　平形磨头——1A1W 型尺寸　　单位为毫米

D	T	S_d	X	L	S_1	L_4
3	4,6	3	0.65	66	1.7	2～8
4	6,8		1.15			
5			1.65			
6		6	1.5		3	
8	6,8,10		2.0			
10	6,8,10,12		2.5		6	4～6
12		6,8,10	3.0	70		
14						
16						
20						

2.4　磨石

2.4.1　带柄磨石

2.4.1.1　带柄长方磨石——HA 型形状、尺寸见图 61、表 61。

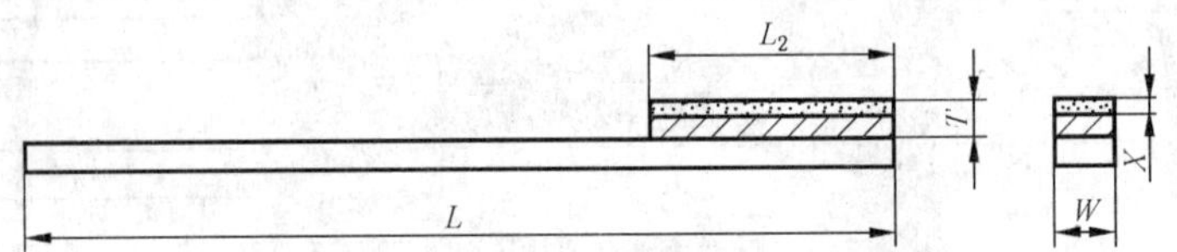

图 61　带柄长方磨石——HA 型

表 61　带柄长方磨石——HA 型尺寸　　单位为毫米

L	L_2	T	W	X
150	40	5	10	2

2.4.1.2　带柄圆弧磨石——HH 型形状、尺寸见图 62、表 62。

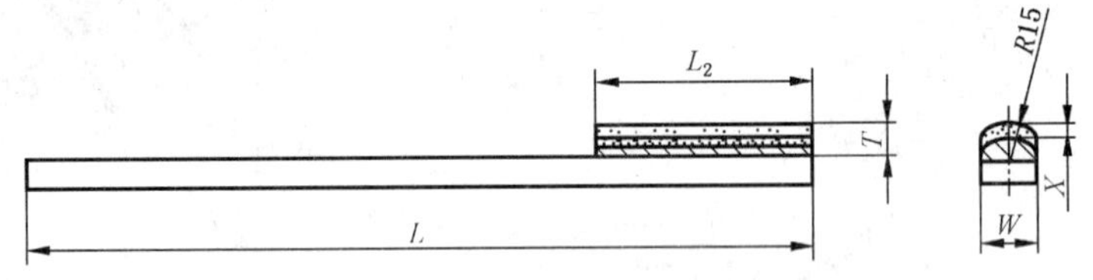

图 62　带柄圆弧磨石——HH 型

表 62　带柄圆弧磨石——HH 型尺寸　　单位为毫米

L	L_2	T	W	X
150	40	5	10	2

2.4.1.3　带柄三角磨石——HEE 型形状、尺寸见图 63、表 63。

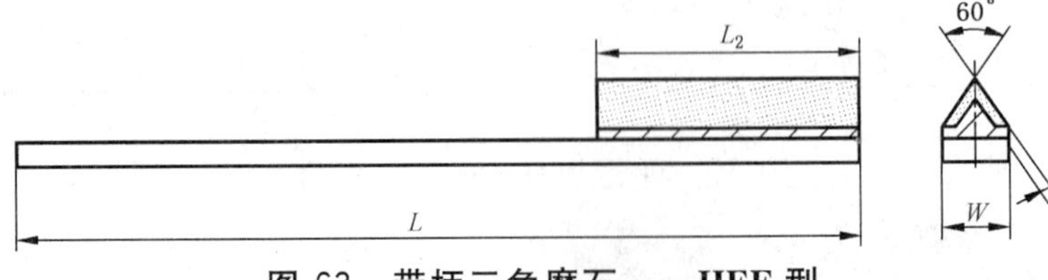

图 63　带柄三角磨石——HEE 型

表 63　带柄三角磨石——HEE 型尺寸

单位为毫米

L	L_2	T	W	X
150	40	12	10	2

2.4.2　珩磨磨石

2.4.2.1　圆头珩磨磨石——HMA/1 型形状、尺寸见图 64、表 64。

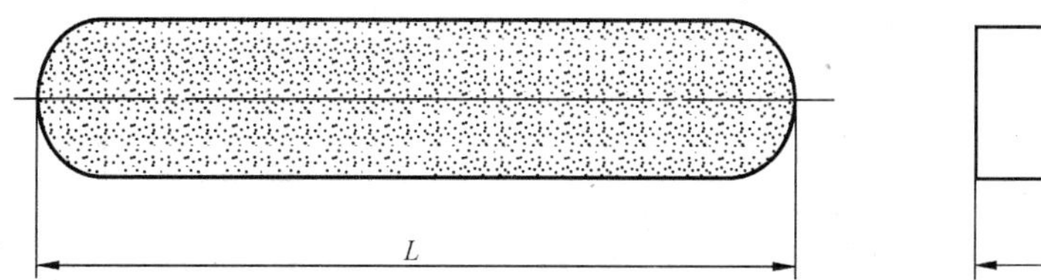

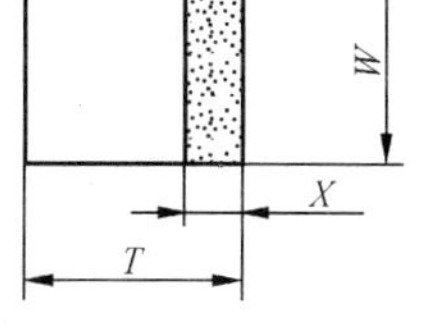

图 64　圆头珩磨磨石——HMA/1 型

表 64　圆头珩磨磨石——HMA/1 型尺寸

单位为毫米

<table>
<tr><th>L</th><th>W</th><th>T</th><th>X</th></tr>
<tr><td>16</td><td>2.5,5</td><td rowspan="3">3,5</td><td rowspan="4">1,2</td></tr>
<tr><td>20</td><td rowspan="2">5,6</td></tr>
<tr><td>25</td></tr>
<tr><td>26</td><td>10</td><td>10</td></tr>
</table>

2.4.2.2　长方珩磨磨石——HMA/2 型、弧面珩磨磨石——HMH/1 型、弧面斜头珩磨磨石——HMH/2 型形状、尺寸分别见图 65～图 67、表 65。

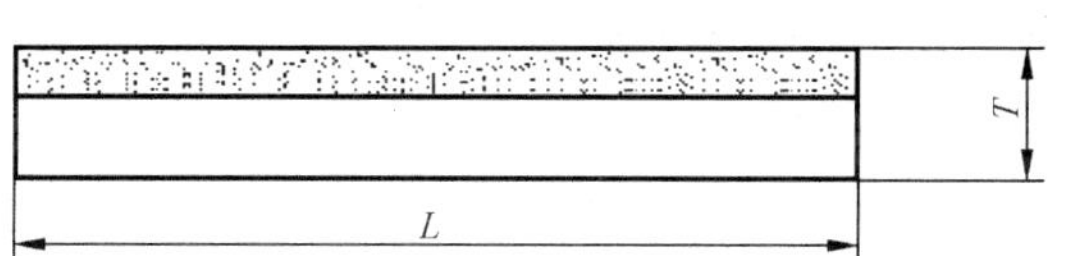

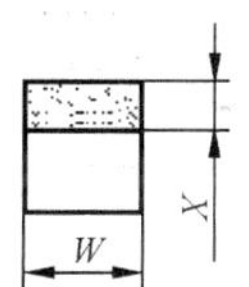

图 65　长方珩磨磨石——HMA/2 型

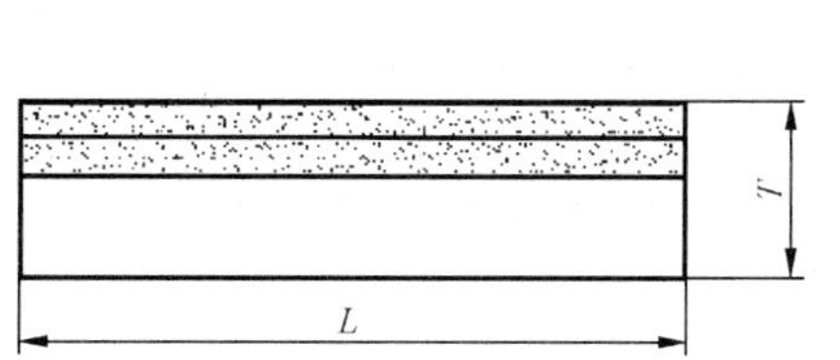

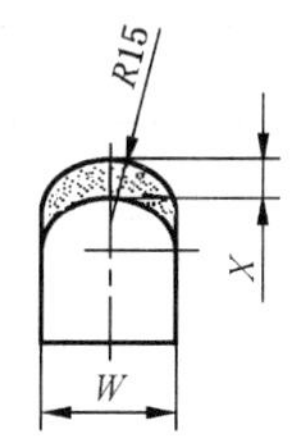

图 66　弧面珩磨磨石——HMH/1 型

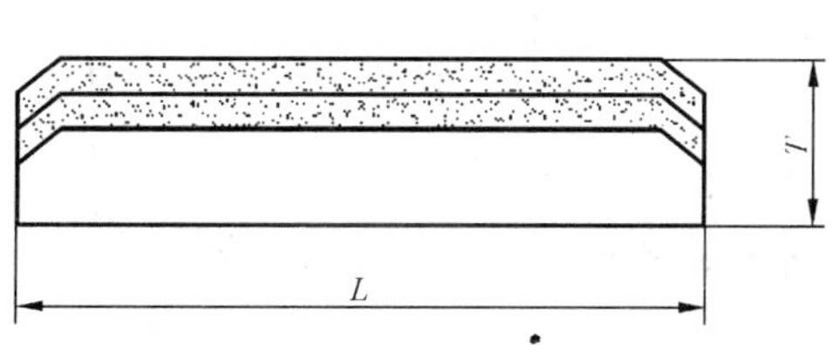

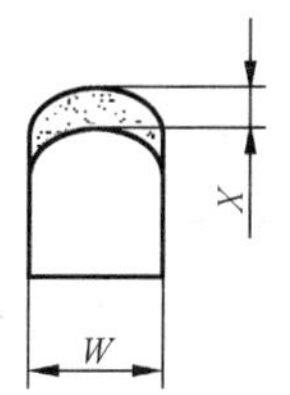

图 67　弧面斜头珩磨磨石——HMH/2 型

表 65 长方珩磨磨石——HMA/2 型、弧面珩磨磨石——HMH/1 型、弧面斜头珩磨磨石——HMH/2 型尺寸

单位为毫米

<table>
<tr><th>L</th><th>W</th><th>T</th><th>X</th></tr>
<tr><td>16</td><td rowspan="5">3,5</td><td rowspan="3">3.5</td><td rowspan="14">1,2,3</td></tr>
<tr><td>22</td></tr>
<tr><td>26</td></tr>
<tr><td>30</td><td rowspan="2">5</td></tr>
<tr><td>40</td></tr>
<tr><td>50</td><td rowspan="3">6,8</td><td rowspan="2">6,8</td></tr>
<tr><td>63</td></tr>
<tr><td>72</td><td>8</td></tr>
<tr><td>80</td><td>8</td><td>8,10</td></tr>
<tr><td>100</td><td rowspan="2">10,12</td><td rowspan="2">10</td></tr>
<tr><td>125</td></tr>
<tr><td>150</td><td rowspan="2">12,13</td><td rowspan="3">10,13,14</td></tr>
<tr><td>160</td></tr>
<tr><td>200</td><td>12,13,16</td></tr>
</table>

2.4.2.3 长方带斜珩磨磨石——HMA/S 型形状、尺寸见图 68、表 66。

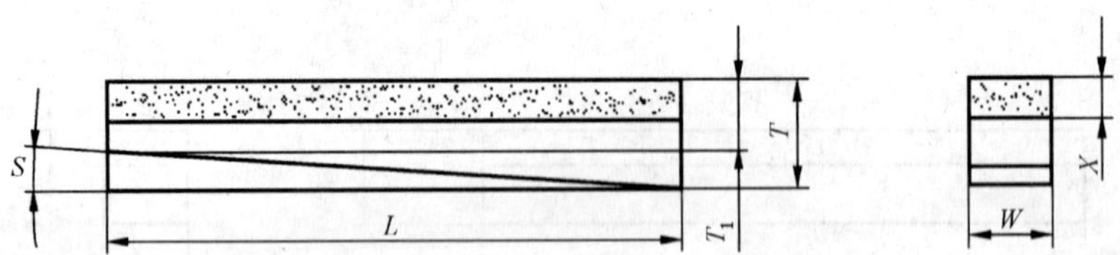

图 68 长方带斜珩磨磨石——HMA/S 型

表 66 长方带斜珩磨磨石——HMA/S 型尺寸

单位为毫米

L	W	T	T_1	X		S
12	2.5	3.5	2.5	1	1.5	3°

2.4.2.4 平形带槽珩磨磨石——2×HMA 型形状、尺寸见图 69、表 67。

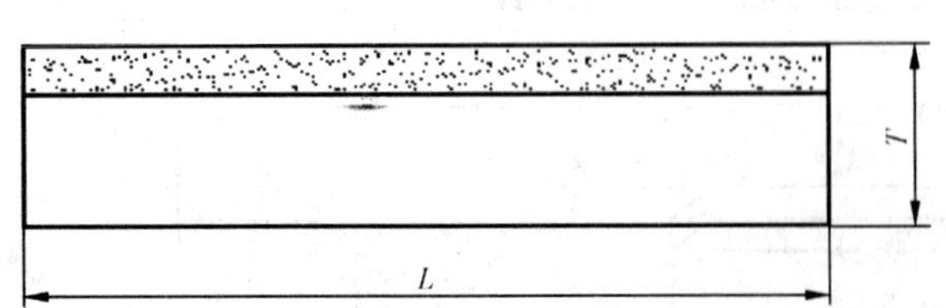

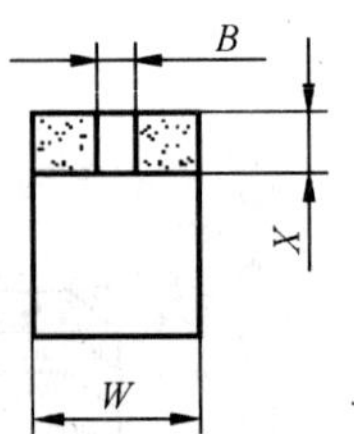

图 69 平形带槽珩磨磨石——2×HMA 型

表 67　平形带槽珩磨磨石——2×HMA 型尺寸

单位为毫米

<table>
<tr><th>L</th><th>T</th><th>W</th><th>B</th><th>X</th></tr>
<tr><td>40</td><td rowspan="5">6</td><td rowspan="4">5,6</td><td rowspan="8">1.5</td><td rowspan="8">2,2.5,3</td></tr>
<tr><td>63</td></tr>
<tr><td>80</td></tr>
<tr><td>100</td></tr>
<tr><td>125</td><td rowspan="4">5,6,7,8,9,10</td></tr>
<tr><td>160</td><td>6,8,10</td></tr>
<tr><td>200</td><td rowspan="2">8,10,12</td></tr>
<tr><td>250</td></tr>
</table>

ICS 73.040;97.040.20
D 20

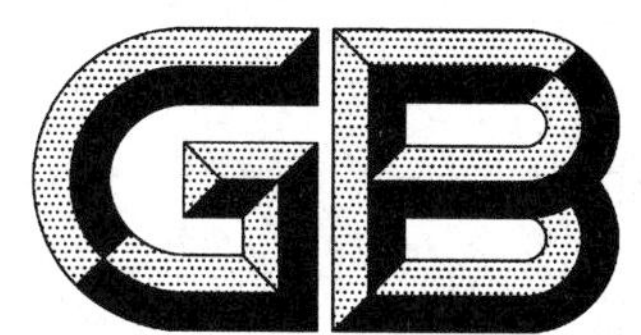

中华人民共和国国家标准

GB/T 6412—2009
代替 GB/T 6412—1986

家庭用煤及炉具试验方法

Test method for household coal and stoves

2009-10-30 发布　　2010-04-01 实施

中华人民共和国国家质量监督检验检疫总局
中国国家标准化管理委员会 发布

前　言

本标准代替 GB/T 6412—1986《家庭用煤及炉具试验方法》。

本标准与 GB/T 6412—1986 相比，主要变化如下：

——统一采用国际单位制单位，以及可与国际单位制单位并用的我国法定计量单位；

——增加了燃煤工业及元素分析的引用标准（见第 2 章）；

——增加了“术语和定义、符号”（见第 3 章）；

——删除了有关“一次使用一次封火”的用火方法（1986 年版的 1.4c）和 3.3）；

——修改了评价指标的测试方法，不再要求在不同的用火方法中重复测试评价指标（1986 年版的 3.2.3；本版的 6.1）；

——删除了有关“烟气浓度”的测试和“平均烟气浓度”的计算（1986 年版的 3.1.4 和 4.1.12）；

——删除了有关“烟囱中的一氧化碳浓度”的测试和“一氧化碳平均浓度”的计算（1986 年版的 3.1.12和 4.2.1）；

——删除了有关“炉口温度”的测试和“炉口平均温度”的计算（1986 年版的 3.1.13 和 4.2.4）；

——删除了有关“炉壳温度”的测试和“炉壳平均温度”的计算（1986 年版的 3.1.14 和 4.2.5）；

——修改了试验用煤及炉具的参比配套要求（1986 年版的 3.1.2；本版的 6.3.1、6.3.2 和 6.3.3）；

——增加了“可烧烤时间”的测试方法和“可烧烤时间”、“可烧烤平均温度”的计算（见 6.4.10、7.2.6和 7.2.11）；

——修改了“多次使用（封火）连续燃烧”的用火方法，本版规定最后一次燃烧不封火，因此相应修改了该用火方法对应的“热效率”、“灰渣热损失率”的计算公式（1986 年版的 3.2、4.1.9b）和 4.1.10b）；本版的 6.5.4、7.2.9b）、7.2.10b））；

——增加了测定炉具泄漏的一氧化碳体积分数的方法及要求（见 4.1.1、6.6 和 7.2.13）；

——增加了“固硫质量分数”指标的测定方法（见 7.2.12）；

——删除了附录 A、附录 B、附录 C、附录 D、附录 E 和附录 F。

本标准由中国煤炭工业协会提出并归口。

本标准起草单位：中国矿业大学（北京）、平顶山煤业（集团）有限责任公司、淮北矿业（集团）有限责任公司。

本标准主要起草人：田子建、于励民、李伟、李军、刘晓阳、伍云霞。

本标准所代替的历次版本发布情况为：

——GB/T 6412—1986。

家庭用煤及炉具试验方法

1 范围

本标准规定了家庭用煤及以煤为燃料的家庭炉具性能评定过程中所用到的术语和定义、符号，性能评价的试验原理及测试指标、试验条件、试验程序及试验结果的计算和评定方法。

本标准适用于测定家庭用煤及以煤为燃料的家庭炉具（以下简称炉具）的性能指标。

2 规范性引用文件

下列文件中的条款通过本标准的引用而成为本标准的条款。凡是注日期的引用文件，其随后所有的修改单（不包括勘误的内容）或修订版均不适用于本标准，然而，鼓励根据本标准达成协议的各方研究是否可使用这些文件的最新版本。凡是不注日期的引用文件，其最新版本适用于本标准。

GB/T 211 煤中全水分的测定方法(GB/T 211—2007,ISO 589:2003,NEQ)

GB/T 212 煤的工业分析方法(GB/T 212—2008,ISO 11722:1999,NEQ)

GB/T 213 煤的发热量测定方法(GB/T 213—2008,ISO 1928:1995,MOD)

GB/T 214 煤中全硫的测定方法(GB/T 214—2007,ISO 334:1992,ISO 351:1996,NEQ)

GB/T 476 煤中碳和氢的测定方法(GB/T 476—2008,ISO 625:1996,MOD)

GB/T 13593 民用蜂窝煤(GB/T 13593—1992)

3 术语和定义、符号

3.1 术语和定义

下列术语和定义适用于本标准。

3.1.1

点火时间　time of ignition

t_i

炉具用燃煤供给的热量，将蒸发锅中水温从 25 ℃加热到 55 ℃所需的时间。

注：点火时间用分表示。

3.1.2

上火时间　time of burning

t_f

炉具用燃煤供给的热量，将蒸发锅中水温从 25 ℃加热到 80 ℃所需时间。

注：上火时间用分表示。

3.1.3

旺火时间　time of intense burning

t_w

炉具用燃煤供给的热量，蒸发锅中水温从沸点起，降到低于沸点 2 ℃的时间。

注：旺火时间用分表示。

3.1.4

可用火时间　time for cooking

t_k

炉具用燃煤供给的热量，蒸发锅中水温从到达 80 ℃起，升到沸点至降回 80 ℃的时间。

注：可用火时间用分表示。

3.1.5

总燃烧时间　total time of the combustion

t_R

炉具用燃煤供给的热量，将蒸发锅中水温从 25 ℃加热到沸点，又降回 80 ℃的总时间。

注：总燃烧时间用分表示。

3.1.6

可烧烤时间　time for roasting

t_B

炉具用燃煤供给的热量，维持炉口温度高于 205 ℃的时间。

注：可烧烤时间用分表示。

3.1.7

灰渣　cinder

每次试验完毕后，从炉底掏出的炉渣与试验过程中漏到炉篦下细煤灰的混合物。

3.2　符号

表 1 中的符号适用于本标准。

表 1　主要符号

序号	名称	符号	单位	说明
1	平均火力强度	H_p	J/min	单位可用火时间中蒸发锅所能得到的有效热量
2	试验用煤收到基低位发热量	$Q_{net,ar}$	J/g	化验数据
3	第一种引火材料收到基低位发热量	$Q_{net,ar,i1}$	J/g	化验数据。第一种引火材料如引火煤或火柴等
4	第二种引火材料收到基低位发热量	$Q_{net,ar,i2}$	J/g	化验数据。第二种引火材料如纸、刨花等
5	可烧烤平均温度	$T_{b,ave}$	℃	炉口温度高于 205 ℃时间段内，测得炉口各次温度的算术平均值
6	可烧烤温度	T_{bn}	℃	炉口温度高于 205 ℃时间段内，各次测得炉口的温度。$T_{b1}\cdots T_{bn}$分别为高于 205 ℃的第 1 次至第 n 次测试的炉口温度
7	沸点温度下的饱和蒸汽焓	h	J/g	可以根据当地海拔查出水的沸点作为蒸发温度，以查蒸汽焓
8	蒸发锅质量	m_b	g	
9	试验用煤质量	m_c，m_{ct}	g	m_c 表示 6.1a)用火条件下的试验用煤量，m_{ct} 表示 6.1b)用火条件下包括封火共 11 次加煤的总加煤量

表 1（续）

序号	名称	符号	单位	说明
10	干基灰渣质量	m_{dA}，m_{dAn}	g	m_{dA} 表示 6.1a)用火条件下灰渣质量，m_{dA1}…m_{dA6} 分别表示 6.1b)用火条件下第 1 至 6 次试验的灰渣质量
11	蒸发质量	m_e，m_{en}	g	开始试验时水量与蒸发锅内水温经沸点降回 80 ℃时剩余水量之差值。m_e 表示 6.1a)用火条件下的蒸发质量，m_{e1}…m_{e6} 分别表示 6.1b)用火条件下第 1 至 6 次试验的蒸发质量
12	第一种引火材料质量	m_{i1}	g	无该类引火材料时，该项为零
13	第二种引火材料质量	m_{i2}	g	无该类引火材料时，该项为零
14	试验用蒸馏水质量	m_m	g	每次用火试验加入蒸发锅的水量
15	剩余水质量	m_r，m_{rn}	g	m_r 表示 6.1a)用火条件下试验结束时蒸发锅内剩余水质量，m_{r1}…m_{r6} 分别表示 6.1b)用火条件下第 1 至 6 次试验的蒸发锅内剩余水质量
16	一次使用（不封火）灰渣热损失	q_1	%	6.1a)用火条件下燃烧后损失在灰渣含碳量中的发热量占燃料总发热量的百分比
17	多次使用（封火）连续燃烧灰渣热损失	q_2	%	6.1b)用火条件下多次用火后，损失在各次灰渣含碳量中的总发热量占各次加入燃料发热量总和的百分比
18	点火开始计时，炉口温度从高于 205 ℃降回至 205 ℃或以下的时间	$t_{B.f}$	min	
19	点火开始计时，炉口温度达到 205 ℃或以上的时间	$t_{B.s}$	min	
20	点火时刻	t_1	h:min	开始试验的计时起点。以时:分(h:min)计
21	水温到达 55 ℃的时间	t_2	min	
22	水温到达 80 ℃的时间	t_3	min	
23	水温到达沸点的时间	t_4	min	
24	水温经沸点下降到低于沸点 2 ℃的时间	t_5	min	
25	水温经沸点下降到 80 ℃的时间	t_6	min	
26	试验用煤收到基全硫质量分数	$\mu_{ar,t,s}$	%	化验数据
27	干基灰渣中碳的质量分数	μ_c，μ_{cn}	%	均为化验数据。μ_c 表示 6.1a)用火条件下灰渣中碳的质量分数，μ_{c1}…μ_{c6} 分别表示 6.1b)用火条件下第 1 至 6 次试验灰渣中碳的质量分数
28	干基灰渣中硫的质量分数	$\mu_{d,s}$	%	化验数据

表 1（续）

序号	名称	符号	单位	说明
29	固硫质量分数	μ_s	%	6.1a)用火条件下灰渣内硫含量占燃烧前试验用煤中硫的总量的百分比
30	一次使用(不封火)热效率	η_1	%	按6.1a)的用火条件,正平衡原理得到的有效热量占燃料总发热量的百分比
31	多次使用(封火)连续燃烧热效率	η_2	%	按6.1b)的用火条件,正平衡原理得到的各次有效热量之和占燃料总发热量的百分比

4 试验原理及测试指标

4.1 原理

4.1.1 通过燃烧一定质量的煤，对蒸发锅内一定质量的水加热蒸发，以加热蒸发水的热为有效热，从而获得评价家庭用煤及炉具性能的指标；通过检测密闭实验室内炉具燃烧所泄漏的一氧化碳含量来评定炉具的安全性能。

4.1.2 家庭用煤评价指标测试采用参比炉具评定法：用结构、尺寸和材质一定的炉具按本标准规定的程序对不同的煤进行试验，以获得家庭用煤性能的评定指标。

4.1.3 炉具评价指标测试采用参比煤样评定法：用一种煤或组成和尺寸一定的型煤按本标准规定的程序对待检炉具进行试验，以获得炉具性能的评定指标。

4.1.4 配套炉具和煤评价：对某一特定煤用指定炉具，按本标准规定的程序进行试验，以获得在此特定搭配下的性能评定指标。

4.2 家庭用煤及炉具主要评价指标

评价家庭用煤及炉具的性能主要使用如下指标：

a) 点火时间；
b) 上火时间；
c) 旺火时间；
d) 可用火时间；
e) 总燃烧时间；
f) 可烧烤时间；
g) 蒸发质量；
h) 平均火力强度；
i) 可烧烤平均温度；
j) 固硫质量分数；
k) 热效率；
l) 灰渣热损失率；
m) 炉具泄漏的一氧化碳体积分数。

5 试验条件

5.1 实验室条件

家庭用煤及炉具测试的实验室应符合如下条件：

——大气压力：60 kPa～106.7 kPa；

——温度应高于 0 ℃,推荐在 25 ℃±5 ℃进行;
——室内相对湿度小于 85%;
——实验室的室内空间体积应不小于 160 m^3;
——在同一室内测试的炉具,其间隔应大于 2 m;
——室内应配置带一氧化碳报警器的换气扇或通风柜,并使室内风速小于 0.5 m/s;室内不应有强烈的热源和冷源等,试验过程中应避免开启门窗。

5.2 试验仪器设备

家庭用煤及炉具测试的试验仪器设备应符合如下条件:

a) 配套炉具(或配套煤);
b) 蒸发锅;
c) 台秤,测量范围 0 kg~10 kg,检定分度值(e)5 g;
d) 玻璃水银温度计,测量范围 0 ℃~120 ℃,分度值 0.2 ℃;
e) 干湿球温度计,测量范围 0 ℃~100 ℃,分度值 1 ℃;
f) 热电偶温度计,测量范围 0 ℃~300 ℃,分度值 1 ℃;
g) 一氧化碳检测仪,测量范围 0.1×10^{-6}CO~100×10^{-6}CO;
h) 时钟,日差小于 1 min;
i) 热水瓶或辅助炉具;
j) 电烘箱。

6 试验程序

6.1 试验方法分类

家庭用煤及炉具试验按用火条件不同分为如下两种方法:

a) 一次使用(不封火);
b) 多次使用(封火)连续燃烧。

在以上两种方法中,6.1a)可用于测试 4.2a)~4.2l)给出的各项指标;6.1b)可用于测试 4.2k)、4.2l)给出的两项指标,6.1b)方法中不测试的指标采用 6.1a)方法得到的指标。

6.2 试验准备

6.2.1 试验前所有仪表应校正合格。

6.2.2 化验本标准用到的试验用煤及引火材料的性能指标。

6.2.3 试验前,先称量试验用炉具质量,放入试验用煤燃烧,待烧完后,倒出炉灰,再称炉具质量,至炉具燃烧前后恒重(减重小于 25 g),将炉具放置在实验室内 72 h。

6.2.4 试验前应使炉膛温度稳定在室温,如在炉内使用垫底物时,垫底物内不应含有可燃物,并应和试验用炉具一起预先烧至恒重。

6.2.5 试验用煤应放置在实验室内 72 h,再进行试验。

6.2.6 试验用水应为蒸馏水。

6.3 试验注意事项

6.3.1 家庭用煤评价指标测试时,蒸发锅直径、用煤量与用水量应遵照表 2 的规定,宜根据型煤规格、用煤量选用参比炉具。

6.3.2 炉具评价指标测试时,宜根据炉具的炉膛、风门尺寸和材质等选用参比煤样,蒸发锅直径、用水量宜参照表 2 的规定。

6.3.3 配套炉具和煤评价指标测试中蒸发锅直径、用水量宜参照表 2 的规定。

表 2 煤量、水量与蒸发锅直径

序号	煤量/g			蒸发锅直径/cm	水量/g
	$Q_{net,ar}$>18 817 J/g	$Q_{net,ar}$=(12 545～18 817)J/g	$Q_{net,ar}$<12 545 J/g		
1[a]	<800(不含 800)	<1 000(不含 1 000)	<1 500(不含 1 500)	24	6 000
2[b]	800～1 200(不含 1 200)	1 000～1 500(不含 1 500)	1 500～2 250(不含 2 250)	28	9 000
3[c]	1 200～1 600	1 500～2 000	2 250～3 000	31	12 000

a 在进行蜂窝煤或蜂窝煤炉具试验时，蜂窝煤推荐采用 GB/T 13593 规定的 Y100。

b 在进行蜂窝煤或蜂窝煤炉具试验时，蜂窝煤推荐采用 GB/T 13593 规定的 Y120 或 Y125。

c 在进行蜂窝煤或蜂窝煤炉具试验时，蜂窝煤推荐采用 GB/T 13593 规定的 Y140。

6.3.4 采用 6.1a)方法试验时一个炉具(或一种煤)试验 2 次，用 2 次试验的平均值计算结果。以正平衡原理计算热效率。2 次平行试验的热效率偏差不得大于表 3 的规定值，否则重新试验。但采用 6.1b)方法试验时，只试验一次。

表 3 不同热效率的允许偏差

热效率 η_1	平行试验允许偏差/%
<25	<3
25～40	<4
>40	<5

6.3.5 试验蜂窝煤时，各块煤的孔应对齐。

6.3.6 试验时将温度计通过锅盖中心孔插入锅中，用温度计支架使水银球距离锅底约 1 cm。

6.3.7 干湿球温度计应放置在距试验炉具约 1 m 的地方。

6.3.8 测定炉口温度时，测温点应在炉口中心距锅底 1 cm 处。

6.3.9 试验应选择在当地正常气象条件时进行。

6.3.10 除封火期间外，试验时炉门开启面积宜为 15 cm^2～20 cm^2，试验过程中不应再调整。

6.4 一次使用(不封火)试验方法

6.4.1 用火前称量记录试验用蒸馏水与蒸发锅质量(m_m+m_b)，并将水温调至 25 ℃。在试验开始与结束时各记录一次实验室的干湿球温度计温度。

6.4.2 事先称量好试验用煤质量(m_c)和引火材料的质量(m_{i1},m_{i2})，试验用煤为蜂窝煤时，一次加入。如是散煤或煤球，在用火过程中适当加煤，直到将煤加完。

6.4.3 按适当方法点火，记下点火时刻(t_1)为本次试验计时起点，在炉口坐上蒸发锅，盖上锅盖。

6.4.4 观察记录蒸发锅内水温(以下简称水温)达到 55 ℃的时间(t_2)。

6.4.5 观察记录水温达到 80 ℃的时间(t_3)，水温达到 80 ℃时将锅盖打开。

6.4.6 观察记录水温达到沸点的时间(t_4)及温度。

6.4.7 观察记录蒸发水温降到低于沸点 2 ℃的时间(t_5)。

6.4.8 观察记录水温继续下降至 80 ℃的时间(t_6)。

6.4.9 当水温降至 80 ℃时结束试验，立即称量锅与剩余水质量(m_b+m_r)，出灰并称量记录灰渣质量(m_{dA})，然后立即将灰渣冷却熄灭，取样用于分析灰渣中碳的质量分数及硫的质量分数。

6.4.10 点火后观察记录炉口温度达到 205 ℃的时间($t_{B.S}$)，温度达到 205 ℃后每 5 min 观察记录一次炉口温度(T_{bn})作为可烧烤温度，直到炉口温度降到 205 ℃后停止测量炉口温度，以最后一次温度不小于 205 ℃的时间为降到 205 ℃的时间($t_{B.f}$)，记录该时间。

6.5 多次使用(封火)连续燃烧试验方法

6.5.1 试验时间每次为 2 d,用火方法模拟居民炊事习惯,具体时间为:

a) 早上:第一天 5:30 点火,用火至 7:30 封火;

b) 中午:11:30 打开炉门用火,13:00 封火;

c) 晚上:17:00 打开炉门用火,19:30 封火;

d) 第二天 6:30 打开炉门用火,7:30 封火;

e) 中午:11:30 打开炉门用火,13:00 封火;

f) 晚上:17:00 打开炉门用火。

也可以在使上述用火时间和封火间隔时间不变的前提下,改变点火和用火时间。

6.5.2 每次用火前称量记录试验用蒸馏水与蒸发锅质量,并将水温调至 25 ℃。在每次用火开始与封火时各记录一次实验室的干湿球温度计温度。

6.5.3 在 6.5.1a)用火试验中,称量记录试验用煤和引火材料的质量,加煤方式应遵循 6.4.2 的原则,按适当方法点火。在炉口坐上蒸发锅,盖上锅盖。在 6.5.1b)~6.5.1e)用火试验中,打开炉门或去除封火盖,称量记录本次用火的试验用煤并按 6.4.2 的原则加入,不得加引火材料,炉具应能恢复正常燃烧,在炉口坐上蒸发锅,盖上锅盖。

6.5.4 在 6.5.1a)~6.5.1e)的各次用火试验中,每次封火时间到,移开蒸发锅,测量记录剩余水温度,称量记录锅与剩余水质量,出灰称量记录灰渣质量,然后立即将灰渣冷却熄灭,取样供分析灰渣中碳的质量分数用。称量记录封火用煤量,一次加入,关闭炉门或加封火盖进行封火。封火期间不坐蒸发锅。在 6.5.1f)用火试验中,待蒸发锅水温降至 80 ℃,用火结束,移开蒸发锅,称量记录锅与剩余水质量,出灰称量记录灰渣质量,然后立即将灰渣冷却熄灭,取样供分析灰渣中碳的质量分数用。

6.6 炉具一氧化碳泄漏测定

6.6.1 炉具的一氧化碳泄漏测定只适用于有烟囱的炉具,测试应在封闭的实验室中进行,应关闭实验室的通风设备。

6.6.2 炉具燃烧试验前用一氧化碳检测仪检测室内空气中一氧化碳含量。

6.6.3 炉具燃烧试验。根据测试炉具的规格确定试验用煤量,加入试验用煤进行点火燃烧,用火过程中关闭炉口,2 h 后加入同样的煤量并封火 5 h,封火过程中关闭炉口及炉门。封火前后用一氧化碳检测仪各进行一次室内空气的一氧化碳含量检测。

7 试验结果的计算和评定方法

7.1 测定项目特性分析

7.1.1 燃料特性

家庭用煤及炉具试验所用到的燃料特性如下:

a) 燃料的工业分析、发热量分析、全硫及灰渣含硫量分析,按 GB/T 211、GB/T 212、GB/T 213、GB/T 214 操作;

b) 燃料的含碳量分析、灰渣含碳量分析,按 GB/T 476 操作;

c) 燃料的配比;

d) 燃料的质量和外形尺寸。

7.1.2 炉具特性

家庭用煤及炉具试验的炉具特性如下:

a) 炉具外形尺寸;

b) 炉具各炉门的尺寸;

c) 炉膛的主要尺寸;

d) 炉具总质量。

7.2 试验结果的计算和评定方法

进行简易评价时，可根据需要只选一项或几项指标。

7.2.1 点火时间

$$t_i = t_2 - t_1 \quad\cdots\cdots(1)$$

7.2.2 上火时间

$$t_f = t_3 - t_1 \quad\cdots\cdots(2)$$

7.2.3 旺火时间

$$t_w = t_5 - t_4 \quad\cdots\cdots(3)$$

如果水温下降后再次升到沸点，t_w 则累积计算，如蒸发水温达不到沸点温度，则旺火时间为零。

7.2.4 可用火时间

$$t_K = t_6 - t_3 \quad\cdots\cdots(4)$$

7.2.5 总燃烧时间

$$t_R = t_6 - t_1 \quad\cdots\cdots(5)$$

7.2.6 可烧烤时间

$$t_B = t_{B.f} - t_{B.S} \quad\cdots\cdots(6)$$

7.2.7 蒸发质量

$$m_e = (m_b + m_m) - (m_b + m_r) \quad\cdots\cdots(7)$$

$$m_{en} = (m_b + m_m) - (m_b + m_{rn})$$

7.2.8 平均火力强度

$$H_p = \frac{m_e}{t_k}(h - 80 \times 4.18) \quad\cdots\cdots(8)$$

式中：

80——80 ℃水温，单位为摄氏度(℃)；

4.18——水的比热容，单位为焦耳每克摄氏度[J/(g·℃)]。

7.2.9 热效率

家庭用煤及炉具的热效率有如下形式：

a) 一次使用(不封火)热效率；

$$\eta_1 = \frac{m_e(h - 25 \times 4.18) + 4.18 \times 55 \times m_r}{m_c Q_{net,ar} + m_{i1} Q_{net,ar,i1} + m_{i2} Q_{net,ar,i2}} \times 100 \quad\cdots\cdots(9)$$

式中：

25——25 ℃水温，单位为摄氏度(℃)；

55——试验结束时 80 ℃水温与试验开始时 25 ℃的温差，单位为摄氏度(℃)。

b) 多次使用(封火)连续燃烧热效率；

$$\eta_2 = \frac{(m_{e1} + \cdots + m_{e6})(h - 4.18 \times 25) + (m_{r1} T_1 + \cdots + m_{r5} T_5 + 55 \times m_{r6}) \times 4.18}{m_{ct} Q_{net,ar} + m_{i1} Q_{net,ar,i1} + m_{i2} Q_{net,ar,i2}} \times 100 \quad\cdots\cdots(10)$$

式中：

$T_1 \cdots T_5$——6.5.1a)～6.5.1e)用火试验中剩余水温与试验开始时 25 ℃的温差，单位为摄氏度(℃)。

7.2.10 灰渣热损失率

家庭用煤及炉具的灰渣热损失率有如下形式：

a) 一次使用(不封火)灰渣热损失率；

$$q_1 = \frac{\mu_c m_{dA} \times (393\ 510/12)}{m_c Q_{net,ar} + m_{i1} Q_{net,ar,i1} + m_{i2} Q_{net,ar,i2}} \quad\cdots\cdots(11)$$

式中：

393 510——碳的燃烧热，单位为焦耳每摩尔(J/mol)；

12——碳的摩尔质量，单位为克每摩尔(g/mol)。

b) 多次使用(封火)连续燃烧灰渣热损失率。

$$q_2=\frac{(\mu_{c1}m_{dA1}+\cdots+\mu_{c6}m_{dA6})\times(393\ 510/12)}{m_{ct}Q_{net,ar}+m_{i1}Q_{net,ar,i1}+m_{i2}Q_{net,ar,i2}} \qquad \cdots\cdots(12)$$

7.2.11 可烧烤平均温度

$$T_{b,ave}=\frac{T_{b1}+T_{b2}+\cdots+T_{bn}}{n} \qquad \cdots\cdots(13)$$

式中：

n——高于 205 ℃的测试次数。

7.2.12 固硫质量分数

$$\mu_S=\frac{\mu_{d,s}\times m_{dA}}{m_c\times\mu_{ar,t,s}}\times 100 \qquad \cdots\cdots(14)$$

7.2.13 炉具安全性能

炉具燃烧试验封火前后测得的一氧化碳体积分数均不应比燃烧前测得的室内一氧化碳体积分数大 25×10^{-6}(μL/L)。

7.3 燃烧曲线

试验结果可用如图 1 形式的“燃烧特性曲线”表示部分主要指标和燃烧过程。

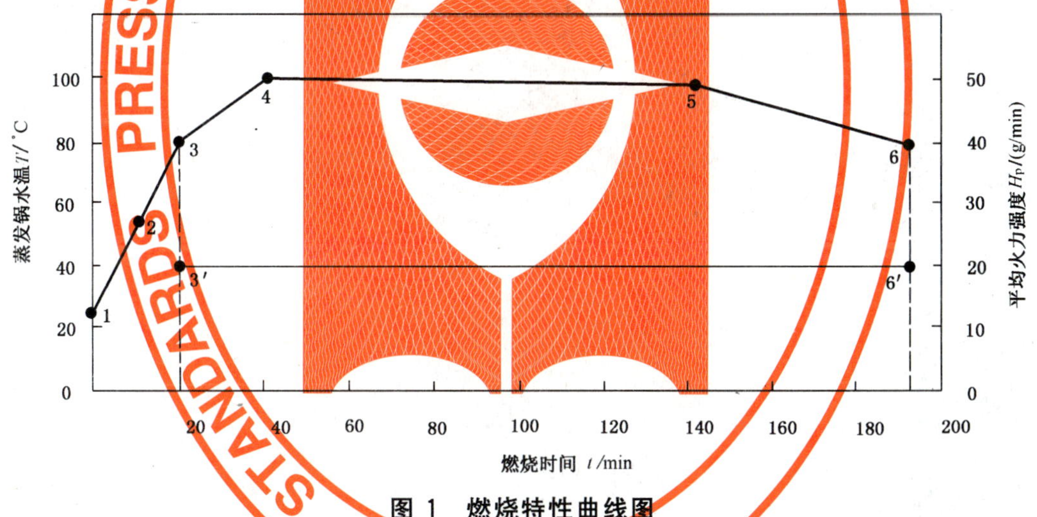

图 1 燃烧特性曲线图

图 1 中横坐标代表燃烧时间 t，左边纵坐标代表蒸发锅水温 T，右边纵坐标代表平均火力强度 H_p。

图 1 燃烧特性曲线的意义如下：

a) 线段 1—2 在横坐标上的距离表示“点火时间”；

b) 线段 1—3 在横坐标上的距离表示“上火时间”；

c) 线段 4—5 在横坐标上的距离表示“旺火时间”；

d) 线段 3—6 在横坐标上的距离表示“可用火时间”；

e) 线段 5—6 的特性可反映炉具的保温性能；

f) 线段 3′—6′对应左边纵坐标表示“平均火力强度”。

ICS 27.010
F 01

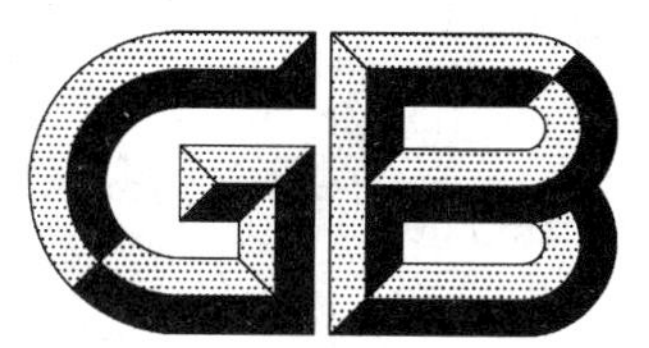

中华人民共和国国家标准

GB/T 6422—2009
代替 GB/T 6422—1986

用能设备能量测试导则

Testing guide for energy consumption of equipment

2009-03-11 发布　　　　2009-11-01 实施

中华人民共和国国家质量监督检验检疫总局
中国国家标准化管理委员会　发布

前　　言

本标准代替 GB/T 6422—1986《企业能耗计量与测试导则》。

本标准与 GB/T 6422—1986 相比主要变化如下：

——本标准名称改为《用能设备能量测试导则》；

——由于标准的内容调整，删除了一些术语，并修改术语；

——原标准中能源计量和设备用能监测两章全部删除；

——原标准中第 7 章设备能量平衡测试改为基本要求；

——原标准中 4.1～4.3 全部删除；

——增加第 5 章测试条件和第 6 章测试方法；

——原标准中 4.7 编写测试报告的基本要求改为第 7 章测试报告。

本标准由全国能源基础与管理标准化技术委员会提出。

本标准由全国能源基础与管理标准化技术委员会合理用电分技术委员会归口。

本标准起草单位：山东金洲科瑞节能科技有限公司、中国标准化研究院、北京节能环保中心、清华大学、山东省节能监察总队。

本标准主要起草人：李钢、翟克俊、成建宏、陶毅、孟昭利、邢济东。

本标准所代替标准的历次版本发布情况为：

——GB/T 6422—1986。

用能设备能量测试导则

1 范围

本标准规定了用能设备能量测试的基本要求、测试条件、测试方法及测试报告。

本标准适用于用能设备、装置及系统的能量测试。

2 规范性引用文件

下列文件中的条款通过本标准的引用而成为本标准的条款。凡是注日期的引用文件，其随后所有的修改单(不包括勘误的内容)或修订版均不适用于本标准，然而，鼓励根据本标准达成协议的各方研究是否可使用这些文件的最新版本。凡是不注日期的引用文件，其最新版本适用于本标准。

GB/T 2587 热设备能量平衡通则

GB/T 3484 企业能量平衡通则

GB/T 8222 用电设备电能平衡通则

GB 17167 用能单位能源计量器具配备和管理通则

3 术语和定义

下列术语和定义适用于本标准。

3.1

用能设备能量测试 testing for energy consumption of equipment

对用能设备在规定的工况下，测试其供给能量、有效能量和损失能量，评价其能源利用效率水平。

4 基本要求

4.1 用能设备的能量测试是进行用能单位能量平衡的主要依据。

4.2 对用能单位加工转换、输送分配及最终使用过程中的设备用能情况进行测试。

4.3 用能设备能量平衡的测试，应符合 GB/T 2587、GB/T 3484、GB/T 8222 的要求。

4.4 能源计量器具配备和管理应符合 GB 17167 的要求。

4.5 根据用能设备能量测试的要求，应编制测试方案，其内容包括：

a) 确定测试体系；

b) 确定测试依据；

c) 确定应测参数及相应的测量方法、计算方法；

d) 选择测试仪器仪表；

e) 确定测试工况、测试持续时间和各项参数测试程序；

f) 制定测试记录表格；

g) 编制测试大纲。

5 测试条件

5.1 用能设备在正常运行条件下进行测试。

5.2 对于同类型多台设备，可选择有代表性的设备、台数进行测试。

5.3 在规定的测试次数和周期内，所测得的数据应取其平均值。

5.4 测试仪器仪表准确度等级，应符合相关标准要求。

5.5 测试仪器仪表应在校验有效期内。

6 测试方法

6.1 用能设备的能源利用效率通常采用直接测定法(正平衡法);对于利用直接测定法(正平衡法)有困难的,可采用间接测定法(反平衡法);必要时应同时采用直接测定法、间接测定法,进行相互验证。

6.2 直接测定法(正平衡法)

测试用能设备的供给能量和有效能量,按式(1)计算用能设备的能源利用效率。

$$\eta = \frac{W_Y}{W_G} \times 100\% \qquad (1)$$

式中:

η——用能系统的能源利用效率;

W_G——供给能量,单位为吨标准煤(tce);

W_Y——有效能量,单位为吨标准煤(tce)。

6.3 间接测定法(反平衡法)

测试用能设备的供给能量和损失能量,按式(2)计算用能设备的能源利用效率。

$$\eta = \left(1 - \frac{W_S}{W_G}\right) \times 100\% \qquad (2)$$

式中:

W_S——损失能量,单位为吨标准煤(tce)。

7 测试报告

7.1 测试报告应包括:概况说明、数据图表、测试结果等。

7.1.1 概况说明应包括:任务提出、测试目的、测试依据等。

7.1.2 数据图表应包括:设备主要参数、测试仪器仪表、测试数据汇总、能量平衡等。

7.1.3 测试结果应包括:根据相关标准对被测设备用能状况评价、合理用能建议等。

7.2 测试报告应有测试人和授权签字人签字。

ICS 21.120.40
J 04

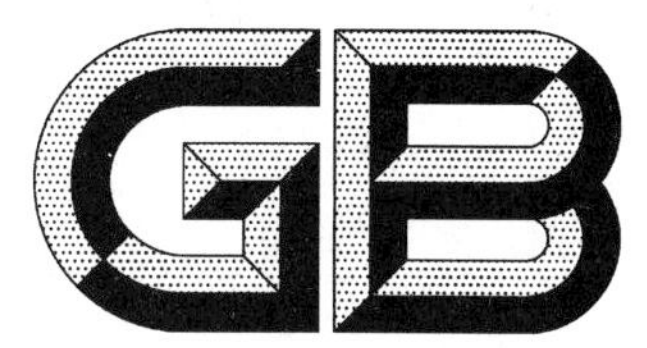

中华人民共和国国家标准

GB/T 6557—2009/ISO 11342:1998/Cor.1:2000
代替 GB/T 6557—1999

挠性转子机械平衡的方法和准则

Mechanical vibration—Methods and criteria for the mechanical balancing of flexible rotors

(ISO 11342:1998/Cor.1:2000,IDT)

2009-04-24 发布　　2009-12-01 实施

中华人民共和国国家质量监督检验检疫总局
中国国家标准化管理委员会　发布

前　　言

本标准等同采用 ISO 11342:1998《机械振动　挠性转子的机械平衡方法和准则》(英文版)和补充件 ISO 11342:1998/Cor.1:2000。

本标准等同翻译 ISO 11342:1998,在标准结构和技术内容上与其完全一致。

为便于使用,本标准与国际标准比较,做了如下编辑性修改:

——删除了 11342:1998 的前言,重新编写了本标准前言;

——将"本国际标准"一词改为"本标准";

——用小数点符号"."代替英文中作为小数点的逗号","。

本标准代替 GB/T 6557—1999《机械振动　挠性转子的机械平衡方法和准则》。

本标准与 GB/T 6557—1999 相比主要变化如下:

——删除了 GB/T 6557—1999 中 8.3.3.1 中的 c)和 8.3.3.2 中的 d)条款。

——修改了附录 D.1 中的内容,删除了 D.1 中注 1 的内容。

——修改了附录 D.1 中表 D.1 和表 D.4 的数据。

本标准的附录 A、附录 B、附录 C、附录 D、附录 E、附录 F、附录 G 和附录 H 为资料性附录。

本标准由全国机械振动、冲击与状态监测标准化技术委员会(SAC/TC 53)提出并归口。

本标准起草单位:郑州机械研究所。

本标准主要起草人:黄润华、韩国明。

标准所代替标准的历次版本发布情况为:

——GB/T 6557—1986、GB/T 6557—1999;

——GB/T 6558—1986。

引　言

转子平衡的目的是当其装在现场后能满意地运行。在这里,"满意地运行"的意思是由转子剩余不平衡引起的振动不大于某个允许的振动幅值。对于挠性转子,是指直至最大工作转速的任何转速下转子产生的挠度不大于某个允许值。

大多数转子是在机器装配前在制造厂进行平衡,因为在机器装配以后,一般仅能有限制地接近转子。此外,通常是用户在转子验收阶段做转子平衡。因此,虽然平衡的目的是机器能在现场满意地运行,但通常是在平衡设备上对转子平衡品质进行初始评定。在大多数情况下,在现场满意地运行是对由各种原因引起的振动进行评定,而在平衡设备上主要考虑同频振动的影响。

本标准按照转子的平衡要求将转子分类,并且制定了评定剩余不平衡的方法。

本标准也说明了如何从对已装配和已安装的机器规定的振动限值,或从对转子规定的不平衡限值导出用于平衡设备的准则。如果没有这样的限值可适用,本标准说明了如何从下述标准导出这些限值。如果希望用振动限值,可由 GB/T 11348(系列标准)导出,如果希望用允许剩余不平衡限值,可由 GB/T 9239.1 导出。GB/T 9239.1 与旋转刚体的平衡品质有关,而不能直接用于挠性转子,因为挠性转子可能有显著的挠度。在本标准 8.3 中提出了将 GB/T 9239.1 的准则用于挠性转子的方法。

由于本标准在很多细节上是与 GB/T 9239.1 相互补充的,建议应用时应将它们一起考虑。

有时,一个平衡合格的转子在现场由于支承结构共振而振动不合格。阻尼小的结构在共振或接近共振的条件下小的不平衡也能产生过大的振动响应,在这种情况下,较实际的做法是改变结构的固有频率或阻尼,而不是把平衡做到非常低的、可能难以长期保持的水平(见 GB/T 19874—2005)。

挠性转子机械平衡的方法和准则

1 范围

本标准按照转子特性和平衡要求对各类转子分类，列举了各类典型挠性转子的结构型式，说明了平衡方法，规定了不平衡最终状态的评定方法以及给出了在平衡设备上平衡和现场平衡时按振动限值和剩余不平衡量限值评定的准则。

本标准也可用作更深入研究的基础。例如，在需要更精确地确定所要求的平衡品质时，如果对规定的制造方法和不平衡量限值给予注意，可望能满意地运行。

本标准不是转子的验收规范，但它说明了如何避免大的缺陷和不必要的限制性要求。

本标准给出的方法和准则是由一般工业机器的经验得到的，适用于一般的工业机器。对于特殊设备或特殊环境，它们可能不直接适用，有些场合可能需要偏离本标准的规定。

结构共振及其动力修改的问题不包括在本标准范围内。

2 规范性引用文件

下列文件中的条款通过本标准的引用而成为本标准的条款。凡是注日期的引用文件，其随后所有的修改单(不包括勘误的内容)或修订版均不适用于本标准，然而，鼓励根据本标准达成协议的各方研究是否可使用这些文件的最新版本。凡是不注日期的引用文件，其最新版本适用于本标准。

GB/T 6444 机械振动 平衡词汇(GB/T 6444—2008,ISO 1925:2001,IDT)

GB/T 9239.1 机械振动 恒态(刚性)转子平衡品质要求 第1部分:规范与平衡允差的检验(GB/T 9239.1—2006,ISO 1940-1:2003/Cor.1:2005,IDT)

GB/T 9239.2 机械振动 恒态(刚性)转子平衡品质要求 第2部分:平衡误差(GB/T 9239.2—2006,ISO 1940-2:1997,IDT)

GB/T 16908 机械振动 轴与配合件平衡的键准则(GB/T 16908—1997,ISO 8821:1989,IDT)

ISO 2041 机械振动与冲击 术语

3 术语和定义

ISO 2041和GB/T 6444中的术语和定义适用于本标准。

注：GB/T 6444中关于挠性转子术语的定义在附录H中给出，作为参考。

4 挠性转子动力学和平衡的基础

4.1 总则

挠性转子通常要求在高速下多面平衡，然而在某些情况下挠性转子也能在低速下平衡。对于高速平衡，为达到满意的平衡状态已提出了两种基本的方法，称之为振型平衡法和影响系数法。这两种方法的基本理论及其优缺点已在很多文献中广泛论述。因此，在这里不更多地详细说明。在大多数的实际平衡应用中，通常采用的方法是这两种方法的结合或其他平衡方法，它们常常编入计算机软件包中。

4.2 不平衡分布

转子设计和制造方法能显著地影响不平衡量的大小与沿转子轴线的分布。转子可能由单个锻件经机械加工而成，或者由若干个部件组装而成。例如喷气发动机转子由多个壳体、轮盘和叶片部件联结构成;发电机转子通常由单个锻件加工而成,但装有附件。套装护环、联轴器等引起的大的不平衡量也可能会显著地影响不平衡分布。

由于沿转子轴线的不平衡分布是随机的,同一设计的两个转子的不平衡分布将不相同。在挠性转子中的不平衡分布比刚性转子中的不平衡分布有更重要的意义,因为它决定了激发任一挠曲振型的程度。沿转子上任一点的不平衡效应取决于转子的振型。

不在不平衡量产生的平面而在转子上的其他横向平面校正不平衡,可能会在不同于原来校正转速的其他转速下引起振动,特别是在接近或达到挠曲临界转速时,这些振动可能超过指定的允许值。如果在现场安装后,转子的挠曲振型和平衡过程中的主振型不同,即使在与校正转速相同的转速下也可能引起较大的振动。

另外,在运行期间某些转子受热弯曲可能导致不平衡量的改变。如果转子每次开车不平衡量变化很大,要把转子平衡至允差内也许是不可能的。

4.3 挠性转子的振型

如果忽略阻尼的影响,转子振型是挠曲主振型,而且转子支承在径向刚度各向同性的轴承上,在这种特殊情况下,转子振型是旋转的平面曲线。靠近轴端部由挠性轴承支撑的单转子最低三阶主振型表示在图1中。

对于有阻尼的转子-轴承系统,特别是由流体膜轴承引起相当大的阻尼的情况下,挠曲振型可能是绕旋转轴线旋转的空间曲线。可能的有阻尼的第一阶和第二阶振型表示在图2中。在很多情况下,有阻尼的振型能近似地看成是主振型,视为旋转的平面曲线。

必须注意,轴承及其支承的动力学性质和轴向位置对振型形状及转子的不平衡响应有很大的影响。

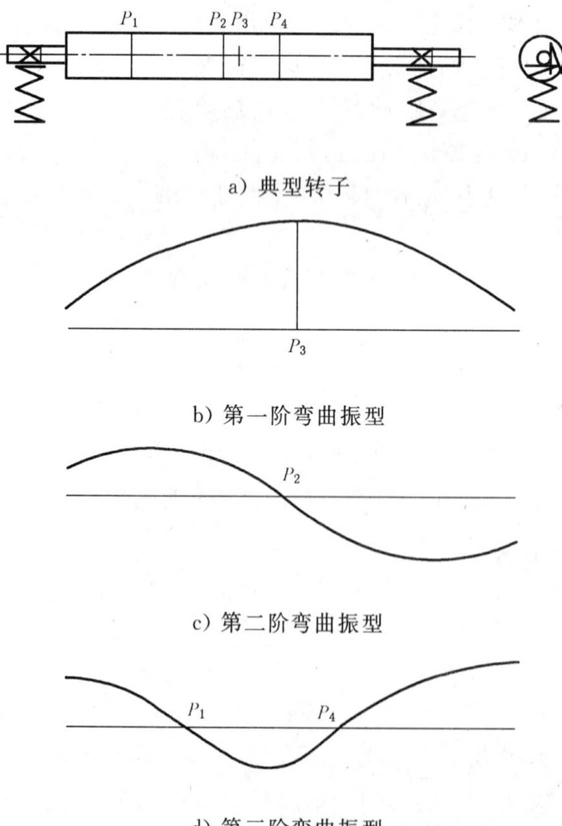

注: P_1、P_2 和 P_4 为节点,P_3 为反节点。

图1 在挠性支承上挠性转子的简化振型

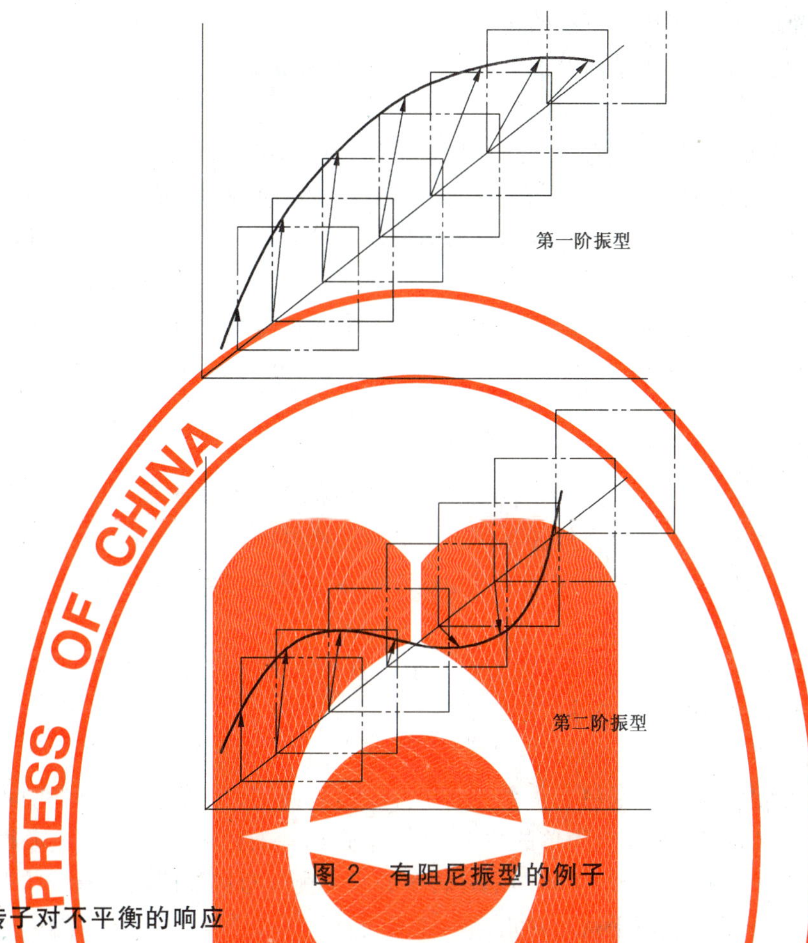

图 2 有阻尼振型的例子

4.4 挠性转子对不平衡的响应

不平衡分布能用振型不平衡量来表示。每个振型的挠度由相应的振型不平衡量引起。当转子在靠近某个临界转速下旋转时，通常是相应于该阶临界转速的振型对转子挠度起主导作用。在这些情况下，转子挠曲的程度主要受下列因素影响：

a) 振型不平衡量的大小；

b) 临界转速和运行转速的靠近程度；

c) 转子-支承系统中阻尼的大小。

如果用加一组离散校正质量的办法减小某一阶振型不平衡量，那么，相应振型分量的挠度也同样减小。用这种办法减小振型不平衡量是本标准中说明的平衡方法的基础。

对于给定不平衡分布的转子，振型不平衡量是挠性转子振型的函数。对于图 1 中给出的简化转子，校正质量对某一阶振型产生的效果取决于该校正质量的轴向位置处的振型曲线坐标：靠近反节点处效果大，靠近节点处效果小。例如：图 1b)～图 1d)是图 1a)中转子的振型。在平面 P_3 上的校正质量对第一阶振型的效果最大，而对第二阶振型的效果小；在平面 P_2 上的校正质量对第二阶振型几乎无效果，但将影响其他两阶振型；在平面 P_1 和 P_4 上的校正质量对第三阶振型无效果，但将影响其他两阶振型。

4.5 挠性转子平衡的目标

平衡的目标由机器的工作要求决定。在平衡之前，必须确定平衡准则，使平衡工艺有效、经济，并满足用户的需要。

平衡的目的是使由不平衡量引起的机器振动、轴挠度和作用于轴承的力低于允许值。

平衡挠性转子的理想目标是：在每个微小轴段上对该轴段本身的不平衡量进行校正，使该转子每个轴段的质心都位于旋转轴线上。

用这种理想方法平衡的转子，将没有静不平衡和偶不平衡，也没有振型不平衡量，这是一个完全平衡的转子。就不平衡而论,该转子能在所有的转速下满意地运行。

实际上,通常只能在有限个校正平面上加重或去重,使不平衡量减少到允许的程度,平衡后总会有某些分布的剩余不平衡量。

由剩余不平衡量引起的振动或振动力,必须在整个工作转速范围内低于允许值。只有在特殊情况下才可以在单一转速下平衡挠性转子。应注意,在给定的工作转速范围内已满意地平衡过的转子,如果它必须通过临界转速到达工作转速,仍可能遇到过大的振动。一般情况下,通过临界转速时允许的振动可大于工作转速时允许的振动。

无论采用什么样的平衡技术,最终目的是正确地配置不平衡校正量,使转子在高达最大运行转速的所有转速,包括起动升速和降速及可能的超速下,其不平衡效应最小。为达到此目的,可能需要考虑工作转速以上主振型的影响。

4.6 校正平面的配置

所需要的沿转子轴向配置的校正平面的确切数目,在某种程度上取决于具体采用的平衡方法。例如,离心压缩机转子当每个轮盘和轴都在低速平衡机上单独平衡过以后,有时可只在两端部平面上进行转子平衡。一般来说,如果转子的工作转速达到或超过它的第 n 阶临界转速,至少需要 n 个校正平面,通常需要 $(n+2)$ 个校正平面。

在设计阶段应考虑在适当的轴向位置设置足够数量的校正平面。实际上,校正平面的数目常常受设计的限制以及在现场平衡中受现场条件的限制。

4.7 相互联结的转子

当两个转子相互联结时,整个轴系将有一系列的临界转速和振型。一般来说,这些临界转速和单个未联结转子的临界转速既不相等也没有简单的关系,而且耦合轴系的挠曲形状也不一定和未联结转子的任一振型有简单的关系,因此,两个或更多的耦合转子的不平衡分布应按照耦合系统的振型不平衡量评定,而不是按未联结转子的振型不平衡量评定。

实际上,大多数情况下,每个转子分别做平衡,这种做法一般能保证耦合转子满意地运行。这种技术的适用程度取决于未联结的转子和耦合转子的振型、临界转速、不平衡分布和联轴器型式等。

如在现场要求进一步平衡应参考附录 A。

5 转子结构型式

表 1 列出了典型的转子结构型式,概述了其特性和推荐的平衡方法。此表简要说明了转子特性,详细说明在第 6 章和第 7 章中给出,平衡方法在表 2 中列出。

有时某种综合的平衡方法是可行的;如果能用一种以上的平衡方法,它们按时间和(或)费用的顺序列出;任何结构型式的转子总是能在多转速下平衡(见 7.3);在某些特殊情况下,也可在工作转速下平衡(见 7.4)或在某个固定转速下平衡(见 7.5)。

表 1 挠性转子

结构形式	转子特性	推荐的平衡方法(见表 2)[1)
1.1 圆盘	无不平衡量的弹性轴,刚性圆盘	
	单圆盘: ——垂直于旋转轴线; ——具有轴向偏摆	 A,C B,C

表 1（续）

结构形式	转子特性	推荐的平衡方法（见表 2）[1]
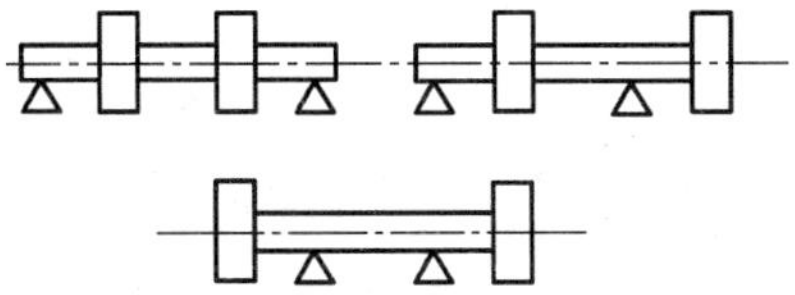	双圆盘： ——垂直于旋转轴线； ——具有轴向偏摆： ——至少一个可拆卸的； ——整体的	 B,C B+C,E G
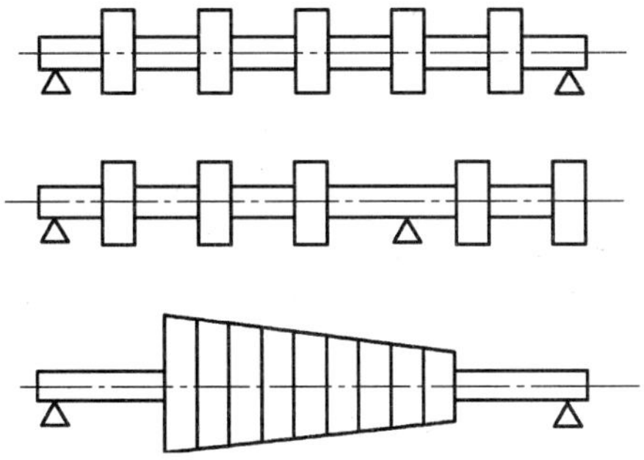	两个以上圆盘： ——全部可拆卸的(除一个之外)； ——整体的	 B+C,D,E G
1.2 刚性轴段	无不平衡量的弹性轴，刚性轴段	
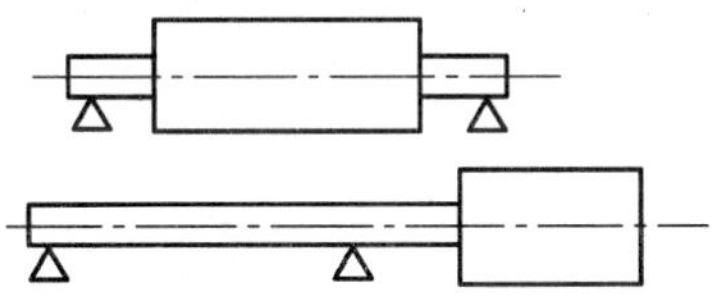	单个刚性轴段： ——可拆卸的； ——整体的	 B,C,E B
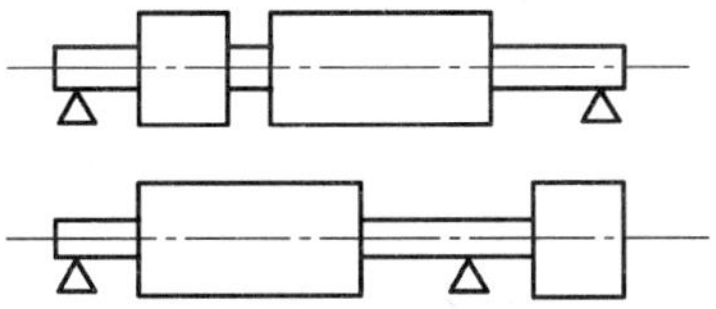	两个刚性轴段： ——至少一个可拆卸的； ——整体的	 B+C,E G
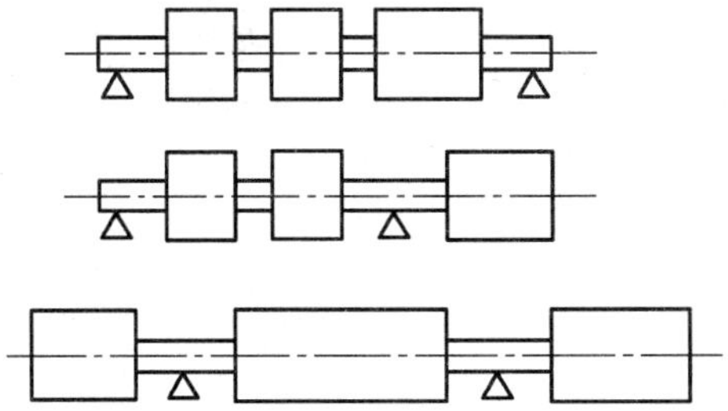	两个以上刚性轴段： ——全部可拆卸的(除一个之外)； ——整体的	 B+C,E G
1.3 圆盘和刚性轴段	无不平衡量的弹性轴段，刚性圆盘和轴段	
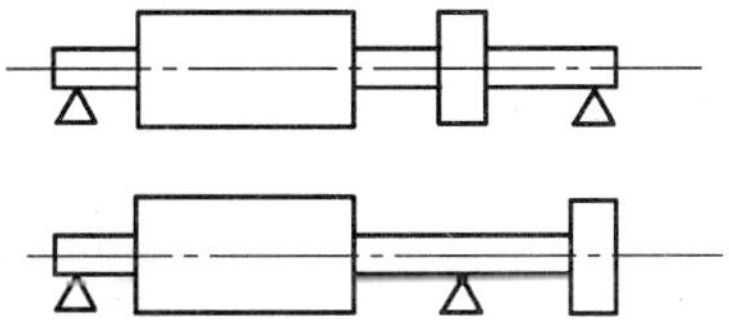	各有一个： ——至少一个部件可拆卸的； ——整体的	 B+C,E G

表 1(续)

结构形式	转子特性	推荐的平衡方法(见表 2)[1]
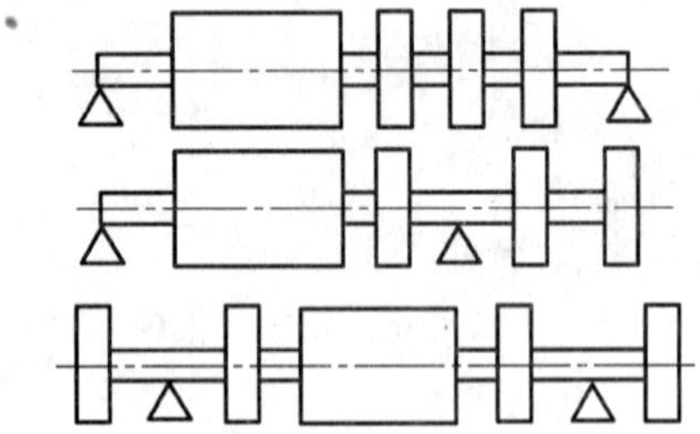	多个部件: ——全部可拆卸的(除一个之外); ——整体的	 B+C,E G
1.4 辊	质量、弹性和不平衡量沿转子分布	
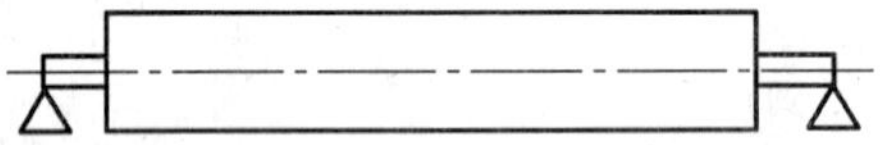	——在特殊条件下; ——一般	F G
1.5 滚筒和圆盘或刚性轴段	弹性滚筒,刚性圆盘,刚性轴段	
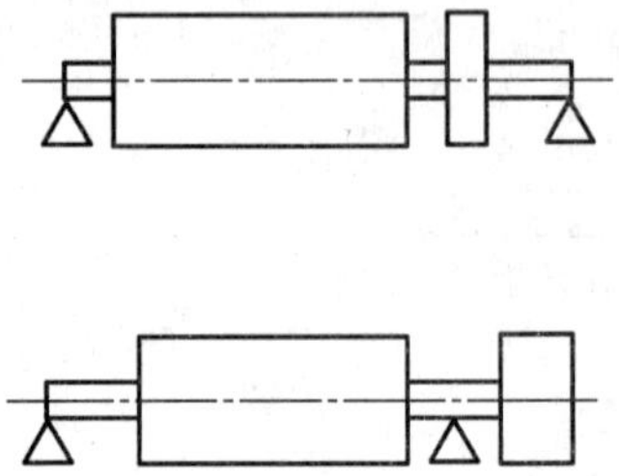	——圆盘或刚性轴段可拆卸的; ——在特殊条件下; ——一般; ——整体的	 C+F,E+F G G
1.6 整体转子	质量、弹性和不平衡量沿转子分布	
	具有不平衡量的主要部件不可拆卸	G

[1] A=单面平衡;B=双面平衡;C=装配前部件单独平衡;D=控制初始不平衡量之后平衡;E=装配期间分级平衡;F=最佳平面平衡;G=多速平衡;两个附加的平衡方法 H 和 I 能用于特殊情况,见 7.4 和 7.5。

表 2 平衡方法

方 法	说 明	章 条
低速平衡		
A	单面平衡	6.5.1
B	双面平衡	6.5.2
C	装配前单部件平衡	6.5.3
D	控制初始不平衡量之后平衡	6.5.4
E	装配期间分级平衡	6.5.5
F	最佳平面上平衡	6.5.6
高速平衡		
G	多速平衡	7.3
H	工作转速平衡	7.4
I	固定转速平衡	7.5

6 挠性转子低速平衡方法

6.1 总则

低速平衡一般用于刚性转子;高速平衡一般用于挠性转子。在某些情况下,采用适当的方法,也可以在低速下平衡挠性转子,并保证其安装在最终环境时能满意地运行。否则,挠性转子要求使用高速平衡方法。

在第6章说明的大多数方法要求关于不平衡量轴向分布的资料。

在有些情况下,某个部件可能会产生大的不平衡量。装配之前,先单独平衡该部件,装配后再做平衡可能是有利的。

注:某些转子装有若干个同心安装的单部件(例如叶片、联轴器螺栓、极片等),这些部件可依照它们的质量或质量矩来配置,使之达到部分或全部所要求的不平衡校正。如果这些部件需在平衡后装配,那么应依照它们的质量或质量矩平衡配置。

一些转子由若干部件构成(例如透平轮盘),应该注意装配过程可能产生转轴几何尺寸(例如轴偏摆)的变化,而且在高速工作时有可能发生进一步变化。

6.2 校正平面的选择

如果已经知道了不平衡量的轴向位置,校正平面应尽可能地靠近这些位置。当转子由两个或更多的沿轴向分布的单部件组成时,可能有两个以上横向的不平衡平面。

6.3 转子的工作转速

如果工作转速范围包含或靠近挠曲临界转速,应小心地选用低速平衡方法。

6.4 初始不平衡

在低速平衡机上平衡挠性转子的方法是一个近似的方法,初始不平衡量的大小和分布是决定平衡效果的主要因素。

对于已知初始不平衡量轴向分布的转子,而且有合适的校正平面,允许的初始不平衡量只受在校正平面上可能校正的总量的限制。

对于初始不平衡量的真实分布未知的转子,一般不可选用低速平衡方法。但是,有时初始不平衡量的大小能由单部件预平衡来控制,在这些情况下,低速初始不平衡量能用来度量不平衡分布。

6.5 低速平衡方法

6.5.1 方法A:单面平衡

如果初始不平衡量主要在某一横向平面内,而且就在这个平面上进行校正,那么该转子在所有转速下都将平衡。

6.5.2 方法B:双面平衡

如果初始不平衡量主要集中在两个横向平面内,而且就在这两个平面上进行校正,那么该转子在所有转速下都将平衡。

如果转子的不平衡分布在刚性相当大的轴段内,而且就在该轴段上进行校正,那么该转子在所有转速下都将平衡。

6.5.3 方法C:装配前单部件平衡

每个单部件(包括轴)在装配之前依照GB/T 9239.1分别单独做低速平衡,同时各单部件在轴上安装处的不同轴度或其他定位配合面相对于旋转轴线的允差应该小(见GB/T 9239.2)。

注1:各单部件装在平衡心轴处的心轴同轴度或其他定位配合面相对于心轴轴线的允差也应该小。心轴的不平衡量和同轴度误差可用转位平衡补偿(见GB/T 9239.2)。

注2:当各单部件和轴单独平衡时,应对任何非对称特性,例如键(见GB/T 16908)适当留有余量,它是整个转子的一部分,但是不参与各单部件的单独平衡。

注3:用计算来检查由平衡误差(例如偏心和装配误差)引起的不平衡量以评定它们的影响是可行的。在计算这些误差对心轴和旋转轴的影响时,重要的是要注意误差的影响能累加在最终装配中。处理这些误差的方法见GB/T 9239.2。

6.5.4 方法D:控制初始不平衡量之后平衡

当转子由已做过单独平衡的各单部件组装而成时(方法C),不平衡状态仍可能不满意,只有在组装件的初始不平衡量不超过规定值时,才允许在低速下做后续平衡。

如果有轴和轴承刚度的可靠数据,采用数学模型的不平衡响应分析将是有用的。

经验表明,符合上面要求但有一个附加的中央校正平面的对称转子,虽然有较大的初始装配不平衡量,也可以采用低速平衡。经验表明应在中央平面校正初始静不平衡量的30%～60%。

对于结构型式(例如就对称性或外悬来说)不符合上面定义的非对称转子,可用类似方法根据经验在各校正平面上采用不同的百分比。

在极端情况下,初始不平衡量可能很大,必须采用其他的平衡方法,例如方法E。

6.5.5 方法E:装配期间分级平衡

首先平衡轴,然后,每装上一个部件时就进行一次转子平衡,并且只在最后装的部件上进行平衡校正。此方法不必严格控制各单部件在轴上安装处的同轴度或其他特性。

采用此方法,必须保证后续加上去的部件不改变已处理好的转子部件的平衡。

在某些情况下,也可以一次加上两个单平面部件,在这两个部件上各选一个校正平面进行装配件的双面平衡。在由若干部件形成一个刚性轴段(例如一般只在两平面平衡的组装件或芯部)的情况下,一次加上一个这样的轴段,并用双面平衡进行校正。

6.5.6 方法F:最佳平面上平衡

如果由于设计或加工方法的原因,转子系列具有沿其全长均匀分布的不平衡量(例如管子),可以在适当的轴向位置上选择两个校正平面,做低速平衡,使之在整个转速范围内达到满意地运行。使全部运行状况最佳的两个校正平面的最佳位置只能由许多同类型转子的经验来确定。

对于满足下述条件a)至e)的简单转子系统,两个校正平面的最佳位置在每个轴承内侧,轴承跨距的22%处。

a) 两端有轴承的单跨转子;

b) 质量均匀分布没有显著的外悬;

c) 轴弯曲柔度沿其长度相同;

d) 连续工作转速不明显靠近第二阶临界转速;

e) 不平衡量均匀分布或线性分布。

如果这种校正方法不能得到满意的结果,采用附录B中所示的转子中央和两端的校正平面,仍可能在低速下将转子平衡。要这样做,需要估算在中央平面上校正的不平衡量占总的初始不平衡量的比例。

7 挠性转子高速平衡方法

7.1 总则

一般来说,要用高速平衡方法平衡挠性转子。然而,在某些情况下,采用适当的方法,也可在低速下平衡挠性转子,见第6章。

7.2 平衡时的安装

为了进行平衡,应选择适当的轴承。在某些情况下,希望平衡设备上使用的轴承支承条件和现场轴承支承条件相类似,以使转子在现场运行时的振型在平衡过程中能充分表现出来,因而减少以后现场平衡的必要性。

如果转子有外悬质量,但在现场安装后它被支承住,那么在平衡时可用一个固定轴承限制其挠度。

如果转子有外悬质量,而在现场安装后无任何方式支承,那么在平衡时也不要支承。但是,在平衡的早期阶段,可能需要装一个带固定轴承的支承,使之能安全地达到工作转速或超速,使转子各部件移动到其最终位置。

应适当安装传感器,测量轴、轴承或支承的振动或支承力。测量系统应能测量信号中的同频分量。测量结果可用幅值和相位角表示,或者用相对于转子上某个固定坐标系的正交分量表示。

在某些情况下,当需要分解时,可在同一横向平面上相隔 90°装两个振动传感器使横向振动分解。

在所有情况下,传感器和(或)支架在平衡转速范围内应没有明显影响振动测量的共振。

测量系统应能区分由不平衡量引起的同频分量与明显的低速偏摆以及其他振动分量。

转子的驱动对转子振动产生的约束应很小,并且对系统产生的不平衡量也应很小。或者,如果由驱动系统产生的不平衡量已知,那么在评定振动时应进行补偿。

注:为了确定驱动联轴器产生的微小平衡误差,联轴器应按 GB/T 9239.2 中说明的那样做转位平衡。

7.3 方法 G:多速平衡

本条以很简单的形式陈述高速平衡的基本原则。转子逐次在一系列的平衡转速下按振型原理逐阶进行平衡,应选择工作转速范围内靠近每阶临界转速的转速作为平衡转速,也可能是靠近最大的可允许的试验转速。大体上是在工作转速范围内,相应于临界转速的每阶振型逐阶被校正,然后再加上最高平衡转速下剩余(高阶)振型的最终平衡。

实际使用的方法可能是集成的计算机辅助平衡方法(例如影响系数法),使平衡工作自动化或简化。在最简单的方案中,在线的计算机辅助平衡将指导整个操作过程,完成 7.3.2.5、7.3.2.9 和 7.3.2.10 中的矢量计算。另外,还可使用以前的影响系数,使其不需要加试验质量组的试验。在适当场合,在一次开车中就能可靠地采集到若干个平衡转速下不平衡响应的振动数据,而不仅是某单个平衡转速下的振动数据,使得一次操作就能计算出校正若干个振型所必需的数据。

在本条中测量的都是振动或力的同频分量。

7.3.1 初始低速平衡

经验表明,在高速平衡前进行低速下初始平衡可能是有利的,这对于仅受第一阶挠曲临界转速明显影响的转子特别有利。

因此,当转子不受振型不平衡量影响时,如果需要,可以在低速下平衡转子。也可以不做低速平衡,而直接按 7.3.2 做。

注:低速平衡后可以不必进行 7.3.2.11 中所述的剩余(高阶)振型的最终平衡。

7.3.2 一般方法

在本方法的整个过程中,校正面应按照相关振型来选择,见第 4 章。

7.3.2.1 转子应在某个或某些适宜的低转速下运转以消除任何的临时弯曲。如测量轴振动,应测量转子的可重复的低速偏摆或称晃度(run out)值。当需要时,可从平衡转速下测量的轴振动中作矢量相减。

7.3.2.2 将转子升速至靠近第一阶挠曲临界转速的某个安全转速,它被称之为第一阶挠性平衡转速。

记录在稳态条件下振动或力的读数。在记录读数之前必须确认读数是可重复的,为此可能需要开车若干次。

7.3.2.3 在转子上加一组试验质量,试验质量大小的选择及其沿转子轴向放置的位置应使在第一阶挠性平衡转速下的振动矢量或力矢量产生明显的变化。

如果省去了低速平衡步骤,对相对于跨度中央基本对称的转子,试验质量组通常只由一个质量构成,它放置在靠近转子跨度中央。

如果已完成了低速平衡,试验质量组通常由位于三个不同校正平面的质量构成,在这种情况下,这些质量应是成比例的,使之不扰乱低速(刚性转子)平衡。

7.3.2.4 将转子升速至与7.3.2.2中相同的转速和在相同的工况条件下,记录振动或力的新读数。

7.3.2.5 由7.3.2.2和7.3.2.4之间读数的矢量变化,计算在第一阶挠性平衡转速时试验质量组的影响,进而,计算出一组校正质量的大小和角度位置,用来消除在第一阶挠性平衡转速下不平衡量的影响,加上此校正质量。

注1:附录G给出了作为这种矢量计算基础的图和说明。

注2:在上述说明中,假定能忽略或能用适当的方法消除其他阶不平衡量对测量的影响。

这时,转子应能升速通过第一阶挠曲临界转速而振动或力合格。如果不是这样,改变校正质量组,或者选用尽可能靠近第一阶挠曲临界转速的某个新的平衡转速,重复7.3.2.2~7.3.2.5中的步骤。

7.3.2.6 将转子升速至靠近第二阶挠曲临界转速的某个安全转速。这将是第二阶挠性平衡转速。在这个转速的稳态工况下,记录振动或力的读数。

7.3.2.7 在转子上加一组试验质量,试验质量的选择及其沿转子轴向放置的位置,应使该阶挠性平衡转速振动矢量或力矢量产生明显的变化,并且对第一阶振型和低速平衡(如与低速平衡有关的话)无明显的影响。

7.3.2.8 将转子升速至与7.3.2.6相同的转速,记录振动或力的新读数。

7.3.2.9 由7.3.2.6与7.3.2.8之间读数的矢量变化,计算这组试验质量在第二阶挠性平衡转速时的影响。利用这些数据,计算消除第二阶挠性平衡转速下不平衡量影响的校正质量组。加上此校正质量组。

这时,转子应能升速通过第二阶挠曲临界转速而振动或力合格,如果不是这样,改正校正质量或者采用尽可能靠近第二阶挠曲临界转速的平衡转速、重复7.3.2.6至7.3.2.9的步骤(见7.3.2.5中的注)。

7.3.2.10 在允许的转速范围内,依次地在靠近每个挠曲临界转速的平衡转速下继续上述操作。每次选择的新试验质量组应对相应振型有明显影响,而对在较低转速下已经达到的平衡无明显影响。试验质量的分布可以由经验或计算机模拟得到。每次,计算出一校正质量组,并且加到转子上。每个校正质量组应补偿当前平衡转速下的不平衡量。

7.3.2.11 如果在所有挠性平衡转速下校正之后,在工作转速范围内仍然产生明显的振动或力,应在靠近最大允许试验转速下重复7.3.2.9中的步骤,在这种情况下,不可能靠近高阶的挠曲临界转速运转,因此,剩余的(高阶)振型不平衡量的影响可能不够明显。

注1:对于某些型式的转子,例如多级热套的透平转子或发电机转子,可在挠曲临界转速附近只做预先校正,使转子升速至其工作转速或超速运行,各单部件就有可能移动至其最终位置。对于某些转子,完成平衡之前就有可能通过某些或全部临界转速,这时,有可能减少为测定影响系数而需要的开车次数。

注2:必须注意,上述方法假定支撑不平衡矢量和振动或力之间有线性关系。在某些情况下可能不是如此,例如当初始不平衡量大,而且转子由滑动轴承支撑时,可能有必要在振动或力响应的幅值减少后,重新测定试验质量组的影响。

注3:正如本章7.3开头所说,本章非常简单的叙述了高速平衡的方法。实际上,假定各临界转速的间隔相当宽,使得在某个挠性平衡转速下测量的振动主要是以该阶振型的振动。如果两个挠曲临界转速靠的比较近,那么就需要用较精细的方法分解振动的各个振型分量,而这超出了本章简单概述的范围。

注4:对于非轴对称(支承-轴承系统)的机器,每一振型(见图1)将分离为形状相似的两个振型,出现共振的转速也不一样,减少其中一个振型的不平衡量通常也能减少另一个振型的不平衡量,不必要分别平衡每一振型。

7.4 方法H:工作转速平衡

通过一个或多个临界转速至工作转速的某些挠性转子,在特殊环境下,可以只在一个转速(通常是工作转速)做平衡。但是,工作转速靠近临界转速的转子以及与其他挠性转子联结的转子除外。通常,只在一个转速下做平衡的转子应符合下列条件之一项或几项:

a） 升速到工作转速和从工作转速降速的加速度很大，以致临界转速下的振动来不及增大到超出合格限值；

b） 系统的阻尼足够高，临界转速下的振动保持在合格限值内；

c） 转子的支承方式能避免不适宜的振动；

d） 在临界转速时允许有高的振级；

e） 转子在工作转速下长期运行，能容许起停过程中振动适度超过合格限值。

符合上述任何一项条件的转子，可在高速平衡机或相应的设备上在转子应予以平衡的转速下进行平衡。

如果转子属于上述的 c)类，特别重要的是平衡机的支承刚度必须足够地接近现场条件，以保证在平衡设备上的工作转速下主要的振型和现场的相同。

仔细考虑校正质量的轴向分布，有可能选择校正平面的最佳轴向位置，即仅选择二个平面，既可使较低阶振型的剩余不平衡量最小，同时，在过临界转速时振动也较小。

7.5 方法 I：固定转速平衡

7.5.1 总则

这些转子可能有一个基本的轴和本体结构，允许用低速平衡法，或者可能需要用高速平衡法。此外，转子具有一个或多个挠性的或挠性安装的部件，以致整个系统的不平衡量可能随转速而改变。这种状况下的转子可归入下述两种类型：

a） 不平衡量随转速连续变化的转子，例如橡胶叶片的风扇；

b） 在某个转速以下，不平衡量随转速而变，而超过这个转速，不平衡量保持不变的转子，例如具有离心式启动开关的单相感应电机的转子。

7.5.2 方法

有时可用类似特性的补偿以平衡这些转子，如果不行，应使用下述方法：

属于 a)类的转子应在平衡机上以规定的平衡转速进行平衡。

属于 b)类的转子应在不平衡量不再变化的转速以上的某个转速下进行平衡。

注：仔细设计和注意柔性部件的定位，有可能使柔性部件的影响最小或被补偿掉。但应该了解，这种转子只在一个转速或者在某个有限的转速范围内才可能是平衡的。

8 评定准则

8.1 准则的选择

在转子制造厂评定挠性转子的平衡品质时，通常的做法是在平衡设备或试验台上，考核轴承座或轴的同频振动，平衡设备或试验台应和现场条件相近。这在 8.2 中说明。

评定平衡品质的另一种做法是考核剩余不平衡量，这在 8.3 中说明。对于用低速平衡方法（方法 A～方法 F）平衡的挠性转子，可用这种评定方式在低速下进行评定，不必使用高速平衡设备。

当平衡设备或装置不能严格模仿现场条件和（或）考虑在现场和其他转子联结的最终影响时，有时可能需要根据经验调整合格限值。

因此，评定准则按照振动限值或允许的剩余不平衡量来制定。

不可能直接由评定旋转机器振动的现有文件导出挠性转子的允许不平衡量。通常转子不平衡量和工作条件下的机器振动之间没有简单的关系。振动幅值受很多因素影响，例如机器壳体及其基础的振动质量、轴承及基础的刚度、工作转速与各种各样共振频率的接近程度以及阻尼等。

注：见 GB/T 19874—2005。

8.2 平衡设备上的振动限值

如果按照平衡设备上的振动准则评定不平衡量最终状态，那么，必须保证选用的相关振动限值能满足现场要求。

在平衡设备上测得的振动和总装后机器在现场测得的振动之间的关系很复杂,它和许多因素有关。应当注意,在现场,机器的验收通常是依据例如在 GB/T 11348.1 或 GB/T 6075.1 中给出的振动准则。在大多数情况下,对于具体机器,这个关系由相同设备上平衡典型转子的经验得到。如有这样的经验,应将其作为确定平衡设备上允许振动的基础。然而在很多情况下可能没有这样的经验(例如新平衡设备或设计的显著不同的转子),8.2.5 涉及到这种情况,同时说明了能由产品说明书中规定的振动烈度得到同频振动的允许值,如果没有阐述现场验收运行条件的产品说明书,应参照 GB/T 11348.1 或 GB/T 6075.1。

8.2.1 概述

本条中导出的数值不打算用作验收规范而只作为指南,这样使用时,可避免大的缺陷和不实际的要求。

适当考虑推荐值,可望达到满意的运行状态。但是,在有些情况下,也可能要偏离这些推荐值。

这些推荐也可用作更详细研究的基础。例如在某些特殊情况下,需要更精确地确定所要求的平衡品质时。

8.2.2 特殊情况和例外

有些例外情况,为特殊目的设计的机器,可能对振动特性有内在的影响。例如航空喷气发动机和工业中这类发动机的变型,为使这类发动机设计得重量最小,它们的主要结构和轴承支座的柔性比一般工业机器大得多。设计中要采取特殊措施以适应由支承柔度引起的不希望的影响,并要进行广泛的开发试验,以保证在预期的使用期间发动机的振动在允许的范围。

对于在产品交付使用前要由多方面的试验表明振动合格的情况,不宜应用第 8 章的推荐。

8.2.3 影响机器振动的诸因素

由转子不平衡量引起的振动受很多因素的影响,例如机器的安装和转子的变形。

在产品说明书中说明的最大允许振级通常是指在现场由所有振源引起的总振动。因此,所标出的值包括了不同频率的多种振源引起的振动,制造厂应考虑使振动保持在允许范围内时,允许单独由不平衡引起多大振动。

8.2.4 临界间隙和复杂的机器系统

应特别注意最小间隙处(例如流体密封)的振动和静态位移,因为这些部位比其他部位损坏的可能性更大。应意识到现场条件可能会改变振型,因而改变测点处的振动(见 4.3)。

刚性联结组成多轴承系统的转子,例如汽轮机组,在应用时,需要特别考虑不平衡量大小及其分布(见附录 A)。

8.2.5 平衡设备上的允许振动

平衡设备上的允许振动可用两种方式表示:

a) 由现场允许的轴承振动计算得到的轴承支座振动;

b) 由现场允许的轴振动计算得到的轴振动。

可用下式表达:$Y=X\times K_0\times K_1\times K_2$

式中:

X——在工作转速范围内,横向平面水平或垂直方向作现场测量时,轴承或轴的允许总振动,它在产品说明书或相应标准(例如 GB/T 11348.1 或 GB/T 6075.1)中给出;

Y——平衡设备上轴承座或轴相应的允许的同频振动;

注 1:Y 和 X 转换关系的单位相同。实际上.随后可方便地将 Y 以不同的单位表示,例如不是速度而是位移。

K_0——允许的同频振动与允许的总振动之比,$K_0\leqslant 1$;

K_1——如果转子支承和(或)联轴器系统不同于现场条件使用的换算因子,其定义为轴和(或)轴承座在平衡设备上测得的同频振动与在现场安装的机器上同样测得的振动之比(若不适用则$K_0 \leqslant 1$);

注 2:K_1 的值常取决于测量方向。

K_2——当在平衡设备上轴振动测量位置不同于 X 的规定测量位置使用的转换因子,其值取决于转子的振型特性,如果测量位置相同,$K_2=1$。

注 3:对于不能在相同位置进行测量的情况,K_2 可用系统的转子动力学模型分析确定。

K_1 和 K_2 的值对于不同的安装可能变化很大,并与转速有关。K_0 和 K_2 的某些推荐值在附录 C 中表示。K_0 的值必须按每种具体应用情况确定,如果转子轴承系统具体结构的临界转速与工作转速相吻合,则有关的换算因子必须采用较高的值。

应该注意,在实际上没有必要单独确定这些转换因子,而要提供一个可适用的综合因子。

另外,应注意在临界转速时将产生振动的振型放大。平衡工作通常不只是为了在工作转速范围内使振动在满意的界限内,而且也为了能平稳通过最大工作转速以下的临界转速。对于临界转速,建立定量的准则特别困难,因为使平衡设备的支承条件(特别是阻尼)和现场相同几乎是不可能的。

由于转子与定子间隙或应力的原因,而在升速期间要求关注挠曲变形的情况下,在工作转速以下的临界转速时的转子弯曲应以静动间隙最重要处的转子部件的位移来考虑。

8.3 剩余不平衡量限值

本条根据 GB/T 9239.1 给出的准则提出了关于刚性转子不平衡量和挠性转子振型不平衡量的建议。

8.3.1 概述

下面给出了挠性转子达到要求的平衡品质时的剩余不平衡量限值,这些数值是根据有限数量的有文件记录的各种类型转子的实际经验给出的。适当考虑推荐值,可望达到满意的运行状态。所建议的级别和分类仍然没有完全验证,在某些情况下偏离这些建议可能是必要的。

在低速下平衡的挠性转子的平衡品质,用在规定的校正平面上的允许剩余不平衡量表示。在高速下平衡的转子,用允许的剩余振型不平衡量表示。

8.3.2 低速平衡的限值

对于任何完全组装好的转子,剩余不平衡量应不超过 GB/T 9239.1 中推荐的等效刚性转子的剩余不平衡量。另外,对于按照方法 C、方法 D 或方法 E 平衡的转子(见表 2),每个部件或组合部件(如果适用时)应平衡至基于经验或 GB/T 9239.1 中推荐的用于每个部件的限值。

8.3.3 多速平衡的限值

8.3.3.1 第一阶弯曲振型

对于仅受第一阶振型不平衡量明显影响的转子,不论它们的不平衡分布如何,其剩余不平衡量应不超过下述限值,该值用 GB/T 9239.1 中等效刚性转子基于转子最高工作转速所推荐的总剩余不平衡量的百分比表示:

a) 等效第一阶振型剩余不平衡量不应超过 60%;

b) 如初始已做过低速平衡,作为刚性转子的总剩余不平衡量不应超过 100%。

8.3.3.2 第一阶和第二阶弯曲振型

对于仅受第一阶和第二阶振型不平衡量明显影响的转子,不论它们的不平衡分布如何,其剩余不平衡量不应超过下述限值,该值用 GB/T 9239.1 中等效刚性转子基于转子最高工作转速所推荐的总剩余不平衡量的百分比表示:

a) 等效第一阶振型剩余不平衡量不应超过 60%;

b) 等效第二阶振型剩余不平衡量不应超过 60%;

c) 如初始已做过低速平衡,作为刚性转子的总剩余不平衡量不应超过100%。

当某一个振型比其他振型明显小时,其相应限值可以放松但不应超过100%。

注:附录F中的例子说明了这些限值的计算方法。

8.3.3.3 两个以上的弯曲振型

对于受比第一阶和第二阶更多的振型不平衡量明显影响的转子,还没有可适用的建议。

注1:试验确定等效振型不平衡量的一个方法在9.2.2中说明。

注2:如果外悬质量的影响明显,所给出的百分比可能不适用。

注3:如果在现场,工作转速或工作转速范围靠近第一阶或第二阶挠曲临界转速,这些数值可能需要修改。

注4:在平衡设备上,推荐的剩余不平衡量限值没有必要在任一临界转速的80%到120%的转速范围内都使引起的振动幅值落在正常限值内。例如平衡设备的阻尼通常小于现场的阻尼。如果发生了因此放大的振动并不意味着需要更精细的平衡。

注5:当在平衡设备上不能考虑所有有关的转子挠曲振型时(例如由于校正平面数量不够),必须决定那些振型应着重平衡。

9 评定方法

根据转子的类型和用途,可按照规定的测量平面处的振动或剩余不平衡量来评定不平衡最终状态。

注:在小批量生产转子的情况下,可以采用比本标准中说明的评定方法更简单的方法。

9.1 基于振动限值的评定方法

9.1.1 在高速平衡设备上评定振动

转子在试验设备上的安装应符合7.2中的规定。

当上述条件已满足时,转子应以低加速率升速以保证不抑制振动峰,如果不可能在整个转速范围进行测量,那么应在观测到的第一阶挠曲临界转速的70%和最大工作转速之间测量所有明显的振动峰。另一种办法是在降速时测得这些振动峰。

转子应在最大工作转速保持足够长的时间以消除任何的瞬态影响,然后测量同频振动。

9.1.2 在试验台上评定振动

在试验台上评定转子的不平衡最终状态时,应具有7.2中说明的测试仪器,在某些情况下可能需要不同的方法,例如:

a) 当转子组装后成一台有自己的动力驱动的整机;

b) 当只能在全速下获得的读数,例如感应电机;

c) 当轴承处不能安装振动传感器,这时,振动测点位置应由制造厂和用户商定;

d) 当不平衡状态取决于负载,在这种情况下评定剩余不平衡量的负载范围应由制造厂和用户商定。

9.1.3 在现场评定振动

9.1.3.1 最终安装在现场的转子,在评定其平衡状态时,可能受到许多能引起振动的因素的影响,有些可能是由机械不平衡以外的振动源引起的同频振动。能引起这种振动的一些因素和应采取的预防措施在附录A中说明。

9.1.3.2 如果机器任一固定部件或支承基础结构在工作转速时共振,甚至转子剩余不平衡量在正常公差内有时也会引起高振级的振动。在这种情况下,可能需要把平衡做到特别精细的限值内以减少振动,这种改善只在机器对不平衡的敏感性不高时才有用,如果在运转中产生新的不平衡的可能性高,则应考虑采取措施消除结构共振,或增加系统中阻尼,或采用其他手段使之能满意地运行。

9.1.3.3 最终安装在现场的转子,在交付使用期间,可能有许多因素与评定平衡状态时需要得到的稳态条件相抵触,这时可以将平衡评定和其他目的的试验结合在一起进行。在机器试运转时如果怀疑其平衡结果,应安排专门的实验来确认是否达到规定的平衡的精度。

许多设备(例如原动机是“直接接电网启动”的感应电机)在升速期间不可能控制转速,只有在全速下才能达到稳态条件,因此,检验平衡状态的转速范围应由制造厂和用户商定。

平衡检验一般在无负载时做,如果机器必须带负载运行,检验平衡状态时的负载应由制造厂和用户商定。

9.1.3.4 振动测量装置应按7.2中的规定安装,当设备上装有适用的监测装置时,可用它来代替,另一种办法是用手持式振动传感器在便携式仪器上读出振动。

9.2 基于剩余不平衡限值的评定

三种不同的方法概述如下。

9.2.1 低速下评定

低速下评定是依据GB/T 9239.1中对刚性转子评定的方法进行。

通常在低速平衡机上评定这类转子的平衡品质。在大多数情况下,在试验台或现场再做高速检验。在特殊情况下,经制造厂和用户同意,可以免做高速评定,而依据低速下转子的剩余不平衡量验收。这特别适用于作为备件出售的转子,它在现场的最终评定可能要延迟相当长的时间。

转子应完整,所有的附件(例如半联轴器、齿轮等)应装上。

平衡机应符合GB/T 4201。评定剩余不平衡量的方法和注意事项见GB/T 9239.1和GB/T 9239.2。

评定转子剩余不平衡量之前应在适当的转速下运转以消除任何的暂时弯曲。

当上述条件满足时,转子应在平衡转速下运转并读出每个测量平面上的不平衡量大小和角度。

对于已控制初始不平衡量的转子,也应说明装配后的初始不平衡量及测得的剩余不平衡量。对于在装配期间分级平衡过的转子或由平衡过的部件组装而成的转子(方法E)应说明每一级达到的剩余不平衡量。

9.2.2 在多速下基于振型不平衡的评定

多速使人们更深入地了解转子的不平衡分布及其期望的柔性性能。

为评定不平衡状态,计算相应振型的剩余的等效振型不平衡量,定义此等效的振型不平衡量为某个单独平面上的最小不平衡量,具有与振型不平衡量一样的效果(见附录H的定义)。这表示计算每阶相应振型在最灵敏平面上的剩余不平衡量。它假定平衡平面位于适当的位置。

其方法如下:

a) 将转子装在高速平衡机或其他高速试验设备上。

b) 如已做好低速平衡,可用影响系数法或能指示两面不平衡量的平衡机来评定刚性转子状态的剩余不平衡量。

c) 将转子升速到靠近第一阶挠曲临界转速的某个安全转速,并记下轴承振动或力的读数。

d) 在转子上加一试加不平衡量,该不平衡量应足以引起明显的影响,并且应放置在对第一阶振型有最大影响的轴向位置,在与c)中相同的转速下读出轴承振动或力的读数。

e) 由c)和d)得到的读数作矢量计算得到等效第一阶振型不平衡量,例如在由单个不平衡质量形成试加质量组的情况下,可用附录G中的作图法来做。等效第一阶振型不平衡量的大小为试加不平衡量$\times\frac{AO}{AB}$。

f) 取下该试加不平衡量。

g) 将转子升速至靠近第二阶挠曲临界转速的某个安全转速,这转速要低于最大安全工作转速,记下轴承振动或力的读数。

h) 在转子上加一试加不平衡量,它应能引起明显的影响,并且应放置在对第二阶振型有最大影响的轴向位置,在与g)中相同的转速下读出轴承振动或力的读数。

i) 由 g)和 h)得到的读数作矢量计算得到等效的第二阶振型不平衡量。e)中的作图法可用于这种情况。

j) 取下该试加不平衡量。

k) 对逐阶振型继续上述操作,直至所有重要振型的等效振型不平衡量都得到确定。

在附录 D 中给出了一个例子。

注 1:在确定等效振型不平衡量时为了安全通过低阶临界转速,最好采用一组试加不平衡量,最后把每个计算的剩余不平衡量组累加到剩余的等效振型不平衡量中去。

注 2:给出的方法假设在靠近某阶临界转速的转速下测得的振动以相应振型为主,因此,它通常能给出精确近似的等效剩余振型不平衡量。

注 3:有时不可能升速至靠近某些重要振型的临界转速,在这些情况下,有必要采用另外的方法以分离各阶振型分量。

注 4:如果按照 7.3 的方法平衡之后,转子还保留在平衡设备上,在平衡期间获得的数据可直接使用,而不需要再试验。

9.2.3 工作转速下在两个规定的试验平面上评定

如果在工作转速下评定,必须适当地选择试验平面。

应说明校正平面的轴向位置和平衡转速。

如果在本身具有测量仪器的平衡设备上评定,应在整个试验期间都使用它。

如果在超速或类似设备上评定,应按 7.2 的规定将仪器和转子总装在设备上。

附　录　A
（资料性附录）
关于现场转子的注意事项

A.1　引言

不平衡不是振动的唯一原因，甚至也不是同频振动的唯一原因。在进行平衡或相关操作之前，应考虑不平衡以外的影响机器振动的因素。这对于由两个或更多转子联结在一起的设备（例如汽轮发电机组）特别明显。这些因素叙述如下。

A.2　轴承不对中

轴承间不对中能影响振动，它不是由不平衡引起的，如果出现这种影响，在评定机器振动之前，有可能需要校正不对中（参见 A.3 的最后一段）。

A.3　联轴器联接面的径向和轴向偏摆

大型转子联结在一起时，没有一种办法能使配对的半联轴器表面无少量的径向和轴向偏摆，这种偏摆可能产生振动，用平衡的办法不能满意地校正。因此，如果机器对平衡操作没有反应，那么应检查联轴器表面的径向和轴向偏摆。

在某些场合，进一步平衡之前应将误差校正到公差范围内，此公差根据机器尺寸和型式由经验确定。

A.4　轴承失稳

一般用于多跨挠性转子系统的流体动力润滑轴承可能发生不同型式的失稳（例如流体膜涡动或振荡），这些现象的征兆已熟知，在用平衡来改善运行质量之前必须查明是否有这些征兆出现。这些影响和可能的补救措施的讨论已超出本标准的范围。

附 录 B
（资料性附录）
最佳平面平衡——低速三面平衡

本附录中的方法适用于有一个位于中央的和两个位于两端的校正平面的转子做低速平衡。这种转子要满足以下全部条件：

a） 单跨转子，无明显外悬；

b） 不平衡量均匀分布或线性分布；

c） 转子的弯曲柔度沿其轴长不变；

d） 两端校正平面的位置对称于跨度中央；

e） 连续工作转速低于而且不明显靠近第二阶临界转速。

若能对转子应在中央平面上校正的不平衡量占总的不平衡量的比例作出估计，这种转子能在低速平衡机上满意地平衡。利用本附录提供的方法，三面的平衡校正可由双面测出的初始不平衡量计算得出。由三个不平衡校正量 U_1、U_2 和 U_3 对某给定点引起的力和力矩的矢量，应能补偿由初始不平衡量 U_L 和 U_R 对同一点引起的力和力矩的矢量和。

可以证明，当满足下列矢量关系时，将完全校正直至和包括第一阶振型分量在内的初始不平衡量。

$U_1=U_L-0.5H(U_L+U_R)$

$U_2=H(U_R+U_L)$

$U_1=U_R-0.5H(U_L+U_R)$

式中：

$H=\dfrac{\text{中央平面校正量}}{\text{初始静不平衡}}$；

U_1、U_2、U_3、U_L 和 U_R 都是矢量。

H 的值示于图 B.1 中，它是 z/l 的函数，此处 z 是由左端轴承至校正平面 1 的距离，l 是轴承跨距（轴的长度）。应注意当 $z/l=0.22$ 时 H 为零，这表明在这种情况下不再需要中央平面而只需两平面，通常称为“四分之一点平衡”。对于 z/l 大于 0.22，中央平面的校正在轴的对面。

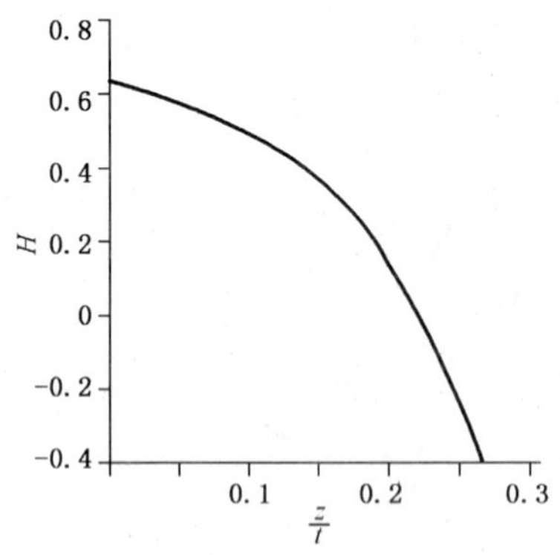

图 B.1 确定 H 的图示

附 录 C
（资料性附录）
转 换 因 子

机器分类的说明：

Ⅰ——在正常运行状态下，发动机和机器的单独部分整体地与整机相联结。

Ⅱ——无专门基础的中等尺寸机器及在专门基础上刚性安装的发动机或机器（300 kW 以下）。

Ⅲ——安装在振动测量方向相对刚硬的刚性重型基础上，具有旋转质量的大型原动机和其他大型机器。

Ⅳ——安装在振动测量方向相对柔软的基础上，具有旋转质量的大型原动机和其他大型机器。

表 C.1 建议的转换因子（见 8.2.5）

<table>
<tr><th rowspan="2">机器分类</th><th rowspan="2">典型机器</th><th rowspan="2">K_0</th><th colspan="3">K_1</th></tr>
<tr><th>轴承座
绝对</th><th>轴
绝对</th><th>轴
相对</th></tr>
<tr><td>Ⅰ</td><td>增压器
15 kW 以下的小型电机</td><td>1.0
1.0</td><td rowspan="4">0.6～1.6</td><td rowspan="4">1.6～5.0</td><td rowspan="4">1.0～3.0</td></tr>
<tr><td>Ⅱ</td><td>造纸机
15 kW～75 kW 的中型电机
在专门基础上的 300 kW 以下的电机
压缩机
小型透平</td><td>0.7～1.0
0.7～1.0
0.7～1.0
0.7～1.0
1.0</td></tr>
<tr><td>Ⅲ</td><td>大型电动机
泵
两极发电机
透平及多极发电机</td><td>0.7～1.0
0.7～1.0
0.8～1.0
0.9～1.0</td></tr>
<tr><td>Ⅳ</td><td>燃气透平（见 8.2.2）
两极发电机
透平及多极发电机</td><td>1.0
0.8～1.0
0.9～1.0</td></tr>
</table>

K_0 是允许的同频振动与允许的总振动之比（$K_0 \leqslant 1$）。

K_1 是在平衡设备上同频振动的测量（轴和（或）轴承座）值与已安装在现场的机器类似的测量值之比（如不适用，则 $K_1=1$）。

注 1：关于 K_1，“绝对”指的是相对于一个惯性参考坐标系进行测量，“相对”指的是相对一个合适的结构进行测量，例如轴承座。详细讨论见 GB/T 11348.1。

注 2：建议用户把这些值与他们的经验进行比较，结果的评述或上述比较是受欢迎的。并且应该直接由所在的国家标准机构转达给 SAC/TC 53。

附 录 D
(资料性附录)
计算等效振型剩余不平衡量的例子

在 9.2.2 中概述了推荐的方法。

D.1 下面举例说明剩余不平衡量计算的原则

透平转子有四个校正平面(见图 D.1)。以两个轴承的振动为平衡计算基础(传感器 1 和传感器 2)。转子的工作转速为 10 125 r/min,转子质量 1 625 kg。按照 GB/T 9239.1,等效刚性转子允许的总的不平衡量取 G2.5 级(2.73 g · mm/kg)。

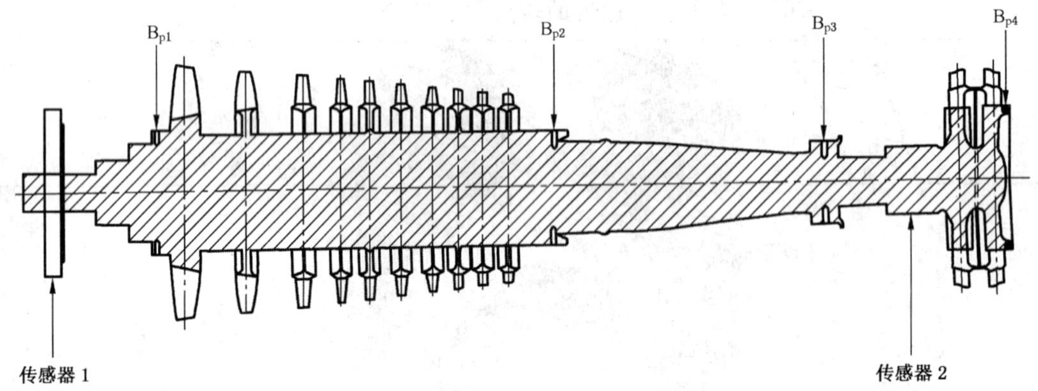

图 D.1 透平转子

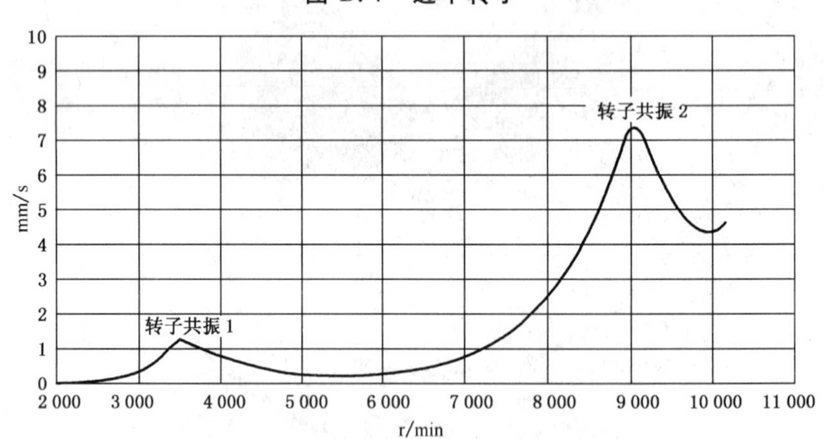

图 D.2 平衡前升速曲线

等效刚性转子总的剩余不平衡量为:2.37 g · mm/kg×1 625 kg=3 850 g · mm。

允许的等效第一阶振型不平衡量(60%):2 311 g · mm。

允许的等效第二阶振型不平衡量(60%):2 311 g · mm。

对于刚性转子(低速平衡)总的允许剩余不平衡量:3 850 g · mm(每个平面 B_{P1} 和 B_{P2} 为 1 925 g · mm)。

D.2 影响系数

该转子的平衡转速是:

1 000 r/min(低速);

3 400 r/min(正好低于转子共振 1);

9 000 r/min(正好低于转子共振 2)。

由带试验质量运转,计算得出影响系数如表 D.1 所示。

表 D.1 影响系数

测量点	平衡平面				转速
	B_{p1}	B_{p2}	B_{p3}	B_{p4}	
传感器 1 传感器 2	* 0.059 4/3° * 0.002 16/35°	0.033 0/1° 0.022 7/14°	* 0.009 12/333° * 0.033 4/11°	0.004 9/233° 0.042 5/9°	1 000 r/min
传感器 1 传感器 2	0.249/82° 0.087/107°	0.343/94° 0.157/87°	0.055/222° 0.102/34°	* 0.36/265° * 0.224/6°	3 400 r/min
传感器 1 传感器 2	1.99/146° 1.92/353°	* 2.29/285° * 1.99/134°	1.56/293° 1.16/109°	2.07/176° 0.595/281°	9 000 r/min

影响系数的单位为(mm/s)/(kg・mm),角度相对于转子上的某一参考系统给出。用于计算剩余不平衡量的影响系数带有记号"*"。最靠近轴承的 B_{P1} 和 B_{P3} 选用于低速。对于其他转速,选用对每个传感器最灵敏的平面。

D.3 最终振动读数

在最终平衡条件下运转期间测得的振动列于表 D.2。

表 D.2 最终振动读数

转速	传感器 1	传感器 2	单位
1 000 r/min	0.01/237°	0.022/147°	mm/s
3 400 r/min	0.55/52°	0.22/125°	mm/s
9 000 r/min	2.35/305°	1.44/139°	mm/s

D.4 低速(1 000 r/min)下的剩余不平衡量(见表 D.3)

根据影响系数法对校正平面 B_{P1}、B_{P3}(最靠近轴承的平面)和传感器 1 和 2 进行计算。

表 D.3 低速下的剩余不平衡量

	计算值	允许值
B_{P1}	246 g・mm	1 925 g・mm
B_{P3}	671 g・mm	1 925 g・mm

在其他平衡转速下,剩余不平衡量由振动幅除以影响系数的绝对值而得到,这表示没有必要考虑振动的相位信息。

D.5 3 400 r/min 下的剩余不平衡量(见表 D.4)

表 D.4 3 400 r/min 下的剩余不平衡量

	计算值	允许值
传感器 1	(0.55/0.36)1 000=1 530 g・mm	2 311 g・mm
传感器 2	(0.22/0.224)1 000=982 g・mm	2 311 g・mm

D.6　9 000 r/min 下的剩余不平衡量(见表 D5)

表 D.5　9 000 r/min 下的剩余不平衡量

	计算值	允许值
传感器 1	(2.35/2.29)1 000=1 026 g·mm	2 311 g·mm
传感器 2	(1.44/1.99)1 000=723 g·mm	2 311 g·mm

附 录 E
（资料性附录）
确定转子是刚性的还是挠性的方法

E.1 概述

本附录说明了确定转子是刚性的还是挠性的方法。如果确定转子属于刚性范畴，可用低速平衡方法来平衡。通常，挠性转子需要在高速下，采用如第7章的方法进行平衡。然而，有的转子按定义是挠性的但处于边界，也可以采用第6章中给出的专门方法做低速平衡。

转子的物理外形对平衡而言不足以确定转子是属于刚性范畴还是挠性范畴。如果转子在高速下工作，它可能靠近或超越临界转速。转子会有明显弯曲，因此要求高速平衡。如果转子最高工作转速与第一阶挠曲临界转速之比小于0.7，对平衡而言认为转子是刚性的。

E.2 转子是刚性的还是挠性的确定

下述各段之一或更多可用来确定转子是刚性的还是挠性的，从而确定采取的平衡方法：

E.2.1 向转子制造厂咨询以明确转子结构型式和特性以及推荐的平衡方法(见第5章)。

E.2.2 如果转子的最大工作转速与第一阶挠曲临界转速之比小于0.7，对平衡而言，这转子能认为是刚性的。

E.2.3 另一办法是进行下述试验，按照GB/T 9239.1中规定的方法在低速下做两面平衡。

将转子装在能使转子至少可升速至工作转速，而且轴承及其支座的刚度和阻尼与现场安装类似的设备上，使转子逐渐升速至工作转速，注意在整个期间振动要在安全限值以内，在升速和降速过程中以转速函数的形式记录振动读数。

如果振动不随转速发生明显的变化，那么转子是刚性的，或者转子虽然是挠性的但其振型不平衡量较小。按E.3规定的柔性试验可以确定转子属于那一种情况。

如果在升速或降速期间振动发生了明显变化，那么存在以下一个或多个可能性：

a) 转子是挠性的；

b) 转子是刚性的但支承是柔性的；

c) 转子有部件移位，它明显地是转速或温度的函数。

如果降速至零转速期间的振动读数与以往降速过程的读数重复，为帮助区分这些可能性，可将转子再次升速至工作转速进行检查，如果转子已稳定，可进行E.3中规定的柔性试验以确定转子是刚性的或者是挠性的。

注：将转子升速至其工作转速或超速时，由于离心力的影响，有的部件可能发生移位并稳定在新的位置。例如，发电机和电动机转子常常要求定位性的运转，使铜线绕组和支承系统径向向外移动至它们的最终位置。

如果读数不重复，那么转子的不平衡量是可变的，在校正此问题之前，转子一般不能平衡至公差内。

E.3 转子的柔性试验

转子中央或在预期能引起较大转子振动的适当位置加一个质量块，将转子升速至工作转速，注意在整个升速期间要保证振动在安全限值内，如果在升速期间振动幅值过大，减小此块的质量并重复此过程，在工作转速及与E.2.3中相同位置测量振动矢量，用新测量值对在E.2.3中记录的振动矢量进行矢量相减的办法确定该质量对振动的影响，其结果用A表示。

把转子停下来并取下该质量块，在与该质量块相同的角度位置上放置两个质量块，这两个质量块应放置在靠近转子两端的平面上,并与单个质量块产生的准静不平衡量相同而不引起任何附加的偶不平衡,再将转子升速至工作转速,测量振动矢量,用该矢量减去E.2.3得到的矢量,确定这两个质量块对转子的影响。此矢量用 B 表示。

E.4 柔性试验数据的评定

计算矢量(A-B)的幅值,如果该值除以矢量 A 的幅值小于0.2时,对平衡而言,转子通常认为是刚性的,相反,如果大于等于0.2,应按挠性转子对待。

如有足够的转子系统的模化数据,有可能用分析的办法得到E.4中计算该比例所需的数据,因而不必进行柔性试验。用这种方法时,必需准确地模化转子-支承系统的刚度和阻尼特性。

附 录 F
（资料性附录）
许用的等效振型不平衡量计算示例(参见 8.3.3.2)

转子 ………………………………………………………………………………………… 透平压缩机

平衡要求 ……………………………………………………… 按 GB/T 9239.1 平衡品质等级 G2.5

工作转速 ……………………………………………………………………………… 15 000 r/min

转子质量 ………………………………………………………………………………… 1 000 kg

假设在靠近轴承的两个平面低速平衡

按照 GB/T 9239.1 等效刚性转子总的剩余不平衡量…1.60 g・mm/kg×1 000 kg=1 600 g・mm

许用的第一阶振型不平衡量(60%) ……………………………………………………… 960 g・mm

许用的第二阶振型不平衡量(60%) ……………………………………………………… 960 g・mm

刚性转子总的剩余不平衡量 ………………………………… 1 600 g・mm(每平面 800 g・ram)

附 录 G
（资料性附录）
不平衡校正计算的方法

下面是由观测试验质量组效应来计算不平衡校正的一种方法。

图 G.1 中矢量$\overrightarrow{OA}$代表对某个任意参考角度而绘出的初始振动，矢量$\overrightarrow{OB}$代表当在转子上加一试验质量组时在同一转速下对同一参考角度绘出的合成振动，那么，试验质量组的“效应”用矢量：$\overrightarrow{AB}$代表其幅值和角度。因此，为使原始振动为零，试验质量组应移过角度$\angle BAO$并且试验质量组中每个质量的大小按比例$\frac{AO}{AB}$进行调整。

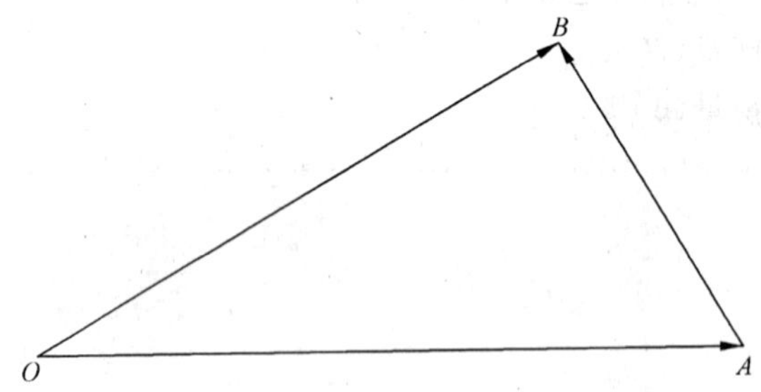

图 G.1 试验质量组的矢量效应

附 录 H
（资料性附录）
GB/T 6444—1995 关于挠性转子术语的定义

H.1

（转子）挠曲临界转速　(rotor) flexural critical speed

转子出现最大挠曲时的转子转速，并且转子的这种挠曲远比轴颈振动显著。

H.2

刚性转子振型临界转速　rigid-rotor-mode critical speed

轴颈出现最大振动时的转子转速并且轴颈的这种振动远比转子的挠曲显著。

H.3

（转子）挠曲主振型　(rotor) flexural principal mode

对于无阻尼的转子-轴承系统，转子在某一挠曲临界转速时出现的振型。

H.4

多面平衡　multiplane balancing

用于挠性转子平衡，需要在两个以上校正平面上进行不平衡校正的任何平衡过程。

H.5

振型平衡　model balancing

平衡挠性转子的一种方法，分别在有影响的各阶挠曲主振型下进行不平衡校正把振幅减小到规定范围之内。

H.6

振型函数[$\phi_n(z)$]　mode function

描述相应振型中转子挠曲形状的函数。

H.7

模态质量(m_n)　model mass

是一具有质量量纲的系数，表示为：

$$m_n = \int_0^L \mu(z)\phi_n^2(z)\mathrm{d}z$$

式中：

$\mu(z)$——转子单位长度的质量；

L——转子长度。

H.8

第 n 阶振型不平衡量　nth model unbalance

只对转子-支承系统挠曲曲线的第 n 阶主振型起作用的不平衡量。

注：① 这一不平衡分量可用 U_n 量度：$U_n=\int_0^L \mu(z)e(z)\phi_n(z)\mathrm{d}z=e_n m_n$

式中：

$e(z)$——沿转子轴向在点 z 处局部质量中心的偏心距；

L——转子长度；

$\phi_n(z)$——第 n 阶振型函数；

$\mu(z)$——转子单位长度上的质量；

e_n——第 n 阶振型偏心距；

m_n——第 n 阶模态质量。

② 第 n 阶振型不平衡量不是一个单一的不平衡量，而是一个按第 n 阶振型分布的分布量。

$$u_n = e_n\mu(z)\phi_n(z) = \frac{U_n}{m_n}\mu(z)\phi_n(z)$$

单一个不平衡矢量 U_n 对第 n 阶主振型的作用可表示为：

$$U_n = e_n m_n = \int_0^L [e_n\mu(z)\phi_n(z)]\phi_n(z)\mathrm{d}z = e_n\int_0^L \mu(z)\phi_n^2(z)\mathrm{d}z$$

H.9

振型偏心距(第 n 阶振型)　model eccentricity(*n*th mode)

第 n 阶振型不平衡量除以第 n 阶模态质量的值。

$e_n = U_n/m_n$

H.10

等效第 n 阶振型不平衡量　equivalent *n*th model unbalance

对挠曲曲线的第 n 阶主振型的作用效果相当于第 n 阶振型不平衡量的最小单一不平衡量 U_{ne}。

注：① 有关系式 $U_n = U_{ne}\phi_n(z_e)$

式中：

$\phi_n(z_e)$——$z=z_e$ 处的振型函数值；

z_e——施加 U_{ne} 的横截面轴向坐标。

② 在适当数目的校正平面上，按一定比例分布，以影响所考虑的第 n 阶振型的一组分布不平衡量，称为等效第 n 阶振型不平衡量组。

③ 等效第 n 阶振型不平衡量除影响第 n 阶振型外，还影响其他某些振型。

H.11

振型不平衡公差　model unbalance tolerance

对应于某一振型所规定的等效振型不平衡量的最大值。低于此值的不平衡状态认为合格。

H.12

倍频振动　multiple-frequency vibration

频率相当于转速相应频率整数倍的振动。

注：该振动可能由转子各向异性，转子/轴承系统的非线性特性或其他原因而引起。

H.13

热致不平衡　thermally induced unbalance

由于温度变化而引起的转子不平衡状态的明显改变。这种状态变化可以是永久性的或者暂时性的。

H.14

低速平衡(对于挠性转子)　low speed balancing(relating to flexible rotors)

在被平衡转子能视为刚性转子的转速下进行的平衡过程。

H.15

高速平衡(对于挠性转子)　high speed balancing(relating to flexible rotors)

在被平衡转子不能视为刚性转子的转速下进行的平衡过程。

参 考 文 献

[1] GB/T 4201 平衡机的描述检验与评定.
[2] GB/T 11348(全部) 旋转机械转轴径向振动的测量和评定.
[3] GB/T 19874 机械振动 转子不平衡敏感度和不平衡灵敏度.
[4] GB/T 6075(全部) 在非旋转部件上测量和评价机器的机械振动.

ICS 35.040
A 24

中华人民共和国国家标准

GB/T 6565—2009
代替 GB/T 6565—1999

职业分类与代码

Classification and codes of occupations

2009-05-06 发布　　　　2009-11-01 实施

中华人民共和国国家质量监督检验检疫总局
中国国家标准化管理委员会　发布

前　　言

本标准代替 GB/T 6565—1999《职业分类与代码》。

本标准与 GB/T 6565—1999 相比，主要变化如下：

——在标准主结构不变的情况下，在 68 类的职业说明中增加了新职业；

——为了便于查找本标准的修订情况，在修订的小类前增加 * 号，并在新增的职业下边标上下划线；

——根据《标准化工作导则　第 1 部分：标准的结构和编写规则》的要求，对《职业分类和代码》的标准格式、标准适用的范围和代码的编写方法进行了修订。

本标准由国家质量监督检验检疫总局、人力资源和社会保障部、国家统计局共同提出。

本标准由全国信息分类与编码标准化技术委员会归口。

本标准起草单位：中国标准化研究院、人力资源和社会保障部职业能力建设司、中国就业培训技术指导中心、人力资源和社会保障部信息中心、国家统计局人口和就业统计司。

本标准主要起草人：张爱、赵艳华、刘晓沙、孟庆普、戴北、陈蕾、刘新昌、张铭。

本标准所代替标准的历次版本发布情况为：

——GB/T 6565—1986，GB/T 6565—1999。

职 业 分 类 与 代 码

1 范围

本标准规定了我国职业的分类结构、类别、代码及说明。

本标准适用于按职业分类的各种普查、调查统计及行政管理和国内外信息交流等。

2 术语和定义

下列术语和定义适用于本标准。

职业 occupation

从业人员为获取主要生活来源所从事的社会性工作的类别。

3 职业分类原则

按从业人口本人所从事工作性质的同一性进行分类。

4 职业分类及编码方法

4.1 职业分类

划分为大类、中类、小类三层。其中大类8个,中类65个,小类410个。

8个大类的排列顺序及名称如下:

第一大类:国家机关、党群组织、企业、事业单位负责人

第二大类:专业技术人员

第三大类:办事人员和有关人员

第四大类:商业、服务业人员

第五大类:农、林、牧、渔、水利业生产人员

第六大类:生产、运输设备操作人员及有关人员

第七大类:军人

第八大类:不便分类的其他从业人员

4.2 代码结构

除第七、第八大类采用字母表示外,其他均用数字表示。第一位表示大类;第二位表示中类;第三位表示小类。大类和中类之间用短线"-"隔开,以示区别。

4.3 编码方法

第一大类用0表示;第二大类用1/2表示,占1、2两个数字;第三、四、五大类分别占用3、4、5一个数字;第六大类用6/7/8/9表示,占用6、7、8、9四个数字;第七大类用字母X表示;第八大类用字母Y表示。

5 使用说明

5.1 同时从事一种以上职业的人员,以劳动时间较长的为其职业;如不能确定时间长短者,以经济收入较多的为其职业。在同一工作场所,从事一种以上职业的人员,以其技术性较高的工作为职业。

5.2 学徒工应按其所学习和从事的工作种类进行划分。

5.3 具有各类专业技术职务的人员，同时担任行政负责人的，按行政职务归类。

5.4 对同时担任党和行政职务的领导干部，按主要职务归类。

6 职业分类与代码及说明

职业分类与代码表见表1。

职业分类与代码说明见表2。

表1 职业分类与代码表

代码	分类名称
0	**国家机关、党群组织、企业、事业单位负责人**
0-1	中国共产党中央委员会和地方各级组织负责人
0-10	中国共产党中央委员会和地方各级组织负责人
0-2	国家机关及其工作机构负责人
0-21	国家权力机关及其工作机构负责人
0-22	人民政协及其工作机构负责人
0-23	人民法院负责人
0-24	人民检察院负责人
0-25	国家行政机关及其工作机构负责人
0-29	其他国家机关及其工作机构负责人
0-3	民主党派和社会团体及其工作机构负责人
0-31	民主党派负责人
0-32	工会、共青团、妇联、其他人民团体及其工作机构负责人
0-33	群众自治组织负责人
0-39	其他社会团体及其工作机构负责人
0-4	事业单位负责人
0-41	教育教学单位负责人
0-42	卫生单位负责人
0-43	科研单位负责人
0-49	其他事业单位负责人
0-5	企业负责人
0-50	企业负责人
1/2	**专业技术人员**
1-1/1-2	科学研究人员
1-11	哲学研究人员
1-12	经济学研究人员
1-13	法学研究人员
1-14	社会学研究人员
1-15	教育科学研究人员
1-16	文学、艺术研究人员
1-17	图书馆学、情报学研究人员
1-18	历史学研究人员

表 1（续）

代 码	分 类 名 称
1-19	管理科学研究人员
1-21	数学研究人员
1-22	物理学研究人员
1-23	化学研究人员
1-24	天文学研究人员
1-25	地球科学研究人员
1-26	生物科学研究人员
1-27	农业科学研究人员
1-28	医学研究人员
1-29	其他科学研究人员
1-3/1-4/1-5/1-6	工程技术人员
1-31	地质勘探工程技术人员
1-32	测绘工程技术人员
1-33	矿山工程技术人员
1-34	石油工程技术人员
1-35	冶金工程技术人员
1-36	化工工程技术人员
* 1-37	机械工程技术人员
1-38	兵器工程技术人员
1-39	航空工程技术人员
1-41	航天工程技术人员
1-42	电子工程技术人员
1-43	通信工程技术人员
* 1-44	计算机与应用工程技术人员
* 1-45	电气工程技术人员
1-46	电力工程技术人员
1-47	邮政工程技术人员
* 1-48	广播、电影、电视工程技术人员
1-49	交通工程技术人员
1-51	民用航空工程技术人员
1-52	铁路工程技术人员
* 1-53	建筑工程技术人员
1-54	建材工程技术人员
* 1-55	林业工程技术人员
1-56	水利工程技术人员
1-57	海洋工程技术人员
1-58	水产工程技术人员

表 1(续)

代　码	分 类 名 称
*1-59	纺织工程技术人员
*1-61	食品工程技术人员
1-62	气象工程技术人员
1-63	地震工程技术人员
*1-64	环境保护工程技术人员
*1-65	安全工程技术人员
1-66	标准化、计量、质量工程技术人员
*1-67	管理(工业)工程技术人员
1-69	其他工程技术人员
1-7	农业技术人员
*1-71	土壤肥料技术人员
1-72	植物保护技术人员
1-73	园艺技术人员
1-74	作物遗传育种栽培技术人员
1-75	兽医、兽药技术人员
1-76	畜牧与草业技术人员
1-79	其他农业技术人员
1-8	飞机和船舶技术人员
1-81	飞行人员和领航人员
1-82	船舶指挥和引航人员
1-89	其他飞机和船舶技术人员
1-9	卫生专业技术人员
1-91	西医医师
1-92	中医医师
1-93	中西医结合医师
1-94	民族医生
*1-95	公共卫生医师
1-96	药剂人员
1-97	医疗技术人员
1-98	护理人员
1-99	其他卫生专业技术人员
2-1	经济业务人员
2-11	经济计划人员
*2-12	统计人员
2-13	会计人员
2-14	审计人员
*2-15	国际商务人员

表 1（续）

代　码	分 类 名 称
2-19	其他经济业务人员
2-2	金融业务人员
2-21	银行业务人员
2-22	保险业务人员
* 2-23	证券业务人员
2-29	其他金融业务人员
2-3	法律专业人员
2-31	法官
2-32	检察官
2-33	律师
2-34	公证员
2-35	司法鉴定人员
2-36	书记员
2-39	其他法律专业人员
2-4	教学人员
2 41	高等教育教师
2-42	中等职业教育教师
2-43	中学教师
2-44	小学教师
2-45	幼儿教师
2-46	特殊教育教师
2-49	其他教学人员
2-5	文学艺术工作人员
2-51	文艺创作和评论人员
2-52	编导和音乐指挥人员
2-53	演员
2-54	乐器演奏员
* 2-55	电影、电视制作及舞台专业人员
2-56	美术专业人员
* 2-57	工艺美术专业人员
2-59	其他文学艺术工作人员
2-6	体育工作人员
2-60	体育工作人员
2-7	新闻出版、文化工作人员
2-71	记者
* 2-72	编辑
2-73	校对员

表 1（续）

代码		分类名称
	2-74	播音员及节目主持人
	2-75	翻译
	2-76	图书资料与档案业务人员
	2-77	考古及文物保护工作人员
	2-79	其他新闻出版、文化工作人员
2-8		宗教职业者
	2-80	宗教职业者
2-9		其他专业技术人员
	2-90	其他专业技术人员
3		**办事人员和有关人员**
3-1		行政办公人员
	3-11	行政业务人员
	* 3-12	行政事务人员
	3-19	其他行政办公人员
3-2		安全保卫和消防人员
	3-21	人民警察
	3-22	治安保卫人员
	3-23	消防人员
	3-29	其他安全保卫和消防人员
3-3		邮政和电信业务人员
	3-31	邮政业务人员
	3-32	电信业务人员
	3-33	电信通信传输业务人员
	3-39	其他邮政和电信业务人员
3-9		其他办事人员和有关人员
	3-90	其他办事人员和有关人员
4		**商业、服务业人员**
4-1		购销人员
	4-11	营业人员
	4-12	推销、展销人员
	4-13	采购人员
	4-14	拍卖、典当及租赁业务人员
	* 4-15	废旧物资回收利用人员
	4-16	粮油管理人员
	4-17	商品监督和市场管理人员

表 1（续）

代　码	分　类　名　称
4-19	其他购销人员
4-2	仓储人员
* 4-21	保管人员
4-22	储运人员
4-29	其他仓储人员
4-3	餐饮服务人员
4-31	中餐烹饪人员
4-32	西餐烹饪人员
* 4-33	调酒和茶艺人员
4-34	营养配餐人员
4-35	餐厅服务人员
* 4-39	其他餐饮服务人员
4-4	饭店、旅游及健身娱乐场所服务人员
4-41	饭店服务人员
4-42	旅游及公共游览场所服务人员
* 4-43	健身和娱乐场所服务人员
* 4-49	其他饭店、旅游及健身娱乐场所服务人员
4-5	运输服务人员
4-51	公路、道路运输服务人员
4-52	铁路客货运输服务人员
* 4-53	航空运输服务人员
4-54	水上运输服务人员
4-59	其他运输服务人员
4-6	医疗卫生辅助服务人员
* 4-60	医疗卫生辅助服务人员
4-7/4-8	社会服务和居民生活服务人员
* 4-71	社会中介服务人员
* 4-72	物业管理人员
* 4-73	供水、供热及生活燃料供应服务人员
* 4-74	美容美发人员
4-75	摄影服务人员
4-76	验光配镜人员
4-77	洗染织补人员
4-78	浴池服务人员
4-79	印章刻字人员
* 4-81	日用机电产品维修人员
4-82	办公设备维修人员

表 1（续）

代　　码	分　类　名　称
＊4-83	保育、家庭服务人员
4-84	环境卫生人员
4-85	殡葬服务人员
＊4-89	其他社会服务和居民生活服务人员
4-9	其他商业、服务业人员
4-90	其他商业、服务业人员
5	**农、林、牧、渔、水利业生产人员**
5-1	种植业生产人员
＊5-11	大田作物生产人员
5-12	农业实验人员
5-13	园艺作物生产人员
5-14	热带作物生产人员
5-15	中药材生产人员
5-16	农副林特产品加工人员
5-19	其他种植业生产人员
5-2	林业生产及野生动植物保护人员
＊5-21	营造林人员
5-22	森林资源管护人员
5-23	野生动植物保护及自然保护区人员
5-24	木材采运人员
5-29	其他林业生产及野生动植物保护人员
5-3	畜牧业生产人员
＊5-31	家畜饲养人员
5-32	家禽饲养人员
5-33	蜜蜂饲养人员
5-34	实验动物饲养人员
＊5-35	动物疫病防治人员
5-36	草业生产人员
5-39	其他畜牧业生产人员
＊5-4	渔业生产人员
＊5-41	水产养殖人员
5-42	水产捕捞及有关人员
5-43	水产品加工人员
5-49	其他渔业生产人员
5-5	水利设施管理养护人员
＊5-51	河道、水库管养人员

表 1（续）

代　码	分 类 名 称
5-52	农田灌排工程建设管理维护人员
5-53	水土保持作业人员
5-54	水文勘测作业人员
5-59	其他水利设施管理养护人员
5-9	其他农、林、牧、渔、水利业生产人员
5-91	农林专用机械操作人员
* 5-92	农村能源开发利用人员
6/7/8/9	**生产、运输设备操作人员及有关人员**
6-1	勘测及矿物开采人员
6-11	地质勘查人员
* 6-12	测绘人员
6-13	矿物开采人员
6-14	矿物处理人员
6-15	钻井人员
6-16	石油、天然气开采人员
* 6-17	盐业生产人员
6-19	其他勘测及矿物开采人员
6-2/6-3	金属冶炼、轧制人员
6-21	炼铁人员
6-22	炼钢人员
6-23	铁合金冶炼人员
6-24	重有色金属冶炼人员
6-25	轻有色金属冶炼人员
6-26	稀贵金属冶炼人员
6-27	半导体材料制备人员
6-28	金属轧制人员
6-29	铸铁管人员
6-31	炭素制品生产人员
6-32	硬质合金生产人员
6-39	其他金属冶炼、轧制人员
6-4/6-5	化工产品生产人员
6-41	化工产品生产通用工艺人员
6-42	石油炼制生产人员
* 6-43	煤化工生产人员
6-44	化学肥料生产人员
6-45	无机化工产品生产人员

表 1（续）

代　　码	分 类 名 称
6-46	基本有机化工产品生产人员
6-47	合成树脂生产人员
6-48	合成橡胶生产人员
6-49	化学纤维生产人员
6-51	合成革生产人员
6-52	精细化工产品生产人员
6-53	信息记录材料生产人员
6-54	火药、炸药制造人员
6-55	林产化工产品生产人员
6-56	复合材料加工人员
6-57	日用化学品生产人员
6-59	其他化工产品生产人员
6-6	机械制造加工人员
6-61	机械冷加工人员
6-62	机械热加工人员
6-63	特种加工设备操作人员
6-64	冷作钣金加工人员
6-65	工件表面处理加工人员
6-66	磨料磨具制造加工人员
6-67	航天器件加工成型人员
*6-69	其他机械制造加工人员
6-7/6-8/6-9	机电产品装配人员
6-71	基础件、部件装配人员
*6-72	机械设备装配人员
6-73	动力设备装配人员
6-74	电气元件及设备装配人员
6-75	电子专用设备装配调试人员
6-76	仪器仪表装配人员
*6-77	运输车辆装配人员
6-78	膜法水处理设备制造人员
6-79	医疗器械装配及假肢与矫形器制作人员
*6-81	日用机械电器制造装配人员
6-82	五金制品制作、装配人员
6-83	装甲车辆装试人员
6-84	枪炮制造人员
6-85	弹制造人员
6-86	引信加工制造人员

表 1（续）

代　　码	分　类　名　称
6-87	火工品制造人员
6-88	防化器材制造人员
6-89	船舶制造人员
6-91	航空产品装配与调试人员
6-92	航空产品试验人员
6-93	导弹卫星装配测试人员
6-94	火箭发动机装配试验人员
6-95	航天器结构强度、温度、环境试验人员
6-96	靶场试验人员
6-99	其他机电产品装配人员
7-1	机械设备修理人员
*7-11	机械设备维修人员
7-12	仪器仪表修理人员
7-13	民用航空器维修人员
*7-19	其他机械设备修理人员
7-2	电力设备安装、运行、检修及供电人员
7-21	电力设备安装人员
*7-22	发电运行值班人员
*7-23	输电、配电、变电设备值班人员
*7-24	电力设备检修人员
*7-25	供用电人员
*7-26	生活、生产电力设备安装、操作、修理人员
7-29	其他电力设备安装、运行、检修及供电人员
7-3	电子元器件与设备制造、装配、调试及维修人员
7-31	电子器件制造人员
*7-32	电子元件制造人员
*7-33	电池制造人员
*7-34	电子设备装配、调试人员
*7-35	电子产品维修人员
7-39	其他电子元器件与设备制造、装配、调试及维修人员
7-4	橡胶和塑料制品生产人员
7-41	橡胶制品生产人员
7-42	塑料制品加工人员
7-49	其他橡胶和塑料制品生产人员
7-5	纺织、针织、印染人员
7-51	纤维预处理人员
7-52	纺纱人员

表 1（续）

代 码	分 类 名 称
7-53	织造人员
7-54	针织人员
7-55	印染人员
7-59	其他纺织、针织、印染人员
7-6	裁剪、缝纫和皮革、毛皮制品加工制作人员
7-61	裁剪、缝纫人员
7-62	鞋帽制作人员
7-63	皮革、毛皮加工人员
7-64	缝纫制品再加工人员
7-69	其他裁剪、缝纫和皮革、毛皮制品加工制作人员
7-7	粮油、食品、饮料生产加工及饲料生产加工人员
7-71	粮油生产加工人员
7-72	制糖和糖制品加工人员
7-73	乳品、冷食品及罐头、饮料制作人员
7-74	酿酒、食品添加剂及调味品制作人员
7-75	粮油食品制作人员
* 7-76	屠宰加工人员
7-77	肉、蛋食品加工人员
7-78	饲料生产加工人员
7-79	其他粮油、食品、饮料生产加工及饲料生产加工人员
7-8	烟草及其制品加工人员
7-81	原烟复烤人员
7-82	卷烟生产人员
7-83	烟用醋酸纤维丝束滤棒制作人员
7-89	其他烟草及其制品加工人员
7-9	药品生产人员
7-91	合成药物制造人员
7-92	生物技术制药(品)人员
7-93	药物制剂人员
7-94	中药制药人员
7-99	其他药品生产人员
8-1	木材加工、人造板生产、木制品制作及制浆、造纸和纸制品生产加工人员
* 8-11	木材加工人员
8-12	人造板生产人员
8-13	木材制品制作人员
8-14	制浆人员
8-15	造纸人员

表 1（续）

代　码	分　类　名　称
8-16	纸制品制作人员
8-19	其他木材加工、人造板生产、木制品制作及制浆、造纸和纸制品生产加工人员
8-2	建筑材料生产加工人员
*8-21	水泥及水泥制品生产加工人员
*8-22	墙体屋面材料生产人员
8-23	建筑防水密封材料生产人员
8-24	建筑保温及吸音材料生产人员
8-25	装饰石材生产人员
8-26	非金属矿及其制品生产加工人员
8-27	耐火材料生产人员
8-29	其他建筑材料生产加工人员
8-3	玻璃、陶瓷、搪瓷及其制品生产加工人员
8-31	玻璃熔制人员
8-32	玻璃纤维及其制品生产人员
8-33	石英玻璃制品加工人员
8-34	陶瓷制品生产人员
8-35	搪瓷制品生产人员
8-39	其他玻璃、陶瓷、搪瓷及其制品生产加工人员
8-4	广播影视制品制作、播放及文物保护作业人员
8-41	影视制品制作人员
8-42	音像制品制作、复制人员
8-43	广播影视舞台设备安装调试及运行操作人员
8-44	电影放映人员
8-45	文物保护作业人员
8-49	其他广播影视制品制作、播放及文物保护作业人员
8-5	印刷人员
*8-51	印前处理人员
8-52	印刷操作人员
8-53	印后制作人员
8-59	其他印刷人员
8-6	工艺、美术品制作人员
8-61	珠宝首饰加工制作人员
8-62	地毯制作人员
8-63	玩具制作人员
8-64	漆器工艺品制作人员
8-65	抽纱、刺绣工艺品制作人员
8-66	金属工艺品制作人员

表 1（续）

代　　码	分　类　名　称
8-67	雕刻工艺品制作人员
8-68	美术品制作人员
8-69	其他工艺、美术品制作人员
8-7	文化教育、体育用品制作人员
8-71	文教用品制作人员
8-72	体育用品制作人员
8-73	乐器制作人员
8-79	其他文化教育、体育用品制作人员
8-8/8-9	工程施工人员
8-81	土石方施工人员
8-82	砌筑人员
8-83	混凝土配制及制品加工人员
8-84	钢筋加工人员
8-85	施工架子搭设人员
8-86	工程防水人员
8-87	装饰、装修人员
8-88	古建筑修建人员
8-89	筑路、养护、维修人员
8-91	工程设备安装人员
8-99	其他工程施工人员
9-1	运输设备操作人员及有关人员
9-11	公(道)路运输机械设备操作及有关人员
*9-12	铁路、地铁运输机械设备操作及有关人员
9-13	民用航空设备操作及有关人员
9-14	水上运输设备操作及有关人员
9-15	起重装卸机械操作及有关人员
9-19	其他运输设备操作人员及有关人员
9-2	环境监测与废物处理人员
9-21	环境监测人员
9-22	海洋环境调查与监测人员
9-23	废物处理人员
9-29	其他环境监测与废物处理人员
9-3	检验、计量人员
*9-31	检验人员
9-32	航空产品检验人员
9-33	航天器检验、测试人员
9-34	计量人员

表 1（续）

代码		分类名称
	9-39	其他检验、计量人员
9-9		其他生产、运输设备操作人员及有关人员
	9-91	包装人员
	9-92	机泵操作人员
	9-93	简单体力劳动人员
X		**军人**
X-0		军人
	X-00	军人
Y		**不便分类的其他从业人员**
Y-0		不便分类的其他从业人员
	Y-00	不便分类的其他从业人员

表 2 职业分类与代码说明

职业分类	说明
0 国家机关、党群组织、企业、事业单位负责人	指在中国共产党中央委员会和地方各级党组织，各级人民代表大会常务委员会，人民政协，人民法院，人民检察院，国家行政机关，各民主党派，工会、共青团、妇联等人民团体，群众自治组织和其他社团组织及其工作机构，企业、事业单位中担任领导职务并具有决策、管理权的人员
0-1 中国共产党中央委员会和地方各级组织负责人	指中国共产党中央委员会和地方各级组织中任领导职务的人员
0-10 中国共产党中央委员会和地方各级组织负责人	
0-2 国家机关及其工作机构负责人	指在各级人民代表大会常务委员会、人民政协、人民法院、人民检察院、国家行政机关及其工作机构中担任领导职务并具有决策、管理权的人员
0-21 国家权力机关及其工作机构负责人	指在各级人民代表大会及常务委员会及其工作机构中担任领导职务并具有决策、管理权的人员
0-22 人民政协及其工作机构负责人	指在各级人民政协及其工作机构中担任领导职务并具有决策、管理权的人员
0-23 人民法院负责人	指在最高人民法院、地方各级人民法院以及专门人民法院中担任领导职务并具有决策、管理权的人员
0-24 人民检察院负责人	指在最高人民检察院、地方各级人民检察院和军事检察院等担任领导职务并具有决策、管理权的人员
0-25 国家行政机关及其工作机构负责人	指在各级国家行政机关及其工作机构中担任领导职务并具有决策、管理权的人员

表 2（续）

职 业 分 类	说 明
0-29 其他国家机关及其工作机构负责人	指不属于 0-21 至 0-25 小类的国家机关及其工作机构负责人
0-3 民主党派和社会团体及其工作机构负责人	指在各民主党派、工会、共青团、妇联等人民团体，群众自治组织和其他社会团体及其工作机构中担任领导职务并具有决策、管理权的人员
0-31 民主党派负责人	指在各民主党派各级组织机构中担任领导职务并具有决策、管理权的人员
0-32 工会、共青团、妇联、其他人民团体及其工作机构负责人	指在工会、共青团、妇联和其他人民团体各级组织及其工作机构中担任领导职务的专职人员
0-33 群众自治组织负责人	指在居民委员会或村民委员会担任领导职务的人员
0-39 其他社会团体及其工作机构负责人	指不属于 0-31 至 0-33 小类的民主党派和社会团体及其工作机构负责人
0-4 事业单位负责人	指在事业单位及其工作部门中担任领导职务并具有决策、管理权的人员
0-41 教育教学单位负责人	指从事高等学校、中等职业教育学校、中学、小学和其他教育教学单位及其工作部门中担任领导职务并具有决策、管理权的人员
0-42 卫生单位负责人	指在医疗卫生、预防保健、康复、健康教育、采供血机构等卫生机构及其工作部门担任领导职务并具有决策、管理权的人员
0-43 科研单位负责人	指在科研单位及其工作部门中担任领导职务并具有决策、管理权的人员
0-49 其他事业单位负责人	指不属于 0-41 至 0-43 小类的事业单位负责人
0-5 企业负责人	指在企业及其职能部门中担任领导职务并具有决策、管理权的人员。包括：企业董事、企业经理、企业职能部门经理或主管
0-50 企业负责人	
1/2 专业技术人员	指专门从事各种科学研究和专业技术工作的人员。从事本类职业工作的人员，一般都要求接受过系统的专业教育，具备相应的专业理论知识，并且按规定的标准条件评聘专业技术职务，以及未聘任专业技术职务，但在专业技术岗位上工作的人员
1-1/1-2 科学研究人员	指专门从事社会科学和自然科学研究工作的人员
1-11 哲学研究人员	指从事自然、社会与思维的一般规律研究的人员。包括：哲学理论、世界哲学、中国哲学、外国哲学、逻辑学、伦理学、美学、心理学、无神论、宗教学等研究工作的人员
1-12 经济学研究人员	指从事经济学理论研究，运用经济学原理对经济问题提出解决办法的人员。包括：数理经济学、计量经济学、金融经济学、工业经济学、农业经济学、价格经济学、税务经济学、国际贸易经济学、劳动经济学、发展经济学、制度经济学等研究工作的人员
1-13 法学研究人员	指从事法学理论、法学史及宪法、刑法、民法、诉讼法、国际法等研究工作的人员
1-14 社会学研究人员	指从事人类社会的起源、发展、结构、社会模式及其相互关系等研究的人员。包括：社会学理论、社会发展和变迁、社会结构、社会关系、社会调查、社会分析、社会问题、社会与政治、民族学、人口学等研究工作的人员
1-15 教育科学研究人员	指从事教育科学理论研究、教育科学应用研究的人员。包括：教育哲学、教育与其他科学的关系、教育社会学、教育经济学、教育学派、教育学史、教育思想史、教育学现状、思想政治教育、德育、教学理论、教育工艺学、教育心理学、教育行政学、学校管理、世界各国教育状况、教育政策、教育制度等研究工作的人员

表 2（续）

职业分类	说明
1-16　文学、艺术研究人员	指从事文学、艺术理论、文艺美学和新闻学等研究的人员。包括：文学理论、艺术理论、世界各国文化事业概况、中国语言学、外国语言学、中国文学史、外国文学史、艺术学、文艺美学、新闻学等研究工作的人员
1-17　图书馆学、情报学研究人员	指从事图书馆的组织与管理和图书、情报资料的选择与利用等理论研究的人员。包括：图书分类、编目方法、文献检索方法、科技情报和其他情报基础及方法等研究工作的人员
1-18　历史学研究人员	指从事过去人类活动的断代、区域和专题研究的人员。包括：史学理论、中国史、世界史、五大洲史、传记、考古学、风俗习惯、民族史、党史等研究工作的人员
1-19　管理科学研究人员	指从事社会各类组织及其活动管理的资源、环境、战略和机制的理论与方法研究的人员
1-21　数学研究人员	指从事数学理论研究，开发和改进数学方法，运用数学原理和技术解答科学研究、工程设计、计算机应用等领域专门问题的人员。包括：数学史、概率论、数理逻辑与数学基础、数理统计数学、代数几何学、统筹学、几何学、组合数学、拓扑学、离散数学、数学分析、模糊数学、非标准分析、应用数学、函数论、数学其他学科、常微分方程、系统学、偏微分方程、控制理论、动力系统、系统评估与可行性分析、积分方程、系统工程方法论、泛函分析、系统工程、计算数学、信息科学与系统科学等研究工作的人员
1-22　物理学研究人员	指从事力、热、光、声、电磁、原子、分子、基本粒子等物理现象的研究人员。包括：高能和粒子物理，凝聚态物理，原子能、核物理、声学等离子体物理，力学，原子能和分子物理，理论物理，光学，物理学的其他领域等研究工作的人员
1-23　化学研究人员	指从事有机化学、无机化学、物理化学、分析化学、核化学、化学物理学、高分子化学、化学工程学等理论研究与应用研究工作的人员
1-24　天文学研究人员	指从事银河系、星系、太阳和其他恒星、行星、卫星等天文现象研究的人员。包括：恒星物理、天体测量、星系物理、天体力学、宇宙学、天文地球动力学、太阳物理和太阳系、人造卫星动力学、射电天文、时频、空间天文、天文仪器、理论天体物理、天文史学等研究工作的人员
1-25　地球科学研究人员	指从事地球物理学、地球化学、地质学、地理学、海洋科学、大气科学等研究工作的人员
1-26　生物科学研究人员	指从事生命现象和生命过程的理论研究及应用研究的人员。包括：生物化学、生物物理学、生物数学、细胞生物学、生理学、发育生物学、古生物学、遗传学、放射生物学、分子生物学、生物进化论、生态学、神经生物学、植物学、昆虫学、动物学、微生物学、病毒学、人类学、生物工程等研究工作的人员
1-27　农业科学研究人员	指从事农、林、牧、渔、水利业的基础研究和应用研究的人员
1-28　医学研究人员	指从事基础医学、临床医学、预防医学、口腔医学、特种医学、药学以及中国传统医药学、中西医结合研究的人员
1-29　其他科学研究人员	指不属于1-11至1-28小类的科学研究人员
1-3/1-4/1-5/1-6　工程技术人员	指应用科学知识于矿物勘探和开采、产品开发、设计和制造，建筑、交通、通讯及其他工程规划、设计施工等工程技术人员。担任国家机关、党群组织、企事业单位负责人的技术人员归入0大类

表 2（续）

职 业 分 类	说 明
1-31 地质勘探工程技术人员	指从事探测地球的内部结构、组分、构造特征和地层分布，绘制地质图件，确定石油、天然气、煤及其他金属与非金属矿床位置、储量及开发价值的工程技术人员。 地质勘查工程包括：区域地质调查、矿产调查、钻探工程、勘探掘进工程、地球深部探测、矿产地质及勘探、煤田地质及勘探、石油天然气地质及勘探、放射性矿产地质、地球物理勘探、地球物理测井、找矿地球化学、海洋地质、海洋矿产、工程地质、水文地质、地震地质、遥感地质、铁道工程地质、岩矿分析、地球物理仪器操作、地质仪器操作等
1-32 测绘工程技术人员	指从事对地球整体及其表面和外层空间中的各种自然和人造物体与空间分布有关的信息采集、处理、存储、分析、管理、更新及利用的工程技术人员。包括：大地测量、工程测量、摄影测量与遥感、地图制图与印刷、海洋测绘等工程技术人员
1-33 矿山工程技术人员	指从事采矿、选矿与矿物生产加工工艺的开发、设计，进行生产的工程技术人员。包括：矿山、选矿厂、技术开发、技术检测和成果推广，矿产开发，矿山工程设计、选矿厂设计，矿山工程施工技术、设备安装，矿山生产、开拓、掘进、剥离、灾害防治、选矿厂生产、矿产资源综合开发等工程技术人员
1-34 石油工程技术人员	指从事石油、天然气钻井及开采技术研究和石油天然气储运系统规划设计和运行技术人员
1-35 冶金工程技术人员	指从事金属矿物冶炼、金属轧制、焦化及金属材料、耐火材料、炭素材料的工艺技术研究、设计和生产的工程技术人员
1-36 化工工程技术人员	指从事化学工业产品生产的工艺实验、工艺设计和生产技术组织的工程技术人员。化工实验工程是指使用仪器和仪表进行化学品制造过程中工艺改进和新产品开发等实验；化工设计工程是指使用设计工具和计算机，进行化学品生产的化工工艺设计；化工生产工程技术人员是指从事化学品生产过程的技术指导等工作的人员
*1-37 机械工程技术人员	指从事机械设计、机械制造、仪器仪表设计制造和设备管理等工程技术人员。 机械产品包括：机械设备、零部件和工具等产品 机械设备包括：机械加工机械、石油机械、化工机械、动力机械、农业机械、林业机械、工程机械、矿山机械、冶金机械、起重运输机械、汽车、机车车辆、纺织机械、轻工机械、印刷机械、粮食机械、食品机械、包装机械、商业机械、建筑机械、建材机械、医学设备、通用机械及其他专用机械等各类机械(设备)
1-38 兵器工程技术人员	指从事兵器装备的研究、设计、制造、技术开发和推广的工程技术人员。 军事工程包括：装甲车辆的研究、设计、制造、工艺、试验、测试；陆海空三军各种火炮系统，随动系统和各种军用、民用枪械研究、设计、制造、工艺、试验、测试；弹箭、制导兵器、引信、火工品研究、设计、制造、工艺、试验、测试；军用工程光学、火控系统、野战指挥系统、战术制导控制系统、军用激光、军用红外、微光夜视、专用光学材料的研究、设计、制造、工艺、装备、试验及检测等
1-39 航空工程技术人员	指从事飞机及飞机发动机设计、制造的工程技术人员。 飞机包括：总体、气动系统，飞控系统，结构与强度系统，功能保障系统以及仪表、电子、武器火控系统 飞机发动机包括：发动机气动热力系统，结构与强度系统，发动机控制系统，发动机试验与测试系统

表 2（续）

职　业　分　类	说　　明
1-41　航天工程技术人员	指从事导弹、运载火箭、航天器系统工程，航天控制系统工程，航天发动机与推进技术，航天电子、信息工程，航天发射与保障系统，航天材料、制造工程研制的工程技术人员
1-42　电子工程技术人员	指从事电子材料、电子元器件、微电子、雷达系统工程、广播视听设备、电子仪器等研究、设计、制造和使用维护的工程技术人员
1-43　通信工程技术人员	指从事光纤通信、卫星通信、数字微波通信、无线和移动通信以及通信交换系统和综合业务数字网(ISDN)以及综合网和有线传输系统的研究、开发、设计、制造和使用维护的工程技术人员。 通信工程包括：研究、开发、设计、生产、使用、维护光纤通信装备与系统、光缆、单模激光器、光端集成等；卫星系统与装备、卫星地面站、卫星转发器星上系统、小型可移动卫星通信装备与系统等；使用维护数字微波通信装备与系统、微波通信接力站、无人测守监测系统等；维护无线和移动通信系统与装备、无线寻呼系统、无绳电话、数字蜂窝移动通信系统等；维护通信交换系统总体设计、软件开发、装备生产、窄带 ISDN 组网技术、传真机等；综合业务数字网系统、网络接口技术与装配、数字终端设备、宽带 B-ISDN 模型、电子数据交换(EDI)系统等
*1-44　计算机与应用工程技术人员	指从事研究、设计、开发、调试、集成、维护和管理计算机硬件、软件、网络以及系统分析的工程技术人员。 计算机与应用工程包括：计算机硬件技术研究、设计、开发、调试、集成、维护和管理；计算机系统软件和应用软件研究、设计、开发、测试、集成、维护和管理；计算机网络和计算机通信技术研究、设计、开发、安装、集成、调试、维护和管理；计算机系统分析和计算机应用系统分析，并提出相应解决方案；<u>多媒体作品的制作、数字视频(DV)策划制作、网络课件设计、可编程序控制系统设计、数控程序设计、电子音乐制作等</u>
*1-45　电气工程技术人员	指从事研究、开发、设计、制造、试验电机与电器、电力拖动与自动控制系统及装置、电线电缆与电工材料等的工程技术人员。 电气工程包括：电机与电器产品的研究、开发、设计、制造、试验、新技术推广与应用；电力拖动技术、电力电子技术和自动控制系统及装置的研究、开发、设计、制造、试验、新技术推广与应用；<u>照明设计与制作、</u>电线电缆与电工材料的研究、开发、设计、制造、试验、新技术推广与应用等
1-46　电力工程技术人员	指从事电站与电力系统的研究、开发、设计、安装、运行、检修、管理的工程技术人员。包括：研究、开发、设计电站和发电设备的规划与发展及发电设备的安装、运行、检修等；研究、开发、设计、输变电系统和设备的规划与发展及输变电设备的安装、运行、检修、试验和电力网调度等；研究、开发供用电营业及管理的技术人员
1-47　邮政工程技术人员	指从事邮件处理、邮政信息处理、邮政局所和网路建设的工程技术人员。 邮政工程技术人员所从事的工作包括：设计邮件处理中心工艺流程，配置设备，进行工程建设；研究、设计、开发、维护、计量与检测邮件传递和邮政专用运载设备器具，并进行相关软件的研究与开发；邮政业务处理、生产运行、指挥调度的计算机网络和组织协调各类信息的采集、存储、处理和通信、网管网控、邮政生产作业监视与控制系统的研究设计、开发生产、安装调测与运行维护，以及信息处理软科学研究；邮政网路体制、技术标准、技术规范和网路规划编制、可行性论证与估计、网路运行、网路质量检测及其邮政网路建设软科学研究

表 2（续）

职业分类	说明
*1-48 广播、电影、电视工程技术人员	指从事广播、电视节目编播、信号传输和电影制作工艺设计及设备配制安装等工程技术人员。 广播、电影、电视工程包括：广播节目制作、播控工作的值班运行、组织调度、节目录制、合成、制作、节目存贮；广播工艺流程设计、设备配置；电视节目制作组织调度、节目摄制、合成、音频、视频、数字视频合成，以及节目和磁带的处理、存贮，电视工艺流程、系统设计、设备配置；广播电视发送、广播电视天线与电波、广播电视节目传送、广播电视接收、监测、有线广播、有线电视；电影录音、特技与动画制作技术、照明技术，电影胶片洗印工艺控制、各种影像媒体加工、存贮，影像播映（显示）等
1-49 交通工程技术人员	指从事汽车运用、船舶运用、水上交通及海上救助打捞和船舶检验等的工程技术人员。包括：汽车安全运行、技术维护、技术性能检测、汽车修理与改装；船舶和海上实施及设备研究；水上安全监督管理、航海保障和水上安全通信；海上遇险（难）船舶、飞行器的生命财产的救助打捞工程及与其相关技术、装备研究、设计；船舶船体、动力系统、推进系统、操作系统、导航系统、自动控制系统、暖通与供水系统及其他机械电气，电子设备的设计、制造、总装及试航检验等工程技术人员
1-51 民用航空工程技术人员	指从事民用航空器维修与适航、空中交通管理、航行签派、通用航空生产等工程技术人员。 航空器维修与适航是指：民用航空器维修、改装及其质量控制、民用航空适航合格审查、适航检查和适航监督，民用航空器维修与适航专业应用研究和技术开发 航行是指：民用航空空中交通管制、航行情报、空中交通流量管理、空域管理、航空器运行性能管理及飞行签派，航空器飞行程序设计、空域规划，以及机场建设中有关空域、净空条件、通信导航设施布局等评估设计，航行专业应用研究和技术开发 通用航空是指：农林业航空、航空遥感、航空探矿、航空吊挂等生产技术研究和技术开发，通用航空专业设备研制、检测和技术开发
1-52 铁路工程技术人员	指从事铁路运营的研究、规划设计、生产制造、试验检测、维护保养的工程技术人员。 铁路工程主要包括：铁路运输、铁路机务、铁路车辆、铁路工务、铁路电务等 铁路运输包括：铁路运输组织、安全生产及客、货运营等 铁路机务包括：机车、铁路供电、列车牵引、铁路给排水等技术 铁路车辆包括：铁路客车、货车等车辆系统 铁路电务包括：铁路通信信号技术及设备
*1-53 建筑工程技术人员	指从事城镇规划设计，建（构）筑物、公园、道路、机场等建筑项目设计、建造及管理的工程技术人员。包括：城镇规划设计，建筑设计，普通土木建筑、风景园林、景观设计、道路与桥梁、港口与航道、机场、铁路、水利水电工程建筑、房地产策划等工程技术人员
1-54 建材工程技术人员	指从事建筑材料、非金属矿及制品、无机非金属新材料等产品的研究、设计、生产的工程技术人员。 硅酸盐工程包括：水泥、玻璃、陶瓷、建材行业用耐火材料及其他烧结制品、新型建筑材料 非金属矿制品包括：石棉、石膏、云母等 无机非金属新材料包括：复合材料（纤维增强树脂基复合材料）、玻璃纤维（包含特种玻璃纤维）、纤维制品，特种陶瓷、特种玻璃、人工晶体及其制品

表 2（续）

职业分类	说明
*1-55 林业工程技术人员	指从事林业生态环境建设、森林培育、园林绿化、花艺环境设计、天然林经营与保护、野生动物繁育、森林保护和森林开发、利用的工程技术人员
1-56 水利工程技术人员	指从事水资源勘测与开发及治河、泥沙治理的工程技术人员。包括:水资源、治河及泥沙治理工程技术人员
1-57 海洋工程技术人员	指从事海洋调查与监测,海洋环境预报,海洋资源开发利用与保护,海洋工程勘察设计、咨询与监理等工程技术人员。 海洋调查与检测包括:远海调查、近海调查、大洋调查、极区调查、海洋工程调查、专项调查工作及资料分析处理,海洋大地测量、航道测量、海洋工程测量、资料分析处理及海洋制图,海洋水文,海洋气象,海洋大气、水体、底质、生物体、海(极)冰等监测,海洋遥感遥测技术及应用 海洋信息与环境预报包括:海洋环境与资源的数据资料和图形图像处理、信息提取及编码规范、数据库与专家系统、海洋地理信息系统,海洋信息的采集、存贮、咨询,海流、海浪、潮汐、海温、海水、水上气象、风暴潮、海啸、赤潮、漂油、海岸侵蚀等海洋环境或海洋灾害的预报预警
1-58 水产工程技术人员	指从事水产养殖、渔业资源开发利用的工程技术人员。 水产工程包括:水生动、植物的培育与养殖的理论研究、开发、推广应用;渔业资源的调查、分析、养护、增殖及开发利用
*1-59 纺织工程技术人员	指从事纺纱、织造、染整等工艺开发、设计和生产的工程技术人员。包括:棉纺、丝织、毛麻纺织、绢纺、制丝、化纤纺织、纺织工程、针织工程、纺织材料、纺织面料、染整工程、印染技术等工程技术人员
*1-61 食品工程技术人员	指从事罐头食品、烘焙食品、发酵制品、饮料、乳品、糖果、糕点等食品的营养卫生研究及食品加工、储运、养护等工艺技术开发与应用的工程技术人员。 食品工程指粮食深加工(如淀粉制备及其改性、糕点、方便食品)、油脂、水果、糖果、坚果、蔬菜、肉禽、乳品、水产品、豆制品加工等 发酵工程指酿酒、传统发酵食品、新型发酵食品等 酿酒包括:酒精和啤酒 、葡萄酒、黄酒、白酒等酒类原料品种和生产菌种的选育、加工和酿酒工艺、过程控制和质量检验 传统发酵食品包括:传统发酵食品的菌种选育、发酵工艺、过程控制和质量检验、品酒 新型发酵制品包括:氨基酸、有机酸、酶制剂、酵母、淀粉糖和发酵法制食品添加剂的菌种选育、发酵、提取、过程控制和质量检验
1-62 气象工程技术人员	指从事大气特性、大气现象、大气运动以及气象环境、气候变化的探测、监测、研究、预报、预测和应用服务的工程技术人员。包括:对大气特性、天气现象和气候变化等进行观测;气象信息分析和研究、制作和向社会发布天气预报;气候变化和重大气候事件及其影响的监测、诊断和预测;气象学与有关专业相互关系的研究,并把气象学知识应用于有关专业的人员
1-63 地震工程技术人员	指从事地震理论和应用研究、防震减灾技术研究,以及地震监测和预报的工程技术人员。包括:地震观测、震情分析与预测、地震地质、地震实验技术、地震测深与测量、地震工程、震害评估的工程技术人员
*1-64 环境保护工程技术人员	指从事对环境状态和结构改变、环境质量下降、环境功能衰退等过程进行监督管理、调查研究、分析监测及对环境污染控制、治理与环境修复的工程技术人员。包括:对环境损害的预防控制、污染治理与环境修复;对环境质量状况及污染物排放进行监测性测定和预测预报;对水处理工程、大气污染控制工程、固体废物处理工程噪声、放射性改造工程等环境污染预防和控制工程等进行工艺设计、改进、设备研制、改装、调试运行、室内环境治理等工程技术人员

表 2（续）

职业分类	说明
*1-65 安全工程技术人员	指从事安全科学技术研究、开发与推广，安全工程设计施工，安全防范、安全生产运行控制，安全检测检验、监督监察、评估认证，事故调查分析与预测预防，安全工程专业教育与技术培训等工作的工程技术人员
1-66 标准化、计量、质量工程技术人员	指从事标准化和计量、质量的管理、监督、检验及其相关理论、技术与应用研究的工程技术人员。 标准化工作包括：标准化技术研究，标准化应用研究，国际标准、国家标准、行业标准、地方标准和企业标准的制定、修订、实施、监督与管理工作 计量工作包括：计量单位、计量基准、计量标准的研究，计量测试技术研究，计量、器具、标准物质的研制与开发，计量标准考核、计量认证 质量工作包括：质量检验技术研究，国内外质量管理动态和发展研究，产（商）品质量检验，验货检验、质量检验仪器和检验技术的开发，质量管理、质量认证、质量审核、质量咨询
*1-67 管理（工业）工程技术人员	指采用工程技术和经营管理等原理对人、物料、设备、能源和信息等资源组成的集成生产与服务系统进行研究、规划、设计、评价和创新等工程技术人员。包括：普通工业工程、工程项目管理、企业信息化管理、系统规划与管理、设施规划与设计、生产规划与控制、营销物流、商务策划、会展策划、品牌管理的工程技术人员
1-69 其他工程技术人员	指不属于1-31至1-67小类的工程技术人员
1-7 农业技术人员	指从事土壤肥料、植物保护、作物遗传育种、栽培和畜牧、兽医、农业技术指导等农业技术和技术指导工作的人员
*1-71 土壤肥料技术人员	指从事土壤、农田水利、植物营养、肥料应用技术等的研究与推广，提出农、林、牧、渔业生态环境改善方法的技术人员
1-72 植物保护技术人员	指从事植物病、虫、草、鼠等有害生物综合治理技术研究与推广、示范，提出保护农作物免受有害生物或其他有害物质危害的措施，减少作物损失，促进农业资源可持续发展的技术人员
1-73 园艺技术人员	指从事蔬菜、花卉、果树、茶叶等作物遗传资源、遗传育种、栽培及产后处理及高产、优质、高效、低耗种植技术的研究、示范、推广的人员
1-74 作物遗传育种栽培技术人员	指从事农作物品种遗传基理、育种方法、新品种栽培技术及其措施研究和推广的专业技术人员
1-75 兽医、兽药技术人员	指从事动物疫病预防、诊断、治疗技术，动物疫情监测，动物及动物产品的检疫、检验技术，兽用生物制品、化学药品、兽用抗生素、中药及药物添加剂等技术推广应用和监督管理的技术人员
1-76 畜牧与草业技术人员	指从事畜禽和特种经济动物和牧草、草坪的生产，品种资源保护，品种（品系）选育、改良、繁育，经营管理等技术的培训、推广及应用人员
1-79 其他农业技术人员	指不属于1-71至1-76小类的农业技术人员
1-8 飞机和船舶技术人员	指从事飞机与船舶驾驶、指挥、领航、引航、通信、设备运行保障等工作的技术人员
1-81 飞行人员和领航人员	指从事飞机驾驶和领航、通信和设备运行保障工作的技术人员。包括：飞机试飞、空中喷药、空中测量、空中照像、飞行训练等飞机的驾驶人员及飞机机械员、飞行通信员等
1-82 船舶指挥和引航人员	指从事船舶甲板部、轮机部的指挥、协调及引航等工作的技术人员。包括：船长、大副、二副、三副、引航员、轮机长、大管轮、二管轮、三管轮等
1-89 其他飞机和船舶技术人员	指不属于1-81至1-82小类的飞机和船舶技术人员

表 2（续）

职业分类	说明
1-9 卫生专业技术人员	指从事医疗、预防、康复、保健以及相关工作的专业技术人员
1-91 西医医师	指在医疗、预防、保健机构中使用现代医疗手段、药物及相关技术从事人体疾病的诊断、治疗、预防及康复各种疾病的专业人员。包括：内科医师、外科医师、妇产科医师、儿科医师、眼科医师、耳鼻喉科医师、口腔科医师、皮肤科医师、精神科医师、传染病医师、急诊医师、康复科医师、超声诊断医师、全科医师、妇幼保健医师等
1-92 中医医师	指在中医药阴阳五行、天人合一、四诊八纲、辩证施治等理论基础上，运用中医药特有的方法和手段，结合现代科学知识和技术，对人体进行疾病诊断、治疗、预防、保健和康复等工作的专业人员。包括：中医内科医师、中医外科医师、中医妇科医师、中医儿科医师、中医眼科医师、中医皮肤科医师、中医肛肠科医师、中医耳鼻喉科医师、针灸科医师、推拿（按摩）科医师等
1-93 中西医结合医师	指综合运用中、西医两种医学理论和相关技术方法，对人体进行疾病诊断、治疗、康复和预防工作，保护与增进人体健康的专业人员。包括：综合运用中、西医两种医学理论和技术进行诊断、治疗；指导或实施疾患的护理或康复、预防保健、治疗患者局部疾患的同时，进行整体治疗与调理等的专业人员等
1-94 民族医生	指运用我国少数民族特有的传统医药学理论和技术方法，结合现代科技手段，对人体进行疾病诊断、治疗、康复和预防工作，保护与增进人体健康的人员。包括：藏医、蒙医、维医、傣医、朝医、哈医和壮医等
*1-95 公共卫生医师	指运用预防医学理论和技术，进行卫生防病和公共卫生监督监测的专业人员。包括：流行病学医师、营养与食品卫生医师、环境卫生医师、职业病医师、劳动（职业）卫生医师、放射卫生医师、儿少和学校卫生医师、公共营养师、健康管理师等
1-96 药剂人员	指在医疗、预防或药品供应机构中，根据医师处方进行药物配置和分发，并辅助医师合理用药的专业人员。包括：西药剂师、中药药师等
1-97 医疗技术人员	指在医疗、预防和保健机构中使用各种医疗和预防相关的设备为临床服务的技术人员。包括：影像技师、麻醉技师、病理技师、临床检验技师、公卫检验技师、卫生工程技师、输（采供）血技师等
1-98 护理人员	指从事病人、社会人群的身心整体护理，辅助医疗、指导康复和预防保健、健康教育的专业人员。包括：病房护士、门诊护士、急诊护士、手术室护士、供应室护士、社区护士、助产士等
1-99 其他卫生专业技术人员	指不属于 1-91 至 1-98 小类的卫生专业技术人员
2-1 经济业务人员	指从事经济计划、统计、财会、审计、国际商务等业务工作的专业人员
2-11 经济计划人员	指从事各行业经营、生产、资金、项目及工作计划编制并监控实施的专业人员 经济计划工作包括：组织研究行业发展方向，编制发展规划；根据市场变化、政策、发展规划，编制年度、季度经营、生产、工作、资金、项目计划；根据统计资料分析计划实施情况，监督、控制计划的实施过程；调整计划指标；组织发展项目的论证，项目立项审报、手续的办理
*2-12 统计人员	指对国民经济和社会的宏观、微观情况进行统计调查、统计分析，提供统计资料和统计咨询意见，实行统计监督工作的专业人员。 统计工作包括：设计统计调查方案；采集统计数据和资料；汇总、整理统计数据；分析统计数据和资料；调查分析、撰写统计报告或统计咨询报告；建立、管理统计台账；填写统计报表等

表 2（续）

职 业 分 类	说 明
2-13 会计人员	指从事国家机关、社会团体、企业、事业单位和其他经济组织会计核算和会计监督的专业人员。 会计工作包括：依据会计法和国家统一会计制度的规定，对会计事项进行会计核算；对经济活动实行会计监督和控制；制定办理会计事务的具体办法；参与拟订经济计划，考核、分析、预算、财务计划的执行情况；进行其他会计管理工作及出纳等
2-14 审计人员	指对被审计单位的财政、财务收支及其他经济活动的真实性、合法性、合理性和效益性进行独立的经济检查与监督的专业人员。 审计工作包括编制审计计划，拟定审计工作方案和调查提纲；按审计目标收集和整理审计证据。分析、评价审计证据，得出公正结论。编制审计工作底稿，提出审计报告，提交上级或委托部门。建立审计档案等
*2-15 国际商务人员	指从事国际商务活动的专业人员。 国际商务活动包括：国际商品贸易、国际技术贸易、劳务输出入、国际租赁、国际商务调研与咨询、国际贸易仓储与运输、报关、援外项目、受援项目，双边或多边经济合作、国际工程承包、国际投资、国际贷款、国际商务运营等业务
2-19 其他经济业务人员	指不属于 2-11 至 2-15 小类的经济业务人员
2-2 金融业务人员	指研究和设计金融市场中金融产品，管理和运营金融资产，提供金融中介服务的专业人员
2-21 银行业务人员	指在储蓄性金融机构中，以货币及其衍生物为工具，从事筹措资金，运营资金以及为客户办理委托事项提供非资金服务的工作人员。包括：银行货币发行员、银行国库业务员、银行外汇管理员、银行清算员、储蓄员、银行信贷员、银行国外业务员、银行信托业务员、银行信用卡业务员等
2-22 保险业务人员	指从事精算、保险推销、理赔等业务的专业人员。包括：精算师、保险推销员、保险理赔员等
*2-23 证券业务人员	指从事证券发行、证券交易等业务的专业人员。包括：证券发行员、证券交易员、证券投资顾问、黄金投资分析师、理财规划师及信用管理师等
2-29 其他金融业务人员	指不属于 2-21 至 2-23 小类的金融业务人员
2-3 法律专业人员	指依法行使审判权、检察权及从事律师、公证、司法鉴定等工作的专业人员
2-31 法官	指在最高人民法院、地方各级人民法院和专门人民法院，依法行使国家审判权的人员。 法官工作包括：依法审理案件；依法参加合议庭或独任审判案件；履行法律规定的其他职责等
2-32 检察官	指在最高人民检察院、地方各级人民检察院和军事检察院等专门人民检察院，依法行使国家检察权的检察人员。 检察工作包括：依法进行法律监督工作；代表国家进行公诉；对法律规定由人民检察院直接受理的犯罪案件进行侦查等
2-33 律师	指受当事人委托或按照法律、法规执行律师职责或处理法律事务，向社会提供法律服务的执业人员。包括：刑法律师、民法律师、经济法律师、国际法律师、一般律师等
2-34 公证员	指在公证处依法办理公证事务和法律规定的其他事务的专业人员。公证事务包括：办理各类公证证明事务；依法赋予债权文书具有强制执行效力；办理提存证据保全；代书合同、抵押单据、契据、遗嘱和其他法律文件；依法办理抵押登记；担任公证法律顾问及依法办理其他非诉讼法律事务等

表 2（续）

职 业 分 类	说 明
2-35 司法鉴定人员	指依法对诉讼活动中涉及的专门问题进行检验、分析、鉴定和判断的专业技术人员。包括:法医等指在各级人民法院、检察院,从事审判记录或有关审判的辅助工作人员
2-36 书记员	指在各级人民法院、检察院,从事审判记录或有关审判的辅助工作人员
2-39 其他法律专业人员	指不属于 2-31 至 2-36 小类的法律专业人员
2-4 教学人员	指从事各级各类教育教学的专业人员
2-41 高等教育教师	指在高等学校专门从事教育教学及科学研究工作的人员。包括:讲授基础课、专业基础课、专业课的人员,指导学生进行实习、实验、试验的人员
2-42 中等职业教育教师	指在中等职业学校、技工学校、职业高级中学等中等职业教育培训机构中专门从事教育教学工作的人员。包括:理论教师和实习指导教师等
2-43 中学教师	指在中学专门从事教育教学工作的人员
2-44 小学教师	指在小学专门从事教育教学工作的人员
2-45 幼儿教师	指在幼儿教育机构中专门从事幼儿教育工作的人员
2-46 特殊教育教师	指在各级、各类学校从事残疾儿童、残疾青少年和残疾成人教育教学工作的人员
2-49 其他教学人员	指不属于 2-41 至 2-46 小类的教学人员
2-5 文学艺术工作人员	指专门从事文学艺术工作的专门人员
2-51 文艺创作和评论人员	指专门从事一种或几种艺术门类创作,以及在报纸、刊物、杂志、电台、电视台专门进行评论工作的人员。包括:文学作家、曲艺作家、剧本作家、作曲家、词作家、广播评论员、艺术评论员、电影评论员、电视评论员、戏剧评论员、皮影戏作家、木偶戏作家等
2-52 编导和音乐指挥人员	指专门从事戏剧、影视导演、舞蹈编导及音乐指挥等工作人员。包括:电影电视导演、戏剧导演、舞蹈编导、音乐指挥等
2-53 演员	指专门从事艺术表演的人员。包括:电影演员、电视演员、戏剧演员、舞蹈演员、曲艺演员、杂技演员、电影配音演员、歌唱演员、皮影戏演员、木偶戏演员等
2-54 乐器演奏员	指专门从事各种乐器演奏的人员
*2-55 电影、电视制作及舞台专业人员	指从事电影、电视片拍摄制作、发行及戏剧、文艺演出舞台效果处理,及对戏剧演出进行管理的人员。包括:电影电视制片、电影电视场记、电影电视摄影师、照明师、录音师、剪辑师、美工师、化妆师、置景师、道具师、电影电视片发行人、舞台监督、戏剧制作、计算机乐谱制作师等
2-56 美术专业人员	指专门从事造型艺术创作的人员。包括:画家、篆刻家、雕塑家、书法家、陶艺家等
*2-57 工艺美术专业人员	指从事工艺美术造型设计和构思的专业人员等。包括:特种工艺设计人员、实用工艺设计人员、现代工艺设计人员、装潢美术设计人员、服装设计人员、室内装饰设计人员、陈列展览设计人员、广告设计人员、会展设计人员、玩具设计人员、首饰设计制作人员、模型设计人员、建筑模型设计人员、家具设计人员、动画绘图人员、家用纺织品设计人员、陶瓷产品设计人员、陶瓷工艺设计人员、地毯设计人员、皮具设计人员、鞋类设计人员、色彩搭配及包装设计人员等
2-59 其他文学艺术工作人员	指不属于 2-51 至 2-57 小类的文学艺术工作人员
2-6 体育工作人员	指从事体育工作的专业人员
2-60 体育工作人员	指从事竞技体育运动员培养、竞赛结果裁定和运动项目训练比赛的专业人员。包括:教练员、裁判员和体育运动员

表 2（续）

职 业 分 类	说 明
2-7 新闻出版、文化工作人员	指从事新闻采访报道、文图编辑校对、节目主持、播音和考古及文物保护等工作的专业人员
2-71 记者	指从事新闻采访和新闻报道等专业的人员。记者可分为文字记者、摄影记者。文字记者是指从事新闻采访并以文字形式为报纸、期刊等各种新闻撰写新闻报道的人员；摄影记者是指从事新闻采访并以图片形式为报纸期刊等各种新闻载体提供新闻报道等的人员
* 2-72 编辑	指从事文稿、图片等的组织、修改和编排的专业人员。编辑可分为文字编辑、美术编辑、技术编辑、电子出版物编辑。文字编辑是指从事文稿的组织、修改和编排，以供报纸、书刊发表、出版的人员；美术编辑是指从事图书、报纸、期刊等出版物封面、版面的设计和装帧的人员；技术编辑是指从事图书、报纸、期刊等出版物版式设计和组织排版、印刷的人员；电子出版物编辑是指从事电子出版物中的程序设计、测试的人员
2-73 校对员	指从事图书、报纸、期刊等出版物原稿和校样核对工作的专业人员。 校对工作包括：通过核对校正校样上与原稿不符的文字、符号、标点、图表、版式等差错；发现原稿中的疏漏和差错，并向责任编辑提出意见和建议等
2-74 播音员及节目主持人	指专门从事广播、电视播音和节目主持工作的专业人员
2-75 翻译	指从事外国与中国语言和文字互译，或中国各民族语言和文字之间互译的专业人员
2-76 图书资料与档案业务人员	指从事图书资料和档案的收集、整理、编目、保管、利用等服务的专业人员。包括：图书资料业务人员、档案业务人员、缩微摄影专业人员
2-77 考古及文物保护工作人员	指从事考古发掘及文物保护、保管、陈列和研究的人员。包括：考古、文物鉴定和保管、文物保护等专业人员
2-79 其他新闻出版、文化工作人员	指不属于 2-71 至 2-77 小类的新闻出版、文化工作人员
2-8 宗教职业者	指专门从事佛教、道教、伊斯兰教、基督教等宗教活动的人员，但不包括宗教职业机构或团体中从事非宗教职业的人员（如机关办事人员、教育、医务人员）
2-80 宗教职业者	
2-9 其他专业技术人员	指不属于 1-1 至 2-8 中类专业技术人员
2-90 其他专业技术人员	
3 办事人员和有关人员	指在国家机关、党群组织、企业、事业单位中从事行政业务、行政事务工作的人员和从事安全保卫、消防、邮电等业务的人员
3-1 行政办公人员	指从事行政业务、行政事务工作的人员
3-11 行政业务人员	指在国家机关、党群组织、企业、事业单位中具体办理行政业务和从事行政执法的人员。也包括基层人民政府和派出机构中司法助理、民政助理等行政业务人员
* 3-12 行政事务人员	指使用办公设备，从事处理公文、信函、电话以及其他具体事务性工作的人员。包括：秘书、公关员、收发员、打字员、速录员、计算机操作员、制图员等
3-19 其他行政办公人员	指不属于 3-11 至 3-12 小类的行政办公人员
3-2 安全保卫和消防人员	指从事维护国家安全和社会治安秩序，保护公共和个人财产，防火、灭火等项工作的人员
3-21 人民警察	指依法维护国家安全和社会治安秩序，保护公民合法权益和公共财产，预防、制止和惩治违法犯罪的警务人员
3-22 治安保卫人员	指在非公安部门中从事对公共设施、人身或财产等目标施以安全保护的人员。包括：保卫员、违禁品检查员、金融守押员等

表 2（续）

职　业　分　类	说　　明
3-23　消防人员	指专职从事消防安全管理，建(构)筑物、水上、森林及危险品等消防的人员。包括：灭火员、消防抢险救援员、防火员、建(构)筑物消防员、火灾瞭望观察员等
3-29　其他安全保卫和消防人员	指不属于3-21至3-23小类的安全保卫和消防工作的人员。如煤矿井下救护队员、城市中专门从事治安保卫工作的职业纠察队员、农村的公安特派员等
3-3　邮政和电信业务人员	指从事邮政和电信及电信通信传输业务的人员
3-31　邮政业务人员	指从事邮政营业、邮件分拣封发、汇兑检查、投递、邮件运输、邮政储蓄、集邮、特快专递、报刊发行、邮政业务档案、电子信函业务和邮政设备维护等业务的人员。包括：邮政营业员、邮件处理员、投递员、邮政储汇员、报刊发行员、集邮业务员、邮政业务档案员、邮政机务员等
3-32　电信业务人员	指从事电信营业、话务、报务和电报投递的人员。包括：电信业务营业员、话务员、报务员等
3-33　电信通信传输业务人员	指从事电信通信传输业务的人员。包括：传输机务员、线务员、电话电报交换机务员、用户通信终端维修员、通信电力机务员、市话测量员等
3-39　其他邮政和电信业务人员	指不属于3-31至3-33小类的邮政和电信业务人员
3-9　其他办事人员和有关人员	指不属于3-1至3-3中类的办事人员和有关人员
3-90　其他办事人员和有关人员	
4　商业、服务业人员	指从事商业、餐饮、旅游、娱乐、运输、医疗辅助服务及社会和居民生活等服务工作的人员
4-1　购销人员	指从事商品购、销及提供相关服务的人员
4-11　营业人员	指在营业场所从事商品销售、服务销售工作并为其提供服务的人员。包括：营业员、收银员等
4-12　推销、展销人员	指从事商品或服务推销、展销工作的人员。包括：推销员、出版物发行员、服装模特等
4-13　采购人员	指从事商品购进工作的人员。包括：采购员、收购员、中药购销员等
4-14　拍卖、典当及租赁业务人员	指从事物品鉴定、估价、拍卖、典当及租赁业务的人员。包括：鉴定估价师、拍卖师、典当业务员、租赁业务员等
*4-15　废旧物资回收利用人员	指从事废旧物资回收、分类、挑选加工等工作的人员。包括：废旧物资回收挑选工、废旧物资加工工、船体拆解工、轮胎翻修工等
4-16　粮油管理人员	指从事粮油产量预测，指导农民种粮、储粮及相关工作的人员。包括：粮油管理员等
4-17　商品监督和市场管理人员	指从事商品质量、标识、计量监督管理和市场管理的人员。包括：商品监督员、市场管理员等
4-19　其他购销人员	指不属于4-11至4-17小类的购销人员。包括：医药商品购销员、中药调剂员、摊商等
4-2　仓储人员	指从事货物的储存、保管、养护和办理商品运输业务的人员
*4-21　保管人员	指从事对货物的验收、保护、维护管理的人员。包括保管员、理货员、商品养护员、保鲜员、冷藏工及盐斤收放保管员等
4-22　储运人员	指从事编制商品运输计划、商品托运、组配、接收、监卸及护运和赶运的人员。包括：商品储运员、商品护运员、医药商品储运员、出版物储运员等
4-29　其他仓储人员	指不属于4-21至4-22小类的仓储人员

表 2（续）

职 业 分 类	说 明
4-3 餐饮服务人员	指在餐饮服务场所，为顾客提供餐饮服务的人员
4-31 中餐烹饪人员	指运用中国传统或现代的烹调方法，对食品原辅料进行加工，烹制成具有中国风味的菜肴、面点或小吃的人员。包括：中式烹调师、中式面点师等
4-32 西餐烹饪人员	指运用西式传统的或现代的烹调方法，对各种食品原辅料进行加工，烹制成具有西式风味的菜肴、糕点和面食的人员。包括：西式烹调师、西式面点师等
*4-33 调酒和茶艺人员	指从事配制酒水、茶水艺术冲泡的人员。包括：调酒师、茶艺师、咖啡师等
4-34 营养配餐人员	指根据用餐人员的不同特点和要求运用一定的营养知识，配制符合营养要求的餐饮产品的人员。包括：营养配餐员等
4-35 餐厅服务人员	指在餐饮服务场所，为顾客提供就餐及酒水服务，清洗保管餐具、橱具、酒具的人员。包括：餐厅服务员、餐具清洗保管员等
*4-39 其他餐饮服务人员	指不属于 4-31 至 4-35 小类的餐饮服务人员，如厨政管理师等
4-4 饭店、旅游及健身娱乐场所服务人员	指为宾客提供住宿、游览观光、健身娱乐服务的人员
4-41 饭店服务人员	指在饭店、宾馆、旅店等地，为宾客提供前厅、客房服务的人员。包括：前厅服务员、客房服务员、旅店服务员等
4-42 旅游及公共游览场所服务人员	指在风景名胜、公园、影剧院、展览馆等旅游、游览场所为宾客提供服务的人员。包括：导游、公共游览场所服务员、展览讲解员、插花员、盆景工、假山工、园林植物保护工、观赏动物饲养工等
*4-43 健身和娱乐场所服务人员	指在健身和娱乐场所，为顾客提供健身、娱乐等技术指导、咨询及综合服务的人员。包括：社会体育指导员、体育场地工、康乐服务员、保健按摩师、芳香保健师、游泳救生员及保健刮痧师等
*4-49 其他饭店、旅游及健身娱乐场所服务人员	指不属于 4-41 至 4-43 小类的饭店、旅游及健身娱乐场所服务人员，如水生哺乳动物驯养师
4-5 运输服务人员	指从事公路、道路、铁路、航空、水上运输服务的人员
4-51 公路、道路运输服务人员	指从事客、货运汽车运输服务、调度、收费、交通量调查及公路监控设备操作的人员。包括：汽车客运服务员、汽车货运站务员、汽车运输调度员、公路收费及监控员等
4-52 铁路客货运输服务人员	指从事编制、实施铁路客货运输、作业计划，组织、办理客货运输作业的人员。包括：旅客列车乘务员、车站客运服务员、行李运输服务员、车站货运作业组织员、车站货运员等
*4-53 航空运输服务人员	指为民用航空器运送旅客、行李、货物和邮件提供有关空中及地面服务的人员。包括：航空运输飞行服务员、航空运输地面服务员、机场运行指挥员等
4-54 水上运输服务人员	指从事水上、港口客货船舶运输服务的人员。包括：船舶业务员、港口客运员等
4-59 其他运输服务人员	指不属于 4-51 至 4-54 小类的运输服务人员
4-6 医疗卫生辅助服务人员	指从事医疗临床、药房、卫生保健的辅助服务人员
*4-60 医疗卫生辅助服务人员	指从事医疗临床、药房、卫生保健的辅助服务人员。包括：医疗临床辅助服务员、药房辅助员、卫生防疫员、妇幼保健员、有害生物防制员、医疗救护员等
4-7/4-8 社会服务和居民生活服务人员	指从事中介等社会服务和物业管理等居民生活服务的人员

表 2（续）

职　业　分　类	说　　明
*4-71　社会中介服务人员	指从事职业介绍和指导、事务代理、信息咨询等中介服务的人员。包括：中介代理人、咨询师、经纪人、电子商务师、职业指导员、职业信息分析师、安全评价师和社会工作者等
*4-72　物业管理人员	指对投入使用的房屋建筑和附属配套设施及场地进行经营性管理，并向信用人提供多方面综合有偿服务、智能楼宇管理的人员
*4-73　供水、供热及生活燃料供应服务人员	指从事水生产、净化、供应及城乡居民生活用燃料加工、供应和供热等服务的人员。包括：供水生产工、供水供应工、生活燃料供应工、锅炉操作工、中央空调系统操作员、燃气具安装维修工等
*4-74　美容美发人员	指在专业理发或美发店、美容厅或美容室等场所根据顾客的脸型、发质、皮肤特点和要求，运用美容、美发技术、器械和化妆品清洁、护理、保养皮肤，剪修头发，设计制作发型等的人员。包括：美容师、美发师、美甲师、形象设计师等
4-75　摄影服务人员	指使用摄影、放大、冲印设备、器材、感光材料，为顾客拍摄、整理、着色、放大冲印照片的人员。包括：摄影师、冲印师等
4-76　验光配镜人员	指使用验光仪器和专用工具等，检查眼睛屈光状态，确定眼睛光学屈光度，并对眼镜进行定配加工、调整、维修的人员。包括：眼镜验光员、眼镜定配工等
4-77　洗染织补人员	指使用设备和洗涤、染色等原料，对衣物等进行洗涤、染色、织补、熨烫的人员。包括：洗衣师、染色师等
4-78　浴池服务人员	指使用器械或用具，清洁浴池、澡盆、浴巾等，为顾客提供修脚、搓澡等服务的人员。包括：浴池服务员、修脚师等
4-79　印章刻字人员	指使用刻刀和机具，刻制印章的人员。包括：印章刻制工等
*4-81　日用机电产品维修人员	指从事家用电子、电器产品，钟表，自行车，照相机等日用机电产品修理的人员。包括：家用电子产品维修工、家用电器产品维修工、照相器材维修工、钟表维修工、乐器维修工、钢琴调律师、自行车维修工等
4-82　办公设备维修人员	指从事调试、检测、装配、维护、修理各类办公设备的人员。包括：办公设备维修工等
*4-83　保育、家庭服务人员	指从事幼儿保育和家庭服务的人员。包括：保育员、孤残儿童护理员、家庭服务员、养老护理员等
4-84　环境卫生人员	指从事公共区域垃圾清运、环境保洁的人员。包括：垃圾清运工、保洁员等
4-85　殡葬服务人员	指从事殡仪服务、尸体火化、墓地管理等的人员。包括：殡仪服务员、尸体接运工、尸体防腐工、尸体整容工、尸体火化工、墓地管理员等
*4-89　其他社会服务和居民生活服务人员	指不属于 4-71 至 4-85 小类的其他社会服务和居民生活服务人员，包括：劳动保障协理员、劳动关系协调员、呼叫服务员、锁具修理工、汽车加气站操作工、客户服务管理师、宠物健康护理员、宠物驯导师、紧急救助员、礼仪主持人、灾害信息员、助听器验配师、手语翻译员等
4-9　其他商业、服务业人员	指不属于 4-1 至 4-8 中类的商业、服务业人员
4-90　其他商业、服务业人员	
5　农、林、牧、渔、水利业生产人员	指从事农业、林业、畜牧业、渔业及水利业生产、管理、产品初加工的人员
5-1　种植业生产人员	指主要从事大田作物、园艺作物、热带作物、中药材等种植、管理、收获、贮运和农副产品初加工的人员

表 2（续）

职 业 分 类	说 明
*5-11 大田作物生产人员	指主要从事粮、棉、油、糖、烟、麻等大田作物的土地耕作、种子加工、种植、田间管理、收获、储藏和产品初加工的人员。包括:农艺工、啤酒花生产工、农作物种子繁育工、农作物植保工、农作物种子加工员等
5-12 农业实验人员	指对种养业产前、产中、产后及其环境因素进行化验、检验、测定的人员。包括:农业实验工、农情测报员等
5-13 园艺作物生产人员	指主要从事蔬菜、花卉、果树、茶树、桑树、柞树、食用菌等作物的种子、苗木繁殖、栽培、管理、收获、贮藏及初加工等人员。包括:蔬菜园艺工,花卉园艺工,果、茶、桑园艺工,菌类园艺工等
5-14 热带作物生产人员	指主要从事橡胶、剑麻等热带作物育苗、栽培、管理、收获、贮藏、加工的生产人员。包括橡胶生产工、剑麻生产工等
5-15 中药材生产人员	指主要从事中药材的种植、养殖、采集、加工及其生产管理和资源保护的人员。包括:中药材种植员、中药材养殖员、中药材生产管理员等
5-16 农副林特产品加工人员	指从事棉花、茶叶、竹、藤、麻、棕、草等农副林特产品加工的人员,包括:棉花加工工,竹、麻、藤、棕、草制工工,果类产品加工工,茶叶加工工,蔬菜加工工,特种植物原料加工工等
5-19 其他种植业生产人员	指主要从事农作物生产的辅助人员和 5-11 至 5-16 小类未包括的种植业生产人员
5-2 林业生产及野生动植物保护人员	指从事营林造林、森林资源管护、木材采伐运输及辅助作业,以及野生动植物保护等作业人员
*5-21 营造林人员	指从事林木种苗、造林和更新、抚育采伐、营林试验等作业人员。包括:林木种苗工、造林更新工、抚育采伐工、营林试验工及营造林工程监理员等
5-22 森林资源管护人员	指从事森林资源护林防火,防止乱砍滥伐等破坏森林资源行为。森林病虫害防治的作业人员。包括:护林员、森林病虫害防治人员
5-23 野生动植物保护及自然保护区人员	指从事野生动、植物资源保护、管理、开发利用的作业人员。包括:野生动物保护员、野生植物保护员及自然保护区巡护监测员、标本员等
5-24 木材采运人员	指从事林木的采伐、造材、集材、装卸、运材等的人员。包括:木材采伐工、集材作业工、木材水运工、装卸归楞工等
5-29 其他林业生产及野生动植物保护人员	指不属于 5-21 至 5-24 小类的林业生产及野生动植物保护人员
5-3 畜牧业生产人员	指从事家畜、家禽、蜜蜂和特种畜禽等的饲养、繁殖、疫病防治及初级产品的采集、加工和牧草生产的人员
*5-31 家畜饲养人员	指从事猪、牛、羊、马、骆驼、兔、狗等家畜和特种畜类饲养、放牧及进行皮、毛、奶等产品初加工的人员。包括:家畜饲养工、家畜繁育工等
5-32 家禽饲养人员	指从事鸡、鸭、鹅等家禽和鸵、鸽、雉等特种禽类饲养及羽绒、皮、蛋产品的初加工的人员。包括:家禽饲养工、家禽繁育工等
5-33 蜜蜂饲养人员	指从事蜜蜂饲养和蜂产品加工的人员。包括:蜜蜂饲养工、蜂产品加工工等
5-34 实验动物饲养人员	指从事实验动物饲养、繁殖、监测等的人员。包括:实验动物饲养工等
*5-35 动物疫病防治人员	指从事畜、禽、蜂和水生、野生等动物一般疫病防治的人员。包括:动物疫病防治员、水生生物病害防治员、水生生物检疫检验员、兽医化验员、动物检疫检验员、中兽医员、宠物医师等
5-36 草业生产人员	指主要从事草地建设、保护、监测,牧草及牧草种子繁育、栽培、收获、加工、检验作业的人员。包括:草地监护工、牧草工、草坪建植工等

表 2（续）

职 业 分 类	说 明
5-39 其他畜牧业生产人员	指不属于 5-31 至 5-36 小类的畜牧业生产人员
*5-4 渔业生产人员	指从事海水、淡水水生动物的养殖，如鱼、虾、蟹、贝、藻及其他水生动植物的繁殖、饲养、栽培、捕捞、采集和加工的人员
*5-41 水产养殖人员	指从事鱼、虾、蟹、贝、藻及其他水生动植物的繁殖、饲养、栽培的人员。包括：水生动物苗种繁育工，水生植物苗种培育工，水生动物饲养工，水生植物栽培工，珍珠养殖工，生物饵料培养工，水产养殖潜水工，海、淡水水生动物养殖工，水产养殖质量管理员等
5-42 水产捕捞及有关人员	指在江河、湖泊、水库、海洋等水域从事水生动植物的捕捉、捞取、采集及水产品运输人员。包括：水产捕捞工、渔业生产船员、水生动植物采集工、渔网具装配工等
5-43 水产品加工人员	指使用加工机械设备、工具和手工，对水产品进行清洗、保鲜、冷藏、调味、熏烤等加工人员。包括：水产品原料处理工、水产品腌熏烤制工、鱼糜及鱼糜制品加工工、鱼粉加工工、鱼肝油及制品加工工、海藻制碘工、海藻制醇工、海藻制胶工、海藻食品加工工、贝类净化工等
5-49 其他渔业生产人员	指不属于 5-41 至 5-43 小类的渔业生产人员
5-5 水利设施管理养护人员	指从事河道、水库、农田灌排等水利工程设施管理、养护的人员
*5-51 河道、水库管养人员	指从事河道、水库等检查、维修、管理和养护的人员。包括：河道修防工、混凝土维修工、土石维修工、水工检测工、建(构)筑物防治工、水域环境养护保洁员等
5-52 农田灌排工程建设管理维护人员	指从事农田灌排工程施工、运行、管理和养护的人员。包括：灌排工程工、渠道维护工、灌区供水工、灌排试验工等
5-53 水土保持作业人员	指从事水土保持、防止水土流失的作业人员。包括：水土保持防治工、水土保持测试工、水土保持勘测工等
5-54 水文勘测作业人员	指利用水文勘测设备，从事水文测量、记录整理、测报的作业人员。包括：水文勘测工、水文勘测船工等
5-59 其他水利设施管理养护人员	指不属于 5-51 至 5-54 小类的水利设施管理养护人员
5-9 其他农、林、牧、渔、水利业生产人员	指未列入 5-1 至 5-5 的人员。包括：5-91 和 5-92 的人员
5-91 农林专用机械操作人员	指从事种植业、林业、畜牧业、渔业、农副产品加工等动力机械、作业机械和运输机械操作的人员。包括：拖拉机驾驶员、联合收割机驾驶员、农用运输车驾驶员等
*5-92 农村能源开发利用人员	指从事农村沼气等能源资源开发、利用和在农村进行生活、生产节能工作的人员。包括：沼气生产工、太阳能利用工、农村节能员、农用太阳能机械工、生物质能设备工、微水电利用工、小风电利用工等
6/7/8/9 生产、运输设备操作人员及有关人员	指从事矿产勘查、开采，产品的生产制造、工程施工和运输设备操作的人员及有关人员
6-1 勘测及矿物开采人员	指从事矿产资源地质勘查、地形地貌测绘及露天、地下、海洋矿物的开采，并进行加工处理等工作的人员
6-11 地质勘查人员	指从事地质、矿产资源勘查的人员。包括：钻探工、坑探工、物探工、采样工、水文地质工、海洋地质取样工、碎样工、磨片工、淘洗工、劈岩与保管工等
*6-12 测绘人员	指从事地面点位测量和地表形态描绘的人员。包括：大地测量工、摄影测量工、地图制图工、工程测算工、地籍测绘工、房产测量员等

表 2（续）

职 业 分 类	说 明
6-13 矿物开采人员	指从事井下、露天矿物开采、运输的人员。包括：露天采矿挖掘机司机、钻孔机司机、井筒冻结工、矿井开掘工、井下采矿工、支护工、矿山提升机操作工、矿井机车运输工、矿井通风工、矿山安全监测工、矿山检查验收工、矿灯、自救器管理工、火工品管理工、矿山救护工、矿物开采辅助工等
6-14 矿物处理人员	指从事矿物加工和分选的人员。包括：筛选破碎工、重力选矿工、浮选工、磁选工、选矿脱水工、尾矿处理工、磨矿工、水煤浆制备工、动力配煤工、工业型煤工等
6-15 钻井人员	指使用钻井设备从事钻井工程作业的人员。包括：井架安装工、钻井工、固井工、平台水手、水下设备操作工等
6-16 石油、天然气开采人员	指从事石油、天然气测试、采集、脱水、净化、集输的人员。包括：油、气井测试工、采油工、采气工、井下作业工、天然气净化工、油气输送工、油气管道保护工等
*6-17 盐业生产人员	指从事海盐、湖盐、井(矿)盐开采、提炼、加工的人员。包括：海盐晒制工，海盐采收工，湖盐采掘工，湖盐脱水工，驳筑、集拆坨盐工，井矿盐采卤工，井矿盐卤水净化工，真空制盐工，冷冻提硝工，苦卤综合利用工，精制盐工及盐斤分装设备操作工等
6-19 其他勘测及矿物开采人员	指不属于 6-11 至 6-17 小类的勘测及矿物开采人员
6-2/6-3 金属冶炼、轧制人员	指从事将原矿及辅料冶炼成金属，轧制成金属材的人员及辅助人员
6-21 炼铁人员	指操作烧结、球团焙烧、高炉系统设备，处理铁矿粉、矿石及辅料，冶炼生铁的人员。包括：烧结球团原料工、烧结工、球团焙烧工、烧结成品工、高炉原料工、高炉炉前工、高炉运转工等
6-22 炼钢人员	指操作炼钢炉及附属设备将铁水、废钢等原料冶炼成钢，并浇铸成钢锭、钢坯的人员。包括：炼钢原料工、平炉炼钢工、转炉炼钢工、电炉炼钢工、炼钢浇铸工、炼钢准备工、整脱模工等
6-23 铁合金冶炼人员	指操作冶炼设备及辅助设备，进行硅、锰、铬、钒等原料处理，冶炼、制取铁合金的人员。包括：铁合金原料工、铁合金电炉冶炼工、铁合金焙烧工、铁合金湿法冶炼工、铁合金炉外法冶炼工等
6-24 重有色金属冶炼人员	指操作冶炼、提取等设备，从重有色金属物料中精炼提取重有色金属的人员。包括：重冶备料工、焙烧工、火法冶炼工、湿法冶炼工、电解精炼工、烟气制酸工等
6-25 轻有色金属冶炼人员	指操作烧结、溶出、电解等设备，将铝土矿、镁矿石冶炼成铝、镁等轻金属的人员。包括氧化铝制取工、铝电解工、镁冶炼工、硅冶炼工等
6-26 稀贵金属冶炼人员	指运用火法和湿法工艺，对稀贵金属物料进行冶炼、提取和加工制成稀贵金属物料的人员。包括：钨钼冶炼工、钽铌冶炼工、钛冶炼工、稀土冶炼工、贵金属冶炼工、锂冶炼工等
6-27 半导体材料制备人员	指从事多晶、单晶半导体原材料制备、制取的人员
6-28 金属轧制人员	指从事操纵各种轧制、拉拔等设备对各种金属锭、坯进行轧制、拉拔、挤压及处理加工的人员。包括：轧制原料工、金属轧制工、酸洗工、金属材涂层工、金属材热处理工、焊管工、精整工、金属材丝拉拔工、金属挤压工、铸轧工、钢丝绳制造工等
6-29 铸铁管人员	指从事操纵连续、离心铸管设备将铁水浇铸成铸铁管的人员。包括：铸管备品工、铸管工、铸管精整工等
6-31 炭素制品生产人员	指从事将焦炭、煤、沥青等原料制成炭素制品的人员。包括：炭素煅烧工、炭素成型工、炭素焙烧工、炭素浸渍工、炭素石墨化工、炭素(石墨)加工工、炭素纤维工等

表 2（续）

职 业 分 类	说 明
6-32 硬质合金生产人员	指操作硬质合金专用设备，用难熔金属化合物和粘结金属粉末，制取合金制品的人员。包括：硬质合金混合料制备工、硬质合金成型工、硬质合金烧结工、硬质合金精加工工等
6-39 其他金属冶炼、轧制人员	指不属于6-21至6-32小类的金属冶炼、轧制工。包括：冶炼风机工等
6-4/6-5 化工产品生产人员	指运用化学、物理方法改变物质性质、结构、成分、形态等，进行化工和石油产品生产的人员
6-41 化工产品生产通用工艺人员	指从事化工产品原料准备，以及生产过程中进行压缩、气体净化、粉碎、过滤、加热、制冷、蒸发、蒸馏、萃取、吸收、吸附、干燥、结晶等单元操作及其他化工通用工艺的人员。包括：化工原料准备工、压缩机工、气体净化工、过滤工、油加热工、制冷工、蒸发工、蒸馏工、萃取工、吸收工、吸附工、干燥工、结晶工、造粒工、防腐蚀工、化工工艺试验工、化工总控工等
6-42 石油炼制生产人员	指从事原油分馏，生产汽油、煤油、柴油、润滑油、润滑脂等石油产品的人员。包括：燃料油生产工，润滑油、脂生产工，石油产品精制工，油制气工等
*6-43 煤化工生产人员	指从事炼焦及煤制气生产的人员。包括：备煤筛焦工、焦炉调温工、焦炉机车司机、煤制气工、燃气储运工、干法熄焦工、加氢精制工等
6-44 化学肥料生产人员	指从事氮肥、磷肥、钾肥和其他化学肥料生产的人员。包括：合成氨生产工、尿素生产工、硝酸铵生产工、碳酸氢铵生产工、硫酸铵生产工、过磷酸钙生产工、复合磷肥生产工、钙镁磷肥生产工、氯化钾生产工、微量元素混肥生产工等
6-45 无机化工产品生产人员	指从事酸、碱、无机盐、工业气体等化工产品生产的人员（不包括化学肥料制造）。包括：硫酸生产工、硝酸生产工、盐酸生产工、磷酸生产工、纯碱生产工、烧碱生产工、氟化盐生产工、缩聚磷酸盐生产工、无机化学反应工、高频等离子工、气体深冷分离工、工业气体液化工、碳黑制造工、二硫化碳生产工等
6-46 基本有机化工产品生产人员	指从事将煤、石油、天然气等进行阶段加工生产烃类及烃类衍生物的人员。包括：脂肪烃生产工、环烃生产工、烃类衍生物生产工等
6-47 合成树脂生产人员	指从事烃类单体或衍生物的自聚、共聚、缩合，生成聚烯烃树脂、环氧树脂和酚醛树脂等合成树脂产品的人员。包括：聚乙烯生产工、聚丙烯生产工、聚苯乙烯生产工、聚丁二烯生产工、聚氯乙烯生产工、酚醛树脂生产工、环氧树脂生产工、丙烯腈-丁二烯-苯乙烯共聚物（ABS）生产工等
6-48 合成橡胶生产人员	指从事对烃类单体和烃类衍生物进行聚合生产高弹性的高分子化合物的人员。包括：顺丁橡胶生产工、乙丙橡胶生产工、异戊橡胶生产工、丁腈橡胶生产工、丁苯橡胶生产工、氯丁橡胶生产工等
6-49 化学纤维生产人员	指从事以天然的或合成的高分子化合物为原料，经化学方法加工和物理方法成型，生成合成纤维和人造纤维的人员。包括：化纤聚合工、湿纺原液制造工、纺丝工、化纤后处理工、纺丝凝固浴液配制工、无纺布制造工、化纤纺丝精密组件工等
6-51 合成革生产人员	指使用尼龙-6、聚苯乙烯、聚氨酯等原料，进行纺丝、成网针刺、原布加工、涂敷、抽出、后处理、印刷、压花、检验的人员。包括：合成革制造人员等
6-52 精细化工产品生产人员	指从事农药、染料和中间体、涂料、颜料、催化剂、溶剂、试剂、添加剂、表面活性剂等产品生产的人员。包括：有机合成工、农药生物测试试验工、染料标准工、染料应用试验工、染料拼混工、研磨分散工、催化剂制造工、催化剂试验工、涂料合成树脂工、制漆配色调制工、溶剂制造工、化学试剂制造工、化工添加剂制造工等

表 2（续）

职业分类	说明
6-53 信息记录材料生产人员	指从事感光材料、磁记录材料等信息记录材料生产的人员。包括：片基制造工、感光材料制造工、感光材料试验工、暗盒制造工、废片白银回收工、磁粉制造工、磁记录材料制造工、磁记录材料试验工、感光鼓涂覆工等
6-54 火药、炸药制造人员	指使用专用设备、仪器、仪表和专用工装，从事发射药、黑火药、混合火药和其他火药制造的人员及炸药制造人员。包括：单基火药制造工、双基火药制造工、多基火药制造工、黑火药制造工、混合火药制造工、单质炸药制造工、混合炸药制造工、起爆药制造工、含水炸药制造工等
6-55 林产化工产品生产人员	指从事松香、栲胶、紫胶、松节油、活性炭、木材水解、栓皮制品及其再加工产品生产的人员。包括：松香工、松节油制品工、活性炭生产工、栲胶生产工、紫胶生产工、栓皮制品工、木材水解工、林化化验工等
6-56 复合材料加工人员	指从事以树脂、碳织物、硅酸盐、金属为基本结构的复合材料研制、试验、加工和性能检测的人员。包括：树脂基复合材料工、橡胶基复合材料工、碳基复合材料工、陶瓷基复合材料工、复合固体推进剂成型工、复合固体发动机装药工、飞机复合材料制品工等
6-57 日用化学品生产人员	指从事肥皂、合成洗涤剂、香精、香料、化妆品等日用化学品生产的人员。包括：制皂工、甘油工、脂肪酸工、洗衣粉成型工、合成洗涤剂制造工、香料制造工、香精配制工、化妆品配制工、牙膏制造工、油墨制造工、制胶工、火柴制造工等
6-59 其他化工产品生产人员	指不属于 6-41 至 6-57 小类的化学产品生产人员。包括：电子绝缘与介质材料制造工等
6-6 机械制造加工人员	指从事机械冷加工、热加工、冷作加工、表面处理等机械加工的人员
6-61 机械冷加工人员	指操作金属切削机床等机械装备，使用刃具、量具、卡具、夹具等工艺装备对工件进行车、铣、磨、刨、镗、钻等切削加工的人员。包括：车工、铣工、刨插工、钻床工、组合机床操作工、加工中心操作工、制齿工、螺丝纹挤形工、抛磨光工、拉床工、锯床工、刃具扭制工、弹性元件制作工等
6-62 机械热加工人员	指从事铸造、锻压、冲压、剪切、焊接、热处理、粉末冶金等加工的人员。包括：铸造工、锻造工、冲压工、剪切工、焊工、金属热处理工、粉末冶金制造工等
6-63 特种加工设备操作人员	指操作电加工机床，电子束、离子束加工设备，激光加工设备等特种加工设备进行零件切削加工的人员
6-64 冷作钣金加工人员	指对金属板材进行冷、热态成形和铆接加工的人员。包括：冷作钣金工等
6-65 工件表面处理加工人员	指操作专用机械设备，从事工件表面处理和涂装加工的人员。包括：镀层工、涂装工等
6-66 磨料磨具制造加工人员	指操作磨料磨具制造加工设备，进行磨料制造、磨具成形加工的人员。包括：磨料制造工、磨具制造工等
6-67 航天器件加工成型人员	指从事航天器气体、液体管路专用补偿管器件的制造，光学零件磨制，燃烧室高温处理、检漏的人员。包括：金属软管波纹管工、卫星光学冷加工、航天器件高温处理工等
*6-69 其他机械制造加工人员	指不属于 6-61 至 6-67 小类的机械加工人员。包括：电焊条制造工、仪器表元件制造工、真空干燥处理工、人造宝石制造工及汽车饰件制作工、汽车模型工等
6-7/6-8/6-9 机电产品装配人员	指使用机械设备、装配工装或手工工具，从事机电产品装配与调试的人员
6-71 基础件、部件装配人员	指操作机械设备，使用装配工装、手工工具，进行机电设备、运输车辆基础件、部件的组合装配与调试的人员。包括：基础件装配工、部件装配工等

表 2(续)

职业分类	说明
*6-72 机械设备装配人员	指操作机械设备或使用工装、工具，进行机械设备零件、组件或成品件、工模具产品的组合装配与调试的人员。包括：工具钳工和装配钳工、数控机床装调维修工等
6-73 动力设备装配人员	指操作机械设备或使用工装、工具，从事汽轮机、内燃机、锅炉和电机等电气设备组台装配与调试人员。包括：汽轮机装配工、内燃机装配工、锅炉装配工、电机装配工等
6-74 电气元件及设备装配人员	指从事变压器、互感器、高低压电器、电焊机、电炉等电气设备组合装配与调试和电线电缆制造的人员。包括：铁芯叠装工、绝缘制品件装配工、线圈绕制工、绝缘处理浸渍工、变压器、互感器装配工、高低压电器装配工、电焊机装配工、电炉装配工、电线电缆制造工等
6-75 电子专用设备装配调试人员	指从事生产电了产品专用设备的装配、调试等工作的人员。包括：电子专用设备装调工、真空测试工等
6-76 仪器仪表装配人员	指操作机械设备和使用工具、仪器、仪表，从事测绘、电子、电工、光电、计时仪器仪表和工业自动化仪器仪表及装置等的组合装配与调试的人员。包括：仪器仪表元器件装调工、力学仪器仪表装配工、电子仪器仪表装配工、光电仪器仪表装调工、分析仪器仪表装配工、计时仪器仪表装配工、工业自动化仪器仪表与装置装配工、电工仪器仪表装配工等
*6-77 运输车辆装配人员	指使用机械设备和装配工具，从事汽车、拖拉机、铁路机车、电机车、摩托车、助动车、自行车等组合装配与调试的人员。包括：汽车(拖拉机)装配工、铁路机车机械制修工、铁路车辆机械制修工、铁路机车电气装修工、铁路车辆电气装修工、铁路机车车辆制动修造工、电机车装配工、动车组机械师、摩托车装配工、助动车装配工、自行车装配工等
6-78 膜法水处理设备制造人员	指从事膜法水处理设备的功能膜制备加工和性能测试，膜组件的制作、设备的安装调试，电渗器电极、隔板加工的人员。包括：功能膜工、电渗析器工等
6-79 医疗器械装配及假肢与矫形器制作人员	指从事医疗器械装配的人员和为肢体残疾者或躯体发生变形者进行补缺和矫正的人员。包括：医疗器械装配工、假肢制作装配工、矫形器装配工等
*6-81 日用机械电器制造装配人员	指从事日用机械电器部件、整机装配、调试和检测的人员。包括：空调机装配工，电冰箱、电冰柜制造装配工，洗衣机制造装配工，小型家用电器装配工，缝纫机制造装配工，办公小机械制造装配工，衡器装配调试工等
6-82 五金制品制作、装配人员	指从事工具五金、建筑五金、日用五金制品的制作、装配、调整、测试的人员。包括：工具五金制作工、建筑五金制品制作工、制锁工、铝制品制作工、日用五金制品制作工等
6-83 装甲车辆装试人员	指从事装甲车辆部件和整机的装配、漏整、试验和检验等工作的人员。包括：装甲车辆装配工、装甲车辆装配检验工、装甲车辆驾驶试验工、装甲车辆发动机装试工等
6-84 枪炮制造人员	指从事枪炮专用零件及其部件和整机的装配、调整、试验和检验工作的人员。包括：火炮装试工、火炮装试检验工、火炮随动系统装试工、火炮随动系统装试试验工、火炮膛线制作工、枪支装配工、枪管校直工、枪管膛线制作工等
6-85 弹制造人员	指从事火箭弹、导弹、航弹、炮弹、枪弹的装配、装药工作的人员。包括：炮弹装配工、枪弹装配工、火工装药工等
6-86 引信加工制造人员	指从事引倍压药件、部件和整机的装配、试验和检验工作的人员。包括：引信装试工等

表 2（续）

职业分类	说明
6-87 火工品制造人员	指从事军用、民用火工品及爆破器材制造的人员。包括：雷管制造工、索状爆破器材制造工、火工品装配工、爆破器材试验工等
6-88 防化器材制造人员	指从事防化器材的滤毒材料、橡胶制品、塑料件、金属件的制造、装配与性能试验的人员。包括：滤毒材料制造工、防毒器材装配工、防毒器材试验工等
6-89 船舶制造人员	指从事船体、舾装件、船舶附件、船模的制造和船舶机械、电气设备的安装、调试的人员。包括：船体制造工、船舶轮机装配工、船舶电气装配工、船舶附件制造工、船舶木塑帆缆工、船模制造试验工等
6-91 航空产品装配与调试人员	指从事航空发动机、机载导弹、飞机螺旋桨、飞机发动机附件、飞机电气安装调试及飞机总装配的人员。包括：飞机装配工、飞机系统安装调试工，机载导弹装配工；航空发动机装配工；飞机螺旋桨装配工；飞机、发动机附件装配工；航空仪表装配工；航空装配平衡工；飞机系统安装调试工、航空发动机安装调试工、航空电气安装调试工、飞机军械安装调试工、飞机仪表安装试验工、飞机无线电安装调试工、飞机雷达安装调试工、飞机特设设备检测工、飞机外场调试与维护工等
6-92 航空产品试验人员	指从事航空发动机、机载导弹、飞机螺旋桨、飞机发动机附件、飞机电器试验及飞机试验人员。包括：飞机试验工，机载导弹试验工，飞机螺旋桨试验工，飞机、发动机附件试验工，航空环控救生装备试验工，航空仪表试验工，航空电机、电器试验设备调试工等
6-93 导弹卫星装配测试人员	指从事导弹、运载火箭、卫星的部段装配、总装配、综合检测试验的人员。包括：惯性器件装配工，伺服机构装配、调试工，导弹部段装配工，弹头装配工，引信装配工，导弹总体装配工，卫星装配测试工等
6-94 火箭发动机装配试验人员	指从事液体火箭和固体火箭发动机壳体、喷管、连接件、点火系统、能源系统和控制系统等总装齐套、装配调试、检测和数据处理人员。包括：液体火箭发动机装配试验工、固体火箭发动机装配工、固体火箭发动机试验工、固体发动机检测工等
6-95 航天器结构强度、温度、环境试验人员	指从事对运载火箭、导弹、卫星及其部件在模拟太空飞行、临战时的载荷、高低温、真空、失重、潮湿度、核爆炸与高速碰撞等条件环境下进行强度试验和环境试验的人员。包括：环境试验工、结构高低温环境试验工、介质试验工、系统试验工、空间环境模拟光学装测工、空间环境模拟温度试验工、空间环境模拟试验工等
6-96 靶场试验人员	指从事各种枪、炮、弹、引信、火工品、火炸药的各种技术参数测试和性能检验工作的人员。包括：靶场试射工、靶场测试工等
6-99 其他机电产品装配人员	指不属于 6-71 至 6-96 小类的其他机电产品装配人员
7-1 机械设备修理人员	指从事机械设备、运输车辆、仪器仪表、航空设备等维护保养、修理的人员
*7-11 机械设备维修人员	指使用工具、量具及辅助设备，从事各类机床设备、内燃机、运输车辆维护保养、修理的人员。包括：机修钳工、工程机械维修工、汽车修理工、汽车生产线操作调整工、汽车玻璃维修工、船舶修理工等
7-12 仪器仪表修理人员	指使用工具、量具、仪器仪表及工艺装备，从事力学、电子、光学、光电、分析测绘、医疗保健、工业自动化和电工仪器仪表等安装、调试与修理的人员。包括：工业自动化仪器仪表与装置修理工、电工仪器仪表修理工、精密仪器仪表修理工等
7-13 民用航空器维修人员	指从事民用航空器或民用航空器部件维护、翻修、修理、检查、更换、改装或排除故障的人员。包括：民用航空器维护人员、民用航空器修理人员等
*7-19 其他机械设备修理人员	指不属于 7-11 至 7-13 小类的其他机械设备修理人员，包括：设备点检员、带温带压堵漏工等

表 2（续）

职业分类	说明
7-2 电力设备安装、运行、检修及供电人员	指从事水电、火电等发电设备和输电、变电、配电、供用电设备及生活、生产电力设备的安装、运行、检修、管理等人员
7-21 电力设备安装人员	指从事水电、火电等发电设备和输电、配电、变电、用电等供电设备及其他电力设备安装、调试的工作人员。包括：水轮机安装工、锅炉安装工、汽轮机安装工、发电机安装工、热工仪表及控制装置安装试验工、发电厂电气设备安装工、电力电缆安装工、高压线路架设工、电力工程内线安装工等
*7-22 发电运行值班人员	指从事操作发电机组及附属设备，控制、监视其运行工作人员。包括：水轮发电机值班员、燃料值班员、锅炉运行值班员、锅炉辅机值班员、汽轮机运行值班员、热力网值班员、电气值班员、集控值班员、发电机氢冷值班员、电厂水处理值班员、电网调度自动化运行值班员、脱硫值班员、燃气轮机运行值班员等
*7-23 输电、配电、变电设备值班人员	指从事输电、配电、变电设备的巡视、维护、控制操作和管理的工作人员。包括：送、配电线路工，变电所值班员，调相机值班员，换流站值班员，电力调度员，电网调度自动化维护员，运行方式员等
*7-24 电力设备检修人员	指从事发电、变电、输电、配电、用电等设备检修、测试、调整工作的人员。包括：锅炉本体设备检修工、锅炉辅助设备检修工、汽轮机本体检修工、汽轮机附属设备检修工、发电厂电动机检修工、水轮机检修工、水电站水力机械试验工、变电设备检修工、变压器检修工、电气试验工、继电保护工、高压线路带电检修工、电网调度自动化厂站端调试检修员、电厂化学设备检修工、风力发电运行检修员、脱硫设备检修工、电厂热力检修工等
*7-25 供用电人员	指从事供用电营业人员。包括：电力负荷控制员、用电监察员、抄表核算收费员、装表接电工、电能计量装置检修工、农网配电营业工、用电客户授理员等
*7-26 生活、生产电力设备安装、操作、修理人员	指从事生活、生产电力设备的安装、操作及修理的工作人员。包括：变电设备安装工、变配电室值班电工、常用电机检修工、牵引电力线路安装维护工、维修电工、城轨接触网检修工等
7-29 其他电力设备安装、运行、检修及供电人员	指不属于7-21至7-26小类的电力设备安装、运行、检修及供电人员
7-3 电子元器件与设备制造、装配、调试及维修人员	指从事电子元器件、印制电路、电池及电子设备的制造、装配、调试和维修的人员
7-31 电子器件制造人员	指从事制造、装配、调试真空电子器件、半导体分立器件、集成电路和液晶显示器件工作的人员。包括：真空电子器件化学零件制造工，电级丝制造工，真空电子器件金属零件加工工，电子真空镀膜工，真空电子器件装配工，真空电子器件装调工，液晶显示器件制造工，单晶片加工工，半导体芯片制造工，半导体分立器件、集成电路装调工，电子用水制备工等
*7-32 电子元件制造人员	指使用设备对阻容元件、电声器件、压电晶体和器件、控制元件、磁记录元件，以及印制电路板等进行制造、装配和调试的人员。包括：电阻器制造工、电容器制造工、微波铁氧体器件制造工、石英晶体生长设备操作工、压电石英晶片加工工、石英晶体元器件制造工、电声器件制造工、水声换能器制造工、专用继电器制造工、高频电感器件制造工、接插件制造工、磁头制造工、电子产品制版工、印制电路制作工、薄膜加热器制造工、激光头制造工等

表 2（续）

职 业 分 类	说 明
*7-33 电池制造人员	指使用设备制造、装配蓄电池、原电池、储备电池及太阳电池等的人员。包括：铅酸蓄电池制造工、碱性蓄电池制造工、原电池制造工、热电池制造工、太阳能电池制造工、锂离子蓄电池制造工、锌银电池制造工、温差电制冷组件制造工等
*7-34 电子设备装配、调试人员	指装配、调试电子计算机，通信、传输和信息处理设备，广播试听设备，雷达，自动控制设备和电子仪器仪表的人员。包括：无线电设备机械装校工、电子设备装接工、无线电调试工、雷达装配工、雷达调试工、电子精密机械装配工、电子计算机调试工、网络设备调试员、集成电路测试员、有线通信设备调试工、通讯交换设备调试工、电源调试工、激光机装调工、激光全息工、铁路通信组调工、铁路信号组调工、铁路电控组调工等
*7-35 电子产品维修人员	指使用测试仪器、仪表和工具、修理电子计算机（微机）、计算机外部设备和其他电子产品以及仪器、仪表等的人员。包括：电子计算机（微机）维修工、安全防范系统安装维护员等
7-39 其他电子元器件与设备制造、装配、调试及维修人员	指不属于 7-31 至 7-35 小类的电子元器件与设备制造、装配、调试及维修人员
7-4 橡胶和塑料制品生产人员	指从事橡胶、塑料产品生产、加工的人员
7-41 橡胶制品生产人员	指从事天然橡胶和合成橡胶制品生产的人员。包括：橡胶制品配料工、橡胶炼胶工、橡胶半成品制造工、橡胶成型工、橡胶硫化工、废胶再生工等
7-42 塑料制品加工人员	指从事塑料制品原料配制、成型制作的人员。包括：塑料制品配料工、塑料制品成型制作工等
7-49 其他橡胶和塑料制品生产人员	指不属于 7-41 至 7-42 小类的橡胶和塑料制品生产人员
7-5 纺织、针织、印染人员	指从事棉、毛、麻、丝等天然纤维和化学纤维的预处理及纺织、针织、印染产品生产的人员
7-51 纤维预处理人员	指将棉、毛、麻、丝等天然纤维和化学纤维进行机械加工或化学处理，制成纺织纤维的人员。包括：纤维验配工、开清棉工、纤维染色工、加湿软麻工、选剥煮茧工、纤维梳理工、并条工、粗纱工、绢纺精练工等
7-52 纺纱人员	指将纤维原料加工成纱、线的人员。包括：细纱工、筒并摇工、捻线工、制线工、缫丝工等
7-53 织造人员	指从事织物所需经、纬纱线的准备，织物的织造、整理的人员。包括：整经工、浆纱工、穿经工、织布工、织物验修工、意匠纹版工等
7-54 针织人员	指操作纬编、经编、织袜等设备，进行针织品编织的人员。包括：纬编工、经编工、横机工、织袜工、铸、钳针工等
7-55 印染人员	指从事纱、线、丝、织物等纺织品的炼漂、染色、印花及后整理的人员。包括：坯布检查处理工、印染烧毛工、煮练漂工、印染洗涤工、印染烘干工、印染丝光工、印染定型工、染色工、印花工、印染雕刻制版工、印染后整理工、印染成品定等装潢工、印染染化料配制工、工艺染织制作工等
7-59 其他纺织、针织、印染人员	指不属于上述 7-51 至 7-55 小类的其他纺织、针织、印染人员
7-6 裁剪、缝纫和皮革、毛皮制品加工制作人员	指从事服装、鞋帽、装饰品等缝纫制品的量裁、打样、缝制及皮革加工和皮革、合成革制品制作的人员

表 2（续）

职 业 分 类	说 明
7-61 裁剪、缝纫人员	指从事服装等缝纫制品的划样、裁剪、缝纫、整烫等工作的人员。包括：裁剪工、缝纫工、缝纫品整型工、裁缝、剧装工等
7-62 鞋帽制作人员	指用纺织品、皮革等材料制成鞋、帽的人员。包括：制鞋工、制帽工等
7-63 皮革、毛皮加工人员	指从事动物原皮、毛皮制作加工的人员。包括：皮革加工工、毛皮加工工等
7-64 缝纫制品再加工人员	指从事缝纫制品填充处理，胶制服装上胶，服装水洗等再加工处理的人员
7-69 其他裁剪、缝纫和皮革、毛皮制品加工制作人员	指不属于上述 7-61 至 7-64 小类的裁剪、缝纫和皮革、毛皮制品加工制作人员
7-7 粮油、食品、饮料生产加工及饲料生产加工人员	指从事粮、油、乳、肉、蛋、糖及饮料生产加工以及饲料生产加工的人员
7-71 粮油生产加工人员	指从事将稻谷、小麦、玉米、大豆、油菜籽等通过各自的加工设备生产成品粮油的人员。包括：制米工、制粉工、制油工等
7-72 制糖和糖制品加工人员	指从事食糖、糖制品加工的人员。包括：食糖制造工、糖果制造工、巧克力制造工等
7-73 乳品、冷食品及罐头、饮料制作人员	指从事乳品预处理加工，冷食品、速冻食品及食品罐头、饮料加工制作的人员。包括乳品预处理工、乳品加工工、冷食品制作工、速冻食品制作工、食品罐头加工工、饮料制作工等
7-74 酿酒、食品添加剂及调味品制作人员	指从事白酒、啤酒等酒类酿造工作、各类食品添加剂及食用调味品生产工作的人员。包括：白酒酿造工、啤酒酿造工、黄酒酿造工、果露酒酿造工、酒精制造工、酶制剂制造工、柠檬酸制造工、食用调料制作工、味精制作工、酱油、酱类制造工、酱腌菜加工工、食醋制造工等
7-75 粮油食品制作人员	指以粮食、油脂等原料，通过不同加工工艺和设备，生产各类粮油食品的人员。包括：糕点、面包烘焙工、糕点装饰工、米面主食制作工、油脂制品工、植物蛋白制作工、豆制品加工工等
*7-76 屠宰加工人员	指从事畜禽屠宰、加工、分割及副产品整理等人员。包括：猪屠宰加工工、牛羊屠宰加工工、肠衣工、禽类屠宰加工工、牛肉分级员等
7-77 肉、蛋食品加工人员	指从事以肉类和鲜蛋为主要原料，生产各种肉、蛋食品的人员。包括：熟肉制品加工工、蛋品及再制蛋品加工工等
7-78 饲料生产加工人员	指从事饲料生产加工的人员。包括：饲料厂中心控制室操作工、饲料制粒工、饲料粉碎工、饲料添加剂预混工、饲料配料混合工、饲料原料清理上料工等
7-79 其他粮油、食品、饮料生产加工及饲料生产加工人员	指不属于 7-71 至 7-78 小类的粮油、食品、饮料及饲料的生产加工人员
7-8 烟草及其制品加工人员	指从事原烟复烤、卷烟生产和滤棒制作的人员
7-81 原烟复烤人员	指从事原烟调制、分级、复烤加工的人员。包括：烟叶调制工、烟叶分级工、挂杆复烤工、打叶复烤工、烟叶回潮工、烟叶发酵工等
7-82 卷烟生产人员	指从事卷烟制丝、卷接的生产人员。包括：烟叶制丝工、膨胀烟丝工、白肋烟处理工、烟草薄片工、卷烟卷接工等
7-83 烟用醋酸纤维丝束滤棒制作人员	指从事烟用二醋酸纤维素片、烟用醋酸纤维丝束、烟用滤嘴棒制造的人员。包括：烟用二醋酸片制造工、烟用丝束制造工、滤棒工等

表 2(续)

职 业 分 类	说 明
7-89 其他烟草及其制品加工人员	指不属于上述 7-81 至 7-83 小类的烟草及其制品加工人员
7-9 药品生产人员	指从事药物原料、药物制剂、中药、兽用药品生产人员
7-91 合成药物制造人员	指从事化学合成药制造的人员。包括:化学合成制药工等
7-92 生物技术制药(品)人员	指从事抗生素、生化药品、疫苗、血液制品的生产人员。包括:生化药品制造工、发酵工程制药工、疫苗制品工、血液制品工、基因工程产品工等
7-93 药物制剂人员	指将原料药制成医疗、诊断、预防制剂的人员。包括:药物制剂工、淀粉葡萄糖制造人员等
7-94 中药制药人员	指从事中药饮片和中成药生产制造的人员。包括:中药炮制与配制工、中药液体制剂工、中药固体制剂工等
7-99 其他药品生产人员	指不属于上述 7-91 至 7-94 小类的药品生产人员
8-1 木材加工、人造板生产、木制品制作及制浆、造纸和纸制品生产加工人员	指从事制材,木材干燥、刨切、装饰层压板、人造板和人造板饰面以及木材制品制作人员及制浆、造纸和纸制品生产加工的人员
*8-11 木材加工人员	指从事制材、木材干燥作业的人员。包括:制材工、木材干燥工、木材防腐师等
8-12 人造板生产人员	指从事木材刨切、装饰层压板、木质人造板和木质人造板饰面等生产的人员。包括:胶合板工、纤维板工、刨花板工、人造板制造工、装饰层压板工、人造板饰面工等
8-13 木材制品制作人员	指使用木材等有关材料制作家具、模型、包装箱、建筑构件等工作的人员。包括:手工木工、机械木工、精细木工等
8-14 制浆人员	指使用木材、棉短绒、草类等植物纤维原料从事纸浆等制浆生产的人员。包括:制浆备料工、制浆设备操作工、制浆废液回收工等
8-15 造纸人员	指使用纸浆生产纸及纸板的人员。包括:造纸工,纸张整饰工,宣纸、书画纸制作工等
8-16 纸制品制作人员	指使用纸和纸板加工成纸制品的人员。包括:瓦楞纸箱制作工、纸盒制作工等
8-19 其他木材加工、人造板生产、木制品制作及制浆、造纸和纸制品生产加工人员	指不属于 8-11 至 8-16 小类的其他木材加工、人造板生产、木制品制作及制浆、造纸和纸制品生产加工人员
8-2 建筑材料生产加工人员	指从事各种建筑材料、非金属矿及其制品生产加工的人员
*8-21 水泥及水泥制品生产加工人员	指从事各种水泥、石灰及水泥制品生产加工的人员。包括:水泥生产制造工、水泥生产巡检工、水泥中央控制室操作员、水泥制品工石灰焙烧工等
*8-22 墙体屋面材料生产人员	指从事各种墙体、屋顶及屋面材料生产的人员。包括:砖、瓦生产工、加气混凝土制品工、纸面石膏板生产工、石膏浮雕板工、石膏粉生产工等
8-23 建筑防水密封材料生产人员	指从事各种建筑防水及密封材料生产的人员。包括:油毡生产工、高分子防水卷材生产工等
8-24 建筑保温及吸音材料生产人员	指从事建筑保温毡、套管、板及吸音板等特殊材料生产的人员。包括:保温材料制造工、吸音材料制造工、珍珠岩制造工等
8-25 装饰石材生产人员	指从事大理石、花岗石及水磨石等装饰石材生产的人员。包括:装饰石材生产工等
8-26 非金属矿及其制品生产加工人员	指从事石棉、云母、石膏、滑石等非金属矿及其制品生产加工人员。包括:云母制品加工工、石棉制品工、高岭土制品工、金刚石制品工、人工合成晶体工等

表 2（续）

职 业 分 类	说 明
8-27 耐火材料生产人员	指从事窑炉等热工设备用耐火材料生产的人员。包括:耐火原料加工工、耐火材料成型工、耐火烧成工、耐火材料浸油工、耐火纤维制品工等
8-29 其他建筑材料生产加工人员	指从事不属于 8-21 至 8-27 小类的建筑材料及非金属材料制品生产加工的人员
8-3 玻璃、陶瓷、搪瓷及其制品生产加工人员	指从事玻璃生产加工以及陶瓷、搪瓷等制品生产的人员
8-31 玻璃熔制人员	指从事玻璃生产加工的人员。包括:玻璃配料工、玻璃熔化工、玻璃制板及玻璃成型工、玻璃加工工、玻璃制品装饰加工工等
8-32 玻璃纤维及其制品生产人员	指从事各种玻璃纤维的拉制及玻璃纤维制品生产的人员。包括:玻璃纤维制品工、玻璃钢制品工等
8-33 石英玻璃制品加工人员	指从事石英玻璃及制品丅和制作的人员。包括:石英玻璃加工工等
8-34 陶瓷制品生产人员	指从事各种陶瓷制品生产加工的人员。包括陶瓷原料准备工、陶瓷成型工、陶瓷烧成工、陶瓷装饰工、匣钵模型制作工、古建琉璃工等指从事搪瓷制品生产加工的人员。包括:搪瓷釉浆熔制工、搪瓷涂搪烧成工、搪瓷花版饰花工、搪瓷坯体制作工等
8-35 搪瓷制品生产人员	指从事搪瓷制品生产加工的人员。包括:搪瓷釉浆熔制工、搪瓷涂搪烧成工、搪瓷花版饰花工、搪瓷坯体制作工等
8-39 其他玻璃、陶瓷、搪瓷及其制品生产加工人员	指不属于上述 8-31 至 8-35 小类的玻璃、陶瓷、搪瓷及制品生产加工人员
8-4 广播影视制品制作、播放及文物保护作业人员	指从事广播、电影、电视、音像等制品生产与制作、播放以及安装、调试、操作广播影视音像专用设备的人员及文物保护作业人员
8-41 影视制品制作人员	指从事影视置景、服装、特效、电影剪纸、动画描线上色、木偶制作及电影洗印等工作的人员。包括:影视置景制作员、影视服装员、影视舞台烟火特效员、电影洗印员、影视动画制作员、影视木偶制作员
8-42 音像制品制作、复制人员	指从事模拟和数字唱片、盒式音带、录像带、光盘等各类音像制品的制作及进行复制的人员。包括:唱片工、唱片检听工、音像带复制工、光盘复制工等
8-43 广播影视舞台设备安装调试及运行操作人员	指从事影视照明设备、摄影机械、录音机械的设备调试、检修、运行、操作,广播电视的天线业务和有线广播机务、线务等业务的人员。包括:照明设备操作员、影视设备机械员、广播电视天线员、有线广播电视机线员、音响调音员、舞台音响效果工等
8-44 电影放映人员	指从事电影放映、检片、涂磁录音、字幕印字等工作的人员。包括:电影放映员、拷贝检片员、拷贝字幕员
8-45 文物保护作业人员	指从事考古发掘、文物保护、修复、复制、拓印作业的人员。包括:考古发掘工、文物修复工、文物拓印工、古旧书画修复工等
8-49 其他广播影视制品制作、播放及文物保护作业人员	指不属于上述 8-41 至 8-45 小类的广播影视制品制作、播放及文物保护作业人员
8-5 印刷人员	指从事印前处理、印刷操作及印后制作等印刷工作的人员

表 2（续）

职 业 分 类	说 明
＊8-51 印前处理人员	指使用印刷制版等设备或手工进行文、图制作，文、图制版或文、图合一制版工作的人员。包括：平版制版工、凸版制版工、凹版制版工、孔版制版工、印前制作员等
8-52 印刷操作人员	指使用印版或其他方式将印版上的文、图信息或电子信息转移到承印物上的人员。包括：平版印刷工、凸版印刷工、凹版印刷工、孔版印刷工、木刻水印工、珂罗版印刷工、盲文印刷工等
8-53 印后制作人员	指用装订设备或手工将印刷品装订成册，整饰加工的人员。包括：装订工、印品整饰工等
8-59 其他印刷人员	指不属于上述 8-51 至 8-53 小类的印刷人员。包括：硬币模具制作工等
8-6 工艺、美术品制作人员	指从事美术品、工艺美术品生产、制作的人员
8-61 珠宝首饰加工制作人员	指从事贵金属首饰、摆件制作，珠宝镶嵌以及宝石琢磨的人员。包括：宝石琢磨工、贵金属首饰手工制作工、贵金属首饰机制工等
8-62 地毯制作人员	指使用机器或手工将纤维制成地毯的人员。包括：手工地毯制作工、机制地毯制作工等
8-63 玩具制作人员	指从事金属、塑料、木刻、布绒、搪塑等玩具制作人员。包括：金属、塑料、木制玩具装配工，布绒玩具制作工，搪塑玩具制作工等
8-64 漆器工艺品制作人员	指使用漆料、木、麻、布等材料进行制胎、髹饰成型，经过雕、绘制成漆器工艺品的人员。包括：漆器制胎工、彩绘雕填制作工、漆器镶嵌工等
8-65 抽纱、刺绣工艺品制作人员	指从事手工绷架、机制刺绣工艺品的刺绣、抽纱、挑编结加工的人员。包括：机绣工、手绣制作工、抽纱挑编工等
8-66 金属工艺品制作人员	指通过使用专用设备将金属材料制成金属工艺品的人员。包括：景泰蓝制作工、金属摆件工等
8-67 雕刻工艺品制作人员	指对玉石、骨、角等原材料进行雕刻艺术加工的人员。包括：工艺品雕刻工等
8-68 美术品制作人员	指使用专用工具、器械、材料按照设计要求制作美术品的人员。包括：装饰美工、雕塑翻制工、壁画制作工、油画外框制作工、装裱工、版画制作工等
8-69 其他工艺、美术品制作人员	指未列入上述 8-61 至 8-68 小类的工艺、美术品制作人员。包括：民间工艺品制作工，人造花制作工，工艺画制作工，烟花、爆竹制作工等
8-7 文化教育、体育用品制作人员	指从事制笔、办公用品、文教用品、体育用品装配制作的人员
8-71 文教用品制作人员	指从事墨、笔等办公用品制作的人员。包括：墨制作工、墨水制造工、墨汁制造工、绘图仪器制作工、静电复印机消耗材料制造工、毛笔制作工、自来水笔制作工、圆珠笔制作工、铅笔制作工、印泥制作工等
8-72 体育用品制作人员	指从事球类、球拍、球架、健身器材等体育用品制作的人员。包括：制球工、球拍球网制作工、健身器材制作工等
8-73 乐器制作人员	指从事乐器制作、装配、调整、测试、定律的人员。包括：钢琴及键盘乐器制作工、提琴制作工、管乐器制作工、民族拉弦、弹拨乐器、打击乐器、吹奏乐器制作工、电声乐器制作工等
8-79 其他文化教育、体育用品制作人员	指不属于上述 8-71 至 8-73 小类的文化教育、体育用品制作人员
8-8/8-9 工程施工人员	指从事工业与民用建筑、道路、桥梁、隧道等工程施工的人员及有关人员
8-81 土石方施工人员	指用手工或机械，对土、石、堆积物等进行凿、挖、填、运等施工的人员。包括：凿岩石、爆破工、土石方机械操作工等

表 2（续）

职业分类	说明
8-82 砌筑人员	指使用手工或机具，将砌块砌成各种形状的砌体等工作的人员。包括：砌筑工、石工等
8-83 混凝土配制及制品加工人员	指使用机械设备，配制、浇筑混凝土及其制品加工的人员。包括：混凝土工、混凝土制品模具工、混凝土搅拌机械操作工等
8-84 钢筋加工人员	指从事钢筋除锈、校直、焊接、切断等处理并加工成型等工作的人员。包括：钢筋工等
8-85 施工架子搭设人员	指从事施工架子的搭设、维护和拆除等工作的人员。包括：架子工等
8-86 工程防水人员	指使用工具或机具，加工防水材料并涂刷摊铺到建筑物、构筑物的防水部位，建立防渗墙及桩柱，进行工程防水的人员。包括：防水工、防渗墙工等
8-87 装饰、装修人员	指按设计要求，使用工具、机具或手工，对建筑物（古建筑除外）、构筑物及飞机、车船等表面及内部空间进行装饰装修施工的人员。包括：装饰装修工、室内成套设施装饰工等
8-88 古建筑修建人员	指采用传统工艺，对建筑物、构件、墙体等部位进行仿古施工、制作、复制原形及古建筑维护、修复并对古建筑、仿古建筑进行装饰施工的人员。包括：古建筑结构施工工、古建筑装饰工等
8-89 筑路、养护、维修人员	指使用机械、设备，进行路基、路面、桥梁、隧道及附属设施施工、维修、养护的人员。包括：筑路机械操作工、筑路养护工、线桥专用机械操作工、铁道线路工、桥梁工、隧道工、铁路舟桥工、道岔制修工、枕木处理工等
8-91 工程设备安装人员	指使用各种工具、机具检测仪器，进行工程设备、构件安装、调试、维修等工作的人员。包括：机械设备安装工、电气设备安装工、管工等
8-99 其他工程施工人员	指不属于上述 8-81 至 8-91 小类的工程施工人员。包括：中小型施工机械操作工
9-1 运输设备操作人员及有关人员	指从事公路、铁路、航空、水上运输机械及辅助设备的操作人员等
9-11 公（道）路运输机械设备操作及有关人员	指从事客、货运输汽车驾驶及辅助人员。包括：汽车驾驶员等
*9-12 铁路、地铁运输机械设备操作及有关人员	指从事铁路、地铁各种运输设备的操作、运用及维修工作的人员。包括：车站行车作业员、车站运转作业计划员、动车组司机、车号员、驼峰设备操作员、车站调车作业员、列车运转乘务员、机车乘务员、机车调度员、发电车乘务员、机车整备员、救援机械操作员、列车轴温检测员、铁路通信工、铁路电源工、铁路信号工等
9-13 民用航空设备操作及有关人员	指使用并操作民用航空专用设备及其附属通用设备，为飞行安全和航空运输提供服务的人员，或利用民用航空器提供航空摄影、航空遥感及其图像资料、航空物探、航空目视调查服务的人员。包括：航空通信雷达导航员、航空油料员、航空摄影员、航空器材员、航空气象员等
9-14 水上运输设备操作及有关人员	指从事水上运输船舶航行及港口、码头、航道和航务施工作业的人员。包括：船舶甲板设备操作工、船舶机舱设备操作工、无线电航标操作工、潜水员、视觉航标工、港口维护工、航道航务施工工等
9-15 起重装卸机械操作及有关人员	指从事起重机、输送机、装卸机及闸门、索道操作运行的人员。包括：起重装卸机械操作工、起重工、输送机操作工、闸门运行工、索道运输机械操作工等
9-19 其他运输设备操作人员及有关人员	指不属于 9-11 至 9-15 小类的运输人员
9-2 环境监测与废物处理人员	指从事环境质量（包括：水、大气、土壤、海洋、生物、振动噪声、固体废物）监测和对废水、废气、固体废物等进行处理的人员

表 2（续）

职 业 分 类	说 明
9-21 环境监测人员	指从事环境质量(包括水、大气、土壤、生物、振动噪声、固体废物、环境辐射)进行监测和污染源排放监测的人员。包括:大气环境监测工、水环境监测工、土壤环境监测工、环境生物监测工、环境噪声及振动监测工、固体废物监测工、环境辐射监测工等
9-22 海洋环境调查与监测人员	指从事海洋调查监测、海洋浮标的收放、海洋水文气象观测、填图资料接收等业务人员
9-23 废物处理人员	指从事废水、废气、固体废物等处理人员。包括:固体废物处理工、废水处理工、废气处理工、除尘设备运行工等
9-29 其他环境监测与废物处理人员	指不属于上述 9-21 至 9-23 小类的环境监测与废物处理人员
9-3 检验、计量人员	指从事产品或商品质量检验、计量工作的人员
*9-31 检验人员	指从事对产品或商品的成品、半成品、原材料、在制品、中间产品、外构件及包装材料质量的检验、检测、检查、鉴定、测试、装试、装校、试验、实验、化验、抽验、抽查、验收、验配、分类、分级、分析、分测、探伤、鉴别、监督、监测等人员。包括:化学检验工,材料成分检验工,材料物理性能检验工,无损探伤检验工,产品环境适应性能检验工,产品可靠性能检验工,产品安全性能检验工,食品检验工,评茶员、饲料检验工,禽产品检验工,烟草检验工,纺织纤维检验工,棉花检验员、针纺织品检验工,印染工艺检验工,服装、鞋帽检验工,木材家具检验工,包装材料检验工,文体用品及出版物品检验工,燃料检验工,感光材料检验工,药物检验工,中药检验工,五金制品检验工,机械检验工,医疗器械检验工。机动车检验工,电器产品检验工,电工器材检验工,照明电器检验工,通讯设备检验工,广播电视设备检验工,计算机检验工,电子器件检验工,印制电路检验工,仪器仪表检验工,贵金属首饰、钻石、宝玉石检验员,管道检验工、水产品质量检验员、计算机软件产品检验员、合成材料测试员、室内装饰装修质量检验员、珠宝首饰评估师、玻璃分析检验员等
9-32 航空产品检验人员	指从事航空发动机、机载导弹、飞机螺旋桨、飞机发动机附件、飞机电气检验及飞机检验的人员
9-33 航天器检验、测试人员	指从事航天器的验收、测试、试验、材料性能测试和无损检测的人员。包括:无损试验工,材料性能测试试验工,试车台测量工,试车台液、气系统试验操作工,试车台试验程序控制工,火箭推进剂性能测试化验工,固体推进剂性能测试化验工,试车台测力计量检定工等
9-34 计量人员	指从事计量器具的计量检定、检查、检测、电测、测量、校准、检验、维修、修理以及检斤、计斤、司磅人员。包括:长度计量工、热工计量工、衡器计量工、硬度测力计量工、容量计量工、电器计量工、化学计量工、声学计量工、光学计量工、电离辐射计量工、专用计量器具计量工等
9-39 其他检验、计量人员	指不属于 9-31 至 9-34 小类的检验、计量人员。包括:矿质化验工等
9-9 其他生产、运输设备操作人员及有关人员	指不属于 6-1 至 9-3 中类的生产、运输设备操作人员及有关人员
9-91 包装人员	指使用金属或非金属包装材料进行物体包装的人员。包括:包装工等
9-92 机泵操作人员	指从事操作机泵、排输水或其他物体的人员。包括:机泵操作工等
9-93 简单体力劳动人员	指从事人力搬运、装卸、运输和勤杂等简单体力劳动的人员。包括:人力搬运工、小工、铁路装卸工、装卸值班员等

表 2（续）

职业分类	说明
X　军人 X-0　军人 X-00　军人 **Y　不便分类的其他从业人员** Y-0　不便分类的其他从业人员 Y-00　不便分类的其他从业人员	

参 考 文 献

中华人民共和国职业分类大典(2005 增补本)
中华人民共和国职业分类大典(2006 增补本)
中华人民共和国职业分类大典(2007 增补本)

ICS 71.100.10
H 12

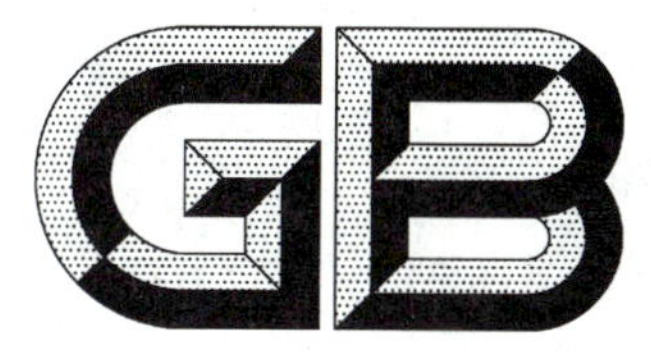

中华人民共和国国家标准

GB/T 6609.2—2009
代替 GB/T 6609.1—2004,GB/T 6609.2—2004

氧化铝化学分析方法和物理性能测定方法 第2部分:300 ℃和1 000 ℃质量损失的测定

Chemical analysis methods and determination of physical performance of aluminium hydroxide—Part 2: Determination of loss of mass at 300 ℃ and 1 000 ℃

(ISO 806:2004, Aluminium oxide used for the production of primarily aluminium—Determination of loss of mass at 300 ℃ and 1 000 ℃, MOD)

2009-04-15 发布　　2010-02-01 实施

中华人民共和国国家质量监督检验检疫总局
中国国家标准化管理委员会　发布

前　言

GB/T 6609《氧化铝化学分析方法和物理性能测定方法》共分为37部分：
——第1部分：电感耦合等离子体原子发射光谱法测定微量元素含量；
——第2部分：300 ℃和1 000 ℃质量损失的测定；
——第3部分：钼蓝光度法测定二氧化硅含量；
——第4部分：邻二氮杂菲光度法测定三氧化二铁含量；
——第5部分：氧化钠含量的测定；
——第6部分：火焰光度法测定氧化钾含量；
——第7部分：二安替吡啉甲烷光度法测定二氧化钛含量；
——第8部分：二苯基碳酰二肼光度法测定三氧化二铬含量；
——第9部分：新亚铜灵光度法测定氧化铜含量；
——第10部分：苯甲酰苯基羟胺萃取光度法测定五氧化二钒含量；
——第11部分：火焰原子吸收光谱法测定一氧化锰含量；
——第12部分：火焰原子吸收光谱法测定氧化锌含量；
——第13部分：火焰原子吸收光谱法测定氧化钙含量；
——第14部分：镧-茜素络合酮分光光度法测定氟含量；
——第15部分：硫氰酸铁光度法测定氯含量；
——第16部分：姜黄素分光光度法测定三氧化二硼含量；
——第17部分：钼蓝分光光度法测定五氧化二磷含量；
——第18部分：N,N-二甲基对苯二胺分光光度法测定硫酸根含量；
——第19部分：火焰原子吸收光谱法测定氧化锂含量；
——第20部分：火焰原子吸收光谱法测定氧化镁含量；
——第21部分：丁基罗丹明B分光光度法测定三氧化二镓含量；
——第22部分：取样；
——第23部分：试样的制备和贮存；
——第24部分：安息角的测定；
——第25部分：松装密度的测定；
——第26部分：有效密度的测定　比重瓶法；
——第27部分：粒度分析　筛分法；
——第28部分：小于60 μm的细粉末粒度分布的测定　湿筛法；
——第29部分：吸附指数的测定；
——第30部分：X射线荧光光谱法测定微量元素含量；
——第31部分：流动角的测定；
——第32部分：α-三氧化二铝含量的测定　X-射线衍射法；
——第33部分：磨损指数的测定；
——第34部分：三氧化二铝含量的计算方法；
——第35部分：比表面积的测定　氮吸附法；
——第36部分：流动时间的测定；
——第37部分：粒度小于20 μm颗粒含量的测定。

本部分为 GB/T 6609 的第 2 部分。

本部分修改采用 ISO 806:2004《用于生产铝的氧化铝——300 ℃和 1 000 ℃质量损失的测定》。

本部分修改采用 ISO 806:2004 时,删除了其前言、引言和引用文件。为方便对照,在附录 B 中列出了本部分的章条和对应的 ISO 806:2004 章条的对照表。

本部分代替 GB/T 6609.1—2004《氧化铝化学分析方法和物理性能测定方法 重量法测定水分》和 GB/T 6609.2—2004《氧化铝化学分析方法和物理性能测定方法 重量法测定灼烧失量》。

本部分与 GB/T 6609.1—2004 和 GB/T 6609.2—2004 相比主要变化如下:

——增加了"试剂"、"检验报告"、"仪器分析"三章;

——内容上与 ISO 806:2004 相对应。

本部分的附录 A 为规范性附录,附录 B 为资料性附录。

本部分由中国有色金属工业协会提出。

本部分由全国有色金属标准化技术委员会归口。

本部分负责起草单位:中国铝业股份有限公司郑州研究院、中国有色金属工业标准计量质量研究所。

本部分参加起草单位:中国铝业股份有限公司山东分公司。

本部分主要起草人:石磊、席欢、薛宁、都红涛、田蕊。

本部分所代替标准的历次版本发布情况为:

——GB/T 6609.1—1986、GB/T 6609.1—2004;

——GB/T 6609.2—1986、GB/T 6609.2—2004。

氧化铝化学分析方法和物理性能测定方法 第2部分:300 ℃和1 000 ℃质量损失的测定

1 范围

GB/T 6609 的本部分规定了氧化铝在 300 ℃和 1 000 ℃下质量损失的测定方法。依照惯例,用水分(MOI)表示 300 ℃的质量损失,用灼减(LOI)表示 1 000 ℃的质量损失。

本部分适用于焙烧的氧化铝中质量损失的测定。300 ℃质量损失的测定范围:0.2%~5%;1 000 ℃质量损失的测定范围:0.1%~2%。

本部分规定在测量样品 MOI 和 LOI 值时,需提供测量结果的原始数据。为了提高样品的分析精密度,样品应该在分析前进行空气平衡,空气平衡能显著影响 MOI 和 LOI 的测量结果。空气平衡的步骤和造成的影响见附录 A。

本部分还将涉及到仪器分析方法。

2 方法原理

将氧化铝样品置于 300 ℃±10 ℃烘干 2 h,根据质量损失计算水分(MOI)。然后将样品置于 1 000 ℃±10 ℃灼烧 2 h,根据质量损失计算灼减(LOI)。

3 试剂

警告:由于存在爆炸的危险,禁止在烘箱里使高氯酸镁再生。高氯酸镁和五氧化二磷是危险物品,应该表明该物质的安全信息。

干燥剂。可任意选用以下三种试剂中的一种作为干燥剂:

a) 五氧化二磷;

b) 活性氧化铝;

c) 高氯酸镁。

注:活性氧化铝的活化:将活性氧化铝置于 300 ℃±10 ℃加热烘干 12 h,取出,在使用之前应该在干燥器里冷却至少 4 h。使用时该氧化铝应每天都进行活化处理。

4 仪器

4.1 真空干燥器(见图 1):包括一个可以放置 4 个铂坩埚的氧化铝加热架和干燥剂。

图 2 所示的是金属耐热架:直径约 150 mm,深度为 30 mm。干燥器应该具有一定的尺寸,使空气能够流通而不受限制(见图 1)。干燥器的盖子进口处应配有一个装有粒状干燥剂的除湿阱。

4.2 铂坩埚(带铂盖):直径约 35 mm,深度约 40 mm,体积约 25 mL。

4.3 烘箱:300 ℃±2 ℃,配有空气流通机械设备。

注:利用自然空气对流的烘箱不大可能达到需要的温度控制。

4.4 高温炉:温度可控制在 1 000 ℃±10 ℃。

4.5 天平:感量 0.000 1 g。

4.6 热重分析仪:如果需要(见第 10 章)。

5 样品处理与制备

氧化铝是多相混合物，大多数具有活性，易从大气中迅速吸收水气。因此，需要使其尽量减少暴露在大气中，样品采集后应立即密封在密闭容器中，容器中留有一些空间可以使样品混合。除非迅速制备样品或者尽量使其减少暴露在实验室空气中，否则计算得到的水分结果和灼减结果都是不准确的。分析前先把样品容器上下翻动使样品混匀。在称取样品后，立即将剩余样品密封。不要使用任何二次取样的样品或者重新混合样品容器中的样品。

6 分析步骤

6.1 测定次数

独立地进行两次测定，取其平均值。

6.2 测定

6.2.1 铂坩埚和盖的准备：将铂坩埚和盖(4.2)置于高温炉(4.4)中，控制温度 1 000 ℃±10 ℃灼烧 15 min。取出铂坩埚和盖，稍冷，置于真空干燥器(4.1)中，冷却 10 min。称量，精确至 0.000 1 g，记录其质量(m_1)。

6.2.2 300 ℃质量损失(水分含量)的测定：向铂坩埚中加入 5 g±0.5 g 试料，盖上铂盖，称量，精确至 0.000 1 g，记录其质量(m_2)。立即把铂坩埚和样品置于烘箱中(4.3)。取下铂盖，放在干燥器(4.1)中或者置于烘箱中。使烘箱升温到 300 ℃±2 ℃，在该温度下保持 120 min。取出铂坩埚，迅速地放在干燥器的耐热架中，盖上铂盖，冷却 10 min。

在不干扰测定的情况下通过湿气阱缓慢地释放干燥器中的真空。立即称量铂坩埚和盖，精确到 0.000 1 g，记录其质量(m_3)。

注：当干燥器的盖子打开或称量时，铂坩埚尽量减少暴露在空气中，防止干燥样品快速地吸收湿气。

6.2.3 1 000 ℃质量损失(灼减损失)的测定：将装有干燥样品的铂坩埚和盖置于高温炉中，移去铂盖，置于干燥器中或者放在高温炉中。使高温炉升温至 1 000 ℃±10 ℃，在该温度下保持 120 min。取出铂坩埚，迅速置于干燥器的耐热架中，盖上铂盖，冷却 30 min。

在不干扰测定的情况下通过湿气阱缓慢地释放干燥器中的真空。立即称量铂坩埚和盖，精确至 0.000 1 g，记录其质量(m_4)。

注：当干燥器的盖子打开或称量时，铂坩埚尽量减少暴露在空气中，防止干燥样品快速地吸收湿气。

7 分析结果的计算

7.1 按式(1)计算 300 ℃的质量损失含量(%)：

$$w_{300} = \frac{m_2 - m_3}{m_2 - m_1} \times 100 \qquad \cdots\cdots(1)$$

式中：

m_1——经过处理(6.2.1)的空铂坩埚和盖的质量，单位为克(g)；

m_2——盛有试样的铂坩埚和盖的质量，单位为克(g)；

m_3——在 300 ℃灼烧后盛有试样的铂坩埚和盖的质量，单位为克(g)。

7.2 1 000 ℃的质量损失可以分为是否在 300 ℃干燥，分别采用式(2)和式(3)计算。

按式(2)计算未干燥样品在 1 000 ℃灼烧质量损失量(300 ℃到 1 000 ℃，用 Δ1 000 表示)：

$$w_{\Delta 1\,000,u} = \frac{m_3 - m_4}{m_2 - m_1} \times 100 \qquad \cdots\cdots(2)$$

式中：

m_1——经过处理(6.2.1)的空铂坩埚和盖的质量，单位为克(g)；

m_2——盛有试样的铂坩埚和盖的质量，单位为克(g)；

m_3——在 300 ℃灼烧后盛有试样的铂坩埚和盖的质量，单位为克(g)；

m_4——在 1 000 ℃灼烧后盛有试样的铂坩埚和盖的质量，单位为克(g)。

按式(3)计算干燥样品在 1 000 ℃灼烧质量损失量(300 ℃到 1 000 ℃，用 Δ1 000 表示)：

$$w_{\Delta 1\,000,d} = \frac{m_3 - m_4}{m_2 - m_1} \times 100 \quad \cdots\cdots(3)$$

式中：

m_1——经过处理(6.2.1)的空铂坩埚和盖的质量，单位为克(g)；

m_2——盛有试样的铂坩埚和盖的质量，单位为克(g)；

m_3——在 300 ℃灼烧后盛有试样的铂坩埚和盖的质量，单位为克(g)；

m_4——在 1 000 ℃灼烧后盛有试样的铂坩埚和盖的质量，单位为克(g)。

计算结果应精确到 0.01%。

8 精密度

分析了 5 批氧化铝样品，其水分含量范围：0.5%～3.0%，灼烧质量损失范围：0.7%～0.9%。每个样品由 6 个实验室分别提供 4 个试验结果。灼烧质量损失是对干燥样品计算的。实验室内部与实验室之间计算出的精密度数据(置信度为 95%)见表 1。

表 1

质量损失	结果范围 %	人工分析		仪器分析	
		重复性 r	再现性 R	重复性 r	再现性 R
300 ℃ (水分)	<1	0.07(5)	0.21	0.04	0.22
	≥1	0.05	0.12	0.04	0.20
1 000 ℃ (灼烧质量损失)	全部	0.06	0.12	0.03	0.07

9 检验报告

检验报告应包括下列内容：

1) 样品的确认；

2) 本部分编号；

3) 300 ℃质量损失(水分)与 1 000 ℃灼烧质量损失是用试样的质量百分数表示，说明样品是否按照“原始”或者“空气平衡”基准处理；

4) 1 000 ℃灼烧质量损失的结果计算时，样品是否在 300 ℃干燥；

5) 实验的日期；

6) 在实验过程中观察到的影响实验结果的异常现象。

10 仪器分析

现代热重分析仪器的发展允许对冶金级氧化铝的水分含量及灼减损失进行自动分析。

为确保热重分析仪的使用不会产生任何分析正确性及精度的损失，因此在应用前，必须理解分析的下列几个方面。

人工分析时，参数是很重要的，例如 300 ℃与 1 000 ℃时时间的设定，烘箱的控制温度为 300 ℃±2 ℃，高温炉应控制在 1 000 ℃±10 ℃，天平能够精确称量到 0.000 1 g 以及能够称量铂坩埚和试样的总质量，这对于运用热重仪器进行分析是很重要的。

此外，热重分析仪需要一定时间达到 300 ℃。在这段时间里，炉子里的空气需要干燥，有必要用干燥的空气净化炉子。为了不与人工分析产生较大偏离，在干燥空气中，炉子达到 300 ℃的时间不应超过 15 min，到达 1 000 ℃的时间不能超过 20 min。

假如使用热重分析仪所得到的结果与人工分析具有相等的准确性，那么热重分析仪的使用是可以接受的，用热重分析仪得到的试料的精密度数据见表 1。

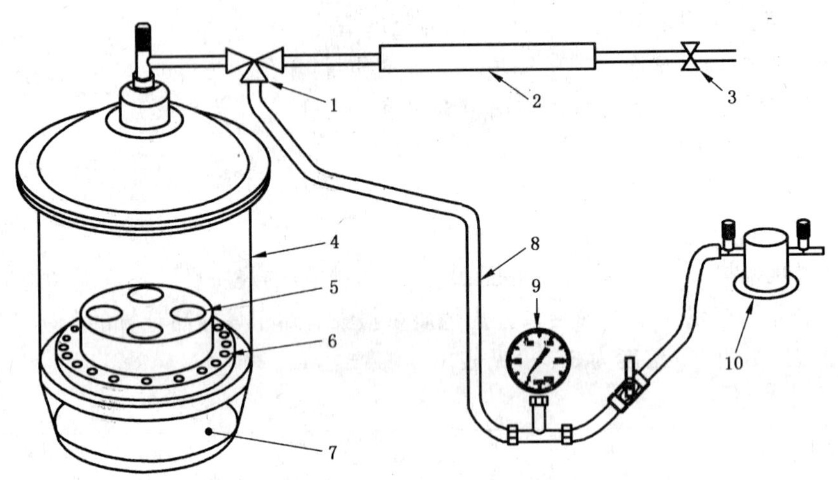

1——三通阀门；

2——湿气阱；

3——空气阀门；

4——干燥器；

5——耐热架；

6——多孔板；

7——干燥剂；

8——真空管；

9——真空表；

10——真空泵。

图 1　氧化铝耐热架和干燥器

单位为毫米

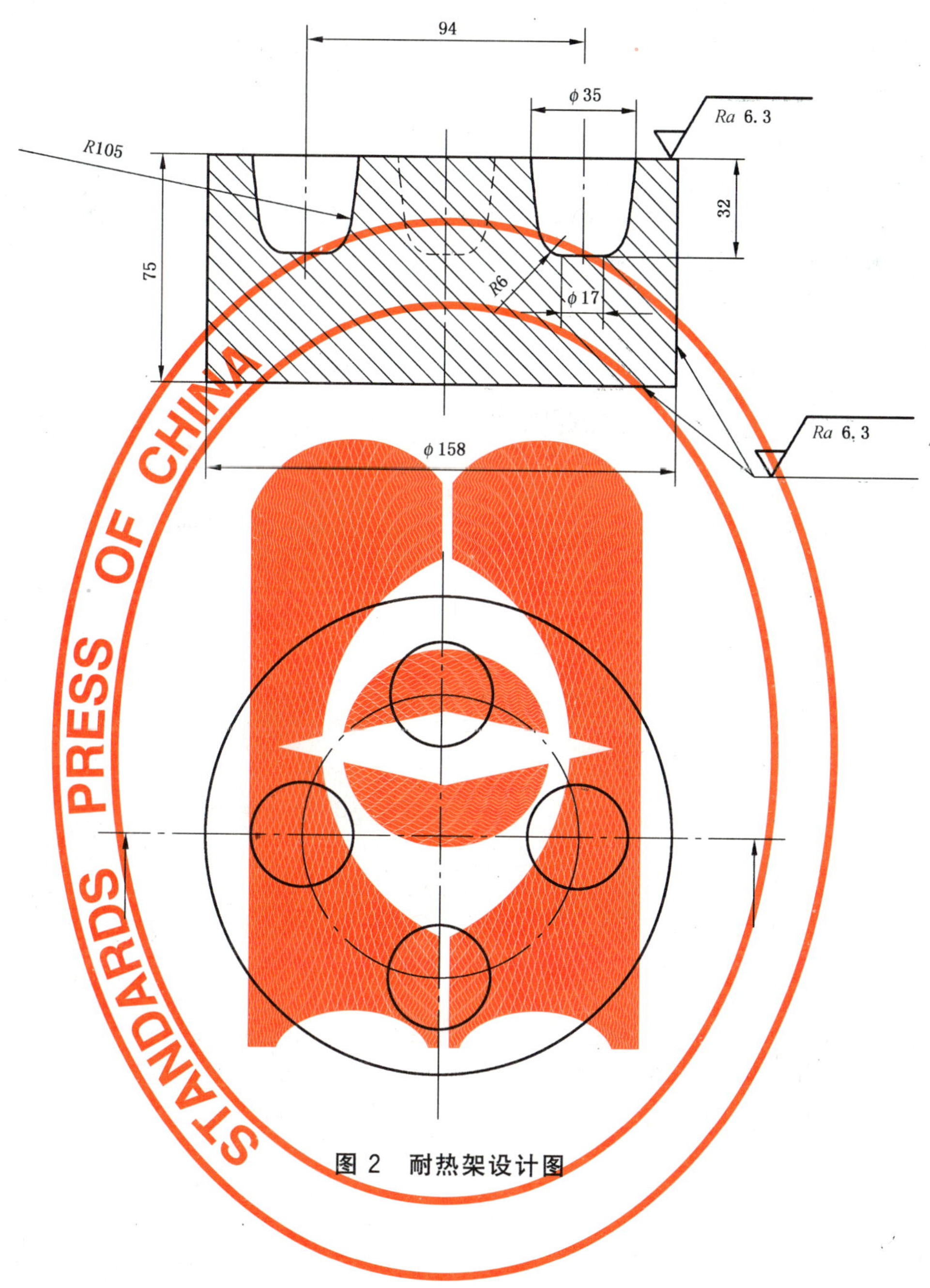

图 2 耐热架设计图

附 录 A
（规范性附录）
利用空气平衡样品的样品制备程序及其影响

第 5 章中利用空气平衡来制备样品是可选择的样品制备程序。这个程序提高了分析精密度，但导致了样品中测得的水分及灼烧质量损失结果的偏大，这对于散装氧化铝是不适宜的。

空气平衡制备样品的程序如下：

(1) 将样品摊成不超过 5 mm 的薄层，暴露在实验室大气中 2 h 以上，然后混匀，并在分析前分出试验部分。

(2) 每次测试用试验样品约为 300 g。

(3) 一次称取约 50 g 样品，置于密封容器中用于水分分析。

空气平衡的影响如表 A.1 所示。

表 A.1 冶金级氧化铝暴露在空气中的影响

暴露时间 min	300 ℃质量损失 （水分） %	1 000 ℃质量损失 （灼烧质量损失） %
0	0.18	0.75
10	0.60	0.80
20	0.95	0.86
30	1.30	0.89
60	2.02	0.91
90	2.40	0.92
120	2.70	0.90
240	3.05	0.93

样品由于从实验室空气中吸收水分造成在 300 ℃和 1 000 ℃质量损失的变化需要引起关注。在延长 300 ℃干燥时间后，1 000 ℃时的灼烧质量损失的结果也不能被校正。

附 录 B
（资料性附录）
本标准章条编号与 ISO 806:2004 章条编号对照表

表 B.1

本标准章条编号	对应的国际标准章条编号
1	1
2	3
3	4
4	5
5	6
6	7
7	8
8	9
9	10
10	11
附录 A	附录 A
附录 B	—

ICS 71.100.10
H 12

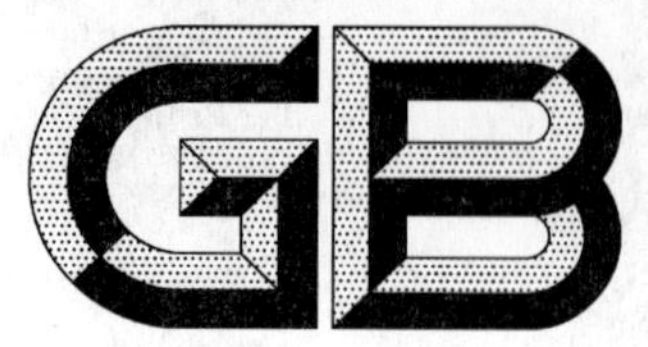

中华人民共和国国家标准

GB/T 6609.27—2009/ISO 2926:2005
代替 GB/T 6609.27—2004

氧化铝化学分析方法和物理性能测定方法 第27部分:粒度分析 筛分法

Chemical analysis methods and determination of physical performance of alumina—Part 27:Partical size analysis—Method using electriformed sieves

(ISO 2926:2005, Aluminium oxide primarily used for the production of aluminium—Partical size analysis for the range 45 μm to 150 μm—Method using electriformed sieves, IDT)

2009-04-15 发布　　2010-02-01 实施

中华人民共和国国家质量监督检验检疫总局
中国国家标准化管理委员会　发布

前　　言

GB/T 6609《氧化铝化学分析方法和物理性能测定方法》共分为 37 部分：

——第 1 部分：电感耦合等离子体原子发射光谱法测定微量元素含量；

——第 2 部分：300 ℃和 1 000 ℃质量损失的测定；

——第 3 部分：钼蓝光度法测定二氧化硅含量；

——第 4 部分：邻二氮杂菲光度法测定三氧化二铁含量；

——第 5 部分：氧化钠含量的测定；

——第 6 部分：火焰光度法测定氧化钾含量；

——第 7 部分：二安替吡啉甲烷光度法测定二氧化钛含量；

——第 8 部分：二苯基碳酰二肼光度法测定三氧化二铬含量；

——第 9 部分：新亚铜灵光度法测定氧化铜含量；

——第 10 部分：苯甲酰苯基羟胺萃取光度法测定五氧化二钒含量；

——第 11 部分：火焰原子吸收光谱法测定一氧化锰含量；

——第 12 部分：火焰原子吸收光谱法测定氧化锌含量；

——第 13 部分：火焰原子吸收光谱法测定氧化钙含量；

——第 14 部分：镧-茜素络合酮分光光度法测定氟含量；

——第 15 部分：硫氰酸铁光度法测定氯含量；

——第 16 部分：姜黄素分光光度法测定三氧化二硼含量；

——第 17 部分：钼蓝分光光度法测定五氧化二磷含量；

——第 18 部分：N，N-二甲基对苯二胺分光光度法测定硫酸根含量；

——第 19 部分：火焰原子吸收光谱法测定氧化锂含量；

——第 20 部分：火焰原子吸收光谱法测定氧化镁含量；

——第 21 部分：丁基罗丹明 B 分光光度法测定三氧化二镓含量；

——第 22 部分：取样；

——第 23 部分：试样的制备和贮存；

——第 24 部分：安息角的测定；

——第 25 部分：松装密度的测定；

——第 26 部分：有效密度的测定　比重瓶法；

——第 27 部分：粒度分析　筛分法；

——第 28 部分：小于 60 μm 的细粉末粒度分布的测定　湿筛法；

——第 29 部分：吸附指数的测定；

——第 30 部分：X 射线荧光光谱法测定微量元素含量；

——第 31 部分：流动角的测定；

——第 32 部分：α-三氧化二铝含量的测定　X-射线衍射法；

——第 33 部分：磨损指数的测定；

——第 34 部分：三氧化二铝含量的计算方法；

——第 35 部分：比表面积的测定　氮吸附法；

——第 36 部分：流动时间的测定；

——第 37 部分：粒度小于 20 μm 颗粒含量的测定。

本部分为 GB/T 6609 的第 27 部分。

本部分等同采用 ISO 2926:2005《用于生产铝的氧化铝——45 μm～150 μm 粒度分布的测定——电成型筛干筛法》。

本部分等同翻译 ISO 2926:2005 时，将其前言和引言删除。

本部分代替 GB/T 6609.27—2004《氧化铝化学分析方法和物理性能测定方法　粒度分析　筛分法》。

本部分与 GB/T 6609.27—2004 相比主要变化如下：

——增加了测定范围，并规定"本部分不适用于编织筛网"；

——增加了"精密度"一章；

——内容上与 ISO 2926:2005 相对应。

本部分的附录 A 和附录 B 均为资料性附录。

本部分由中国有色金属工业协会提出。

本部分由全国有色金属标准化技术委员会归口。

本部分起草单位：中国铝业股份有限公司郑州研究院、中国有色金属工业标准计量质量研究所。

本部分主要起草人：张树朝、席欢、赵春芳、褚丙武、李荣柱。

本部分所代替标准的历次版本发布情况为：

——GB/T 6609.27—2004。

氧化铝化学分析方法和物理性能测定方法 第27部分:粒度分析 筛分法

1 范围

GB/T 6609的本部分规定了用电成型筛干筛分法测定氧化铝粒度分布。

本部分适用于氧化铝粒度分布的测定。测定范围:150 μm以上小于20%,45 μm以下小于15%。

本部分不适用于编织筛网。

2 规范性引用文件

下列文件中的条款通过GB/T 6609的本部分的引用而成为本部分的条款。凡是注日期的引用文件,其随后所有的修改单(不包括勘误的内容)或修订版均不适用于本部分,然而,鼓励根据本部分达成协议的各方研究是否可使用这些文件的最新版本。凡是不注日期的引用文件,其最新版本适用于本部分。

ISO 3310-3 试验筛 技术要求和试验 第3部分:电成型筛

3 方法原理

通过机械振动试验筛,使物料自然的通过电成型筛。每部分物料和试验筛一起称重,每个筛孔中包含的物料也被统计计算。

4 仪器

4.1 试验筛:试验筛为圆形,直径200 mm,高度50 mm或75 mm,包括盖子和筛底。盖子、试验筛、筛底能组成一个筛分测试体系。筛网由光滑的电成型的方孔薄片构成,筛孔偏差符合ISO 3310-3。筛孔的尺寸为150 μm,106 μm,75 μm,53 μm,45 μm。

4.2 振筛机:振筛机能够给试验筛提供水平旋转和垂直振动。这种组合行为能够使氧化铝颗粒充分分离,阻止颗粒的聚集;这种组合行为不能引起筛网损坏,不能使氧化铝颗粒因振动和磨损引起尺寸减少。

4.3 天平:感量0.01 g。

4.4 超声波清洗器:有足够的体积使试验筛垂直完全淹没,气穴不能损坏筛网。

5 测定

5.1 试样的制备

用分样器或旋转缩分器得到需要的试样,试样(m_0)需30 g~50 g,精确至0.01 g。

5.2 实验筛的准备

在超声波清洗器(4.4)中用蒸馏水对整套试验筛(4.1)进行清洗,清洗15 s~20 s,水中无腐蚀性介质,长时间易损坏筛网。清洗后,用蒸馏水洗试验筛,在烘箱中于100 ℃干燥,取出,冷却到室温,在天平(4.3)上称量试验筛(m_1),精确到0.01 g,同样称量筛底质量。

5.3 测量

将试验筛(4.1)从底盘到顶部按筛孔尺寸增大的顺序组装好。将称好的测试样品(5.1)均匀撒布在最顶部的筛网上,盖上顶盖,落下定锤在筛盖上。开启振筛机(4.2),振动30 min,取出套筛,连同样品一起称量每个试验筛及筛底,精确到0.01 g(m_2)。

按下述方法清洗试验筛进行下一个样品测试：将筛网颠倒在合适的容器内，用刷子轻刷试验筛底部，除去筛孔内的颗粒，轻拍试验筛的边部，除去任何附着的颗粒。

6 测定结果的计算

6.1 按式(1)计算各粒级试样的质量：

$$m_3 = m_2 - m_1 \qquad \cdots\cdots(1)$$

式中：

m_3——各粒级试样质量，单位为克(g)；

m_2——试验筛和试样的质量，单位为克(g)；

m_1——试验筛的质量，单位为克(g)。

有底盘收集样品的情况下，m_1 是底盘的质量，m_2 是底盘和底盘所收集的试样质量。

6.2 该筛网之上所有筛网所收集子试样的质量 m_4。

6.3 按式(2)重新计算试样的质量 m_5：

$$m_5 = \sum m_3 \qquad \cdots\cdots(2)$$

式中：

m_3——各粒级试验筛、筛网、以及筛底所含的试样质量，单位为克(g)。

如果 m_5 超过了的原始试样质量 m_0 大于 0.5 g，或者 m_5 小于原始试样质量 m_0，应重新分析。由于样品吸潮，总质量增大是正常的，而任何质量损失最可能是由于样品的物理损失造成。

6.4 按式(3)累积计算筛网上试样的百分含量 m_6：

$$m_6 = \frac{m_4}{m_5} \times 100 \qquad \cdots\cdots(3)$$

按照筛网尺寸的连续性建立 m_6 表格，m_6 结果保留一位小数。

注 1：依照筛网尺寸减少的顺序、按相应筛网尺寸以百分比表示，绘制累积分布曲线。

注 2：附录 A 给出了粒度分析计算示例，附录 B 给出了试验室测定结果示例。

7 检验报告

检验报告包括以下信息：

a) 通常尺寸的粒度分布表，原始样品的质量以百分数表示；

b) 本标准编号；

c) 注明对结果有影响的异常情况和操作。

8 精密度

精密度数据见表 1。

表 1

试验筛/μm	重现性 r/质量百分数	再现性 R/质量百分数
+150	1.2	1.7
+106	1.2	8.2
+75	0.9	2.0
+53	0.5	2.9
+45	0.2	0.9

附　录　A
（资料性附录）
粒度分析计算示例

粒度分布计算示例和粒度分析报告示例分别见表 A.1 和表 A.2。

表 A.1　粒度分布计算示例

试验筛 μm	空筛质量(m_1) g	试验筛和样品质量(m_2) g	样品质量(m_3) g	累积质量(m_4) g	累积分布(m_6) %
150	411.06	412.49	1.43	1.43	3.76
106	435.93	446.10	10.17	11.60	30.48
75	430.88	446.38	15.50	27.10	71.20
63	427.12	434.60	7.48	34.58	90.86
45	408.80	410.18	1.38	35.98	94.48
筛底	248.62	286.72	2.10		
原始质量 m_0＝37.81 g。 筛分后总质量 m_5＝38.06 g。					

表 A.2　粒度分析报告示例

筛分粒度级	粒度分布质量分数(累积)/%
＋150 μm	3.8
＋106 μm	30.5
＋75 μm	71.2
＋63 μm	90.9
＋45 μm	94.5

附　录　B
（资料性附录）
试验室测定结果示例

根据AS 2850由5个实验室分别对3个氧化铝样品进行测试，结果见下表。每个值为两次平均值。重复性条件下的实验室之间的平均值 $\bar{x}$ 和 $\bar{\delta}$ 见下表。

表 B.1　5个实验室测定3个样品的结果

样品	实验室	每部分结果的平均值				
		+150 μm	+106 μm	+75 μm	+63 μm	+45 μm
S-074	1	7.1	45.8	80.8	91.3	93.2
	2	8.2	41.9	81.1	91.0	93.0
	3	7.8	46.6	80.1	91.6	92.9
	4	7.4	41.2	80.5	90.9	93.8
	5	7.4	41.7	80.3	90.9	93.0
	$\bar{x}$	7.6	43.4	80.6	91.1	93.2
	$\bar{\delta}$	0.4	2.3	0.4	0.3	0.3
S-075	1	18.1	60.9	85.4	91.6	92.9
	2	18.5	57.7	85.5	91.6	92.9
	3	20.2	63.3	85.6	91.9	92.8
	4	17.6	56.8	85.4	91.4	93.3
	5	18.1	57.4	84.9	91.5	92.7
	$\bar{x}$	18.5	59.2	85.4	91.6	92.9
	$\bar{\delta}$	0.9	2.5	0.2	0.2	0.2
S-076	1	3.1	33.0	72.7	91.2	94.6
	2	4.7	30.0	73.1	91.4	94.7
	3	4.2	36.0	73.8	92.6	94.8
	4	4.1	28.7	72.0	89.8	94.9
	5	3.5	29.7	72.5	90.9	94.5
	$\bar{x}$	3.9	31.5	72.8	91.2	94.7
	$\bar{\delta}$	0.6	2.7	0.6	0.9	0.1

ICS 71.100.10
H 12

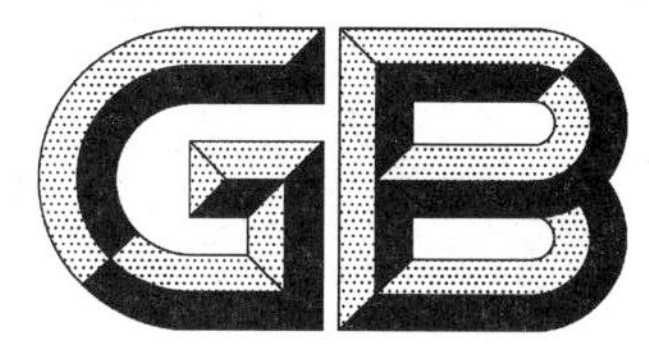

中华人民共和国国家标准

GB/T 6609.30—2009

氧化铝化学分析方法和物理性能测定方法 第30部分:X射线荧光光谱法测定微量元素含量

Chemical analysis methods and determination of physical performance of alumina—Part 30:X-ray fluorescence spectrometric method for the determination content of trace elements

2009-04-15 发布 2010-02-01 实施

中华人民共和国国家质量监督检验检疫总局
中国国家标准化管理委员会 发布

前　言

GB/T 6609《氧化铝化学分析方法和物理性能测定方法》共分为37部分：
——第1部分：电感耦合等离子体原子发射光谱法测定微量元素含量；
——第2部分：300 ℃和1 000 ℃质量损失的测定；
——第3部分：钼蓝光度法测定二氧化硅含量；
——第4部分：邻二氮杂菲光度法测定三氧化二铁含量；
——第5部分：氧化钠含量的测定；
——第6部分：火焰光度法测定氧化钾含量；
——第7部分：二安替吡啉甲烷光度法测定二氧化钛含量；
——第8部分：二苯基碳酰二肼光度法测定三氧化二铬含量；
——第9部分：新亚铜灵光度法测定氧化铜含量；
——第10部分：苯甲酰苯基羟胺萃取光度法测定五氧化二钒含量；
——第11部分：火焰原子吸收光谱法测定一氧化锰含量；
——第12部分：火焰原子吸收光谱法测定氧化锌含量；
——第13部分：火焰原子吸收光谱法测定氧化钙含量；
——第14部分：镧-茜素络合酮分光光度法测定氟含量；
——第15部分：硫氰酸铁光度法测定氯含量；
——第16部分：姜黄素分光光度法测定三氧化二硼含量；
——第17部分：钼蓝分光光度法测定五氧化二磷含量；
——第18部分：N,N-二甲基对苯二胺分光光度法测定硫酸根含量；
——第19部分：火焰原子吸收光谱法测定氧化锂含量；
——第20部分：火焰原子吸收光谱法测定氧化镁含量；
——第21部分：丁基罗丹明B分光光度法测定三氧化二镓含量；
——第22部分：取样；
——第23部分：试样的制备和贮存；
——第24部分：安息角的测定；
——第25部分：松装密度的测定；
——第26部分：有效密度的测定　比重瓶法；
——第27部分：粒度分析　筛分法；
——第28部分：小于60 μm的细粉末粒度分布的测定　湿筛法；
——第29部分：吸附指数的测定；
——第30部分：X射线荧光光谱法测定微量元素含量；
——第31部分：流动角的测定；
——第32部分：α-三氧化二铝含量的测定　X-射线衍射法；
——第33部分：磨损指数的测定；
——第34部分：三氧化二铝含量的计算方法；
——第35部分：比表面积的测定　氮吸附法；
——第36部分：流动时间的测定；
——第37部分：粒度小于20 μm颗粒含量的测定。

本部分为 GB/T 6609 的第 30 部分。

本部分修改采用 AS 2879.7—1997《氧化铝　第 7 部分　X 射线荧光光谱法测定元素含量》。与 AS 2879.7—1997 相比，主要修改如下：

——规范性引用文件中用国家标准及检测规程代替国际标准及国外先进标准；

——由系列标准样品代替合成标准样品来做校准曲线；

——根据国内氧化铝样品元素含量，对 AS 2879.7—1997 中部分元素的测量范围做了修改，修改为与各元素的化学分析方法的测量范围一致，并制定了相应的允许差。

本部分附录 A 为资料性附录。

本部分由中国有色金属工业协会提出。

本部分由全国有色金属标准化技术委员会归口。

本部分负责起草单位：中国铝业股份有限公司郑州研究院、中国有色金属工业标准计量质量研究所。

本部分参加起草单位：中国铝业股份有限公司山东分公司、中国铝业股份有限公司广西分公司、山西鲁能晋北铝业有限责任公司、内蒙古霍煤鸿骏铝电有限责任公司。

本部分主要起草人：张爱芬、张树朝、马慧侠、王云霞、路霞。

本部分主要验证人：李志辉、郑冬陵、钟代果、李玉琳、吴海涛。

氧化铝化学分析方法和物理性能测定方法 第30部分：X射线荧光光谱法测定微量元素含量

1 范围

GB/T 6609的本部分规定了氧化铝中元素含量的测定方法。

本部分适用于采用X射线荧光光谱法测定氧化铝中以下元素的含量：钠、硅、铁、钙、钾、钛、磷、钒、锌、镓（用氧化物表示为Na_2O、SiO_2、Fe_2O_3、CaO、K_2O、TiO_2、P_2O_5、V_2O_5、ZnO和Ga_2O_3）。测定的范围见表1。

表1

组分	测量范围/%	组分	测量范围/%
Na_2O	0.10～1.20	TiO_2	0.001 0～0.010
SiO_2	0.005 0～0.30	P_2O_5	0.001 0～0.050
Fe_2O_3	0.005 0～0.10	V_2O_5	0.001 0～0.015
CaO	0.010～0.15	ZnO	0.001 0～0.020
K_2O	0.001 0～0.12	Ga_2O_3	0.001 0～0.060

2 规范性引用文件

下列文件中的条款通过GB/T 6609的本部分的引用而成为本部分的条款。凡是注日期的引用文件，其随后所有的修改单（不包括勘误的内容）或修订版均不适用于本部分，然而，鼓励根据本部分达成协议的各方研究是否可使用这些文件的最新版本。凡是不注日期的引用文件，其最新版本适用于本部分。

GB/T 6609.22 氧化铝化学分析方法和物理性能测定方法 取样

GB/T 6609.23 氧化铝化学分析方法和物理性能测定方法 试样的制备和贮存

JJG 810 波长色散X射线荧光光谱仪

3 方法原理

试样用无水四硼酸锂和偏硼酸锂混合熔剂熔融，以消除矿物效应和粒度效应，并铸成适合X射线荧光光谱仪测量形状的玻璃片，测量玻璃片中待测元素的荧光X射线强度。根据校准曲线或方程来分析，且进行元素间干扰效应校正。校正方程用系列标准样品建立。样品经混合熔剂熔融，氧化铝中杂质元素含量很低，基体影响很小，可以不进行基体校正。用有证标准样品验证。

4 试剂

4.1 熔剂：四硼酸锂和偏硼酸锂混合熔剂[$Li_2B_4O_7$(12)+$LiBO_2$(22)]，优级纯。

4.2 脱膜剂：溴化锂饱和溶液或碘化铵溶液（300 g/L）。

4.3 监控样品：监控样品应是稳定的玻璃片，含有所有校准元素，其浓度应使其计数率的统计误差小于或等于校准元素的计数率统计误差。

5 仪器

5.1 铂-金合金坩埚(95%Pt+5%Au)。

5.2 铂-金合金铸模(95%Pt+5%Au)。铸模材料底厚度约 1 mm,使其不易变形。

注:熔样器皿和铸型模可合二为一。若试样在坩埚中熔融后直接成型,则要求坩埚底面内壁平整光滑。

5.3 熔样炉:能加热到 1 050 ℃~1 250 ℃,可以控温的电阻炉或高频感应炉。也可采用自动熔样设备,温度不低于 1 200 ℃,且可控制温度,控温精度在±15 ℃。

5.4 波长色散 X-射线荧光光谱仪,端窗铑靶 X 射线管。按照 JJG 810—1993 检验仪器的精确性。

6 试样

6.1 按照 GB/T 6609.22 取样,按照 GB/T 6609.23 制取试样。

6.2 试样应预先在 300 ℃±10 ℃下干燥 2 h,置于干燥器中冷却至室温。

7 测定步骤

7.1 测定次数

独立地进行两次测定,取其平均值。

7.2 熔剂水分的补偿

熔剂含有一定的水分,应通过以下方法进行补偿:

每千克充分混合的熔剂取 2 份,一份按规定的熔融温度熔融 10 min,一份按规定的熔融时间熔融,取灼烧减量大者校正熔剂用量。熔剂应密封保存。每周或每千克测定一次灼烧减量。灼烧减量 L 以百分数表示,按式(1)计算校正因子 F:

$$F = \frac{100}{100 - L} \qquad \cdots\cdots(1)$$

未烧熔剂量=F×规定的混合熔剂量。

注:如测定的灼烧减量≤0.5%时,也可不补偿。

7.3 校正试验

随同试样分析同类型的标准样品。

7.4 试样片的制备

7.4.1 混合:根据测量设备和铸模规格称取适量的四硼酸锂和偏硼酸锂混合熔剂[$Li_2B_4O_7$(12)+$LiBO_2$(22)](4.1)和样品(6.2)。混合熔剂和样品比为 1∶2~1∶5 均可,放入铂-金合金坩埚内(5.1),搅拌均匀。加入 3 滴脱膜剂(4.2)。

7.4.2 熔融:将混合试样(7.4.1)放入熔样炉(5.3)在 1 100 ℃下熔融 15 min,熔融过程要转动坩埚,使粘在坩埚壁上的小熔珠和样品进入熔融体中。每隔一定时间,熔样炉(5.3)自动摇动坩埚,将气泡赶尽,并使熔融物混匀。

7.4.3 浇铸:将熔融试样(7.4.2)在铸模(5.2)中浇铸成型。将坩埚内熔融物倾入已加热至 800 ℃以上的铸模中。将铸模移离火焰,冷却。已成型的玻璃圆片与铸模剥离。试样在坩埚中熔融后直接成型的应在冷却前摇动坩埚,赶出气泡。

7.4.4 样片的保存:熔融好的样片应该不结晶,不裂化,没有气泡。取出样片,在非测量面贴上标签,放于干燥器内保存,防止吸潮和污染。测量时,只能拿样片的边缘,避免 X 射线测量面的沾污。

7.5 校正

7.5.1 背景校正：对于常量元素可选择测量一个或两个背景。

7.5.2 仪器漂移校正：通过测量监控样品校正仪器漂移。

7.5.3 校准曲线的绘制

7.5.3.1 标准试样片的制备：选择氧化铝标准样品作为标准样品绘制校准曲线，每个元素都应有一个具有足够的含量范围又有一定梯度的标准系列。如上述标样不能满足时，应加配适当人工配制校准样品补充之。制备过程按 7.4.1～7.4.4 进行。

7.5.3.2 校正与校准：Ti K_β 对 V K_α 重叠，V K_β 对 Cr K_α 重叠，可分别用其强度进行校正，其他元素不存在谱线干扰。样品经混合熔剂熔融，氧化铝中杂质元素含量很低，基体影响很小，可以不进行基体校正。

7.6 光谱测量

7.6.1 将 X 射线荧光光谱仪(5.4)预热使其稳定。根据 X 射线管型号调节管电压和管电流。根据 X 射线荧光光谱仪的型号选定工作参数(参见附录 A)。

7.6.2 测量监控样品：设置监控样品名，测量监控样品中分析元素的 X 射线强度。监控样品中分析元素的参考强度必须与标准样品在同一次开机中测量，以保证漂移校正的有效性。

7.6.3 测量标准样品：输入标准样品名，测量标准样品中分析元素的 X 射线强度。

7.6.4 测量未知样品：启动定量分析程序，测量监控样品，进行仪器漂移校正。测量与未知样品同批制备标准样品。标准样品中各元素的分析结果要满足表 2 规定的重复性要求。输入未知样品名，测量未知样品。

8 分析结果的计算

测量标准样品的 X 射线强度，得到强度与浓度的二次方程或一次方程。二次方程式可通过最小二乘法计算。求出校准曲线常数 a、b、c 和谱线重叠校正系数 β_{ik}，并保存在计算机的定量分析软件中。根据未知样品的 X 射线测量强度，由计算机软件按照式(2)计算含量并自动打印出测量结果。

$$w_i = aI_i^2 + bI_i + c \qquad \cdots\cdots(2)$$

式中：

w_i——试样中元素 i 的含量；

I_i——元素 i 的 X 射线强度；

a、b、c——校正曲线常数。

9 精密度

9.1 重复性

在重复性条件下获得的两个独立测试结果的测定值，在以下给出的平均值范围内，这两个测试结果的绝对差值不超过重复性限(r)，超过重复性限(r)的情况不超过 5%，重复性限(r)按表 2 数据采用线性内插法求得。

9.2 允许差

实验室之间分析结果的差值应不大于表 3 所列允许差。

10 质量保证与控制

应用标准样品或监控样品，使用时至少每半年校核一次本方法标准的有效性，当过程失控时，应找出原因，纠正错误后，重新进行校核。

表 2

组分	含量/%	重复性限(r)/%	组分	含量/%	重复性限(r)/%
Na_2O	0.31	0.006 2	TiO_2	0.000 68	0.000 48
	0.50	0.011		0.002 8	0.000 71
	0.67	0.020		—	—
SiO_2	0.018	0.002 9	P_2O_5	0.000 71	0.000 45
	0.042	0.006 1		0.003 1	0.001 1
	0.10	0.007 7		—	—
Fe_2O_3	0.004 9	0.000 85	V_2O_5	0.000 38	0.000 51
	0.012	0.001 4		0.001 6	0.000 74
	0.053	0.006 3		—	—
CaO	0.038	0.001 8	ZnO	0.001 1	0.000 24
	0.076	0.003 2		0.002 9	0.000 16
	0.11	0.003 4		0.004 9	0.000 23
K_2O	0.006 4	0.000 79	Ga_2O_3	0.011	0.000 26
	0.031	0.001 7		0.015	0.000 65
	0.070	0.002 7		0.018	0.000 74

表 3

组分	含量/%	允许差/%	组分	含量/%	允许差/%
Na_2O[a]	0.10～1.20	0.052 1C+0.005	TiO_2	0.001 0～0.010	0.001 3
SiO_2	0.005 0～0.050	0.008 0	P_2O_5	0.001 0～0.050	0.000 90
	>0.050～0.15	0.012	Ga_2O_3	0.001 0～0.020	0.002 0
	>0.15～0.30	0.016		>0.020～0.060	0.003 0
Fe_2O_3	0.005 0～0.015	0.004 0	V_2O_5	0.001 0～0.005 0	0.001 0
	>0.015～0.060	0.006 0		>0.005 0～0.010	0.001 5
	>0.060～0.10	0.010		>0.010～0.015	0.002 0
CaO	0.010～0.030	0.006 0	ZnO	0.001 0～0.007 5	0.001 0
	>0.030～0.10	0.015		>0.007 5～0.010	0.001 6
	>0.10～0.15	0.030		>0.010～0.020	0.002 2
K_2O	0.001 0～0.012	0.001 0	—		
	>0.012～0.050	0.006 0			
	>0.050～0.12	0.012			

[a] C 是样品的氧化钠的平均含量(质量分数)。

附 录 A
（资料性附录）
X 射线荧光光谱仪工作参数

根据设备，在真空条件下，各元素测量条件见表 A.1。

表 A.1

分析线	准直器	探测器	晶体	2θ 角/(°)
Na Kα	粗	Flow	PX1 或 TIAP	28 或 55
Si Kα	粗	Flow	PET(PE)	109
Fe Kα	粗	Duplex 或 Flow	PX10 或 LiF200	57
Ca Kα	粗	Flow	PX10 或 LiF200	113
K Kα	粗	Flow	LiF200	137
Ti Kα	粗或细	Flow	LiF200	86
P Kα	粗	Flow	Ge111	141
V Kα	粗	Flow	LiF200	77
Zn Kα	粗	Flow	LiF200	42
Ga Kα	粗	Flow	LiF200	39

ICS 71.100.10
H 12

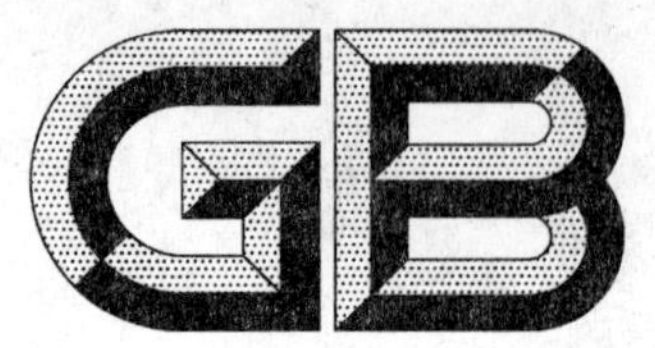

中华人民共和国国家标准

GB/T 6609.31—2009

氧化铝化学分析方法和物理性能测定方法 第31部分:流动角的测定

Chemical analysis methods and determination of physical performance of alumina—Part 31: Determination of angle of flow

2009-04-15 发布 2010-02-01 实施

中华人民共和国国家质量监督检验检疫总局
中国国家标准化管理委员会 发布

前　言

GB/T 6609《氧化铝化学分析方法和物理性能测定方法》共分为 37 部分:
——第 1 部分:电感耦合等离子体原子发射光谱法测定微量元素含量;
——第 2 部分:300 ℃和 1 000 ℃质量损失的测定;
——第 3 部分:钼蓝光度法测定二氧化硅含量;
——第 4 部分:邻二氮杂菲光度法测定三氧化二铁含量;
——第 5 部分:氧化钠含量的测定;
——第 6 部分:火焰光度法测定氧化钾含量;
——第 7 部分:二安替吡啉甲烷光度法测定二氧化钛含量;
——第 8 部分:二苯基碳酰二肼光度法测定三氧化二铬含量;
——第 9 部分:新亚铜灵光度法测定氧化铜含量;
——第 10 部分:苯甲酰苯基羟胺萃取光度法测定五氧化二钒含量;
——第 11 部分:火焰原子吸收光谱法测定一氧化锰含量;
——第 12 部分:火焰原子吸收光谱法测定氧化锌含量;
——第 13 部分:火焰原子吸收光谱法测定氧化钙含量;
——第 14 部分:镧-茜素络合酮分光光度法测定氟含量;
——第 15 部分:硫氰酸铁光度法测定氯含量;
——第 16 部分:姜黄素分光光度法测定三氧化二硼含量;
——第 17 部分:钼蓝分光光度法测定五氧化二磷含量;
——第 18 部分:N,N-二甲基对苯二胺分光光度法测定硫酸根含量;
——第 19 部分:火焰原子吸收光谱法测定氧化锂含量;
——第 20 部分:火焰原子吸收光谱法测定氧化镁含量;
——第 21 部分:丁基罗丹明 B 分光光度法测定三氧化二镓含量;
——第 22 部分:取样;
——第 23 部分:试样的制备和贮存;
——第 24 部分:安息角的测定;
——第 25 部分:松装密度的测定;
——第 26 部分:有效密度的测定　比重瓶法;
——第 27 部分:粒度分析　筛分法;
——第 28 部分:小于 60 μm 的细粉末粒度分布的测定　湿筛法;
——第 29 部分:吸附指数的测定;
——第 30 部分:X 射线荧光光谱法测定微量元素含量;
——第 31 部分:流动角的测定;
——第 32 部分:α-三氧化二铝含量的测定　X-射线衍射法;
——第 33 部分:磨损指数的测定;
——第 34 部分:三氧化二铝含量的计算方法;
——第 35 部分:比表面积的测定　氮吸附法;
——第 36 部分:流动时间的测定;
——第 37 部分:粒度小于 20 μm 颗粒含量的测定。

本部分为 GB/T 6609 的第 31 部分。

本部分修改采用 AS 2879.5—2004《氧化铝　第 5 部分　流动角度的测定》。

本部分修改采用 AS 2879.5—2004 时，删除了其前言、目录、引用文件以及表 1 的首列。

为方便对照，在附录 B 中列出了本部分的章条和对应的 AS 2879.5—2004 章条的对照表。

本部分附录 A 和附录 B 均为资料性附录。

本部分由中国有色金属工业协会提出。

本部分由全国有色金属标准化技术委员会归口。

本部分起草单位：中国铝业股份有限公司郑州研究院、中国有色金属工业标准计量质量研究所。

本部分主要起草人：郭永恒、席欢、李波、李智慧、姚高波。

氧化铝化学分析方法和物理性能测定方法 第31部分:流动角的测定

1 范围

GB/T 6609 的本部分规定了氧化铝流动角度的测定方法。

本部分适用于氧化铝流动角度测定,测定范围:30°～50°。

2 术语和定义

下列术语和定义适用于 GB/T 6609 的本部分。

2.1

流动角 angle of flow

试料在测试瓶中停止流动后,试料形成的锥形面与测试瓶底间形成的角度。为计算方便,假设锥体具有垂直的侧面。

3 方法原理

将氧化铝通过一系列漏斗倒入平底容器中。允许通过漏口下漏的氧化铝流出平底容器。根据用于填充容器的试料质量和试验后容器内存在试料的质量计算流动角度。

注:流动角度的计算公式参见附录 A。

4 仪器

4.1 漏斗:直径为 110 mm±10 mm,内部瓶径的直径为 10 mm±2 mm。

4.2 可调节流速漏斗:壁面光滑的金属漏斗,直径为 65 mm±5 mm,内部瓶颈的直径为 5.5 mm±0.5 mm,长度为 110 mm±20 mm。漏斗瓶颈的长度为 50 mm±5 mm,瓶颈底部终止处为正方形。

4.3 平底容器:内径为 72.5 mm±0.1 mm,内高为 72.5 mm±0.1 mm,漏口的直径是 4 mm±0.1 mm,漏口的壁和根部的厚度为 4.5 mm±0.1 mm,容器的理论容积为 300 mL。此容器应为铝质,内壁光滑,表面平坦度达到机加工水平。

4.4 孔塞:孔塞的尺寸恰好能够直接塞紧平底容器底部的漏口。

4.5 塑料杯:容积约为 400 mL。

4.6 直尺。

4.7 烘箱:能保持恒温在 110 ℃±5 ℃。

4.8 水平仪。

4.9 天平:精确到 0.1 g。

5 试样的制备

将约 500 g 测试样品在烘箱中于 110 ℃±5 ℃下干燥过夜后取出,置于有活性氧化铝或五氧化二磷的干燥器中,冷却至室温。

注:五氧化二磷属危险品。说明书上应注明该物质的安全数据表。

6 步骤

6.1 称量塑料杯(4.5),精确至 0.1 g,记作 m_0。

6.2　按照图 1,在气流和振动自由的地方安装流动角测定仪。用水平仪(4.8)确保仪器水平。

6.3　塞住平底容器的漏口,将试料快速倒入填充漏斗(4.1)中,以保证试料在可调节流速漏斗(4.2)中连续的流动,填充平底容器(4.3),直到样品溢出。用直尺(4.6)擦除平底容器顶部多余的样品。过剩的氧化铝也可能会弹落于支撑架上。

单位为毫米

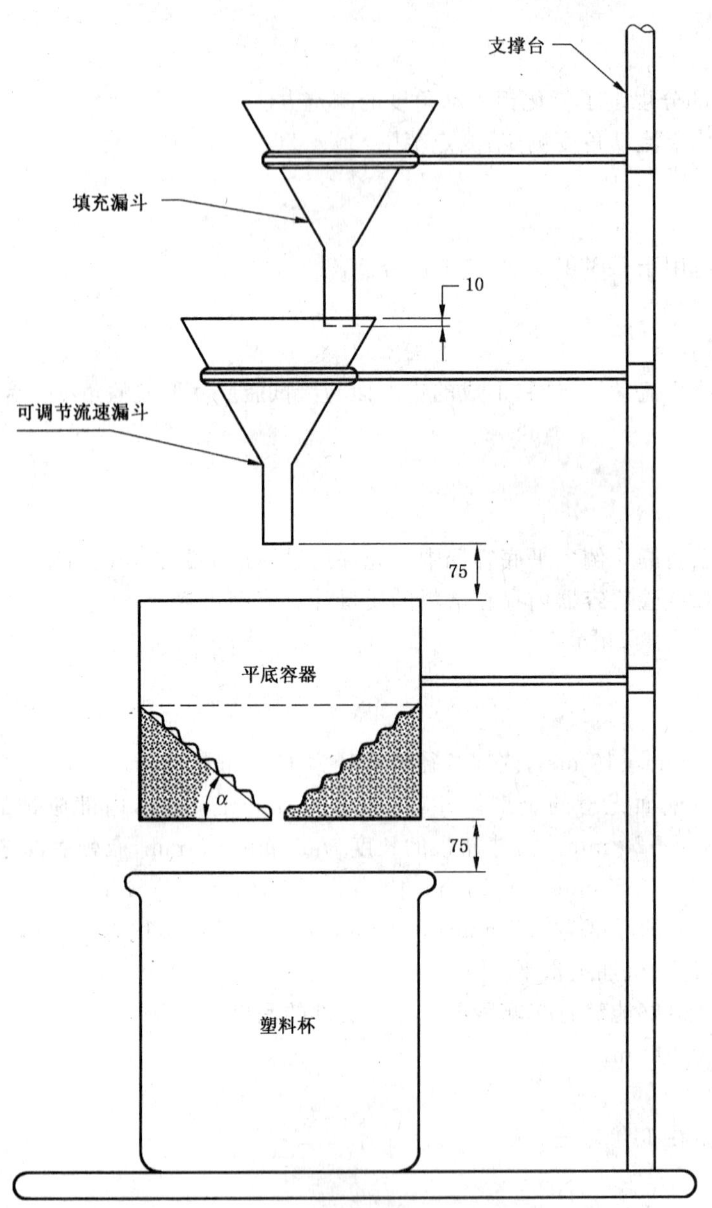

图 1　流动角测定仪

6.4　把塑料杯置于平底容器的下面。移去漏口塞,使测试样品下流。

注:对于一些样品,在流动初期可能会遇到一些困难。细心地用一片金属正插入平底容器(从下面),以便于松散材料,开启流动。

6.5　当流动停止后,塞住平底容器的漏口,小心地移开塑料杯。称量塑料杯和所含试料的质量,并记录质量(m_1),精确至 0.1 g。

6.6　将平底容器中残留的试料加入塑料杯中。称量塑料杯和所有试料的质量,记录质量(m_2),精确至 0.1 g。

7 测定结果的计算

按式(1)计算平底容器常数(k)：

$$k=\frac{3L^2h}{(2L^3-3L^2l+l^3)} \quad \cdots\cdots(1)$$

式中：

L——平底容器的内半径，单位为毫米(mm)；

h——平底容器的内高，单位为毫米(mm)；

l——平底容器漏口的内半径，单位为毫米(mm)。

按式(2)计算流动角度：

$$\tan\alpha=\frac{k(m_2-m_1)}{(m_2-m_0)} \quad \cdots\cdots(2)$$

式中：

α——流动角度，单位为度(°)；

k——平底容器常数；

m_2——塑料杯和注入平底容器内试料的质量，单位为克(g)；

m_1——塑料杯和从平底容器流入杯子内的样品的质量，单位为克(g)；

m_0——塑料杯的质量，单位为克(g)。

计算平均流动角度，并取整数值。

8 精密度

由5家不同的试验单位按照计划展开试验。每一个试验单位都要对5个样品中的任一个进行4次测试。在95%置信度水平下，得到重复性(r)、再现性(R)数据见表1。

表1

平均流动角度	重复性(r)	再现性(R)
38.4	1.4	5.1
39.1	1.9	4.2
43.3	0.7	5.7
46.1	1.3	2.2
48.8	1.7	4.9

从表1数据中可以得到重复性为2，再现性为6。

9 检验报告

检验报告应包含下列内容：

a) 样品编号；

b) 取样日期；

c) 测试日期；

d) 流动角度的平均值；

e) 用来计算流动角度平均值的数据个数；

f) 本标准编号。

附 录 A
（资料性附录）
方程式和平底容器常数

A.1 范围

本附录描述了用于计算流动角度方程式和平底容器常数 k。

在流动角度计算过程中，假设：圆锥形孔洞的侧面是直的（在氧化铝样品的流动角度很高的情况下，此侧面会有轻微的翘曲变形），并且整个测试过程中，试料堆积的密度恒定不变。

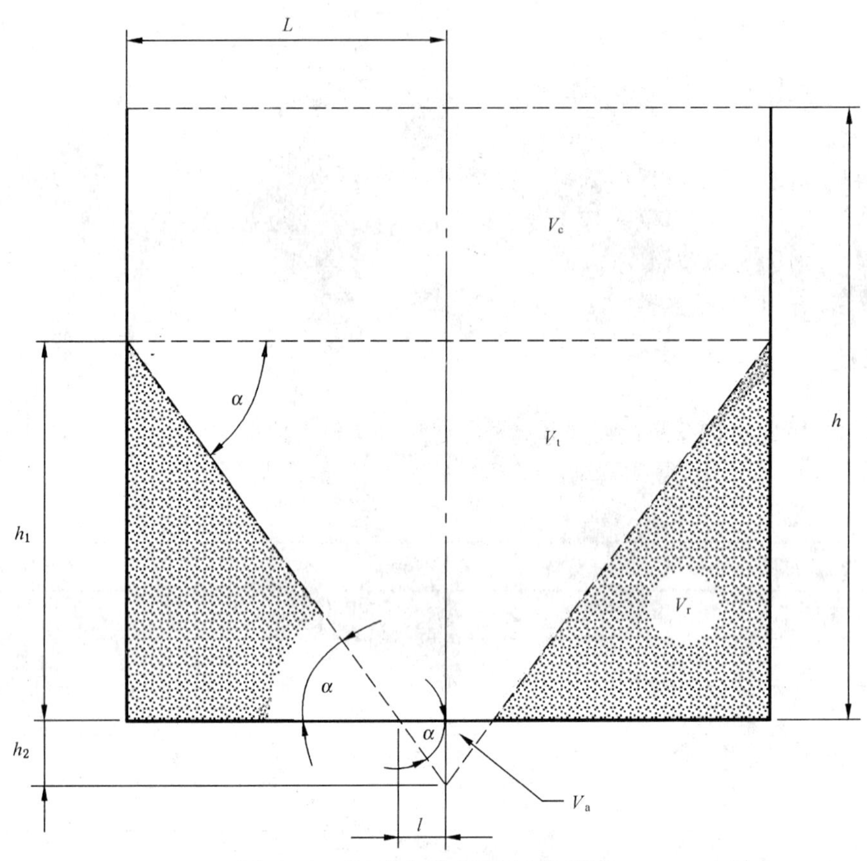

图 A.1 测试完成后的平底容器

A.2 计算公式和常数

图 A.1 表示这个测试过程中平底容器的流动性测试，例如在测试样品已经停止了通过孔的流动之后的情况。此平底容器的内高为 h，内半径为 L，漏孔的内半径为 l。容器中堆积的材料用横截面积表示，容器中材料堆积的高度为 h_1。a 表示流动角度。假设圆锥体的顶部半径为 L。

按式（A.1）计算容器的体积：

$$V = V_c + V_t + V_r \qquad \cdots\cdots\text{（A.1）}$$

式中：

V_c——整个测试过程中圆柱部分的体积，单位为升（L）；

V_t——测试完成后堆积材料的体积，单位为升（L）；

V_r——测试过程中为了做成锥体而切去的部分，单位为升（L）。

按式(A.2)计算测试完成后容器中堆积材料的体积：

$$V_t = V - (V_c + V_r) \quad \text{(A.2)}$$

利用式 $V=\pi L^2 h$ 得出：

$$V_c = \pi L^2 (h - h_1) \quad \text{(A.3)}$$

$$V_t = \frac{1}{3}\pi L^2 (h_1 + h_2) - \frac{1}{3}\pi l^2 h_2 \quad \text{(A.4)}$$

因此：

$$V_t = \pi L^2 h - \left[\pi L^2 (h - h_1) + \frac{1}{3}\pi L^2 (h_1 + h_2) - \frac{1}{3}\pi l^2 h_2\right] \quad \text{(A.5)}$$

化简式(A.5)得到：

$$V_t = \frac{1}{3}\pi (2L^2 h_1 + l^2 h_2 - L^2 h_2) \quad \text{(A.6)}$$

因为 $h_2 = l\tan\alpha$、$h_1 = (L-l)\tan\alpha$，所以式(A.6)为：

$$\tan\alpha = \frac{3V_r}{\pi(2L^3 - 3L^2 l + l^3)} \quad \text{(A.7)}$$

式中：

$$V_r = \frac{m_R}{\rho} \quad \text{(A.8)}$$

式中：

m_R——容器中堆积材料的质量；

ρ——材料堆积的密度。

材料堆积的密度值可以通过容器的体积和填入材料的质量计算得出。按式(A.9)计算堆积密度：

$$\rho = \frac{m}{\pi L^2 h} \quad \text{(A.9)}$$

式中：

m——填入容器的材料的质量。

将式(A.9)代入式(A.8)，得到式(A.10)：

$$V_r = \frac{\pi L^2 h m_R}{M} \quad \text{(A.10)}$$

将式(A.10)代入式(A.7)：

$$\tan\alpha = \frac{3m_R L^2 h}{m(2L^3 - 3L^2 l + l^3)} \quad \text{(A.11)}$$

对于给定的任何一个容器，h，l 和 L 都是定值，因此：

$$\tan\alpha = \frac{km_R}{m} \quad \text{(A.12)}$$

式(A.12)中：

$$k = \frac{3L^2 h}{(2L^3 - 3L^2 l + l^3)} \quad \text{(A.13)}$$

因此，计算流动角度只需要测定堆积到容器中的材料的质量即可。

A.3 应用实例

假设一个尺寸规则的容器的理论体积是 300 mL，底部有一个直径为 4 mm 的孔洞。

$h=72.56$ mm；$L=36.28$ mm；$l=2.00$ mm

$$k = \frac{3L^2 h}{(2L^3 - 3L^2 l + l^3)} = 3.27$$

容器中堆积的材料的质量 $m_R=100$ g。把 m_R 与试验中流动的材料的质量相加，即可得到实验开始填入容器中的材料的质量(m)。总共是 320 g。

$$\tan\alpha = \frac{km_R}{m} = \frac{100}{320} \times 3.27 = 1.02$$

因此 $\alpha \approx 46°$。

附　录　B
（资料性附录）
本部分章条编号与 AS 2879.5—2004 章条编号对照表

表 B.1

本部分章条编号	对应的标准章条编号
1	1
2	3
3	4
4	5
5	6
6	7
7	8
8	9
9	10
附录 A	附录 A
附录 B	—

ICS 71.100.10
H 12

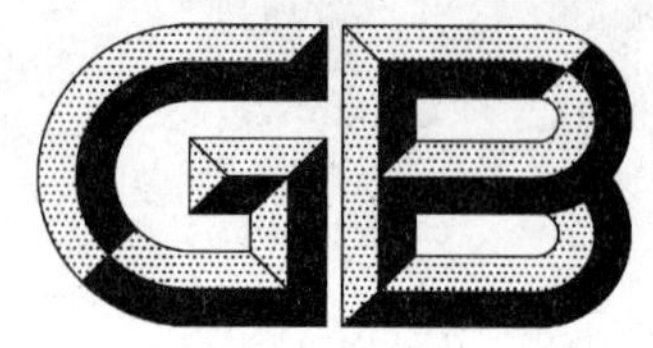

中华人民共和国国家标准

GB/T 6609.32—2009

氧化铝化学分析方法和物理性能测定方法 第32部分：α-三氧化二铝含量的测定 X-射线衍射法

Chemical analysis methods and determination of physical performance of alumina—Part 32: Determination of α-alumina content by X-ray diffraction

2009-04-15 发布　　2010-02-01 实施

中华人民共和国国家质量监督检验检疫总局
中国国家标准化管理委员会　发布

前　言

GB/T 6609《氧化铝化学分析方法和物理性能测定方法》共分为 37 部分：

——第 1 部分：电感耦合等离子体原子发射光谱法测定微量元素含量；

——第 2 部分：300 ℃和 1 000 ℃质量损失的测定；

——第 3 部分：钼蓝光度法测定二氧化硅含量；

——第 4 部分：邻二氮杂菲光度法测定三氧化二铁含量；

——第 5 部分：氧化钠含量的测定；

——第 6 部分：火焰光度法测定氧化钾含量；

——第 7 部分：二安替吡啉甲烷光度法测定二氧化钛含量；

——第 8 部分：二苯基碳酰二肼光度法测定三氧化二铬含量；

——第 9 部分：新亚铜灵光度法测定氧化铜含量；

——第 10 部分：苯甲酰苯基羟胺萃取光度法测定五氧化二钒含量；

——第 11 部分：火焰原子吸收光谱法测定一氧化锰含量；

——第 12 部分：火焰原子吸收光谱法测定氧化锌含量；

——第 13 部分：火焰原子吸收光谱法测定氧化钙含量；

——第 14 部分：镧-茜素络合酮分光光度法测定氟含量；

——第 15 部分：硫氰酸铁光度法测定氯含量；

——第 16 部分：姜黄素分光光度法测定三氧化二硼含量；

——第 17 部分：钼蓝分光光度法测定五氧化二磷含量；

——第 18 部分：N,N－二甲基对苯二胺分光光度法测定硫酸根含量；

——第 19 部分：火焰原子吸收光谱法测定氧化锂含量；

——第 20 部分：火焰原子吸收光谱法测定氧化镁含量；

——第 21 部分：丁基罗丹明 B 分光光度法测定三氧化二镓含量；

——第 22 部分：取样；

——第 23 部分：试样的制备和贮存；

——第 24 部分：安息角的测定；

——第 25 部分：松装密度的测定；

——第 26 部分：有效密度的测定　比重瓶法；

——第 27 部分：粒度分析　筛分法；

——第 28 部分：小于 60 μm 的细粉末粒度分布的测定　湿筛法；

——第 29 部分：吸附指数的测定；

——第 30 部分：X 射线荧光光谱法测定微量元素含量；

——第 31 部分：流动角的测定；

——第 32 部分：α-三氧化二铝含量的测定　X-射线衍射法；

——第 33 部分：磨损指数的测定；

——第 34 部分：三氧化二铝含量的计算方法；

——第 35 部分：比表面积的测定　氮吸附法；

——第 36 部分：流动时间的测定；

——第 37 部分：粒度小于 20 μm 颗粒含量的测定。

本部分为 GB/T 6609 的第 32 部分。

本部分修改采用 AS 2879.3—1991《氧化铝　第 3 部分　X-射线衍射法测定 α-Al_2O_3 含量》。

本部分修改采用 AS 2879.3—1991 时，删除了其前言、目录、引用文件以及表 1 的首列。

为方便对照，在附录 A 中列出了本部分的章条和对应的 AS 2879.3—1991 章条的对照表。

本部分附录 A 为资料性附录。

本部分由中国有色金属工业协会提出。

本部分由全国有色金属标准化技术委员会归口。

本部分起草单位：中国铝业股份有限公司郑州研究院、中国有色金属工业标准计量质量研究所。

本部分主要起草人：郭永恒、李波、褚丙武、赵广开。

氧化铝化学分析方法和物理性能测定方法 第32部分：α-三氧化二铝含量的测定 X-射线衍射法

1 范围

GB/T 6609 的本部分规定了用 X-射线衍射法测定氧化铝中 α-Al_2O_3 含量。

本部分适用于氧化铝中 α-Al_2O_3 含量的测定。测定范围：≤50%。

2 方法原理

分别测定试样和含量为100%的 α-Al_2O_3 标准样品的(012)(d 值为 3.48Å)晶面的衍射峰的面积。计算试样及标准样品的(012)晶面的衍射峰的净面积之比，从而得到试样中 α-Al_2O_3 的含量。

注：(012)晶面不与其他相态氧化铝的衍射峰重叠。

3 试剂

3.1 在测定过程中，如无特殊要求，只使用分析纯试剂和蒸馏水。

3.2 氧化铝：冶金级。

注：用于制备 α-Al_2O_3 含量为100%标准样品的氧化铝，该氧化铝的类型可能影响测量衍射峰的强度。不同级别的冶金级氧化铝的衍射峰强度也可能不同。

3.3 盐酸($\rho_{20\ ℃}$=1.16 g/mL～1.18 g/mL)。

3.4 盐酸(10%)：将312 mL 的盐酸(3.3)注入1 L 的烧瓶中，加水至1 L，混匀。

3.5 α-Al_2O_3 含量为100%的标准样品制备如下：

3.5.1 称取约100 g 氧化铝(3.2)，放入600 mL 的烧杯中，加250 mL 的盐酸(3.4)。用电磁搅拌器在常温下搅拌3 h，用滤纸过滤，用水洗涤滤纸和残余物，完全除去盐酸。

注：冲洗除去氧化钠和其他杂质。这些杂质在煅烧过程中会减弱 α 相，可能生成 β-Al_2O_3。

3.5.2 将洗好的氧化铝在烘箱中于105 ℃±5 ℃干燥2 h。将烘干后的氧化铝置于铂金皿中，在高温炉中升温至1 300 ℃，在1 300 ℃下灼烧至少24 h。取出，放置在干燥器中，冷却至室温。

4 仪器

4.1 X-射线衍射仪。

4.2 高温炉：可以控制在1 300 ℃±50 ℃。

5 试样的制备

用采集槽或旋转缩分器取50 g 测试样品，仔细清扫，防止细颗粒的样品损失。测试样品前要混和均匀。

6 步骤

6.1 测定次数

对同一试样应独立地进行两次测定，取其平均值。

6.2 试样制备

取部分试样进行研磨，试样和标准样品粒度要研磨至小于45 μm。试样和标准样品都要有平行样，以备重新取样。

注：研磨测试样品和标准样品的工具要相同，避免由于粒度的影响导致的强度的变化。

6.3 测定

选择 X-射线衍射仪合适的测试条件，测定试样(012)晶面衍射峰的面积和本底面积。对于 CuKa 线，(012)晶面的 2θ 角为 25.58°。每个样品记录一张衍射图。测定顺序表述如下：

6.3.1 有一个试样测定顺序为：标样(1)，T1(1)，T1(2)，标样(2)。

这里：

Tn(1)——第 n 个试样的第一次测定，$n=1,2,3$……

Tn(2)——第 n 个试样的第二次测定，$n=1,2,3$……

6.3.2 有两个试样测定顺序为：标样(1)，T1(1)，T2(1)，标样(2)，T1(2)，T2(2)，标样(3)。

6.3.3 有三个试样测定顺序为：标样(1)，T1(1)，T2(1)，T3(1)，标样(2)，T1(2)，T2(2)，T3(2)，标样(3)。

6.3.4 有四、五个试样时，平行样不能连续测定，中间必须测定标准样品，并且间隔不能超过 4 个试样。

7 测定结果的计算

按式(1)计算衍射峰的净积分强度：

$$I_{net} = I_t - I_b \quad \cdots\cdots (1)$$

式中：

I_t——衍射峰的面积；

I_b——衍射峰本底面积。

按式(2)计算衍射峰的平均积分强度：

$$I_{net,av} = \frac{\sum_{i=1}^{n} I_{net}}{n} \quad \cdots\cdots (2)$$

式中：

n——试样测试的次数。

按式(3)计算衍射峰的各测试部分的面积比值：

$$I_r = \frac{I_{net}(\text{试样})}{I_{net,av}(\text{标准样品})} \quad \cdots\cdots (3)$$

按式(4)计算每一测试部分 α-Al_2O_3 的百分含量(w α-Al_2O_3)：

$$w(\alpha\text{-}Al_2O_3)(\%) = I_r \times 100 \quad \cdots\cdots (4)$$

用平均值表示测定结果，结果用整数表示。

8 精密度

每个测试人员完成了 7 个测试样品中的 4 个样品。从测试结果计算出 95%的置信度(见表 1)。

表 1

α-Al_2O_3 的平均含量/%	重现性 r	再现性 R
4	0.5	0.6
5	0.5	0.6
7	0.3	0.7
15	0.6	1.1
17	1.3	1.5
27	1.6	2.4
42	2.9	3.5

根据这些数据,表 2 给出了预期的精度。

表 2

α-Al_2O_3 含量的平均值/%	r	R
≤10	0.7	1.0
>10	8%平均值	10%平均值

9 检验报告

检验报告包括下面的内容:

a) 样品名称;

b) 取样日期;

c) 检测完成的日期;

d) 测试样品 α-Al_2O_3 的含量,用%表示;

e) 如果用了标准样品,标出其名称;

f) 从已计算的平均数得到可以接受的结果的个数;

g) 测试过程中发现的可能影响结果的异常现象;

h) 本部分编号。

附 录 A
（资料性附录）
本部分章条编号与 AS 2879.3—1991 章条编号对照表

表 A.1

本部分章条编号	对应的标准章条编号
1	1
2	3
3	4
4	5
5	6
6	7
7	8
8	9
9	10
附录 A	—

ICS 71.100.10
H 12

中华人民共和国国家标准

GB/T 6609.33—2009

氧化铝化学分析方法和物理性能测定方法 第33部分:磨损指数的测定

Chemical analysis methods and determination of physical performance of alumina—Part 33:Determination of attrition index

(ISO 17500:2006,Aluminium oxide used for the production of primary aluminium—Determination of attrition index,MOD)

2009-04-15 发布　　　　2010-02-01 实施

中华人民共和国国家质量监督检验检疫总局
中国国家标准化管理委员会　发布

前　言

GB/T 6609《氧化铝化学分析方法和物理性能测定方法》共分为 37 部分：

——第 1 部分：电感耦合等离子体原子发射光谱法测定微量元素含量；
——第 2 部分：300 ℃和 1 000 ℃质量损失的测定；
——第 3 部分：钼蓝光度法测定二氧化硅含量；
——第 4 部分：邻二氮杂菲光度法测定三氧化二铁含量；
——第 5 部分：氧化钠含量的测定；
——第 6 部分：火焰光度法测定氧化钾含量；
——第 7 部分：二安替吡啉甲烷光度法测定二氧化钛含量；
——第 8 部分：二苯基碳酰二肼光度法测定三氧化二铬含量；
——第 9 部分：新亚铜灵光度法测定氧化铜含量；
——第 10 部分：苯甲酰苯基羟胺萃取光度法测定五氧化二钒含量；
——第 11 部分：火焰原子吸收光谱法测定一氧化锰含量；
——第 12 部分：火焰原子吸收光谱法测定氧化锌含量；
——第 13 部分：火焰原子吸收光谱法测定氧化钙含量；
——第 14 部分：镧-茜素络合酮分光光度法测定氟含量；
——第 15 部分：硫氰酸铁光度法测定氯含量；
——第 16 部分：姜黄素分光光度法测定三氧化二硼含量；
——第 17 部分：钼蓝分光光度法测定五氧化二磷含量；
——第 18 部分：N,N-二甲基对苯二胺分光光度法测定硫酸根含量；
——第 19 部分：火焰原子吸收光谱法测定氧化锂含量；
——第 20 部分：火焰原子吸收光谱法测定氧化镁含量；
——第 21 部分：丁基罗丹明 B 分光光度法测定三氧化二镓含量；
——第 22 部分：取样；
——第 23 部分：试样的制备和贮存；
——第 24 部分：安息角的测定；
——第 25 部分：松装密度的测定；
——第 26 部分：有效密度的测定　比重瓶法；
——第 27 部分：粒度分析　筛分法；
——第 28 部分：小于 60 μm 的细粉末粒度分布的测定　湿筛法；
——第 29 部分：吸附指数的测定；
——第 30 部分：X 射线荧光光谱法测定微量元素含量；
——第 31 部分：流动角的测定；
——第 32 部分：α-三氧化二铝含量的测定　X-射线衍射法；
——第 33 部分：磨损指数的测定；
——第 34 部分：三氧化二铝含量的计算方法；
——第 35 部分：比表面积的测定　氮吸附法；
——第 36 部分：流动时间的测定；
——第 37 部分：粒度小于 20 μm 颗粒含量的测定。

本部分为 GB/T 6609 的第 33 部分。

本部分修改采用 ISO 17500:2006《用于生产铝的氧化铝——磨损指数的测定》。

本部分修改采用 ISO 17500:2006 时，将其前言、引言删除，并在规范性引用文件中，用 GB/T 6609.27 代替 ISO 2926:2005。为方便对照，在附录 B 中列出了本部分的章条和对应的 ISO 17500:2006 章条的对照表。

本部分的附录 A 和附录 B 为资料性附录。

本部分由中国有色金属工业协会提出。

本部分由全国有色金属标准化技术委员会归口。

本部分起草单位：中国铝业股份有限公司郑州研究院、中国有色金属工业标准计量质量研究所。

本部分主要起草人：郭永恒、李荣柱、赵春芳、韩冬。

氧化铝化学分析方法和物理性能测定方法 第33部分:磨损指数的测定

1 范围

GB/T 6609 的本部分规定了氧化铝磨损指数的测定方法。

本部分适用于氧化铝磨损指数的测定。

2 规范性引用文件

下列文件中的条款通过 GB/T 6609 的本部分的引用而成为本部分的条款。凡是注日期的引用文件,其随后所有的修改单(不包括勘误的内容)或修订版均不适用于本部分,然而,鼓励根据本部分达成协议的各方研究是否可使用这些文件的最新版本。凡是不注日期的引用文件,其最新版本适用于本部分。

GB/T 6609.27 氧化铝化学分析方法和物理性能测定方法 第27部分:粒度分析 筛分法(GB/T 6609.27—2009,ISO 2926:2005,IDT)

AS 2879.6—1995 氧化铝——电子筛分法测定晶粒尺寸的质量分布

3 方法原理

使用磨损指数仪,在控制条件下,用高速气体对氧化铝样品进行喷吹,使其发生磨损,测定样品磨损前后的粒度分布。磨损指数就是在特定测试条件下,试样中+45 μm 部分的质量百分比在磨损试验前后减少的程度。仪器流量可用氧化铝标准样品进行校准。

4 仪器

4.1 磨损指数仪:如图1所示,典型的仪器图,组成元件包括:

4.1.1 管柱:不锈钢、铝和玻璃管柱,高 1 500 mm~1 600 mm,内径为 25 mm。为减少灰尘附着,管柱上部接口部分内径稍大。一种总长 700 mm 且上部直径 64 mm 的管柱也是合适的。在任何情况下,管柱在从底盘开孔以上最小值 200 mm 处应保持内径 25 mm。而且这些管柱在组装时,连接处必须采取平滑的锥形过渡形式,以保证氧化铝不在管柱接口处滞留。也可以给管柱安装一个定时自动敲击装置,以方便敲击管柱(见 6.2.5)。

4.1.2 孔板:将孔板安装和密封在底部管柱的中央,孔板为中央有直径 400 μm±15 μm 圆孔的硬质金属。典型的孔板及其正确定位如图2所示,孔板圆孔微小变化会造成气流变化,可通过氧化铝磨损指数标准样品来校准。

4.1.3 清灰装置:将清灰器安装和密封在管柱的顶部。

4.1.4 气流测量和控制设备:气流测量和控制设备应包括测量和控制气流的组件,操作流量5 L/min~8 L/min,精确到 0.1 L/min。

4.2 天平:感量 0.01 g。

4.3 粒度分析仪:电成型筛和在 GB/T 6609.27 中规定的仪器。可选择的粒度分析方法参见 6.3。

4.4 样品分离器:提供有代表性的样品,旋转分离器。

4.5 喷吹气体:在 400 kPa~800 kPa 之间,能够提供稳定压力的干燥的空气或氮气。

4.6 容器:能密封,体积在 60 mL~125 mL 之间。

4.7 氧化铝磨损指数标准样品。

5 试样的制备

5.1 标准样品

标准样品分成每份为 50 g～60 g 用于磨损指数和粒度分布的分析。

5.2 测试样品

将取好的样品铺成最大厚度为 5 mm，至少在实验室内放置 2 h。然后将样品分成每份为 50 g～60 g，用于磨损指数和粒度分布的分析。分离后的样品立即放入样品容器内(4.6)密封起来。

6 步骤

6.1 流量校准

校准流量(F_C)：需要用多份标准氧化铝测定标准磨损指数值。F_C 就可以用来分析测试样品。测定 F_C 的步骤如下：

6.1.1 依据 6.3 测定未磨损的标准氧化铝+45 μm 颗粒的百分含量。做 3 次测定。3 次测量的平均值用于计算校准部分的磨损指数值。

6.1.2 用天平(4.2)称取 6 份标准氧化铝，每份为 50 g±0.5 g，精确至 0.01 g(m_1)。

6.1.3 依据 6.2.3～6.2.8 将 6 份标准氧化铝中的首份进行磨损实验，测定磨损后试样+45 μm 颗粒的百分含量。采用流量的范围 5 L/min～8 L/min。

6.1.4 根据第 7 章计算首份标准氧化铝的磨损指数。

6.1.5 使用此初始结果，进行 3 个标准氧化铝在不同流量下的磨损实验，测定各个试样磨损后+45 μm 颗粒的百分含量，然后计算各自的磨损指数。按如下选择流量：

6.1.5.1 测定的磨损指数较大且小于推荐的标准值。

6.1.5.2 最小流量和最大流量之间的差值大于 1.0 L/min，小于 3.0 L/min。

6.1.6 描绘出 4 份相应流量与磨损指数关系图，包括一个合适的趋势直线。作沿 y 轴各个数据点的 5%的误差。若各数据的误差杆与趋势直线不相交，则重复此流量下的分析。从获得标准氧化铝的磨损指数图来确定需要的流量(F_C)。图 3 展示了一个校准例子。

注：磨损指数显示并不是流量的线性函数，然而在小范围区间内用于校准的流量可以认为是线性的。

6.1.7 用剩余 2 份，在校准的流量下两次重复磨损步骤(6.2.3～6.2.8)。测定各份的+45 μm 颗粒的百分含量，计算各份的磨损指数。结果的平均值应为标准磨损指数值的±0.8。若不为此值，应检查仪器且重复校准。

6.2 试样和标准氧化铝磨损指数

6.2.1 根据 6.3 中描述的方法测定未磨损试样+45 μm 颗粒的百分含量。

6.2.2 用天平(4.2)称取 50 g±0.5 g 氧化铝，精确至 0.01 g(m_1)。

6.2.3 组装好不带收尘装置的仪器，用漏斗将试样装入磨损管内，以减少飞扬损失。然后将收尘装置安装好。

6.2.4 打开气罐，调节流量并启动计时器。当测量 F_C 时使用标准氧化铝，应当按 6.1.3 和 6.1.5 进行。而对测试试样应用校准流量(F_C)。在测量期间，流量保持设定流量的±0.1 L/min。

6.2.5 至少每 3 min 敲击一下管柱，以免氧化铝粘在管柱内。15 min 后，关闭气罐，停止计时器。

注：可在管柱上连接定时自动敲击装置。

6.2.6 将收尘器和磨损管内的样品转入已经清零过的样品容器(4.6)内。将仪器内的任何物质清除并转入容器内。

6.2.7 称量所有复原的样品的总质量。若称得的质量与原始质量之差超过 0.5 g，请参看下面的说明：由于水分损失，复原质量小于原始质量。通常，这种损失的质量小于 0.5 g，但对于原始水分含量高的试样，这种损失量可能相当高。应当注意确保这种质量损失的原因不是细粉的损失或者仪器中样品复原的不完整。

6.2.8 测定磨损后+45 μm 颗粒的百分含量，利用同样的方法测定未磨损试样的百分含量。

注：如果筛分步骤需二次取样，应通过 200 μm～500 μm 孔的筛子（破碎细粉的团聚块）将磨损样品均匀化，然后缩分。

6.3 粒度分布分析

依据 AS 2879.6—1995 测试氧化铝+45 μm 颗粒的百分比含量。

单位为毫米

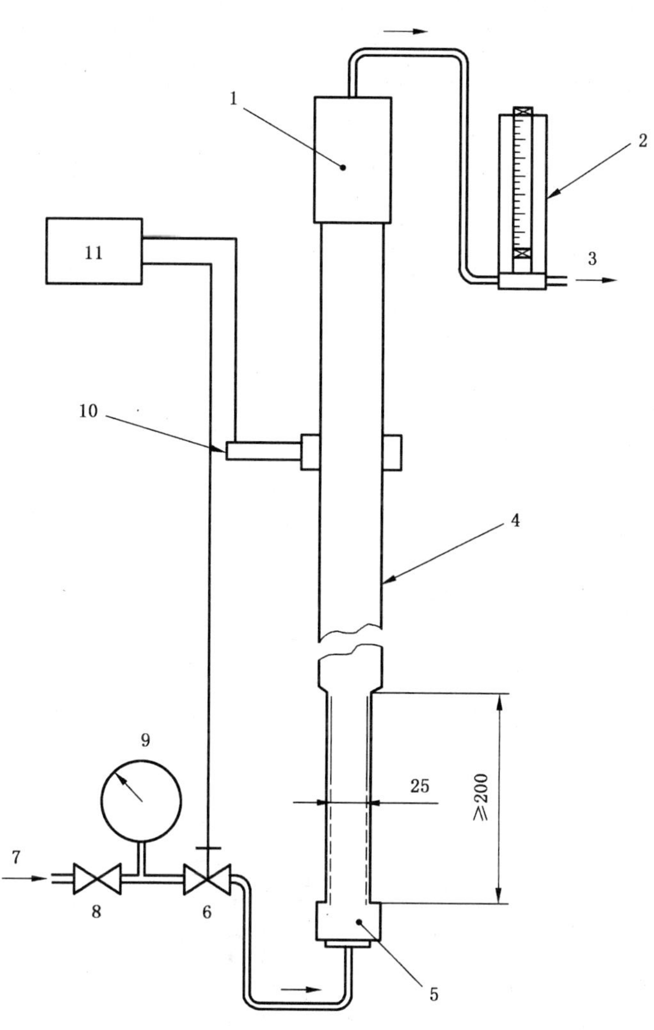

1——收尘器；
2——流量计；
3——空气；
4——管柱；
5——孔板；
6——开关；
7——干燥的压缩空气或氮气；
8——流量控制阀；
9——气体压力表；
10——敲打器；
11——计时器。

图 1 磨损指数测定仪

单位为毫米

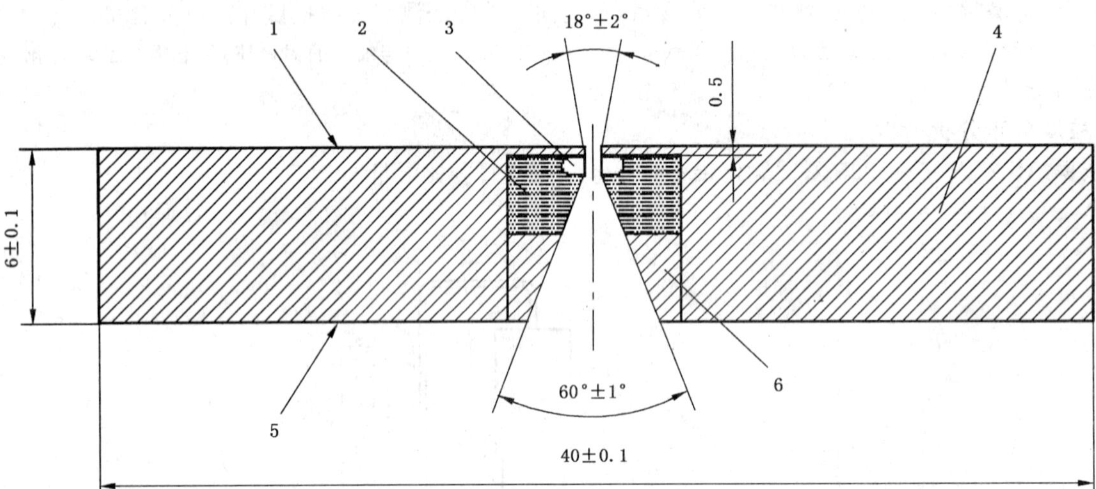

1——表面；
2——环氧树脂；
3——金刚石孔；
4——托架；
5——底部；
6——填充物。

注1：托架和填充物为不锈钢：40 mm×6 mm。

注2：孔：0.400 mm±2 μm，天然金刚石激光打孔。

图2　典型孔板示意图

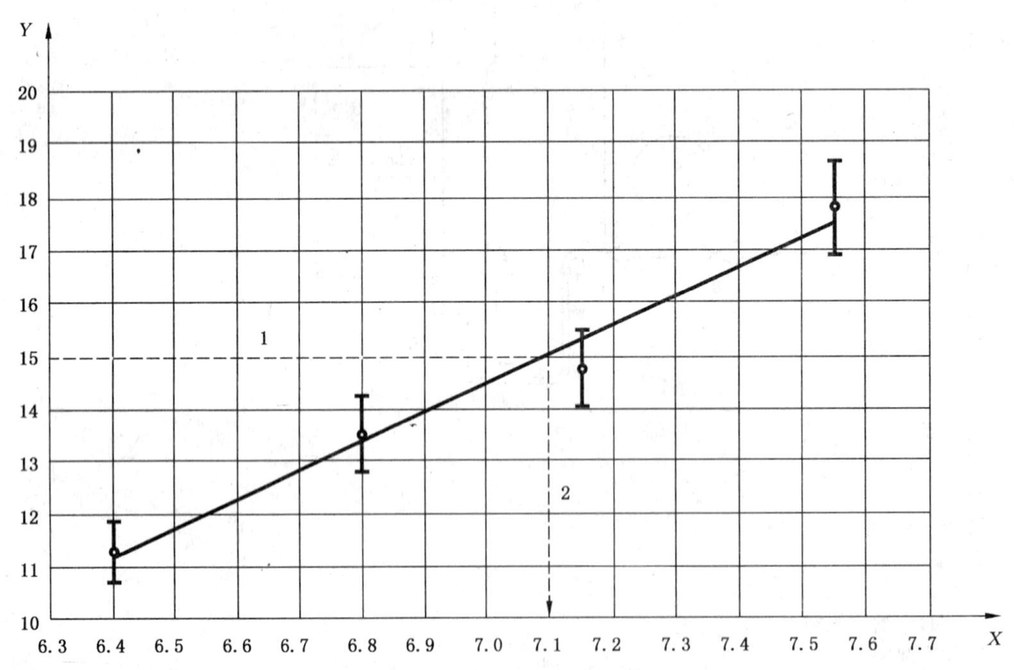

X——流量(L/min)；
Y——磨损指数；
1——参考值；
2——校准流量(F_C)。

图3　标准样品磨损指数值对应的流量

7 测定结果的计算

按式(1)计算试样的磨损指数 I_A：

$$I_A = \frac{w_b - w_a}{w_b} \times 100 \qquad \cdots\cdots(1)$$

式中：

I_A——磨损指数；

w_b——磨损前的+45 μm 颗粒的百分含量，%；

w_a——磨损后的+45 μm 颗粒的百分含量，%。

8 精密度

按照95%的置信度水平，通过该方法得到的结果，其实验室内重复性(r)和实验室之间的再现性(R)结果见表1。

注：测试程序的结果见附录A。

表 1

重复性(r)	再现性(R)
1.2	3.3

9 质量控制

若仪器有更改，尤其是对孔板进行了更换，应按照6.1进行重新校准。

基于测定较频繁的原因，建议只是在超出控制限度后才进行仪器的核查。如有必要，使用氧化铝磨损指数标准样品来做流量校准。

10 检验报告

检验报告应包含下列内容：

a) 试样的名称；

b) 本部分编号；

c) 试样的磨损指数；

d) 测定日期。

附　录　A
（资料性附录）
试验过程的测量结果

使用本部分，用磨损指数为15.0的氧化铝标准样品进行流量校准。取不同的4个氧化铝样品，分别由8个试验室进行测定得到的结果，按照95%的置信度水平，实验室内重复性（r）和实验室之间的再现性（R）见表A.1。

表 A.1　使用测试样品得到的精密度数据

样品	平均磨损指数	重复性限 r	再现性限 R
1	5.2	1.0	3.3
2	26.0	1.5	3.7
3	18.8	1.1	3.8
4	11.4	1.0	2.1
平均		1.2	3.3

附　录　B
（资料性附录）
本部分章条编号与 ISO 17500:2006 章条编号对照表

表 B.1

本部分章条编号	对应的 ISO 17500:2006 章条编号
1	1
2	2
3	3
4	4
5	5
6	6
7	7
8	8
9	9
10	10
附录 A	附录 A
附录 B	—

ICS 71.100.10
H 12

中华人民共和国国家标准

GB/T 6609.34—2009

氧化铝化学分析方法和物理性能测定方法 第34部分:三氧化二铝含量的计算方法

Chemical analysis methods and determination of physical performance of alumina—Part 34:Method of calculating alumina content

2009-04-15 发布 2010-02-01 实施

中华人民共和国国家质量监督检验检疫总局
中国国家标准化管理委员会 发布

前　言

GB/T 6609《氧化铝化学分析方法和物理性能测定方法》共分为 37 部分。

——第 1 部分：电感耦合等离子体原子发射光谱法测定微量元素含量；
——第 2 部分：300 ℃和 1 000 ℃质量损失的测定；
——第 3 部分：钼蓝光度法测定二氧化硅含量；
——第 4 部分：邻二氮杂菲光度法测定三氧化二铁含量；
——第 5 部分：氧化钠含量的测定；
——第 6 部分：火焰光度法测定氧化钾含量；
——第 7 部分：二安替吡啉甲烷光度法测定二氧化钛含量；
——第 8 部分：二苯基碳酰二肼光度法测定三氧化二铬含量；
——第 9 部分：新亚铜灵光度法测定氧化铜含量；
——第 10 部分：苯甲酰苯基羟胺萃取光度法测定五氧化二钒含量；
——第 11 部分：火焰原子吸收光谱法测定一氧化锰含量；
——第 12 部分：火焰原子吸收光谱法测定氧化锌含量；
——第 13 部分：火焰原子吸收光谱法测定氧化钙含量；
——第 14 部分：镧-茜素络合酮分光光度法测定氟含量；
——第 15 部分：硫氰酸铁光度法测定氯含量；
——第 16 部分：姜黄素分光光度法测定三氧化二硼含量；
——第 17 部分：钼蓝分光光度法测定五氧化二磷含量；
——第 18 部分：N，N-二甲基对苯二胺分光光度法测定硫酸根含量；
——第 19 部分：火焰原子吸收光谱法测定氧化锂含量；
——第 20 部分：火焰原子吸收光谱法测定氧化镁含量；
——第 21 部分：丁基罗丹明 B 分光光度法测定三氧化二镓含量；
——第 22 部分：取样；
——第 23 部分：试样的制备和贮存；
——第 24 部分：安息角的测定；
——第 25 部分：松装密度的测定；
——第 26 部分：有效密度的测定　比重瓶法；
——第 27 部分：粒度分析　筛分法；
——第 28 部分：小于 60 μm 的细粉末粒度分布的测定　湿筛法；
——第 29 部分：吸附指数的测定；
——第 30 部分：X 射线荧光光谱法测定微量元素含量；
——第 31 部分：流动角的测定；
——第 32 部分：α-三氧化二铝含量的测定　X-射线衍射法；
——第 33 部分：磨损指数的测定；
——第 34 部分：三氧化二铝含量的计算方法；
——第 35 部分：比表面积的测定　氮吸附法；
——第 36 部分：流动时间的测定；
——第 37 部分：粒度小于 20 μm 颗粒含量的测定。

本部分为GB/T 6609的第34部分。

本部分修改采用AS 2879.11—2004《氧化铝 第11部分：确定冶金级氧化铝中Al_2O_3含量的方法》。

本部分修改采用AS 2879.11—2004时，删除了其前言、目录。同时，在规范性引用文件中，用相应的国家标准代替AS标准。为方便对照，在附录A中列出了本部分的章条和对应的AS 2879.11—2004章条的对照表。

本部分附录A为资料性附录。

本部分由中国有色金属工业协会提出。

本部分由全国有色金属标准化技术委员会归口。

本部分起草单位：中国铝业股份有限公司郑州研究院、中国有色金属工业标准计量质量研究所。

本部分主要起草人：张树朝、石磊、席欢、张洁、吴豫强。

氧化铝化学分析方法和物理性能测定方法 第34部分:三氧化二铝含量的计算方法

1 范围

GB/T 6609 的本部分规定了氧化铝中 Al_2O_3 含量的计算方法。

本部分适用于氧化铝中 Al_2O_3 含量的计算,可以按干燥基进行计算,也可以按焙烧基进行计算。

注:按干燥基进行计算,冶金级氧化铝中 Al_2O_3 含量一般为 98.5%~98.9%;按焙烧基进行计算,冶金级氧化铝中 Al_2O_3 含量一般为 99.4%~99.7%。

2 规范性引用文件

下列文件中的条款通过 GB/T 6609 的本部分的引用而成为本部分的条款。凡是注日期的引用文件,其随后所有的修改单(不包括勘误的内容)或修订版均不适用于本部分,然而,鼓励根据本部分达成协议的各方研究是否可使用这些文件的最新版本。凡是不注日期的引用文件,其最新版本适用于本部分。

GB/T 6609.2 氧化铝化学分析方法和物理性能测定方法 第2部分:300 ℃和 1000 ℃质量损失的测定

GB/T 6609.30 氧化铝化学分析方法和物理性能测定方法 第30部分:X射线荧光光谱法测定微量元素含量

3 方法原理

氧化铝中 Al_2O_3 含量的分析和报出结果可以按焙烧基氧化铝进行计算,也可以按干燥基氧化铝进行计算。焙烧基氧化铝中 Al_2O_3 含量的计算是从总量(100%)中减去杂质元素的含量。干燥基氧化铝中 Al_2O_3 含量的计算是从总量(100%)中减去杂质元素的含量和 1 000 ℃时的灼烧减量。

4 步骤

4.1 采用 GB/T 6609.30 测定氧化铝中杂质元素的含量。

4.2 采用 GB/T 6609.2 测定氧化铝中水分和灼烧减量的含量。

注:当采用重油进行煅烧时,应该考虑来自重油中硫的影响。

5 测定结果的计算

5.1 焙烧基氧化铝试样中 Al_2O_3 含量的计算

按照分析测定灼烧减量前样品是否进行干燥,氧化铝中 Al_2O_3 含量的计算分别按照式(1)和式(2)进行。

5.1.1 用干燥的氧化铝试样分析得到的灼烧减量

按式(1)计算 Al_2O_3 的含量:

$$w(Al_2O_3) = 100 - \frac{100}{\left(100 - MOI - LOI + \frac{LOI + MOI}{100}\right)} \times (\sum I) \quad \cdots\cdots(1)$$

式中:

$w(Al_2O_3)$——Al_2O_3 的质量分数,(%);

MOI——试样水分的质量分数,(%);

LOI——试样灼烧减量的质量分数,(%);

$\sum I$——杂质元素的质量分数之和,(%)。

5.1.2 用原始的氧化铝试样分析得到的灼烧减量

按式(2)计算 Al_2O_3 的含量:

$$w(Al_2O_3) = 100 - \frac{100}{(100 - MOI - LOI)} \times (\sum I) \quad \cdots\cdots(2)$$

式中:

$w(Al_2O_3)$——Al_2O_3 的质量分数,(%);

MOI——试样水分的质量分数,(%);

LOI——试样灼烧减量的质量分数,(%);

$\sum I$——杂质元素的质量分数之和,(%)。

5.2 干燥基氧化铝试样中 Al_2O_3 含量的计算

5.2.1 用干燥的氧化铝试样分析得到的灼烧减量

按式(3)计算 Al_2O_3 的含量:

$$w(Al_2O_3) = 100 - LOI - \frac{100}{(100 - MOI)} \times (\sum I) \quad \cdots\cdots(3)$$

式中:

$w(Al_2O_3)$——Al_2O_3 的质量分数,(%);

MOI——试样水分的质量分数,(%);

LOI——试样灼烧减量的质量分数,(%);

$\sum I$——杂质元素的质量分数之和,(%)。

5.2.2 用原始的氧化铝试样分析得到的灼烧减量

按式(4)计算 Al_2O_3 的含量:

$$w(Al_2O_3) = 100 - \frac{100}{(100 - MOI)} \times (LOI + \sum I) \quad \cdots\cdots(4)$$

式中:

$w(Al_2O_3)$——Al_2O_3 的质量分数,(%);

MOI——试样水分的质量分数,(%);

LOI——试样灼烧减量的质量分数,(%);

$\sum I$——杂质元素的质量分数之和,(%)。

6 检验报告

检验报告应包含下列内容:

a) 试样的名称;

b) 计算结果取小数点后2位;

c) 取样日期;

d) Al_2O_3 的含量的计算方式(干基或焙烧基);

e) 本部分编号。

附　录　A
（资料性附录）
本标准章条编号与 AS 2879.11—2004 章条编号对照表

表 A.1

本部分章条编号	对应的 AS 2879.11—2004 章条编号
1	1
2	2
3	3
4	4
5	5
6	6
附录 A	—

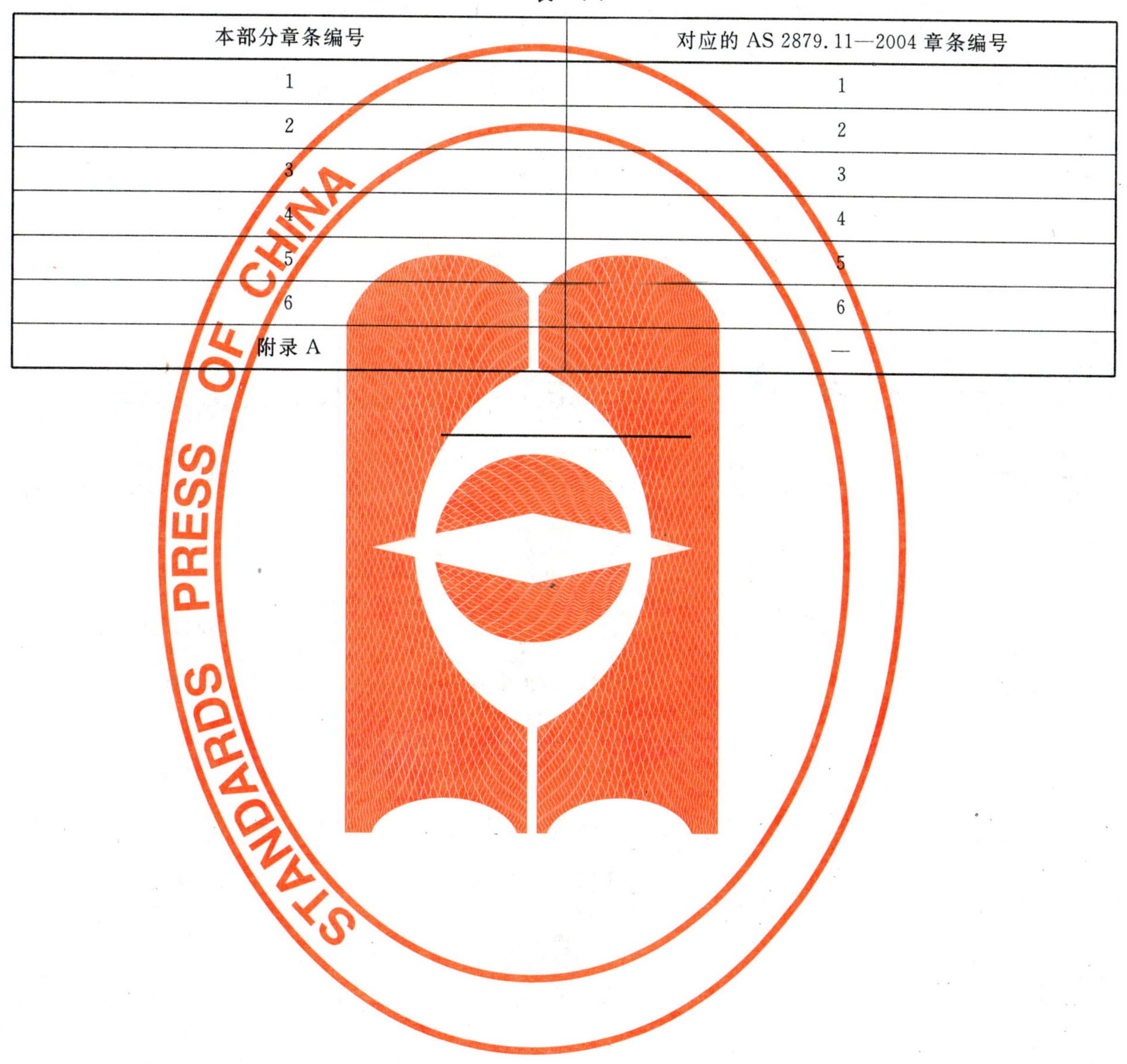

ICS 71.100.10
H 12

中华人民共和国国家标准

GB/T 6609.35—2009

氧化铝化学分析方法和物理性能测定方法 第35部分:比表面积的测定 氮吸附法

Chemical analysis methods and determination of physical performance of alumina—Part 35: Determination of specific surface area by nitrogen adsorption

(ISO 8008:2005, Aluminium oxide primarily used for the production of aluminium—Determination of specific surface area by nitrogen adsorption, MOD)

2009-04-15 发布　　2010-02-01 实施

中华人民共和国国家质量监督检验检疫总局
中国国家标准化管理委员会　发布

前　言

GB/T 6609《氧化铝化学分析方法和物理性能测定方法》共分为37部分：
——第1部分：电感耦合等离子体原子发射光谱法测定微量元素含量；
——第2部分：300 ℃和1 000 ℃质量损失的测定；
——第3部分：钼蓝光度法测定二氧化硅含量；
——第4部分：邻二氮杂菲光度法测定三氧化二铁含量；
——第5部分：氧化钠含量的测定；
——第6部分：火焰光度法测定氧化钾含量；
——第7部分：二安替吡啉甲烷光度法测定二氧化钛含量；
——第8部分：二苯基碳酰二肼光度法测定三氧化二铬含量；
——第9部分：新亚铜灵光度法测定氧化铜含量；
——第10部分：苯甲酰苯基羟胺萃取光度法测定五氧化二钒含量；
——第11部分：火焰原子吸收光谱法测定一氧化锰含量；
——第12部分：火焰原子吸收光谱法测定氧化锌含量；
——第13部分：火焰原子吸收光谱法测定氧化钙含量；
——第14部分：镧-茜素络合酮分光光度法测定氟含量；
——第15部分：硫氰酸铁光度法测定氯含量；
——第16部分：姜黄素分光光度法测定三氧化二硼含量；
——第17部分：钼蓝分光光度法测定五氧化二磷含量；
——第18部分：N,N-二甲基对苯二胺分光光度法测定硫酸根含量；
——第19部分：火焰原子吸收光谱法测定氧化锂含量；
——第20部分：火焰原子吸收光谱法测定氧化镁含量；
——第21部分：丁基罗丹明B分光光度法测定三氧化二镓含量；
——第22部分：取样；
——第23部分：试样的制备和贮存；
——第24部分：安息角的测定；
——第25部分：松装密度的测定；
——第26部分：有效密度的测定　比重瓶法；
——第27部分：粒度分析　筛分法；
——第28部分：小于60 μm的细粉末粒度分布的测定　湿筛法；
——第29部分：吸附指数的测定；
——第30部分：X射线荧光光谱法测定微量元素含量；
——第31部分：流动角的测定；
——第32部分：α-三氧化二铝含量的测定　X-射线衍射法；
——第33部分：磨损指数的测定；
——第34部分：三氧化二铝含量的计算方法；
——第35部分：比表面积的测定　氮吸附法；
——第36部分：流动时间的测定；
——第37部分：粒度小于20 μm颗粒含量的测定。

本部分为 GB/T 6609 的第 35 部分。

本部分修改采用 ISO 8008:2005《主要生产铝的氧化铝——比表面积的测定——氮吸附法》。

本部分修改采用 ISO 8008:2005 时,将其前言、引言和规范性引用文件删除。更改了对氧化铝标准样品的指定。为方便对照,在附录 C 中列出了本部分的章条和对应的 ISO 8008:2005 章条的对照表。

本部分的附录 A 、附录 B 和附录 C 均为资料性附录。

本部分由中国有色金属工业协会提出。

本部分由全国有色金属标准化技术委员会归口。

本部分起草单位:中国铝业股份有限公司郑州研究院、中国有色金属工业标准计量质量研究所。

本部分主要起草人:赵春芳、李建平、仓向辉、黄霞。

氧化铝化学分析方法和物理性能测定方法 第35部分:比表面积的测定 氮吸附法

警告:使用GB/T 6609的本部分的人员需熟悉一般性实验室操作规则。本部分不提醒所有安全问题,只是在可能的情况下,在相关内容中给出必要的安全提示。操作人员有必要建立良好的安全及健康操作规则,并确保该规则适用于任何国内常规实验条件。

1 范围

GB/T 6609的本部分规定了采用氮吸附单点法或多点法测定氧化铝的比表面积(SSA)的方法。

本部分适用于氧化铝比表面积的测定:测定范围:50 m^2/g～90 m^2/g。

注1:附录A解释了BET测SSA时单点法与多点法之间的差异。

注2:多点法测定比表面积所得到的结果准确性比单点法高。

2 方法原理

该方法根据在液氮沸点时物质表面吸附氮气分子的能力。仪器测定样品表面单分子层的吸附量,然后由吸附理论BET计算样品比表面积。样品在真空或流动氮气下于150 ℃脱气,脱气后,称量样品质量,使用仪器测定的样品吸附氮气单层分子容量,然后计算样品的比表面积。

3 试剂

所用试剂为分析纯,所用水为蒸馏水或同质量的水。

3.1 液氮:在101.3 kPa下的沸点为－196 ℃。

警告:处理低温液体时要特别小心。

3.2 氮气:高纯。

3.3 其他气体:由仪器生产商指定。

3.4 氧化铝标准样品

在95%置信度下,标准样品单点法SSA值为(67.8±2.9)m^2/g,多点法SSA值为(69.1±2.3)m^2/g。

4 仪器

4.1 表面积分析仪:在－196 ℃时能使氮气发生吸附,能够进行单点或多点分析。

4.2 脱气装置:能加热升温至150 ℃,在流动氮气气流或能保持<20 Pa的真空压力状态来对样品进行脱气。样品管必须包含密封装置,以阻止脱气后的样品与空气接触。

4.3 天平:感量0.000 1 g。

5 试样制备

用采样器或旋转缩分器取50 g测试样品,避免细颗粒通过飞扬而损失。从测试样品中选取有代表性的适宜质量。样品质量应当使其总表面积在表面积分析仪器(4.1)推荐值范围之内,且最小样品质量0.2 g。在每一批试样测试前,将所有试管清洗干净。推荐在超声波池中将试管清洗。为加快干燥过程,建议在放入干燥烘箱前用乙醇漂洗试管。

6 步骤

6.1 仪器准备

6.1.1 比表面积分析仪和脱气装置应当根据仪器的指示装配好,用以脱气和分析,且允许加热。脱气温度应设定到 150 ℃。

6.1.2 输入仪器的操作参数。对多点测试,相对压力(P/P_0)为 0.10～0.30。对单点测试,相对压力为 0.30。

注 1:对多点测试,相对压力确保是在氧化铝的等温吸附线为直线部分的条件下进行的。相对压力 0.30 最适合单点测试。

注 2:氮气分子的表面积是 0.162 nm^2。

6.1.3 如果需要,根据仪器生产商的提示测定饱和蒸汽压(P_0)或大气压力。饱和蒸汽压或大气压应在分析前进行测定,在分析过程中每隔 6 h 测定一次。

6.2 比表面积的测定

6.2.1 在天平(4.3)中称量清洁干燥的样品管,包括其密封装置,精确至 0.000 1 g(m_1)。

6.2.2 往样品管中加入试样,按照第 5 章的要求加入测试样品。然后将样品管插入脱气装置中(4.2),采用流动氮气或真空脱气方法在 150 ℃下脱气 2 h。将样品管从脱气装置的加热源脱离,冷却至室温,同时仍然喷吹氮气或保持真空状态。

6.2.3 从脱气装置中取出样品管,密封称重,精确至 0.000 1 g(m_2)。若使用真空脱气,在称重前立即用氮气吹扫。

6.2.4 按式(1)计算试样脱气后的质量:

$$m_3 = m_2 - m_1 \qquad \cdots\cdots(1)$$

式中:

m_1——空样品管和密封装置的质量,单位为克(g);

m_2——样品管、密封装置和脱气后试样的质量,单位为克(g);

m_3——脱气后试样的质量,单位为克(g)。

6.2.5 用脱气后试样质量(m_3)和仪器产商推荐的步骤,测定试样的比表面积。精确至 0.01 m^2/g。

7 测定结果的计算

按式(2)计算试样的比表面积,结果精确至 0.01 m^2/g。

$$A_{SSA} = \frac{S}{m_3} \qquad \cdots\cdots(2)$$

式中:

A_{SSA}——试样的比表面积,单位为平方米每克(m^2/g);

S——由仪器显示的试样的总表面积,单位为平方米(m^2);

m_3——试样脱气后的质量,单位是为克(g)。

8 精密度

按照 95%的置信度水平,通过该方法得到的结果,其实验室内重复性(r)和实验室之间的再现性(R)结果见表 1。

在附录 B 中给出测试结果。

表 1

测量方法	重复性限 $r/(m^2/g)$	再现性限 $R/(m^2/g)$
单点法	0.8	2.1
多点法	1.0	2.5

9 质量控制

每一批试样进行测定前,应用标准样品(3.4)代替试样,重复 6.2 的步骤进行 SSA 的测定。如果测量结果不在规定范围内[标准样品单点法 SSA 值为(67.8±2.9)m^2/g,多点法 SSA 值为(69.1±2.3)m^2/g],需在试样的测试报告中注明。

10 检验报告

检验报告应包含下列信息:

a) 本部分编号;

b) 试样名称;

c) 取样日期;

d) 测试日期;

e) 测试样品的比表面积,以平方米每克表示,精确至 0.01 m^2/g;

f) 采用的分析方法,单点法还是多点法;

g) 标准样品测试结果(如需要);

h) 测试过程中发生的所有可能对结果有影响的异常现象。

附　录　A
（资料性附录）
单点法和多点法 BET 测定 SSA 值的差异

对 SSA 来说，单点法和多点法之间的差异一般在 1 m^2/g～3 m^2/g 之间。BET 公式单点法是对原理的简化，导致其结果较多点法的 SSA 结果偏低。假定被分析材料的常数 C 是已知的，则此差异可以计算出来。在 BET 公式中，常数 C 是与表面和吸附质之间的反应能相关的因子。对单点法，假定 C 是很大的（大于 100），从而引起 BET 公式简化。BET 直线的截距变为零，其斜率的倒数就是单分子层的体积。简化可以使 BET 公式在单一偏压下测定吸附质的体积得到解决。

使用单点法公式计算 SSA 值所引起的差异由公式（A.1）进行计算：

$$相对偏差(\%) = 100\{1 - Cx/[Cx + (1 - x)]\} \quad \cdots\cdots(A.1)$$

式中：

x——单点测量时的偏压；

C——多点公式中吸附质/表面反应能因子。

对冶金级氧化铝，C 通常在 100～200 之间。

因此，对 C=150 和 x=0.3，70 m^2/g 级别的偏差是 1.5%。单点分析结果比多点分析结果低 1.1 m^2/g。

附 录 B
（资料性附录）
试验过程的测量结果

使用该标准，用单点分析标准样品和另外两个试样进行分析，分别由 11 个、9 个、6 个实验室对单点分析标准样品、多点分析标准样品、试样进行分析得到结果。按照 95%的置信度水平，实验室内重复性(r)和实验室之间的再现性(R)见表 B.1：

表 B.1 使用标准样品和试样得到的精密度数据

样 品	比表面积(平均值)/(m^2/g)		重复性限 r/(m^2/g)		再现性限 R/(m^2/g)	
	sp	mp	sp	mp	sp	mp
单点分析标准样品	67.8	69.1	0.8	1.2	2.9	2.3
多点分析标准样品	52.9	54.1	0.4	0.6	1.1	3.1
试样	85.0	88.1	1.1	1.1	2.0	2.0

由以上结果可得到，单点分析标准样品的重复性值为 0.8 m^2/g，再现性值为 2.1 m^2/g，多点分析标准样品的重复性和再现性值分别为 1.0 m^2/g 和 2.5 m^2/g。

附 录 C
（资料性附录）
本部分章条编号与 ISO 8008:2005 章条编号对照表

表 C.1

本部分章条编号	对应的 ISO 8008:2005 章条编号
1	1
2	3
3	4
4	5
5	6
6	7
7	8
8	9
9	10
10	11
附录 A	附录 A
附录 B	附录 B
附录 C	—

ICS 71.100.10
H 12

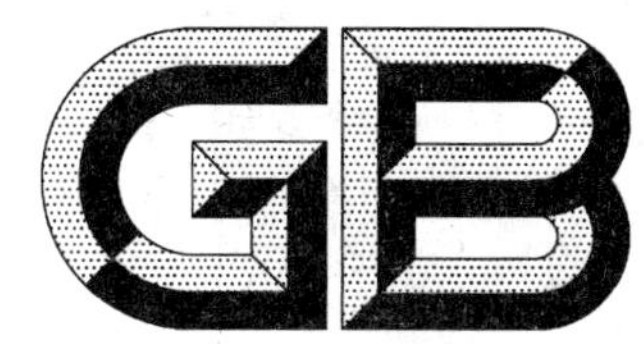

中华人民共和国国家标准

GB/T 6609.36—2009

氧化铝化学分析方法和物理性能测定方法 第36部分:流动时间的测定

Chemical analysis methods and determination of physical performance of alumina—Part 36: Determination of flow time

2009-04-15 发布 2010-02-01 实施

中华人民共和国国家质量监督检验检疫总局
中国国家标准化管理委员会 发布

前　　言

GB/T 6609《氧化铝化学分析方法和物理性能测定方法》共分为37部分：

——第1部分：电感耦合等离子体原子发射光谱法测定微量元素含量；
——第2部分：300 ℃和1 000 ℃质量损失的测定；
——第3部分：钼蓝光度法测定二氧化硅含量；
——第4部分：邻二氮杂菲光度法测定三氧化二铁含量；
——第5部分：氧化钠含量的测定；
——第6部分：火焰光度法测定氧化钾含量；
——第7部分：二安替吡啉甲烷光度法测定二氧化钛含量；
——第8部分：二苯基碳酰二肼光度法测定三氧化二铬含量；
——第9部分：新亚铜灵光度法测定氧化铜含量；
——第10部分：苯甲酰苯基羟胺萃取光度法测定五氧化二钒含量；
——第11部分：火焰原子吸收光谱法测定一氧化锰含量；
——第12部分：火焰原子吸收光谱法测定氧化锌含量；
——第13部分：火焰原子吸收光谱法测定氧化钙含量；
——第14部分：镧-茜素络合酮分光光度法测定氟含量；
——第15部分：硫氰酸铁光度法测定氯含量；
——第16部分：姜黄素分光光度法测定三氧化二硼含量；
——第17部分：钼蓝分光光度法测定五氧化二磷含量；
——第18部分：N,N-二甲基对苯二胺分光光度法测定硫酸根含量；
——第19部分：火焰原子吸收光谱法测定氧化锂含量；
——第20部分：火焰原子吸收光谱法测定氧化镁含量；
——第21部分：丁基罗丹明B分光光度法测定三氧化二镓含量；
——第22部分：取样；
——第23部分：试样的制备和贮存；
——第24部分：安息角的测定；
——第25部分：松装密度的测定；
——第26部分：有效密度的测定　比重瓶法；
——第27部分：粒度分析　筛分法；
——第28部分：小于60 μm的细粉末粒度分布的测定　湿筛法；
——第29部分：吸附指数的测定；
——第30部分：X射线荧光光谱法测定微量元素含量；
——第31部分：流动角的测定；
——第32部分：α-三氧化二铝含量的测定　X-射线衍射法；
——第33部分：磨损指数的测定；
——第34部分：三氧化二铝含量的计算方法；
——第35部分：比表面积的测定　氮吸附法；
——第36部分：流动时间的测定；
——第37部分：粒度小于20 μm颗粒含量的测定。

本部分为 GB/T 6609 的第 36 部分。

本部分修改采用 AS 2879.9—2002《氧化铝　第 9 部分　流动时间的测定》。

本部分修改采用 AS 2879.9—2002 时，将其前言、目录、第 4 章“安全”删除。

为方便对照，在附录 B 中列出本部分的章条和对应的 AS 2879.9—2002 章条的对照表。

本部分附录 A、附录 B 为资料性附录。

本部分由中国有色金属工业协会提出。

本部分由全国有色金属标准化技术委员会归口。

本部分起草单位：中国铝业股份有限公司郑州研究院、中国有色金属工业标准计量质量研究所。

本部分主要起草人：张树朝、郭永恒、张元克、仓向辉。

氧化铝化学分析方法和物理性能测定方法 第36部分:流动时间的测定

1 范围

GB/T 6609的本部分规定了通过特制标准漏斗测定氧化铝流动时间的方法。

本部分适用于氧化铝流动时间的测定。

注:仪器和其他测试条件的变化会影响实验室之间的误差。

2 规范性引用文件

下列文件中的条款通过GB/T 6609的本部分的引用而成为本部分的条款。凡是注日期的引用文件,其随后所有的修改单(不包括勘误的内容)或修订版均不适用于本部分,然而,鼓励根据本部分达成协议的各方研究是否可使用这些文件的最新版本。凡是不注日期的引用文件,其最新版本适用于本部分。

GB/T 6609.22 氧化铝化学分析方法和物理性能测定方法 取样(GB/T 6609.22—2004,ISO 2927:1973,MOD)

3 方法原理

将一定质量氧化铝放入特制的漏斗中,测定试样流出漏斗的总时间。

4 仪器

4.1 仪器

通常用人工或自动测量装置进行测定,自动测量装置见图1。

图1 流动时间自动测量装置

4.2 漏斗

不锈钢漏斗见图2。该装置出口为直径3.95 mm~4 mm的耐磨损的不锈钢。该直径经过校准。使用时该漏斗需要干燥清洁未被氧化,否则流动时间不能重复。

注:经常使用是漏斗清洁的最好方法。

单位为毫米

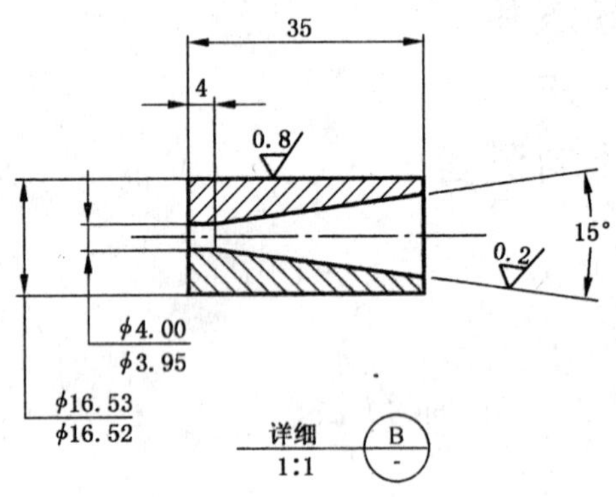

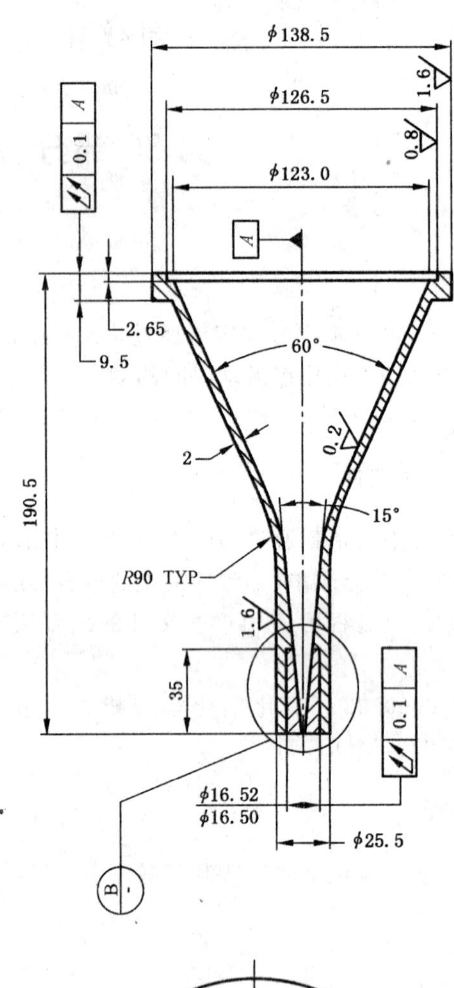

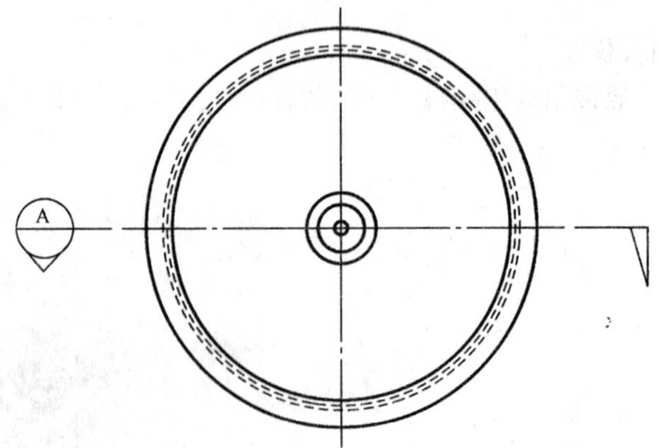

图 2　不锈钢漏斗装置图

4.3　计时器

停止表或自动装置，精确至 0.1 s。

4.4　天平

可称重 100 g，感量 0.1 g。

4.5　试验筛

筛孔 300 μm～1 000 μm，除去大尺寸的颗粒。

5 试样的制备

将样品放在一个托盘内，平铺厚度小于 5 mm，在实验室空气中平衡 2 h 以上。将分析用样品通过试验筛(4.5)除去大的颗粒，将样品分成 3 部分，每部分大约 105 g～120 g。

6 步骤

6.1 概述

本步骤适用于人工测量。

6.2 测定次数

进行 3 次测定，取其平均值。

6.3 测定

6.3.1 将设备放在无震动的环境中，保证漏斗(4.2)在稳定的工作台上，且上部表面处于水平。

6.3.2 对不经常使用的设备，先用适量氧化铝试样通过漏斗来使其达到试验要求。

6.3.3 称取 100 g±0.1 g 试样(第 5 章)，放入到合适的容器内。

6.3.4 将漏斗出口堵住，将称好的试料注入漏斗内，将出口阻碍物移去，同时立即记录流动起始时间，试料一旦完全流过漏斗就停止计时。流动过程中绝不能敲打漏斗。

6.3.5 从台上取下漏斗，用干布条将漏斗清理干净。将其放进一个密封容器内，以防止出口孔内表面被空气氧化。

7 测定结果的计算

取 3 次测量结果的平均值，精确至秒。

8 精密度

测试结果在 95% 置信度水平下，得到重复性(r)、再现性(R)数据见表 1。附录 A 给出了部分测试结果的精密度数据。

表 1

重复性(r)/s	再现性(R)/s
2.7	9.7

9 检验报告

检验报告应包含下列内容：

a) 样品编号；

b) 本部分编号；

c) 试样流动时间平均值；

d) 测定日期；

e) 测试过程中可能对结果产生影响的任何因素。

附　录　A
（资料性附录）
试验结果

用3个不同的氧化铝样品由6个实验室进行分析，在95%置信度水平下，得到的重复性(r)和再现性(R)如下表：

表 A.1　使用测试样品得到的精密度数据

流动时间/s	重复性限(r)/s	再现性限(R)/s
47	1.5	7.3
68	3.3	10.7
82	2.9	10.8

附 录 B
（资料性附录）
本部分章条编号与 AS 2879.9—2002 章条编号对照

表 B.1 本部分章条编号与 AS 2879.9—2002 章条编号对照表

本部分章条编号	对应的标准章条编号
1	1
2	2
3	3
4	5
5	6
6	7
7	8
8	9
9	10
附录 A	附录 A
附录 B	—

ICS 71.100.10
H 12

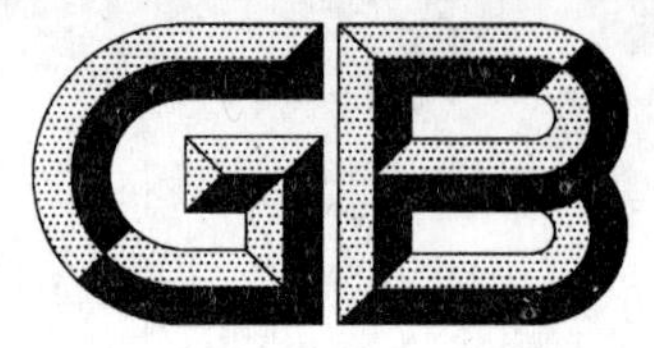

中华人民共和国国家标准

GB/T 6609.37—2009

氧化铝化学分析方法和物理性能测定方法 第37部分：粒度小于20 μm颗粒含量的测定

Chemical analysis methods and determination of physical performance of alumina—Part 37：Determination of the particles size content less then 20 μm

（ISO 23202：2006，Aluminium oxide used for the production of aluminium—Determination of particles passing a 20 micrometre aperture sieve，MOD）

2009-04-15 发布　　　　2010-02-01 实施

中华人民共和国国家质量监督检验检疫总局
中国国家标准化管理委员会　发布

前言

GB/T 6609《氧化铝化学分析方法和物理性能测定方法》共分为37部分:
——第1部分:电感耦合等离子体原子发射光谱法测定微量元素含量;
——第2部分:300 ℃和1 000 ℃质量损失的测定;
——第3部分:钼蓝光度法测定二氧化硅含量;
——第4部分:邻二氮杂菲光度法测定三氧化二铁含量;
——第5部分:氧化钠含量的测定;
——第6部分:火焰光度法测定氧化钾含量;
——第7部分:二安替吡啉甲烷光度法测定二氧化钛含量;
——第8部分:二苯基碳酰二肼光度法测定三氧化二铬含量;
——第9部分:新亚铜灵光度法测定氧化铜含量;
——第10部分:苯甲酰苯基羟胺萃取光度法测定五氧化二钒含量;
——第11部分:火焰原子吸收光谱法测定一氧化锰含量;
——第12部分:火焰原子吸收光谱法测定氧化锌含量;
——第13部分:火焰原子吸收光谱法测定氧化钙含量;
——第14部分:镧-茜素络合酮分光光度法测定氟含量;
——第15部分:硫氰酸铁光度法测定氯含量;
——第16部分:姜黄素分光光度法测定三氧化二硼含量;
——第17部分:钼蓝分光光度法测定五氧化二磷含量;
——第18部分:N,N-二甲基对苯二胺分光光度法测定硫酸根含量;
——第19部分:火焰原子吸收光谱法测定氧化锂含量;
——第20部分:火焰原子吸收光谱法测定氧化镁含量;
——第21部分:丁基罗丹明B分光光度法测定三氧化二镓含量;
——第22部分:取样;
——第23部分:试样的制备和贮存;
——第24部分:安息角的测定;
——第25部分:松装密度的测定;
——第26部分:有效密度的测定 比重瓶法;
——第27部分:粒度分析 筛分法;
——第28部分:小于60 μm的细粉末粒度分布的测定 湿筛法;
——第29部分:吸附指数的测定;
——第30部分:X射线荧光光谱法测定微量元素含量;
——第31部分:流动角的测定;
——第32部分:α-三氧化二铝含量的测定 X-射线衍射法;
——第33部分:磨损指数的测定;
——第34部分:三氧化二铝含量的计算方法;
——第35部分:比表面积的测定 氮吸附法;
——第36部分:流动时间的测定;
——第37部分:粒度小于20 μm颗粒含量的测定。

本部分为 GB/T 6609 的第 37 部分。

本部分修改采用 ISO 23202:2006《用于铝生产用氧化铝——小于 20 μm 颗粒含量的测定》。

本部分修改采用 ISO 23202:2006 时，将其前言引言删除。同时在规范性引用文件中，分别用 GB/T 6609.2和 GB/T 6609.23 代替 ISO 806:2004 和 ISO 802:1976。为方便对照，在附录 C 中列出了本部分的章条和对应的 ISO 23202:2006 章条的对照表。

本部分的附录 B 为规范性附录，附录 A 和附录 C 为资料性附录。

本部分由中国有色金属工业协会提出。

本部分由全国有色金属标准化技术委员会归口。

本部分起草单位：中国铝业股份有限公司郑州研究院、中国有色金属工业标准计量质量研究所。

本部分主要起草人：张树朝、褚丙武、郭永恒、李建平。

氧化铝化学分析方法和物理性能测定方法 第37部分:粒度小于20 μm颗粒含量的测定

1 范围

GB/T 6609的本部分规定了用湿筛法测定氧化铝中粒度小于20 μm颗粒含量的方法。

本部分适用于氧化铝中粒度小于20 μm颗粒含量的测定。测定范围:≤4%。

2 规范性引用文件

下列文件中的条款通过GB/T 6609的本部分的引用而成为本部分的条款。凡是注日期的引用文件,其随后所有的修改单(不包括勘误的内容)或修订版均不适用于本部分,然而,鼓励根据本部分达成协议的各方研究是否可使用这些文件的最新版本。凡是不注日期的引用文件,其最新版本适用于本部分。

GB/T 6609.2 氧化铝化学分析方法和物理性能测定方法 第2部分:300 ℃和1 000 ℃质量损失的测定(GB/T 6609.2—2009,ISO 806:2004,MOD)

GB/T 6609.23 氧化铝化学分析方法和物理性能测定方法 试样的制备和贮存(GB/T 6609.23—2004,ISO 802:1976,MOD)

ISO 3310-3 测试筛——技术要求和测试 第3部分:电成型筛

3 方法原理

用丙酮,使氧化铝样品筛分通过20 μm的电成型筛,在300 ℃烘干后计算筛上物料的含量。

4 试剂

4.1 丙酮:分析纯。

注意:丙酮易燃,应在通风厨中使用。

4.2 干燥剂:五氧化二磷、活性氧化铝或分子筛适用,硅胶不适用。

警告:五氧化二磷是有毒物质,说明书上应涉及到此物质的安全期限。

4.3 乙醇:工业纯。

5 仪器

5.1 筛子:筛子符合ISO 3310-3的要求,直径为75 mm～150 mm,筛网孔径为20 μm的电成型筛。孔为圆型的,筛子的材质需要合适的网格以保持足够的强度。筛子的材料应满足不受化学侵蚀,且在110 ℃下不发生机械损坏。网格应紧密绑缚在筛子的框架上,以防止粒子从连接处通过。

注意:通常有2种合适的网孔,317#和570#,570#网孔的开口面积约为17%,而317#的为3.5%,因此570#筛子比317#效率高但是容易脆断。

5.2 筛子刷:耐丙酮,任何刷子上的油漆都要清除干净。

注1:硬毛刷子不适用,它可能导致结果偏高并且损坏筛孔。

注2:黑毛的刷子比较好用,它可以清楚看出刷子上是否附着有氧化铝。

5.3 烘箱:带空气循环的可以控制300 ℃±10 ℃。

5.4 真空干燥器:可加热铝槽(见 GB/T 6609.2),放干燥剂托盘。托盘内可放置大约 250 g 干燥剂。

5.5 铂金坩埚:直径约 35 mm,高约 40 mm 的坩埚,容积为 25 mL,带盖。每次测定 2 套坩埚和盖子(A 和 B),在 300 ℃±10 ℃保温 30 min,取出,在有干燥剂加热槽中冷却。

5.6 洗瓶:可以装丙酮聚乙烯瓶子。

5.7 超声波水槽。

5.8 取样勺:有不锈钢或者黄铜把手,一次能称取 0.5 g 氧化铝(见图 1)。

单位为毫米

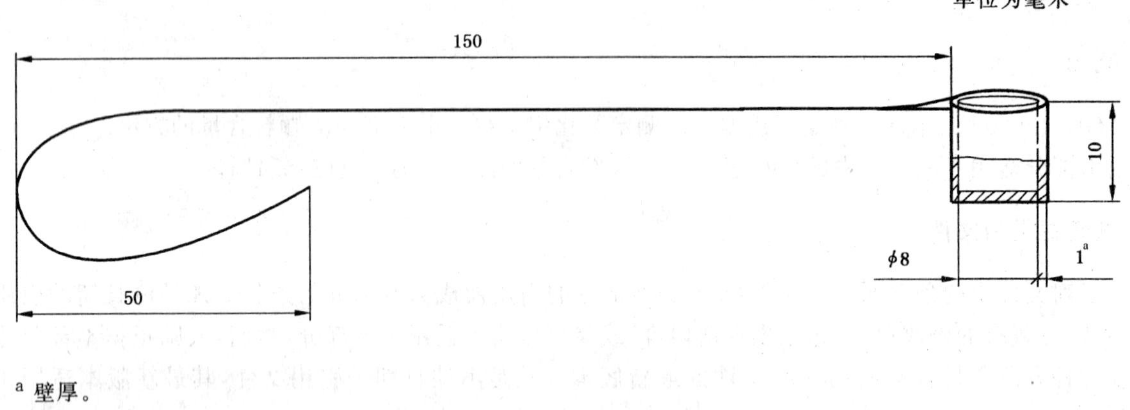

[a] 壁厚。

图 1 典型取样勺

6 取样和试样的制备

依据 GB/T 6609.23,准备 50 g 的试样,特别小心细颗粒通过灰尘损失。将试样放置在不超过总体积 75%的密闭容器内,手动或者自动混匀。然后保持静止,使细颗粒沉淀下来。用取样勺分取试样,可多次分取到需要的量,然后手动混合样品。

注:平口或者震动的抹刀不能用,这样可能会把样品粒度分割开。

7 步骤

7.1 检查筛子

首先检查筛孔,确保没有断裂,也没有过多的堵塞。举起筛子对着光源,可以看见堵塞的部分呈现黑色。

如果有超过 30%的筛孔都堵塞了,应该按照 7.2 的要求进行清洗,较大的断裂肉眼可以看见,对于比较小的断裂需要放大观看,一般采用立体显微镜;扫描整个筛孔确定断裂处。

注意:银焊剂可以成功修复筛孔的断裂,在放大情况下检查筛孔,在断裂处用焊剂覆盖修补。

7.2 清洗筛子

将筛子浸入装有 50%乙醇溶液或甲醇溶液的烧杯中,将烧杯放入超声波水槽中超声 10 min,取出筛子检查堵塞情况。如果堵塞网孔超过 30%应重复超声。

注:超声时应将筛子放在水槽边部以防损坏。

7.3 操作步骤

7.3.1 用取样勺(5.8)取样,称取 2 g±0.1 g 试样(第 6 章),精确至 0.000 1 g(m_1),将称好的试料转入干净的 20 μm 的筛子上(5.1)。

7.3.2 称量干燥过的带盖铂金坩埚(5.5 A 和 B),重量分别为(m_2 和 m_3)。用取样勺称取 2 g±0.1 g 的试料放入到 A 坩埚中,称量样品和坩埚的质量(m_4),精确至 0.000 1 g。A 坩埚测试样品用于水分的校正,在 7.3.6 之前将称量好的试料放在干燥器内保存,B 坩埚用于筛分试料的干燥,两份测试试料须同时进行称量。

注:带盖铂金坩埚使用时按 5.5 进行处理。

7.3.3 在通风橱内，用约 50 mL 的丙酮润湿筛子上试料。然后用洗瓶(5.6)喷射丙酮水流来冲洗筛子上的样品并同时用筛子刷(5.2)清洗，洗掉筛壁上的氧化铝。将用过的丙酮收集处置。刷洗的力量要足够的大，使得丙酮能顺利通过刷子清洗各个筛孔。

注：尽量小心不要在冲洗时由于飞溅造成样品损失。

7.3.4 筛洗 10 min 保证所有筛孔上的氧化铝都能被洗到并且刷到，用刷子刷掉筛子内壁上的样品，同时洗掉刷子上附着的氧化铝。单次测定的所用清洗试料的丙酮的量在 400 mL 以上，如果用得少就不能保证所有的试料被清洗通过筛孔。低体积的丙酮的用量意味着，由于清洗和检查的不确切或细粉量过多导致筛孔堵塞(7.2)。在细粉太多情况下，应重新清洗筛子(7.2)，并且用 1 g 的试料重新进行测定。

7.3.5 将筛网上的试料用丙酮洗涤转移坩埚 B 中，在通风橱中将样品蒸干，防止样品洒落。

注 1：此步骤可在装玻璃漏斗的漏斗架上完成。

注 2：红外灯可以用来蒸干丙酮。

7.3.6 将坩埚 A 和坩埚 B 在烘箱(5.3)中于 300 ℃±10 ℃烘 2 h。

警告：在丙酮没有完全蒸干时，不要将坩埚置于烘箱中。

7.3.7 从烘箱中取出坩埚，盖上盖子，放在真空干燥器中，抽真空，冷却至室温，称量坩埚 A 和坩埚 B 重量(m_5 和 m_6)，精确至 0.000 1 g。

8 测定结果的计算

按式(1)计算通过 20 μm 筛孔的质量分数 w_{20}(%)：

$$w_{20} = 100 - \left[\frac{(m_6 - m_3) \times (m_4 - m_2)}{m_1 \times (m_5 - m_2)} \times 100\right] \qquad (1)$$

式中：

m_1——筛分前试料质量，单位为克(g)；

m_2——空坩埚 A 的质量，单位为克(g)；

m_3——空坩埚 B 的质量，单位为克(g)；

m_4——坩埚 A 和 300 ℃烘干前试料质量，单位为克(g)；

m_5——300 ℃烘干后坩埚 A 和试料质量，单位为克(g)；

m_6——300 ℃烘干后坩埚 B 和+20 μm 的试料质量，单位为克(g)；

计算结果精确至小数点后一位数字。

9 精密度

按照 95%的置信度水平，通过该方法得到的结果，其实验室内重复性(r)和实验室之间的再现性(R)结果见表 1。

注：测试的程序结果参照附录 A。

表 1

质量百分数/%(绝对值)	
重复性限(r)	再现性限(R)
0.24	0.47

10 质量控制

在每个样品批次都应作一次参考样品，应该特别注意将样品混合均匀再取样，以保证从瓶子中获得的参考样品是连续和完整的。

如果标准样品的测定结果超出了允许的范围，就应该检查筛子是否堵塞或者断裂(7.1)。如果筛孔是好的，则重复测定，必要的话，换一瓶新的标准样品重新测定。

持续一致的超差可能是因为筛子的 20 μm 筛孔做的不合格，那么就需要按照附录 B 进行筛子的检查。

11 检验报告

检验报告应包含下列内容：

a) 本部分编号；

b) 试样名称；

c) 取样的日期；

d) 测定的日期；

e) 按照百分数表示试样的－20 μm 的质量，精确至 0.1%。

附 录 A
（资料性附录）
试验结果

由7家独立实验室，对4个不同的氧化铝样品进行分析。按照95%的置信度水平计算20 μm孔筛，实验室内重复性(r)和实验室之间的再现性(R)见表A.1。

表A.1 使用测试样品得到的精密度数据

样品	−20 μm含量	重复性限 r	再现性限 R
1#	0.69	0.24	0.30
2#	2.08	0.21	0.46
3#	3.74	0.32	0.71
4#	1.02	0.20	0.39
平均		0.24	0.47

附 录 B
（规范性附录）
试验筛有效孔径的测定

B.1 范围

本附录规定了 20 μm 试验筛有效孔径的测定方法。

B.2 有效孔径

有效孔径是指将试样粒度分布截切的试验筛尺寸，由筛中较大孔来确定。有效孔径对于解决纷争的目的是很有用的。孔堵塞和孔裂可能会导致标准样品测定值的偏离，假设此状况不会发生，则筛子的有效孔径可以用作诊断筛子故障。例如，如果标准样品的－20 μm 含量高，则筛子的有效孔径大于 20 μm，或存在孔的损坏。

B.3 原理

用具有良好球形特点的标准微粒进行筛分。有效孔径为通过筛子的质量百分数，与标准微粒尺寸分布相关联。

B.4 试剂和仪器

B.4.1 仪器

仪器与本标准第 5 章一致。

B.4.2 试剂

有证标准样品(CRM)：合适的 NIST 球形微粒 CRM、SRM1003b 或可溯源到 NIST 的材料[1)]。

B.5 操作步骤

按以下步骤重复两次：

B.5.1 混合 CRM，从瓶子的不同部分称取 1 g±0.1 g。

B.5.2 采用微型旋流器将整个样品分成几个测试部分。

B.5.3 将标准材料测试部分放在清洁的、干燥铂金坩埚内于 110 ℃±5 ℃下至少干燥 2 h。在干燥器内冷却，称重，精确至±0.000 1 g。

B.5.4 将冷却的测试部分转移至筛子，同 7.3 步骤中描述的进行湿筛。

B.6 测定结果计算

按式(B.1)计算通过 20 μm 筛孔的质量分数 w_{20}(%)：

$$w_{20}=\frac{m_1+m_2-m_3}{m_1}\times 100 \qquad \cdots\cdots\text{(B.1)}$$

式中：

m_1——干燥测试部分的质量，单位为克(g)；

m_2——坩埚的质量，单位为克(g)；

---

1) 给出这一信息是为了方便本标准的使用者，并不表示对该产品的认可。如果等效产品具有相同的效果，则可使用这些等效产品。

m_3——坩埚和保留在筛子上的干燥测试部分的质量，单位为克(g)。

有效孔径应按如下步骤测定：

如果 CRM 没有提供累积微粒尺寸分布图，使用 CRM 鉴定过的颗粒尺寸数据描绘出对比颗粒直径范围 16 μm～24 μm 的百分数图，通过这些点画出一条平滑的曲线。

读取穿过筛子的质量百分数相应的尺寸，精确至 0.1 μm。两次的结果应当在 1.0 μm 内，否则，重复一次有效孔径测量，数据在 1 μm 内再进行平均。

计算平均结果，取一位小数。如果平均有效孔径落在 19 μm～21 μm 内，说明筛子适合使用。

附　录　C
（资料性附录）
本部分章条编号与 ISO 17500:2006 章条编号对照表

表 C.1

本部分章条编号	对应的 ISO 17500:2006 章条编号
1	1
2	2
3	3
4	4、5
5	6
6	7
7	8
8	9
9	10
10	11
11	12
附录 A	附录 A
附录 B	附录 B
附录 C	—

ICS 29.045
H 80

中华人民共和国国家标准

GB/T 6616—2009
代替 GB/T 6616—1995

半导体硅片电阻率及硅薄膜薄层电阻测试方法 非接触涡流法

Test methods for measuring resistivity of semiconductor wafers or sheet resistance of semiconductor films with a noncontact eddy-current gauge

2009-10-30 发布 2010-06-01 实施

中华人民共和国国家质量监督检验检疫总局
中国国家标准化管理委员会 发布

前 言

本标准修改采用了 SEMI MF673-1105《用非接触涡流法测定半导体硅片电阻率和薄膜薄层电阻的方法》。

本标准与 SEMI MF673-1105 相比主要变化如下：

——本标准范围中只包括硅半导体材料，去掉了范围中对于其他半导体晶片的适用对象；

——本标准未采用 SEMI MF673-1105 中局部范围测量的方法Ⅱ；

——未采用 SEMI 标准中关键词章节以适合 GB/T 1.1 的要求。

本标准代替 GB/T 6616—1995《半导体硅片电阻率及硅薄膜薄层电阻测定　非接触涡流法》。

本标准与 GB/T 6616—1995 相比，主要有如下变化：

——调整了本标准测量直径或边长范围为大于 25 mm；

——增加了引用标准；

——修改了第 3 章中的公式为 $R=\frac{\rho}{t}=\frac{1}{G}=\frac{1}{\delta t}$，并增加了电导率；

——修改了第 4 章中参考片电阻率的值与表 1 指定值之偏差为小于±25%；

——增加了干扰因素；

——修改了第 6 章中测试环境温度为 23 ℃±1℃；

——规定了测试环境清洁度不低于 10 000 级；仪器预热时间为 20 min；

——第 7 章中采用了 SEMI MF673-1105 标准中相关的精度和偏差。

本标准由全国半导体设备和材料标准化技术委员会提出。

本标准由全国半导体设备和材料标准化技术委员会材料分技术委员会归口。

本标准负责起草单位：万向硅峰电子股份有限公司。

本标准主要起草人：楼春兰、朱兴萍、方强、汪新平、戴文仙。

本标准所代替标准的历次版本发布情况为：

——GB/T 6616—1995。

半导体硅片电阻率及硅薄膜薄层电阻测试方法　非接触涡流法

1　范围

本标准规定了用非接触涡流测定半导体硅片电阻率和薄膜薄层电阻的方法。

本标准适用于测量直径或边长大于 25 mm、厚度为 0.1 mm～1 mm 的硅单晶切割片、研磨片和抛光片(简称硅片)的电阻率及硅薄膜的薄层电阻。测量薄膜薄层电阻时,衬底的有效薄层电阻至少应为薄膜薄层电阻的 1 000 倍。

硅片电阻率和薄膜薄层电阻测量范围分别为 1.0×10^{-3} Ω·cm～2×10^{2} Ω·cm 和 2×10^{3} Ω/□～3×10^{3} Ω/□。

2　规范性引用文件

下列文件中的条款通过本标准的引用而成为本标准的条款。凡是注日期的引用文件,其随后所有的修改单(不包括勘误的内容)或修订版均不适用于本标准,然而,鼓励根据本标准达成协议的各方研究是否可使用这些文件的最新版本。凡是不注日期的引用文件,其最新版本适用于本标准。

GB/T 1552　硅、锗单晶电阻率测定　直排四探针法

ASTM E 691　引导多个实验室测定试验方法的惯例

3　方法提要

将硅片试样平插入一对共轴涡流探头(传感器)之间的固定间隙内,与振荡回路相连接的两个涡流探头之间的交变磁场在硅片上感应产生涡流,则激励电流值的变化是硅片电导的函数。通过测量激励电流的变化即可测得试样的电导。当试样厚度已知时,便可计算出试样的电阻率,见式(1)。

$$R=\frac{\rho}{t}=\frac{1}{G}=\frac{1}{\delta t} \qquad \cdots\cdots(1)$$

式中:

ρ——试样的电阻率,单位为欧姆厘米(Ω·cm);

G——试样的薄层电导,单位为西门子(S);

R——试样的薄层电阻,单位为欧姆(Ω/□);

t——试样中心的厚度(测薄膜时厚度取 0.050 8 cm),单位为厘米(cm);

δ——电导率,单位为欧姆每厘米(Ω/cm)。

4　测量装置

4.1　电学测量装置

4.1.1　涡流传感器组件。由可供硅片插入的具有固定间隙的一对共轴线探头,放置硅片的支架(需保证硅片与探头轴线垂直),硅片对中装置及激励探头的高频震荡器等组成。选择一个能穿透 5 倍晶片或薄膜厚度能力的高频震荡器,该传感器可提供与硅片电导成正比的输出信号。涡流传感器组件的结构见图 1。

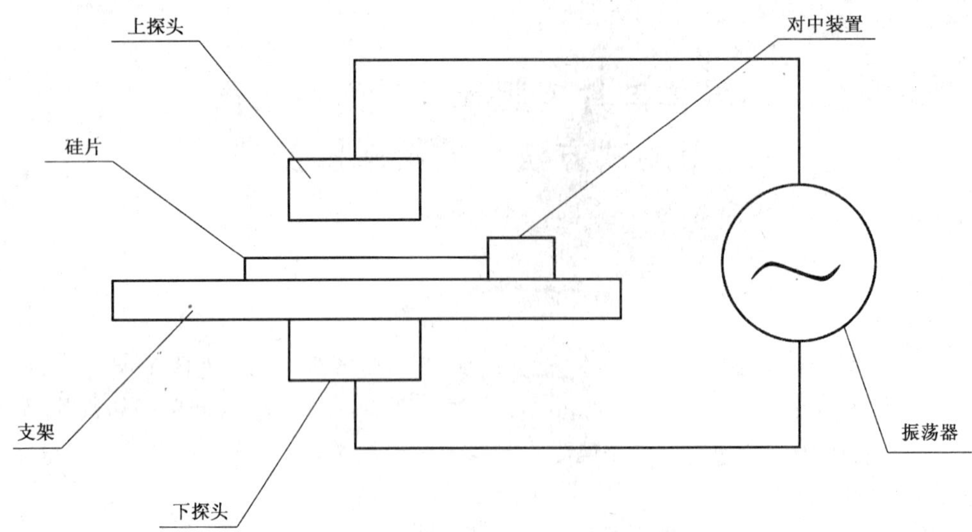

图1 涡流传感器组件示意图

4.1.2 信号处理器。用模拟电路或数字电路进行电学转换，把薄层电导信号转换成薄层电阻值。当被测试样为硅片时，通过硅片的厚度再转换为电阻率。处理器应具有显示薄层电阻或电阻率的功能。当试样未插入时应具有电导清零的功能和具有用已知校准样片去校准仪器的功能。

4.2 标准片和参考片

4.2.1 标准片。电阻率标准片的标称值分别为0.01 Ω·cm、0.1 Ω·cm、1 Ω·cm、10 Ω·cm、25 Ω·cm、75 Ω·cm和180 Ω·cm。选择合适的电阻率标准片用于校正测量设备，并需定期检定。电阻率标准片与待测片的厚度偏差应小于±25%。

4.2.2 参考片。用于检查测量仪器的线性。参考片电阻率的值与表1指定值之偏差应小于±25%。其厚度与硅片试样的厚度偏差应小于±25%。

表1 检查仪器线性的参考片的电阻率值

测量范围/(Ω·cm)	参考片的电阻率/(Ω·cm)
0.001～0.999	0.01
	0.03
	0.10
	0.30
	0.90
0.1～99.9	0.90
	3
	10
	30
	90

4.2.3 标准片和参考片至少应各有5片，数值范围应跨越仪器的全量程。如试样的电阻率或薄层电阻范围比较狭窄时，标准片和参考片的数值范围至少应大于试样的范围。

4.3 测厚仪与温度计

4.3.1 非接触式硅片厚度测量仪或其他测厚装置。

4.3.2 温度计，准确到±0.1 ℃。

5 干扰因素

5.1 如果硅片表面被沾污或表面有损伤，会造成测试结果误差。

5.2 如果测试环境的温度、湿度和光照强度的不同会影响测试结果。

5.3 如果测试设备附近有高频电源，会产生一个加载电流引起电阻率值误差，所以必须提供屏蔽保护和电源滤波装置。

5.4 涡流法和四探针测试法不同。涡流法必须把硅片放在有效区域内（即被整个探头覆盖）。

6 测量程序

6.1 测量环境

6.1.1 环境温度保持在 23 ℃±1 ℃。

6.1.2 环境相对湿度保持在 70%以下。

6.1.3 测量环境应有电磁屏蔽。

6.1.4 电源应有滤波，防止高频干扰。

6.1.5 环境清洁度不低于 10 000 级。

6.1.6 仪器预热 20 min 以上，待标准片、参考片及硅片试样温度与环境温度平衡后方可进行测量。

6.2 仪器的校正

6.2.1 测量环境温度 T，精确到±0.1 ℃。

6.2.2 输入一片电阻率标准片的厚度值。

6.2.3 按式(2)将电阻率标准片 23 ℃时的标定值 ρ_{23} 换算成温度 T 时的电阻率值 ρ_T。

$$\rho_T = \rho_{23}[1 + C_T(T - 23)] \quad \cdots\cdots(2)$$

式中：

T——环境温度，单位为摄氏度(℃)；

C_T——硅单晶电阻率温度系数，见 GB/T 1552 中的表 9，单位为欧姆厘米每欧姆厘米摄氏度[Ω·cm/(Ω·cm·℃)]；

ρ_{23}——23 ℃时的电阻率，单位为欧姆厘米(Ω·cm)；

ρ_T——环境温度 T 时的电阻率，单位为欧姆厘米(Ω·cm)。

6.2.4 将标准片正面向上放在支架上，插入上下两探头之间。硅片中心偏离探头轴线不大于 1 mm。按 ρ_T 值对仪器进行校正。

6.2.5 采用其他电阻率标准片按 6.2.2～6.2.4 步骤继续校正仪器，直至符合要求。

6.3 仪器线性检查

6.3.1 根据试样电阻率的范围选择一组(5 块)电阻率参考片(见表 1)。每块参考片在输入厚度后，由支架插入上下探头之间，其中心偏离探头轴线不大于 1 mm，依次测量每块参考片在环境温度下的电阻率值。

6.3.2 按式(3)将每块参考片在环境温度 T 时测的电阻率值 ρ_T 换算成 23 ℃时的电阻率值 ρ_{23}。

$$\rho_{23} = \rho_T[1 - C_T(T - 23)] \quad \cdots\cdots(3)$$

6.3.3 选择适当的比例，作出电阻率测量值与标定值的关系图，在图中标上 5 个参考片的数据点，见图 2。

6.3.4 分别按式(4)、式(5)计算出各参考片的电阻率允许偏差范围的最大值和最小值。在图 2 中画出 2 条直线分别对应于各参考片电阻率的最大值和最小值。

最大值 = 标定值 + 5% 标定值 + 1 数字 ……………………(4)

最小值 = 标定值 − 5% 标定值 − 1 数字 ……………………(5)

6.3.5 线性检查步骤如下：

6.3.5.1 如果5个数据点全部位于两条直线之间，那么仪器在全量程范围内达到线性要求，可进行测量。

6.3.5.2 如果5个数据点位于两条直线之间的数据不足3点，应对设备重新调整和校正，并重复6.2步骤，以满足测量的线性要求。

6.3.5.3 如果只有3个或4个数据点位于两条直线之间，则在由这些相邻的最高点和最低点所限定的量程范围内，仪器可以使用。

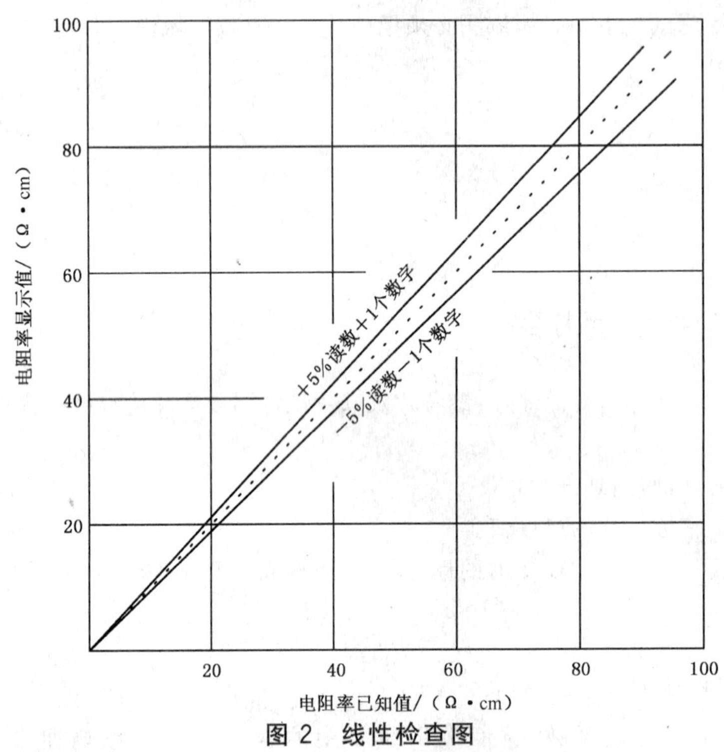

图2 线性检查图

6.4 测量

6.4.1 输入硅片试样的厚度值，如果测量薄膜的薄层电阻，可输入薄膜加上衬底的总厚度。

6.4.2 将硅片试样正面向上放在支架上，插入上下探头之间，硅片中心离探头轴线偏差不大于1 mm，记录电阻率显示值。

6.4.3 需根据式(3)将显示值换算成ρ_{23}。

6.4.4 为避免涡流在硅片上造成温升，测量时间应小于1 s。

7 精度

7.1 8个直径为200 mm、厚度大约690 μm～740 μm、体电阻范围（低电阻率）0.002 Ω·cm～0.020 Ω·cm的单面抛光单晶硅片和17个接近直径200 mm、体电阻率范围（高电阻率）1.1 Ω·cm～60 Ω·cm的样品进行循环试验。低电阻率样品中4个是p型，另4个型号未知。高电阻率样品中10个是p型，3个是n型，4个型号未知。根据样品厂商的报告，每个样品的径向电阻率变化不大于3%。

7.2 分析基于五个实验室数据。这些实验室首先依照设备生产厂商的仪器说明书校准各自的仪器，使用内部校准片，记录连续2次“合格”的中心点电阻率（等效23 ℃）和厚度测量的每一次数据值。

7.3 然后，每个实验室依据本标准测量样品中心点厚度和电阻率。每个样品连续3次成功的盒对盒通过系统并被测量。记录每次测量的中心点电阻率、厚度及环境温度。提供每一样品在3日内每日连续3次的测量数据。

7.4 尽管这次研究的实验室数量少于ASTM规定的最小6个实验室的要求，但样品的数据和测定符合 ASTM E 691 惯例的要求。

7.5 依据 ASTM E 691 分析测量结果，评价实验室内的重复性和实验室间的再现性，置信度约为 95%。综合评价实验室内重复性，低阻范围为 0.11%，高阻范围为 1.39%。

8 试验报告

试验报告应包括以下内容：

a) 试样编号；

b) 电阻率标准片及参考片代号；

c) 环境温度；

d) 厚度，cm；

e) 试样电阻率 ρ_T，Ω·cm；

f) 温度修正后的电阻率 ρ_{23}，Ω·cm；

g) 本标准编号；

h) 测量者；

i) 测量日期。

ICS 29.045
H 80

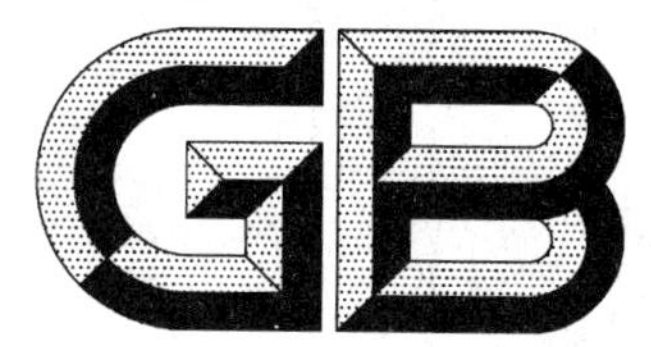

中华人民共和国国家标准

GB/T 6617—2009
代替 GB/T 6617—1995

硅片电阻率测定　扩展电阻探针法

Test method for measuring resistivity of silicon wafer using spreading resistance probe

2009-10-30 发布　　2010-06-01 实施

中华人民共和国国家质量监督检验检疫总局
中国国家标准化管理委员会　发布

前 言

本标准代替 GB/T 6617—1995《硅片电阻率测定　扩展电阻探针法》。

本标准与 GB/T 6617—1995 相比，主要有如下变化：

——引用标准中删去硅外延层和扩散层厚度测定磨角染色法；

——方法原理中删去单探针和三探针的原理图并增加了扩展电阻原理公式(1)及其三个假定条件；

——增加了干扰因素；

——测量仪器和环境增加了自动测量仪器的范围和精度；

——对原测量程序进行全面修改；

——删去测量结果计算。

本标准由全国半导体设备和材料标准化技术委员会提出。

本标准由全国半导体设备和材料标准化技术委员会材料分技术委员会归口。

本标准起草单位：南京国盛电子有限公司、宁波立立电子股份有限公司。

本标准主要起草人：马林宝、骆红、刘培东、谭卫东、吕立平等。

本标准代替标准的历次版本发布情况为：

——GB 6617—1986、GB/T 6617—1995。

硅片电阻率测定　扩展电阻探针法

1　范围

本标准规定了硅片电阻率的扩展电阻探针测量方法。

本标准适用于测量晶体晶向与导电类型已知的硅片的电阻率和测量衬底同型或反型的硅片外延层的电阻率，测量范围：10^{-3} Ω·cm～10^{2} Ω·cm。

2　规范性引用文件

下列文件中的条款通过本标准的引用而成为本标准的条款。凡是注日期的引用文件，其随后所有的修改单(不包括勘误的内容)或修订版均不适用于本标准，然而，鼓励根据本标准达成协议的各方研究是否可使用这些文件的最新版本。凡是不注日期的引用文件，其最新版本适用于本标准。

GB/T 1550　非本征半导体材料导电类型测试方法

GB/T 1552　硅、锗单晶电阻率测定　直排四探针法

GB/T 1555　半导体单晶晶向测定方法

GB/T 14847　重掺杂衬底上轻掺杂硅外延层厚度的红外反射测量方法

3　方法原理

扩展电阻法是一种实验比较法。该方法是先测量重复形成的点接触的扩展电阻，再用校准曲线来确定被测试样在探针接触点附近的电阻率。扩展电阻 R 是导电金属探针与硅片上一个参考点之间的电势降与流过探针的电流之比。

对于电阻率均匀一致的半导体材料来说，探针与半导体材料接触半径为 a 的扩展电阻用式(1)来表示：

$$R_s = \frac{\rho}{2a} \qquad (1)$$

式中：

ρ——电阻率，单位为欧姆厘米(Ω·cm)；

a——接触半径，单位为厘米(cm)；

R_s——扩展电阻，单位为欧姆(Ω)。

等式成立需符合如下三个假定条件：

a)　两个探针之间的距离必须大于10倍 a；

b)　样品电阻率需均匀一致；

c)　不能形成表面保护膜或接触势垒。

可采用恒压法，恒流法和对数比较器法，其电路图分别见图1、图2、图3，具体计算公式分别见式(2)、式(3)和式(4)。

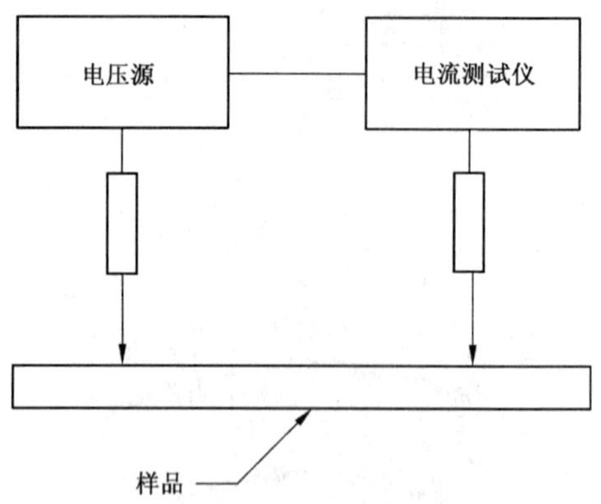

图 1　恒压法电路原理图

$$R_s = \frac{V}{I} \qquad (2)$$

式中：

V——外加电压，单位为毫伏(mV)；

I——测得的电流，单位为毫安(mA)。

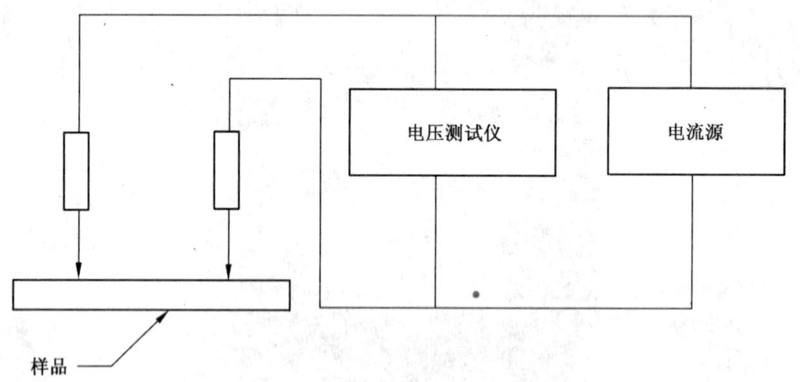

图 2　恒流法电路原理图

$$R_s = \frac{V}{I} \qquad (3)$$

式中：

V——测得电压，单位为毫伏(mV)；

I——外加的电流，单位为毫安(mA)。

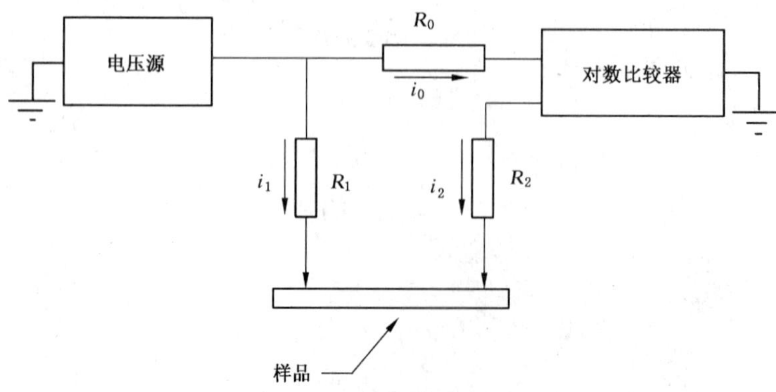

图 3　对数比较法电路原理图

$$R_s = R_0 \log\left(\frac{i_1}{i_2}\right) \qquad (4)$$

式中：

R_0——精密电阻阻值，单位为欧姆(Ω)；

$\log\left(\frac{i_1}{i_2}\right)$——对数比较器输出。

4 干扰因素

4.1 如果硅片表面被氟离子沾污或表面有损伤，会造成测试的结果误差；

4.2 如果测试环境的温度、光照强度的不同会影响测试结果；

4.3 如果测试环境有射频干扰，会影响测试结果。

5 测量仪器与环境

5.1 本标准选用自动测量仪器。

5.1.1 电流范围及精度：10 nA～10 mA，±0.1%。

5.1.2 电压范围及精度：≤20 mV，±0.1%。

5.1.3 测试精度：±5%。

5.2 机械装置

5.2.1 探针架：采用双探针结构。探针架用作支承探针，使其以重复的速度和预定的压力将探针尖下降至试样表面，并可调节探针的接触点位置。

5.2.2 探针尖采用坚硬耐磨的良好导电材料如锇、碳化钨或钨-钌合金等制成。针尖曲率半径不大于25 μm，夹角30°～60°。针距为40 μm～100 μm。

5.2.3 样品台：绝缘真空吸盘或其他能将硅片固定的装置，能在互相垂直的两个方向上实现5 μm～500 μm步距的位移。

5.2.4 绝缘性，探针之间及任一探针与机座之间的直流绝缘电阻大于(1×10^9)Ω。

5.3 测量环境

5.3.1 测量环境温度为23 ℃±3 ℃，相对温度不大于65%。

5.3.2 在漫射光或黑暗条件下进行测量。

5.3.3 必要时应进行电磁屏蔽。

5.3.4 探针架置于消震台上。

5.3.5 为保证小信号测量条件，应使探针电势不大于20 mV。

5.3.6 应避免试样表面上存在OH^-和F^-离子。如果试样在制备或清洗中使用了含水溶剂或材料，测量前可将试样在140 ℃±20 ℃条件下空气中热处理10 min～15 min。

6 样品制备

6.1 用于测量晶片径向电阻率均匀性的样品制备

样品应具有良好的镜状表面，制备方法包括：化学机械抛光/含水机械抛光/无水机械抛光，外延后表面可直接用于测量。

6.2 用于测量电阻率纵向分布的样品制备

6.2.1 除特殊需要外，尽量在被测样片中间区域割取被测样品；

6.2.2 根据样品测试深度及精度要求选取合适磨头；

6.2.3 将样品粘在磨头的斜面上，选取合适的研磨膏涂抹在样品表面进行研磨；

6.2.4 研磨后样品须处理干净。

7 测量步骤

7.1 仪器准备

7.1.1 调节探针间距到期望值，记录探针间距。

7.1.2 选择探针负荷为 0.1 N～1 N，每一探针应使用相同负荷。

7.1.3 根据探针负荷，确定探针下降到试样上的速度。当负荷等于 0.4 N 时，比较合适的探针下降速度为 1 mm/s。

7.1.4 将探针在用 5 μm 粒度研磨膏研磨过的硅片表面步进压触 500 次以上，或用 8000 号～12000 号的砂布或砂纸轻修整探针尖，使针尖老化。

7.1.5 将针尖进行清洁处理，测量 1 Ω·cm 均匀 p 型硅单晶样品扩展电阻。如果多次测量的扩展电阻值的相对标准偏差在±10%以内，并且平均值是在正常的扩展电阻值范围内，可认为针尖是良好的，否则该探针应重新老化或使用新探针尖。

7.1.6 在至少放大 400 倍的显微镜下检查探针压痕的重复性。如果一给定探针得到解决的压痕不全部相似，应重修针或使用新探针尖。

7.1.7 使两探针分别以单探针结构在 1 Ω·cm 的 p 型单晶样品上测量扩展电阻，确保两根针所测的扩展电阻值是相等的(偏差在 10%内)。如果两根针所测扩展电阻值不相同，重新检查或调整探针的负荷、下降速度以确保两针状态相同。如果两根探针的负荷和下降速度相同，但不能得到相同的扩展电阻值，重新修针或更换探针。

7.2 校准

7.2.1 在本标准电阻率测量范围内选择与被测试样相同晶向和导电类型的各种电阻率的校准样品，每一数量级至少 3 块。

7.2.2 如果校准样品的电阻率以前没有测量过，按 GB/T 1552 测量每块校准样品的电阻率，记录测量结果。

7.2.3 采用与被测样品相同的材料与工艺，制备校准样品。如果是用四探针测量电阻率后第一次制备样品，应至少除去 25 μm 厚的样品表面。将校准样品清洗干净。

7.2.4 对每一校准样品，在四探针测量过的区域至少做 20 次扩展电阻测量，测量的长度大约等于四探针的两外探针之间的距离。

7.2.5 计算每个校准样品测得的扩展电阻的平均值和标准偏差。当标准偏差小于平均值的 10%时方可选作为校准样品。

7.2.6 利用每个合格的样品测得扩展电阻的平均值和对应的电阻率平均值拟合得到 R_s-ρ 双对数坐标校准曲线。

7.3 测量

7.3.1 按 GB/T 1550 确定样品的导电类型，按 GB/T 1555 确定样品的晶向；如样品为外延片，按 GB/T 14847 确定样品外延层的厚度。

7.3.2 按第 6 章制备好样品。

7.3.3 将粘有制备好样品的斜角磨块固定安放在测试台上，调节样品到显微镜观察位置，使探针的初始下降位置与制备好样品的斜面的斜棱重合。

7.3.4 样品的角度测定

7.3.4.1 斜角磨块角度小于或等于 1°09′的样品必须要进行小角度测量。

7.3.4.2 斜角磨块角度大于或等于 2°54′的样品，斜角磨块的角度值定为斜角值。

7.3.5 根据样品的厚度以及期望测试结果的精度选取合适步进，将样品调节到测试位置。

7.3.6 在电脑中输入样品的测试编号、结构、晶向、角度(或斜角值)、步进、测试点数，进行测试，测试过程中应保证测试台不受任何碰撞。

7.3.7　测试完成后及时将样品取下测试台。

7.3.8　根据样品的结构选择合适的校准曲线进行数据处理可得到相对应的浓度、电阻率的纵向分布。

8　试验报告

试验报告应包括以下内容：

a)　样品编号；

b)　样品的导电类型、晶体晶向，若是外延片，还应有外延层厚度及其测试方法；

c)　样品表面的制备条件；

d)　环境温度；

e)　探针间距、步距和探针负荷；

f)　测量区域的扩展电阻、浓度、电阻率的纵向分布图及数据；

g)　本标准编号；

h)　测量者；

i)　测量日期。

ICS 29.045
H 80

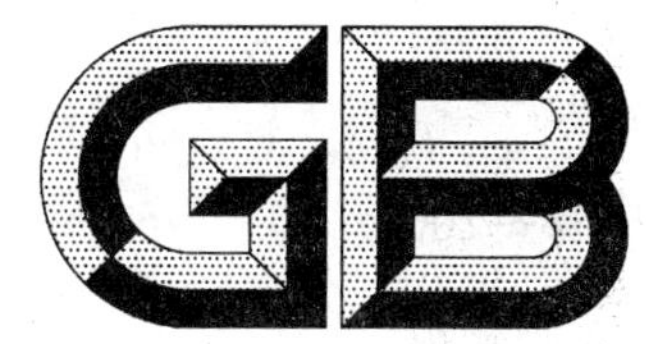

中华人民共和国国家标准

GB/T 6618—2009
代替 GB/T 6618—1995

硅片厚度和总厚度变化测试方法

Test method for thickness and total thickness variation of silicon slices

2009-10-30 发布　　　　2010-06-01 实施

中华人民共和国国家质量监督检验检疫总局
中国国家标准化管理委员会　发布

前　言

本标准代替 GB/T 6618—1995《硅片厚度和总厚度变化测试方法》。

本标准与 GB/T 6618—1995 相比，主要有如下变化：

——将适用范围扩展到外延片；

——增加了第 4 章干扰因素；

——增加了 150 mm 和 200 mm 两种规格的基准环的尺寸；

——增加了 7.2 仪器校正的内容。

本标准由全国半导体设备和材料标准化技术委员会提出。

本标准由全国半导体设备和材料标准化技术委员会材料分技术委员会归口。

本标准起草单位：北京有研半导体材料股份有限公司。

本标准主要起草人：卢立延、孙燕、杜娟。

本标准所代替标准的历次版本发布情况为：

——GB 6618—1986、GB/T 6618—1995。

硅片厚度和总厚度变化测试方法

1 范围

本标准规定了硅单晶切割片、研磨片、抛光片和外延片(简称硅片)厚度和总厚度变化的分立式和扫描式测量方法。

本标准适用于符合 GB/T 12964、GB/T 12965、GB/T 14139 规定的尺寸的硅片的厚度和总厚度变化的测量。在测试仪器允许的情况下,本标准也可用于其他规格硅片的厚度和总厚度变化的测量。

2 规范性引用文件

下列文件中的条款通过本标准的引用而成为本标准的条款。凡是注日期的引用文件,其随后所有的修改单(不包括勘误的内容)或修订版均不适用于本标准,然而,鼓励根据本标准达成协议的各方研究是否可使用这些文件的最新版本。凡是不注日期的引用文件,其最新版本适用于本标准。

GB/T 2828.1 计数抽样检验程序 第1部分:按接收质量限(AQL)检索的逐批检验抽样计划(GB/T 2828.1—2003,ISO 2859-1:1999,IDT)

GB/T 12964 硅单晶抛光片

GB/T 12965 硅单晶切割片和研磨片

GB/T 14139 硅外延片

3 方法概述

3.1 分立点式测量

在硅片中心点和距硅片边缘 6 mm 圆周上的 4 个对称位置点测量硅片厚度。其中两点位于与硅片主参考面垂直平分线逆时针方向的夹角为 30°的直径上,另外两点位于与该直径相垂直的另一直径上(见图 1)。硅片中心点厚度作为硅片的标称厚度。5 个厚度测量值中的最大厚度与最小厚度的差值称作硅片的总厚度变化。

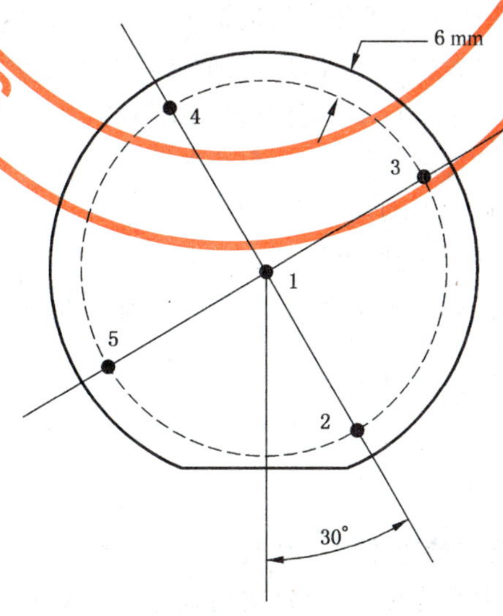

图 1 分立点测量方式时的测量点位置

3.2 扫描式测量

硅片由基准环上的3个半球状顶端支承，在硅片中心点进行厚度测量，测量值为硅片的标称厚度。然后按规定图形扫描硅片表面，进行厚度测量，自动指示仪显示出总厚度变化。扫描路径图见图2。

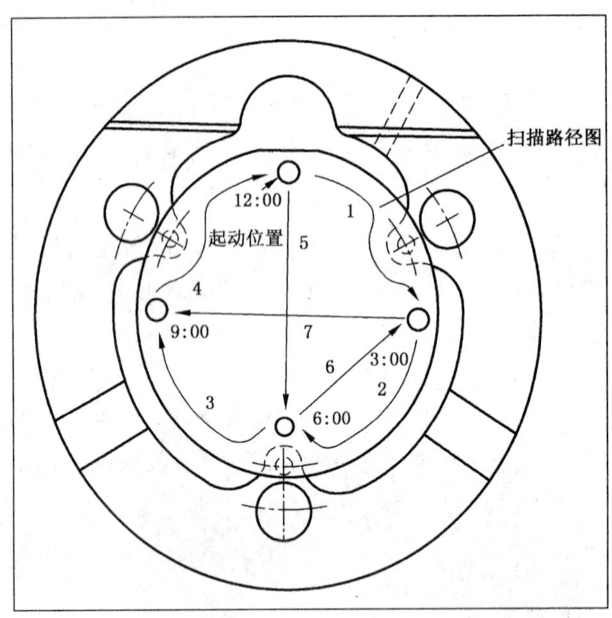

图2 测量的扫描路径图

4 干扰因素

4.1 分立点式测量

4.1.1 由于分立点式测量总厚度变化只基于5点的测量数据，硅片上其他部分的无规则几何变化不能被检测出来。

4.1.2 硅片上某一点的局部改变可能产生错误的读数。这种局部的改变可能来源于表面缺陷例如崩边，沾污，小丘，凹坑，刀痕，波纹等。

4.2 扫描式测量

4.2.1 在扫描期间，参考平面的任何变化都会使测量指示值产生误差，相当于在探头轴线上最大与最小值之差在轴线矢量值的偏差。如果这种变化出现，可能导致在不正确的位置计算极值。

4.2.2 参考平面与花岗岩基准面的不平行度也会引起测试值的误差。

4.2.3 基准环和花岗岩平台之间的外来颗粒、沾污会产生误差。

4.2.4 测试样片相对于测量探头轴的振动会产生误差。

4.2.5 扫描过程中，探头偏离测试样片会给出错误的读数。

4.2.6 本测试方法的扫描方式是按规定的路径进行扫描，采样不是整个表面，不同的扫描路径可产生不同的测试结果。

5 仪器设备

5.1 接触式测厚仪

测厚仪由带指示仪表的探头及支持硅片的夹具或平台组成。

5.1.1 测厚仪应能使硅片绕平台中心旋转，并使每次测量定位在规定位置的2 mm范围内。

5.1.2 仪表最小指示量值不大于1 μm。

5.1.3 测量时探头与硅片接触面积不应超过2 mm^2。

5.1.4 厚度校正标准样片，厚度值的范围从 0.13 mm～1.3 mm，每两片间的间隔为 0.13 mm±0.025 mm。

5.2 非接触式测量仪

由一个可移动的基准环，带有指示器的固定探头装置，定位器和平板所组成，各部分如下：

5.2.1 基准环

由一个封闭的基座和 3 个半球形支承柱组成。基准环有数种(见图 3)，皆由金属制造；其热膨胀系数在室温下不大于 6×10^{-6}/℃；环的厚度至少为 19 mm，研磨底面的平整度在 0.25 μm 之内。外径比被测硅片直径大 50 mm，见表 1。

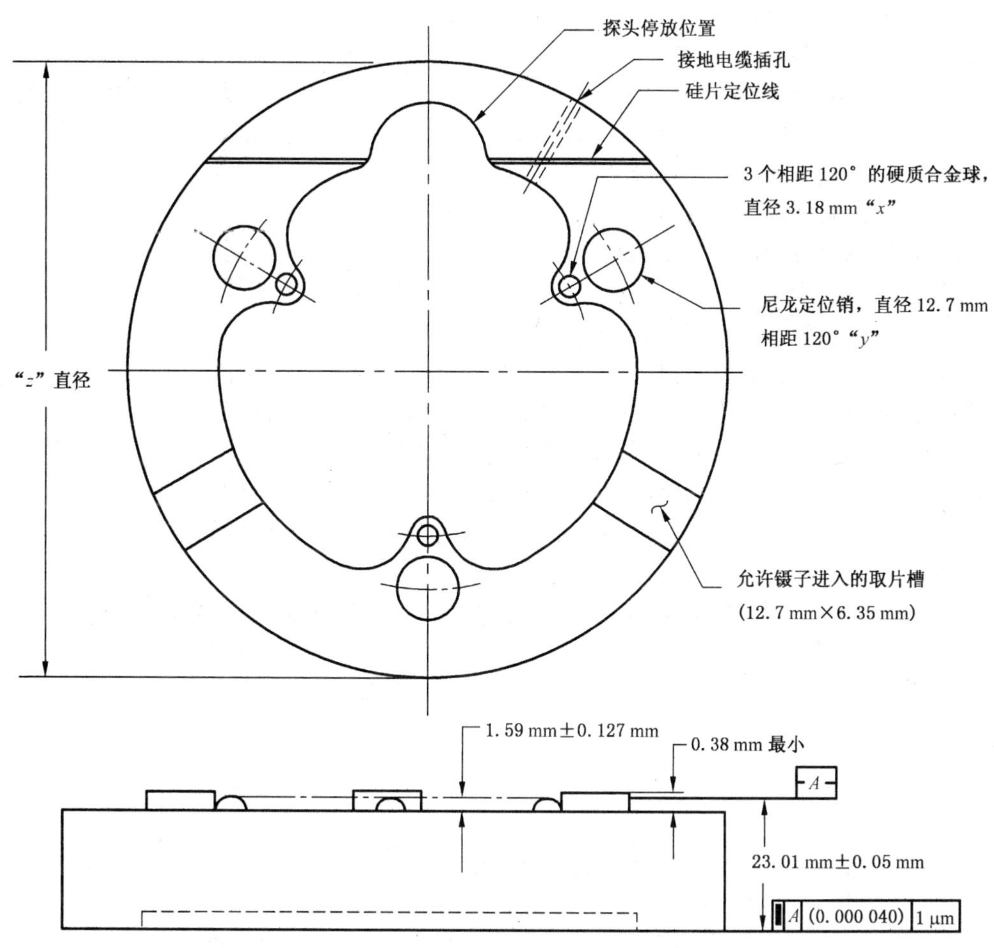

图 3 基准环

表 1

单位为毫米

硅片标称直径	x	y	z
50.8	44.45	63.88	101.6
76.2	69.85	89.54	127.0
80.0	73.65	93.20	130.8
90.0	83.65	103.20	140.8
100.0	93.65	113.20	150.8
125.0	118.65	138.20	175.8
150.0	143.65	163.20	203.2
200.0	193.65	213.20	260.4

5.2.1.1　3个半球形支承柱，用来确定基准环的平面并在圆周上等距分布，允许偏差在±0.13 mm范围内。支承柱应由碳化钨或与其类似的、有较大硬度的金属材料制成，标称直径为3.18 mm，其高度超过基准环表面1.59±0.13 mm。各支承柱的顶端应抛光，表面的最大粗糙度为0.25 μm。基准环放置于平板上，每个支承柱顶端和平板表面之间的距离相等，其误差为1.0 μm。由基准环确定的平面是与3个支承柱相切的平面。

5.2.1.2　3个圆柱形定位销对试样进行定位，其在圆周边界上间距大致相等，圆周标称直径等于销子的直径和硅片最大允许直径之和。销子比支承柱至少要高出0.38 mm。推荐用硬塑料做定位销。

5.2.1.3　探头停放位置：在基准环中硅片标称直径切口部分，为探头停放位置，以便探头装置离开试样，插入或取出精密平板。

5.2.2　带指示器的探头装置

由一对无接触位移传感的探头，探头支撑架和指示单元组成。上下探头应与硅片上下表面探测位置相对应。固定探头的公共轴应与基准环所决定的平面垂直(在±2°之内)。指示器应能够显示每个探头各自的输出信号，并能手动复位。该装置应该满足下列要求：

5.2.2.1　探头传感面直径应在1.57 mm～5.72 mm范围。

5.2.2.2　探测位置垂直方向的位移分辨率不大于0.25 μm。

5.2.2.3　在标称零位置附近，每个探头的位移范围至少为25 μm。

5.2.2.4　在满刻度读数的0.5%之内呈线性变化。

5.2.2.5　在扫描中，对自动数据采样模式的仪器，采集数据的能力每秒钟至少100个数据点。

5.2.2.6　探头传感原理可以是电容的、光学的或任何其他非接触方式的，应选用适当的探头与硅片表面间距。规定非接触是为防止探头使试样发生形变。指示器单元通常可具有：(1)计算和存储成对位移测量的和或差值以及识别这些数量最大和最小值的手段，(2)存储各探头测量值的选择显示开关等。显示可以是数字的或模拟的(刻度盘)，推荐用数字读出，来消除操作者引入的读数误差。

5.2.3　定位器

限制基准环移动的装置，除停放装置外，它使探头固定轴与试样边缘的最近距离不能小于6.78 mm。基准环的定位见图4。

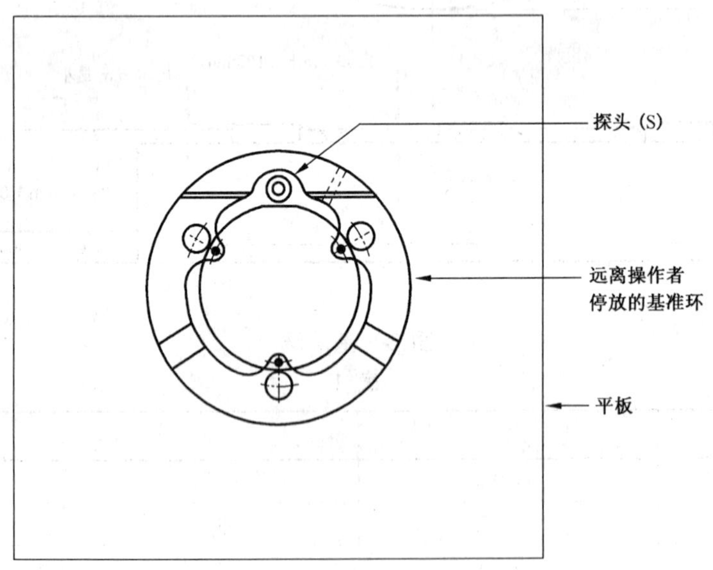

图4　基准环的定位

5.2.4　花岗岩平板：工作面至少为305 mm×355 mm。

5.2.5　厚度校准样片：变化范围等于待测硅片标称厚度±0.125 mm，约50 μm为一档。每个校准样片的表面粗糙度在0.25 μm之内，厚度变化小于1.25 μm。标准样片面积至少应为1.6 cm^2，最小边长为13 mm。

6 取样原则与试样制备

6.1 从一批硅片中按 GB/T 2828.1 计数抽样方案或双方商定的方案抽取试样。

6.2 硅片应具有清洁、干燥的表面。

6.3 如果待测硅片不具备参考面,应在硅片背面边缘处做出测量定位标记。

7 测量程序

7.1 测量环境条件

7.1.1 温度:18 ℃～28 ℃。

7.1.2 湿度:不大于 65%。

7.1.3 洁净度:10 000 级洁净室。

7.1.4 具有电磁屏蔽,且不与高频设备共用电源。

7.1.5 工作台振动小于 0.5g_n。

7.2 仪器校正

7.2.1 用一组厚度校正标准片(见 5.2.5)置于厚度测量仪平台或支架上进行测量。

7.2.2 调整厚度测量仪,使所得测量值与厚度校正标准片的厚度标准值之差在 2 μm 以内。

7.2.3 以标称厚度为横坐标,测试值为纵坐标在坐标系上描点,通过两个端点画一条直线。在两个端点画出对应端点值±0.5%的两个点,通过两个+0.5%和−0.5%的点各画一条限制线(如图 5 所示),观察描绘的点都落在限制线之内(含线上),就认为设备满足测试的线性要求。否则应对仪器重新进行调整。

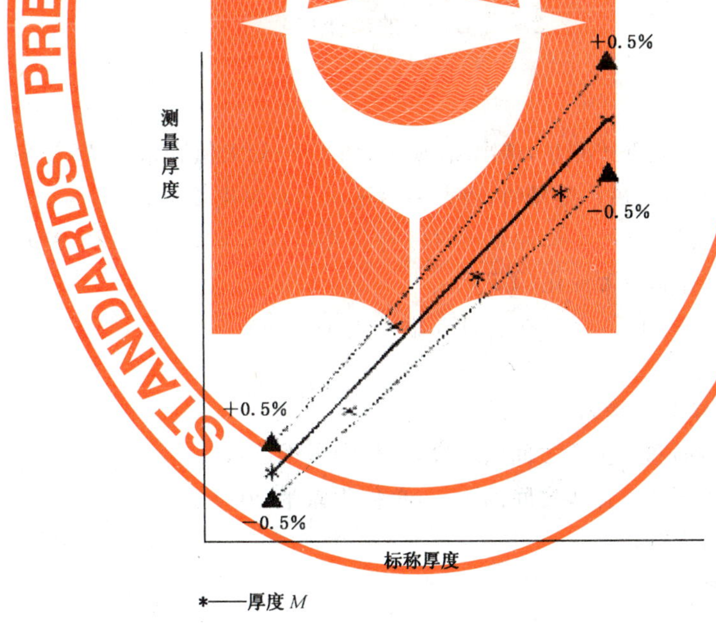

图 5 仪器的厚度线性校准

7.3 测量校准

7.3.1 用一块与被测硅片厚度相差 50 μm 之内的厚度标准片,置于厚度测量仪平台或支架上进行测量。

7.3.2 调整厚度测量仪,使所得测量值与该厚度校正标准片的厚度标准值之差在 2 μm 以内即可。

7.4 测量

7.4.1 分立点式测量包括接触式与非接触式两种。

7.4.1.1 选取待测硅片,正面朝上放入夹具中,或置于厚度测量仪的平台或支架上。

7.4.1.2　将厚度测量仪探头置于硅片中心位置(见图 1)(偏差在±2 mm 之内),测量厚度记为 t_1,即为该片标称厚度。(采用接触式测量时,应翻转硅片,重复操作,厚度记为 t_1',比较 t_1 与 t_1',较小值为该片标称厚度值。)

7.4.1.3　移动硅片,使厚度测量仪探头依次位于硅片上位置 2、3、4、5(见图 1)(偏差在±2 mm 之内),测量厚度分别记为 t_2、t_3、t_4、t_5。

7.4.2　扫描式测量

7.4.2.1　采用非接触式测厚仪。如果还未组装,将与被测硅片尺寸相对应的基准环装配在平板上以及装上相应的定位器,限制环移动,检查探头应在远离操作者位置(见图 4)。

7.4.2.2　把试样放在支承柱上,使主参考面与参考面取向线平行,被测硅片的周界应与最靠近探头停放位置的两个定位销贴紧。

7.4.2.3　将厚度测量仪探头置于硅片中心位置 1(见图 1)(偏差在±2 mm 之内),测量厚度记为 t,即为该片的标称厚度。

7.4.2.4　移动平板上的基准环,直到探头处于扫描开始位置为止。

7.4.2.5　指示器复位。

7.4.2.6　移动平台上的基准环,使探头沿曲线和直线段 1～7 扫描(见图 2)。

7.4.2.7　沿扫描路线,以 μm 为单位,记录被测量点上、下表面的各自位移量。对于直接读数仪器,记录成对位移之和值的最大值与最小值之差,即为该硅片总厚度变化值。

7.4.2.8　仅对仲裁性测量要重复 7.4.2.5～7.4.2.7 操作达 9 次以上。

7.4.2.9　放置基准环使探头处于停放位置,然后取出试样。

7.4.2.10　对每个测量硅片,进行 7.4.2.2～7.4.2.9 的操作步骤。

8　测量结果计算

8.1　直接读数的测量仪,对分立点式测量,选出 t_1、t_2、t_3、t_4、t_5 中最大值和最小值,然后求其差值;对扫描式测量,由厚度最大测量值减去最小测量值,将此差值记录为总厚度变化。

8.2　倘若仪器不是直接读数的,对每个硅片要计算每对位移值 a 和 b 之和,同时,检查和值,确定最大和最小值。根据下列关系计算总厚度变化(TTV):

$$\mathrm{TTV} = |(b+a)|_{\max} - |(b+a)|_{\min}$$

式中:

TTV——总厚度变化,单位为微米(μm);

a——被测硅片上表面和上探头之间的距离,单位为微米(μm);

b——被测硅片下表面和下探头之间的距离,单位为微米(μm);

max——表示和值的最大值;

min——表示和值和最小值。

9　精密度

通过对厚度范围 360 μm～500 μm,直径 76.2 mm±0.4 mm,研磨片 30 片,抛光片 172 片,在 7 个实验室进行了循环测量。

9.1　非接触式测量

9.1.1　对非接触式厚度测量,单个实验室的 2σ 标准偏差小于 5.4 μm,多个实验室的精密度为±0.7%。

9.1.2　对非接触式总厚度变化(TTV)测量,单个实验室的 2σ 标准偏差扫描法小于 3.8 μm,分立点式小于 4.9 μm;多个实验室间的精密度扫描法为±19%,分立点式为±38%。

9.2 接触式测量

9.2.1 对于接触式厚度测量，单个实验室的 2σ 标准偏差小于 4.3 μm，多个实验室间的精密度为±0.4%。

9.2.2 对于接触式总厚度变化测量，单个实验室的 2σ 标准偏差小于 3.6 μm，多个实验室间的精密度为±32%。

10 试验报告

试验报告应包括下列内容：

a) 试样批号、编号；

b) 硅片标称直径；

c) 测量方式说明；

d) 使用厚度测量仪的种类和型号；

e) 中心点厚度；

f) 硅片的总厚度变化；

g) 本标准编号；

h) 测量单位和测量者；

i) 测量日期。

ICS 29.045
H 80

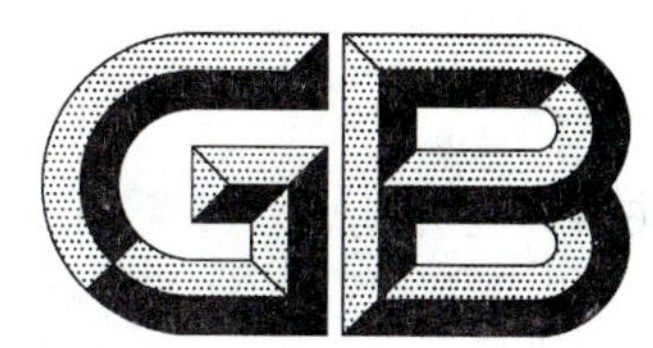

中华人民共和国国家标准

GB/T 6619—2009
代替 GB/T 6619—1995

硅片弯曲度测试方法

Test methods for bow of silicon wafers

2009-10-30 发布　　　　2010-06-01 实施

中华人民共和国国家质量监督检验检疫总局
中国国家标准化管理委员会　发布

前　言

本标准修改采用 SEMI MF534-0706《硅片弯曲度测试方法》。

本标准与 SEMI MF534-0706 相比，主要变化如下：

——本标准接触式测量方法格式按 GB/T 1.1 格式编排；

——本标准根据我国实际生产情况增加了非接触式测量方法。

本标准代替 GB/T 6619—1995《硅片弯曲度测试方法》。

本标准与 GB/T 6619—1995 相比，主要有如下变动：

——扩大了可测量硅片范围为直径不小于 25 mm，厚度为不小于 180 μm，直径和厚度比值不大于 250 的圆形硅片；

——增加了引用文件、术语、意义用途、测量环境条件和干扰因素等章节；

——修改了仪器校正的内容。

本标准由全国半导体设备和材料标准化技术委员会(SAC/TC 203)提出。

本标准由全国半导体设备和材料标准化技术委员会材料分技术委员会归口。

本标准起草单位：洛阳单晶硅有限责任公司。

本标准主要起草人：刘玉芹、蒋建国、冯校亮、张静雯。

本标准所替代标准的历次版本发布情况为：

——GB 6619—1986、GB/T 6619—1995。

硅片弯曲度测试方法

方法 1　接触式测量方法

1　范围

本标准规定了硅单晶切割片、研磨片、抛光片(以下简称硅片)弯曲度的接触式测量方法。

本标准适用于测量直径不小于 25 mm,厚度为不小于 180 μm,直径和厚度比值不大于 250 的圆形硅片的弯曲度。本测试方法的目的是用于来料验收和过程控制。本标准也适用于测量其他半导体圆片弯曲度。

2　规范性引用文件

下列文件中的条款通过本标准的引用而成为本标准的条款。凡是注日期的引用文件,其随后所有的修改单(不包括勘误的内容)或修订版均不适用于本标准,然而,鼓励根据本标准达成协议的各方研究是否可使用这些文件的最新版本。凡是不注日期的引用文件,其最新版本适用于本标准。

GB/T 2828.1　计数抽样检验程序　第 1 部分:按接收质量限(AQL)检索的逐批检验抽样计划(GB/T 2828.1—2003,ISO 2859-1:1999,IDT)

GB/T 14264　半导体材料术语

3　术语

GB/T 14264 规定的及下列术语和定义适用于本标准。

3.1

正表面　front side

半导体硅片的前表面,在上面已经制造或将制造半导体器件的暴露表面。

3.2

弯曲度　bow

自由无夹持晶片中位面的中心点与中位面基准平面间的偏离。中位面基准平面是由指定的小于晶片标称直径的直径圆周上的三个等距离点决定的平面。

3.3

中位面　median surface

与晶片的正表面和背表面等距离点的轨迹。

4　方法提要

将硅片置于基准环的 3 个支点上,3 支点形成一个基准平面,用低压力位移指示器测量硅片中心偏离基准平面的距离,翻转硅片,重复测量。两次测量值之差的一半就表示硅片的弯曲度。

5　干扰因素

5.1　本方法测试弯曲度是基于在有限几个点上的测量,硅片其他部分的几何变化可能检测不出来。

5.2　支柱接触区域或硅片中心区域的厚度变化会导致错误的测量结果,这样的厚度变化是由碎屑、沾污和硅片表面缺陷如:小丘、坑、切割台阶、波纹等造成的。

5.3　如果中位面的弯曲不是处处朝着相同的方向,用弯曲度不能完全表示中位面的形变,本方法测定的数值也可能不代表中位面同参考平面的偏差。

5.4 设备硬件的不同或测量参数的不同设置可能会影响到测量结果。硅片弯曲度会对光刻工艺造成不利影响。

6 仪器设备与环境

6.1 基准环

基准环(如图1所示)是由基座、3个支撑球、3个定位柱组成的专用器具。

单位为毫米

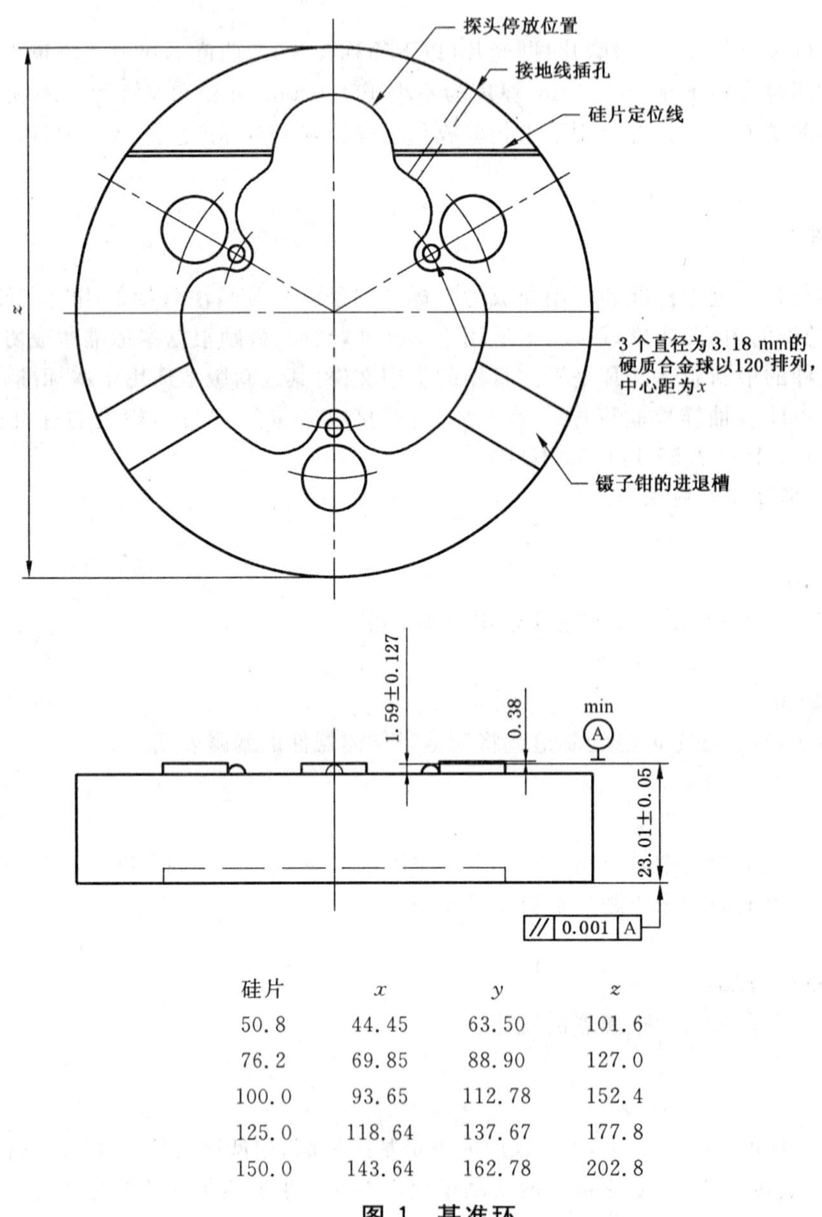

硅片	x	y	z
50.8	44.45	63.50	101.6
76.2	69.85	88.90	127.0
100.0	93.65	112.78	152.4
125.0	118.64	137.67	177.8
150.0	143.64	162.78	202.8

图1 基准环

6.1.1 基座是由温度系数小于 6×10^{-6}/℃的金属材料制成，基座外径比被测硅片直径大 50.8 mm 左右，基座厚度大于 19 mm。基座底面应光滑，平整度应小于 0.25 μm。

6.1.2 3个支撑球由碳化钨或其他硬质合金制成，等间距分别置于基座一定的圆周上，该圆周直径小于硅片标称直径 6.35 mm±0.13 mm。高度误差小于 1.0 μm，表面光滑，粗糙度应小于 0.25 μm。

6.1.3 3个定位柱由硬质塑料制成，位于3个支撑球对应的位置上，用以保证被测硅片中心与3个支点的几何中心相重合，偏差小于 1.0 mm。定位柱对硅片不能有任何作用力。

6.2 **位移指示器**

6.2.1 位移指示器应能上、下垂直调节，并指示出硅片中心点与基准面之间的距离。

6.2.2 指示器指针应处于基准环中心，移动方向垂直于基准平面，偏差小于1°。

6.2.3 指针头部呈半球状，球体半径在1.0 mm～2.0 mm之间。

6.2.4 指针头部对被测硅片的压力应不大于0.3 N。

6.2.5 位移指示器分辨率为1 μm。

6.3 **读数仪表**

读取位移数值的电动仪表，显示有效数字3位以上，单位为μm。

6.4 **测量环境条件**

6.4.1 温度：23 ℃±5 ℃。

6.4.2 湿度：不大于65%。

6.4.3 洁净度：100 000级或更高级别洁净室。

7 取样原则与试样制备

7.1 从一批硅片中按GB/T 2828.1计数抽样方案或商定的方案抽取试样。

7.2 试样表面应清洁、干燥。

7.3 无参考面的硅片，测量前在硅片边缘应做出标记以代替参考面进行定位。

8 测量步骤

8.1 根据硅片试样的直径大小，选用或调节基准环的3个支点距硅片边缘3 mm。

8.2 将硅片试样正表面向上放入基准环，使硅片的参考面(或标记)与基准环上的标线平行。

8.3 移动基准环，使硅片试样中心处在指示器指针之下。

8.4 调节位移指示器，使硅片试样的正反两面都在测量量程之内。

8.5 测量硅片试样中心所在位置，从读数仪表上读取数值，并记作 F_1。如果使用的是中心零位显示仪，应记录每次读数的正负号。

8.6 顺时针转动硅片试样，每转90°测量一次，从读数仪表上读取数值，分别记作 F_2、F_3、F_4。

8.7 翻转硅片试样，背表面朝上放入基准环中，重复8.2、8.3、8.5各测量步骤，读取测量数值，记作 B_1，并记录数值的正负号。

8.8 逆时针转动硅片试样，每转动90°，对应于 F_2、F_3、F_4 之值，测量出 B_2、B_3、B_4 之值。

9 试样结果计算

9.1 按照式(1)计算硅片弯曲度 D。

$$D_i = \frac{|F_i - B_i|}{2} \qquad \cdots\cdots(1)$$

式中：

D_i——弯曲度，单位为微米(μm)；

i——1、2、3、4；

F_i——硅片正面测量数值，单位为微米(μm)；

B_i——硅片反面测量数值，单位为微米(μm)。

9.2 取 D_1、D_2、D_3、D_4 中的最大值作为该硅片的弯曲度。

10 精密度

本试验方法单个试验室标准偏差为±3.0 μm。

11 试验报告

试验报告应包括下列内容：

a) 硅片试样批号、规格；

b) 测量仪器名称和型号；

c) 测量结果；

d) 本标准编号；

e) 测量单位及测量者；

f) 测量日期。

方法 2 非接触式测试方法

12 范围

本标准规定了硅单晶切割片、研磨片、抛光片(以下简称硅片)弯曲度的非接触式测量方法。

本标准适用于测量直径不小于 50 mm,厚度为不小于 150 μm 的圆形硅片的弯曲度。本标准也适用于测量其他半导体圆片弯曲度。

13 规范性引用文件

下列文件中的条款通过本标准的引用而成为本标准的条款。凡是注日期的引用文件,其随后所有的修改单(不包括勘误的内容)或修订版均不适用于本标准,然而,鼓励根据本标准达成协议的各方研究是否可使用这些文件的最新版本。凡是不注日期的引用文件,其最新版本适用于本标准。

GB/T 2828.1 计数抽样检验程序 第 1 部分:按接收质量限(AQL)检索的逐批检验抽样计划(GB/T 2828.1—2003,ISO 2829-1:1999,IDT)

GB/T 6618 硅片厚度和总厚度变化测试方法

GB/T 14264 半导体材料术语

14 术语

GB/T 14264 规定的及下列术语和定义适用于本标准。

14.1

正表面 front side

半导体硅片的前表面,在上面已经制造或将制造半导体器件的暴露表面。

14.2

弯曲度 bow

自由无夹持晶片中位面的中心点与中位面基准平面间的偏离。中位面基准平面是由指定的小于晶片标称直径的直径圆周上的三个等距离点决定的平面。

14.3

中位面 median surface

与晶片的正表面和背表面等距离点的轨迹。

15 方法提要

将硅片正表面朝上置于基准环的 3 个支点上,3 个支点形成一个基准平面,用一只无接触的测量探头,测量硅片中心点偏离基准平面的距离。翻转硅片,重复测量。两次测量值之差的一半就表示硅片的弯曲度。

16 干扰因素

16.1 本方法测试弯曲度是基于在有限几个点上的测量，硅片其他部分的几何变化可能检测不出来。

16.2 支柱接触区域或硅片中心区域的厚度变化会导致错误的测量结果，这样的厚度变化是由碎屑、沾污和硅片表面缺陷如：小丘、坑、切割台阶、波纹等造成的。

16.3 如果中位面的弯曲不是处处朝着相同的方向，用弯曲度不能完全表示中位面的形变，本方法测定的数值也可能不代表中位面同参考平面的偏差。

16.4 测试样品相对于探头测试轴的振动会产生误差。

16.5 在扫描过程中，探头离开测试样品会给出错误的读数。

16.6 设备硬件的不同或测量参数的不同设置可能会影响到测量结果。

17 仪器设备与环境

17.1 基准环

基准环是由基座、3 个支撑球、3 个定位柱组成的专用器具，如图 2 所示。

单位为毫米

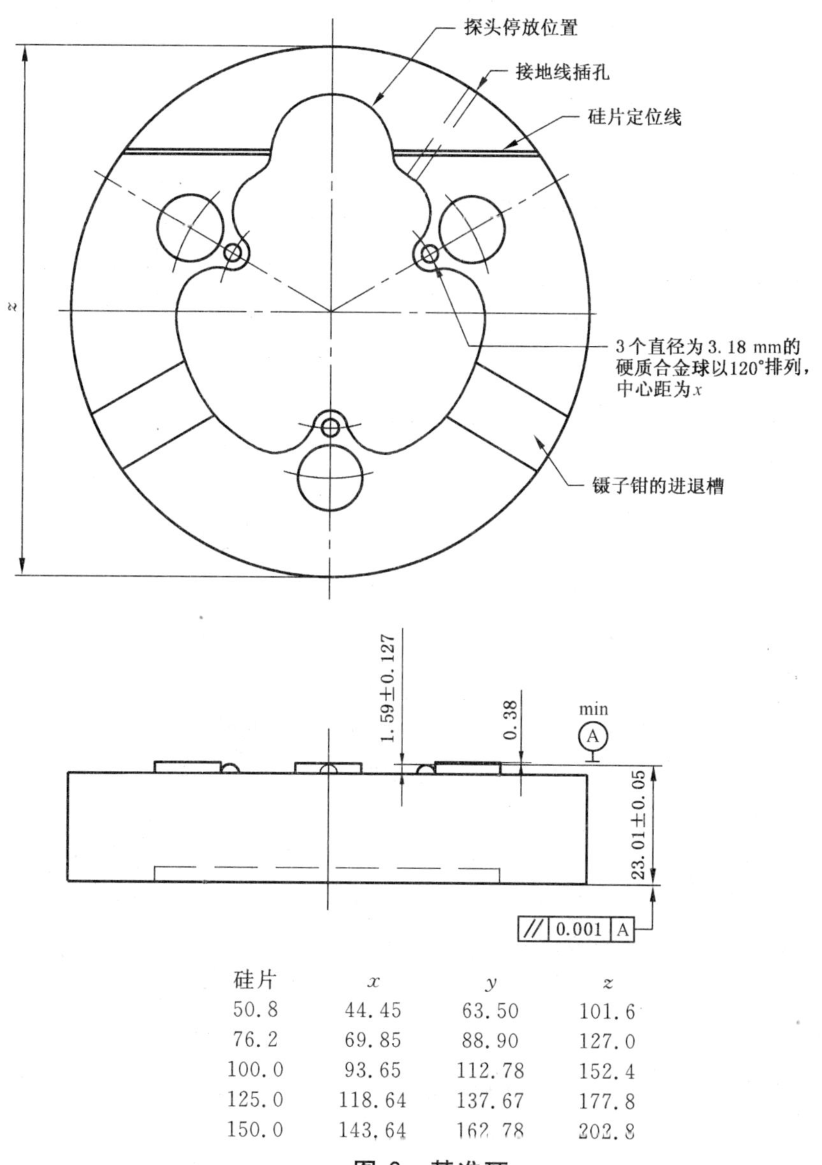

硅片	x	y	z
50.8	44.45	63.50	101.6
76.2	69.85	88.90	127.0
100.0	93.65	112.78	152.4
125.0	118.64	137.67	177.8
150.0	143.64	162.78	202.8

图 2 基准环

17.1.1 基座是由温度系数小于 6×10^{-6}/℃的金属材料制成,基座外径比被测硅片直径大 50.8 mm 左右,基座厚度大于 19 mm。基座底面应光滑,平整度应小于 0.25 μm。

17.1.2 3 个支撑球由碳化钨或其他硬质合金制成,等间距分别置于基座一定的圆周上,该圆周直径小于硅片标称直径 6.35 mm±0.13 mm。高度误差小于 1.0 μm,表面光滑,粗糙度应小于 0.25 μm。

17.1.3 3 个定位柱由硬质塑料制成,位于 3 个支撑球对应的位置上,用以保证被测硅片中心与 3 个支点的几何中心相重合,偏差小于 1.0 mm。定位柱对硅片不能有任何作用力。

17.2 测量仪

测量仪由测量探头、显示器、花岗岩平台三部分组成。

17.2.1 测量探头是一对无接触位移传感器,上、下探头处在同一轴线上,能够上、下垂直调节,轴线与基准平面的法线之间的夹角应小于 2°,每只探头能独立地测量与硅片最近表面的距离,探头分辨率优于 0.25 μm。

17.2.2 显示器具有将测量探头输出的讯号进行数字处理、计算、存储的功能,并用数字显示出探头与硅片表面的距离。

17.2.3 花岗岩平台是一块结构细密、表面光滑的石板,面积大于 305 mm×355 mm。测量区表面平整度小于 0.25 μm,并装有限制基准环移动范围的限位器。

17.3 厚度校准片

测量仪应备有的附件,用以校正测量仪。

17.4 测量环境条件

17.4.1 温度:23 ℃±5 ℃。

17.4.2 湿度:不大于 65%。

17.4.3 洁净度:100 000 级或更高级别洁净室。

18 取样原则与试样制备

18.1 从一批硅片中按 GB/T 2828.1 计数抽样方案或商定的方案抽取试样。

18.2 试样表面应清洁、干燥。

18.3 无参考面的硅片,测量前在硅片边缘应做出标记以代替参考面进行定位。

19 测量步骤

19.1 仪器校正

19.1.1 仪器确认

19.1.1.1 根据硅片试样直径和厚度的大小,选用相应规格的基准环和厚度标准片,标准片的厚度范围等于待测硅片厚度±125 μm,约 50 μm 一档,共 6 个标准片。

19.1.1.2 按 GB/T 6618 测量每个标准片厚度。

19.1.1.3 以标称厚度为横坐标,测试值为纵坐标在坐标系上描绘出 6 个点,通过两个端点画一条直线。在两个端点画出对应端点值±0.5%的两个点,通过两个+0.5%和−0.5%的点各画一条限制线(如图 3 所示),观察描绘的点,如果所有的点都落在限制线之内(含线上),就认为设备满足测试的线性要求。否则应对仪器重新进行调整。

19.1.2 测量校准

19.1.2.1 选取厚度与待测硅片厚度相差 50 μm 之内的一片厚度标准片,置于厚度测量仪基准环上进行测量。

19.1.2.2 调整厚度测量仪,使所得测量值与该厚度标准片标称值之差在 2 μm 之内即可。

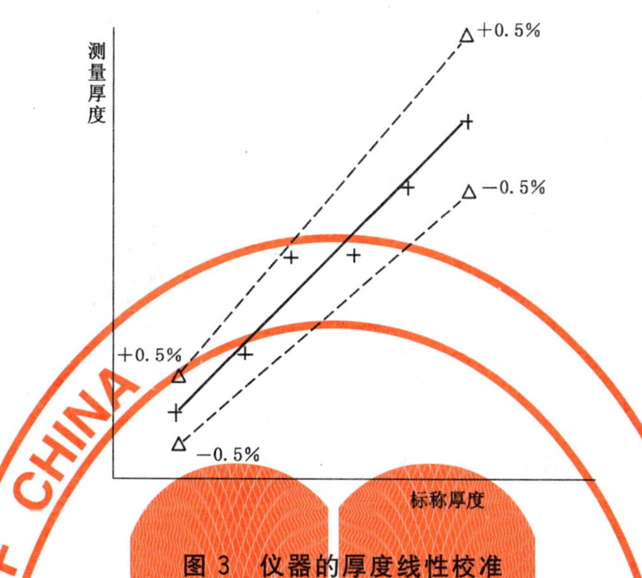

图 3 仪器的厚度线性校准

19.2 测量

19.2.1 必要时从测量仪上取出上探头，只使用下探头测量。

19.2.2 将硅片试样正表面向上放入基准环，使硅片的参考面(或标记)与基准环上的标线平行。

19.2.3 移动基准环，使下探头对准硅片试样中心位置。

19.2.4 显示器复位。

19.2.5 测量下探头至硅片下表面的距离，读取数值，记作 F_1。如果使用的是中心零位显示仪，应记录每次读数的正负号。

19.2.6 顺时针转动硅片，每转 90°测量一次，从读数仪表上读取数值，并分别记作 F_2、F_3、F_4。

19.2.7 翻转硅片试样，背表面朝上，放入基准环中，重复 19.2.3～19.2.5 各测量步骤，读取测量数值，记作 B_1，并记录数值的正负号。

19.2.8 逆时针转动硅片试样，每转 90°，对应 F_2、F_3、F_4 之值，测量出 B_2、B_3、B_4 之值。

20 试样结果计算

20.1 按照式(2)计算硅片弯曲度 D。

$$D_i = \frac{|F_i - B_i|}{2} \qquad (2)$$

式中：

D_i——弯曲度，单位为微米(μm)；

i——1、2、3、4；

F_i——硅片正面测量数值，单位为微米(μm)；

B_i——硅片反面测量数值，单位为微米(μm)。

20.2 取 D_1、D_2、D_3、D_4 中的最大值作为该硅片的弯曲度。

21 精密度

本试验方法两个试验室间 2 倍标准偏差为± 4 μm。

22 试验报告

试验报告应包括下列内容：

a） 硅片试样批号、规格；

b） 测量仪器名称和型号；

c） 测量结果；

d） 本标准编号；

e） 测量单位及测量者；

f） 测量日期。

ICS 29.045
H 82

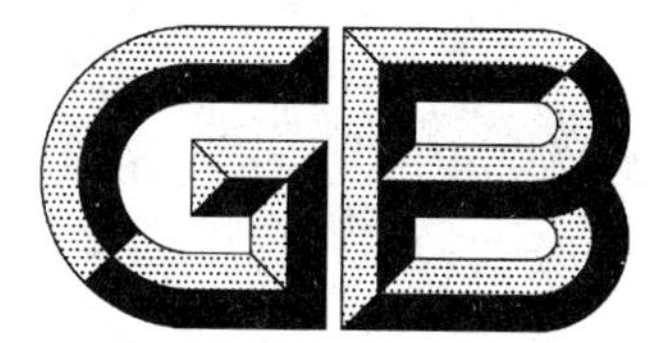

中华人民共和国国家标准

GB/T 6620—2009
代替 GB/T 6620—1995

硅片翘曲度非接触式测试方法

Test method for measuring warp on silicon slices by noncontact scanning

2009-10-30 发布　　　　2010-06-01 实施

中华人民共和国国家质量监督检验检疫总局
中国国家标准化管理委员会　发布

前言

本标准修改采用 SEMI MF657-0705《硅片翘曲度和总厚度变化非接触式测试方法》。

本标准与 SEMI MF657-0705 相比，主要有如下变化：

——本标准没有采用 SEMI 标准中总厚度变化测试部分内容；

——本标准测试硅片厚度范围比 SEMI 标准中要窄；

——本标准编制格式按 GB/T 1.1 规定。

本标准代替 GB/T 6620—1995《硅片翘曲度非接触式测试方法》。

本标准与 GB/T 6620—1995 相比，主要有如下变动：

——修改了测试硅片厚度范围；

——增加了引用文件、术语、意义和用途、干扰因素和测量环境条件等章节；

——修改了仪器校准部分内容；

——增加了仲裁测量；

——删除了总厚度变化的计算；

——增加了对仲裁翘曲度平均值和标准偏差的计算。

本标准由全国半导体设备和材料标准化技术委员会提出。

本标准由全国半导体设备和材料标准化技术委员会材料分技术委员会归口。

本标准起草单位：洛阳单晶硅有限责任公司，万向硅峰电子股份有限公司。

本标准主要起草人：张静雯、蒋建国、田素霞、刘玉芹、楼春兰。

本标准所代替标准的历次版本发布情况为：

——GB 6620—1986、GB/T 6620—1995。

硅片翘曲度非接触式测试方法

1 范围

本标准规定了硅单晶切割片、研磨片、抛光片(以下简称硅片)翘曲度的非接触式测试方法。

本标准适用于测量直径大于 50 mm,厚度大于 180 μm 的圆形硅片。本标准也适用于测量其他半导体圆片的翘曲度。本测试方法的目的是用于来料验收或过程控制。本测试方法也适用于监视器件加工过程中硅片翘曲度的热化学效应。

2 规范性引用文件

下列文件中的条款通过本标准的引用而构成本标准的条款。凡是注日期的引用文件,其随后所有的修订单(不包括勘误的内容)或修订版均不适用于本标准,然而,鼓励根据本标准达成协议的各方研究是否可使用这些文件的最新版本。凡是不注明日期的引用文件,其最新版本适用于本标准。

GB/T 2828.1 计数抽样检验程序 第1部分:按接收质量限(AQL)检索的逐批检验抽样计划(GB/T 2828.1—2003,ISO 2859-1:1999,IDT)

GB/T 6618 硅片厚度和总厚度变化测试方法

GB/T 14264 半导体材料术语

3 术语和定义

由 GB/T 14264 确立的及以下半导体材料术语和定义适用于本标准。

3.1

中位面 median surface

与晶片的正表面和背表面等距离点的轨迹。

3.2

翘曲度 warp

在质量合格区内,一个自由的,无夹持的硅片中位面相对参照平面的最大和最小距离之差。

4 方法提要

硅片置于基准环的3个支点上,3个支点形成一基准平面。测试仪的一对探头在硅片上、下表面沿规定的路径同步扫描。在扫描过程中,成对地给出上、下探头与硅片最近表面之间的距离,求出每对距离的差值。成对距离差值的最大与最小值之差的一半就是硅片翘曲度的测试值。扫描路径如图1所示。硅片典型翘曲形态的示意图如图2所示。

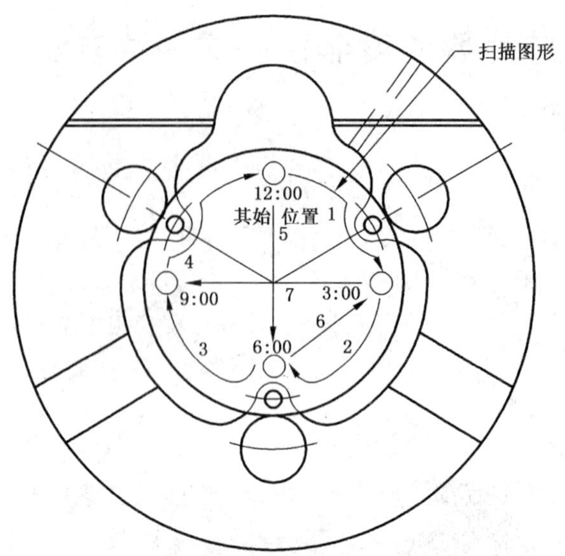

图 1 扫描图形

5 干扰因素

5.1 参考平面的变化，可能导致在不正确的位置计算极值，扫描过程中参考平面的任何变化都会使显示的测试结果产生误差。

5.2 测试值与不平行度有关，参考平面与花岗岩基准面的不平行度会产生误差。

5.3 基准环和花岗岩平台之间的外来颗粒、沾污会产生误差。

5.4 测试样品相对于探头测试轴的振动会产生误差。

5.5 在扫描过程中，探头离开测试样品会给出错误的读数。

5.6 本测试方法中，翘曲度由规定的路径进行扫描，采样不是整个表面，不同的扫描路径可产生不同的测试结果。

5.7 采集数据的频率不同，可产生不同的测试结果。

5.8 本测试方法并不能完全把厚度变化和翘曲度分开，在某些情况下，中位面是平面仍显示一个非零的翘曲度。

5.9 设备硬件的不同或测量参数的不同设置可能会影响到测量结果。

5.10 翘曲度的变化对半导体加工的成品率有较大影响。

5.11 在加工过程中，硅片的翘曲度变化对后序的处理和加工可能产生不利影响。

6 仪器设备与环境

6.1 基准环

基准环由基座、3 个支撑球、3 个定位柱组成的专用器具，如图 3 所示。

6.1.1 基座由温度系数小于 6×10^{-6}/℃的金属材料制成，基座外径比被测硅片直径大 50.8 mm 左右，基座厚度大于 19 mm。基座底面应光滑，平整度应小于 0.25 μm。

6.1.2 3 个支撑球由碳化钨或其他硬质合金制成，等间距地分别置于基座一定的圆周上，标称直径 3.18 mm，其高度超出基准环 1.59 mm±0.13 mm，该圆周直径小于硅片标称直径 6.35 mm±0.13 mm。高度误差小于 1.0 μm，各支撑球的顶端应表面光滑，粗糙度应小于 0.25 μm。

单位为微米

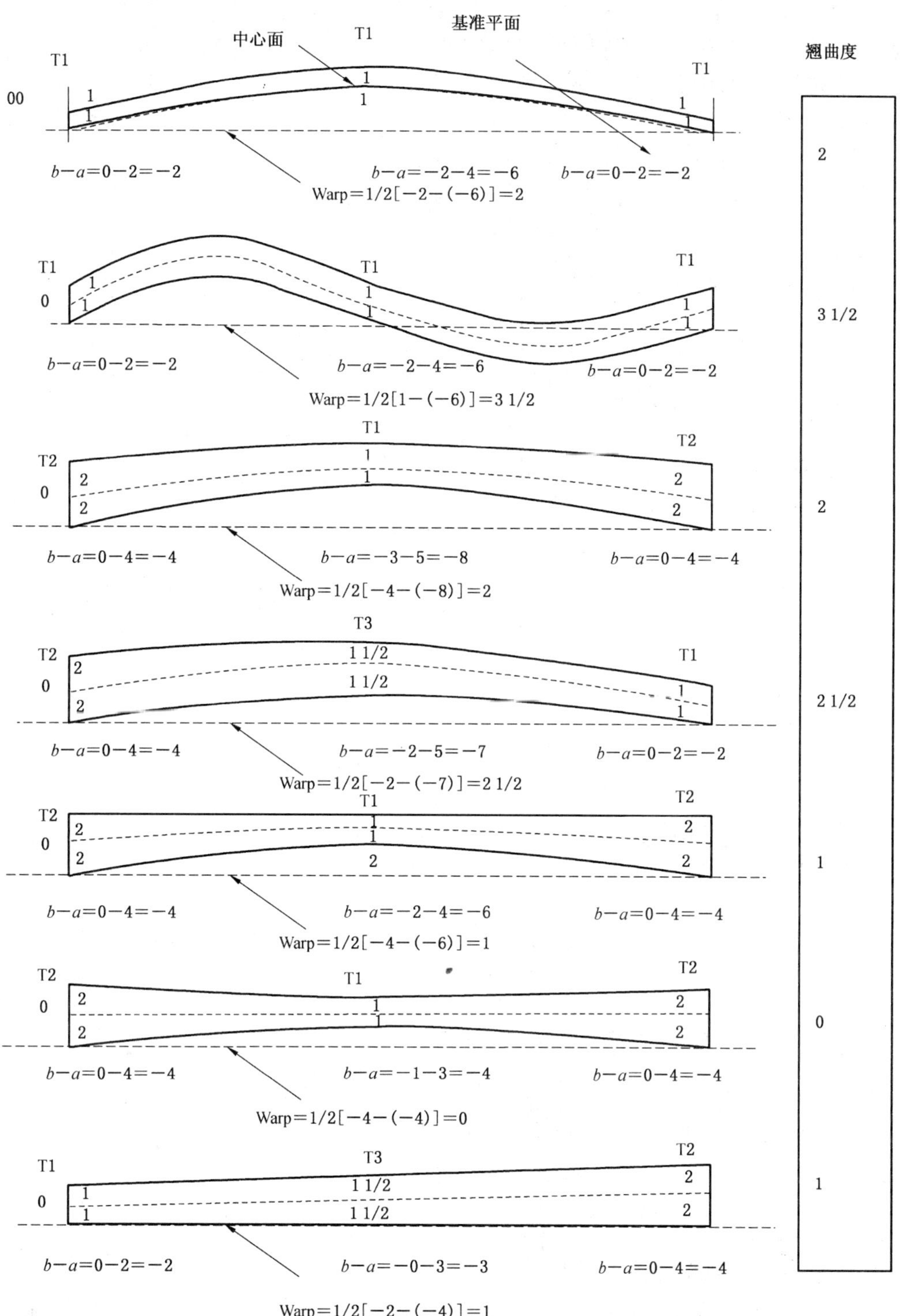

T1 代表 2 个单位，T2 代表 4 个单位，T3 代表 3 个单位；

a——被测硅片上表面与基准平面的距离，上表面在基准平面上面为正，下面为负；

b——被测硅片下表面与基准平面的距离，下表面在基准平面上面为负，下面为正；

Warp——被测硅片的翘曲度；翘曲度用公式(1)计算。

图 2　硅片典型翘曲形态示意图

6.1.3 3 个定位柱由硬质塑料制成，位于 3 个支撑球对应的位置上，用以保证被测硅片中心与 3 个支点的几何中心相重合，偏差小于 1.0 mm。定位柱对硅片不能有任何作用力。3 个定位柱所在圆周的标称直径等于柱子的直径与硅片最大允许直径之和，定位柱至少比支撑球高出 0.38 mm。

6.1.4 探头停放位置：基准环中在标称硅片直径缺口部分为探头停放位置，以便探头装置离开试样。

单位为毫米

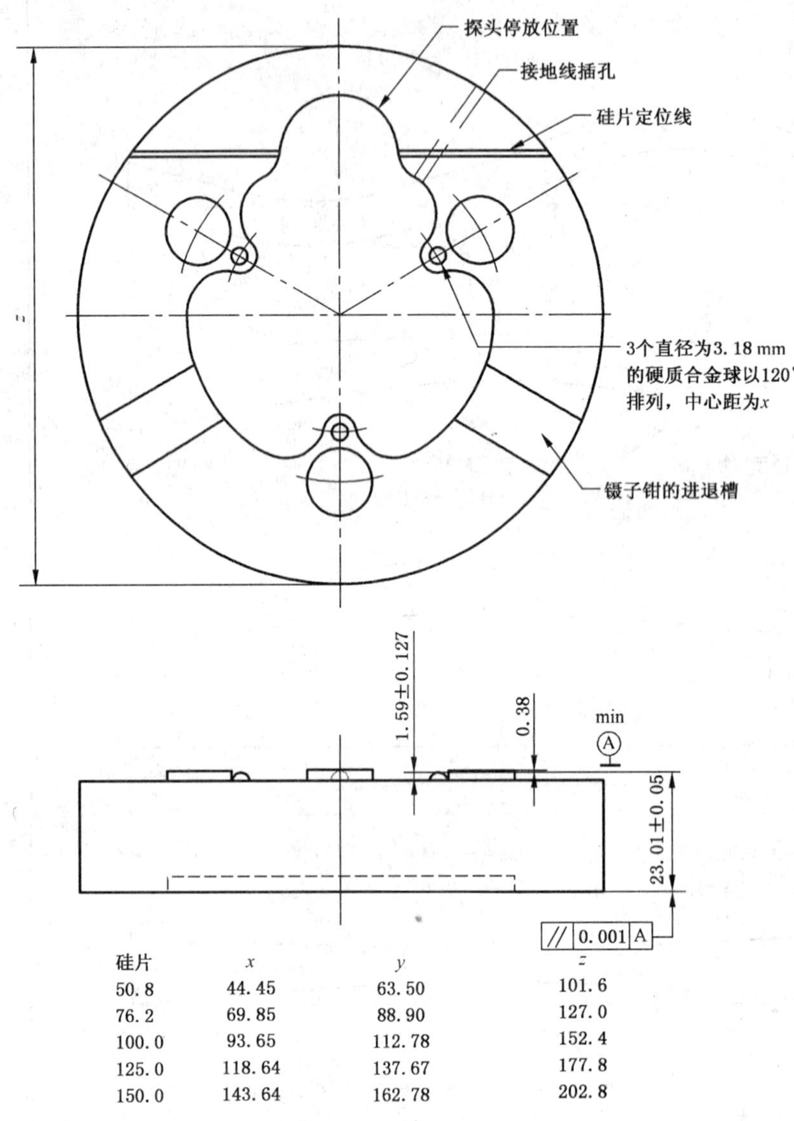

硅片	x	y	z
50.8	44.45	63.50	101.6
76.2	69.85	88.90	127.0
100.0	93.65	112.78	152.4
125.0	118.64	137.67	177.8
150.0	143.64	162.78	202.8

图 3 基准环

6.2 测量仪

测量仪由测量探头、显示器、花岗岩平台 3 部分组成。

6.2.1 测量探头：测量探头是一对无接触位移传感器，上、下探头处在同一轴线上，能上、下垂直调节，轴线与基准平面的法线之间的夹角应小于 2°，每只探头能独立地测量与硅片最近表面的距离。探头的分辨率应小于 0.25 μm。探头传感面直径应在 1.5 mm～6.0 mm。每个探头在标称零位置附近的位移范围至少±0.25 mm。线性变化在满刻度读数的 0.5%之内。

6.2.2 显示器应能够独立显示每个探头的输出信号，并能手动复位。对能够自动数据采集模式的仪器，在扫描中显示器将测量探头输出的信号进行数字处理，计算并存贮每对距离的差值，并能判断其中的最大值和最小值，将测量数据显示出来。在测量扫描过程中，自动采集数据的能力应不小于 100 个/秒。

6.2.2.1 探头传感可以是电容的、光学的或其他非接触方式的，适于测定探头与硅片表面之间的距离。

6.2.2.2 显示器通常应包括：计算和存贮成对位移测量的差值，以及识别这些数量最大和最小值的手段；可复位调零；各探头测量值显示的选择开关，显示可以是数字的或模拟的，推荐用数字显示以消除操作者引入的读数误差。

6.2.3 花岗岩平台：花岗岩平台是一块结构细密、表面光滑的石板，面积应大于 305 mm×355 mm，以适应所使用最大的环，测量区表面的平整度应小于 0.25 μm，并装有限制基准环移动的限位器。并且保证下探头的固定。限位器是限制基准环移动的装置，除停放位置外，它使探头固定轴与试样边缘的最近距离不能小于 6.78 mm。根据仪器的设计，每个基准环可能需要一个相配的限位器。

6.3 系统机械平行度：确保基准环上三个支撑球构成的平面与花岗岩平台的平行度小于 1.0 μm。

6.4 厚度标准样片：每个标准样片的表面平整度在 0.25 μm 之内，总厚度变化小于 1.25 μm。测量仪应备有的附件，用以校正测量仪。

6.5 测量环境条件

6.5.1 温度：23 ℃±5 ℃。

6.5.2 湿度：不大于 65%。

6.5.3 洁净度：10 000 级或更高级别洁净室。

7 取样原则与试样制备

7.1 从一批硅片中按 GB/T 2828.1 计数抽样方案或双方商定的方案抽取试样。

7.2 试样表面应清洁、干燥。

7.3 无参考面的硅片，测量前在硅片边缘应做出标记以代替参考面进行定位。

8 测量程序

8.1 仪器校准与确认

通过测试与被测样品标称直径一致的厚度标准样品，按照如下步骤校准和确认仪器：

8.1.1 根据待测硅片直径和厚度的大小，选用相应规格的基准环和厚度标准片，标准片的厚度范围等于待测硅片厚度±125 μm，约 50 μm 一档，共 6 个标准片。

8.1.2 按 GB/T 6618 测量每个标准片的厚度。

8.1.3 以标称厚度为横坐标，测试值为纵坐标在坐标系上描绘出 6 个点，通过两个端点画一条直线。在两个端点画出对应端点值±0.5%的两个点，通过两个+0.5%和-0.5%的点各画一条限制线(如图 4 所示)，观察描绘的点，如果所有的点都落在限制线之内(含线上)，就认为设备满足测试的线性要求。否则应对仪器重新进行调整。

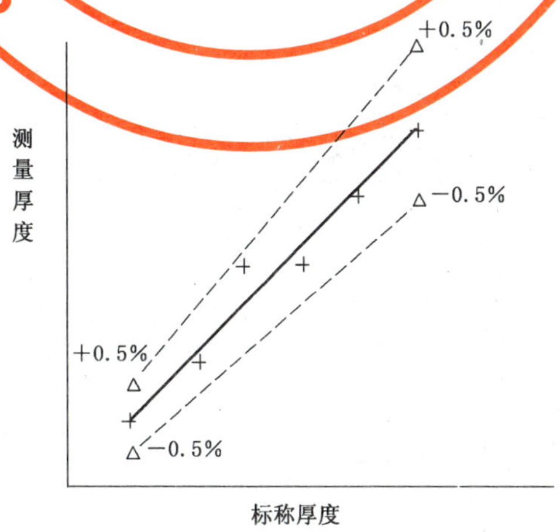

图 4 仪器的厚度线性校准

8.2 测量校准

8.2.1 选取厚度与待测硅片厚度相差 50 μm 之内的一片厚度标准片，置于厚度测量仪基准环上进行测量。

8.2.2 调整厚度测量仪，使所得测量值与该厚度标准片标称值之差在 2 μm 之内即可。

8.3 测量

8.3.1 将试样放入基准环，使其主参考面(或标记)与基准环上的标线平行。

8.3.2 移动基准环，使探头处于“开始扫描”位置，见图 1。

8.3.3 显示器复位。

8.3.4 沿图 1 的扫描路径。平稳移动基准环，使探头沿曲线和直线段 1～7 扫描。

8.3.5 沿扫描路线，以微米为单位，记录被测量点上下表面与各自相应测量探头之间的距离，对于直接读数仪器，显示的是成对距离差值的最大值与最小值之差，即为被测样品的翘曲度。

8.3.6 若对仲裁测量，重复 8.3.2～8.3.5 操作达 9 次以上。

8.3.7 移动基准环使探头处于停放位置，然后取出样品。

9 测量结果计算

9.1 测量仪自动测量时，直接读取翘曲度的值并记录。

9.2 如果仪器不是自动测量时，要计算被测硅片上每对距离值 a 和 b 之差，并确定最大差值和最小差值，根据公式(1)，计算硅片翘曲度。

$$\mathrm{Warp} = 1/2[\,|\,(b-a)_{\max} - (b-a)_{\min}\,|\,] \qquad (1)$$

式中：

Warp——硅片翘曲度，单位为微米(μm)；

a——被测硅片上表面与上探头的距离，单位为微米(μm)；

b——被测硅片下表面与下探头的距离，单位为微米(μm)；

max 表示最大值，min 表示最小值。

9.3 对于日常测试，记录计算的翘曲度。

9.4 对于仲裁测试，计算翘曲度的平均值和标准偏差，并记录。

9.5 计算硅片翘曲度的实例见图 5。

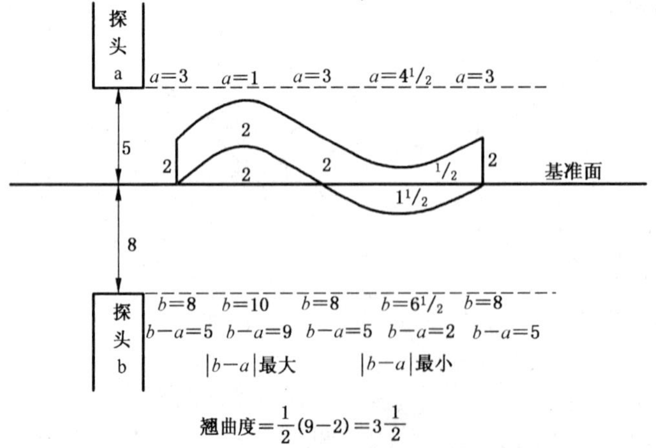

图 5 利用仪器测量的几何尺寸计算翘曲度

10 精密度

本方法的精密度是经5个实验室巡回测试确定的，测试硅片试样共25片，硅片直径100 mm、150 mm和200 mm 3种规格，2倍标准偏差的平均值为±4.0 μm。

11 试验报告

11.1 试验报告应包括以下内容：

a) 硅片试样批号、规格；

b) 测试仪器名称和型号；

c) 翘曲度的测试值；

d) 本标准编号；

e) 测量单位名称及测量者；

f) 测试日期。

11.2 对于仲裁测试，报告还应包括每个硅片翘曲度的标准偏差。

ICS 29.045
H 80

中华人民共和国国家标准

GB/T 6621—2009
代替 GB/T 6621—1995

硅片表面平整度测试方法

Testing methods for surface flatness of silicon slices

2009-10-30 发布 2010-06-01 实施

中华人民共和国国家质量监督检验检疫总局
中国国家标准化管理委员会 发布

前　言

本标准代替 GB/T 6621—1995《硅抛光片表面平整度测试方法》。

本标准与 GB/T 6621—1995 相比，主要变动如下：

——将名称修改为“硅片表面平整度测试方法”；

——去掉了目前较少采用的干涉法，只保留了目前常用的电容法；

——增加“引用标准”；

——对“方法提要”、“仪器装置”、“测量程序”、“计算”进行了全面修改；

——经实验重新确定了精密度；

——在第一章增加本标准适用的试样范围；

——在“试样”一章中说明对所测试样的要求。

本标准由全国半导体设备和材料标准化技术委员会提出。

本标准由全国半导体设备和材料标准化技术委员会材料分技术委员会归口。

本标准主要起草单位：上海合晶硅材料有限公司。

本标准主要起草人：徐新华、严世权、王珍。

本标准所替代标准的历次版本发布情况为：

——GB/T 6621—1986、GB/T 6621—1995。

硅片表面平整度测试方法

1 范围

本标准规定了用电容位移传感器测定硅抛光片平整度的方法，切割片、研磨片、腐蚀片也可参考此方法。

本标准适用于测量标准直径 76 mm、100 mm、125 mm、150 mm、200 mm，电阻率不大于 200 Ω · cm 厚度不大于 1 000 μm 的硅抛光片的表面平整度和直观描述硅片表面的轮廓形貌。

2 方法概述

2.1 将硅片平放入一对同轴对置的电容位移传感器(简称探头)之间，对探头施加一高频电压，硅片与探头之间便形成了高频电场，其间各形成了一个电容。探头中电路测量其间电流变化量，便可测得该电容值 C。如图 1 所示。C 由式(1)给出：

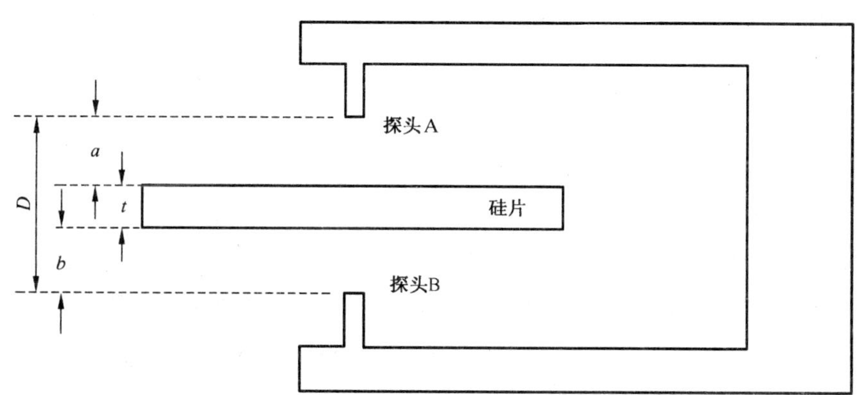

D——A，B 探头间距离；

a——A 探头与上表面距离；

b——B 探头与下表面距离；

t——硅片厚度。

图 1 电容位移传感器测量方法示意图

$$C = \frac{K \cdot A}{a + b} + C_0 \qquad \cdots\cdots(1)$$

式中：

C——在上、下探头和硅片表面之间所测得总电容值，单位为法拉(F)；

K——自由空间介电常数，单位为法拉每米 F/m；

A——探头表面积，单位为平方米(m^2)；

a——A 探头与上表面距离，单位为米(m)；

b——B 探头与下表面距离，单位为米(m)；

C_0——主要由探头结构而产生的寄生电容，单位为法拉(F)。

2.2 由于在测量时，两探头之间的距离 D 和下探头到下表面的距离 b 已经在校准时被固定，所以仪器测得电容值 C 按式(1)进行计算，就可得到 a，从而计算硅片表面平整度和其他几何参数。

2.3 选择适当的参考面和焦平面以计算所需参数。

3 仪器设备

测量设备应包括硅片支撑装置，多轴传动机构，带指示的探头，控制、运算和图形并有相关软件的计算机。仪器的数据分辨率应该为 10 nm 或更优。测量设备应包含：

3.1 硅片支撑装置，例如真空吸盘。

3.2 传送机械装置，用于移动硅片支撑装置或者探头。

3.3 探头，包含一对探头，探头支架以及指示器单元(见图 1)。

3.3.1 探头可以独立测量硅片表面与离之最近的探头表面之间的距离 a，b。

3.3.2 探头应安装在硅片的上下两边同时保证两个探头是相向的。

3.3.3 上下探头为同轴探头，且这个共同的轴为测量轴。

3.3.4 在进行校正和测量时应保持 A，B 探头间距离 D 恒定。

3.3.5 位移分辨率应该为 10 nm 或更优。

3.3.6 探头感应部位尺寸 4 mm×4 mm 或其他供需双方的商定值。

4 试样

干燥、洁净的硅片。

5 测量程序

5.1 校准

根据仪器的操作指导进行校正。

5.2 测量

5.2.1 选择合格质量区域(FQA)

硅片边缘 3 mm 不计入合格质量区域，有特殊要求可根据供需双方商定值选择。

5.2.2 按如下选择平整度参数：

5.2.2.1 选择参考表面——正面(F)或背面(B)

5.2.2.2 从以下选择一种参考平面

a) 理想背面平面(I)；

b) 正面三点平面(3)；

c) 正面最小二乘法平面(L)。

5.2.3 选择测量参数

5.2.3.1 TIR——总指示读数。

5.2.3.2 FPD——焦平面偏差。

6 计算

6.1 参考面由如下形式描述：

$$Z_{\mathrm{ref}} = a_{\mathrm{R}}x + b_{\mathrm{R}}y + c_{\mathrm{R}} \qquad \cdots\cdots(2)$$

式中 a_{R}，b_{R}，c_{R} 可按如下选择：

6.1.1 理想背表面参考面：

$$a_{\mathrm{R}} = b_{\mathrm{R}} = c_{\mathrm{R}} = 0 \qquad \cdots\cdots(3)$$

6.1.2 最小二乘法参考面：

选择 a_{R}，b_{R}，c_{R} 以满足

$$\sum_{x,y}[t(x,y) - (a_{\mathrm{R}}x + b_{\mathrm{R}}y + c_{\mathrm{R}})]^2 \qquad \cdots\cdots(4)$$

为最小值。

6.1.3 三点参考面：

$$t(x_1,y_1)=a_Rx_1+b_Ry_1+c_R$$
$$t(x_2,y_2)=a_Rx_2+b_Ry_2+c_R \quad \cdots\cdots(5)$$
$$t(x_3,y_3)=a_Rx_3+b_Ry_3+c_R$$

式中 $x_1,y_1;x_2,y_2;x_3,y_3$ 均匀分布于距硅片边缘 3 mm 处的圆周上。

6.2 焦平面由如下形式描述：

$$Z_{focal}=a_Fx+b_Fy+c_F \quad \cdots\cdots(6)$$

焦平面与参考面平行，且在计算平整度时认为焦平面与参考面相同，所以

$a_F=a_R$

$b_F=b_R$

$c_F=c_R$

6.3 试样各点的厚度与参考面或焦平面的差异由如下形式描述：

$$f(x,y)=t(x,y)-(a_ix+b_iy+c_i) \quad \cdots\cdots(7)$$

式中：

i——可以是 R 或 F；

x,y——应在 FQA 内。

6.4 TIR 按如下公式计算：

$$\mathrm{TIR}=f(x,y)_{max}-f(x,y)_{min} \quad \cdots\cdots(8)$$

6.5 FPD 按如下方法计算

$$\mathrm{FPD}=|f(x,y)_{max}| \qquad (|f(x,y)_{max}|>|f(x,y)_{min}|) \quad \cdots\cdots(9)$$

$$\mathrm{FPD}=-|f(x,y)_{min}| \qquad (|f(x,y)_{min}|>|f(x,y)_{max}|) \quad \cdots\cdots(10)$$

7 精密度

7.1 本方法单实验室精密度：FPD 不大于 0.21 μm(R3S)；

TIR 不大于 0.27 μm(R3S)。

7.2 本方法多实验室精密度：FPD 不大于 0.48 μm(R3S)；

TIR 不大于 0.54 μm(R3S)。

8 试验报告

8.1 报告应包括以下内容：

a) 试样编号；

b) 试样表面的优质区域(FQA)；

c) 仪器型号；

d) 实验室洁净等级；

e) 测试结果：最大 FPD 和 TIR；

f) 本标准编号；

g) 测量单位和测量者；

h) 测量日期。

8.2 如有特殊要求，报告也应该包括三维轮廓图、二维形貌图、正投影图、剖面图等。

ICS 29.045
H 80

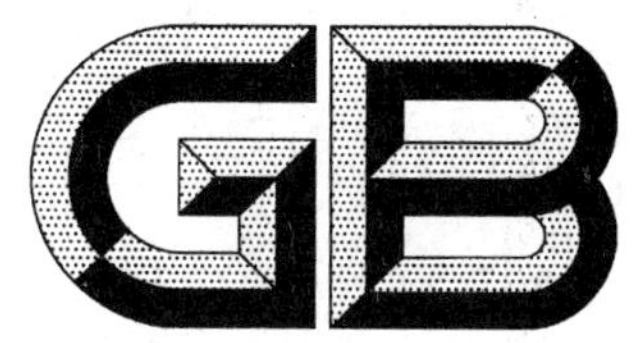

中华人民共和国国家标准

GB/T 6624—2009
代替 GB/T 6624—1995

硅抛光片表面质量目测检验方法

Standard method for measuring the surface quality of polished silicon slices by visual inspection

2009-10-30 发布

2010-06-01 实施

中华人民共和国国家质量监督检验检疫总局
中国国家标准化管理委员会 发布

前言

本标准代替 GB/T 6624—1995《硅抛光片表面质量目测检验方法》。

本标准与原标准相比主要有如下变化：

——修改了高强度汇聚光源照度要求，由不小于 16 000 lx 改为不小于 230 000 lx；

——增加了净化室级别要求；

——扩大了照度计测量范围为 0 lx～330 000 lx；

——增加了测量长度工具；

——更改检测条件中光源与硅片之间的距离要求。

本标准由全国半导体设备和材料标准化技术委员会提出。

本标准由全国半导体设备和材料标准化技术委员会材料分技术委员会归口。

本标准主要起草单位：上海合晶硅材料有限公司。

本标准主要起草人：徐新华、王珍。

本标准所替代标准的历次版本发布情况为：

——GB/T 6624—1986、GB/T 6624—1995。

硅抛光片表面质量目测检验方法

1 范围

本标准规定了在一定光照条件下，用目测检验单晶抛光片(以下简称抛光片)表面质量的方法。

本标准适用于硅抛光片表面质量检验。外延片表面质量目测检验也可参考本方法进行。

2 规范性引用文件

下列文件中的条款通过本标准的引用而成为本标准的条款。凡是注日期的引用文件，其随后所有的修改单(不包括勘误的内容)或修订版均不适用于本标准，然而，鼓励根据本标准达成协议的各方研究是否可使用这些文件的最新版本。凡是不注日期的引用文件，其最新版本适用于本标准。

GB/T 14264 半导体材料术语

3 术语

本标准涉及的术语应符合 GB/T 14264 的规定。

4 方法原理

硅抛光片表面质量缺陷在一定光照条件下可以产生光的漫反射，且能通过目测观察，据此可目测检验其表面缺陷。

5 设备和器具

5.1 高强度汇聚光源：照度不小于 230 000 lx。

5.2 大面积漫射光源：可调节光强度的荧光灯或乳白灯，使检测面上的光强度为 430 lx～650 lx。

5.3 净化室：净化室级别应该与硅片表面颗粒检测的水平相一致，不低于 100 级。

5.4 净化台：大小能容纳检测设备，净化级别优于 100 级，离净化台正面边缘 230 mm 处背景照度为 50 lx～650 lx。

5.5 真空吸笔：吸笔头可拆卸清洗，抛光片与其接触后不留下任何痕迹，不引入任何缺陷。

5.6 照度计：应可测到 0 lx～330 000 lx。

5.7 公制尺：精度不低于 1 mm。

6 试样

按照规定的抽样方案或商定的抽样方案从清洗后的抛光片中抽取试样。

7 检测程序

7.1 检测条件

7.1.1 在净化室内，用真空吸笔吸住抛光片背面，使抛光面朝上，正对光源。光源、抛光片与检测人位置如图 1 所示。光源离抛光片距离为 10 cm～20 cm。α 角建议为 45°±10°，β 角建议为 90°±10°。

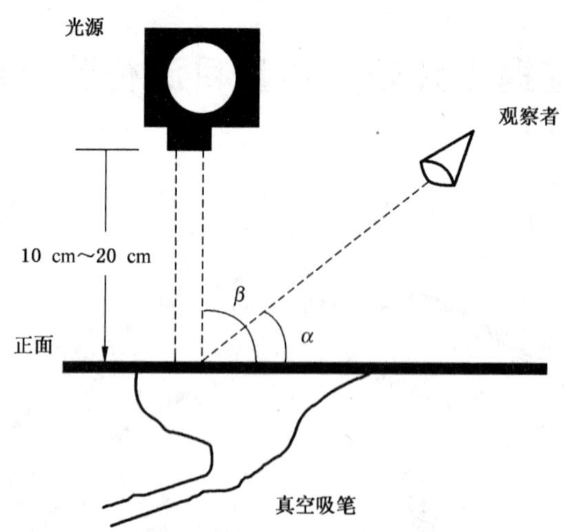

图 1 用高强度会聚光检测硅片正面的示意图

7.1.2 检测光源分别为

高强度汇聚光：照度≥230 000 lx；

大面积散射光：照度 430 lx～650 lx。

7.2 检测步骤

7.2.1 用真空吸笔吸住抛光片背面，使高强度汇聚光束斑直射抛光片正面（如图 1 所示）。晃动抛光片，改变入射光角度，目测检查整个抛光片正面的缺陷：沾污、雾、划道、颗粒。

7.2.2 将光源换成大面积散射光源，目测检查抛光片正面的缺陷：边缘碎裂、桔皮、鸦爪、裂纹、槽、波纹、浅坑、小丘、刀痕、条纹。

7.2.3 用真空吸笔吸住抛光片背面，转动吸笔使抛光片背面向上，在大面积散射光照射下，目测检查抛光片背面的缺陷：边缘碎裂、沾污、裂纹、刀痕。

8 检测结果计算

8.1 记录观察到的颗粒情况。

8.2 记录划道根数。

8.3 记录观察到的边缘碎裂、弧坑、波纹、小丘、浅坑、鸦爪、条纹、槽和裂纹数目。

9 试验报告

试验报告应包括以下内容：

a) 硅抛光片的批号；

b) 硅抛光片的生产单位；

c) 检测条件；

d) 检测结果；

e) 本标准编号；

f) 检验者签章；

g) 检测日期。

ICS 71.100.01;87.060.10
G 55

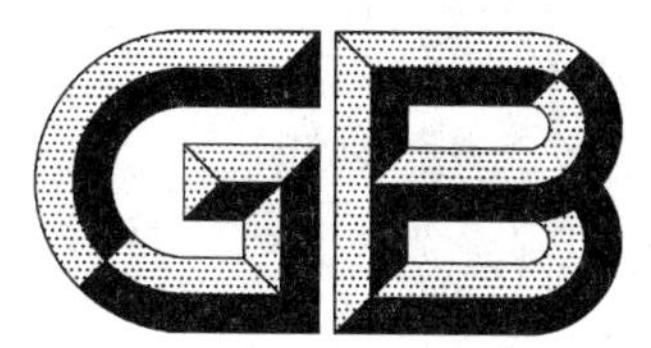

中华人民共和国国家标准

GB/T 6693—2009
代替 GB/T 6693—1997

染料　粉尘飞扬性的测定

Dyestuffs—Determination of the dusting behaviour

(ISO 105-Z05:1996,Textiles—Tests for colour fastness—
Part Z05:Determination of the dusting behaviour of dyes,MOD)

2009-06-02 发布　　2010-02-01 实施

中华人民共和国国家质量监督检验检疫总局
中国国家标准化管理委员会　发布

前　言

本标准修改采用 ISO 105-Z05：1996《纺织品——色牢度的测定——第 Z05 部分：染料粉尘飞扬性的测定》(英文版)。

本标准根据 ISO 105-Z05：1996 重新起草。

本标准与 ISO 105-Z05：1996 相比，技术内容修改如下：

——ISO 标准目测法规定采用的滤纸为玻璃纤维制成。本版标准采用中速定性滤纸。

本标准与 ISO 105-Z05：1996 相比，编辑性修改内容如下：

——将"本国际标准"改为"本标准"；

——用小数点"."代替作为小数点的逗号","；

——对 ISO 105-Z05：1996 引用的 ISO 105-A01：1994，用已被采用为我国的标准代替对应的国际标准。

本标准是对 GB/T 6693—1997 的修订。与 GB/T 6693—1997 相比，修改内容如下：

——标准采标程度由等同采用改为修改采用；

——将标准名称改为《染料　粉尘飞扬性的测定》。

本标准自实施之日起代替 GB/T 6693—1997。

本标准的附录 A 为资料性附录。

本标准由中国石油和化学工业协会提出。

本标准由全国染料标准化技术委员会(SAC/TC 134)归口。

本标准起草单位：安徽省凤阳染料化工有限公司、杭州下沙恒升化工有限公司、沈阳化工研究院、国家染料质量监督检验中心。

本标准主要起草人：姬兰琴、李志华、李信、韩晓琴、庄永斌。

本标准所代替的标准历次版本发布情况为：

——GB 6693—1986、GB/T 6693—1997。

引　言

在染料应用工业中，染料的粉尘是一个评价卫生、保健和安全的重要指标。这是一种重要、可靠和有重现性的测试这一性能的方法。

有其他测试粉尘的方法，但在检测染料的实际应用中，ISO 105 这部分给出的方法不仅更典型而且更具可比性。如果着眼于比较染料或极对值的可靠性，则必须知道其结果值不是一个特殊值。附录 A 列出了详细的重现性数据。

染料　粉尘飞扬性的测定

1　范围

本标准规定了染料粉尘飞扬性的测定方法。

本标准适用于染料粉尘飞扬性的测定。

2　规范性引用文件

下列文件中的条款通过本标准的引用而成为本标准的条款。凡是注日期的引用文件，其随后所有的修改单(不包括勘误的内容)或修订版均不适用于本标准，然而，鼓励根据本标准达成协议的各方研究是否可使用这些文件的最新版本。凡是不注日期的引用文件，其最新版本适用于本标准。

GB/T 251　纺织品　色牢度试验　评定沾色用灰色样卡(GB 251—2008，ISO 105-A03：1993，IDT)

3　术语与定义

下列术语和定义适用于本标准。

3.1

粉尘　dust

粉尘由分散在空气中的固态物质的粒子形成。

注1：染料粉尘是在混合、取样、分散等操作中形成。

注2：固体染料可以有不同的物理形态(粉状、颗粒状等)。商品染料粒度分布也各不相同。平均直径主要在50微米到几毫米之间。染料的粒度分布范围大小不一。

注3：染料粉尘的粒度分布与染料的物理形态并无关系。两种典型的粉尘分布图见图1所示。

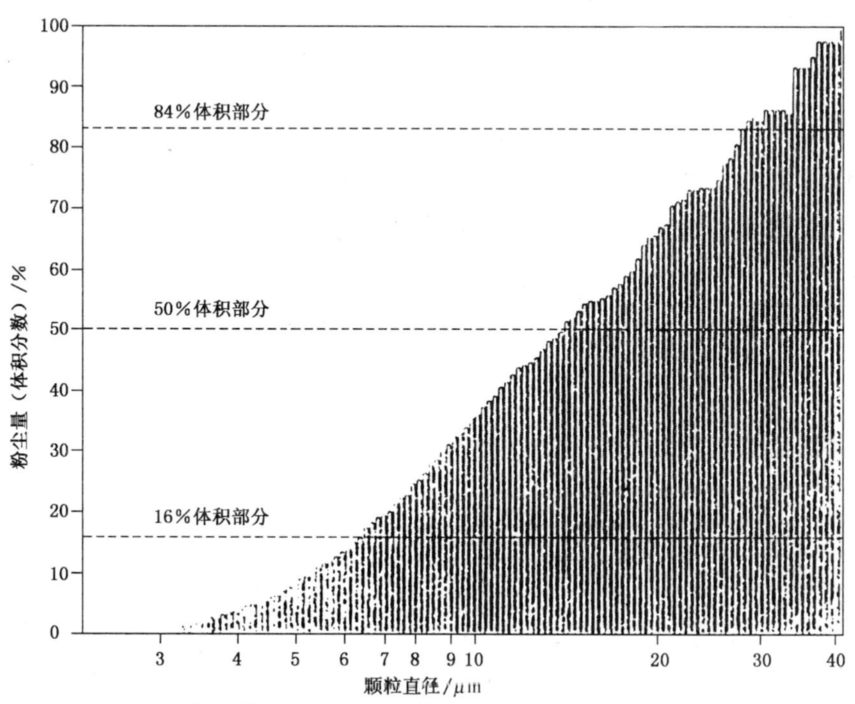

图1　典型的染料粉尘量(体积比)与粉尘颗粒直径关系

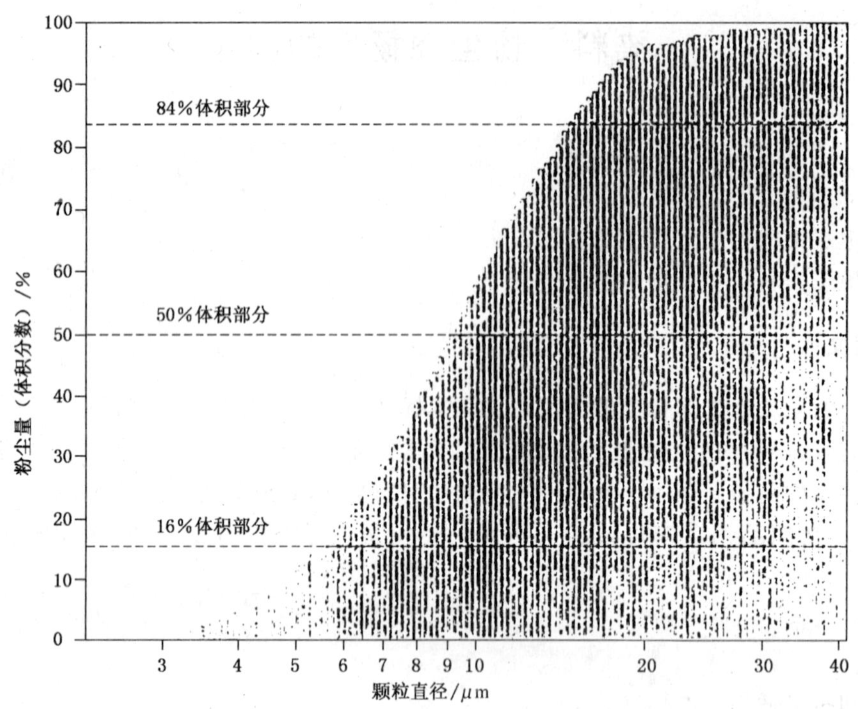

注：两图的 X 轴为对数刻度。

图 1（续）

4 原理

粉尘是由染料样品通过一个粉尘发生装置产生，用真空抽取含粉尘的空气并传送到检测器，产生的粉尘量是用目测法或重量法或光度计法定量来评定。

5 设备

5.1 天平，精度±0.1 g。

5.2 粉尘发生装置，带滤纸固定装置和连接装置以及附加组合部分（见图 2 和图 3），有数据表见表 1。

注：替代滤纸固定装置，其他粉尘检测装置也可固定在测试仪上，如脉冲仪和光学颗粒计数器。

5.2.1 中速定性滤纸，白色，直径 50 mm±2 mm，纤维素纤维制成。

5.2.2 真空泵：不小于 20 L/min 的吸入量。

5.2.3 空气流量调节器。

5.2.4 流量计：空气流量在 10 L/min 至 20 L/min 之间可调。

5.2.5 计时器。

5.3 评定沾色用灰色样卡，符合 GB/T 251 的规定。

5.4 分析天平：精度±0.01 mg。

5.5 分光光度计：收集到的染料溶解在合适的溶液中，测定其消光值（分光光度计法）。

5.6 清洁设备：如刷子和吸尘器。

5.7 镊子。

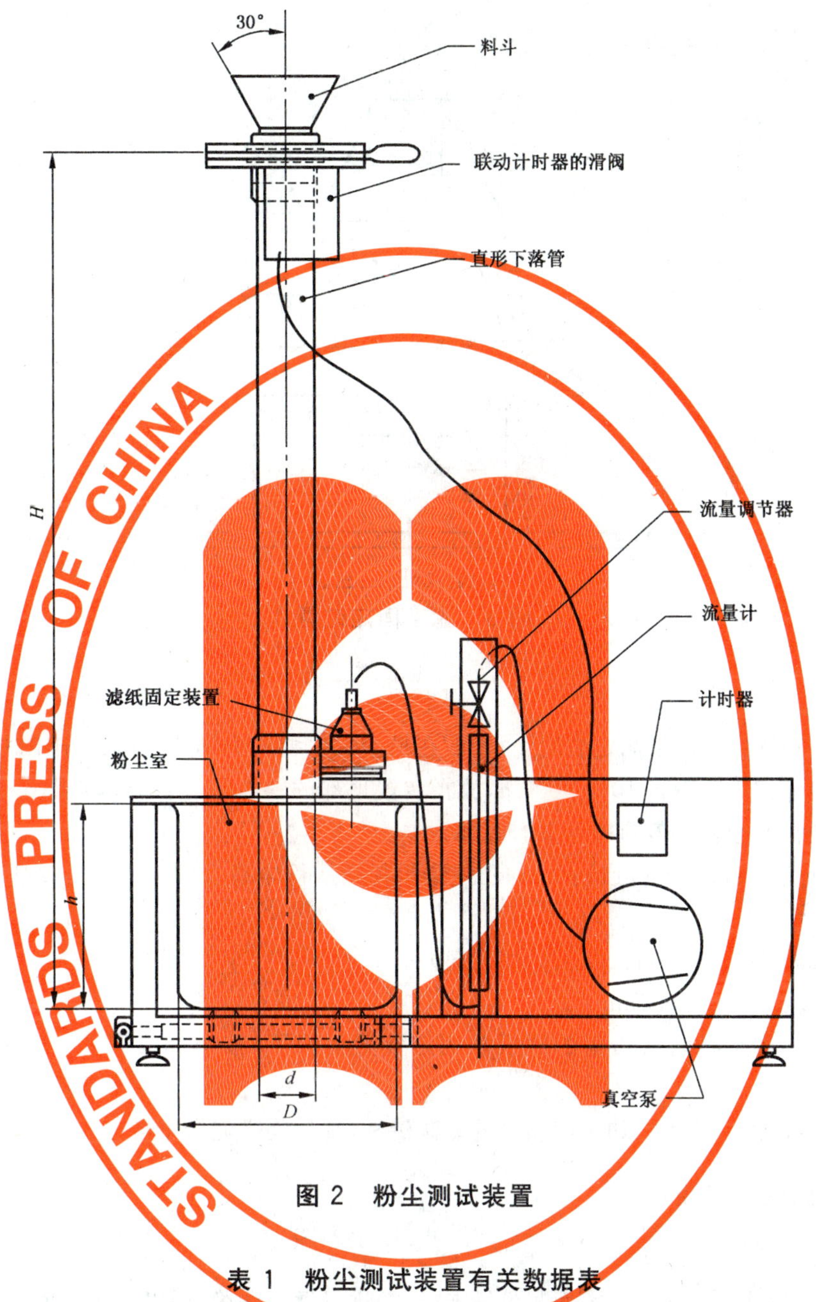

图 2　粉尘测试装置

表 1　粉尘测试装置有关数据表

H	总高度[a]	815 mm±5 mm
h	粉尘室高度	195 mm±5 mm
D	粉尘室直径	210 mm±5 mm
d	下落管直径	47 mm±5 mm
[a] 总高度是滑阀板上一面到粉尘室里面之间计算。		

单位为毫米

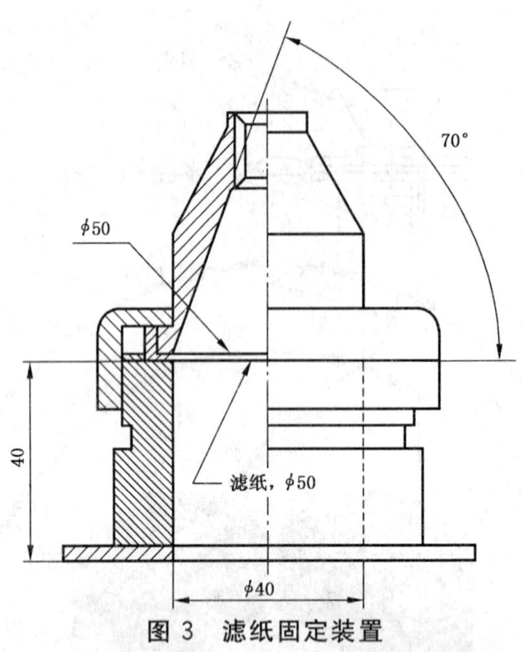

图3　滤纸固定装置

6　测定

将滤纸(5.2.1)固定在滤纸固定装置上，安放在粉尘发生装置上(5.2)后关闭阀门并保持气闭性。

用天平(5.1)仔细称取染料 10 g±0.1 g，放在装置顶部的料斗中，启动计时器(5.2.5)同时迅速打开滑动阀门，使染料通过管子落到粉尘室的底部。

打开阀门 5 s 后，按以下条件启动真空泵，使染料粉尘从粉尘室收集到滤纸(5.2.1)上。

流量：15 L/min；

抽气时间：120 s(在染料落下 5 s 后开始计时)；

染料下落高度：815 mm±5 mm；

用镊子(5.7)小心地将附着粉尘的滤纸从固定装置上取下，按本标准第 7 章所规定的方法进行评级。

每次试验后清洁测试仪器。如果用潮湿的方法清洗，洗后物必完全干燥。

7　滤纸上染料粉尘量的评定

7.1　目测法

将已收集粉尘的滤纸与评定沾色用灰色样卡(5.3)进行目测评级，用以下级别表示：

1 级＝有大量粉尘；5 级＝无粉尘；也可用半级表示。

注：无色固体物也完全可用目测法。然而，应特别注意这种测试。黑色滤纸可能更有帮助，但需要预先验证试验。更可取的是用重量法和分光光度计法。

7.2　重量法

用分析天平(5.4)称出有粉尘滤纸的质量。因为低粉尘品种的粉尘量非常少(＜1 mg)，各种误差会引入重量法。如果这种情况，建议用分光光度计测定法。

7.3　分光光度计法

用分光光度计法测定粉尘量，在室温下将沾有粉尘的滤纸溶解在合适的溶剂中搅匀，形成透明溶液。用分光光度计测定其光密度值，在预先制成的计算曲线上读出粉尘量。

注：详细参阅资料见参考文献。

8 结果表述

粉尘的产生和检测受很多因素影响。在特定的测试条件下，测定粉尘的量才能得到可靠的结果。这意味着用目测法或定量法测定粉尘飞扬性结果不可与用其他测试方法的结果直接进行比较。但由某一种方法测试的一组测试试样结果的相互秩序可与其他方法测试结果的相互秩序相比较。

8.1 目测法

目测法的结果表述已在本标准的7.1中列出。

目测法不能对一种染料产生的粉尘量进行定量测定。主要原因是每次测试时粉尘的粒度分布，颗粒大小、色相都不相同。

目测法是主观的并受以下因素影响，如检测人员的经验、粉尘的颜色，滤纸表面的性质(光滑和粗糙)。目测法误差在半级之内。根据经验，在重复条件下(同一测试仪，同一试验室)总误差不应超出这一范围。

8.2 定量法

结果的表述在本标准的7.2和7.3中列出，用毫克表示收集到的染料粉尘。

在定量法(重量法和分光光度计法)中，检测结果是指落在滤纸上的粉尘量。

因为被检测到的粉尘量以毫克计，在重量法中，滤纸所处的条件和静电可引起实质性误差。如果是用分光光度计法测定粉尘量，必须注意使粉尘成为真溶液后进行检测。

8.3 结果的偏差

有时报告的结果是错误的，其主要原因是：

a) 设备引起的因素，如：

——空气流量调节错误；

——通过设备的气流不是恒定的，真空度不符合要求；

——时间控制不准确。

适当地调节仪器可使这些误差变得很小。

b) 外部因素：

——湿度；

——下落管道和粉尘室内的静电；

——样品中粉尘不均匀。

9 试验报告

试验报告应包括以下内容：

a) 本标准编号；

b) 被测染料样品的名称；

c) 测试用的实际(染料)用量；

d) 空气流量；

e) 抽气时间；

f) 滤纸的品质；

g) 使用的方法和测得结果，按本标准的8.1或8.2的规定表示；

h) 与本方法有任何不相同的地方；

i) 测试日期。

附 录 A
（资料性附录）
方法的重现性

用以下染料由欧洲主要染料生产商的实验室提供粉尘测试与重现性数据的关系。

染料 1 为 Erionyl 紫 B 240%

染料 2 为 Acidol 蓝 BE AW

染料 3 为 Indosol 红玉 SFR GN

染料 4 为 Sapracen 深红

实验组别分别出自不同日期的单一实验室和不同的实验室。

在实验室 1,2,3,4 中，染料 1,2,3 用重量法和分光光度计法来评价粉尘性。在某一天，同一实验室在一天内对 10 个样品进行粉尘飞扬性测试，在以后的两天进行重复实验。收集每一组 10 个粉尘测定值数据，然后算出平均值、标准偏差和标准偏差率（V，%）。结果在表 A.1、表 A.2 和表 A.3 中列出。

在本标准的 8.3 中提及的外部因素如湿度、静电、样品中粉尘不均匀，对测试染料粉尘飞扬的重现性试验是重要影响因素。用样品分样器可以将染料中粉尘量的不均匀影响减到最小，但染料样品将受到机械力的影响，所以通常不建议使用分样器。

实验室 5 和染料 4，在评价前用分样器（或往复器）来保证染料样品同性质对说明重现性是有益的。实验结果在表 A.4 和表 A.5 中列出。

从分光光度计法结果（V=5.7%）和重量法结果（V=9.82%）的标准偏差率结果可以看出，用分样器分样的实验在染料粉尘量重现性的测试是非常有效的方法。

不同的日期和不同的实验室同组试验室内结果的波动并不归于这一测试方法，主要归结于本标准 8.3 中提到的因素。每次试验可能引出的误差归于这些影响。

表 A.1 染料粉尘飞扬性 1

试验	重量法结果/(mg/滤纸)										
	实验室 1			实验室 2			实验室 3		实验室 4		
1	1.40	1.00	1.30	1.13	1.37	1.21	1.36	1.01	1.20	1.50	1.30
2	1.35	1.20	1.10	1.03	1.28	1.16	1.48	0.87	3.20	1.10	0.80
3	1.20	0.90	1.10	0.84	1.14	1.12	1.12	1.06	1.10	0.90	1.50
4	1.25	1.10	1.10	1.20	1.11	1.05	1.05	1.21	1.40	0.80	1.50
5	1.45	1.35	1.00	1.19	1.32	1.02	1.22	1.16	0.60	1.10	1.60
6	1.20	0.95	1.00	1.02	1.54	1.02	1.04	0.85	2.40	1.20	2.10
7	1.10	1.00	1.20	1.08	1.16	1.02	1.17	1.12	1.40	1.10	0.80
8	1.40	1.10	1.10	1.25	1.33	1.04	1.20	1.38	1.80	1.60	1.10
9	2.10	0.75	1.40	1.16	1.19	1.22	0.95	1.27	1.10	1.00	1.00
10	1.20	0.90	1.30	1.20	1.15	1.27	1.18	1.51	1.50	1.10	0.90
平均值	1.37	1.02	1.16	1.11	1.26	1.11	1.18	1.14	1.57	1.14	1.26
s	0.28	0.17	0.13	0.12	0.13	0.09	0.16	0.21	0.74	0.25	0.42
V/%	20.20	16.70	10.60	10.81	10.31	8.11	13.60	18.36	47.38	21.60	33.30
试验	分光光度计法结果/(mg/滤纸)										
	实验室 1			实验室 2			实验室 3		实验室 4		
1	1.56	1.13	1.56	1.13	1.75	1.55	1.41	1.27	1.43	1.77	1.62
2	1.33	1.34	1.42	1.07	1.49	1.55	1.49	0.80	1.85	1.54	1.37
3	1.28	1.10	1.30	0.96	1.30	1.34	1.18	1.09	1.31	1.07	1.40

表 A.1（续）

试验	分光光度计法结果/(mg/滤纸)										
	实验室 1			实验室 2			实验室 3		实验室 4		
4	1.21	1.37	1.25	1.14	1.32	1.30	1.09	1.25	1.67	1.30	1.38
5	1.58	1.70	1.25	1.10	1.39	1.41	1.20	1.18	2.00	1.36	1.16
6	1.16	1.30	1.20	1.08	1.54	1.16	1.04	1.14	1.62	1.39	1.98
7	1.26	1.23	1.45	1.02	1.27	1.34	1.06	1.27	1.47	1.43	0.90
8	1.42	1.39	1.28	1.32	1.37	1.23	1.26	1.43	1.53	1.51	1.75
9	1.67	0.99	1.63	1.02	1.20	1.30	0.92	1.40	1.37	1.22	1.51
10	1.60	1.20	1.38	1.09	1.30	1.41	1.05	1.33	1.46	1.65	1.44
平均值	1.41	1.27	1.37	1.09	1.40	1.36	1.17	1.22	1.57	1.42	1.45
s	0.18	0.20	0.14	0.10	0.16	0.12	0.18	0.18	0.22	0.20	0.30
V/%	13.00	15.50	10.40	9.20	11.40	8.80	15.40	15.05	13.90	14.40	20.60

表 A.2 染料粉尘飞扬性 2

试验	重量法结果/(mg/滤纸)										
	实验室 1			实验室 2			实验室 3		实验室 4		
1	2.20	1.50	1.30	1.46	1.49	1.43	1.27	1.40	2.70	3.00	2.40
2	2.10	1.60	1.50	1.44	2.08	1.83	1.24	1.62	2.20	2.50	2.80
3	1.40	1.20	1.50	1.30	1.10	1.50	1.40	1.19	2.20	3.70	2.50
4	1.40	1.50	1.00	1.55	1.64	1.37	1.45	1.35	2.20	2.70	2.50
5	1.70	1.30	1.15	1.20	1.97	1.51	1.06	1.60	2.90	2.10	2.60
6	2.20	1.60	1.50	1.31	1.78	1.08	1.07	1.43	2.10	2.50	2.30
7	1.60	1.50	1.15	1.40	1.66	1.44	1.02	1.47	3.50	2.90	2.00
8	1.70	1.30	1.30	1.42	1.18	1.41	1.19	1.45	2.30	2.80	2.50
9	1.40	1.40	1.50	1.09	1.60	1.03	0.83	0.99	3.00	2.10	2.00
10	1.30	1.35	1.20	1.75	1.37	1.37	0.86	1.29	2.60	2.70	2.30
平均值	1.70	1.42	1.31	1.40	1.60	1.40	1.14	1.38	2.57	2.70	2.39
s	0.35	0.14	0.18	0.18	0.31	0.22	0.21	0.19	0.46	0.46	0.25
V/%	20.60	9.60	14.00	12.90	19.40	15.70	18.40	13.65	17.80	17.20	10.50
试验	分光光度计法结果/(mg/滤纸)										
	实验室 1			实验室 2			实验室 3		实验室 4		
1	2.60	1.34	1.38	1.75	1.74	1.67	1.44	1.74	3.20	2.82	3.09
2	2.40	1.52	1.58	1.66	2.08	2.01	1.38	2.11	2.55	2.58	4.19
3	1.30	1.05	1.57	1.53	1.26	1.65	1.58	1.53	2.19	3.13	3.24
4	1.50	1.54	1.07	1.77	1.88	1.57	1.85	1.66	3.15	3.44	2.95
5	2.00	1.37	1.20	1.47	2.07	1.78	1.35	1.72	3.71	2.38	3.13
6	2.15	1.54	1.52	1.73	1.93	1.40	1.26	1.79	3.24	2.40	3.05
7	1.60	1.85	1.23	1.63	1.82	1.80	1.29	1.74	3.23	3.53	2.47
8	1.95	1.48	1.39	1.49	1.40	1.67	1.41	1.82	2.67	3.59	3.04
9	1.45	1.52	1.52	1.30	1.73	1.06	1.23	1.23	3.42	2.74	2.55
10	1.52	1.50	1.24	1.63	1.56	1.19	1.09	1.56	3.58	2.43	2.70
平均值	1.84	1.46	1.37	1.59	1.75	1.58	1.39	1.69	3.09	2.91	3.04
s	0.43	0.18	0.18	0.15	0.27	0.29	0.21	0.23	0.48	0.48	0.48
V/%	23.60	12.40	12.90	9.40	15.40	18.40	15.10	13.46	15.50	16.60	15.70

表 A.3　染料粉尘飞扬性 3

试验	重量法结果/(mg/滤纸)										
	实验室 1			实验室 2			实验室 3		实验室 4		
1	1.45	1.70	0.80	0.56	0.96	1.04	1.43	0.80	4.70	2.40	2.20
2	2.10	1.85	1.15	0.82	0.86	1.51	1.39	1.00	1.90	1.70	4.20
3	1.10	0.85	0.80	0.71	1.06	1.31	1.29	1.00	1.80	2.30	1.80
4	1.40	1.20	1.80	0.80	1.19	2.09	1.57	0.80	2.00	1.40	2.70
5	1.40	0.90	1.40	0.57	1.18	1.30	1.67	1.40	3.00	3.70	1.70
6	1.35	1.10	0.85	1.06	1.02	1.23	1.77	1.10	2.70	4.30	2.20
7	1.60	1.50	1.00	0.73	0.69	1.99	1.96	0.60	1.70	1.90	1.20
8	1.80	1.95	1.20	1.25	1.00	0.84	1.36	1.90	2.70	1.90	2.70
9	1.40	1.30	0.95	0.52	0.79	2.49	1.66	1.40	1.90	2.40	1.80
10	1.10	1.85	1.80	0.85	0.83	1.21	1.71	0.60	2.20	2.80	2.70
平均值	1.47	1.42	1.17	0.79	0.96	1.50	1.58	1.00	2.46	2.48	2.32
s	0.30	0.41	0.38	0.23	0.16	0.52	0.21	0.41	0.90	0.91	0.38
V/%	20.60	28.70	32.50	29.10	16.70	34.70	13.30	38.57	36.72	36.60	35.70

试验	光度计法结果/(mg/滤纸)										
	实验室 1			实验室 2			实验室 3		实验室 4		
1	0.95	1.65	0.66	0.45	0.88	0.78	1.34	0.80	3.88	2.31	1.96
2	1.65	1.76	1.03	0.74	0.77	1.12	1.27	0.82	2.04	1.52	3.59
3	0.87	0.84	0.69	0.65	0.91	0.89	1.23	0.89	1.65	2.04	1.64
4	1.15	1.11	1.65	0.74	1.08	1.58	1.44	0.81	1.51	1.82	2.53
5	1.15	0.83	1.36	0.49	1.12	1.02	1.51	1.43	3.05	3.20	1.60
6	1.45	1.07	0.80	0.93	0.91	0.87	1.64	1.23	1.88	3.76	1.86
7	1.42	1.47	0.88	0.61	0.69	1.74	1.75	0.75	1.49	1.89	1.24
8	1.50	1.83	1.05	1.01	0.85	0.91	1.12	1.69	2.13	1.77	2.22
9	1.15	1.26	0.80	0.44	0.78	2.03	1.58	1.36	2.03	2.21	1.84
10	0.78	1.76	1.52	0.72	0.78	0.83	1.56	0.63	2.02	2.50	2.16
平均值	1.19	1.36	1.14	0.68	0.87	1.18	1.44	1.04	2.17	2.30	2.06
s	0.29	0.38	0.36	0.19	0.14	0.44	0.20	0.36	0.75	0.69	0.65
V/%	24.40	28.40	31.90	27.90	16.10	37.30	13.90	34.32	34.50	30.20	31.30

表 A.4　粉尘飞扬性——不用分样器制备样品

实　　验	重量法结果/mg	分光光度计法结果/mg	目测法/灰卡级数
1	1.8	1.8	1.5
2	1.9	2.0	1.5
3	1.9	2.0	1.5
4	1.3	1.4	2.0
5	1.7	1.9	1.5
6	1.9	2.3	1.5
7	1.6	1.6	1.5
8	1.9	1.9	1.5
平均值	1.75	1.86	1.56
标准偏差 s	0.20	0.25	0.17
标准偏差率 V/%	11.43	13.44	—

表 A.5 粉尘飞扬性——用分样器制备样品

实　验	重量法结果/mg	光度计法结果/mg	目测法/灰卡级数
1	1.8	2.1	1.5
2	1.7	2.0	1.5
3	1.3	1.8	2.0
4	1.8	1.9	1.5
5	1.6	2.0	1.5
6	1.7	1.9	1.5
7	1.5	1.8	1.5
8	1.6	1.8	1.5
平均值	1.63	1.91	1.56
标准偏差 s	0.16	0.11	0.17
标准偏差率 V/%	9.82	5.76	—

参 考 文 献

[1] 溶液中颜色测定,Melliand Textiberichte,67,1986,P.499～502

[2] 溶液中颜色强度测定,JSDC,103,1987,P.38

ICS 13.020
J 88

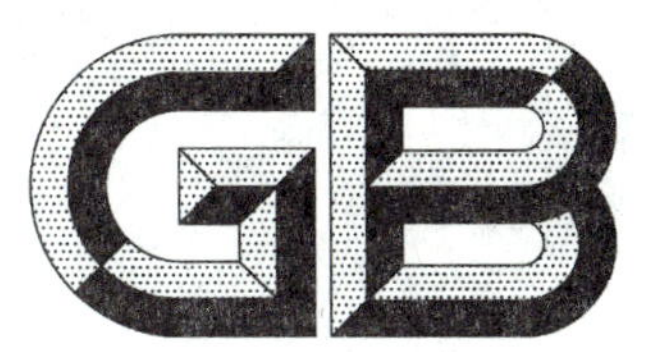

中华人民共和国国家标准

GB/T 6719—2009
代替 GB/T 6719—1986,GB/T 12138—1989

袋式除尘器技术要求

Specifications for bag house

2009-04-13 发布 2009-10-01 实施

中华人民共和国国家质量监督检验检疫总局
中国国家标准化管理委员会 发布

前　言

本标准代替 GB/T 6719—1986《袋式除尘器分类及规格性能表示方法》、GB/T 12138—1989《袋式除尘器性能测试方法》。

本标准与 GB/T 6719—1986《袋式除尘器分类及规格性能表示方法》相比较主要变化如下：

——将分室反吹与喷嘴反吹类均归为反吹风类；

——袋式除尘器统一命名简化，只简要规定除尘器的清灰形式、过滤面积、分室数，其他代号由各生产单位自行确定；

——增加了脉冲清灰方式，行喷脉冲类和回转式脉冲喷吹类袋式除尘器；

——按清灰方式划分除尘器的形式与原标准有调整，新分为：机械振打类、反吹风类、脉冲喷吹类、复合式清灰类等四种形式；

——袋式除尘器术语增加了清灰周期、清灰时间等，删除了实验粉尘、试验粉尘中位径、试验粉尘粒径分布等术语；

——命名格式中的第一个字母 L 去掉，表示生产厂家的拼音缩写去掉；

——不具体规定各生产单位产品的特征代号；

——在编写格式和表述规则上按 GB/T 1.1—2000《标准化工作导则　第 1 部分：标准的结构和编写规则》的要求对原标准作了较大修改。

本标准与 GB/T 12138—1989《袋式除尘器性能测试方法》相比较主要变化如下：

——将第一篇《袋式除尘器实验样机性能测试》和第二篇《袋式除尘器现场使用性能测试》合并。

——将袋式除尘器主要性能参数规定为除尘效率、除尘器设备阻力、滤袋过滤速度及除尘器漏风率；将进、出口风量、气体温度、气体湿度、气体静压、气体流量及气体含尘浓度等规定为测试项目；取消原标准中受外界因素影响较大的测试项目——粉尘排放率指标；取消原标准中非性能测试项目——耐压强度指标。

——依据 GB/T 16157《固态污染源排气中颗粒物测定与气态污染物采样方法》，确定测试管道内的采样点位置及数量。

本标准的附录 A、附录 B、附录 C、附录 D、附录 E、附录 G 为规范性附录，附录 F 为资料性附录。

本标准由国家安全生产监督管理总局提出。

本标准由全国安全生产标准化技术委员会、全国环保产品标准技术委员会归口。

本标准起草单位：北京市劳动保护科学研究所、东北大学、科林环保装备股份有限公司、北京市劳保所科技发展有限责任公司。

本标准主要起草人：齐金彦、张彤、孙熙、韩国君、暴辰生、柳静献、桑亮、沈卫星、郝利君、王小兵、孙成刚、肖卫芳、王宽、富明梅、杨雅雯、宋晓杰、褚明华、王金波。

本标准所代替标准的历次版本发布情况为：

——GB/T 6719—1986；

——GB/T 12138—1989。

袋式除尘器技术要求

1 范围

本标准规定了袋式除尘器的分类及命名规则,袋式除尘器用滤料与滤袋的命名、分类、技术要求、检测方法、检验规则、包装、标志、贮存和运输,袋式除尘器的主要性能测试项目和测试方法。

本标准适用于以纤维滤料制造过滤元件的袋式除尘器的设计、制造、使用,袋式除尘器用滤料及滤袋的设计、制造、使用,袋式除尘器的性能检测。

2 规范性引用文件

下列文件中的条款通过本标准的引用而成为本标准的条款。凡是注日期的引用文件,其随后所有的修改单(不包括勘误的内容)或修订版均不适用于本标准,然而,鼓励根据本标准达成协议的各方研究是否可使用这些文件的最新版本。凡是不注日期的引用文件,其最新版本适用于本标准。

GB/T 191 包装储运图示标志

GB/T 2828.1 计数抽样检验程序 第1部分:按接受质量限(AQL)检索的逐批检验抽样计划

GB/T 3820 纺织品和纺织制品厚度的测定

GB/T 3923.1 纺织品 织物拉伸性能 第1部分:断裂强力和断裂伸长率的测定 条样法

GB/T 4667 机织物幅宽的测定

GB/T 4668 机织物密度的测定

GB/T 4669 纺织物 机织物 单位长度质量和单位面积质量的测定

GB/T 4745 纺织织物 表面抗湿性测定方法 沾水试验

GB/T 5453 纺织品 织物透气性的测定

GB/T 5455 纺织品 燃烧性能试验 垂直法

GB/T 5748 作业场所空气中粉尘测定方法

GB/T 7689.1 增强材料 机织物试验方法 第1部分:玻璃纤维厚度的测定

GB/T 7689.2 增强材料 机织物试验方法 第2部分:经、纬密度的测定

GB/T 7689.3 增强材料 机织物试验方法 第3部分:宽度和长度的测定

GB/T 7689.5 增强材料 机织物试验方法 第5部分:玻璃纤维拉伸断裂强力和断裂伸长率的测定

GB/T 9914.3 增强制品试验方法 第3部分:单位面积质量的测定

GB/T 12703 纺织品 静电性能的评定 第1部分:静电压半衰期

FZ/T 60003 非织造布单位面积质量的测定

FZ/T 60004 非织造布厚度的测定

3 术语和定义

下列术语和定义适用于本标准。

3.1

袋式除尘器 bag house

利用纤维滤料制作的袋状过滤元件来捕集含尘气体中固体颗粒物的设备,称为袋式除尘器。

3.2

滤袋　filter bag

在袋式除尘器中起滤尘作用的过滤元件，条。

3.3

滤料单重　weight per unit area

单位面积滤料的重量，g/m^2。

3.4

过滤面积　filtration area

起滤尘作用的滤袋有效面积，m^2。

3.5

过滤风速　filtration velocity

含尘气体通过滤袋有效面积表观速度，m/min。

3.6

气布比　air-to-cloth ratio

在工况条件下，单位时间内单位有效过滤面积上处理含尘气体量，也就是过滤风速，$m^3/(m^2 \cdot h)$。

3.7

处理风量(入口风量)　gas volume(inlet gas flow rate)

进入袋式除尘器的含尘气体工况流量，m^3/h 或 m^3/min。

3.8

压力损失(设备阻力)　pressure drop

气流通过袋式除尘器的流动阻力，即袋式除尘器出口与入口处气流的平均全压之差，Pa。

3.9

漏风率　air leakage ratio

漏入或漏出袋式除尘器本体的风量与入口风量(均折算为标准状态风量)的比率，%。

3.10

入口粉尘浓度　inlet dust concentration

入口含尘气体的单位标态体积中所含固体颗粒物的质量，g/m^3 或 mg/m^3。

3.11

出口粉尘浓度　outlet dust concentration

出口含尘气体的单位标态体积中所含固体颗粒物的质量，mg/m^3。

3.12

除尘效率　collection efficiency

η

袋式除尘器捕集的粉尘量与入口总粉尘量的比率，%。

3.13

穿透率(通过率)　penetration

p

袋式除尘器出口的粉尘量与入口总粉尘量的比率，%。$p=1-\eta$。

3.14

内滤　inside filtration

含尘气流由袋内流向袋外，利用滤袋内侧捕集粉尘。

3.15

外滤　outside filtration

含尘气流由袋外流向袋内，利用滤袋外侧捕集粉尘。

3.16

清灰　dust cleaning

为使袋式除尘器的压力损失保持在正常范围，利用机械或空气动力等手段使滤袋上粘附的粉尘剥落。

3.17

清灰周期　dust cleaning cycle

袋式除尘器上一次清灰开始与下一次清灰开始之间的时间，s。

3.18

清灰时间　dust cleaning time

对滤袋进行一次喷吹清灰所用的时间，s。

3.19

静态除尘效率　static dust collection efficiency

从滤料洁净状态开始，连续滤尘但不清灰，当容尘量达规定值时的过滤效率，%。

3.20

动态除尘效率　operational dust collection efficiency

滤料在滤尘的同时，按规定制度进行清灰条件下的过滤效率，%。

3.21

残余阻力　residual pressure drop

在一定的滤速下，滤料阻力达规定值时，按规定的条件进行清灰后滤料的阻力，Pa。

3.22

洁净滤料阻力系数　resistance coefficient of virgin fabric

在规定滤速下，洁净滤料的阻力与滤速之比，Pa·min/m。

3.23

清灰阻力　cleaning pressure

滤料试样容尘到一定程度，开始清灰时的阻力称为滤料的清灰阻力，Pa。

3.24

粉尘剥离率　ratio of dustcake removing

清灰时从滤料试样上剥离的粉尘质量与清灰前试样上堆积的粉尘质量之比，%。

3.25

经向定负荷伸长率　warp elongation under fixed load

沿滤料样品经向加预定的载荷，并持续一定时间后，长度增加量与原始长度之比，用于考核长滤袋所用滤料经向承受静态负荷能力的指标，%。

3.26

气体的标准状态　the standard state of gas

温度为 0 ℃(273 K)，大气压力为 101 325 Pa 时的气体状态。

3.27

等速采样　isokinetic sampling

进入采样嘴的含尘气体速度与该采样点管道截面上的含尘气体速度相等的采样方法。

3.28

流速当量直径　flowing speed equivalent diameter

矩形管道流速当量直径等于$\frac{2ab}{a+b}$(a、b 为矩形管道截面的边长),m。

4　袋式除尘器的分类

根据清灰方法的不同,袋式除尘器共分为四类:

4.1　机械振打类

利用机械装置(电动、电磁或气动装置)使滤袋产生振动而清灰的袋式除尘器,有适合间歇工作的停风振打和适合连续工作的非停风振打两种构造型式。

4.1.1　停风振打袋式除尘器,是指使用各种振动频率在停止过滤状态下进行振打清灰。

4.1.2　非停风振打袋式除尘器,是指使用各种振动频率在连续过滤状态下进行振打清灰。

4.2　反吹风类

利用阀门切换气流,在反吹气流作用下使滤袋缩瘪与鼓胀发生抖动来实现清灰的袋式除尘器。根据清灰过程的不同,可分为三状态"过滤"、"反吹"、"沉降"与二状态"过滤"、"反吹"两种工作状态。

4.2.1　分室反吹类

采取分室结构,利用阀门逐室切换气流,将大气或除尘系统后洁净循环烟气等反向气流引入不同袋室进行清灰。

4.2.1.1　大气反吹风袋式除尘器,是指除尘器处于负压(或正压)状态下运行,将室外空气引入袋室进行清灰。

4.2.1.2　正压循环烟气反吹风袋式除尘器,是指除尘器处于正压状态下运行,将系统中净化后的烟气引入袋室进行清灰。

4.2.1.3　负压循环烟气反吹风袋式除尘器,是指除尘器处于负压状态下运行,将系统中净化后的烟气引入袋室进行清灰。

4.2.2　喷嘴反吹类

以高压风机或压气机提供反吹气流,通过移动的喷嘴进行反吹,使滤袋变形抖动并穿透滤料而清灰的袋式除尘器。

4.2.2.1　机械回转反吹风袋式除尘器,是指喷嘴为条口形或圆形,经回转运动,依次与各个滤袋净气出口相对,进行反吹清灰。

4.2.2.2　气环反吹袋式除尘器,是指喷嘴为环缝形,套在滤袋外面,经上下移动进行反吹清灰。

4.2.2.3　往复反吹袋式除尘器,是指喷嘴为条口形,经往复运动,依次与各个滤袋净气出口相对,进行反吹清灰。

4.2.2.4　回转脉动反吹袋式除尘器,是指反吹气流呈脉动状供给的回转反吹袋式除尘器。

4.2.2.5　往复脉动反吹袋式除尘器,是指反吹气流呈脉动状供给的往复反吹袋式除尘器。

4.3　脉冲喷吹类

以压缩气体为清灰动力,利用脉冲喷吹机构在瞬间放出压缩空气,高速射入滤袋,使滤袋急剧鼓胀,依靠冲击振动和反向气流而清灰的袋式除尘器。

根据喷吹气源压强的不同可分为低压喷吹(低于 0.25 MPa)、中压喷吹(0.25 MPa～0.5 MPa)、高压喷吹(高于 0.5 MPa)。

4.3.1　离线脉冲袋式除尘器是指滤袋清灰时切断过滤气流,过滤与清灰不同时进行的袋式除尘器。采用低压喷吹、中压喷吹或高压喷吹的离线脉冲袋式除尘器分别称为低压喷吹离线脉冲袋式除尘器、中压喷吹离线脉冲袋式除尘器或高压喷吹离线脉冲袋式除尘器。

4.3.2 在线脉冲袋式除尘器是指滤袋清灰时，不切断过滤气流，过滤与清灰同时进行的袋式除尘器。采用低压喷吹、中压喷吹或高压喷吹的在线脉冲袋式除尘器分别称为低压喷吹在线脉冲袋式除尘器、中压喷吹在线脉冲袋式除尘器或高压喷吹在线脉冲袋式除尘器。

4.3.3 气箱式脉冲袋式除尘器是指除尘器为分室结构，清灰时把喷吹气流喷入一个室的净气箱，按程序逐室停风、喷吹清灰的袋式除尘器。

4.3.4 行喷式脉冲袋式除尘器，是指以压缩空气用固定式喷管对滤袋逐行进行清灰的袋式除尘器。

4.3.5 回转式脉冲袋式除尘器，是指以同心圆方式布置滤袋束，每束或几束滤袋布置1根喷吹管，每个脉冲阀承担1根喷吹管或几根喷吹管，对滤袋进行喷吹的袋式除尘器。

4.4 复合式清灰类

采用两种以上清灰方式联合清灰的袋式除尘器。

4.4.1 机械振打与反吹风复合式袋式除尘器，是指同时使用机械振打和反吹风两种方式使滤料振动，以致滤料上的粉尘层松脱下落的袋式除尘器。

4.4.2 声波清灰与反吹风复合式袋式除尘器，是指同时使用声波动能和反吹风两种方式使滤料振动，以致滤料上的粉尘层松脱下落的袋式除尘器。

5 袋式除尘器的型式

5.1 根据结构特点划分

5.1.1 按除尘器进风口位置分

5.1.1.1 上进风式：含尘气流入口位于上箱体，气流与粉尘沉降方向一致。

5.1.1.2 下进风式：含尘气流入口位于灰斗上部，气流与粉尘沉降方向相反。

5.1.1.3 径向进风式：含尘气流入口位于袋室正面，气流沿水平方向接触滤袋。

5.1.1.4 侧向进风式：含尘气流从袋室的侧面进入，气流沿水平方向接触滤袋。侧向进风一般作为其他进风方式的辅助方式。

5.1.2 按过滤元件型式分

5.1.2.1 圆袋式：过滤元件为圆筒形。

5.1.2.2 扁袋式：过滤元件为平板形(信封形)、梯形、楔形、椭圆形以及非圆筒形的其他型式。

5.1.2.3 折叠滤筒式：过滤元件为褶皱式圆筒状。

5.1.2.4 双层布袋：圆形或扁形过滤元件做成双层。

5.1.3 按风机与除尘器间位置分

5.1.3.1 吸入式：系统风机位于除尘器之后，除尘器为负压工作。

5.1.3.2 压入式：系统风机位于除尘器之前，除尘器为正压工作。

5.1.4 按过滤方式分

5.1.4.1 内滤式：含尘气流由袋内流向袋外，利用滤袋内侧捕集粉尘。

5.1.4.2 外滤式：含尘气流由袋外流向袋内，利用滤袋外侧捕集粉尘。

5.1.5 按结构分

5.1.5.1 非分室结构：袋式除尘器整体完成过滤与清灰功能的结构。

5.1.5.2 分室结构：将袋式除尘器分割成若干单元，各单元可独立完成过滤与清灰功能的结构。

5.2 根据除尘原理划分

5.2.1 单独过滤式：粉尘直接利用过滤方式捕集粉尘。

5.2.2 静电布袋复合式：粉尘先经过预荷电或(和)外电场后再利用过滤方式捕集粉尘。

5.2.3 旋风布袋复合式：含尘气流先经过离心分离后再利用过滤方式捕集粉尘。

6 袋式除尘器的命名

6.1 命名原则

袋式除尘器的命名按分类与最有代表性的结构特征相结合来命名。

将风机和袋式除尘器组成一个整机的形式，称为袋式除尘机组，其命名原则不变。

6.2 命名格式

将命名格式分为机械振打类、反吹风类、脉冲喷吹类、复合式清灰类。

6.2.1 机械振打袋式除尘器命名示例如下：

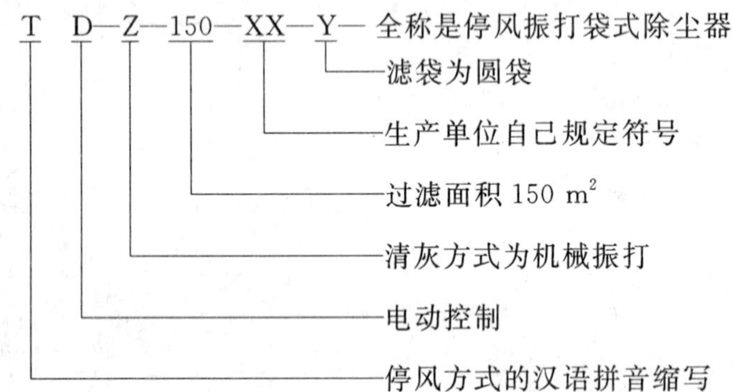

6.2.2 反吹风袋式除尘器命名示例如下：

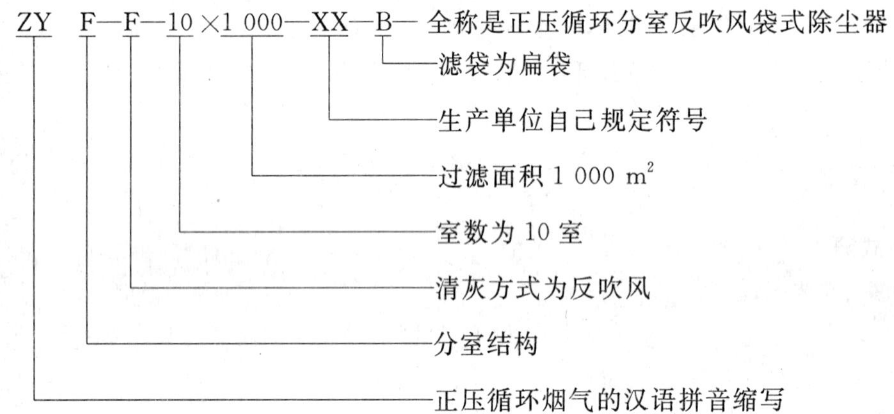

6.2.3 脉冲喷吹袋式除尘机组命名示例如下：

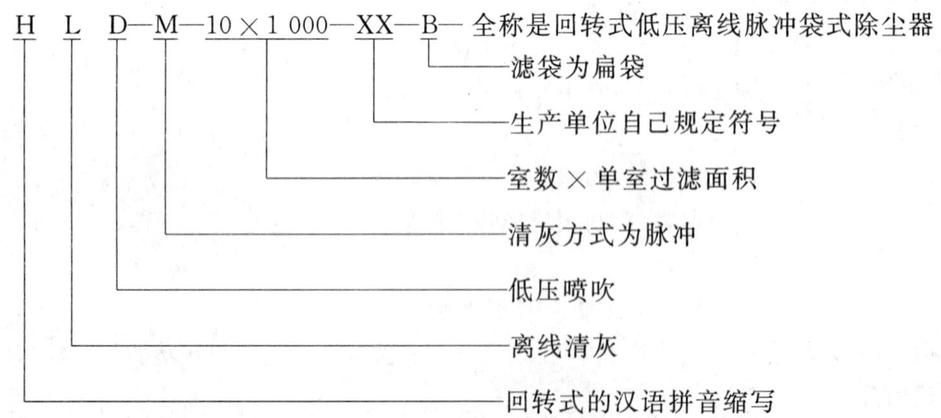

6.2.4 复合类袋式除尘器的命名示例如下：

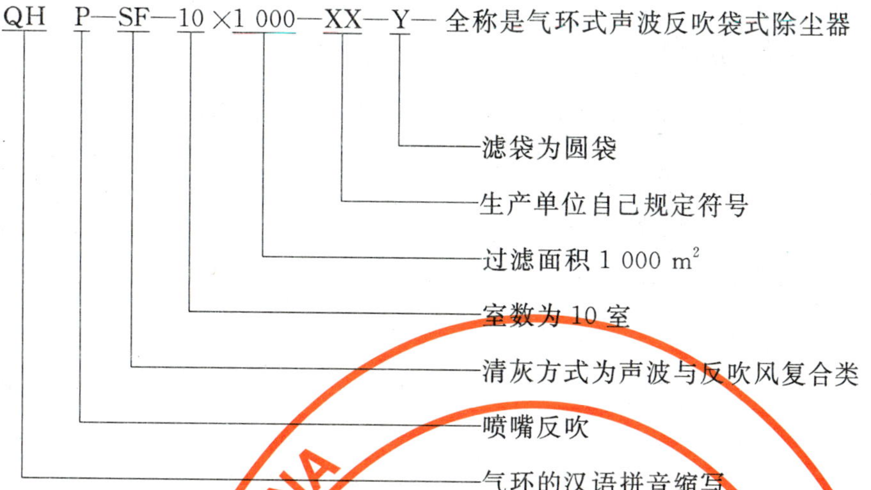

6.3 命名代号

各类袋式除尘器命名代号由研制设计单位根据本标准关于命名原则的规定，确定命名代号。

7 袋式除尘器的规格、性能及表示项目

编写袋式除尘器的设计、制造和使用技术文件时，均应充分表示袋式除尘器的规格、性能项目。

7.1 表示袋式除尘器规格的项目

a) 名称；

b) 型式；

c) 清灰方法；

d) 过滤面积，m^2；

e) 滤袋：

1) 数量，条(室数×条数)；

2) 材质；

3) 滤料单重，g/m^2；

4) 尺寸：

圆袋：直径×长度，mm；

扁袋：周长×长度，mm；

f) 本体外形尺寸：

1) 矩形：长×宽×高，m；

2) 筒形：直径×高度，m；

g) 灰斗：

型式(一个灰斗对应一室或几室)；

数量，个；

h) 重量，kg。

7.2 表示袋式除尘器性能的项目

a) 工作温度，℃；

b) 过滤风速，m/min；

c) 处理风量，m^3/h 或 m^3/min；

d) 设备阻力，kPa；

e) 处理气体性质(可燃、易爆,含湿量);

f) 入口粉尘浓度,g/m^3(干气体);

g) 入口粉尘性质(可燃、易爆,含湿量、琢磨性);

h) 除尘效率,%;

i) 穿透率,%;

j) 漏风率,%;

k) 反吹风机的型号、功率(kW)、风量 Q×全压 P(m^3/h×kPa);

l) 压缩空气消耗量(m^3/min)、传动功率(kW)、清灰压力(MPa);

m) 其他,指根据各种袋式除尘器特点需要增补的项目,例如振动频率、喷吹压力喷嘴移动速度等。

8 滤料分类与命名

8.1 滤料的分类

8.1.1 按加工方法将滤料分为三类:织造滤料、非织造滤料、覆膜滤料。

8.1.1.1 织造滤料:用织机将经纱和纬纱按一定的组织规律织成的滤料。

8.1.1.2 非织造滤料:采用非织造技术直接将纤维制成的滤料。

8.1.1.3 覆膜滤料:将织造滤料或非织造滤料的表面再覆以一层透气的薄膜而制成的滤料。

8.1.2 按所用材质将滤料分为四类:合成纤维滤料、玻璃纤维滤料、复合纤维滤料和其他材质滤料。

8.1.2.1 合成纤维滤料:以合成纤维为原料加工制造的滤料,简称合纤滤料。

8.1.2.2 玻璃纤维滤料:以玻璃纤维为原料加工制造的滤料,简称玻纤滤料。

8.1.2.3 复合滤料:采用两种或两种以上纤维复合而成的滤料。

8.1.2.4 其他材质滤料:采用除合成纤维、玻璃纤维以外的纤维材料(如:陶瓷纤维、金属纤维、碳纤维、矿岩纤维等类材料)制造的滤料。

8.2 滤料的命名

8.2.1 滤料命名由①滤料材质(见表1)、②加工方法(见表2)、③结构型式(织物组织或基布材质)(见表3)、④单位面积质量和⑤特殊功能(见表4)五部分组成。其中第③、⑤部分可以阙如。命名时采用汉字和数字表示(材质可用商品名)。表示产品规格型号时采用符号和数字表示。

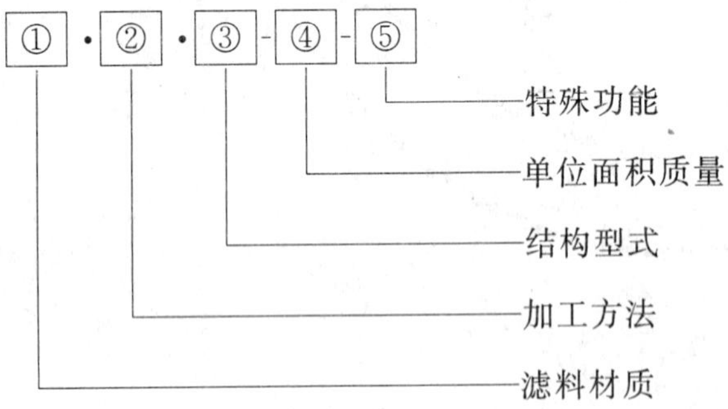

8.2.1.1 对于非复合滤料的材质,取其主要成分材质的代号。

8.2.1.2 对于复合纤维滤料,采取并列所用各种纤维(A+B)代号的形式表示。

8.2.1.3 无特殊功能的滤料,其第⑤部分阙如。

8.2.1.4 非织造滤料基布材质或机织物组织③可以阙如。

8.2.1.5 非织造滤料无基布时③处加空格□。

8.2.2 滤料材质代号见表1。

表 1 滤料纤维材质代号

纤维材质名称	商品名	英文名	代号
棉	棉	cotton	COT
毛	毛	wool	WOL
麻	麻	flax	FLX
聚丙烯	丙纶	polypropylene	PP
聚酯	涤纶	polyester	PET
聚丙烯腈	腈纶	polyacrylic	PAN
聚乙烯醇	维纶	polyvinyl alcohol	PVA
聚酰胺	锦纶(尼龙)	polyamide	PA
聚间苯二甲酰间苯二胺(芳香族聚酰胺)	芳纶,Nomex,Conex	aramind	PMIA
聚苯硫醚	PPS	polyphenylene sulfide	PPS
聚酰亚胺	P84	polyimide	P84
聚酰胺-酰亚胺(聚乙撑二胺)	克麦尔,Kermel	polyamide-imide	KML
共聚丙烯腈	亚克力	polyacrylonitrile Copomopolymer	PAC
均聚丙烯腈	德拉纶,Dolarlon	polyacrylonitrile homopolymer	PAH
碳纤维	碳纤维	carbon fiber	C
聚四氟乙烯	特氟纶(teflon)	polytetrafuorcethylene	PTFE
玻璃纤维	玻璃纤维	glass fibre,textile glass	GLS
无碱玻璃	无碱玻纤	E fibre glass	GE
中碱玻璃	中碱玻纤	medium-alkali fibre glass	GC
无碱玻玻璃	无碱玻纤膨体纱	E fibre glass texturized yarn	GET
中碱玻玻璃	中碱玻纤膨体纱	medium-alkali fibre glass texturized yarn	GCT
不锈钢	不锈钢纤维	stainless	MET
玄武岩	玄武岩纤维	basalt	BAS

8.2.3 滤料加工方法代号见表 2。

表 2 滤料加工方法代号

加工方法	代号
织造法	W
非织造法	NW
覆膜	M

8.2.4 滤料的结构型式以表 3 所列代号表示。

表 3 织造滤料结构型式代号

织物结构	代号
破斜纹	CT
斜纹	T
纬二重	WB
缎纹	S
平纹	P

8.2.5 滤料单位面积质量的代号取批量滤料单位面积质量的公称值，精确到十分位。例如：两批滤料单位面积质量的平均值分别为 553.9 g/m^2 和 496.1 g/m^2，则它们单位面积质量的代号分别为 550 和 500。

8.2.6 滤料特殊功能代号见表 4。

表 4 滤料特殊功能代号

功能	消静电	疏水	疏油	耐高温	阻燃	耐酸
代号	e	h	o	t	s	a

8.2.7 滤料命名示例如下：

A A+B	·	针刺毡 水刺毡 覆膜 机织布	·	基布材质 织物组织	-	标称质量	-	防静电 疏水 …

示例 1：命名：涤纶针刺毡-500。规格型号：PET · NW-500。

意义：材质为涤纶，加工方法为非织造针刺毡，单位面积质量 500 g。鉴于基布为涤纶，无特殊功能，命名第 3、5 部分阙如。

示例 2：命名：PPS+P84 针刺毡-500。规格型号：PPS+P84 · NW+M · PPS-500。

意义：材质为 PPS+P84 加工方法为非织造针刺毡并加覆膜，PPS 基布，单位面积质量 550 g/m^2，无特殊功能。

示例 3：命名：无碱玻璃纤维机织布，缎纹-300。规格型号：GE · W · D-300-h。

意义：表示无碱玻璃纤维材质，机织布（织造法），织物结构缎纹，单位面积质量 300 g/m^2，疏水。

9 滤料技术要求

9.1 滤料形态性能

滤料的形态性能以滤料的单位面积质量、厚度和幅宽表示。它们的实测值与标称值的偏差应符合表 5 的规定。

表 5 滤料形态性能指标的实测值与标称值的偏差 %

项目	滤料	
	非织造滤料	织造滤料
单位面积质量	±5	±3
厚度	±10	±7
幅宽	+1	+1

偏差是指对应某一组检测数据的平均值和送检滤料该项数据标称值的差与标称值之比，用百分数表示。见式(1)：

$$偏差 = \frac{标称值 - 测试平均值}{标称值} \times 100 \quad \cdots\cdots (1)$$

式(1)值为正时，称正偏差；值为负时，称负偏差。

9.2 滤料透气性

滤料透气性以其透气率表示，透气率的实测值与标称值的偏差不得超过表6的规定。

表6 滤料透气率的偏差

%

项 目	滤 料	
	非织造滤料	织造滤料
透气率	±20	±15

9.3 滤料形态和透气率测试数据的CV值(离散率)应符合表7要求。

表7 滤料形态和透气率CV值

%

项 目	滤 料	
	非织造滤料	织造滤料
单位面积质量	≤3	≤1
厚度	≤3	≤1
透气率	≤8	≤8

CV值(离散率)指一组检测数据的标差除以该组检测数据平均值的百分数，见式(2)：

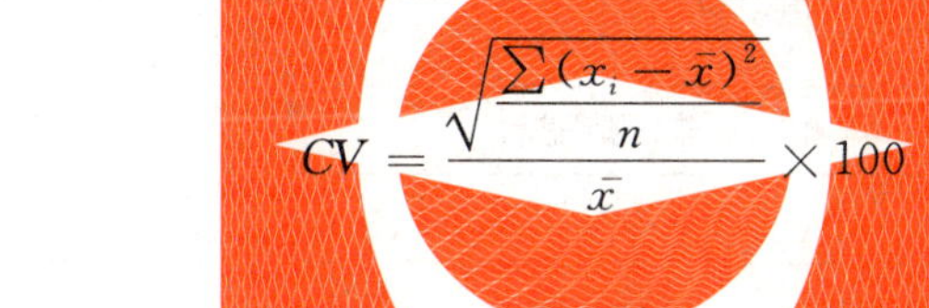

$$CV=\frac{\sqrt{\frac{\sum(x_i-\bar{x})^2}{n}}}{\bar{x}}\times 100 \quad\cdots\cdots(2)$$

式中：

CV——离散率，%；

x_i——各次测试数据；

$\bar{x}$——一组检测数据的平均值；

n——样品数。

9.4 滤料强力和伸长率

普通及高强低伸型滤料的强力与伸长率应符合表8的规定，玻璃纤维滤料应符合表9的要求。长度≥8 m的滤袋宜选用高强低伸型滤料，并考核所选高强低伸型滤料的经向定负荷伸长率。

表8 滤料的强力和伸长率

项 目		滤料类型			
		普通型		高强低伸型	
		非织造	织造	非织造	织造
断裂强力/N	经向	≥900	≥2 200	≥1 500	≥3 000
	纬向	≥1 200	≥1 800	≥1 800	≥2 000
断裂伸长率/%	经向	≤35	≤27	≤30	≤23
	纬向	≤50	≤25	≤45	≤21
经向定负荷伸长率/%		—			≤1
注：样条尺寸为5 cm×20 cm。					

表 9 玻璃纤维滤料强力要求

项 目		滤料类型	
		非织造滤料	织造滤料
断裂强力/N	经向	≥2 300	≥3 400
	纬向	≥2 300	≥2 400
注：样条尺寸为 5 cm×20 cm。织造滤料单位面积质量为 500 g/m²。			

9.5 滤料阻力特性

滤料的阻力特性以洁净滤料的阻力系数和滤料的残余阻力值表示，其数值应符合表 10 的规定。

表 10 滤料的阻力特性

项 目	滤料类型	
	非织造滤料	织造滤料
洁净滤料阻力系数	≤20	≤30
残余阻力/Pa	≤300	≤400

9.6 滤料的滤尘性能

滤料的滤尘性能以其静态除尘率和动态除尘率表示，其数值应符合表 11 的规定。

表 11 滤料的滤尘性能

项 目	滤料类型	
	非织造滤料	织造滤料
静态除尘效率/%	≥99.5	≥99.3
动态除尘效率/%	≥99.9	≥99.9

9.7 滤料的耐温特性

滤料的耐温特性以其热处理后的热收缩率与断裂强力保持率表示，其值应符合表 12 的规定。

表 12 滤料的热收缩率与断裂强力保持率考核指标

项 目	经 向	纬 向
连续工作温度下 24 h 热收缩率/%	≤1.5	≤1
连续工作温度下 24 h 断裂强力保持率/%	≥100	≥100
瞬时工作温度下断裂强力保持率/%	≥95	≥95

瞬时工作温度与连续工作温度按生产厂商在滤料参数中给出的温度测试。瞬时工作按瞬时温度下加热 10 min，在室温下冷却 10 min，再加热冷却往复循环 10 次后测试。

9.8 专项技术要求

具有特殊功能的滤料，除应符合 9.1～9.7 的规定外，还应达到滤料专项功能的规定指标。

9.8.1 防静电滤料的静电特性应符合表 13 的规定。

表 13 防静电滤料静电特性

考核项目	最大限值
摩擦荷电电荷密度/(μC/m²)	<7
摩擦电位/V	<500
半衰期/s	<1
表面电阻/Ω	$<10^{10}$
体积电阻/Ω	$<10^{9}$

9.8.2 滤料耐腐蚀性以滤料经酸或碱性物质溶液浸泡后的强度保持率表示，其值应符合表14的规定。测试方法见附录D。

表14 滤料耐腐蚀特性考核指标

项 目	经 向	纬 向
酸(或碱)处理后断裂强力保持率/%	≥95	≥95

9.8.3 疏水滤料的疏水特性以淋水等级表示，淋水等级应大于或等于4级。

9.8.4 疏油滤料的疏油性等级应大于3级。

9.8.5 阻燃型滤料于火焰中只能阴燃，不应产生火焰，离开火焰，阴燃自行熄灭。

10 滤料检测方法

10.1 滤料形态性能的检测

10.1.1 合纤织造滤料的厚度按GB/T 3820的规定检测。

10.1.2 合纤非织造滤料及复合非织造滤料厚度按FZ/T 60004的规定检测。

10.1.3 合纤织造滤料的单位面积质量按GB/T 4669的规定检测。

10.1.4 合纤非织造滤料及复合非织造滤料单位面积质量按FZ/T 60003的规定检测。

10.1.5 合纤滤料及复合滤料的幅宽按GB/T 4667的规定检测。

10.1.6 合纤滤料及复合滤料的织物经纬密度按GB/T 4668检测。

10.1.7 玻纤滤料的厚度、幅度、织物密度按GB/T 7689.1～7689.3规定检测，玻纤滤料的单位面积质量按GB/T 9914.3规定检测。

10.1.8 上列10.1.1～10.1.7各项检验，均须根据检测数据计算其平均值、偏差和CV值。

10.1.9 滤料的体积密度按式(3)计算：

$$\rho_c = \frac{\omega}{t} \times 10^{-3} \quad \cdots\cdots(3)$$

式中：

ρ_c——滤料的体积密度，单位为克每立方厘米(g/cm^3)；

ω——滤料单位面积质量，单位为克每平方米(g/m^2)；

t——滤料的厚度，单位为毫米(mm)。

滤料体积密度应取5个样品实测值的平均值。

10.1.10 滤料的孔隙率按式(4)计算：

$$\Delta = \left(1 - \frac{\omega}{1\,000t \cdot \rho_f}\right) \times 100 \quad \cdots\cdots(4)$$

式中：

Δ——孔隙率，%；

ρ_f——滤料所用纤维的真密度，单位为克每立方厘米(g/cm^3)；

ω、t 含义同式(3)。

10.2 滤料强力和伸长性能的检测

10.2.1 合纤滤料及其复合滤料的强力、伸长率按GB/T 3923.1的规定检测。

10.2.2 高强低伸的合纤滤料及其复合滤料的定负荷伸长率检测方法按GB/T 3923.1的规定，准备能满足名义夹持长度达200 mm、宽度为50 mm的试样五条，分别将五条试样的一端夹紧固定，每条的另一端加载40 N，静置24 h后卸载，取下试样并测量其长度，分别计算五条试样的伸长率(%)，然后求其平均值。

10.2.3 玻纤滤料的强力和伸长率按GB/T 7689.5的规定检测。

10.3　滤料透气性检测

滤料的透气率按 GB/T 5453 的规定检测，单位为 $m^3/(m^2 \cdot min)$，计算其 CV 值和偏差。

10.4　滤料阻力特性的检测

10.4.1　洁净滤料阻力系数使用滤料静态性能测试仪检测，方法见附录 A。

10.4.2　滤料的动态阻力、残余阻力利用滤料动态滤尘性能测试仪检测，方法见附录 B。

10.5　滤料滤尘性能检测

10.5.1　滤料静态滤尘性能使用滤料静态性能测试仪检测，方法见附录 A。

10.5.2　滤料动态滤尘性能利用滤料动态滤尘性能测试仪检测，方法见附录 B。

10.6　滤料特殊功能的检测

10.6.1　滤料的静电特性按 GB/T 12703 的规定检测。

10.6.2　滤料的疏水性按 GB/T 4745 的规定检测。

10.6.3　滤料的耐温特性能按附录 C 检测。

10.6.4　滤料的耐腐蚀性按附录 D 检测。

10.6.5　滤料的疏油性等级按附录 E 检测。

10.6.6　滤料的阻燃性按 GB/T 5455 的规定检测。

11　滤袋

11.1　滤袋的分类

按横断面的形状，将滤袋分为圆形及异形两类。

11.1.1　圆形滤袋

滤袋为圆筒形，其规格用直径×长度、即 D(mm)×L(mm)表示。

11.1.2　异形滤袋

形状特异的滤袋，包括扁平形、梯形等。其规格以其构造的特征参数表示。

11.2　滤袋规格及偏差

11.2.1　圆形滤袋规格及偏差

11.2.1.1　对于圆形滤袋，以其内直径的尺寸确定规格。

11.2.1.2　圆形滤袋以其半外周长的实测值($P/2$)及公称值($P_0/2$)之差做为圆形滤袋半周长的偏差。

11.2.1.3　各种规格圆形滤袋半周长的偏差应符合表 15 的规定。

表 15　圆形滤袋半周长偏差的限值

滤袋直径 D/mm	半周长偏差限值/mm
120～180	+1.0
200～230	+1.5 −1.0
250～300	+2.0 −1.0

11.2.1.4　圆形滤袋半周长偏差按下述方法测量和计算：

a)　按图 1 所示，将滤袋叠合展平；

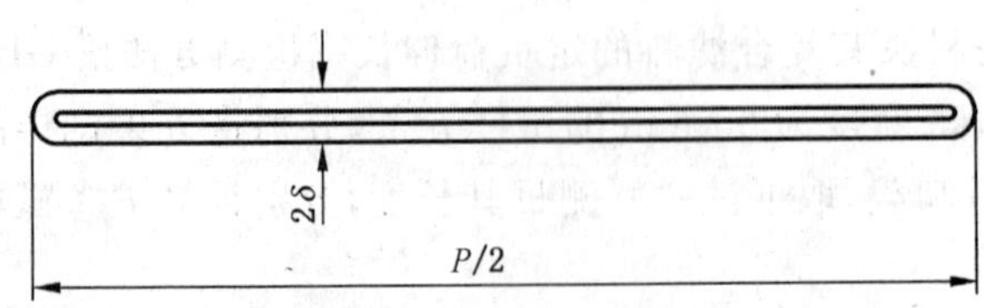

图 1　滤袋半周长测量方法

b) 在滤袋上口和下口各测一处,中间每隔 1.5 m 测定滤袋半外周长 $P/2$;

c) 计算滤袋公称半外周长 $P_0/2$;

d) 圆形滤袋半周长偏差 ΔA 按式(5)、式(6)计算:

$$\Delta A = \frac{1}{2}P - \frac{1}{2}P_0 \qquad \cdots\cdots(5)$$

$$\frac{1}{2}P_0 = \frac{\pi(D + 2\delta)}{2} \qquad \cdots\cdots(6)$$

式中:

D——滤袋的内径,单位为毫米(mm);

δ——滤袋的厚度,单位为毫米(mm)。

11.2.1.5 圆形滤袋的长度偏差见表 16。

表 16 圆形滤袋长度极限偏差

单位为毫米

最大长度	偏 差
4 000	+15
8 000	+25
10 000	+30

11.2.2 异形滤袋规格及偏差。

11.2.2.1 对于异形滤袋,按内周长确定其规格。

11.2.2.2 滤袋的形态偏差见表 17。

表 17 异形滤袋形态偏差

单位为毫米

滤袋内周长	滤袋内周长偏差	最大长度	滤袋长度偏差
<500	$^{+6}_{-2}$	<6 000	+15
<500	$^{+6}_{-2}$	≥6 000	+20
500~1 000	$^{+8}_{-3}$		
>1 000	$^{+10}_{-4}$		

11.3 **缝制滤袋的技术要求**

11.3.1 **滤袋的缝线**

11.3.1.1 滤袋的纵向缝线必须牢固、平直,且不得少于三条。

11.3.1.2 滤袋袋口的环状缝线必须牢固且不得少于两条。

11.3.1.3 滤袋防瘪环的环状缝线必须牢固,环的每边不得少于两条缝线。

11.3.1.4 滤袋袋底的缝线允许单线,但必须缝两圈以上。

11.3.2 **滤袋缝线的材质**

11.3.2.1 滤袋缝线的材质应与滤料材质相同,其强力须≥27 N;玻璃纤维缝线强力≥70 N;PTFE 缝线强力≥20 N。

11.3.2.2 当使用不同于滤料材质的缝线时,必须经测试证明所用缝线的主要性能指标等同或优于滤料同材质的缝线。

11.3.3 **滤袋缝合质量**

11.3.3.1 滤袋的缝线在 10 cm 内的针数应为 30±5 针,玻璃纤维滤料为 27±3 针。

11.3.3.2 滤袋的缝合宽度为 10 mm~20 mm,滤袋口径大者宜取上限。

11.3.3.3 当采用热粘合法时，首先需进行粘合牢度的对比检验，其粘合牢度须等于或大于滤料纬向强力，其粘合宽度不得小于 10 mm。

12 滤料与滤袋的检验

12.1 检验抽样

质检部门对每批次的滤料和滤袋都必须按 GB/T 2828.1 的要求抽样检验。滤料及滤袋每批次抽样 5%。

12.2 检验类别

滤料与滤袋的检验分为出厂检验与型式检验。

12.2.1 滤料产品出厂检验

每批量滤料产品出厂前都应进行出厂检验，检验合格者方可出厂，出厂产品必须附有产品合格证

12.2.1.1 滤料的出厂检验按表 18 中的项目进行，并应达到所规定的指标。

表 18 滤料的出厂检验项目及要求

滤料的检验项目		技术要求	检验方法
滤料的原料品质、型号及规格的认定		滤料选用的与实际应用的原料品质、型号、及规格应完全一致	批量产品投产前，须核对设计用原料与实际使用原料的质量检验单、产品包装标志上的品质、型号、规格的一致性。如无质量检验单，须补做原料的质量检验
形态性能	厚度	符合表 5 要求	按文内规定的方法
	单位面积质量		
	幅宽		
强力及伸长率		符合表 8、表 9 要求	按 10.2 规定进行
透气性		符合表 6、表 7 要求	按 10.3 规定进行
滤料的特殊功能		每批量产品的每项特殊功能都须进行相应专项检验，并达到要求的指标	按 10.6 规定的专项进行检验

12.2.1.2 滤袋的出厂检验按表 19 规定的项目进行并应达到规定的指标。

表 19 滤袋出厂检验项目及要求

检验项目	技术要求	检验方法
外观	无疵点、无破洞、无油渍	在规定的照度下进行目测
几何尺寸	符合第 11 章各项规定	用熨斗在缝线处熨一次后用钢板尺测量
缝线	a) 1 m 缝线内跳线不超过 1 针、1 线、1 处； b) 无浮线； c) 无掉道	在规定的照度下进行目测

12.2.2 型式检验

12.2.2.1 有下列情况之一者应进行型式检验：

a) 试制新产品鉴定时；

b) 产品投产后，当产品所用材料或产品生产工艺有较大变化能影响产品性能时；

c) 出厂检验结果与上次检验结果有较大差异时；

d) 上级质检部门提出质检要求时。

12.2.2.2 滤料型式检验按第 9 章中有考核指标的项目进行并应达到规定的指标。

12.2.2.3 滤袋型式检验应对所用滤料按12.2.2.2进行检验，同时按第11章中有考核指标的项目进行并应达到规定的指标。

13 滤料与滤袋的包装、标志、贮存和运输

13.1 包装

13.1.1 不同类型和规格的滤料与滤袋必须单独包装。

13.1.2 玻纤滤料应首先卷在硬性纸管上，再外套塑料袋。包装好的滤料卷应装入干燥的纸箱内。

13.1.3 滤袋必须整齐排列、有规律地包装。对于有防瘪环的滤袋要避免防瘪环受压变形；对于需保持形态的滤袋，应在袋内填物后包装入箱。

13.1.4 产品包装应防水、牢固和便于运输。

13.1.5 产品包装箱内应有产品合格证。

13.2 标志

13.2.1 包装箱的外部应有印刷标志。

13.2.2 标志的内容包括：厂名、厂址、品名、规格、质量等级、执行的标准号和出厂日期等。

13.2.3 标志要明显、清晰和便于识别。包装箱外部的明显部位，应按GB/T 191的规定标明："防潮"、"禁止倒放"和"堆码层数极限"图示。

13.3 产品的贮存和运输

13.3.1 产品要存放在：通风、干燥、不受日晒的常温地带；与墙壁的距离不应小于200 mm，并要远离火源和高温物体。

13.3.2 产品要用干燥、有遮篷运输工具运输，在运输过程中，应防止雨淋、水浸、压轧、撞击和沾污。

14 袋式除尘器测试项目及要求

14.1 测试项目

a) 除尘器进出口管道内气体的静压、动压、全压；

b) 除尘器进出口管道内气体的温度；

c) 除尘器进出口管道内气体的湿度；

d) 除尘器进出口管道内气体的流速、流量；

e) 除尘器进出口管道内气体的含尘浓度。

14.2 测试要求

14.2.1 应在袋式除尘器通过试运行后的6个月内完成。

14.2.2 应在袋式除尘器设计指定的清灰强度和清灰周期条件下进行。

14.2.3 测试前应保证袋式除尘器处于正常运行工况，以使滤袋上的残余粉尘达到动态平衡状态。

14.2.4 对于新滤袋，在满足14.2.1及14.2.2条件下保证袋式除尘器持续工作时间不得少于4 h。

14.2.5 对非指定用途的实验样机的测定，采用中位径 dc_{50} 为 8 μm～12 μm，几何标准偏差 σ_g 在2～3范围内的325目滑石粉为实验粉尘。

14.2.6 对指定用途的实验样机的测定，采用实际处理的粉尘为实验粉尘，并应测定其粒径分布和真密度。

14.2.7 实验样机各项性能参数的测定，应保证实验样机在其设计的额定风量和含尘浓度条件下进行。

15 袋式除尘器测试方法

15.1 测点位置、测试采样孔和测点数的规定

15.1.1 测点位置

测点位置应选择在气流平稳的直线管道内，距弯头、变径管等干扰源下游方向大于6倍当量直径，

上游方向大于 3 倍当量直径。位置选择时应优先考虑垂直管段，当条件受限不能满足上述要求时，应尽可能选择气流稳定的断面，并适当增加测点数量和测试频次。测点前直管段的长度必须大于测点后直管段的长度。

15.1.2 测孔

15.1.2.1 静压测孔的构造如图 2 所示，孔的轴线应与管道垂直，孔径为 2 mm，周边不得有毛刺。静压接头为内径 6 mm，长 30 mm 的管嘴，与管壁的焊缝不得漏气。

单位为毫米

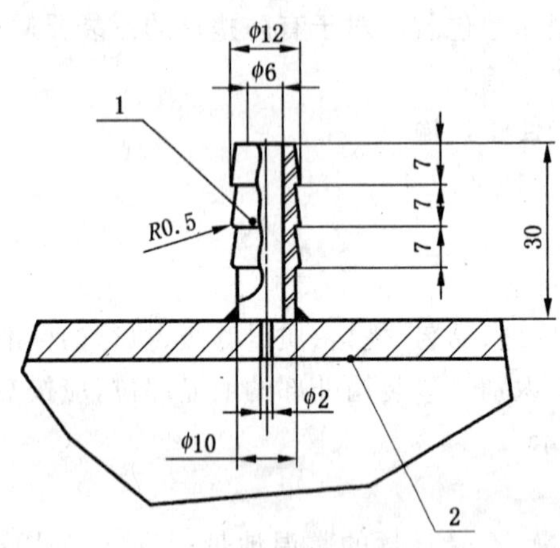

1——测静压接头；

2——管壁或器壁。

图 2 静压测孔

15.1.2.2 风量和粉尘浓度测孔的构造如图 3 所示。

单位为毫米

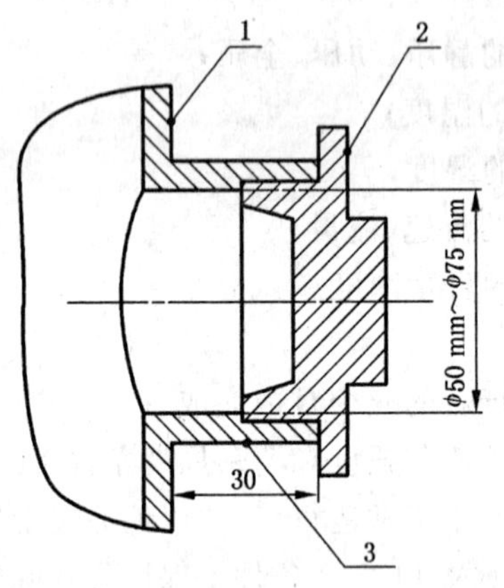

1——管壁；

2——丝堵；

3——短管。

图 3 风量和粉尘浓度测孔

15.1.3 测点数

15.1.3.1 圆形管道测点

在选定的测试断面上，设置互相垂直的两个测孔，同时把管道断面分成一定数量的等面积同心圆环，通过测孔沿该断面的直径方向，在各等面积圆环上各取四个点作为测点。如图 4 所示。测点数量按表 20 确定，原则上测点数不超过 20 个。

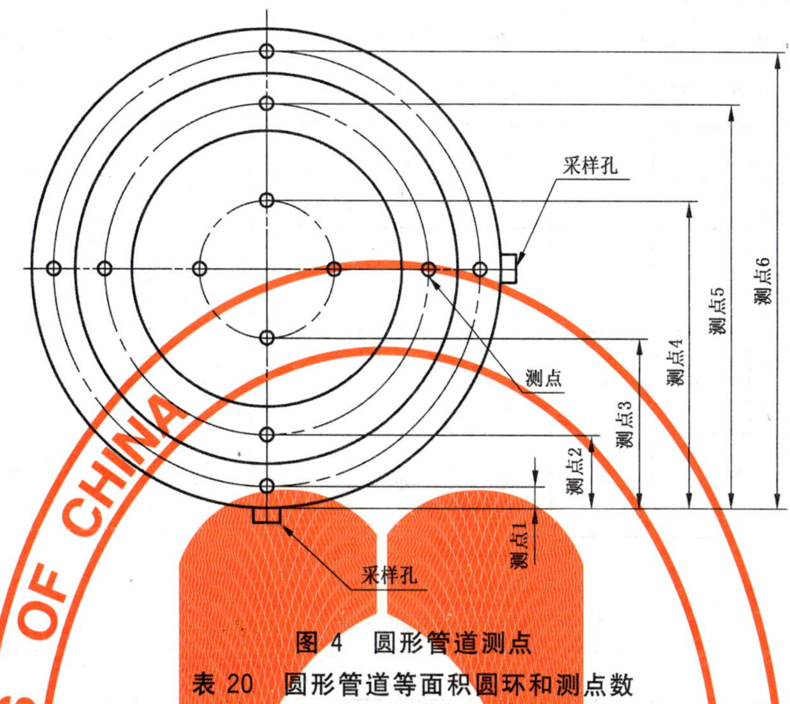

图 4 圆形管道测点

表 20 圆形管道等面积圆环和测点数

管道直径/m	分环数	测点数(两孔共计)
<0.2	—	1
0.2~0.6	1~2	2~8
0.6~1.0	2~3	8~12
1.0~2.0	3~4	12~16
2.0~4.0	4~5	16~20
>4.0	5	20
注：对管道直径小于0.2 m,管道内流速分布均匀的小管道,可取管道中心作为测点。		

测点的位置可用测点距管道内壁距离表示,采样孔入口端至各测点管道直径的倍数见表21。当测点距管道内壁距离小于25 mm时,取25 mm。

表 21 圆形截面管道测点距管道内壁的距离(以管道直径倍数计)

测点号	环 数				
	1	2	3	4	5
1	0.146	0.067	0.044	0.033	0.022
2	0.854	0.250	0.146	0.105	0.082
3		0.750	0.294	0.195	0.145
4		0.933	0.706	0.321	0.227
5			0.854	0.679	0.344
6			0.956	0.805	0.656
7				0.895	0.773
8				0.967	0.855
9					0.918
10					0.978

15.1.3.2 矩形管道测点

将管道断面分成若干个等面积小矩形，使小矩形相邻两边之比接近1，每个小矩形的中心即为测点。如图5所示。测点数量按表22确定，原则上测点数不超过20个。

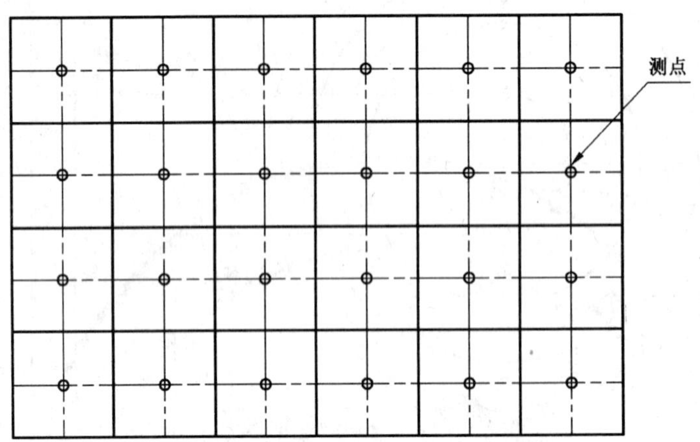

图5 矩形管道测点位置

表22 矩形管道的分块及测点数

管道断面积/m^2	等面积小块长边长度/m	测点数
<0.1	<0.32	1
0.1～0.5	<0.36	1～4
0.5～1.0	<0.50	4～6
1.0～4.0	<0.57	6～9
4.0～9.0	<0.75	9～16
>9.0	<1.0	≤20
注：管道断面面积小于0.1 m^2，流速分布比较均匀时，可取断面中心作为测点。		

15.2 管道内气体温度

对常温气体，可使用玻璃水银温度计测量(需防止测孔漏风)。一般只需测管道中央部位的温度；当管道当量直径大于500 mm时，插入深度不应小于200 mm。温度计插入管道后5 min方可读数，且不可将玻璃温度计抽出管道外读数。

对高温气体，一般使用热电偶温度计测量。当温度场比较均匀，管道中高低温度之差不大于10 ℃时，可只测管道中央部分的温度，否则应至少测定一条轴线上各测点的温度，取其算术平均值。

15.3 管道内气体湿度

15.3.1 对物料煅烧(湿法或半干法)、物料烘干、燃煤锅炉、垃圾焚烧以及含水物料的磨机、混合设备等气体含湿量大的除尘系统，应进行含尘气体湿度测定。

15.3.2 气体温度在100 ℃以下时，可使用干湿球温度计测定气体湿度。气体中水蒸气含量的体积分数按式(7)计算：

$$X_w = \frac{P_v - 0.00066(t_d - t_w)(B_a + p_b)}{B_a + \bar{p}_s} \times 100 \qquad \cdots\cdots(7)$$

式中：

X_w——气体中所含水蒸气的体积分数，%；

P_v——温度为t_w时的饱和水蒸气压力(见附录F)，单位为千帕(kPa)；

t_d——干球温度，单位为摄氏度(℃)；

t_w——湿球温度,单位为摄氏度(℃);

B_a——当地当时大气压力,单位为千帕(kPa);

p_b——通过湿球表面的气体静压,单位为千帕(kPa);

$\bar{p}_s$——管道内的气体平均静压(各测点静压的算术平均值),单位为千帕(kPa)。

15.3.3 气体在 100 ℃以上时,可采用冷凝法测定湿度。

15.3.4 气体的湿度也可以使用湿度计直接测出。

15.4 管道内气体压力

15.4.1 管道内静压

使用皮托管测定各测点静压,取其算术平均值。如用 S 型皮托管测定,应以其校正系数修正。

15.4.2 管道内全压

使用皮托管测定各测点全压,取其算术平均值。如用 S 型皮托管测定,应以其校正系数修正。

15.5 管道内气体流量

15.5.1 气体流速的计算

使用皮托管测量各测点的动压,然后按式(8)计算各测点的气体流速:

对于较清洁的排气管道,可使用标准皮托管测量动压;

对于含尘管道,应使用 S 型皮托管测量动压。

$$V_i = Kv\sqrt{\frac{2p_d}{\rho}} \qquad \cdots\cdots(8)$$

式中:

V_i——各测点的气体流速,单位为米/秒(m/s);

Kv——S 型皮托管的风速校正系数;

p_d——测点的气体动压读数,单位为帕(Pa);

ρ——测点的气体密度,单位为千克每立方米(kg/m^3),计算见式(9)。

$$\rho = 2.695\rho_N \times \frac{B_a + p_s}{273 + t_s} \qquad \cdots\cdots(9)$$

式中:

ρ_N——标准状态下的测点气体密度,单位为千克每立方米(kg/m^3);

B_a——当地当时大气压力,单位为千帕(kPa);

p_s——测点的气体静压,单位为千帕(kPa);

t_s——测点的气体温度,单位为摄氏度(℃)。

标准状态下气体密度的通用计算式见式(10):

$$\rho_N = \frac{1}{22.4}[(m_1X_1 + m_2X_2 + \cdots + m_nX_n)(1 - X_w) + 18X_w] \qquad \cdots\cdots(10)$$

式中:

$m_1, m_2, \cdots, m_n$——气体中各种成分的相对分子质量;

$X_1, X_2, \cdots, X_n$——干气体中各种成分的体积分数,%;

X_w——气体中的水蒸气体积分数,%。

对一般除尘系统,可忽略气体含湿量的影响,取 $\rho_N = 1.293\ kg/m^3$,则可按式(11)计算气体密度:

$$\rho = 3.485 \times \frac{B_a + p_s}{273 + t_s} \qquad \cdots\cdots(11)$$

对高湿系统,应测出气体湿度,由式(12)求出 ρ 值:

$$\rho = 2.695[\rho_{Nd}(1 - X_w) + 0.804X_w]\frac{B_a + p_s}{273 + t_s} \quad \cdots\cdots(12)$$

式中：

ρ_{Nd}——标准状态下干气体密度，单位为千克每立方米（kg/m^3）。

15.5.2　气体的流速也可直接用风速计测出

15.5.3　气体的平均流速

气体的平均流速为各测点流速的算术平均值，按式（13）计算：

$$\overline{V} = \frac{\sum_{i=1}^{n} V_i}{n} \quad \cdots\cdots(13)$$

式中：

V_i——各测点的气流速度，单位为米每秒（m/s）；

$\overline{V}$——管道内气流平均速度，单位为米每秒（m/s）；

n——管道内测点数量。

15.5.4　气体流量的计算

根据管道内气体的平均流速，由式（14）、式（15）求出气体流量：

$$Q_N = 9700F\left(\frac{B_a + \bar{p}_s}{273 + \bar{t}_s}\right)\overline{V} \quad \cdots\cdots(14)$$

$$Q'_N = Q_N(1 - X_w) \quad \cdots\cdots(15)$$

式中：

Q_N——气体流量，单位为立方米每小时（m^3/h）；

Q'_N——干气体流量，单位为立方米每小时（m^3/h）；

F——测定截面积，单位为平方米（m^2）；

$\bar{p}_s$——测定截面气体平均静压，单位为千帕（kPa）；

$\bar{t}_s$——测定截面气体平均温度，单位为摄氏度（℃）；

$\overline{V}$——各测点流速的算术平均值，单位为米每秒（m/s）。

15.6　管道内气体含尘浓度

15.6.1　除尘器入口与出口管道内的粉尘浓度采用滤膜（筒）过滤计重法测定，测除尘效率时必须同时在这两处采样。测孔位置和测点数按 15.1.1 及 15.1.3 确定。当除尘器出口管道内存在气流严重扰动的情况下，没有稳定流速的平直段时，可在通风机出口管道上设测孔。

15.6.2　遵守等速采样原则，以移动采样方法用一个滤膜（筒）在各测点上采样。各测点的采样时间应相同。

15.6.3　滤膜（筒）测尘采样规则

15.6.3.1　必须对采样系统进行检漏后方能采样。

15.6.3.2　滤膜（筒）的准备和称重，执行 GB/T 5748 的规定。

15.6.3.3　采样时一般用移动采样法在各测点以相同的采样时间进行等速采样。当不可能使用移动采样法时，可使用代表点采样法。即根据在各测点测定的气流速度，求出平均流速，然后选定其速度接近平均流速的测点作为采样代表点，进行粉尘采样。采样时仍应遵守等速采样的原则。

15.6.3.4　采样时，采样嘴轴线与管内气流方向的偏差应不大于±5°。

15.6.4　对湿度不大的除尘系统进行等速采样的抽气流率与采样体积。

15.6.4.1　等速采样时通过转子流量计的实际流率及流量计应指示的读数，按式（16）、式（17）计算：

$$q_m = 0.0357d^2K_p\sqrt{\frac{p_d(B_a+p_s)}{273+t_s}}\times\frac{273+t_m}{B_a+p_m} \quad\cdots\cdots(16)$$

$$q'_m = 0.0607d^2K_p\sqrt{\frac{p_d(B_a+p_s)}{273+t_s}}\times\sqrt{\frac{273+t_m}{B_a+p_m}} \quad\cdots\cdots(17)$$

式中：

q_m——测定状态下通过转子流量计的实际流速，单位为升每分(L/min)；

q'_m——当标定流量计的介质为 20 ℃、101.3 kPa、湿度不大的空气时，根据实际流率 q_m 修正的流量计应指示读数，单位为升每分(L/min)；

d——采样嘴入口直径，单位为毫米(mm)；

K_p——皮托管校正系数；

p_d——采样点的气体动压，单位为帕(Pa)；

B_a——当地当时大气压力，单位为千帕(kPa)；

p_s——采样点的气体静压，单位为千帕(kPa)；

t_s——采样点的气体温度，单位为摄氏度(℃)；

p_m——流量计入口处气体静压，单位为千帕(kPa)；

t_m——流量计入口处气体温度，单位为摄氏度(℃)。

15.6.4.2 采样体积按式(18)～式(21)计算：

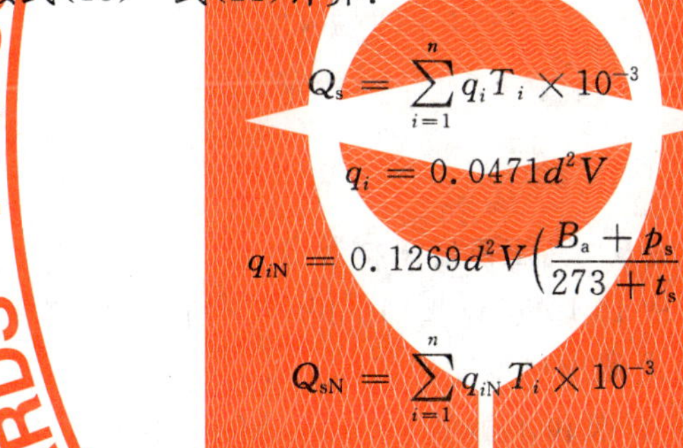
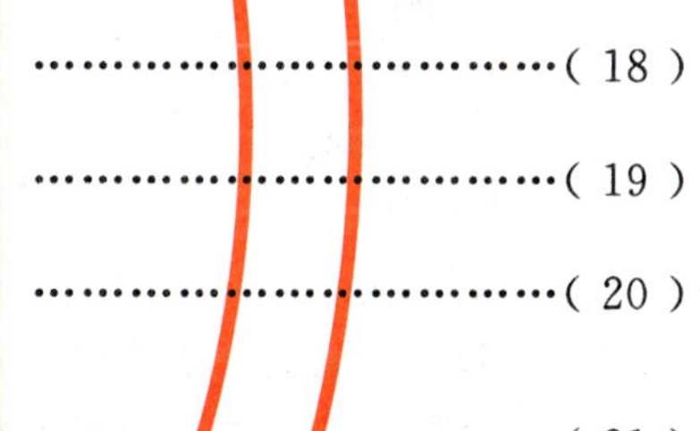

$$Q_s = \sum_{i=1}^{n} q_i T_i \times 10^{-3} \quad\cdots\cdots(18)$$

$$q_i = 0.0471d^2V \quad\cdots\cdots(19)$$

$$q_{iN} = 0.1269d^2V\left(\frac{B_a+p_s}{273+t_s}\right) \quad\cdots\cdots(20)$$

$$Q_{sN} = \sum_{i=1}^{n} q_{iN} T_i \times 10^{-3} \quad\cdots\cdots(21)$$

式中：

Q_s——工况采样体积，单位为立方米(m³)；

Q_{sN}——标准状态采样体积，单位为立方米(m³)；

q_i——在各采样点达到的工况采样流率，单位为升每分(L/min)；

q_{iN}——在各采样点达到的标准状态采样流率，单位为升每分(L/min)；

T_i——在各采样点的采样时间，单位为分(min)；

d——采样嘴入口直径，单位为毫米(mm)；

V——在采样点的气体速度，单位为米每秒(m/s)；

B_a——当地当时大气压力，单位为千帕(kPa)；

p_s——在采样点的气体静压，单位为千帕(kPa)；

t_s——在采样点的气体温度，单位为摄氏度(℃)。

15.6.5 高湿系统的采样装置如图 6 所示。在进行等速采样时，可先利用采样系统中的冷凝干燥装置进行湿度测定，求出气体中的水蒸气体积分数，其方法是：

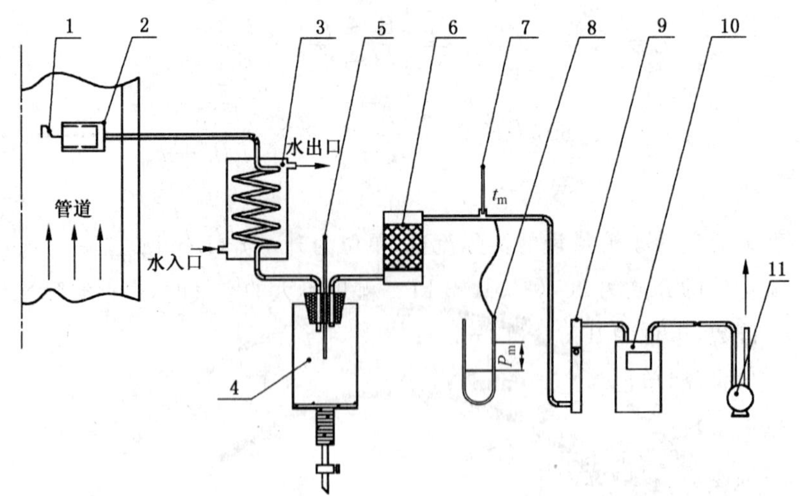

1——采样嘴；
2——滤筒；
3——冷凝器；
4——冷凝水瓶；
5——温度计；
6——干燥器；
7——温度计；
8——压力计；
9——转子流量计；
10——累积流量计；
11——抽气泵。

图6　高湿系统采样装置

a）取任一流量计读数 Q'_c（一般可取 10 L/min～20 L/min），采样 10 余分钟或更长一些时间，量出冷凝器中产生的冷凝水量和冷凝器出口温度(℃)；

b）从附录 F 中查出与 t_v 相对应的饱和水蒸气压力 p_v(kPa)值，用式(22)求出所采气体的含湿量：

$$G_{sw}=910\frac{g_w}{Q'_c}\sqrt{\frac{R_m(273+t_m)}{B_a+p_m}}+\frac{1000(R_m/R_w)p_v}{B_a+p_m-p_v} \qquad (22)$$

如果通过流量计的气体相对分子质量和空气的相差不大，则按式(23)计算：

$$G_{sw}=488\frac{g_w}{Q'_c}\sqrt{\frac{273+t_m}{B_a+p_m}}+\frac{622p_m}{B_a+p_m-p_v} \qquad (23)$$

式中：

G_{sw}——气体含湿量，单位为克每千克(g/kg)；

g_w——每单位采样时间的凝结水量，单位为克每分(g/min)；

R_m——采样时通过流量计的气体的气体常数，单位为千焦每千克开尔文[kJ/(kg·K)]；

R_w——水蒸气的气体常数，单位为千焦每千克开尔文[kJ/(kg·K)]；

t_m——流量计入口的气体温度，单位为摄氏度(℃)；

p_m——流量计入口的气体静压，单位为千帕(kPa)；

B_a——当地当时大气压力，单位为千帕(kPa)。

气体中所含水蒸气的体积分数 X_w(%)可用式(24)计算：

$$X_w=\frac{G_{sw}}{1000(R_m/R_w)+G_{sw}}\times 100 \qquad (24)$$

如果通过流量计的气体相对分子质量和空气的相差不大，则按式(25)计算：

$$X_w = \frac{G_{sw}}{622 + G_{sw}} \times 100 \qquad (25)$$

求出 X_w 后，即可用式(26)、式(27)求等速采样的抽气实际流率和转子流量计应指示的读数：

$$q_m = 0.0471d^2V(1 - X_w)\frac{B_a + p_s}{B_a + p_m} \times \frac{273 + t_m}{273 + t_s} \qquad (26)$$

$$q'_m = 0.0428d^2V(1 - X_w)\frac{B_a + p_s}{273 + t_s}\sqrt{\frac{273 + t_m}{(B_a + p_m)R_m}} \qquad (27)$$

如果通过流量计的气体相对分子质量与空气的相差不大，则按式(28)计算：

$$q'_m = 0.0799d^2V(1 - X_w)\frac{B_a + p_s}{273 + t_s}\sqrt{\frac{273 + t_m}{B_a + p_m}} \qquad (28)$$

式中：

q_m——测定状态下通过转子流量计的实际流率，单位为升每分(L/min)；

q'_m——当标定流量计的介质为 20 ℃、101.3 kPa、湿度不大的空气时，根据实际流速 q_m 修止的流量计应指示读数，单位为升每分(L/min)；

d——采样嘴入口直径，单位为毫米(mm)；

V——管道中采样点的气流速度，单位为米每秒(m/s)；

t_s——采样点的气体的温度，单位为摄氏度(℃)；

p_s——采样点的气体静压，单位为千帕(kPa)；

其余符号意义与式(21)、式(22)同。

15.6.6 标准状态下的采样体积(干气体)可按累积流量计在结束抽气时的读数之差用式(29)计算：

$$Q_{SN} = 2.695(Q_{S2} - Q_{S1})\frac{B_a + p_m}{273 + t_m} \qquad (29)$$

式中：

Q_{SN}——标准状态下的采样体积，单位为立方米(m^3)；

Q_{S2}——累积流量计终读数，单位为立方米(m^3)；

Q_{S1}——累积流量计初读数，单位为立方米(m^3)；

B_a——当地当时大气压力，单位为千帕(kPa)；

p_m——累积流量计入口处的气体静压，单位为千帕(kPa)；

t_m——累积流量计入口处的气体温度，单位为摄氏度(℃)。

当采样系统不接入累积流量计时，可由式(30)、式(31)求出标准状态下的采样体积：

$$q_{Nd} = 0.1269d^2V\left(\frac{B_a + p_s}{273 + t_s}\right)(1 - X_w) \qquad (30)$$

$$Q_{SN} = \sum_{i=1}^{n} q_{Nd}T_i \times 10^{-3} \qquad (31)$$

式中：

q_{Nd}——在各采样点达到的标准状态干气体采样流率，单位为升每分(L/min)；

d——采样嘴入口直径，单位为毫米(mm)；

V——采样点的气流速度，单位为米每秒(m/s)；

B_a——当地当时大气压力，单位为千帕(kPa)；

p_s——在采样点的气体静压，单位为千帕(kPa)；

t_s——在采样点的气体温度，单位为摄氏度(℃)；

X_w——气体中所含水蒸气的体积分数，%；

T_i——在各采样点的采样时间，单位为分(min)。

15.6.7 干含尘气体中的粉尘浓度用式(32)计算：

$$C' = \frac{\Delta W}{Q_{SN}} \qquad \cdots\cdots(32)$$

式中：

C'——干含尘气体中的粉尘浓度，单位为克每立方米(g/m^3)；

ΔW——采样后的滤筒增重，单位为克(g)；

Q_{SN}——标准状态下的采样体积，单位为立方米(m^3)。

15.7 过滤速度、设备阻力、除尘效率、漏风率

15.7.1 过滤速度按式(33)计算：

$$V_f = \frac{Q_i}{60F} \qquad \cdots\cdots(33)$$

式中：

V_f——过滤速度，单位为米每分(m/min)；

Q_i——除尘器入口风量(见15.5.4)，单位为立方米每小时(m^3/h)；

F——除尘器滤袋的总有效过滤面积，单位为平方米(m^2)。

15.7.2 除尘设备阻力按式(34)计算：

$$\Delta P = \Delta p' - \sum \Delta h + p_h \qquad \cdots\cdots(34)$$

式中：

ΔP——除尘器总阻力，单位为帕(Pa)；

$\Delta p'$——除尘器前后两测定截面的气体平均全压差，单位为帕(Pa)，计算见式(35)；

$\sum \Delta h$——自除尘器前后两测定截面至除尘器入口及出口法兰之间的管道阻力之和，单位为帕(Pa)；

p_h——气体的浮力校正值，帕(Pa)，计算见式(37)。

$$\Delta p' = p_i - p_o \qquad \cdots\cdots(35)$$

式中：

$\Delta p'$——除尘器前后两测定截面的气体平均全压差，单位为帕(Pa)；

p——除尘器测定截面的气体平均全压，单位为帕(Pa)；

其中角标 i、o 分别代表除尘器前后测定截面。

$$p = \frac{p_1 V_1 + p_2 V_2 + \cdots + p_n V_n}{V_1 + V_2 + \cdots + V_n} \qquad \cdots\cdots(36)$$

式中：

$p_1, p_2, \cdots, p_n$——除尘器前后各测定截面的气体全压，单位为帕(Pa)；

$V_1, V_2, \cdots, V_n$——除尘器前后各测定截面的气流速度，单位为米每秒(m/s)。

$$p_h = (\rho_a - \rho_g) gh \qquad \cdots\cdots(37)$$

式中：

ρ_a——测定处的大气密度，单位为千克每立方米(kg/m^3)；

ρ_g——管道内气体密度，单位为千克每立方米(kg/m^3)；

g——重力加速度，9.8 m/s^2；

h——除尘器前后管道内测定位置的高度差，单位为米(m)。

15.7.3 除尘效率

15.7.3.1 吸入式除尘器的除尘效率按式(38)计算：

$$\eta = \left(1 - \frac{c_0' Q_{0N}}{c_1' Q_{1N}'}\right) \times 100 \qquad \cdots\cdots(38)$$

式中：

η——除尘效率，%；

c_0'——除尘器出口的气体含尘浓度，单位为克每立方米(g/m^3)；

Q_{0N}'——除尘器出口的干气体流量，单位为立方米每小时(m^3/h)；

c_1'——除尘器入口的气体含尘浓度，单位为克每立方米(g/m^3)；

Q_{1N}'——除尘器入口的干气体流量，单位为立方米每小时(m^3/h)。

15.7.3.2 压入式除尘器的除尘效率按式(39)计算：

$$\eta = \frac{Q_{0N}'}{Q_{1N}'}\left(1-\frac{c_0'}{c_1'}\right)\times 100 \qquad \cdots\cdots(39)$$

式中符号意义与式(35)同。

15.7.4 漏风率在除尘器正常过滤条件下(不清灰)按式(40)计算：

$$\alpha = \frac{Q_{0N}'-Q_{1N}'}{Q_{1N}'}\times 100 \qquad \cdots\cdots(40)$$

式中：

α——漏风率，%；

Q_{0N}'——除尘器出口的干气体流量，单位为立方米每小时(m^3/h)；

Q_{1N}'——除尘器入口的干气体流量，单位为立方米每小时(m^3/h)。

15.8 现场使用性能测定次数一般为两次，必要时可增加。测定数据汇总表见附录G。

附 录 A
（规范性附录）
滤料静态过滤性能检测

A.1 滤料静态过滤性能测试仪

滤料静态过滤性能测试仪构造如图 A.1。

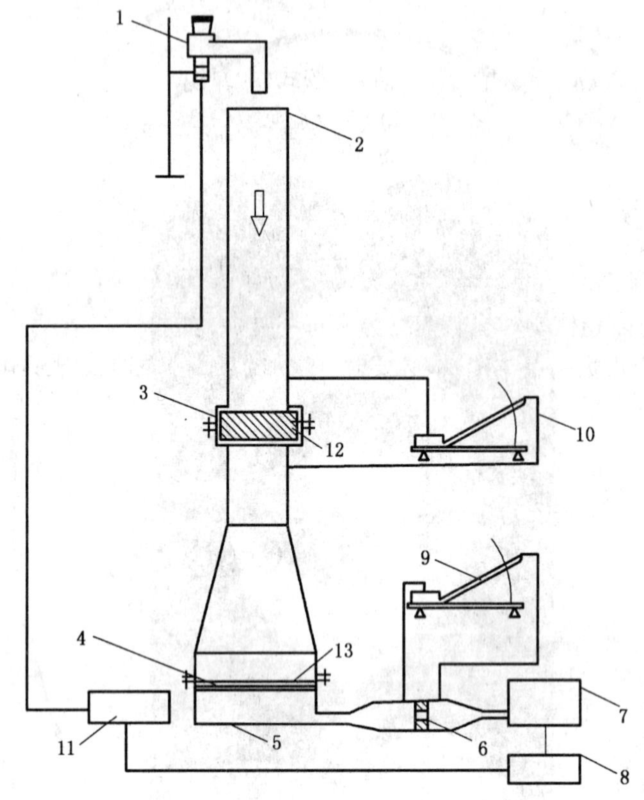

1——发尘器；
2——管道；
3——滤料试样夹具；
4——高效滤膜夹具；
5——均压室；
6——孔板；
7——抽气机；
8——调压器；
9、10——微压计；
11——电源；
12——滤料；
13——高效滤膜。

图 A.1 滤料静态过滤性能测试仪

A.2 洁净滤料阻力系数测试

A.2.1 准备直径为 100 mm 的滤料样品 3 片。

A.2.2　将洁净滤料样品夹紧在滤料试样夹具3上。
A.2.3　开动抽气机7，测定不同滤速 U_i 时滤料的阻力 ΔP_{oi}，($i=1,2,\cdots,n$)。
A.2.4　按式(A.1)计算滤料的阻力系数 C：

$$C=\frac{1}{n}\sum_{i=1}^{n}\frac{\Delta P_{oi}}{U_i} \qquad \cdots\cdots\cdots\cdots(\text{A.1})$$

式中：

U_i——第 i 次测试时的滤速，单位为米每分(m/min)；

ΔP_{oi}——滤速为 U_i 时洁净滤料的阻力，单位为帕(Pa)；

n——测试次数。

A.2.5　按A.2.2～A.2.4程序测试另两片滤料样品的阻力系数，取三者的平均值为该滤料的洁净滤料阻力系数。

A.3　滤料静态除尘率测试

A.3.1　将滤料样品夹在滤料静态过滤性能测试仪的夹具上。
A.3.2　经恒重后的高效滤膜称重后置于滤膜夹具处。
A.3.3　启动抽气机7，调节流量，控制滤料滤速为(1.0±0.1)m/min。
A.3.4　启动发尘器，控制粉尘浓度为(5±0.5)mg/m^3，连续发尘10 g。
A.3.5　停止测试后，对高效滤膜和滤袋进行称重。
A.3.6　按式(A.2)计算滤袋的静态除尘率：

$$\eta_j=\frac{\Delta G_f}{\Delta G_f+\Delta G_m}\times 100 \qquad \cdots\cdots\cdots\cdots(\text{A.2})$$

式中：

η_j——滤料的静态除尘率，%；

ΔG_f——受检滤料捕集的粉尘量，单位为克(g)；

ΔG_m——高效滤膜捕集的粉尘量，单位为克(g)。

A.3.7　按A.3.1～A.3.5程序测试第二个滤料试样的静态除尘率，如果与第一条滤料静态除尘率的误差小于5%，取二者平均值作为滤料的静态除尘率；误差大于5%时，补作第三个滤料样品，取三者平均值作为滤料的静态除尘率。
A.3.8　测试采用氧化铝粉尘，粒度分布见表A.1。

表A.1　测试用氧化铝粉尘粒径分布

粒径/μm	<4	<25	<100
百分比/%	50	90	99

附 录 B
（规范性附录）
滤料动态过滤性能测试

B.1 滤料动态过滤性能测试仪

滤料动态过滤性能在 DLC-2004 滤料动态过滤性能测试仪上进行。该测试仪由粉尘供给装置、本体和控制记录装置组成，如图 B.1 所示。

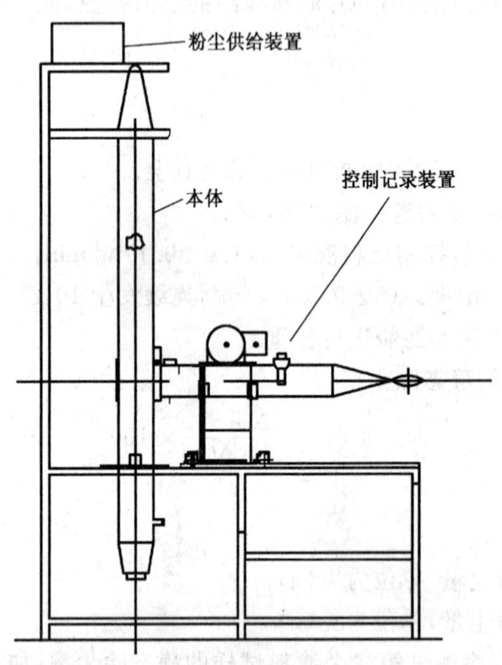

图 B.1 滤料动态过滤性能测试仪示意图

B.1.1 粉尘供给装置

供给、分散部分由供给机和粉尘分散器组成，在 B.2.4 内所示精度范围内能将供粉机提供的凝集粒子充分分散。

B.1.2 本体

本体由尘气通道、滤料夹具、净气通道、清灰机构、高效滤膜夹具与本体支架等组成，清灰机构由压缩空气罐、压力计、电磁阀及喷吹管组成。压缩空气要用油水分离器充分去除水份。

B.1.3 控制记录装置

控制记录装置设有控制记录设备。控制器用于控制清灰压力和脉冲喷吹时间等；记录部分记录滤料压力损失、清灰压力、清灰时间、喷吹时间等各项参数。

B.2 滤尘性能测试方法

B.2.1 测试顺序

测试按如下顺序进行：

a） 初始滤料样品滤尘性能测定：在滤料夹具上安装滤料样品，滤料样品规格为 ϕ150 mm，当压力损失达到 1 000 Pa 时进行清灰，反复 30 次后测定高效滤膜增重及出口粉尘浓度并记录；

b） 老化处理：滤尘过程中进行间隔为 5 s 的反吹清灰，反复 10 000 次；

c) 稳定化处理：为使老化后的滤料样品滤尘性能稳定，按照 a)进行 10 次滤尘——清灰操作；

d) 稳定化后滤料滤尘性能测定：对于经上述稳定化处理的滤布，按照 a)进行 30 次滤尘——清灰操作。测试粉尘通过量及出口粉尘浓度并记录；

e) 在 a)～d)测试中均记录全过程各瞬时阻力值。

B.2.2 测试条件

测试条件如表 B.1 所示。测试用氧化铝粉尘粒径分布见附录 A 的表 A.1。

表 B.1 滤料动态滤尘性能测试条件

项 目	符 号	数值/种类
测试用粉尘		氧化铝
入口粉尘浓度	C_{in}	5 g/m^3
过滤速度	V	2 m/min
清灰阻力	ΔP_c	1 000 Pa
喷吹压力	P	500 kPa
脉冲喷吹时间	t_P	50 ms

B.2.3 测试步骤

a) 记录检测室温度、相对湿度及大气压力；

b) 由检测条件调整检测装置包括气体流量、粉尘供给量，清灰阻力，清灰次数，喷吹压力，脉冲喷吹时间等；

c) 粉尘在 105 ℃～110 ℃温度下干燥 3 h 以上，在干燥器中放置 1 h 以上；

d) 根据质量法求入口粉尘浓度；

e) 将滤料样品裁剪后安装到滤料夹具上，对夹具进行称量；

f) 称量高效滤纸并装入采样部分；

g) 开动真空泵，进行 B.2.1a)的滤尘性能试验，记录全过程的瞬时阻力值；

h) 取出滤料夹具并称量，求出残留粉尘量；

i) 取出高效滤纸并称重，计算出口粉尘浓度；

j) 测定残余阻力(Δp_r)，记录采样时间(t)，并算出除尘效率(η)；

k) 把滤料夹具重新安装到实验装置上，更换高效滤纸，进行 B.2.1b)老化处理；

l) 进行 B.2.1c)稳定化处理；

m) 为了进行 B.2.1d)的过滤性能测定，取出滤料样品，称量后计算粉尘残留量；

n) 将滤料样品重新安装到滤料夹具上，称量后装到检测装置上；

o) 称量高效滤纸，组装到滤纸夹具上；

p) 开启真空泵进行与 B.2.1a)同样的测试；

q) 全部过程均应考虑高效滤纸的恒重。

B.2.4 精度控制

a) 入口粉尘浓度的偏差应保持在±7%之内，为此，供粉机的精度设定值在±2%内。

b) 过滤速度变动范围保持在±2%。它的流量计精度保持在设定值的±2%，温度变动范围保持在设定值的±1%之内。

c) 脉冲压力变化范围保持在±3%(±15 kPa)，为此压气罐的压力计精度设定值保持在±3%。

B.2.5　测试结果

普通测试可只做 B.2.1.a)的 30 次,型式检验时或产品改进时必须做 B.2.1 的全部。

B.2.6　剥离率 K 计算

$$K = (P - P_i)/(P - P_0) \times 100 \quad \cdots\cdots(B.1)$$

式中:

P——清灰阻力;

P_i——第 i 吹清灰后阻力;

P_0——洁净滤料阻力。

附　录　C
（规范性附录）
滤料耐温特性测试

滤料耐温特性以热处理后滤料的强度保持率及热收缩率表示。

滤料经热处理后的强度保持率和伸长率的测试按下列步骤进行：

a）　在滤料样品上随机剪取 500 mm×400 mm 滤料 4 块；

b）　取出其中一块试样，分别测定其经纬向断裂强度 f_0 及断裂伸长率 λ_{Li}；

c）　将其余三块分别测量其经向、纬向长度 L_0，标记后平行悬挂于高温箱内；

d）　以 2 ℃/min 速度升温至该滤料最高连续使用温度后恒温并开始计时；

e）　恒温 24 h 后取出滤料，滤料冷却后分别测定各块滤料经纬向长度 L_1，经纬向断裂强力 f_1 及断裂伸长率 ；

f）　按式（C.1）和式（C.2）计算滤料经热处理后的经纬向断裂强力保持率 λ 和经纬向热收缩率 θ。

$$\lambda = \frac{f_1}{f_0} \times 100 \qquad \text{（C.1）}$$

$$\theta = \frac{L_0 - L_1}{L_0} \times 100 \qquad \text{（C.2）}$$

式中：

λ——热处理后滤料的经纬向强度保持率，%；

θ——热处理后滤料的经纬向热收缩率，%；

f_0——未经处理滤料经向断裂强力，样条尺寸为 5 cm×20 cm，单位为牛（N）；

f_1——热处理后滤料经纬向断裂强力的平均值，单位为牛（N）；

L_0——未经热处理滤料的经纬向长度，单位为毫米（mm）；

L_1——热处理后滤料的经纬向长度，单位为毫米（mm）。

附 录 D
（规范性附录）
滤料耐腐蚀性检测

滤料的耐腐蚀性以滤料经酸或碱性物质溶液浸泡后的强度保持率表示。

滤料的强度保持率的测试按下列步骤进行：

a） 在 3 m^2 滤料样品上随机剪取 500 mm×400 mm 滤料 3 块；

b） 取其中一块按 GB/T 3923.1 测定其经纬向断裂强度 f_0；

c） 将第 2 块浸在温度 85 ℃、质量分数 60％的 H_2SO_4 溶液中；

d） 将第 3 块浸于质量分数为 40％的 NaOH 常温溶液中；

e） 24 h 后将它们全部取出，经过清水充分漂洗，并在通风橱中干燥；

f） 按 GB/T 3923.1 测定其经纬向断裂强力 f_i。按式(D.1)计算其经纬向断裂强力保持率 λ：

$$\lambda = \frac{f_i}{f_0} \times 100 \qquad \text{(D.1)}$$

式中：

λ——断裂强力保持率，％；

f_0——滤料初始断裂强力；

f_i——第 i 种检验的滤料强力。

为测试滤料耐有机物的腐蚀性，可将上述的酸、碱溶液，改换为相应有机溶液，按上述同样步骤，测定其强力保持率 λ。

附 录 E
（规范性附录）
滤料疏油性的检测

E.1 方法

将不同表面张力的碳氢化合物分别设为1、2、3、4、5、6、7、8共八个拒油等级的检测液；由1向8取不同等级的检测液，逐次滴在滤料试样上；观察滤料的湿润情况；拒油性的等级以滤料表面不湿润所用滴液的等级编号1,2,…,8而定。

E.2 检测准备

E.2.1 取样：离滤料一端1 m以上、滤料边10 cm以上，取20 cm×20 cm试样三片，试样应平整、无折痕。

E.2.2 调湿：将试样置于温度20 ℃±2 ℃、相对湿度65%±2%的标准大气中4 h以上，存放在玻璃容器中待用。

E.3 检测用仪器备品

E.3.1 滴瓶：可用30 mL、50 mL或60 mL容量的磨口滴瓶，配有磨口吸管，滴瓶外需粘贴表明拒油性等级的标签。

E.3.2 橡胶吸头：使用前，先洗去橡胶吸头上的滑石粉，或用正庚烷浸泡，去除其上的有机杂质，洗净、烘干后待用。

E.3.3 秒表。

E.3.4 铝质或玻璃容器（大于试样尺寸）。

E.3.5 标准试液：共分8级，1级拒油性等级最低，8级拒油性最高。各等级标准液的原料及其性能见表E.1。

表 E.1 标准液的原料及其性能

拒油等级编号	标准液原料	纯度	表面张力[a]/(N/cm)	沸点/℃	备注
1	白矿物油	工业纯	3.145×10^{-4}	—	38 ℃时黏度为：37×10^{-3} Pa·s
2	白矿物油与正十六烷体积比=65∶35（混合时温度21 ℃）	化学纯	2.960×10^{-4}	—	—
3	正十六烷	化学纯	2.730×10^{-4}	286～288	—
4	正十四烷	化学纯	2.635×10^{-4}	250～253	—
5	正十二烷	化学纯	2.470×10^{-4}	209～212	—
6	正癸烷	化学纯	2.350×10^{-4}	173～175	—
7	正辛烷	化学纯	2.140×10^{-4}	124～126	—
8	正庚烷	化学纯	1.975×10^{-4}	98～99	—

a 表面张力为25 ℃时的值。

E.4　操作步骤

E.4.1　自容器中取出一片滤料检测样品(其他备用)移到通风良好的房间。

E.4.2　将滤料检测样品展平放在光滑的玻璃平面上。

E.4.3　用滴瓶吸管小心地吸满一管1级标准液,在试样表面滴一滴、间隔一定距离再滴一滴(液滴直径约为5 mm)。

E.4.4　从45°角处连续30 s观察液滴对试样的湿润情况。

E.4.5　如液滴对试样未形成湿润,则取高一个等级的标准液,在离开原液滴30 mm～50 mm处再依次滴两滴,重新观察30 s。

E.4.6　重复操作E.4.5,直到在滤料试样的表面或下面出现明显的湿润状态为止。

E.5　滤料拒油等级的确定

E.5.1　试样表面的正常湿润状态表现为:油滴处试样颜色变深;油滴消失;油滴外缘渗化或油滴闪光消失。

E.5.2　将使滤料试样表面不湿润的最后一个标准液的级号定为滤料的拒油等级。例如,用4级标准液未使表面湿润,改用5级时表面湿润,则滤料的拒油等级为4级。

E.5.3　按每组两滴湿润效果一致的标准液确定为等级。如不一致,在原液滴附近重复滴两滴的操作,但最多三次。将湿润效果一致、滴液次数最多的所用标准液的级号作为滤料的拒油等级。

说明:由于FZ/T 01067《涂层织物拒油性测试方法》(原系由ZB W04015-89修订而成、并将之取代,但2001年已被废止)。当前,无其他标准可为作拒油性检测的依据,所以本标准依据FZ/T 01067的基本原理编写了此检测方法。

附 录 F
（资料性附录）
在 101.33 kPa 压力下，不同温度时的饱和水蒸气压力

表 F.1 101.33 kPa 压力下不同温度时的饱和水蒸气压力

温度/℃	P_v/kPa	温度/℃	P_v/kPa	温度/℃	P_v/kPa	温度/℃	P_v/kPa	温度/℃	P_v/kPa
0	0.61	19	2.20	34	5.32	49	11.73	64	23.89
5	0.87	20	2.33	35	5.63	50	13.34	65	24.99
6	0.93	21	2.49	36	5.95	51	12.95	66	26.13
7	1.00	22	2.64	37	6.28	52	13.61	67	27.32
8	1.07	23	2.81	38	6.63	53	14.29	68	28.55
9	1.15	24	2.99	39	6.99	54	14.99	69	29.81
10	1.23	25	3.17	40	7.37	55	15.74	70	31.14
11	1.31	26	3.36	41	7.77	56	16.50	75	38.53
12	1.40	27	3.56	42	8.20	57	17.30	80	47.32
13	1.49	28	3.77	43	8.64	58	18.14	85	57.78
14	1.60	29	4.00	44	9.10	59	19.00	90	70.07
15	1.71	30	4.24	45	9.58	60	19.91	95	84.47
16	1.81	31	4.49	46	10.09	61	20.84	100	101.28
17	1.93	32	4.76	47	10.61	62	21.83		
18	2.07	33	5.03	48	11.16	63	22.84		

附 录 G
（规范性附录）
袋式除尘器使用情况及性能测定数据汇总表

表 G.1 袋式除尘器使用情况及性能测定数据汇总表

工厂名称								
车间名称								
系统编号及名称								
尘源名称及工作情况								
除尘系统基本情况			测定项目		单位	设计值	测定值	
							第一次	第二次
粉尘	成分		入口气体	流量	m^3/h			
	粒径分布或中位径			温度	℃			
				静压	Pa			
	真密度			含湿量	%			
气体	成分			含尘浓度	g/m^3			
	理化特征		出口气体	流量	m^3/h			
除尘器	型号规格			温度	℃			
	过滤面积			静压	Pa			
	清灰方式			含湿量	%			
	清灰周期			含尘浓度	g/m^3			
	清灰强度		除尘效率		%			
滤袋	尺寸		漏风率		%			
	材料		设备阻力		Pa			
	运转天数		过滤速度		m/min			
风机	型号							
	风量×风压×功率							
	消声情况							
备注			测定日期					
			测定人员					

ICS 73.060.10
D 31

中华人民共和国国家标准

GB/T 6730.65—2009

铁矿石　全铁含量的测定 三氯化钛还原重铬酸钾滴定法 (常规方法)

Iron ores—Determination of total iron content—Titanium(Ⅲ) chloride reduction potassium dichromate titration methods (routine methods)

2009-10-30 发布　　2010-05-01 实施

中华人民共和国国家质量监督检验检疫总局
中国国家标准化管理委员会　发布

前　言

GB/T 6730 的本部分的附录 A 和附录 B 为资料性附录，附录 C 为规范性附录。

本部分由中国钢铁工业协会提出。

本部分由全国铁矿石与直接还原铁标准化技术委员会归口。

本部分主要起草单位：武汉钢铁(集团)公司。

本部分主要起草人：闻向东、陈士华、张穗忠、张春兰、曹宏燕、余卫华、文斌、沈金科、岳秀云。

铁矿石　全铁含量的测定 三氯化钛还原重铬酸钾滴定法 (常规方法)

警告:使用 GB/T 6730 本部分的人员应有正规实验室工作的实践经验。本部分并未指出所有可能的安全问题。使用者有责任采取适当的安全和健康措施,并保证符合国家有关法规规定的事项。

1　范围

GB/T 6730 的本部分规定了三氯化钛还原重铬酸钾滴定法测定全铁含量的方法(常规方法)。

本部分适用于天然铁矿石、铁精矿和块矿,包括烧结矿、球团矿中全铁含量的测定。测定范围(质量分数):25%～72%。

2　规范性引用文件

下列文件中的条款通过 GB/T 6730 的本部分的引用而成为本部分的条款。凡是注日期的引用文件,其随后所有的修改单(不包括勘误的内容)或修订版均不适用于本部分,然而,鼓励根据本部分达成协议的各方研究是否可使用这些文件的最新版本。凡是不注日期的引用文件,其最新版本适用于本部分。

GB/T 6379.2　测量方法与结果的准确度(正确度与精密度)　第 2 部分:确定标准测量方法的重复性和再现性的基本方法(GB/T 6379.2—2004,ISO 5725-2:1994,IDT)

GB/T 6682　分析实验室用水规范和试验方法(GB/T 6682—2008,ISO 3696:1987,MOD)

GB/T 6730.1　铁矿石化学分析方法　分析用预干燥试样的制备(GB/T 6730.1—1986,idt ISO 7764:1998)

GB/T 10322.1　铁矿石　取样和制样方法(GB/T 10322.1—2000,idt ISO 3082:1998)

GB/T 12805　实验室玻璃仪器　滴定管(GB/T 12805—1991,neq ISO 385:1984)

GB/T 12806　实验室玻璃仪器　单标线容量瓶(GB/T 12806—1991,neq ISO 1042:1983)

GB/T 12808　实验室玻璃仪器　单标线吸量管(GB/T 12808—1991,neq ISO 648:1977)

3　原理

根据试样性质和共存元素含量,采用以下任一方法分解试料:

a) 盐酸-氟化钠分解法:试料用盐酸-氟化钠加热分解;

b) 硫酸-磷酸分解法:试料用硫酸-磷酸加热分解;

c) 碳酸钠-硼酸混合熔剂熔融,盐酸分解法:试料用碳酸钠-硼酸混合熔剂(全熔剂)熔融,熔块以盐酸加热分解;

d) 碳酸钠-过氧化钠混合熔剂熔融,盐酸分解法:试料用碳酸钠-过氧化钠混合熔剂熔融,熔块以盐酸加热分解;

e) 碳酸钠、硝酸钾和草酸混合熔剂烧结,盐酸分解法:试料用碳酸钠、硝酸钾和草酸混合熔剂于高温烧结,烧结块以盐酸、氟化钠分解。

试料分解后以氯化亚锡还原试液中大部分的三价铁,再以钨酸钠为指示剂,三氯化钛将剩余三价铁全部还原为二价至生成“钨蓝”,以稀重铬酸钾溶液氧化过剩的还原剂(或以空气中氧自然氧化)。在硫酸-磷酸介质中,以二苯胺磺酸钠为指示剂,用重铬酸钾标准滴定溶液滴定二价铁,计算全铁的质量分数。

铜量大于0.5%时，用能够完全分解试料的任一种方法分解试料后，氨水沉淀铁与铜分离进行铁的测定。

钒量大于0.1%时，试料用碳酸钠-过氧化钠混合熔剂熔融，水浸取后铁与钒分离进行铁的测定。

4 试剂

警告：过氧化钠具有强烈的氧化性，不能与有机物等还原性物质接触，否则易发生燃烧和爆炸。过氧化钠的废料不得用纸或类似可燃物包裹后丢入废料箱内，应用水冲洗排入下水道内，以免自燃引起火灾。

分析中除非另有说明，仅使用认可的分析纯试剂和蒸馏水或与其纯度相当符合GB/T 6682规定的实验室用水。

4.1 无水碳酸钠。

4.2 过氧化钠。

4.3 氧化镁，预先在900 ℃灼烧1 h。

4.4 氟化钠。

4.5 碳酸钠-硼酸混合熔剂。

取2份无水碳酸钠和1份硼酸研细后混匀。

4.6 碳酸钠、硝酸钾和草酸混合熔剂。

取100 g无水碳酸钠、7.5 g硝酸钾和40 g草酸研细后混匀。

4.7 盐酸，ρ约1.19 g/mL。

4.8 盐酸，1+1。

4.9 盐酸，1+4。

4.10 盐酸，1+99。

4.11 硫酸-磷酸混合酸，3+3+4。

4.12 硝酸，ρ约1.42 g/mL。

4.13 过氧化氢，ρ约1.05 g/mL。

4.14 氨水，1+1。

4.15 氨水，5+95。

4.16 氢氧化钠溶液，10 g/L。

4.17 氟化钠溶液，50 g/L，储存于塑料瓶中。

4.18 氯化亚锡溶液，60 g/L。

取6 g氯化亚锡溶于20 mL热浓盐酸中，用水稀释至100 mL，混匀，加入数颗锡粒。

4.19 钨酸钠溶液，250 g/L。

称取25 g钨酸钠溶于适量水中，加5 mL磷酸，用水稀释至100 mL。

4.20 三氯化钛溶液，1+14。

取2 mL三氯化钛溶液(约15%质量体积浓度)用盐酸(1+5)稀释至30 mL。

4.21 硫酸铜，5 g/L。

4.22 重铬酸钾溶液，1 g/L。

4.23 高锰酸钾溶液，4 g/L。

4.24 二苯胺磺酸钠指示剂溶液，2 g/L。

4.25 硫酸亚铁铵溶液，$c(Fe^{2+})$=0.050 mol/L。

称取19.7 g硫酸亚铁铵[$(NH_4)_2Fe(SO_4)_2 \cdot 6H_2O$]溶解于硫酸(5+95)中，移入1 000 mL容量瓶中，用硫酸(5+95)稀释至刻度，混匀。

4.26 重铬酸钾标准滴定溶液，$c(1/6K_2Cr_2O_7)=0.050\ 00\ mol/L$。

称取2.451 5 g预先在140 ℃～150 ℃干燥2 h并于干燥器中冷却至室温的重铬酸钾(基准试剂)于250 mL烧杯中，加水溶解，移入1 000 mL容量瓶中，稀释至刻度，充分混匀。记下配制标准滴定溶液时的温度。

所用容量瓶应符合GB/T 12806中A级容量瓶的要求，必要时预先对容量瓶进行校准。

注1：某些重铬酸钾标准物质已确定了其重铬酸钾的含量，可根据其含量计算称取重铬酸钾的质量。

注2：应注意重铬酸钾标准滴定溶液的环境温度，滴定时的温度应尽量与配制标准滴定溶液的温度一致。

5 仪器

除非另有规定，所用滴定管、容量瓶和吸量管应符合GB/T 12805、GB/T 12806和GB/T 12808的规定。

5.1 铂坩埚，容积20 mL～30 mL。

5.2 刚玉坩埚，容积20 mL～30 mL。

5.3 称量勺，用非磁性材料或退磁的不锈钢制成。

5.4 高温炉，温度适于控制在500 ℃～1 000 ℃的范围。

6 取样和制样

6.1 实验室试样

按照GB/T 10322.1规定进行取制实验室试样。一般试样粒度应小于100 μm。如试样中化合水或易氧化物含量高时，其粒度应小于160 μm。

6.2 预干燥试样

将实验室样充分混合，采用份样缩分法取样。按照GB/T 6730.1中的规定，将试样在105 ℃±2 ℃的温度下进行干燥。

7 分析步骤

7.1 测定次数

对同一预干燥试样(6.2)，至少独立测定2次。

注："独立"是指在同一实验室，由同一操作员使用相同的设备、按相同的测试方法，在短时间内对同一被测对象独立进行测试。

7.2 试料量

用一个非磁性勺(5.3)称取0.20 g预干燥试样(6.2)，精确至0.000 1 g。

7.3 空白试验及验证试验

随同试料作空白试验，并用同类标准物质(标准样品)进行验证试验。

7.4 分析方法

根据试样，选择7.4.1、7.4.2、7.4.3、7.4.4或7.4.5分析步骤。

7.4.1 盐酸-氟化钠分解法

7.4.1.1 将试料(7.2)置于500 mL锥形瓶中，用少量水润湿，加15 mL氟化钠溶液(4.17)，20 mL盐酸(4.7)，高温加热至试料溶解。溶解过程中不断滴加氯化亚锡溶液(4.18)和补加盐酸(4.8)，保持试液呈微黄色，浓缩体积至约20 mL，取下冷却至室温。

注1：如氯化亚锡溶液过量，溶液成无色，可滴加高锰酸钾溶液(4.23)至溶液呈微黄色，再按7.4.1.2操作。

注2：对于高硅低铁的铁矿石样品，一般情况下，全铁的质量分数小于50%，不宜使用盐酸-氟化钠分解法。

7.4.1.2 加约100 mL水，1 mL钨酸钠溶液(4.19)，在不断摇动下滴加三氯化钛溶液(4.20)至试液呈蓝色。

7.4.1.3 滴加重铬酸钾溶液(4.22)至蓝色消失,或稍等至空气中的氧氧化至蓝色消失,立即加入10 mL 硫酸-磷酸混合酸(4.11),加5滴二苯胺磺酸钠指示剂溶液(4.24),用重铬酸钾标准滴定溶液(4.26)滴定至试液由绿色至蓝绿色到最后一滴变为紫红色时为终点。

7.4.2 硫酸-磷酸分解法

7.4.2.1 将试料(7.2)置于250 mL锥形瓶中,用少量水润湿,加15 mL硫酸-磷酸混合酸(4.11),2 mL硝酸(4.12),加热溶解试料,轻轻晃动锥形瓶1次~2次,继续加热至冒硫酸烟,当硫酸烟离液面5 cm~6 cm时取下锥形瓶。

注1:试样中硅量高时,可加0.5 g氟化钠(4.4)助溶。

注2:对于高硅低铁的铁矿石样品,一般情况下,全铁的质量分数小于50%,不宜使用硫酸-磷酸分解法。

7.4.2.2 稍冷,沿瓶壁加20 mL盐酸(4.9),趁热滴加氯化亚锡溶液(4.18),至试液呈微黄色,冷却至室温,加约50 mL水,1 mL钨酸钠溶液(4.19),滴加三氯化钛溶液(4.20)至试液呈蓝色。

7.4.2.3 滴加重铬酸钾溶液(4.22)至蓝色消失,或稍等至空气中的氧氧化至蓝色消失,加5滴二苯胺磺酸钠指示剂溶液(4.24),用重铬酸钾标准滴定溶液(4.26)滴定至试液由绿色至蓝绿色到最后一滴变为紫红色时为终点。

注:可加1滴~2滴硫酸铜溶液(4.21),摇匀,蓝色立即褪尽,加指示剂溶液后立即滴定。

7.4.3 碳酸钠、硼酸混合熔剂熔融,盐酸分解法。

7.4.3.1 将试料(7.2)置于盛有2.5 g碳酸钠-硼酸混合熔剂(4.5)的铂坩埚(5.1)中,混匀,加上铂金盖,将铂坩埚置于950 ℃的高温炉(5.4)中熔融10 min~20 min。从高温炉中取出并摇动坩埚,冷却。

7.4.3.2 将铂坩埚置于盛有100 mL盐酸(4.9)的300 mL烧杯中,盖上表皿,缓缓加热至试料溶解,溶解过程中不断滴加氯化亚锡溶液(4.18),保持试液呈微黄色,洗出铂坩埚及盖,将试液移入500 mL锥形瓶中,加水至约150 mL,加1 mL钨酸钠溶液(4.19),滴加三氯化钛溶液(4.20)至试液呈蓝色。

7.4.3.3 以下同7.4.1.3操作。

注:习惯在烧杯中滴定分析的,可以不需转移到500 mL锥形瓶中,直接在烧杯中进行后续步骤。

7.4.4 碳酸钠、过氧化钠混合熔剂熔融法

7.4.4.1 钒含量小于0.1%的试样

7.4.4.1.1 将试料(7.2)置于预先加有0.5 g无水碳酸钠(4.1)的刚玉坩埚(5.2)中,加2 g过氧化钠(4.2),混匀,并用少量过氧化钠覆盖于表面,在电热板上烘烤至焦黄色,置于高温炉(5.4)中从400 ℃慢慢升温至700 ℃~750 ℃熔融5 min~10 min至清亮,冷却。

7.4.4.1.2 将刚玉坩埚置于盛有100 mL盐酸(4.9)的300 mL烧杯中,盖上表皿,缓缓加热至试料溶解,溶解过程中不断滴加氯化亚锡溶液(4.18),保持试液呈微黄色,洗出刚玉坩埚,冷却至室温。

7.4.4.1.3 以下同7.4.1.2及后续步骤。

7.4.4.2 钒含量大于0.1%的试样

7.4.4.2.1 同7.4.4.1.1。

7.4.4.2.2 将刚玉坩埚置于400 mL烧杯中,加150 mL热水浸取,洗出坩埚。用中速滤纸过滤,用氢氧化钠溶液(4.16)冲洗烧杯及沉淀5次~6次。

7.4.4.2.3 用20 mL盐酸(4.8)溶解沉淀于原烧杯中,用少量热盐酸(4.10)洗净滤纸至无色,并洗净原刚玉坩埚,洗液合并于原烧杯中。缓缓加热至沉淀溶解,溶解过程中不断滴加氯化亚锡溶液(4.18),保持试液呈微黄色,冷却至室温。将试液移入500 mL锥形瓶中,加水至约150 mL,加1 mL钨酸钠溶液(4.19),滴加三氯化钛溶液(4.20)至试液呈蓝色。

7.4.4.2.4 以下同7.4.1.3操作。

注:习惯在烧杯中滴定分析的,可以不需转移到500 mL锥形瓶中,直接在烧杯中进行后续步骤。

7.4.5 碳酸钠、硝酸钾和草酸混合熔剂烧结,盐酸分解法

7.4.5.1 将试料置于盛有0.8 g碳酸钠、硝酸钾和草酸混合熔剂(4.6)的瓷坩埚中,混匀,将其全部转

移至锥形滤纸上，包成小包，置于垫有氧化镁(4.3)的瓷坩埚中，于约500 ℃的高温炉(5.4)中开炉门炭化、灰化后，于900 ℃熔融1 min～2 min，取出，冷却，用小勺将熔块移入500 mL锥形瓶中。

注：亦可将包有试料和混合熔剂的小包置于填有若干滤纸片的瓷坩埚中高温烧结。

7.4.5.2 加20 mL盐酸(4.7)，15 mL氟化钠溶液(4.17)，缓缓加热至试料溶解，溶解过程中不断滴加氯化亚锡溶液(4.18)，保持试液呈微黄色，冷却至室温。

7.4.5.3 加约100 mL水，1mL钨酸钠溶液(4.19)，滴加三氯化钛溶液(4.20)至试液呈蓝色。

7.4.5.4 以下同7.4.1.3操作。

7.4.6 铜量大于0.5%的试样。

7.4.6.1 选用7.4.1、7.4.2、7.4.3、7.4.4或7.4.5的任一方法，将试料完全分解或分解后转移于400 mL烧杯中，在试料溶液还原前，加5 mL过氧化氢(4.13)，将铁全部氧化至高价，微沸5 min。

7.4.6.2 用氨水(4.14)中和至出现氢氧化铁沉淀，并过量10 mL，煮沸。待沉淀下沉，用快速滤纸过滤，氨水(4.15)洗涤沉淀4次～5次。

7.4.6.3 滤纸上的沉淀用20 mL盐酸(4.8)溶解于500 mL锥形瓶中，用热盐酸(4.10)洗净滤纸。加热，用氯化亚锡溶液(4.18)将其还原为微黄色，以下按7.4.1.2、7.4.1.3操作。

7.5 空白值的测定

与试料同时分析，采用相同步骤和使用相同数量的试剂操作。7.4.1、7.4.3、7.4.4、7.4.5方法中在加硫酸-磷酸混合酸(4.11)之前，7.4.2方法中在加二苯胺磺酸钠指示剂溶液(4.24)之前，加5.00 mL硫酸亚铁铵溶液(4.25)，用重铬酸钾标准滴定溶液(4.26)滴定至终点(消耗V_1 mL)，再加5.00 mL硫酸亚铁铵溶液(4.25)，再以重铬酸钾标准滴定溶液(4.26)滴定至终点(消耗V_2 mL)，前后滴定消耗重铬酸钾标准滴定溶液体积之差V_0即为空白值($V_0 = V_1 - V_2$)。

8 分析结果的计算

8.1 全铁含量的计算

按式(1)计算全铁的质量分数(%)：

$$w_{\mathrm{TFe}} = \frac{c \times (V - V_0) \times 55.85}{m \times 1\,000} \times 100 \qquad \cdots\cdots(1)$$

式中：

c——重铬酸钾标准滴定溶液浓度，单位为摩尔每升(mol/L)；

V——滴定试料溶液消耗重铬酸钾标准滴定溶液体积，单位为毫升(mL)；

V_0——滴定空白试验溶液消耗重铬酸钾标准滴定溶液体积，单位为毫升(mL)；

m——试料的质量，单位为克(g)；

55.85——铁的摩尔质量，单位为克每摩尔(g/mol)。

8.2 结果的一般处理

8.2.1 重复性和再现性

本部分的精密度数据在2008年由11个实验室对8个水平的铁矿石试样，用不同试料分解方法进行共同试验，每个实验室对每个水平的样品独立测定3次，试验数据按GB/T 6379.2进行统计，方法的重复性和再现性见表1。

精密度表述和精密度分析数据参见附录A和附录B。

表1 精密度

全铁含量精密度试验水平	重复性 r	再现性 R
25%～72%	$r=0.275\,7-0.001\,89m$	0.40%

在重复性条件下，获得的两次独立测试结果差值的绝对值不大于重复性r，出现大于重复性r的概率不大于5%；

在再现性条件下，获得的两次独立测试结果差值的绝对值不大于再现性 R，出现大于再现性 R 的概率不大于5%。

8.2.2 **分析结果的确定**

按照附录C中步骤，根据式(1)计算独立重复测量结果，与重复测定允许差(r)进行比较，来确定分析结果。

8.2.3 **实验室间精密度**

实验室间精密度用以评价两个实验室报告的最终结果之间的一致性。两个实验室按照8.2.2中规定的相同步骤报告结果后，按式(2)计算：

$$\mu_{12}=\frac{\mu_1+\mu_2}{2} \qquad (2)$$

式中：

μ_1——实验室1报告的最终结果；

μ_2——实验室2报告的最终结果；

μ_{12}——最终结果的平均值。

如果 $|\mu_1-\mu_2|\leqslant R$(见8.2.1)，最终结果是一致的。

8.2.4 **分析值的验收**

分析值的验收使用有证标准样品进行验证。单次测定的实验室最终结果与标准样品标准值 A_C 比较，如下两种情况：

a) $|\mu_c-A_C|\leqslant 0.7R$，测量值与标准值之间无显著差异；

b) $|\mu_c-A_C|>0.7R$，测量值与标准值之间有显著差异。

8.2.5 **最终结果的计算**

最终结果是试样可接受值的算术平均值，在另一种情况下，就是按附录C中规定的操作测定。最终结果保留两位小数。

9 试验报告

试验报告应包括下列信息：

a) 测试实验室名称和地址；

b) 试验报告发布日期；

c) 本部分编号；

d) 试样本身必要的详细说明；

e) 分析结果；

f) 标准物质(标准样品)名称；

g) 测定过程中存在的任何异常情况和在本部分中没有规定的可能对试样或标准物质(标准样品)分析结果产生影响的任何操作。

附　录　A
（资料性附录）
精密度表述

8.2.1 中所述精密度是通过 11 个实验室在 2008 年 8 月～10 月年间对 8 个水平的铁矿石标准样品（见表 A.1）进行分析试验所得结果统计得出的。

表 A.1　试样的全铁量

样　　品	铁含量（质量分数）/%	所用方法
GSB03-1834-05 铁矿，水平 1	37.79	7.4.3、7.4.5
磁铁矿 YSBC11701-94，水平 2	44.73	7.4.3、7.4.4、7.4.5
含砷铁矿 YSB14722-98，水平 3	55.25	7.4.1、7.4.2、7.4.3、7.4.4、7.4.5
球团矿 W88307a，水平 4	65.54	7.4.1、7.4.2、7.4.3、7.4.5
铁精矿 GSB03-1694-2004，水平 5	71.79	7.4.1、7.4.2、7.4.3、7.4.4、7.4.5
铁矿 GSBD03-1835-05，水平 6	49.86	7.4.3、7.4.4 分解后分离铜
GBW07224 钒钛磁铁矿，水平 7	32.97	7.4.4
钛精矿 YSBC19716-03，水平 8	36.24	7.4.4

注：统计分析是按 GB/T 6379.2 进行的。

附 录 B
（资料性附录）
精密度分析数据

11个实验室对8个水平铁矿石标准样品进行了方法的精密度试验，分析数据如表B.1。

表 B.1 11个实验室的精密度共同试验分析数据

数据组	水平1	水平2	水平3	水平4	水平5	水平6	水平7	水平8
1	37.913	44.789	55.146	65.558	71.790	50.070	33.111	35.954
	37.886	44.856	55.082	65.640	71.778	49.963	32.916	36.110
	37.800	44.810	55.135	65.491	71.758	50.027	33.032	35.978
2	37.813	44.790	55.060	65.689	71.878	49.986	32.952	35.884
	37.856	44.800	55.148	65.658	71.796	49.846	32.812	35.884
	37.880	44.932	55.135	65.600	71.756	49.846	32.812	36.023
3	37.768	44.820	54.984	65.456	71.669	50.054	32.741	36.371
	37.908	45.030	54.942	65.456	71.637	49.985	32.699	36.301
	37.838	44.960	55.125	65.484	71.739	50.054	32.783	36.301
4	37.699	44.820	55.152	65.344	71.488	49.702	32.812	36.083
	37.699	44.820	55.152	65.275	71.558	49.702	32.812	36.012
	37.629	44.889	55.082	65.344	71.558	49.843	32.952	36.153
5	37.699	45.029	55.152	65.484	71.488	49.776	32.995	36.023
	37.768	44.889	55.222	65.344	71.488	49.986	32.868	35.884
	37.699	44.889	55.152	65.414	71.558	49.776	32.910	35.953
6	37.980	44.873	55.217	65.380	71.693	50.064	33.09	35.995
	37.980	44.941	55.147	65.450	71.763	50.044	33.02	35.926
	37.912	44.805	55.217	65.520	71.763	50.058	32.94	35.912
7	37.908	44.978	55.362	65.624	71.693	50.056	32.812	36.163
	37.838	45.119	55.292	65.554	71.763	49.958	32.700	36.331
	37.838	44.978	55.362	65.624	71.693	50.098	32.770	36.261
8	37.838	45.029	55.012	65.554	71.767	49.958	32.910	36.163
	37.838	44.940	55.152	65.484	71.697	49.846	32.840	36.093
	37.769	44.889	55.152	65.484	71.767	50.028	32.952	36.261
9	37.890	44.820	55.292	65.624	71.907	49.804	32.882	36.065
	37.819	44.959	55.361	65.694	71.977	49.749	33.022	36.135
	37.600	45.029	55.222	65.694	71.977	49.916	32.924	35.995
10	37.852	44.959	55.082	65.494	71.684	—	—	—
	37.824	44.820	55.110	65.494	71.764			
	37.783	44.778	55.124	65.368	71.572			
11	37.559	44.610	55.003	65.459	71.726	—	—	—
	37.671	44.680	54.962	65.464	71.671			
	37.699	44.582	55.070	65.335	71.690			
12	37.768	44.667	55.141	65.542	71.890	—	—	—
	37.629	44.610	55.072	65.542	71.960			
	37.768	44.792	55.072	65.612	71.960			
13	38.111	44.610	55.012	65.624	71.725	—	—	—
	38.022	44.568	55.096	65.652	71.697			
	38.005	44.680	54.928	65.708	71.656			

表 B.1（续）

数据组	水平 1	水平 2	水平 3	水平 4	水平 5	水平 6	水平 7	水平 8
14	37.838 37.866 37.727	44.610 44.540 44.652	54.956 55.041 55.012	65.596 65.568 65.540	71.851 71.823 71.993	—	—	—
15	—	—	55.152 55.292 55.292	65.623 65.554 65.526	71.558 71.558 71.628	—	—	—
16	—	—	55.320 55.222 55.264	65.444 65.512 65.512	71.837 71.697 71.760	—	—	—
17	—	—	55.168 55.281 55.236	65.400 65.415 65.417	71.475 71.421 71.452	—	—	—
18	—	—	55.200 55.198 55.254	65.405 65.420 65.408	71.420 71.436 71.458	—	—	—
19	—	—	55.012 55.110 55.187	65.442 65.372 65.484	71.697 71.628 71.600	—	—	—
20	—	—	55.152 55.264 55.124	65.484 65.523 65.442	71.728 71.837 71.795	—	—	—

附 录 C
（规范性附录）
试样分析值接受程序流程图

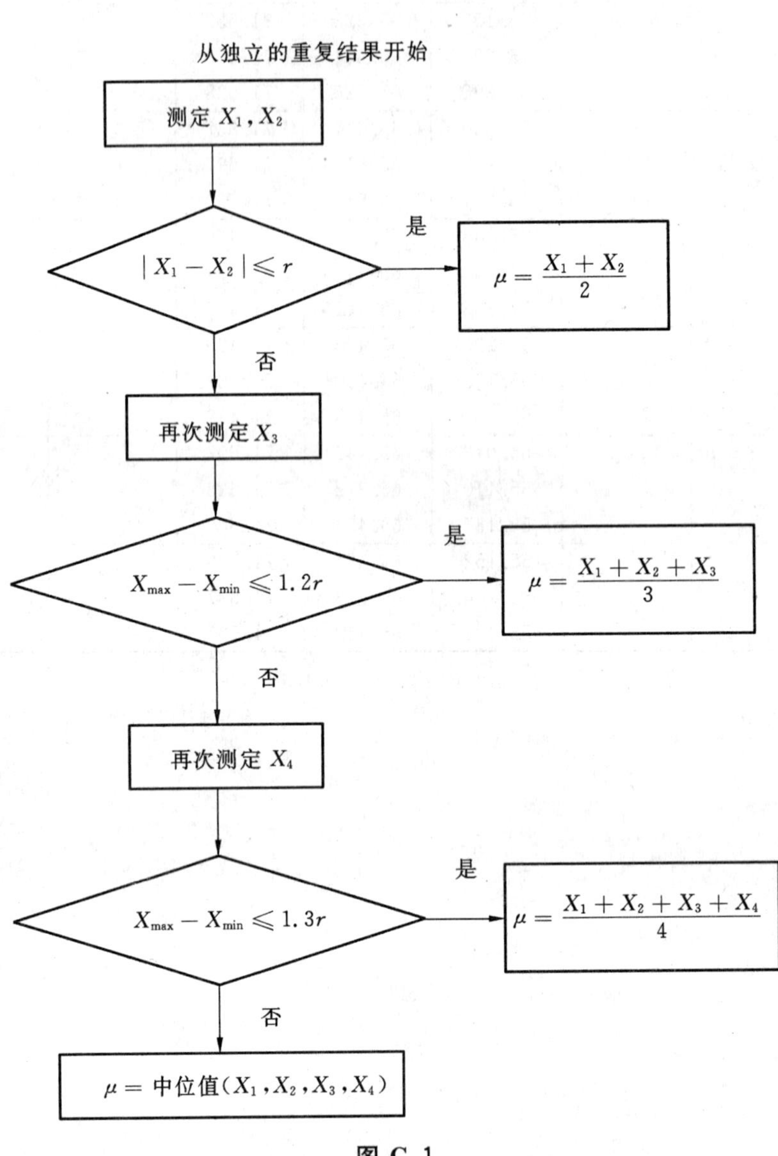

图 C.1

ICS 73.060.10
D 31

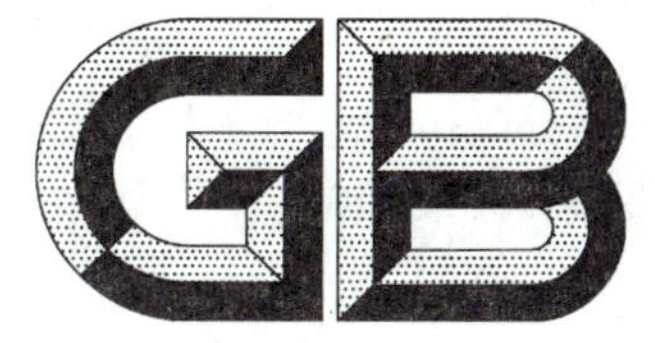

中华人民共和国国家标准

GB/T 6730.66—2009

铁矿石 全铁含量的测定 自动电位滴定法

Iron ores—Determination of total iron content—Automatic potentiometric titration method

2009-10-30 发布 2010-05-01 实施

中华人民共和国国家质量监督检验检疫总局
中国国家标准化管理委员会 发布

前　言

GB/T 6730 的本部分的附录 A 和附录 B 为规范性附录,附录 C 为资料性附录。

本部分由中国钢铁工业协会提出。

本部分由全国铁矿石与直接还原铁标准化技术委员会归口。

本部分主要起草单位:宁波检验检疫科学技术研究院、宝钢股份公司、冶金工业信息标准研究院、天津出入境检验检疫局、深圳出入境检验检疫局、上海出入境检验检疫局、万通中国技术中心、梅特勒上海公司。

本部分主要起草人:应海松、张爱珍、王艳、纪红玲、陈自斌、谷松海、王楼明、李晨。

铁矿石　全铁含量的测定　自动电位滴定法

警告：使用GB/T 6730本部分的人员应有正规实验室工作的实践经验。本部分并未指出所有可能的安全问题。使用者有责任采取适当的安全和健康措施，并保证符合国家有关法规规定的条件。

1　范围

GB/T 6730的本部分规定了用自动电位滴定法测定铁矿石中全铁含量的方法。

本部分适用于铜、钒、锰含量分别小于0.1%的天然铁矿、铁精矿和造块，包括烧结产品中全铁含量的测定。测定范围(质量分数)：40%～70%。

2　规范性引用文件

下列文件中的条款通过GB/T 6730的本部分的引用而成为本部分的条款。凡是注日期的引用文件，其随后所有的修改单(不包括勘误的内容)或修订版均不适用于本部分，然而，鼓励根据本部分达成协议的各方研究是否可使用这些文件的最新版本。凡是不注日期的引用文件，其最新版本适用于本部分。

GB/T 6682　分析实验室用水规格和试验方法(GB/T 6682—2008,ISO 3696:1987,MOD)

GB/T 6730.1　铁矿石化学分析方法　分析用预干燥试样的制备(GB/T 6730.1—1986,idt ISO 7764:1998)

GB/T 6730.3　铁矿石化学分析方法　重量法测定分析试样吸湿水量

GB/T 8170　数值修约规则与极限数值的表示和判定

GB/T 10322.1　铁矿石　取样和制样方法(GB/T 10322.1—2000,idt ISO 3082:1998)

GB/T 12806　实验室玻璃仪器　单标线容量瓶(GB/T 12806—1991,neq ISO 1042:1983)

GB/T 12808　实验室玻璃仪器　单标线吸量管(GB/T 12808—1991,neq ISO 648:1997)

JJG 814　自动电位滴定仪

3　原理

试样用盐酸加热溶解，大部分铁以氯化亚锡还原，剩余铁用三氯化钛还原，用重铬酸钾氧化过量的还原剂。以重铬酸钾为滴定剂滴定还原的铁，用自动电位滴定仪滴定并判定滴定终点，以消耗重铬酸钾体积来计算试样中全铁的含量。

4　试剂

除非另有说明，在分析中仅使用认可的分析纯的试剂。

4.1　焦硫酸钾，细粉。

4.2　盐酸，ρ1.19 g/mL。

4.3　硫酸，ρ1.84 g/mL。

4.4　磷酸，ρ1.70 g/mL。

4.5　氢氟酸，ρ1.13 g/mL。

4.6　过氧化氢溶液，约30%。

4.7　过氧化氢溶液，1+9。

4.8 盐酸,1+1。

4.9 盐酸,1+9。

4.10 硫酸,1+1。

4.11 氯化亚锡溶液,100 g/L。

将 100 g 氯化亚锡结晶体($SnCl_2 \cdot 2H_2O$)溶于 200 mL 的盐酸(4.2)中,通过水浴加热溶液。冷却溶液,并用水稀释至 1 L。该溶液应储存在装有少量锡粒的棕色玻璃瓶中。

4.12 钨酸钠溶液,25%(质量分数)。

将 25 g 钨酸钠溶于适量水中,加 5 mL 磷酸(4.4),稀释至 100 mL,混匀。

4.13 三氯化钛溶液,15 g/L。

用 3 体积的盐酸(4.8)稀释 1 体积的三氯化钛溶液(约 15%的 $TiCl_3$)。

4.14 硫磷混酸。

边搅拌边将 300 mL 磷酸(4.4)注入约 500 mL 水中,再加 200 mL 硫酸(4.3)。流水冷却。

4.15 重铬酸钾溶液,0.5 g/L。

4.16 重铬酸钾标准溶液,0.016 67 moL/L。

在玛瑙研钵中研磨约 6 g 的重铬酸钾(基准级),在 140 ℃～150 ℃干燥 2 h,在干燥器中冷却至室温。称取 4.904 g 粉末溶于水中。冷却至 20 ℃后移至 1 000 mL 的容量瓶中,用水稀释至刻度,混匀。

4.17 铁标准溶液,0.1 moL/L。

称取 5.58 g 纯铁至 500 mL 的锥形烧杯中,在颈口放一个小滤斗。慢慢加入 75 mL 盐酸(4.2),加热至溶解。冷却,逐次少量加入 5 mL 过氧化氢溶液(4.7)。加热至沸腾,分解过剩的过氧化氢和除去氯气。移至 1 000 mL 的容量瓶中,稀释至刻度。

1.00 mL 的该溶液相当于 1.00 mL 的重铬酸钾标准溶液。

4.18 水,符合 GB/T 6682 的规定,一级。

5 仪器与设备

5.1 自动电位滴定仪,带滴定单元及滴定控制装置、磁转子搅拌或桨状搅拌装置、X-Y 绘图仪,须符合 JJG 814 自动电位滴定仪计量规程,见附录 B 中图 B.1。

5.2 贵金属铂电极和饱和甘汞电极,或者氧化还原复合电极,见附录 B 中图 B.2。

5.3 高温炉。

5.4 铂坩埚,容量 30 mL。

5.5 单刻度容量瓶,符合 GB/T 12806 的规定,A 级。

5.6 单刻度吸量管,符合 GB/T 12808 的规定,A 级。

6 取样与制样

6.1 实验室样品

按照 GB/T 10322.1 进行取制样。一般试样粒度应小于 100 μm,如试样中化合水或易氧化物含量高时,其粒度应小于 160 μm。

注 1：化合水和易氧化物含量高的规定包括在 GB/T 6730.1 中。

注 2：如果全铁的测量涉及还原性试验,将整个还原性试验中留作化学分析的试样破碎和研碎小于 100 μm,制成实验室样品。

6.2 预干燥试样的制备

根据矿石类型,按 6.2.1 或 6.2.2 进行。

6.2.1 化合水或易氧化物含量较高的矿石

下列矿石类型,按 GB/T 6730.3 制备一空气平衡试样:

a) 含金属铁的加工矿;

b) 含硫量大于0.2%的天然或加工矿;

c) 含化合水大于2.5%的天然或加工矿。

6.2.2 除6.2.1范围外的矿石

将实验室样品充分混匀,采用份样缩分法取样。按照GB/T 6730.1中的规定,将试样在105 ℃±2 ℃下进行干燥。

注:用非磁性材料充分混合试样,并用非磁性刮勺从整个容器中以份样法采取试样。

7 分析步骤

7.1 测量次数

按照附录A中的程序,对同一预干燥试样,至少独立测定两次。

注:"独立"是指再次及后续任何一次测定结果不受前面测定结果的影响。本分析方法中,此条件意味着同一操作者在不同的时间或不同操作者进行重复测定,包括采用适当的再校准。

7.2 试料量

称取0.2 g预干燥试样(6.2),精确至0.000 1 g。

注:称量试样应尽量快,以免试样再吸湿。

7.3 空白试验和验证试验

7.3.1 空白试验

随同试料做空白试验(要求见7.5.4)。

7.3.2 验证试验

随同试料同类标准样品做验证试验。

7.4 吸湿水的测定

当矿石类型符合6.2.1的要求时,在取全铁测定试样的同时,按GB/T 6730.3的要求测定吸湿水含量。

7.5 测定

7.5.1 试样的分解

将试样(7.2)置于250 mL烧杯中,加20 mL盐酸(4.2),盖上表面皿,试样初步分解后,加氯化亚锡溶液(4.11)至试样溶液无色澄清,并过量少许,加热(不沸腾)至试样分解完全,并使溶液保持淡黄色(三氯化铁)。取下冷却,加水稀释至总体积约为150 mL。

注1:如溶液有可见残渣,则用滤纸将溶液热过滤至300 mL烧杯中,用温盐酸(4.9)洗残渣直至看不见黄色的三氯化铁为止。然后用温水洗6次~8次。将滤液和洗液收集在300 mL烧杯中,不沸腾状况下蒸发主液,保留烧杯。将滤纸和残渣放入铂坩埚(5.4)中,干燥,灰化滤纸,最后在750 ℃~800 ℃灼烧。冷却坩埚,用硫酸(4.10)湿润残渣,加约5 mL氢氟酸,并缓慢加热以除去二氧化硅和硫酸。待白烟冒尽,取下坩埚冷却。将2 g焦硫酸钾(4.1)加入冷却的坩埚,先缓慢加热,然后高温加热,至熔融物清亮。将坩锅放入原烧杯中,加入30 mL盐酸(4.9),温热溶解熔融物。洗出坩埚,将该溶液和主液合并,不沸腾状况下蒸发至约100 mL,下面按7.4.2节中规定的步骤继续操作。

注2:蒸发时可稍微移开表面皿。

7.5.2 还原

在7.5.1所得溶液中,加6滴~8滴钨酸钠溶液(4.12)做指示剂,然后滴加三氯化钛溶液(4.13),并不断转动溶液,直到溶液变蓝色。过量3滴~5滴,滴加稀重铬酸钾溶液(4.15),氧化过量的三氯化钛,直到蓝色恰好褪去。

7.5.3 滴定

将7.5.2所得溶液放在已调整稳定并且设定好方法的自动电位滴定仪上,按照自动电位滴定仪操作规程安装仪器,加入硫磷混酸(4.14)9 mL,使用重铬酸钾标准溶液(4.16)电位滴定,根据滴定过程中的电位突跃判断反应结束。先测定空白试液,再测定所有校准溶液和试液。

7.5.4 空白试验

使用相同数量的所有试剂和按照与试样相同的操作步骤测定空白试验值(7.3)。在用氯化亚锡溶液(4.11)还原(7.5.2)前,立刻用单刻度移液管加 10.00 mL 铁标准溶液(4.17)并按 7.5.3 所述滴定溶液。将该滴定体积记作(V_0)。滴定的空白试验值 $V_2=V_0-10.00$。

注:1.00 mL 单刻度移液管应预先通过称量所移取水的质量并换算成体积来进行校正。

8 结果计算

8.1 全铁含量的计算

按式(1)计算试样中全铁含量(质量分数)w_{Fe},其数值以百分数表示。

$$w_{Fe}=\frac{V_1-V_2}{m}\times 0.005\,584\,7\times K\times 100 \qquad (1)$$

式中:

V_1——试样消耗的重铬酸钾标注溶液(4.16)的体积,单位为毫升(mL);

V_2——空白试验在 7.5.1 加铁标准溶液消耗相应的重铬酸钾标准溶液的体积,单位为毫升(mL);

m——试样的质量,单位为克(g);

0.005 584 7——铁的原子量质量倍数;

K——对预干燥试样(6.2.2)是 1.00,一般试样(6.2.1)的换算系数按式(2)计算。

$$K=\frac{100}{100-A} \qquad (2)$$

式中:

A——按 GB/T 6730.3 测定吸湿水质量分数。

计算结果保留小数点后 2 位。

8.2 分析结果的一般处理

8.2.1 精密度

表 1 精密度

类 别	允差值
S_r	0.10
S_R	0.21
S_r——实验室内重复测定的允许差(重复性); S_R——实验室间的允许差(再现性)。	

8.2.2 分析结果的确定

按照附录 A 中步骤,根据式(1)计算独立重复测量结果,与重复测定允许差(S_r)进行比较,来确定分析结果。

8.2.3 实验室间精密度

实验室间精密度用以评价两个实验室报告的最终结果之间的一致性。两个实验室按照附录 A 中规定的相同步骤报告结果后,按式(3)计算:

$$\mu_{12}=\frac{\mu_1+\mu_2}{2} \qquad (3)$$

式中:

μ_1——实验室 1 报告的最终结果;

μ_2——实验室 2 报告的最终结果；

μ_{12}——最终结果的平均值。

8.2.4 分析值的验收

分析值的验收使用认证标准样品进行验证。步骤与以上所述相同。确认精密度后，实验室最终结果与标准值 A_C 比较，如：

a) $|\mu_C - A_C| \leqslant C$，测量值与标准值之间无显著性差异；

b) $|\mu_C - A_C| > C$，测量值与标准值之间有显著性差异。

式中：

μ_C——标准样品的测量值；

A_C——标准样品的标准值；

C——该值取决于所使用标准样品的种类，按式(3)、式(4)计算。

对通过实验室间确定的标准样品：

$$C = 2\sqrt{\sigma_L^2 + \frac{\sigma_d^2}{n} + V_{(A_C)}} \qquad \cdots\cdots(4)$$

式中 $V_{(A_C)}$ 是标准值 A_C 的方差。

对仅有一个实验室确定的标准样品：

$$C = 2\sqrt{\sigma_L^2 + \frac{\sigma_d^2}{n}} \qquad \cdots\cdots(5)$$

注：除非已确证该标准值没有偏差，否则不应采用此类标准样品。

8.2.5 最终结果的处理

试样的最终结果是可接受分析值的算术平均值，或按附录 A 中步骤计算。可接受分析值的算术平均值计算到第 4 位小数，并按 GB/T 8170 修约到第 2 位小数。

8.3 氧化物换算系数

$$w_{Fe_2O_3} = 1.43 w_{Fe}$$

$$w_{FeO} = 1.286 w_{Fe}$$

$$w_{Fe_3O_4} = 1.382 w_{Fe}$$

9 试验报告

试验报告应包括下列信息：

a) 测试实验室名称和地址；

b) 试验报告发布日期；

c) 本部分的编号；

d) 试样本身必要的详细说明；

e) 分析结果；

f) 标准样品名称和结果；

g) 测定过程中存在的任何异常特性和在本部分中没有规定的可能对试样或标准样品的分析结果产生影响的任何操作。

附　录　A
（规范性附录）
试样分析值验收流程图

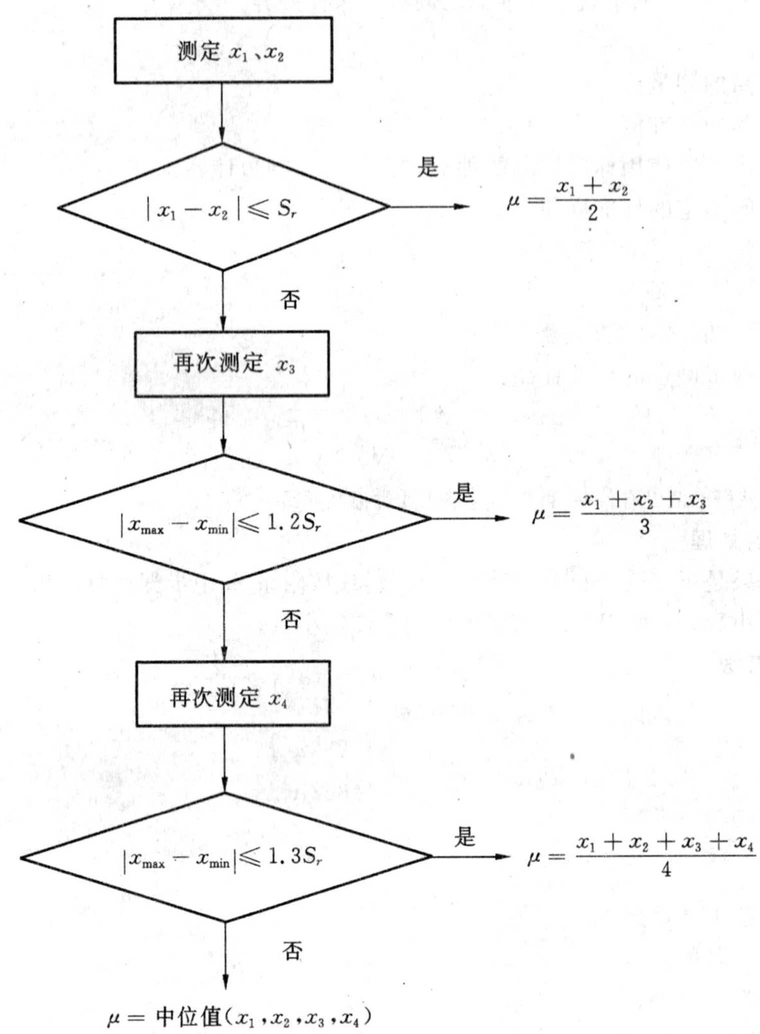

注：S_r 见 8.2.1 中定义。

附 录 B
（规范性附录）
自动电位滴定仪结构

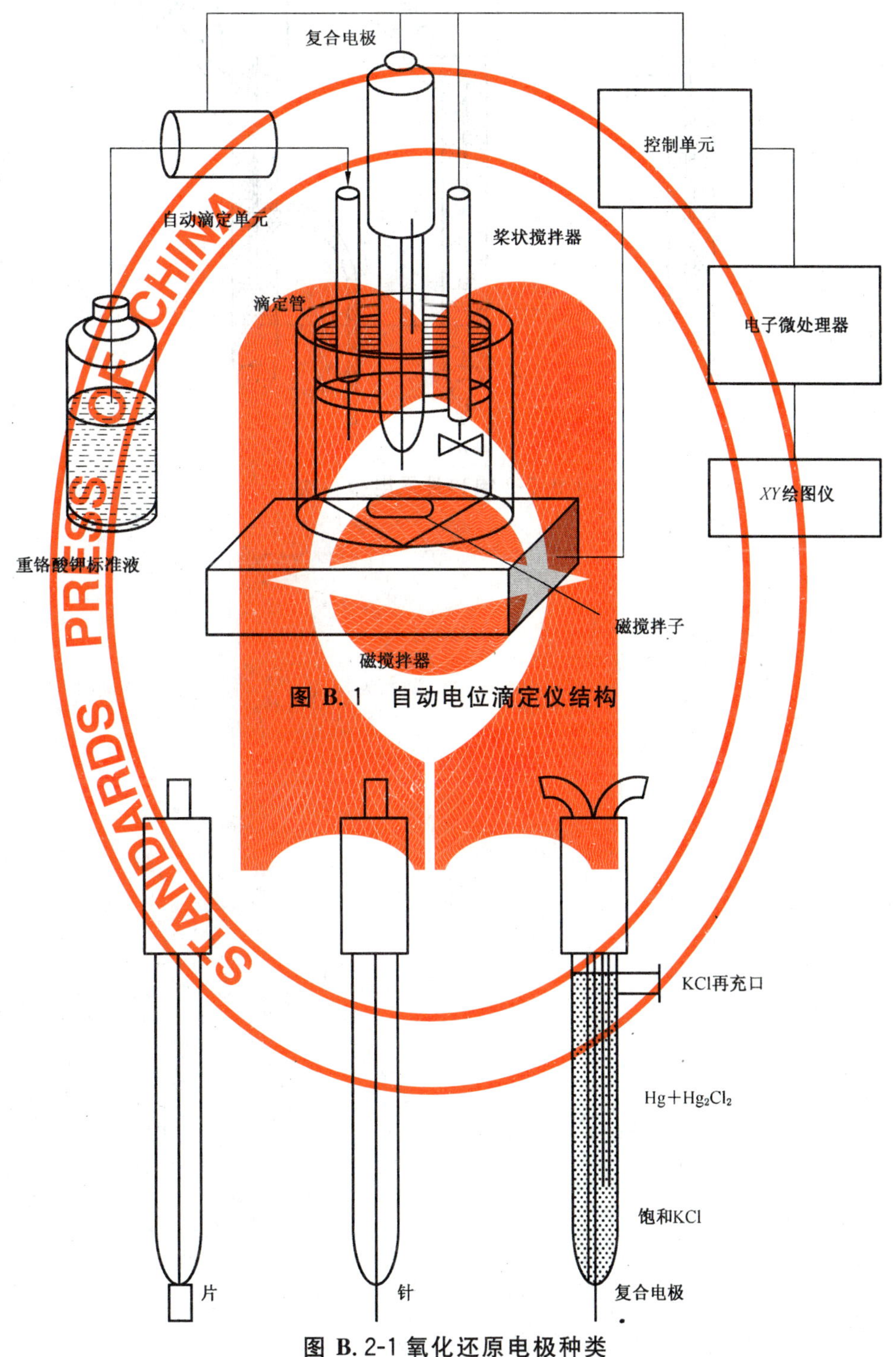

图 B.1 自动电位滴定仪结构

图 B.2-1 氧化还原电极种类

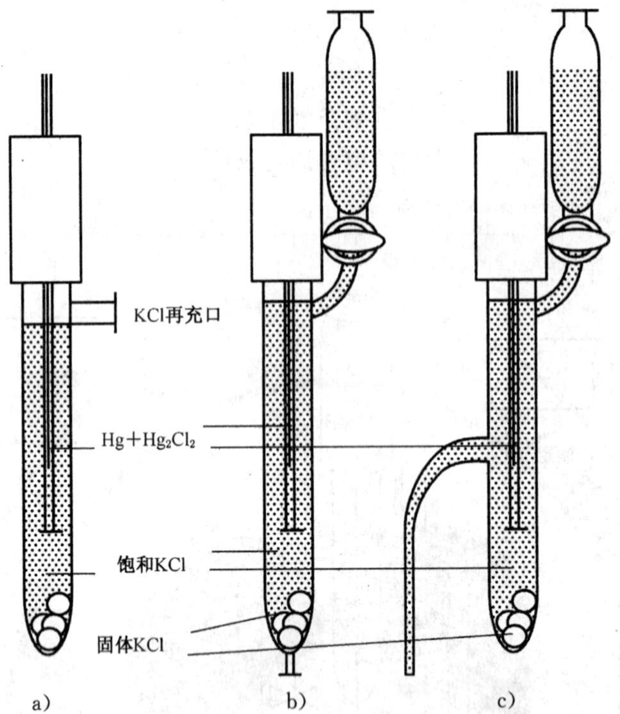

图 B.2-2 饱和甘汞电极种类

附 录 C
（资料性附录）
精密度偏差表述

8.2.1 中所述的精密度是于 2008 年，由 8 个实验室对 5 个铁矿石样品进行共同分析的试验结果统计得到的。

用于试验的试样列于表 C.1 中。

表 C.1 试样的全铁含量

试 样	全铁含量(质量分数)/%
W-92303	37.26
HISY-14	58.85
W-88302	62.77
HIS-8	64.82
DIBAI2	71.77

注：统计分析按照 GB/T 6379.2 的原理进行。

ICS 73.060.10
D 31

中华人民共和国国家标准

GB/T 6730.67—2009

铁矿石 砷含量的测定 氢化物发生原子吸收光谱法

Iron ores—Determination of arsenic content—Hydride generation atomic absorption spectrometric method

2009-10-30 发布 2010-05-01 实施

中华人民共和国国家质量监督检验检疫总局
中国国家标准化管理委员会 发布

前　言

GB/T 6730 的本部分的附录 A 为规范性附录，附录 B、附录 C 和附录 D 为资料性附录。

本部分由中国钢铁工业协会提出。

本部分由全国铁矿石与直接还原铁标准化技术委员会归口。

本部分主要起草单位：宁波检验检疫科学技术研究院、宁波钢铁有限公司、天津出入境检验检疫局、冶金工业信息标准研究院、深圳出入境检验检疫局、嵊泗出入境检验检疫局、铂金埃尔默上海公司、瓦里安中国公司。

本部分主要起草人：应海松、付冉冉、林力、王博、魏红兵、谷松海、陈自斌、王楼明、韩健。

铁矿石　砷含量的测定　氢化物发生原子吸收光谱法

警告：使用GB/T 6730本部分的人员应有正规实验室工作的实践经验。本部分并未指出所有可能的安全问题。使用者有责任采取适当的安全和健康措施，并保证符合国家有关法规规定的条件。

1　范围

GB/T 6730的本部分规定了用氢化物发生-原子吸收分光光谱法测定铁矿石中砷含量的方法。

本部分适用于天然铁矿、铁精矿和造块，包括烧结产品中砷含量的测定。测定范围(质量分数)：0.000 05%～0.1%。

2　规范性引用文件

下列文件中的条款通过GB/T 6730的本部分的引用而成为本部分的条款。凡是注日期的引用文件，其随后所有的修改单(不包括勘误的内容)或修订版均不适用于本部分，然而，鼓励根据本标准达成协议的各方研究是否可使用这些文件的最新版本。凡是不注日期的引用文件，其最新版本适用于本部分。

GB/T 6682　分析实验室用水规格和试验方法(GB/T 6682—2008,ISO 3696:1987,MOD)

GB/T 6730.1　铁矿石化学分析方法　分析用预干燥试样的制备(GB/T 6730.1—1986,idt ISO 7764:1998)

GB/T 8170　数值修约规则与极限数值的表示和判定

GB/T 10322.1　铁矿石　取样和制样方法(GB/T 10322.1—2000,idt ISO 3082:1998)

GB/T 12806　实验室玻璃仪器　单标线容量瓶(GB/T 12806—1991,neq ISO 1042:1983)

GB/T 12808　实验室玻璃仪器　单标线吸量管(GB/T 12808—1991,neq ISO 648:1977)

3　原理

试样用盐酸和硝酸溶解，蒸发至干，加入稀盐酸溶解，残渣用过氧化钠和碳酸钠碱熔处理，试液采用碘化钾作预还原剂，抗坏血酸做掩蔽剂，调节酸度并适当稀释，用硼氢化钠还原，通过氢化物发生器产生砷化氢，随载气进入石英管原子化，在波长193.7 nm处测定砷含量。

4　试剂

除非另有说明，在分析中仅使用确认为分析纯的试剂。

4.1　过氧化钠。

4.2　无水碳酸钠。

4.3　氢氧化钠。

4.4　硼氢化钠。

4.5　盐酸，ρ1.19 g/mL，优级纯。

4.6　硝酸，ρ1.42 g/mL。

4.7　盐酸，1+1。

4.8　盐酸，2+98。

4.9　盐酸，12+88。

4.10　盐酸，1+9。

4.11 碘化钾溶液,100 g/L。

称取 10 g 碘化钾溶于 100 mL 水。

4.12 抗坏血酸溶液,100 g/L。

称取 10 g 抗坏血酸溶于 100 mL 水,使用时配置。

4.13 铁基体溶液,10 g/L。

称取 5 g 光谱纯铁粉于 150 mL 烧杯中,加 30 mL 盐酸(4.5),盖上表面皿,低温下加热至大部分试样分解,升高温度(不沸腾),直至试样分解完全,蒸发至近干,取下冷却,加入 10 mL 盐酸(4.7)溶解盐类,转移至 500 mL 容量瓶中,用水稀释至刻度,摇匀。

4.14 砷标准溶液 A,100 μg/mL。

在 105 ℃下将三氧化二砷(基准试剂)烘干 1 h,称取 0.132 0 g 溶解于 2 mL 40 g/L 的氢氧化钠溶液中,加 30 mL 水,3 滴甲基橙指示剂(4.17),用盐酸(4.8)中和至橙色变为红色,然后加 4 g 碳酸氢钠,转移至 1 000 mL 容量瓶中用水稀释至刻度,摇匀。

4.15 砷标准溶液 B,1 μg/mL。

用吸量管移取 10.00 mL 砷标准溶液 A(4.14)于 1 000 mL 容量瓶内用水稀释至刻度,摇匀。

4.16 砷标准溶液 C,0.1 μg/mL。

用吸量管移取 10.00 mL 砷标准溶液 B(4.15)于 100 mL 容量瓶内用水稀释至刻度,摇匀。

4.17 甲基橙指示剂溶液,1 mg/mL。

称 0.1 g 甲基橙指示剂溶于 100 mL 水中。

4.18 水,GB/T 6682,二级。

5 仪器与设备

5.1 原子吸收光谱仪,配备砷无极放电灯或空心阴极灯。仪器参数参见附录 B。

在仪器最佳条件下,使用的原子吸收光谱仪应达到下列指标:

a) 最低灵敏度:砷校正溶液最高浓度的吸光度不小于 0.25;

b) 校准曲线的线性:用同样的方法测定时,校准曲线顶部 20%与底部 20%浓度范围内的斜率值(表示为吸光度的变化)之比不应小于 0.7;

c) 最低稳定性:最高浓度校正溶液与零浓度校正溶液,经多次重复测定,吸光度的标准偏差与最高浓度校正溶液吸光度平均值之比应分别小于 1.5%和 0.5%。

5.2 氢化物发生装置。

5.3 单刻度容量瓶,符合 GB/T 12806 的规定,A 级。

5.4 单刻度吸量管,符合 GB/T 12808 的规定,A 级。

5.5 高温炉。

5.6 镍坩埚,最小容量 30 mL。

5.7 载气供应系统,采用纯度为 99.99%的氮气。

6 取样与制样

6.1 实验室样品

按照 GB/T 10322.1 进行取制样。一般试样粒度应小于 100 μm,如试样中化合水或易氧化物含量高时,其粒度应小于 160 μm。

6.2 预干燥试样的制备

将实验室样品充分混合,采用份样缩分法取样。按照 GB/T 6730.1 的规定,将试样在 105 ℃±2 ℃的温度下进行干燥。

注:用非磁性材料充分混合试样,并用非磁性刮勺从整个容器中以份样法采取试样。

7 分析步骤

警告：为避免乙炔点火、熄火可能引起的爆炸性伤害，或避免电加热装置的灼伤，必须按照仪器说明书要求操作仪器，为减小产生的砷化氢的毒害，请保持良好排风。

7.1 测量次数

按照附录 A 中的程序，对同一预干燥试样，至少独立测定两次。

注："独立"是指再次及后续任何一次测定结果不受前面测定结果的影响。本分析方法中，此条件意味着同一操作者在不同的时间或不同操作者进行重复测定，包括采用适当的再校准。

7.2 试料量

称取 0.2 g～1.0 g 预干燥试样(6.2)，精确至 0.000 1 g。

注：称量试样应尽量快，以免试样再吸湿。

7.3 空白试验和验证试验

7.3.1 空白试验：随同试料分析做空白试验。

7.3.2 验证试验：随同试料分析同类型标准样品做验证试验。

7.4 测定

7.4.1 试料的分解

将试料(7.2)置于 150 mL 烧杯中，用少量水湿润，加 30 mL 盐酸(4.5)，1 mL 硝酸(4.6)，盖上表面皿，加热至大部分试料分解（不沸腾），直至试料分解完全，蒸发近干，取下冷却，加入 10 mL 盐酸(4.7)溶解盐类，转移至 100 mL 单刻度容量瓶中，用水稀释至刻度，摇匀。

如溶液有可见残渣，则用滤纸将溶液滤入 150 mL 烧杯中，用带橡皮头的玻璃棒擦下烧杯中粘附的颗粒移至滤纸上，用盐酸(4.8)冲洗滤纸直至无铁斑，再用少量热水冲洗滤纸三次。保留残渣和滤液。将滤纸和残渣放入镍坩埚中，放电炉上加热灰化，放冷，加入 0.2 g 过氧化钠和 0.4 g 碳酸钠的混合物，在 700 ℃下熔融 10 min。冷却后加入 5 mL 盐酸(4.7)，将此溶液与滤液合并，定容至 100 mL。

7.4.2 试液的分取

按表 1 分取试样溶液(7.4.1)于 100 mL 单刻度容量瓶中，加入 10 mL 碘化钾溶液(4.11)，10 mL 抗坏血酸(4.12)，用盐酸(4.9)稀释至刻度，摇匀，放置 20 min 至 30 min，用于氢化物发生原子吸收光谱仪测定。

表 1 分取试液量表

样品中砷含量(质量分数)/%	分取试样溶液体积/mL
0.000 05 ～ 0.000 1	40.00
0.000 1 ～ 0.001	20.00
0.001 ～ 0.01	10.00
0.01 ～ 0.1	2.000

7.5 校准曲线的绘制

按表 2 所示，移取不同体积的砷标准溶液(4.16)于 6 个 100 mL 单刻度容量瓶中，分别加入 6 mL 铁基体溶液(4.13)，依次加入 10 mL 碘化钾溶液(4.11)、10 mL 抗坏血酸溶液(4.12)，用盐酸(4.9)稀释至刻度，放置 20 min 至 30 min，测定。

7.6 测量

按照仪器操作说明书，连接氢化物发生器，调节仪器，待仪器稳定后，将硼氢化钠溶液(参见附录 B 的配制方法)、载流溶液(4.10)及校准系列溶液浓度从低到高的顺序导入氢化物发生器，将产生的氢化物气体导入石英管，在波长 193.7 nm 处测定吸光度，以砷校准溶液的净吸光度为纵坐标，以砷溶液的浓度为横坐标绘制校准曲线。

用同样的方法测定样品溶液。通过校准曲线计算得到砷的浓度值。

表 2 校准溶液

溶液编号	移取砷标准溶液(4.16) mL	砷浓度 ng/mL
0	0.000	0.000
1	0.100	0.100
2	0.500	0.500
3	1.00	1.00
4	5.00	5.00
5	20.00	20.00
6	30.00	30.00
7	40.00	40.00

8 结果计算

8.1 砷含量的计算

按式(1)计算试样中砷含量(质量分数)X_{As},其数值以百分数表示。

$$X_{As} = \frac{C}{m \times R} \times 10^{-5} \times 100\% \qquad \cdots\cdots (1)$$

式中:

C——校准曲线查得的砷含量,单位为纳克每毫升(ng/mL);

m——试料的质量,单位为克(g);

R——分取试样溶液的体积(见表1)与100的比值。

计算结果表示到两位有效数字。

8.2 分析结果的一般处理

8.2.1 精密度

本方法的精密度由回归方程式(2)、式(3)表示:

$$S_r = -0.3326x^2 + 0.1238x - 0.00003 \qquad \cdots\cdots (2)$$

$$S_R = -1.2635x^2 + 0.2367x - 0.00005 \qquad \cdots\cdots (3)$$

式中:

x——预干燥试样的砷含量,以质量分数表示,计算如下:

——实验室内,按式(2)计算,其为两次重复测定结果的算术平均值;

——实验室间,按式(3)计算,其为两个实验室最终结果的算术平均值;

S_r——实验室内重复测定的允许差(重复性);

S_R——实验室间的允许差(再现性)。

8.2.2 分析结果的确定

按照附录A中步骤,根据式(1)计算独立重复测量结果,与重复测定允许差(R_d)进行比较,来确定分析结果。

8.2.3 实验室间精密度

实验室间精密度用以评价两个实验室报告的最终结果之间的一致性。两个实验室按照8.2.2中规定的相同步骤报告结果后,按式(4)计算:

$$\mu_{12} = \frac{\mu_1 + \mu_2}{2} \qquad \cdots\cdots (4)$$

式中：

μ_1——实验室1报告的最终结果；

μ_2——实验室2报告的最终结果；

μ_{12}——最终结果的平均值。

8.2.4 分析值的验收

分析值的验收使用认证标准样品进行验证。步骤与以上所述相同。确认精密度后，实验室最终结果与标准值 A_C 比较，如：

a) $|\mu_C - A_C| \leqslant C$，测量值与标准值之间无显著性差异；

b) $|\mu_C - A_C| > C$，测量值与标准值之间有显著性差异。

式中：

μ_C——标准样品的测量值；

A_C——标准样品的标准值；

C——该值取决于所使用标准样品的种类。

对通过实验室间确定的标准样品：

$$C = 2\sqrt{\sigma_L^2 + \frac{\sigma_d^2}{n} + V_{(A_C)}} \qquad \cdots\cdots(5)$$

式中：

$V_{(A_C)}$——标准值 A_C 的方差。

对仅有一个实验室确定的标准样品：

$$C = 2\sqrt{\sigma_L^2 + \frac{\sigma_d^2}{n}} \qquad \cdots\cdots(6)$$

注：除非已确证该标准值没有偏差，否则不应采用此类标准样品。

8.2.5 最终结果的处理

试样的最终结果是可接受分析值的算术平均值，或按附录A中步骤计算。

8.3 氧化物换算系数

$$X_{As_2O_3}(\%) = 2.640\,6 \times X_{As}(\%) \qquad \cdots\cdots(7)$$

9 试验报告

试验报告应包括下列信息：

a) 测试实验室名称和地址；

b) 试验报告发布日期；

c) 本部分的编号；

d) 试样本身必要的详细说明；

e) 分析结果；

f) 标准样品名称和结果；

g) 测定过程中存在的任何异常特性和在本部分中没有规定的可能对试样或标准样品的分析结果产生影响的任何操作。

附 录 A
（规范性附录）
试样分析值验收流程图

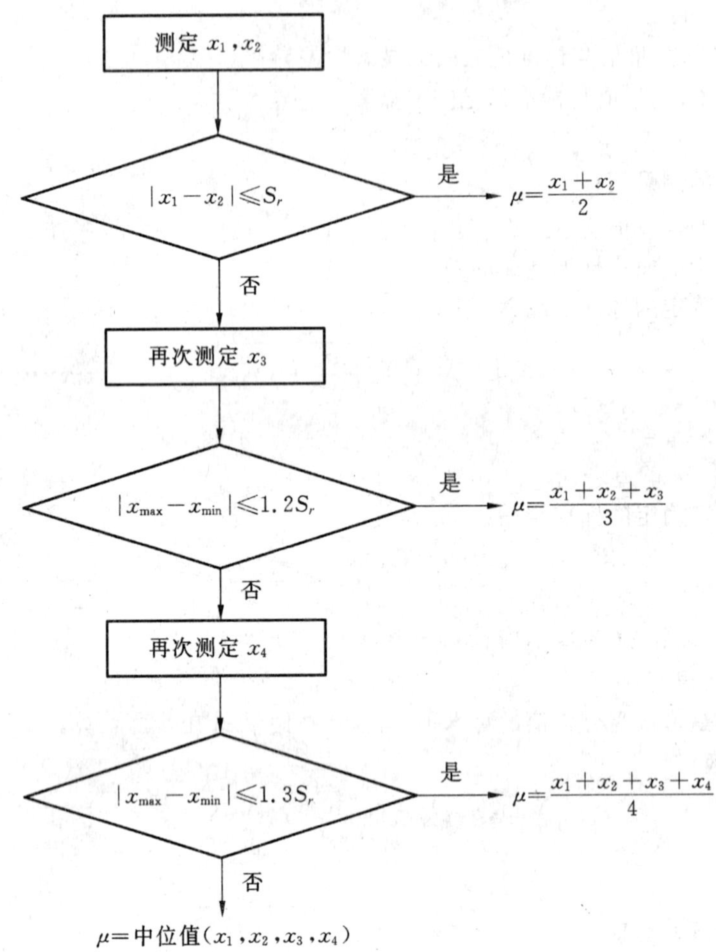

注：S_r 见 8.2.1 中定义。

附 录 B
（资料性附录）
仪器的工作参数

仪器参数因仪器型号而异，一些实验室已成功地使用下列工作参数，列出供参考：

(1) 空气-乙炔焰和连续发生氢化物发生器联用的工作参数：

——载气压力：325 kPa；
——波长：193.7 nm；
——光谱通带：0.5 nm；
——灯电流（空心阴极灯）：10 mA；
——$V_{乙炔}$：$V_{空气}$=1.5：6 L/min；
——积分方式：峰高；
——硼氢化钠提升量：2 mL/min；
——测试溶液提升量：6 mL/min；
——载流：1%（体积分数）的盐酸；
——还原剂：8 g/L 的 $NaBH_4$ 溶在 5 g/L 的 NaOH 溶液中。

(2) 空气-乙炔焰和间隙发生氢化物发生器联用的工作参数：

——载气压力：250 kPa；
——波长：193.7 nm；
——光谱通带：0.7 nm(Low)；
——灯电流（空心阴极灯）：8 mA，辅助电流：8 mA；
——$V_{乙炔}$：$V_{空气}$=2.5：11.0 L/min；
——载流：1.5%（体积分数）的盐酸；
——还原剂：30 g/L 的 $NaBH_4$ 溶在 10 g/L 的 NaOH 溶液中；
——积分方式：峰高；
——反应试样量：10 mL。

(3) 电加热和连续发生氢化物发生器联用的工作参数：

——载气压力：325 kPa；载气流速：50 mL/min；
——波长：193.7 nm；
——光谱通带：0.7 nm(Low)；
——灯电流：380 mA（无极放电灯）；
——石英管温度：900 ℃；
——载流：10%（体积分数）的盐酸；
——还原剂：2 g/L 的 $NaBH_4$ 溶在 0.5 g/L 的 NaOH 溶液中；
——积分方式：峰高。

注：2 g/L 的硼氢化钠溶液配制方法，称取 1 g 硼氢化钠（纯度大于 96%）溶于 50 mL 含有 0.25 g 氢氧化钠溶液的烧杯中，转移至 500 mL 容量瓶中，用水定容，使用时配制。

附　录　C
（资料性附录）
重复性和允许差方程式的推导

8.2.1 中的回归方程是于 2008 年，由 8 个实验室对 5 个铁矿石样品进行共同分析的试验结果统计得到的。

附录 D 中给出了精密度数据的处理图。

用于试验的试样列于表 C.1 中。

表 C.1　试样的砷含量

试　　样	砷含量（质量分数） %
铁矿石 1#	0.000 05
AsCRM007	0.000 5
JSS804-2	0.001 9
629-1	0.023
YSB14722-98	0.105

注：统计分析按照 GB/T 6379.2—2004 的原理进行（GB/T 6379—2004 为一个系列标准）。

附 录 D
（资料性附录）
共同分析试验得到的精密度数据

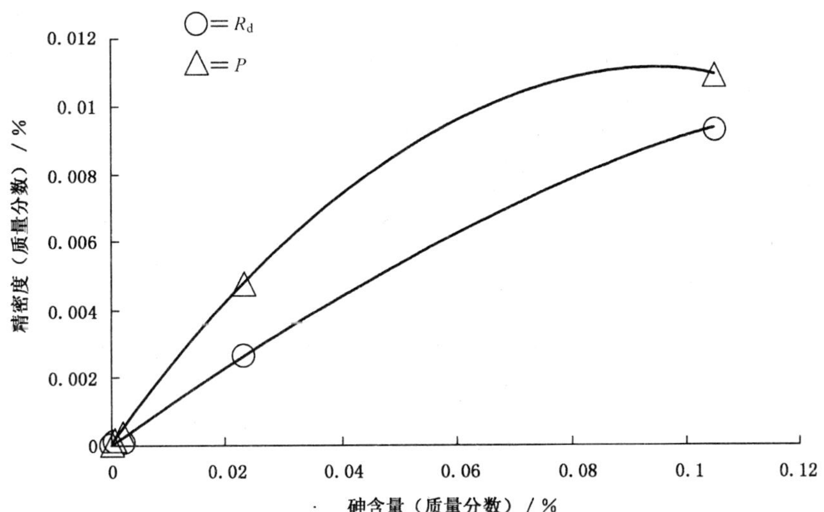

注：本图是8.2.1的方程式图。

图 D.1 精密度对砷含量 X 的最小二乘法拟合图

ICS 73.060.10
D 31

中华人民共和国国家标准

GB/T 6730.68—2009

铁矿石 灼烧减量的测定 重量法

Iron ores—Determination of loss on ignition—Gravimetric method

2009-10-30 发布 2010-05-01 实施

中华人民共和国国家质量监督检验检疫总局
中国国家标准化管理委员会 发布

前　言

GB/T 6730 的本部分由中国钢铁工业协会提出。

本部分由全国铁矿石与直接还原铁标准化技术委员会归口。

本部分起草单位:中华人民共和国天津出入境检验检疫局、冶金工业信息标准研究院。

本部分主要起草人:谷松海、宋义、郭芬、魏红兵、李凤芸、潘宏伟、魏伟、冯宇新、陈自斌。

铁矿石　灼烧减量的测定　重量法

警告：使用 GB/T 6730 本部分的人员应有正规实验室工作的实践经验。本部分并未指出所有可能的安全问题。使用者有责任采取适当的安全和健康措施，并保证符合国家有关法律法规规定的条件。

1　范围

GB/T 6730 的本部分规定了重量法测定铁矿石中灼烧减量(LOI)。

本部分适用于天然铁矿石、铁精矿和烧结矿中灼烧减量的测定。测定范围(质量分数)：−10.0%～12.0%。

本部分不适用于含金属铁的加工矿、硫含量大于 0.2%(质量分数)的天然或加工矿。

2　规范性引用文件

下列文件中的条款通过 GB/T 6730 的本部分的引用而成为本部分的条款。凡是注日期的引用文件，其随后所有的修改单(不包括勘误的内容)或修订版均不适用于本部分，然而，鼓励根据本部分达成协议的各方研究是否可使用这些文件的最新版本。凡是不注日期的引用文件，其最新版本适用于本部分。

GB/T 6379.2　测量方法与结果的准确度(正确度与精密度)　第 2 部分：确定标准测量方法的重复性和再现性的基本方法(GB/T 6379.2—2004，ISO 5725-2：1994，IDT)

GB/T 6730.1　铁矿石化学分析方法　分析用预干燥试样的制备(GB/T 6730.1—1986，idt ISO 7764：1985)

GB/T 8170　数值修约规则与极限数值的表示和判定

GB/T 10322.1　铁矿石　取样和制样方法(GB/T 10322.1—2000，idt ISO 3082：1998)

GB/T 20565　铁矿石和直接还原铁　术语(GB/T 20565—2006，ISO 11323：2002，IDT)

3　术语和定义

GB/T 20565 确立的术语和定义适用于本部分。

4　原理

试料在 1 000 ℃±25 ℃灼烧至恒量，根据损失的质量计算灼烧减量。

5　试剂和材料

分析中除另有说明外，仅使用认可的分析纯试剂。

5.1　硅胶，105 ℃干燥 4 h。

6　设备

实验室常规设备，包括：

6.1　瓷坩埚或铂坩埚，容量 15 mL～25 mL。

6.2　天平，感量 0.1 mg。

6.3　高温炉，最高使用温度不小于 1 100 ℃，且能自动控温。

7 取样和制样

7.1 实验室样品

分析用样品按 GB/T 10322.1 进行取样和制备。一般试样粒度应小于 100 μm。如试样有明显的烧损(大于 2.0%)时,其粒度应小于 160 μm。

7.2 预干燥试样的制备

将实验室样品充分混合,采用份样缩分法取样。按照 GB/T 6730.1 的规定,将试样在 105 ℃±2 ℃的温度下进行干燥。

8 分析步骤

8.1 测定次数

对同一预干燥试样,至少独立测定两次。

注:"独立"是指再次及后续任何一次测定结果不受前面测定结果的影响。本分析方法中,此条件意味着同一操作者在不同的时间或不同操作者进行重复测定,包括采用适当的再校准。

8.2 试料量

称取约 1.00 g 预干燥试样(7.2),精确至 0.000 2 g。

注:称量试料应尽量快,以免试料再吸湿。

8.3 测定

将试料置于已恒量的铂(或瓷)坩埚(6.1)中,放入高温炉(6.3)内,从室温升温至 1 000 ℃±25 ℃,灼烧 1 h,然后取出置于干燥器中,冷至室温,迅速称量。如此反复操作(每次灼烧 10 min),直至两个连续的质量差不超过 0.000 3 g 为止。如果重复灼烧后试料的质量变化趋势逆转,那么将变化前的质量作为最终质量。

9 结果计算

9.1 计算

按式(1)计算试料中灼烧减量 $w(\mathrm{LOI})$(质量分数),其数值以百分数表示(%):

$$w(\mathrm{LOI}) = \frac{m_1 - m_2}{m} \times 100 \qquad \cdots\cdots(1)$$

式中:

m_1——灼烧前试料与铂(或瓷)坩埚质量,单位为克(g);

m_2——灼烧后试料与铂(或瓷)坩埚质量,单位为克(g);

m——试料质量,单位为克(g)。

9.2 结果的一般处理

9.2.1 重复性和再现性

本分析方法的精密度用表 1 表示。

9.2.2 分析结果的确定

根据式(1)计算独立重复测量结果,与重现性标准差(S_r)进行比较,确定分析结果是否一致。

9.2.3 实验室间精密度

实验室间精密度用以评价两个实验室报告的最终结果之间的一致性。两个实验室按照 9.2.2 中规定的相同步骤报告结果后,与再现性标准差(S_R)进行比较,确定分析结果是否一致。

9.2.4 最终结果的计算

试料分析值的算术平均值为最终分析结果。平均值按 GB/T 8170 数值修约规则,修约至小数第二位。

10 精密度

本部分的精密度数据是在2008年由12个实验室对7个水平试样的结果按GB/T 6379.2统计确定。精密度见表1。

表1 精密度

%(质量分数)

重现性标准差(S_r)	再现性标准差(S_R)
$S_r=0.011+0.004\,m$	$S_R=0.029+0.020\,m$
注:m为两次测定结果的平均值。	

11 试验报告

试验报告应包括下列信息:

a) 测试实验室名称和地址;

b) 试验报告发布日期;

c) 本部分的编号;

d) 试样本身必要的详细说明;

e) 分析结果;

f) 测定过程中存在的任何异常特性和在本部分中没有规定的可能对试样的分析结果产生影响的任何操作。

ICS 67.220.20
X 42

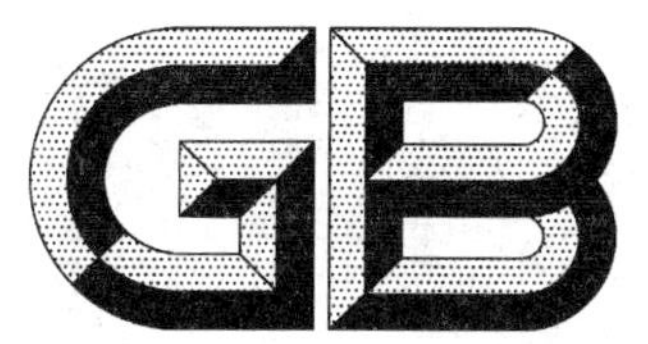

中华人民共和国国家标准

GB 6782—2009
代替 GB 6782—1986

食品添加剂　柠檬酸钠

Food additive—Sodium citrate

2009-01-19 发布　　2009-08-01 实施

中华人民共和国国家质量监督检验检疫总局
中国国家标准化管理委员会　发布

前　言

本标准的4.2为强制性的，其余条款为推荐性的。

本标准理化指标参考了联合国粮农组织/世界卫生组织食品添加剂联合专家委员会的《食品添加剂标准纲要》第一卷[Compendium of Food Additive Specifications，Volume 1，Joint FAO/WHO Expert Committee on Food Additive (JECFA)]、《英国药典》BP-2003 版(British Pharmacopeia-2003)和《美国药典》USP-31 版(United Stated Pharmacopeia-31)。

本标准代替 GB 6782—1986《食品添加剂　柠檬酸钠》。

本标准与 GB 1987—1986 相比主要变化如下：

——含量指标限定范围；

——增加透光率、水分、水不溶物要求；

——取消钡盐要求；

——加严硫酸盐、铁盐、草酸盐、氯化物要求；

——钙盐、易炭化物给出具体指标；

——分析方法做相应增减调整。

本标准由全国食品添加剂标准化技术委员会提出。

本标准由全国食品添加剂标准化技术委员会归口。

本标准起草单位：日照鲁信金禾生化有限公司、黄石兴华生化有限公司、中国食品发酵工业研究院、江苏宜兴协联生化有限公司、安徽丰原发酵技术工程研究有限公司、山东柠檬生化有限公司。

本标准主要起草人：赵洪波、冯家骏、张蔚、陈景韩、常珠侠、于清、刘剑雄、陈战英、郭新光、于莉涛。

本标准所代替标准的历次版本发布情况为：

——GB 6782—1986。

食品添加剂　柠檬酸钠

1　范围

本标准规定了二水柠檬酸三钠的要求、试验方法、检验规则及标志、包装、运输、贮存。

本标准适用于以淀粉质或糖质原料，经发酵提纯制得的二水柠檬酸三钠产品。

2　规范性引用文件

下列文件中的条款通过本标准的引用而成为本标准的条款。凡是注日期的引用文件，其随后所有的修改单(不包括勘误的内容)或修订版均不适用于本标准，然而，鼓励根据本标准达成协议的各方研究是否可使用这些文件的最新版本。凡是不注日期的引用文件，其最新版本适用于本标准。

GB/T 601　化学试剂　标准滴定溶液的制备

GB/T 602　化学试剂　杂质测定用标准溶液的制备(GB/T 602—2002，ISO 6353-1:1982，NEQ)

GB/T 603　化学试剂　试验方法中所用制剂及制品的制备(GB/T 603—2002，ISO 6353-1:1982，NEQ)

GB/T 606　化学试剂　水分测定通用方法　卡尔·费休法

GB/T 5009.11　食品中总砷及无机砷的测定

GB/T 5009.12　食品中铅的测定

GB/T 6682　分析实验室用水规格和试验方法(GB/T 6682—2008，ISO 3696:1987，MOD)

3　化学名称、分子式、结构式和相对分子质量

3.1　化学名称：2-羟基丙烷-1，2，3 三羧酸钠。

3.2　分子式：$C_6H_5Na_3O_7 \cdot 2H_2O$。

3.3　相对分子质量：294.10。

3.4　结构式：

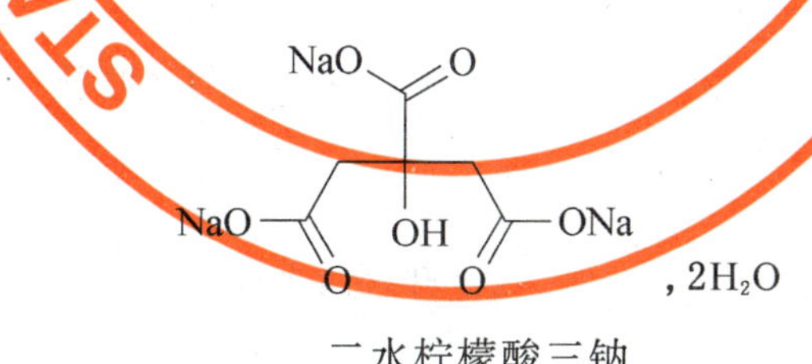

二水柠檬酸三钠

4　要求

4.1　感官要求

本品为白色或无色结晶状颗粒或粉末；无臭，味咸；在湿空气中微有潮解性，在热空气中略有风化；易溶于水，不溶于乙醇。

4.2　理化要求

应符合表 1 的要求。

表 1　二水柠檬酸三钠理化要求

项　　目		要　　求
含量(以干物质计)/%	≥	99.0～100.5
透光率/%	≥	95.0
水分/%	≤	10.0～13.0
酸碱度		符合试验
硫酸盐/%	≤	0.01
铁盐/(mg/kg)	≤	5
草酸盐/%	≤	0.01
钙盐/%	≤	0.02
易炭化物	≤	1.0
氯化物/%	≤	0.005
铅(以 Pb 计)/(mg/kg)	≤	2
砷盐/(mg/kg)	≤	1
水不溶物		符合试验

5　试验方法

本标准中所用的水,在未注明其他要求时,均指符合 GB/T 6682 中的要求。

本标准中所用的试剂,在未注明规格时,均指分析纯(AR)。若有特殊要求另作明确规定。

本标准中所用溶液在未注明用何种溶剂配制时,均指水溶液。

5.1　感官检查

称取试样 10 g,肉眼观察、嗅闻,根据 4.1 的规定作出判断。

5.2　鉴别试验

5.2.1　试剂和溶液

5.2.1.1　5%稀硫酸:按 GB/T 603 配制。

5.2.1.2　硫酸汞溶液:称取氧化汞 5 g,先加水 40 mL,然后缓缓加入浓硫酸 20 mL,边加边搅拌,再加水 40 mL 搅拌使之溶解。

5.2.1.3　高锰酸钾溶液[$c(1/5KMnO_4)=0.1$ mol/L]:按 GB/T 601 配制。

5.2.1.4　5%盐酸:按 GB/T 603 配制。

5.2.1.5　吡啶-醋酐(3+1)。

5.2.1.6　二水柠檬酸三钠试样溶液:用水配制,每毫升含二水柠檬酸三钠 5 mg。

5.2.2　分析步骤

5.2.2.1　取少量试样于 25 mL 坩埚内,用直火炽灼,即缓缓分解,但不得发生焦糖臭。

5.2.2.2　取试样溶液 2 mL,加稀硫酸(5.2.1.1)数滴,加热至沸,加高锰酸钾溶液(5.2.1.3)数滴,振摇,紫色即消失;再加入硫酸汞溶液(5.2.1.2)1 滴,生成白色沉淀。

5.2.2.3　取试样溶液约 5 mL,加吡啶-醋酐(5.2.1.5)约 5 mL,振摇,即生成黄色到红色或紫红色的溶液。

5.2.2.4　取铂丝,用盐酸(5.2.1.4)湿润后,蘸取试样,在无色火焰中燃烧,火焰显现黄色。

5.3　含量

5.3.1　仪器

5.3.1.1　三角瓶:150 mL。

5.3.1.2 酸式滴定管。

5.3.2 **试剂和溶液**

5.3.2.1 高氯酸标准滴定溶液(0.1 mol/L):按 GB/T 601 配制。

5.3.2.2 结晶紫指示液(10 g/L):按 GB/T 603 配制。

5.3.2.3 冰乙酸。

5.3.2.4 乙酸酐。

5.3.3 **分析步骤**

准确称取干燥后的(105 ℃,2 h)二水柠檬酸三钠 0.15 g,加冰乙酸 20 mL,加热溶解,冷却后,加入乙酸酐 10 mL,用 0.1 mol/L 的高氯酸滴定。以两滴乙酸-结晶紫为指示剂,溶液颜色由紫色经蓝色到绿色为终点。用相同方法做空白试验,做必要的修正,以干物质计算含量。

5.3.4 **计算**

样品的含量按式(1)计算:

$$X_1 = \frac{c(V - V_0) \times 0.098\,03}{m} \times 100 \quad \cdots\cdots(1)$$

式中:

X_1——二水柠檬酸三钠的含量(以无水计),%;

c——高氯酸标准溶液摩尔浓度,单位为摩尔每升(mol/L);

V——试样滴定所耗高氯酸标准滴定溶液的体积,单位为毫升(mL);

V_0——空白滴定所耗高氯酸标准滴定溶液的体积,单位为毫升(mL);

0.098 03——与 1.00 mL 高氯酸[$c(HClO_4)$=0.1 mol/L]相当的以克表示的二水柠檬酸三钠的质量;

m——试样的质量,单位为克(g)。

5.3.5 **允许差**

同一试样两次测试结果的绝对差值不得超过算术平均值的 0.2%。

5.4 **透光率**

5.4.1 **仪器**

5.4.1.1 容量瓶:100 mL。

5.4.1.2 分光光度计。

5.4.2 **分析步骤**

称取 10 g 试样(精确至 0.01 g),加水溶解,定容至 100 mL,摇匀;用 1 cm 比色皿,以水为空白对照,在波长 366 nm 下测定样液的透光率,记录读数。

5.4.3 **允许差**

同一试样两次测试结果的绝对差值不得超过算术平均值的 0.2%。

5.5 **水分**

5.5.1 **直接干燥法**

5.5.1.1 **仪器**

5.5.1.1.1 电热干燥箱。

5.5.1.1.2 分析天平:感量为 0.1 mg。

5.5.1.1.3 称量瓶:50 mm×30 mm。

5.5.1.1.4 干燥器:用变色硅胶作干燥剂。

5.5.1.2 **分析步骤**

称取 1 g(精确至 0.000 2 g)二水柠檬酸三钠试样于已烘至恒重的称量瓶中,放入 180 ℃±2 ℃电热干燥箱内烘干,称量,直至恒重。

5.5.1.3 **计算**

样品的水分按式(2)计算:

$$X_2 = \frac{m_1 - m_2}{m_1 - m_0} \times 100 \quad \cdots\cdots(2)$$

式中：

X_2——水分含量的质量分数，%；

m_1——烘干前瓶加样品的质量，单位为克(g)；

m_2——烘干后瓶加样品的质量，单位为克(g)；

m_0——称量瓶的质量，单位为克(g)。

5.5.1.4 允许差

同一试样两次测试结果的绝对差值不得超过算术平均值的1%。

5.5.2 卡尔·费休水分测定法

5.5.2.1 仪器

微量水分测定器(卡尔·费休水分测定仪)。

5.5.2.2 试剂和溶液

5.5.2.2.1 无水甲醇。

5.5.2.2.2 卡尔·费休试剂：按GB/T 606配制和滴定。

5.5.2.3 分析步骤

取无水甲醇20 mL，在搅拌下用卡尔·费休试剂(5.5.2.2.2)滴定至终点，不记录读数。然后迅速加入适量的试样(二水柠檬酸三钠0.1 g)，继续滴定至终点。

5.5.2.4 计算

样品的水分按式(3)计算：

$$X_3 = \frac{V_1 \times T}{m_3} \times 100 \quad \cdots\cdots(3)$$

式中：

X_3——样品的水分，%；

V_1——试样滴定时消耗卡尔·费休试剂的体积，单位为毫升(mL)；

T——卡尔·费休试剂对水的滴定度，单位为克每毫升(g/mL)；

m_3——试样的质量，单位为克(g)。

5.5.2.5 允许差

同一试样两次测试结果的绝对差值不得超过算术平均值的2%。

5.6 酸碱度

5.6.1 试剂和溶液

5.6.1.1 酚酞指示液：按GB/T 603配制。

5.6.1.2 氢氧化钠溶液[$c(NaOH)=0.1$ mol/L]：按GB/T 601配制。

5.6.1.3 盐酸溶液[$c(HCl)=0.1$ mol/L]：按GB/T 601配制。

5.6.2 分析步骤

称取二水柠檬酸三钠试样1.0 g，加水溶解并定容至10 mL，加酚酞指示剂两滴，如显红色加0.1 mol/L盐酸溶液0.2 mL应退至无色。如加酚酞指示剂后不显色，则加0.1 mol/L的氢氧化钠溶液0.2 mL应显淡红色。

5.7 硫酸盐

5.7.1 仪器

5.7.1.1 具塞比色管：50 mL。

5.7.1.2 烧杯：50 mL。

5.7.2 试剂和溶液

5.7.2.1 盐酸溶液(6 mol/L)：按GB/T 601配制。

5.7.2.2 氯化钡溶液(250 g/L):称取氯化钡 25 g,用水溶解,加水稀释至 100 mL。

5.7.2.3 乙酸溶液(30%):按 GB/T 603 配制。

5.7.2.4 乙醇溶液(30%):量取乙醇(96%)313 mL,用水稀释至 1 000 mL。

5.7.2.5 硫酸盐标准溶液Ⅰ(0.1 g/L):称取硫酸钾 0.181 g,用乙醇溶液(5.7.2.4)稀释至 1 000 mL。

5.7.2.6 硫酸盐标准溶液Ⅱ(含硫酸根 0.01 g/L):吸取硫酸盐标准溶液Ⅰ(5.7.2.5)10.0 mL,用乙醇溶液(5.7.2.4)稀释至 100 mL。

5.7.3 分析步骤

称取试样 1 g(精确至 0.01 g)于 50 mL 具塞比色管中,加水 15 mL 溶解,此液为试样溶液。

取两支 50 mL 具塞比色管,分别加入氯化钡溶液(5.7.2.2)1 mL,加盐酸溶液(5.7.2.1)2 mL,再加硫酸盐标准溶液Ⅱ1 mL,振摇,静置 1 min。于一支比色管中加入试样溶液 15 mL,另一支比色管中加入硫酸盐标准溶液Ⅱ10 mL 和水 5 mL(标准管),再各加入盐酸溶液(5.7.2.1)2 mL 和乙酸溶液(5.7.2.3)0.5 mL,摇匀,5 min 后,试样管的乳白度不得深于标准管。

5.8 铁盐

5.8.1 仪器

具塞比色管:50 mL。

5.8.2 试剂和溶液

5.8.2.1 盐酸溶液(6 mol/L):按 GB/T 601 配制。

5.8.2.2 过硫酸铵溶液(10 g/L):称取过硫酸铵 1 g,用水溶解,加水稀释至 100 mL。

5.8.2.3 硫氰酸铵溶液(80 g/L):称取硫氰酸铵 8 g,用水溶解,加水稀释至 100 mL。

5.8.2.4 正丁醇。

5.8.2.5 铁标准溶液Ⅰ(含铁 0.1 g/L):按 GB/T 602 配制。

5.8.2.6 铁标准溶液Ⅱ(含铁 0.01 g/L):吸取铁标准溶液Ⅰ10 mL,加水稀释至 100 mL。

5.8.3 分析步骤

称取试样 2 g(精确至 0.01 g),加水 10 mL 溶解,再加盐酸溶液(5.8.2.1)3 mL、过硫酸铵溶液(5.8.2.2)3 mL 和硫氰酸铵溶液(5.8.2.3)3 mL,然后加水稀释至 25 mL,摇匀,加入正丁醇(5.8.2.4)20 mL,振摇分层,与按下述方法制备的标准管进行目视比色,其样品管醇层颜色不得深于标准管。

标准管的制备:吸取铁标准溶液Ⅱ(5.8.2.6)1 mL,与试样管同时同样处理。

5.9 草酸盐

5.9.1 仪器

5.9.1.1 具塞比色管:25 mL。

5.9.1.2 试管:15 mm×180 mm。

5.9.2 试剂和溶液

5.9.2.1 盐酸(36%~38%)。

5.9.2.2 盐酸苯肼溶液(10 g/L):按 GB/T 603 配制。

5.9.2.3 铁氰化钾溶液(50 g/L):称取铁氰化钾 5 g,用水溶解,加水稀释至 100 mL。

5.9.2.4 锌粒。

5.9.2.5 草酸标准溶液Ⅰ(0.25 g/L):称取草酸($C_2H_2O_4 \cdot 2H_2O$)0.175 g,用水溶解,加水稀释至 500 mL。

5.9.2.6 草酸标准溶液Ⅱ(0.01 g/L):吸取草酸标准溶液Ⅰ(5.9.2.5)4 mL,用水稀释至 100 mL。

5.9.3 分析步骤

称取试样 0.4 g(精确至 0.01 g)于试管中,加入水 4 mL,加入盐酸 3 mL 及锌粒 1 g,煮沸 1 min,放置 2 min。移入盛有 0.25 mL 盐酸苯肼溶液(5.9.2.2)的试管中,加热至沸,迅速冷却,倒入 25 mL 具塞比色管内,加入 7 mL 的盐酸和铁氰化钾溶液(5.9.2.3)0.25 mL,振摇,放置 30 min 与按下述方法制备的标准管进行目视比色，试样管产生的粉红色不得深于标准管。

标准管的制备：吸取草酸溶液Ⅱ(5.9.2.6)4 mL 于具塞比色管中，与上述试样管同时同样处理。

5.10 钙盐

5.10.1 仪器

具塞比色管：25 mL。

5.10.2 试剂和溶液

5.10.2.1 96%(体积分数)乙醇。

5.10.2.2 乙酸溶液(2 mol/L)：量取冰乙酸 118 mL，用水稀释至 1 000 mL。

5.10.2.3 乙酸溶液(6 mol/L)：量取冰乙酸 350 mL，用水稀释至 1 000 mL。

5.10.2.4 草酸铵溶液(40 g/L)：称取草酸铵 4 g，用水溶解，加水稀释至 100 mL。

5.10.2.5 钙标准溶液Ⅰ(含钙 1 g/L)：称取于 105 ℃～110 ℃烘干的碳酸钙 2.5 g，加入 6 mol/L 乙酸 12 mL 溶解，加水稀释至 1 000 mL。

5.10.2.6 钙标准溶液Ⅱ(含钙 0.01 g/L)：吸取钙标准溶液Ⅰ1 mL，加水稀释至 100 mL。

5.10.2.7 试样溶液：称取二水柠檬酸三钠 0.50 g，加水溶解至 15 mL。

5.10.3 分析步骤

于 25 mL 比色管中，加试样溶液 15 mL，草酸铵溶液(5.10.2.4)1 mL，1 min 后加入乙酸溶液(5.10.2.2)1 mL 和 96%乙醇 1 mL，摇匀，放置 15 min 后与下述方法制备的标准管目视比浊，其乳白度不得超过标准管。

标准管的制备：吸取钙标准溶液Ⅱ(5.10.2.6)10 mL 和水 5 mL，加草酸铵溶液(5.10.2.4)1 mL，加入乙酸溶液(5.10.2.2)1 mL 和 96%乙醇 1 mL，摇匀。

5.11 易炭化物

5.11.1 仪器

5.11.1.1 具塞比色管：25 mL。

5.11.1.2 恒温水浴：控温精度±1 ℃。

5.11.2 试剂和溶液

5.11.2.1 1%(体积分数)盐酸溶液：吸取盐酸 24 mL，稀释至 1 000 mL。

5.11.2.2 碘化钾。

5.11.2.3 硫酸溶液[$c(1/2H_2SO_4)=1$ mol/L]：按 GB/T 601 配制。

5.11.2.4 硫代硫酸钠标准滴定溶液[$c(Na_2S_2O_3)=0.1$ mol/L]：按 GB/T 601 配制和标定。

5.11.2.5 3%(体积分数)过氧化氢溶液：吸取 30%过氧化氢 10 mL，加水稀释至 100 mL。

5.11.2.6 氢氧化钠溶液(300 g/L)：称取氢氧化钠 30 g，用水溶解，加水稀释至 100 mL。

5.11.2.7 淀粉指示液(10 g/L)：按 GB/T 603 配制。

5.11.2.8 三氯化铁。

5.11.2.9 氯化钴。

5.11.2.10 黄色原液：称取三氯化铁(5.11.2.8)46 g，溶于约 900 mL 盐酸溶液(5.11.2.1)中，再用此盐酸溶液稀释至 1 000 mL。标定时，用盐酸溶液(5.11.2.1)调整此黄色原液，使其每毫升含 46 mg $FeCl_3\cdot 6H_2O$。溶液必须避光保存，现用现标定。

标定：吸取新配制的三氯化铁溶液 10 mL，加入水 15 mL、碘化钾(5.11.2.2)4 g、盐酸溶液(5.11.2.1)5 mL，立即塞上瓶盖避光静置 15 min，加入水 100 mL，析出的碘用硫代硫酸钠标准滴定溶液(5.11.2.4)滴定至浅黄色，加淀粉指示液(5.11.2.7)0.5 mL，继续滴定至粉红色终点。

注：每毫升 0.1 mol/L 硫代硫酸钠标准滴定溶液相当于 27.03 mg $FeCl_3\cdot 6H_2O$。

5.11.2.11 红色原液：称取氯化钴(5.11.2.9)60 g，溶于约 900 mL 盐酸溶液(5.11.2.1)中，再用此盐酸溶液稀释至 1 000 mL。标定时用盐酸溶液(5.11.2.1)调整此红色原液，使其每毫升含 59.5 mg

$CoCl_2 \cdot 6H_2O$。溶液必须避光保存，现用现标定。

标定：吸取新配制的氯化钴溶液 5.0 mL，加入过氧化氢溶液（5.11.2.5）5 mL 和氢氧化钠溶液（5.11.2.6）10 mL，缓缓煮沸 10 min，冷却。再加碘化钾（5.11.2.2）2 g、硫酸溶液（5.11.2.3）60 mL，立即塞上瓶盖，轻轻摇动，使沉淀溶解。析出的碘用硫代硫酸钠标准滴定溶液（5.11.2.4）滴定至浅黄色，加淀粉指示液（5.11.2.7）0.5 mL，继续滴定至溶液呈粉红色时为终点。

注：每毫升 0.1 mol/L 硫代硫酸钠标准滴定溶液相当于 23.79 mg $CoCl_2 \cdot 6H_2O$。

5.11.2.12　色泽限度标准溶液：黄色原液和红色原液按 9+1 混合。

5.11.3　**分析步骤**

称取试样 1.0 g 于一支 25 mL 具塞比色管中，加入浓硫酸 10 mL，在 90 ℃±1 ℃水浴中加热 60 min，在 5 min、30 min 均取出迅速振摇均匀，继续加热至 1 h，取出，迅速冷却（天热时须用冰水冷却）。缓缓倒入 1 cm 比色皿中，以水为空白，在波长 470 nm 下测定吸光度为 A_1；同样操作测定色泽限度标准溶液（5.11.2.12）吸光度为 A_2。

5.11.4　**计算**

易炭化物的吸光度比值按式（4）计算：

$$K = A_1/A_2 \quad \cdots\cdots\cdots\cdots (4)$$

式中：

K——易炭化物吸光度比值；

A_1——样液的吸光度值；

A_2——标准溶液的吸光度值。

判定：K 小于等于 1.0 时为合格。

5.11.5　**允许差**

同一试样两次测定结果的绝对差值不得超过算术平均值的 5%。

5.12　**氯化物**

5.12.1　**仪器**

具塞比色管：25 mL。

5.12.2　**试剂和溶液**

5.12.2.1　13%（体积分数）硝酸溶液：按 GB/T 603 配制。

5.12.2.2　硝酸银溶液[$c(AgNO_3)$=0.1 mol/L]：按 GB/T 603 配制。

5.12.2.3　氯化物标准溶液Ⅰ（含氯 0.1 g/L）：按 GB/T 602 配制。

5.12.2.4　氯化物标准溶液Ⅱ（含氯 0.005 g/L）：吸取氯化物标准溶液Ⅰ 5 mL，加水稀释至 100 mL。

5.12.3　**分析步骤**

称取试样 1 g（精确至 0.000 1 g），加水溶解至 15 mL，再加硝酸溶液（5.12.2.1）1 mL 后，立即加入硝酸银溶液（5.12.2.2）1 mL，避光静置 2 min，在黑色背景下与标准管同时进行横向目视比浊，其乳白度不得超过按下列方法制备的标准管。

标准管的配制：吸取氯化物标准溶液Ⅱ（5.12.2.4）10 mL，加水 5 mL，与上述试样管同时作同样处理。

5.13　**铅**

称取样品 1 g（精确至 0.01 g），加水溶解并定容至 50 mL，摇匀，不经消化，作为试样液。以下操作按 GB/T 5009.12 测定。

5.14　**砷盐**

按 GB/T 5009.11 测定。

5.15 水不溶物

5.15.1 仪器

5.15.1.1 锥形瓶:1 000 mL。

5.15.1.2 真空抽滤装置:ϕ50 mm 抽滤装置。

5.15.1.3 滤膜:孔径 0.2 μm。

5.15.1.4 滤膜:孔径 0.8 μm。

5.15.2 试剂和溶液

水:通过 0.2 μm 滤膜过滤的水。

5.15.3 分析步骤

称取试样 50 g,搅拌溶解于 400 mL 水中,用直径 50 mm、孔径 0.8 μm 的滤膜真空抽滤,真空度不低于 0.09 MPa,用 100 mL 水冲洗抽滤杯内壁及容器,抽滤结束,观察滤膜颜色及杂质状况,记录结果,整个操作过程应在洁净环境中(10 万级以上)进行。

判定:过滤时间不超过 1 min,滤膜基本不变色,符合试验。

6 检验规则

6.1 组批

同工艺、在一定时间间隔内,连续生产的均质产品为一批。

6.2 取样

6.2.1 按表 2 抽取样本。

表 2 抽样表

批量范围/袋	样本大小/袋
≤25	3
26~150	8
151~500	13
>500	20

6.2.2 将取样钎插入每个样本 5/6 处,抽取不少于 100 g 样品,每批抽取总样品量不少于 1 kg。将抽取的样品迅速混匀,用四分法缩分后,分别装入两个干燥、洁净的容器中,贴上标签。1 份进行理化分析,另 1 份留存备查。

6.3 出厂检验

6.3.1 产品出厂前,按本标准规定逐批进行检验。

6.3.2 出厂检验项目:含量、透光率、水分、酸碱度、易炭化物、氯化物、硫酸盐、草酸盐、钙盐、铁盐、水不溶物。

6.4 型式检验

6.4.1 型式检验项目:除出厂检验项目外,还有鉴别试验、砷盐、铅。

6.4.2 产品在正常生产情况下,型式检验每半年一次,遇有下列情况之一时,亦须进行:

——正常生产时,如原料、配方或工艺有较大改变,可能影响产品质量时;

——产品长期停产,又恢复生产时;

——出厂检验结果与正常生产有较大差别时;

——国家质量监督检验机构提出要求时。

6.5 判定规则

6.5.1 当检验结果中,有一项检验项目不合格时,应重新自同批产品中抽取两倍量样本进行复验,以复验结果为准。如有一项不合格,则判整批为不合格品。

6.5.2 当供需双方对产品质量发生异议时，由双方协商选定仲裁单位，按本标准进行复验。

7 标志、包装、运输和贮存

7.1 标志

食品添加剂应有包装标志和产品说明书，标志内容可包括：品名、产地、厂名、卫生许可证号、生产许可证号、规格、生产日期、批号或者代号、保质期限等，并在标志上明确标示“食品添加剂”字样。

7.2 包装

7.2.1 产品的包装应采用国家批准的、并符合相应的食品包装用卫生标准的材料。

7.2.2 包装要求：内包装封口严密，不得透气，外包装不得受到污染。

7.3 运输

7.3.1 产品在运输过程中应轻拿轻放，严防污染、雨淋和曝晒。

7.3.2 运输工具应清洁、无毒、无污染。严禁与有毒、有害、有腐蚀性的物质混装混运。

7.4 贮存

7.4.1 产品应贮存在通风、清洁、干燥的地方，不得与有毒、有害及有腐蚀性等物质混存。

7.4.2 产品自生产之日起，在符合上述储运条件、原包装完好的情况下，保质期应不少于12个月，企业可按上述要求具体标志。

ICS 43.080.20
T 42

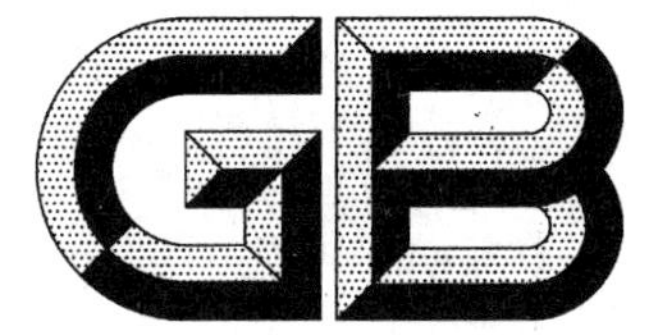

中华人民共和国国家标准

GB/T 6792—2009
代替 GB/T 6792—1996

客车骨架应力和形变测量方法

Measure method of stress and deformation for bus skeleton

2009-03-23 发布　　　　2010-01-01 实施

中华人民共和国国家质量监督检验检疫总局
中国国家标准化管理委员会　发布

前　言

本标准代替 GB/T 6792—1996《客车车身骨架应力、形变测量方法》。

本标准与 GB/T 6792—1996 相比，主要变化如下：

——增加了客车骨架名词术语解释(见 3.1)；

——删除了原标准中关于设备具体的固定方式和减振方式等方面的条款(见 1996 版 5.2.1～5.2.4)；

——修订了对具体测试设备的要求，如：将“磁带记录仪”改为“数据采集系统”等(见 1996 版 3；本版第 4 章)；

——增加了制动工况和振动工况试验方法，在动态应力测试中区分了振动工况和制动工况(见 7.2)；

——增加了制动工况试验场地要求(见 5.2.3)；

——增加了振动工况台架测试方法(见 7.2.2)。

本标准附录 A、附录 B、附录 C、附录 D、附录 E、附录 F 及附录 G 均为资料性附录。

本标准由国家发展和改革委员会提出。

本标准由全国汽车标准化技术委员会(SAC/TC 114)归口。

本标准起草单位：国家客车质量监督检验中心、郑州宇通客车股份有限公司、厦门金龙联合汽车工业有限公司、金华青年汽车制造有限公司。

本标准主要起草人：周政平、魏建华、段勇、李冬梅、覃国周、胡芳芳。

本标准所代替标准的历次版本发布情况为：

——GB/T 6792—1986、GB/T 6792—1996。

客车骨架应力和形变测量方法

1 范围

本标准规定了客车骨架应力和形变的测量仪器、辅助器材、测量条件、测量方法、测量结果处理及测量报告内容。

本标准适用于非冲压式车身的客车骨架，其他客车可参照使用。

2 规范性引用文件

下列文件中的条款通过本标准的引用而成为本标准的条款。凡是注日期的引用文件，其随后所有的修改单(不包括勘误的内容)或修订版均不适用于本标准，然而，鼓励根据本标准达成协议的各方研究是否可使用这些文件的最新版本。凡是不注日期的引用文件，其最新版本适用于本标准。

GB/T 4780—2000　汽车车身术语

GB/T 12428　客车装载质量计算方法

GB/T 12674　汽车质量(重量)参数测定方法

GB 12676　汽车制动系统结构、性能和试验方法

3 术语和定义

GB/T 4780—2000 中确立的以及下列术语和定义适用于本标准。

3.1

客车骨架　bus skeleton

客车承受载荷的车身和底架的框架结构。

4 测量仪器及辅助器材

4.1 测量仪器

静态应变仪、动态应变仪、数据采集系统、信号处理系统、侧倾仪、万用表、兆欧表、整车道路模拟振动试验台等。

4.2 辅助器材

支车凳、直板、垫板、定长规、三角木等(直板和定长规可参照附录 A 制作)。

5 测量条件

5.1 环境

5.1.1 静态测量在室内进行。温度为－10 ℃～40 ℃，其变化率不超过±2 ℃/h；相对湿度不大于 85%；无阳光直射、高温辐射、风吹和腐蚀性气体；无工频强磁场干扰。

5.1.2 动态测量在道路上进行。温度为 0～40 ℃，其变化率不超过±2 ℃/h；相对湿度不大于 85%；测量路段无工频强磁场干扰。

5.1.3 在整车道路模拟振动试验台上进行的测试，环境条件参照 5.1.1。

5.2 场地

5.2.1 静态测量场地应平整，其倾斜角不大于 1%，否则用板垫平。

5.2.2 动态测量路段应与客车运行线路相似，要求见表 1。

表 1　动态测量路段要求

用　　途	路　　面		
	坏路面	中等路面	良好路面
准备路段	路面平整，长为 15 m～20 m		
加速路段	长度应能满足加速到使用车速		
测量路段	直路长应满足采样样本长度要求		
长途客车使用车速	30 km/h	50 km/h	最高车速的 85%
城市客车使用车速	—	30 km/h	50 km/h
减速路段	长度应满足安全停车的需要		

5.2.3　制动工况试验场地要求：试验路面应为干燥、平整的混凝土或具有相同附着系数的其他路面，路面上不许有松散的杂物。在道路纵向任意 50 m 长度上的坡度应小于 1%，路拱坡度应小于 2%。

5.3　样车准备

5.3.1　车辆应尽量按照实际布置和安装形式装配简易座椅和活动地板，根据测试的实际需要决定是否安装风窗玻璃；对设置行李架、行李舱的客车应装配行李架、行李舱，对允许站立乘客的车辆应装配扶手；对卫生间、空调、饮水机等具有较大质量的设备应按实际结构装配或装配等质量模型。道路试验时，被测车辆应具有行驶能力，其转向、制动、灯光、信号等应符合车辆管理部门要求。

5.3.2　被测车辆空载行驶路程为 200 km，并调整轮胎气压到规定值。参照附录 B 中图 B.1 预加载，24 h 后卸载。

5.3.3　凡准备粘贴应变片的部位，在 30 mm×20 mm 的范围内应平整，其表面不得损伤。

6　测量准备

6.1　测点选择

选择原则：已知的高应力区可以少贴应变片；根据 CAE(计算机辅助分析)等计算分析发现的高应力区及根据设计使用经验估计的高应力区可以多贴应变片；无法估计高低的应力区及应力集中处可以更多地贴应变片。

6.1.1　对乘客门置于轴间的等间距立柱骨架，以下三个区域为高应力区：

——乘客门立柱及门上边梁；

——乘客门前各侧窗立柱及上边梁和腰梁；

——驾驶员门处立柱及门上边梁。

城市客车乘客门对面的立柱也是一高应力区。

6.1.2　发动机前置的客车底架的测点，建议集中在其后轴前、后处底架的上下翼面上及经分析认为可能存在应力集中的部位。

6.1.3　发动机后置的客车底架、不等间距侧围立柱，建议先普遍布片测量。

6.2　贴片

6.2.1　应变片应预先筛选按电阻值分档，用万用表筛选时以 0.1 Ω 分档。

6.2.2　应变片的长边应与梁或柱的长度方向相一致，应变片的长边边缘与梁或柱的边缘距离，冲压件不大于 3 mm，冷弯型钢不大于 5 mm。对于以二氧化碳保护焊焊成焊缝的结构件，其上所贴的应变片短边距焊缝边缘不大于 3 mm，测点的位置用划针预先画好，以保证贴片位置准确。

6.2.3　按有关应变片电测量技术要求，将应变片及接线端子粘贴在测量部位，然后焊接引线并进行防潮处理。

6.2.4　在引线与应变仪连接之前先进行通断检查和绝缘阻值检查。如采用胶基箔式应变片则绝缘阻值不应低于 50 MΩ，参照附录 C 进行车身骨架、底架的应变片布置及编号，并将工作片和补偿片的阻值记入表 C.1 中。

6.2.5 绘制加载图

先按 GB/T 12428 进行核载，再按 GB/T 12674 的规定进行整车质量参数测定，其质量应符合客车的厂定最大总质量及由其决定的装载质量、厂定最大轴载质量、载荷分布的要求，参照附录 B 绘制加载图及加载记录表。

6.2.6 确定形变测量标记

为便于车身骨架、底架倾角的测量，先在侧围左右对称位置的腰梁上，划出摆放直板的位置线及侧倾仪在底架搁梁上的测量部位。用定长规在窗框和乘客门框的对角线方向上打出测量标记，参照附录 D 绘制形变测点标记图。

6.2.7 标定、校准仪器

标定、校准应变仪、数据采集系统、滤波放大器等。

7 测量方法

7.1 静态应力和形变测量

7.1.1 弯曲工况

7.1.1.1 根据应变片的电阻值和所在部位情况，设置单点或公用温度外补偿片。具体作法为选取一定数量的贴有补偿片的铁板用带子将其捆在被补偿的工作片附近，补偿片的铁板材质应与被补偿测点的客车骨架材质相同。

7.1.1.2 用半桥接法将引线连接到静态应变仪上。

7.1.1.3 在空载状态下，接通电源、预热仪器，然后调整静态应变仪，使各测点电桥平衡。

7.1.1.4 用直板和侧倾仪从车前至车后或从车后至车前测量车身骨架、底架的倾角初始值，如倾向一方为“+”，则向另一方为“－”，测量精确到分。将测量值记入附录 E 的表 E.1 中。

7.1.1.5 再次调平各测点，按附录 B 中图 B.1 加载。

7.1.1.6 加载 5 min 后测量窗框、乘客门框对角线长度的变化量，其增加为“+”，减少为“－”。将测量值记入表 E.2 中，然后测量倾角值，并将测量值记入表 E.1 中。

7.1.1.7 测量应变值，必须测量两次，并将测量值记入表 E.3 中。两次读数差的绝对值应不大于 10 με。否则应测量第三次，若仍不能满足要求，应检查原因。

7.1.1.8 测量完毕，关机、卸载。

7.1.2 扭转工况

7.1.2.1 将被测车辆用举升设备举起后，后轮放在支车凳上，前轮放在垒得等高的垫板上。

7.1.2.2 按 7.1.1.1～7.1.1.3 的步骤进行。

7.1.2.3 测量车身骨架、底架倾角的初始值，如倾向一方为“+”，则向另一方为“－”。将测量值记入表 E.4 中。

7.1.2.4 撤去左(右)单侧前轮垫板，使车轮下沉 240 mm 和 480 mm(以撤去垫板高度计算)或者呈悬空状态。

7.1.2.5 测量窗框、乘客门框对角线长度的变化量及车身骨架、底架倾角，并将测量值分别记入表 E.5、表 E.4 中。然后测量应变值，并需测量两次，将测量值记入表 E.6 中。

7.1.2.6 恢复被测车辆水平状态，左右调换支车凳和垫板，重复 7.1.2.4 和 7.1.2.5 的步骤。

7.1.2.7 恢复被测车辆水平状态，测量车身骨架、底架倾角，并将测量值记入表 E.4 中。

7.1.2.8 按静态测量加载图加载，测量车身骨架、底架倾角及各测点的应变值，然后分别将测量值记入表 E.4、表 E.6 中。

7.1.2.9 重复 7.1.2.4～7.1.2.6 的步骤。

7.1.2.10 测量完毕，关机、放下被测车辆、卸载。

7.2 动态应力测量

7.2.1 振动工况道路测试

7.2.1.1 根据静态应变测量或电算所得应变值最大的测点或设计者关心的部位，在其上选取测点总数的10%～20%作为动态应变测量点。

7.2.1.2 将动态应变仪、数据采集系统等牢固固定在车上，并考虑一定的减振措施。

7.2.1.3 将测点的工作片和补偿片以半桥测量状态联结在电桥盒上，并将电桥盒固定。将电桥盒、动态应变仪、数据采集系统器等联成网络。

7.2.1.4 记录仪器各通道与被测应变片的对应关系。

7.2.1.5 将空载被测车辆开至测量路段的准备场地，划好停车位置线。

7.2.1.6 接通电源，预热仪器，平衡测点，当不能估计测点应变幅值时可先做一次测量，后再选定合适的测量档位。

7.2.1.7 启动数据采集系统，送入应变幅值的标定信号。

7.2.1.8 启动车辆，加速到要求的使用速度(见表1)，然后稳定车速。

7.2.1.9 由驾驶员或测量指挥人员发出驶入测量路段信号，启动数据采集系统开始记录。

7.2.1.10 由驾驶员或测量指挥人员发出驶出测量路段信号、关闭仪器及电源。

7.2.1.11 驶回准备场地，按停车位置线停好车辆。

7.2.1.12 记录该次测量的环境、走向、时间、载荷、道路条件并作必要的说明。

7.2.1.13 利用数据采集系统的监控功能，监视各通道应变信号时间历程和加速度信号时间历程，观察各通道的信号衰减是否合适，信号是否过载或过小。

7.2.1.14 直到测完所有的测点和三种路面为止。根据需要打出有关曲线，并标注7.2.1.13的内容。

7.2.1.15 按动态测量加载图加载，重复7.2.1.6～7.2.1.14的步骤。

7.2.2 振动工况台架测试

选取相应的道路谱作为整车道路模拟振动试验台驱动信号，测量步骤参照上述7.2.1.1～7.2.1.15进行。

7.2.3 制动工况道路测试

按照GB 12676中发动机脱开的O型试验方法进行，测量步骤参照上述7.2.1.1～7.2.1.15进行。

7.3 蒙皮影响

若考虑蒙皮对车身骨架的影响，选点时应尽量选择不妨碍装蒙皮的测点，如无法避开可在该点附近位置选择不妨碍装蒙皮的参考测点，在加载蒙皮后重复进行上述静、动态测量。加装蒙皮前应保护好各测点的应变片。

8 测量结果处理

8.1 静态应力值按下式计算：

$$\sigma = E \times \varepsilon$$

式中：

σ——应力值，单位为千帕(kPa)；

E——弹性模量，单位为千帕(kPa)；

ε——应变值。

8.2 动态应变测量后进行幅值、概率密度函数等数据处理和分析。

9 测量报告内容

测量完毕，应编写测量报告。其内容根据需要可包括下列全部或部分项目：

a) 车辆名称、型号、生产厂家、出厂编号(或生产序号)、车辆主要技术参数;

b) 测量目的要求,测量时间、测量路段说明,测量人员;

c) 使用仪器型号及仪器联接方框图,应变片布置及编号图,窗框、乘客门框对角线长度变化量测量位置编号图,车身骨架、底架倾角测量部位编号图,静、动态测量的加载图及轴载质量;

d) 车身骨架、底架相对扭转角曲线(参照附录F绘制),车身骨架、底架在后轴前、后处弯曲工况的应力图,各测点在各种工况下的静态应力值,各测点的动态应力幅值-时间的概率密度函数曲线,动态应力均幅值矩阵;

e) 测量结果的说明和分析。

附 录 A
（资料性附录）
辅 助 器 材

A.1 直板规格参见图 A.1。

单位为毫米

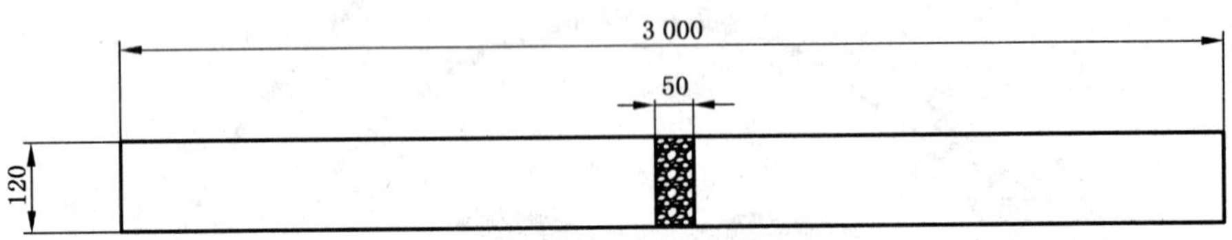

图 A.1 直板

A.2 定长规规格参见图 A.2。

单位为毫米

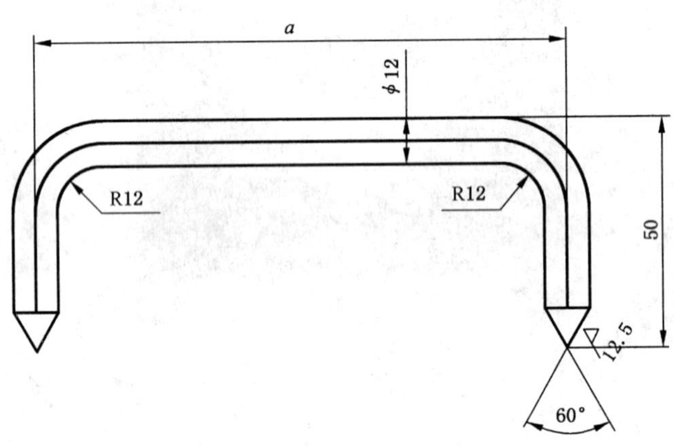

注：长度 a 视风窗框和乘客门框的对角线尺寸而定。

图 A.2 定长规

附　录　B
（资料性附录）
加　载　图

B.1　静态测量加载图见图 B.1。

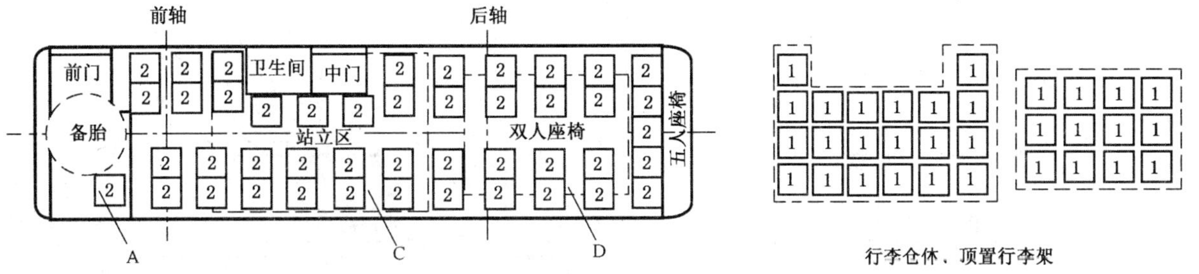

A——驾座；
C——行李仓；
D——顶行李架。
方框中数字为加载沙袋数。

图 B.1　静态测量加载

B.2　动态测量加载图见图 B.2。

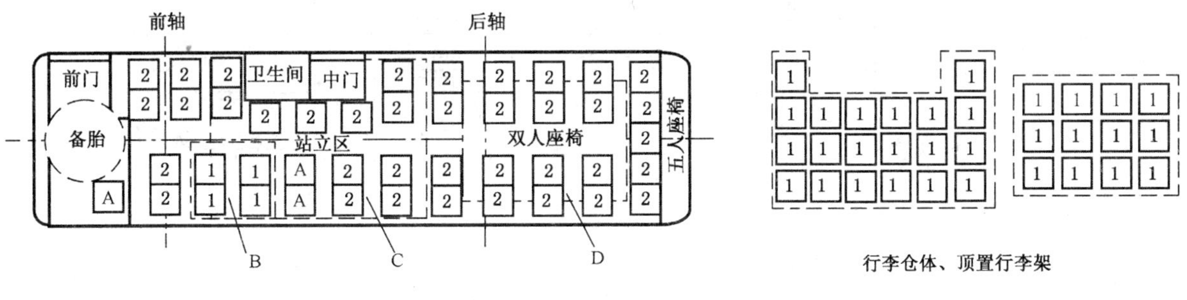

A——乘员；
B——仪器；
C——行李仓；
D——顶行李架。
方框中数字为加载沙袋数。

图 B.2　动态测量加载

B.3　静、动态测量加载记录见表 B.1。

表 B.1　加载记录表

单位为千克

状　态		装载砂袋数/个	平均每袋质量	前轴轴载质量	整车质量	后轴轴载质量	备注
静态测量	空载	—	—				
	满载						
动态测量	空载	—	—				
	满载						
注：载荷用干燥的砂和小卵石装袋，每袋质量按 GB/T 12428 客车装载质量计算方法确定。							

附 录 C
（资料性附录）
应变片布置及编号

C.1 车身骨架应变片布置及编号见图 C.1。

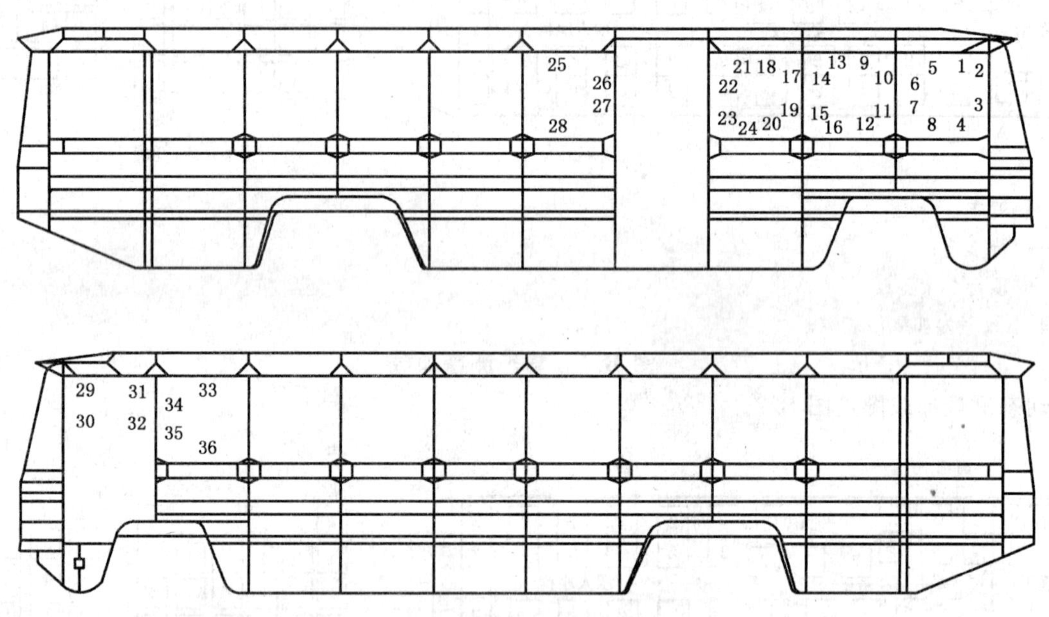

图 C.1 车身骨架应变片布置及编号

C.2 车身骨架或底架工作片和补偿片阻记录见表 C.1。

表 C.1 车身骨架或底架工作片和补偿片阻值记录表

单位为欧姆

<table>
<tr><th rowspan="2">编号</th><th colspan="2">阻 值</th><th rowspan="2">编号</th></tr>
<tr><th>工作片</th><th>补偿片</th></tr>
<tr><td>1</td><td></td><td rowspan="5"></td><td rowspan="5">1</td></tr>
<tr><td>2</td><td></td></tr>
<tr><td>3</td><td></td></tr>
<tr><td>4</td><td></td></tr>
<tr><td rowspan="3">⋮</td><td rowspan="3"></td></tr>
<tr><td></td><td>2</td></tr>
<tr><td>⋮</td><td>⋮</td></tr>
</table>

C.3 底架应变片布置及编号见图 C.2。

图 C.2 底架应变片布置及编号

附 录 D
（资料性附录）
倾角、对角线长度变化量测点位置及编号

D.1 车身骨架倾角测点位置及编号见图 D.1。

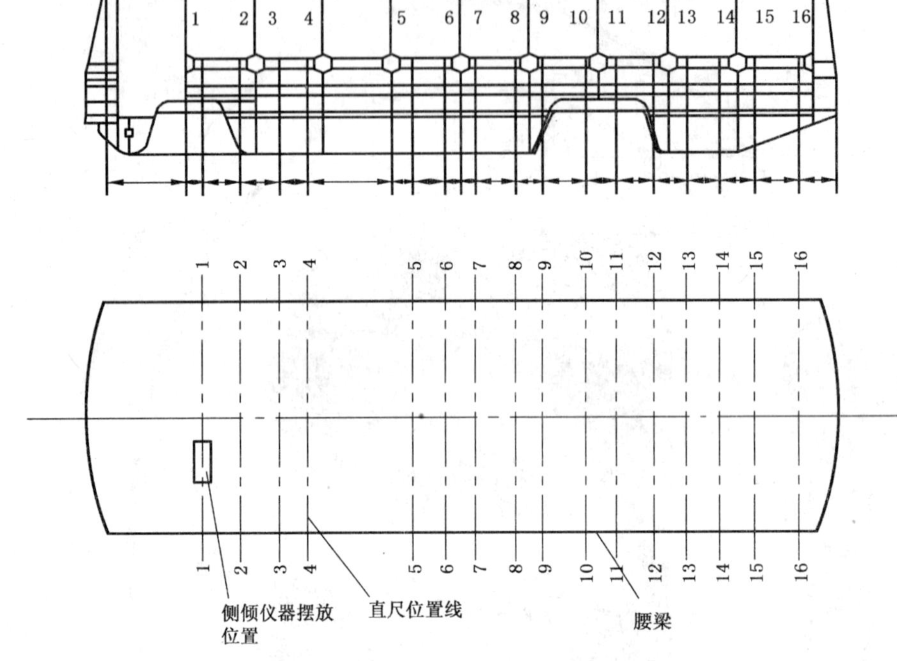

图 D.1 车身骨架倾角测点位置及编号

D.2 底架倾角测点位置及编号见图 D.2。

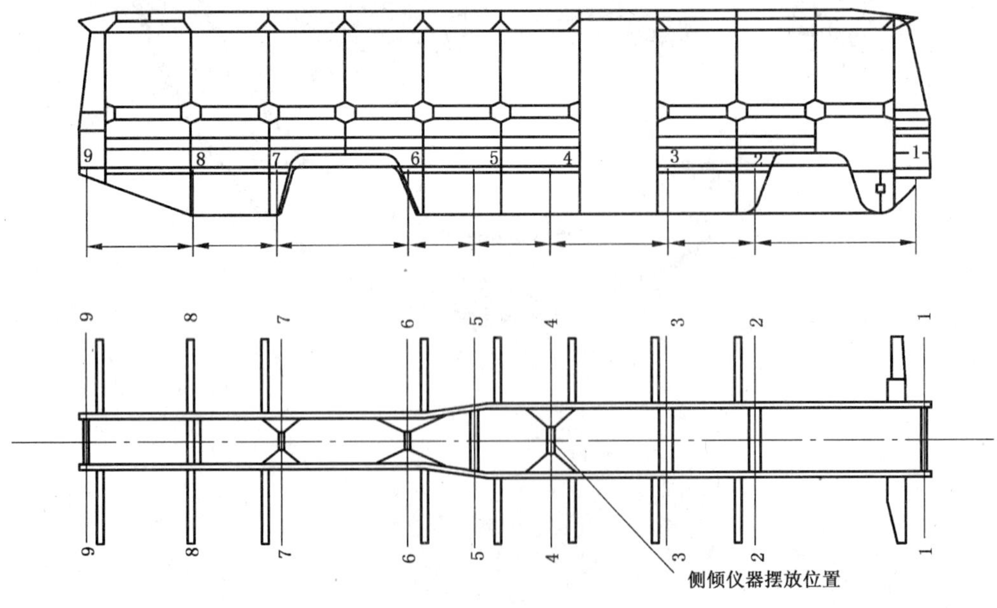

图 D.2 底架倾角测点位置及编号

D.3 窗框、乘客门框对角线长度变化量测量位置、编号和静态测量支承状态见图 D.3。

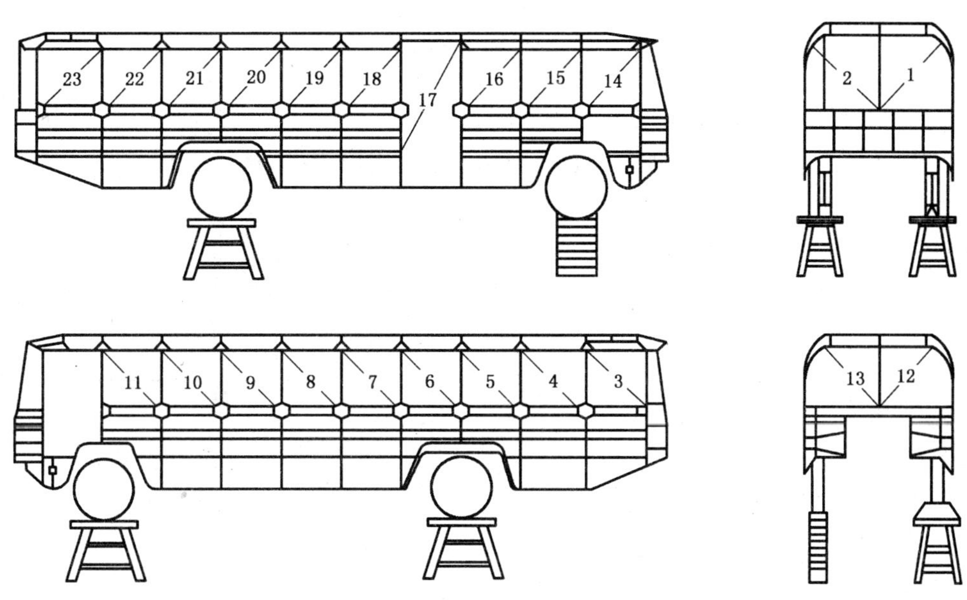

图 D.3　窗框、乘客门框对角线长度变化量测量位置、编号和静态测量支承状态

附　录　E
（资料性附录）
记　录　表

E.1　弯曲工况下的车身骨架、底架倾角值测量记录表见表 E.1。

表 E.1　弯曲工况下的车身骨架、底架倾角值测量记录表　　单位为分

<table>
<tr><td colspan="3" rowspan="3">载荷状态</td><td colspan="8">测点部位及编号</td></tr>
<tr><td colspan="4">车身骨架</td><td colspan="4">底架</td></tr>
<tr><td>1</td><td>2</td><td>3</td><td>……</td><td>1</td><td>2</td><td>3</td><td>……</td></tr>
<tr><td>空载状态</td><td>初始值</td><td>A_i</td><td></td><td></td><td></td><td></td><td></td><td></td><td></td><td></td></tr>
<tr><td rowspan="3">满载状态</td><td>记录值</td><td>B_i</td><td></td><td></td><td></td><td></td><td></td><td></td><td></td><td></td></tr>
<tr><td>绝对值</td><td>$C_i=B_i-A_i$</td><td></td><td></td><td></td><td></td><td></td><td></td><td></td><td></td></tr>
<tr><td>相对值</td><td>$D_i=C_{j+1}-C_j$</td><td></td><td></td><td></td><td></td><td></td><td></td><td></td><td></td></tr>
<tr><td colspan="11">注：i 为测点编号，j 为测试次数。</td></tr>
</table>

E.2　弯曲工况下的窗框、乘客门框对角线长度变化量测量记录表见表 E.2。

表 E.2　弯曲工况下的窗框、乘客门框对角线长度变化量测量记录表　　单位为毫米

<table>
<tr><td>部　　位</td><td colspan="4">窗　　框</td><td colspan="3">乘客门框</td></tr>
<tr><td>测点编号</td><td>1</td><td>2</td><td>3</td><td>……</td><td>1</td><td>2</td><td>……</td></tr>
<tr><td>变化量</td><td></td><td></td><td></td><td></td><td></td><td></td><td></td></tr>
</table>

E.3　弯曲工况下的车身骨架、底架应变值测量记录表见表 E.3。

表 E.3　弯曲工况下的车身骨架、底架应变值测量记录表　　单位为微应变

<table>
<tr><td colspan="3" rowspan="3">载荷状态</td><td colspan="8">测点部位及编号</td></tr>
<tr><td colspan="4">车身骨架</td><td colspan="4">底架</td></tr>
<tr><td>1</td><td>2</td><td>3</td><td>……</td><td>1</td><td>2</td><td>3</td><td>……</td></tr>
<tr><td>空载状态</td><td>初始值</td><td>A_i</td><td></td><td></td><td></td><td></td><td></td><td></td><td></td><td></td></tr>
<tr><td rowspan="3">满载状态</td><td>第 1 读值</td><td>B_i</td><td></td><td></td><td></td><td></td><td></td><td></td><td></td><td></td></tr>
<tr><td>第 2 读值</td><td>C_i</td><td></td><td></td><td></td><td></td><td></td><td></td><td></td><td></td></tr>
<tr><td>应力值/kPa</td><td>D_i</td><td></td><td></td><td></td><td></td><td></td><td></td><td></td><td></td></tr>
<tr><td colspan="11">注：i 为测点编号。</td></tr>
</table>

E.4 扭转工况下的车身骨架、底架倾角值测量记录表见表 E.4。

表 E.4 扭转工况下的车身骨架、底架倾角值测量记录表

单位为分

测量状态				测点部位及编号											
				车身骨架						底架					
				1	2	3	4	5	……	1	2	3	4	5	……
空载第一次状态水平		初始值	A_i												
空载	左前轮下沉 240 mm	记录值	B_i												
		绝对值	$C_i=B_i-A_i$												
		相对值	$D_i=C_{j+1}-C_j$												
	左前轮悬空（或下沉 480 mm）	记录值	B_i												
		绝对值	$C_i=B_i-A_i$												
		相对值	$D_i=C_{j+1}-C_j$												
	右前轮下沉 240 mm	记录值	B_i												
		绝对值	$C_i=B_i-A_i$												
		相对值	$D_i=C_{j+1}-C_j$												
	右前轮悬空（或下沉 480 mm）	记录值	B_i												
		绝对值	$C_i=B_i-A_i$												
		相对值	$D_i=C_{j+1}-C_j$												
空载第二次状态水平		初始值	A_i												
满载	水平状态	记录值	B_i												
		绝对值	$C_i=B_i-A_i$												
		相对值	$D_i=C_{j+1}-C_j$												
	左前轮下沉 240 mm	记录值	B_i												
		绝对值	$C_i=B_i-A_i$												
		相对值	$D_i=C_{j+1}-C_j$												
	左前轮悬空（或下沉 480 mm）	记录值	B_i												
		绝对值	$C_i=B_i-A_i$												
		相对值	$D_i=C_{j+1}-C_j$												
	右前轮下沉 240 mm	记录值	B_i												
		绝对值	$C_i=B_i-A_i$												
		相对值	$D_i=C_{j+1}-C_j$												
	右前轮悬空（或下沉 480 mm）	记录值	B_i												
		绝对值	$C_i=B_i-A_i$												
		相对值	$D_i-C_{j+1}-C_j$												
注：i 为测点编号，j 为测试次数。															

E.5 扭转工况下的窗框、乘客门框对角线长度变化量测量记录表见表 E.5。

表 E.5 扭转工况下的窗框、乘客门框对角线长度变化量测量记录表 单位为毫米

测量状态		测点部位及编号							
		窗框				乘客门框			
		1	2	3	……	1	2	3	……
左前轮下沉 240 mm	空载								
	满载								
左前轮悬空 (或下沉 480 mm)	空载								
	满载								
右前轮下沉 240 mm	空载								
	满载								
右前轮悬空 (或下沉 480 mm)	空载								
	满载								

E.6 扭转工况下的车身骨架、底架应变值测量记录表见表 E.6。

表 E.6 扭转工况下的车身骨架、底架应变值测量记录表 单位为微应变

测量状态				测点部位及编号											
				车身骨架						底架					
				1	2	3	4	5	……	1	2	3	4	5	……
弯曲	水平状态	空载	初始值												
		满载	第 1 读值												
			第 2 读值												
			应力值/kPa												
扭曲	左前轮下沉 240 mm	空载	第 1 读值												
			第 2 读值												
			应力值/kPa												
		满载	第 1 读值												
			第 2 读值												
			应力值/kPa												
	左前轮悬空 (或下沉 480 mm)	空载	第 1 读值												
			第 2 读值												
			应力值/kPa												
		满载	第 1 读值												
			第 2 读值												
			应力值/kPa												
	右前轮下沉 240 mm	空载	第 1 读值												
			第 2 读值												
			应力值/kPa												
		满载	第 1 读值												
			第 2 读值												
			应力值/kPa												
	右前轮悬空 (或下沉 480 mm)	空载	第 1 读值												
			第 2 读值												
			应力值/kPa												
		满载	第 1 读值												
			第 2 读值												
			应力值/kPa												

附 录 F
（资料性附录）
相对扭转角曲线

F.1 车身骨架的相对扭转转角曲线见图F.1。

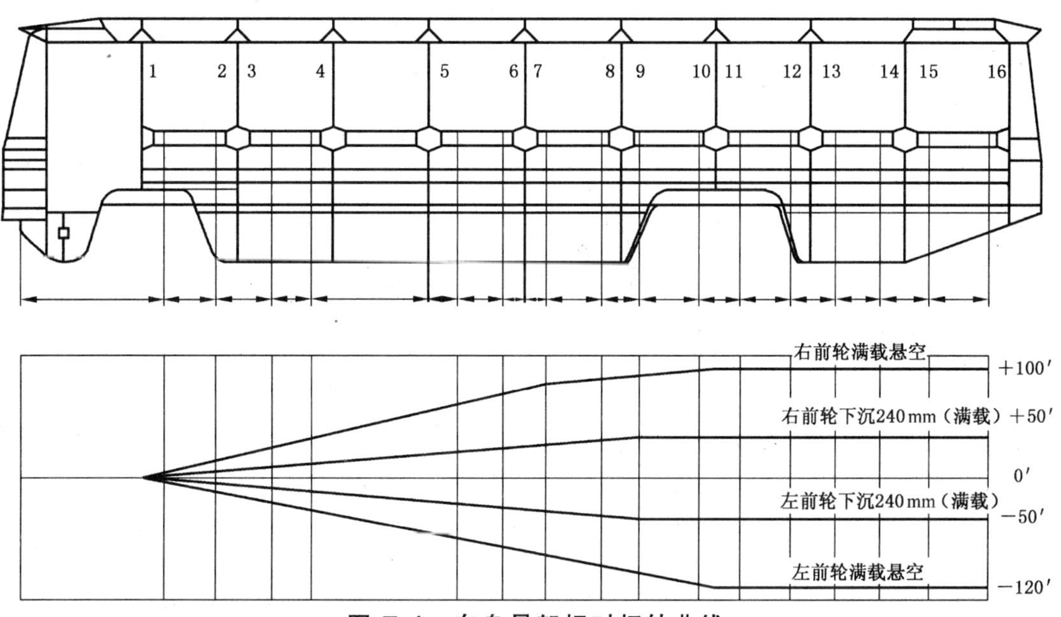

图 F.1 车身骨架相对扭转曲线

F.2 底架相对扭转角曲线见图F.2。

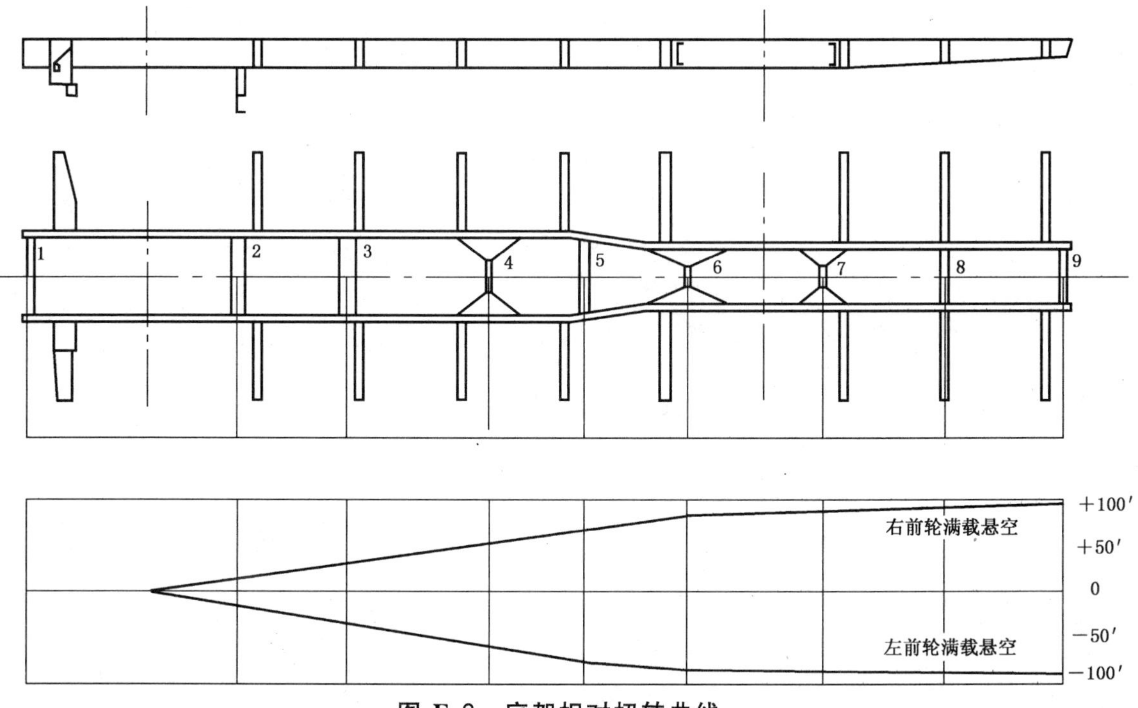

图 F.2 底架相对扭转曲线

ICS 27.020
J 92

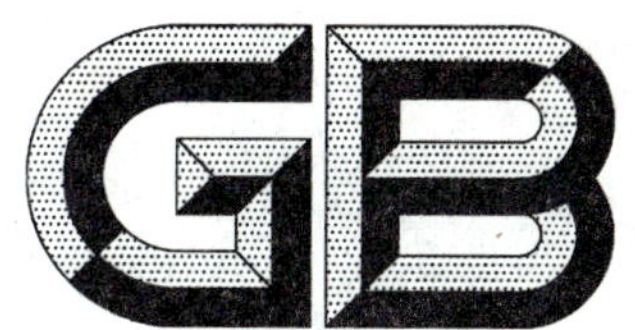

中华人民共和国国家标准

GB/T 6809.1—2009/ISO 7967-1:2005
代替 GB/T 6809.1—2003

往复式内燃机　零部件和系统术语 第1部分:固定件及外部罩盖

Reciprocating internal combustion engines—Vocabulary of components and systems—Part 1:Structure and external covers

(ISO 7967-1:2005,IDT)

2009-03-19 发布　　　　2009-11-01 实施

中华人民共和国国家质量监督检验检疫总局
中国国家标准化管理委员会　发布

前　言

GB/T 6809《往复式内燃机　零部件和系统术语》分为九个部分：

——第1部分：固定件及外部罩盖；

——第2部分：气门、凸轮轴传动和驱动机构；

——第3部分：主要运动件；

——第4部分：增压及进排气管系统；

——第5部分：冷却系统；

——第6部分：润滑系统；

——第7部分：调节系统；

——第8部分：起动系统；

——第9部分：监控系统。

本部分为GB/T 6809的第1部分。

本部分等同采用ISO 7967-1:2005《往复式内燃机　零部件和系统词汇　第1部分：固定件及外部罩盖》(英文版)。

本部分等同翻译ISO 7967-1:2005。

为便于使用，本部分做了如下编辑性修改：

——“本国际标准”一词改为“本部分”；

——删除了国际标准的前言；

——对ISO 7967-1中引用的其他国际标准，用已被采用为我国的标准代替对应的国际标准。

本部分是对GB/T 6809.1—2003《往复式内燃机零部件和系统术语　第1部分：固定件及外部罩盖》的修订。与GB/T 6809.1—2003相比，本部分主要变化如下：

——修改了术语和定义的编排方式；

——补充了部分术语。

本部分由中国机械工业联合会提出。

本部分由全国内燃机标准化技术委员会(SAC/TC 177)归口。

本部分起草单位：上海内燃机研究所、雪龙集团有限公司。

本部分主要起草人：毕晔、张佩莉、瞿俊鸣、计维斌、谢亚平、陈云清、宋国婵。

本部分所代替标准的历次版本发布情况为：

——GB/T 6809.1—2003。

往复式内燃机　零部件和系统术语
第1部分:固定件及外部罩盖

1　范围

GB/T 6809的本部分规定了往复式内燃机固定件及外部罩盖的相关术语。

GB/T 1883则给出了往复式内燃机的分类,并规定了这种内燃机及其特性的基本术语。

2　规范性引用文件

下列文件中的条款通过GB/T 6809的本部分的引用而成为本部分的条款。凡是注日期的引用文件,其随后所有的修改单(不包括勘误的内容)或修订版均不适用于本部分,然而,鼓励根据本部分达成协议的各方研究是否可使用这些文件的最新版本。凡是不注日期的引用文件,其最新版本适用于本部分。

GB/T 1883.1　往复式内燃机　词汇　第1部分:发动机设计和运行术语(GB/T 1883.1—2005,ISO 2710-1:2000,IDT)

GB/T 1883.2　往复式内燃机　词汇　第2部分:发动机维修术语(GB/T 1883.2—2005,ISO 2710-2:1999,IDT)

3　术语及定义

下列术语和定义适用于GB/T 6809的本部分。

3.1　曲轴箱

序　号	术　　语	定　　义	图　　例
3.1.1	**曲轴箱** **crankcase**	将曲柄室及位于其中的曲轴主轴承部分围住,用以承载气缸、气缸水套或气缸体,并提供安装用平面的构件	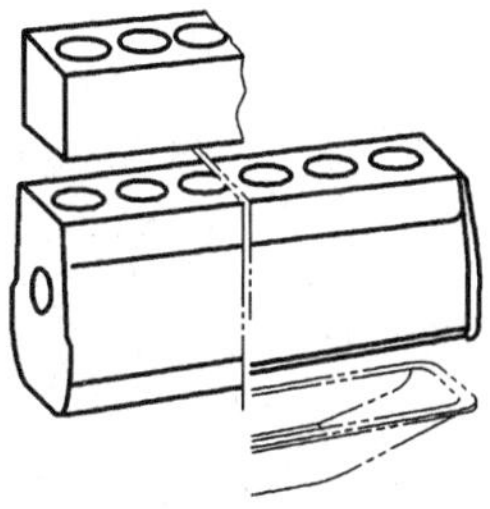
3.1.2	**机体** **engine block**	曲轴箱及与其连成一体的气缸或气缸水套	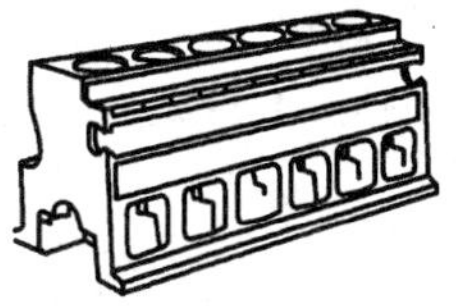 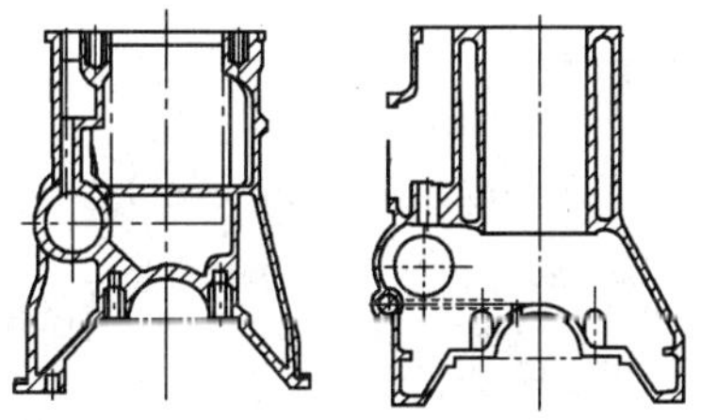

序 号	术 语	定 义	图 例
3.1.3	**曲轴箱检查孔盖** **crankcase door**	为曲柄室提供检修孔的可拆卸盖板	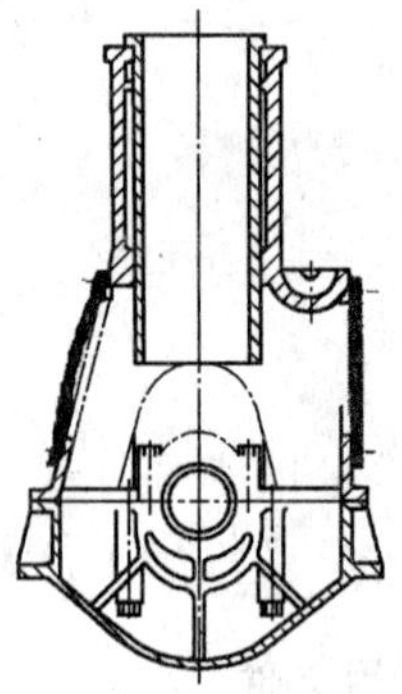
3.1.4	**曲轴箱端盖** **crankcase end cover**	用以封闭曲柄室一端的盖板	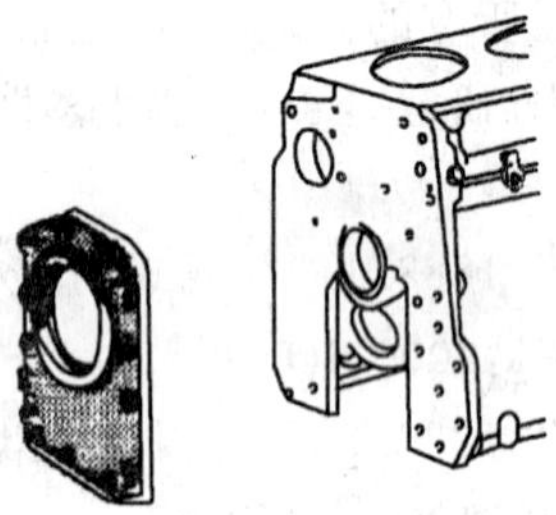
3.1.5	**贯穿螺栓** **tie-rod**	将发动机固定件的几个构件在预紧力下固紧在一起的螺栓或拉杆	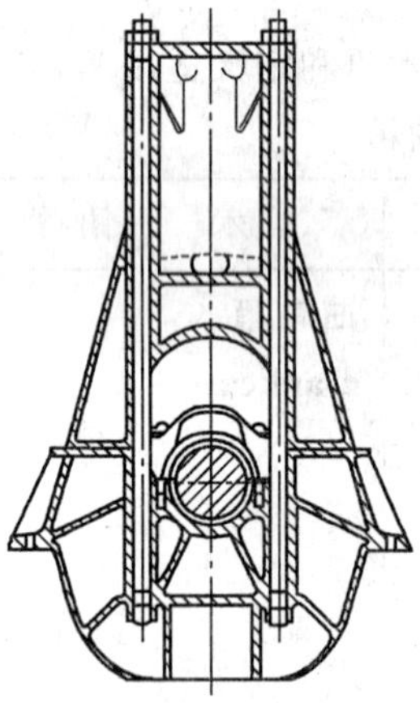
3.1.6	**曲柄室** **crankchamber**	被曲轴箱油底壳和/或机座包围的、供曲轴在其内部旋转的空腔	—
3.1.7	**主轴承盖** **main bearing cap**	曲轴主轴承上用以在内部安装滑动轴承或滚动轴承的半圆形轴承	—

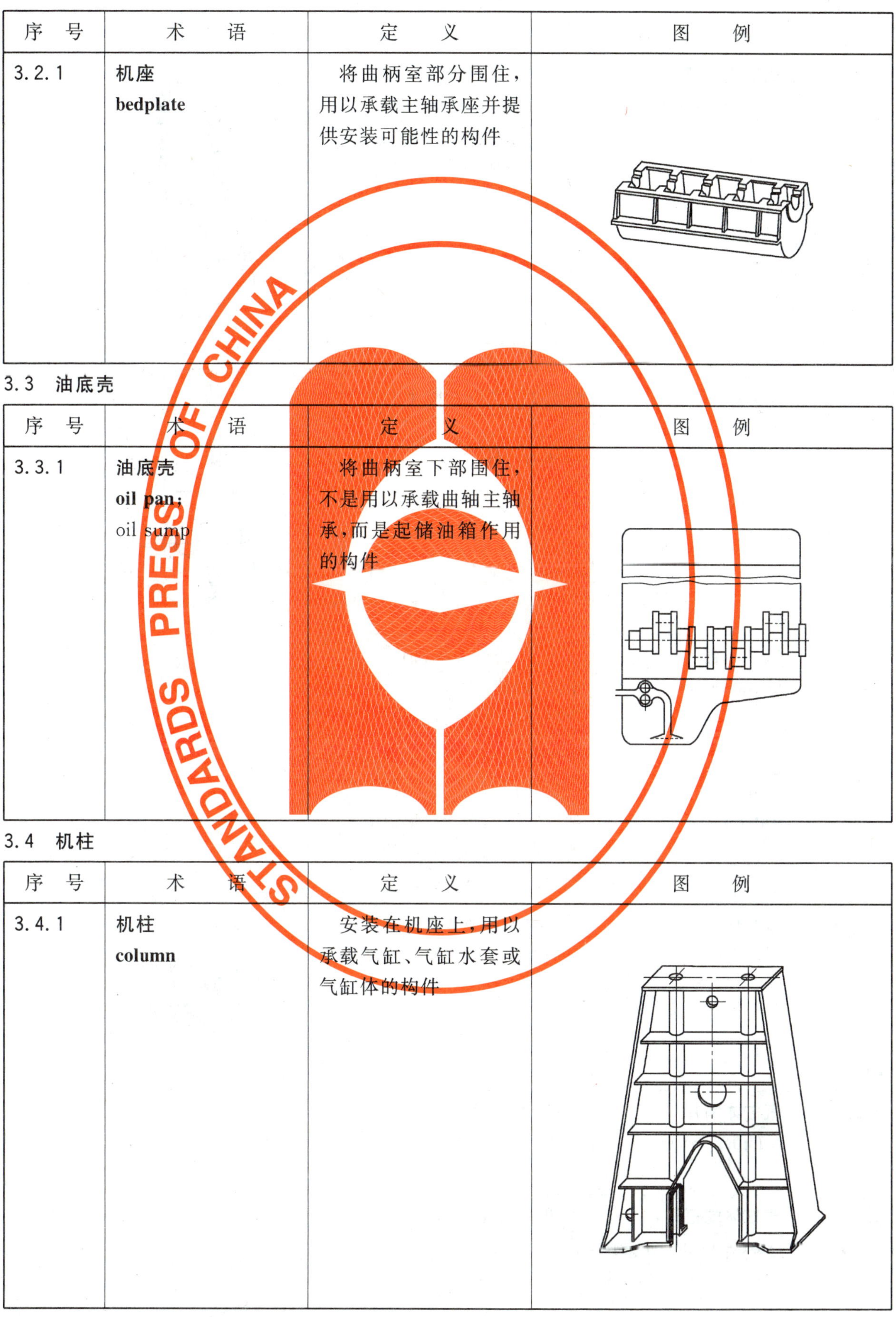

3.2 机座

序　号	术　　语	定　　义	图　　例
3.2.1	**机座** **bedplate**	将曲柄室部分围住，用以承载主轴承座并提供安装可能性的构件	

3.3 油底壳

序　号	术　　语	定　　义	图　　例
3.3.1	**油底壳** **oil pan**; oil sump	将曲柄室下部围住，不是用以承载曲轴主轴承，而是起储油箱作用的构件	

3.4 机柱

序　号	术　　语	定　　义	图　　例
3.4.1	**机柱** **column**	安装在机座上，用以承载气缸、气缸水套或气缸体的构件	

3.5 气缸体机架

序号	术语	定义	图例
3.5.1	**气缸体机架** **cylinder frame**	安装在机座上，用以围住曲柄室上部，并与气缸、气缸水套和气缸体连成一体的构件	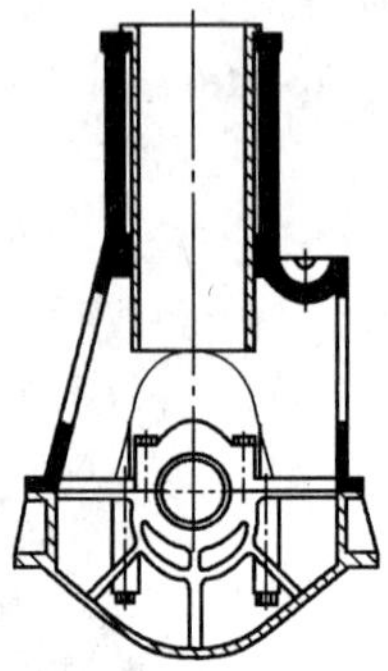
3.5.2	**机架** **frame**	安装在机座上，将曲柄室上部围住，但不与气缸水套或气缸体连成一体的构件	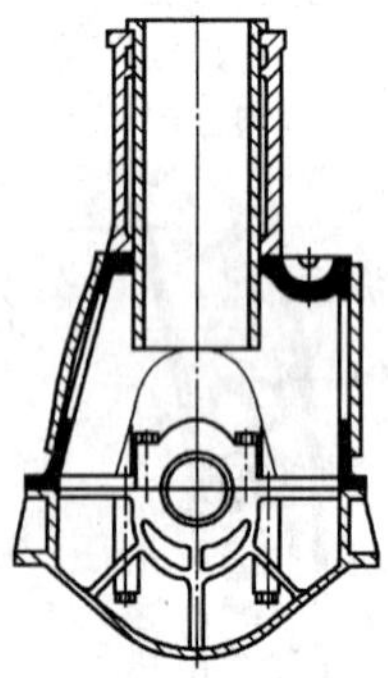
3.5.3	**气缸水套** **cylinder jacket；** cylinder casing	固定在机架或曲轴箱上，用以围住气缸和盛放冷却介质的构件	—
3.5.4	**水套** **water jacket**	在气缸套与气缸体机架或气缸体之间所形成的、供冷却液流通的空腔	—
3.5.5	**气缸体** **cylinder block**	连成一体或拴在一起的两个或多个气缸	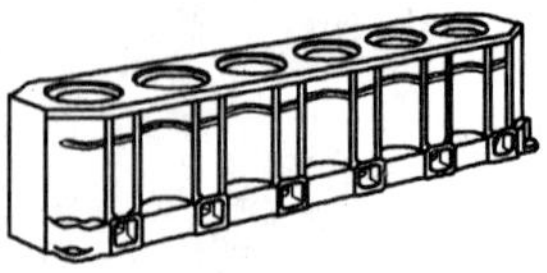
3.5.6	**气缸体隔片** **cylinder spacer**	气缸体之间的构件	—
3.5.7	**气缸体端盖** **cylinder block end piece**	盖住气缸体端面的构件	—

3.6 气缸

序号	术语	定义	图例
3.6.1	**气缸** **cylinder**	中间有工作活塞运行,内部镶有或不镶有单独的气缸套,顶部装有或不装有整体式气缸盖的构件	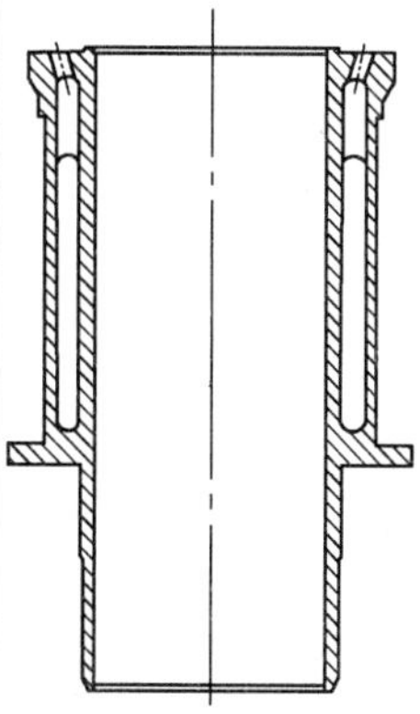 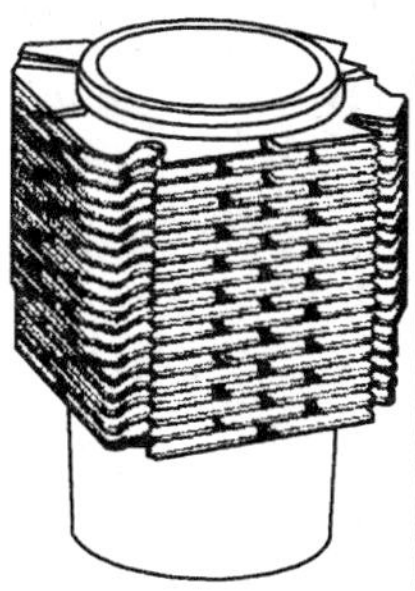
3.6.2	**气缸套** **cylinder liner**	气缸内为工作活塞提供滑动表面的构件	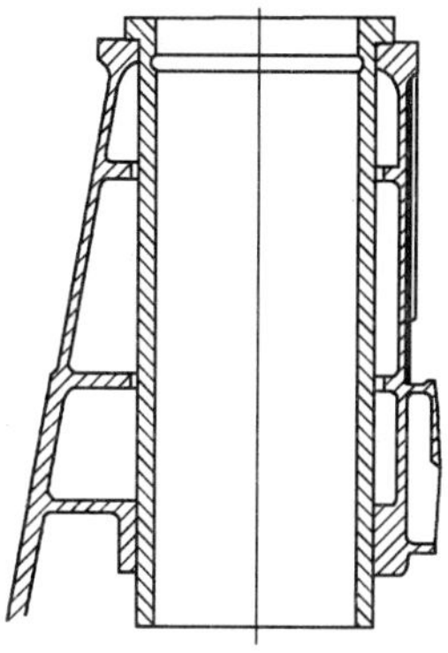
3.6.3	**湿缸套** **wet liner**	利用冷却液对其外壁进行冷却的气缸套	—
3.6.4	**干缸套** **dry liner**	利用传导方式对其外壁进行冷却的气缸套	—

3.7 中间隔板

序号	术语	定义	图例
3.7.1	**中间隔板** **intermediate bottom**	十字头发动机上,用以承载填料箱的曲柄室顶板	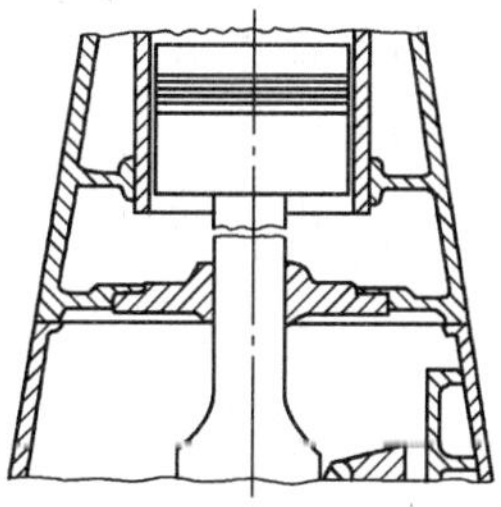

3.8 导轨

序号	术语	定义	图例
3.8.1	**导轨** **guiderail**	为十字头导向的构件	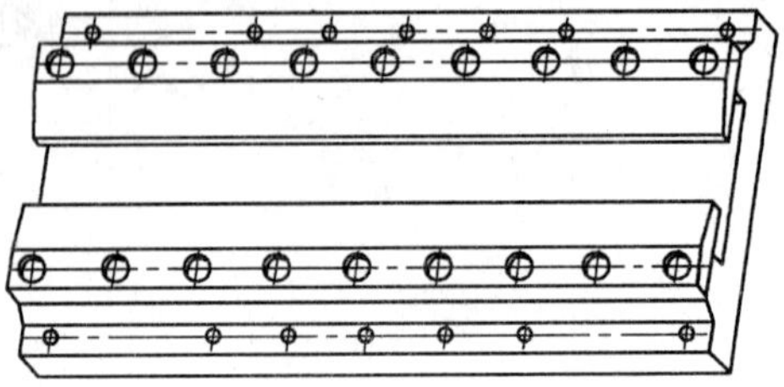

3.9 气缸盖

序号	术语	定义	图例
3.9.1	**气缸盖** **cylinder head**; cylinder cover	用以密封燃烧室,具有或不具有换气部件的构件	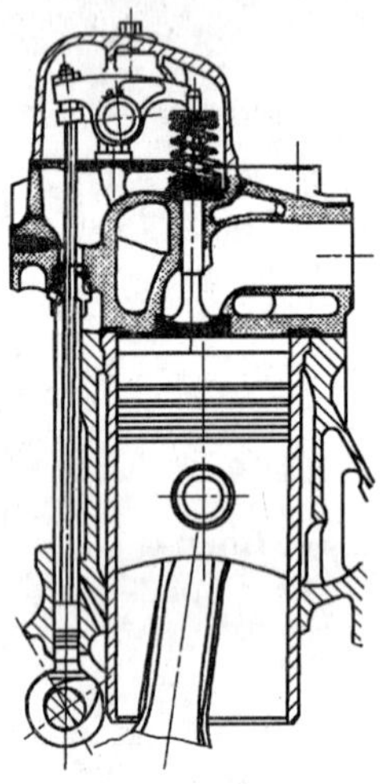
3.9.2	**气缸盖下层** **cylinder head base**; cylinder cover base	双层气缸盖的下部	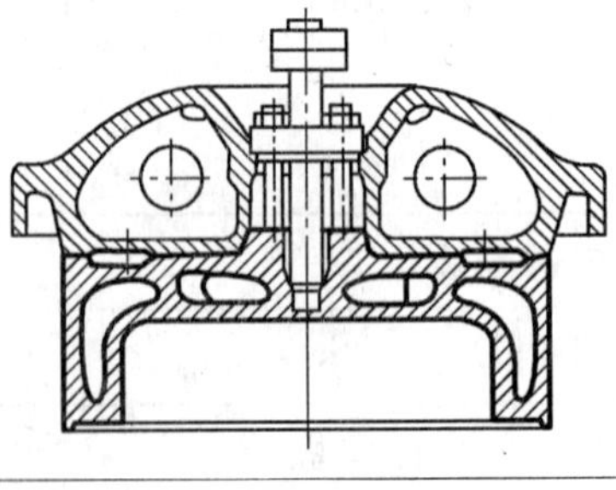
3.9.3	**气缸盖上层** **cylinder head top**; cylinder cover top	双层气缸盖的上部	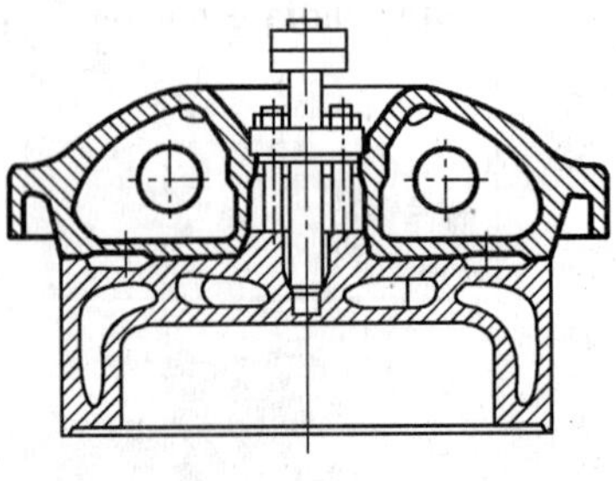

序　号	术　　语	定　　义	图　　例
3.9.4	**配气机构箱** **valve mechanism casing**	装在气缸盖上，用于支承和/或围住气门的箱体	—
3.9.5	**气缸盖罩** **valve mechanism cover**	用于保护气门、气门弹簧等运动件的构件	
3.9.6	**摇臂室盖** **rocker cover**	用以围住摇臂或摇臂室的盖板	—
3.9.7	**气缸盖螺栓** **cylinder head bolt;** cylinder head stud	把气缸盖紧固在气缸体机架或气缸体上的螺栓或螺柱	—

3.10　气缸盖垫片

序　号	术　　语	定　　义	图　　例
3.10.1	**气缸盖垫片** **cylinder head gasket**	镶嵌在气缸盖与气缸或气缸套之间，用以密封燃烧室冷却液和润滑油通道的零件	
3.10.2	**气缸盖密封环** **cylinder head ring gasket**	镶嵌在气缸盖与气缸或气缸套之间用以密封燃烧室的零件	

3.11 曲轴箱呼吸器

序号	术语	定义	图例
3.11.1	**曲轴箱呼吸器** **crankcase breather**	安装在发动机上，使蒸气或燃气排出曲柄室的组件	—

中 文 索 引

英 文 索 引

B

C

D

E

F

G

ICS 27.020
J 95

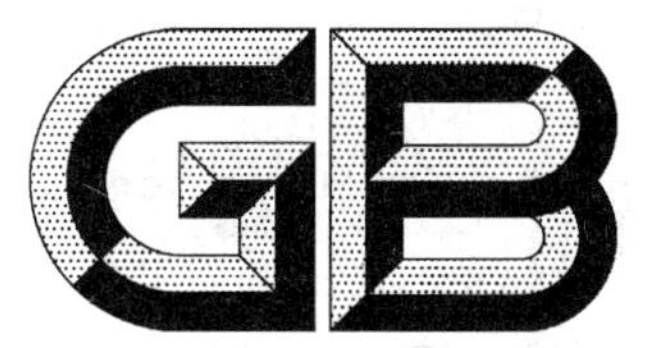

中华人民共和国国家标准

GB/T 6809.6—2009/ISO 7967-6:2005
代替 GB/T 6809.6—1999

往复式内燃机　零部件和系统术语
第6部分:润滑系统

Reciprocating internal combustion engines—Vocabulary of components and systems—Part 6: Lubricating systems

(ISO 7967-6:2005,IDT)

2009-03-19 发布　　2009-11-01 实施

中华人民共和国国家质量监督检验检疫总局
中国国家标准化管理委员会　发布

前　言

GB/T 6809《往复式内燃机　零部件和系统术语》分为九个部分：

——第1部分：固定件及外部罩盖；

——第2部分：气门、凸轮轴传动和驱动机构；

——第3部分：主要运动件；

——第4部分：增压及进排气管系统；

——第5部分：冷却系统；

——第6部分：润滑系统；

——第7部分：调节系统；

——第8部分：起动系统；

——第9部分：监控系统。

本部分为GB/T 6809的第6部分。

本部分等同采用ISO 7967-6:2005《往复式内燃机　零部件和系统词汇　第6部分：润滑系统》(英文版)。

本部分等同翻译ISO 7967-6:2005。

为便于使用，本部分做了如下编辑性修改：

——“本国际标准”一词改为“本部分”；

——删除了国际标准的前言；

——对ISO 7967-6:2005中引用的其他国际标准，用已被采用为我国的标准代替对应的国际标准。

本部分是对GB/T 6809.6—1999《往复式内燃机零部件和系统术语　第6部分：润滑系统》的修订。与GB/T 6809.6—1999相比，本部分主要变化如下：

——对术语和定义进行了重新编排；

——增加和修改了部分术语和定义。

本部分由中国机械工业联合会提出。

本部分由全国内燃机标准化技术委员会(SAC/TC 177)归口。

本部分起草单位：上海内燃机研究所、雪龙集团有限公司。

本部分主要起草人：陈云清、贺频艳、计维斌、谢亚平、宋国婵、瞿俊鸣、毕晔。

本部分所代替标准的历次版本发布情况为：

——GB/T 6809.6—1999。

往复式内燃机　零部件和系统术语
第6部分:润滑系统

1　范围

GB/T 6809的本部分规定了往复式内燃机润滑系统的相关术语。

GB/T 1883则给出了往复式内燃机的分类,并规定了这种发动机及其工作特性的基本术语。

2　规范性引用文件

下列文件中的条款通过GB/T 6809的本部分的引用而成为本部分的条款。凡是注日期的引用文件,其随后所有的修改单(不包括勘误的内容)或修订版均不适用于本部分,然而,鼓励根据本部分达成协议的各方研究是否可使用这些文件的最新版本。凡是不注日期的引用文件,其最新版本适用于本部分。

GB/T 1883.1　往复式内燃机　词汇　第1部分:发动机设计和运行术语(GB/T 1883.1—2005,ISO 2710-1:2000,IDT)

GB/T 1883.2　往复式内燃机　词汇　第2部分:发动机维修术语(GB/T 1883.2—2005,ISO 2710-2:1999,IDT)

3　术语和定义

下列术语和定义适用于GB/T 6809的本部分。

3.1　润滑系统类型

序号	术　语	定　义	图　例
3.1.1	**非压力润滑** **non-pressurized lubrication**	不是靠泵压提供润滑油,而是靠诸如飞溅、滴油或油雾,使其附着于润滑表面的系统	—
3.1.2	**混合油润滑** **oil-in-gasoline lubrication** 汽-机油润滑 petroil lubrication	将润滑油以一定比例加入到汽油中的系统,使足够的润滑油经分离后附着在发动机需要润滑的零件上	—
3.1.3	**强制润滑** **force-feed lubrication** 压力润滑 pressurized lubrication	将一个或几个油泵的润滑油供给发动机运动件的系统	—
3.1.4	**重力润滑** **gravity feed lubrication;** gravity oiling	在重力作用下为发动机运动件提供润滑油的系统	—
3.1.5	**滴油润滑** **drip-feed lubrication**	以油滴形式向发动机运动件提供润滑油的系统	—

3.2 润滑系统

序号	术语	定义	图例
3.2.1	**主要运动件润滑** **main running gear lubrication**	向曲轴轴承、连杆轴承、活塞销衬套、十字头导轨、配气机构滑动面，有时还有气缸及其与活塞的滑动面提供润滑油的任何一种或几种组合形式的润滑系统	—
3.2.2	**汲油润滑** **dip lubrication**	依靠汲油运动件（如连杆上的刮油勺）将油底壳中的润滑油甩入曲轴箱和/或轴承中的非压力润滑系统	
3.2.3	**湿式油底壳强制润滑** **wet sump force-feed lubrication**	将润滑油收集在用作发动机油箱的油底壳内的强制润滑系统	
3.2.4	**干式油底壳强制润滑** **dry sump force-feed lubrication**	将润滑油收集在单独油箱内的强制润滑系统，润滑油不断从油底壳中抽出并返回到油箱内 注：图示润滑系统的油底壳具有一个中间润滑油室。通常在干式油箱中，润滑油是收集在单独的油箱内。	
3.2.5	**飞溅润滑** **splash lubrication**	依靠发动机运动件所飞溅的润滑油润滑发动机的方法	—
3.2.6	**气缸润滑** **cylinder lubrication**	以一种或几种组合型式专门对气缸套供给润滑油的润滑系统	—
3.2.7	**辅助润滑** **supplementary lubrication**	任何用以增加润滑发动机零件的润滑油供给量的方法	—
3.2.8	**独立润滑** **independent lubrication**	从一个独立于发动机的油箱中将所有润滑油供给发动机零件进行润滑的一种方法	—

3.3 润滑系统零部件

序号	术 语	定 义	图 例
3.3.1	**机油滤清器** **lubricating oil filter**	所滤液体为润滑油的滤清器	—
3.3.2	**机油集滤器** **lubricating oil suction strainer**	机油泵吸油管进口处的粗滤器	
3.3.3	**单级机油滤清器** **single-stage lubricating oil filter**	润滑油只经过一级滤芯的滤清器	
3.3.4	**二级机油滤清器** **two-stage lubricating oil filter**	由两种滤芯，一种是粗滤，另一种是精滤，进行串联滤清的滤清器	
3.3.5	**离心式机油滤清器** **rotating centrifugal lubricating oil filter;** centrifuge	利用离心力分离(杂质)的滤清器	
3.3.6	**全流式机油滤清器** **full-flow lubricating oil filter**	输送到润滑系统的润滑油全部通过的滤清器	1——发动机。

序号	术　语	定　义	图　例
3.3.7	**分流式机油滤清器** **bypass lubricating oil filter**	输送到润滑系统的润滑油仅有部分通过的滤清器	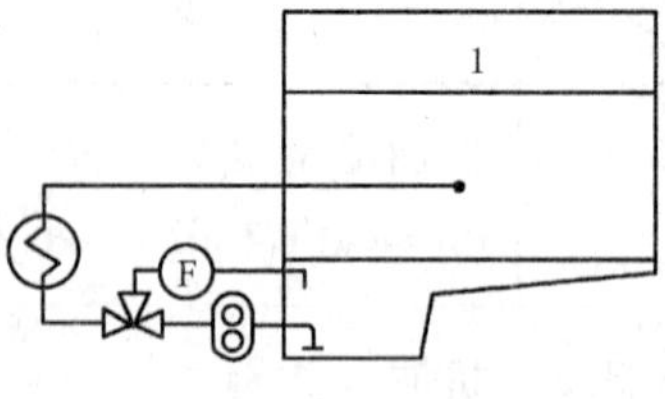 1——发动机。
3.3.8	**旋装式机油滤清器** **spin-on cartridge lubricating oil filter**	由装有整体滤芯的可换式总成所组成，直接旋装在润滑系统中的滤清器；该总成可包括滤芯旁通元件和止回阀	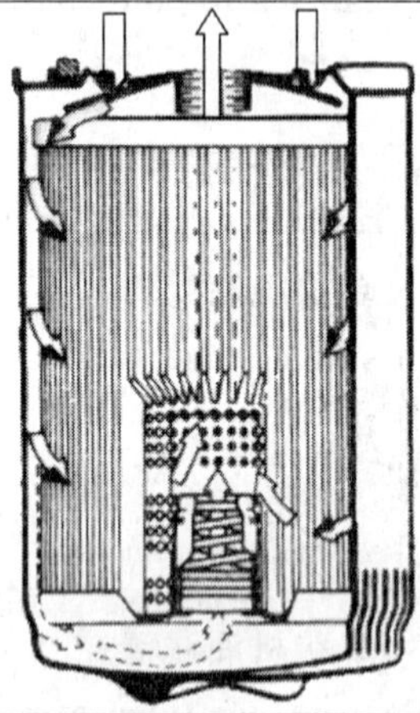
3.3.9	**并联式机油滤清器** **duplex lubricating oil filter**	两个并联的、用阀门联接的机油滤清器；当清洗其中一个滤芯时，润滑油可直接通过另一个滤芯，而不必中止运行	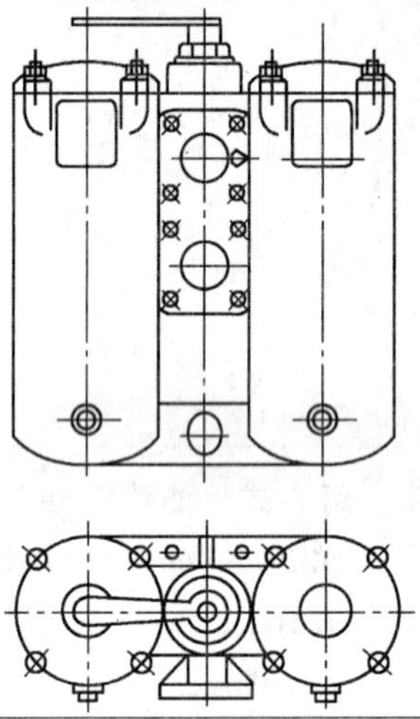
3.3.10	**反冲式机油滤清器** **back-flushing lubricating oil filter**	利用使润滑油反向流动(逆向冲洗)对滤清器内断开的滤芯进行清洗的滤清器，可不必中止运行	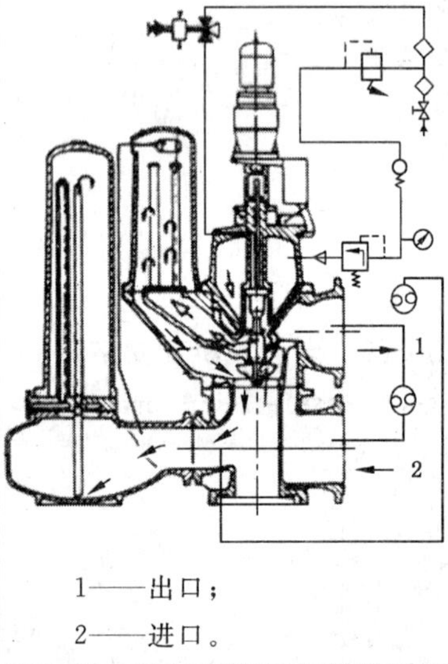 1——出口； 2——进口。

序号	术 语	定 义	图 例
3.3.11	**自动清洗式机油滤清器** **automatic lubricating oil filter**	自动清洗滤芯的滤清器，可不必中止运行；清洗作业可人工启动(半自动)或由开关控制(全自动)	—
3.3.12	**机油泵** **lubricating oil pump**	使润滑油强制循环，并将其输送到发动机各运动件的泵	—
3.3.13	**机油抽油泵** **lubricating oil scavenging pump**	将油底壳中润滑油抽出，并将其泵入干式油底壳发动机油箱中的泵	—
3.3.14	**润滑器** **lubricator**	定期将一定量的润滑油供给发动机特定零件的泵	
3.3.15	**机油安全阀** **oil pressure relief valve**	防止润滑系统机油压力超过预定值的阀门	—
3.3.16	**机油调压阀** **oil pressure regulating valve**	将润滑系统中任何部位的油压调至预定值的阀门	
3.3.17	**油面指示器** **oil level indicator**	采用诸如观察孔、观察帽、遥示仪等以指示润滑油液面的元器件或装置	—
3.3.18	**油标尺** **dipstick**	装在油箱或油底壳上的带刻度的尺，用以检查发动机中的润滑油量/油面	
3.3.19	**机油压力表** **oil pressure gauge**	用以指示和测量润滑系统中机油压力的元件	—
3.3.20	**机油箱** **lubricating oil tank**	用作机油泵抽取润滑油的储油罐，它可以是发动机的油底壳(湿式油底壳系统)或是单独的容器(干式油底壳系统)	—

3.4 机油滤清器零部件

序号	术 语	定 义	图 例
3.4.1	滤清器外壳 **filter housing**	用以安置滤芯或滤芯总成的滤清器零件	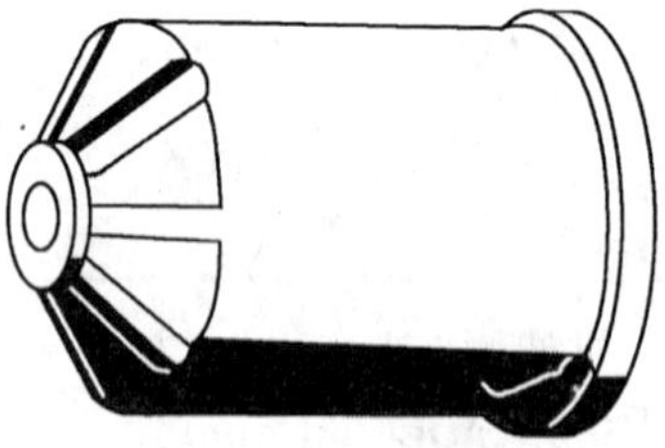
3.4.2	滤清器座 **filter cover**	用以封闭滤清器壳体和夹住滤芯的滤清器零件	
3.4.3	滤芯 **filter element**	用于滤除机油中不容性杂质的滤清器零件	
3.4.4	滤芯总成 **filter insert**	由一个(或几个)滤芯及其支承件构成的组合件	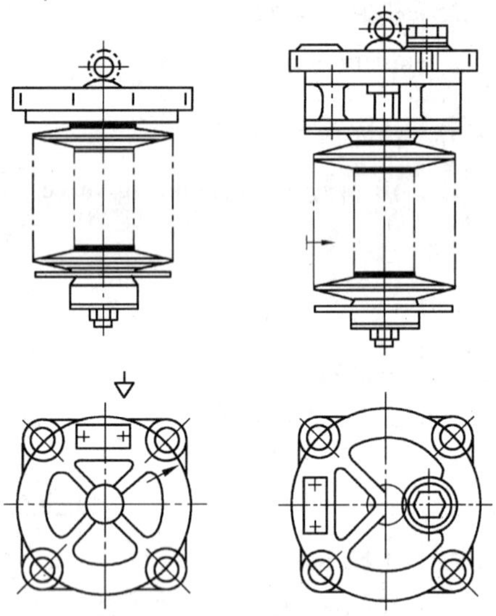
3.4.5	转子 **rotor** 转鼓 **drum**	离心式机油滤清器中起滤清作用的零件;术语"转子"用于外力驱动的离心式滤清器;"转鼓"用于液力反作用驱动的离心式滤清器	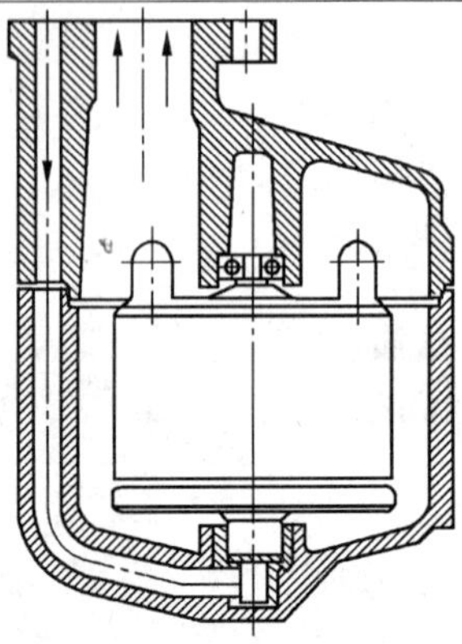

3.5 润滑油类型

序号	术 语	定 义	图 例
3.5.1	**曲轴箱油** **crankcase oil**	盛放在油底壳或机油箱中,并由此提供至所需发动机零部件的润滑油	—
3.5.2	**气缸油** **cylinder oil**	大型发动机中,不是靠发动机主润滑系统,而是直接向气缸内表面提供的润滑油	—
3.5.3	**系统油** **system oil**	不是靠气缸油系统,而向诸如轴承、油冷活塞等提供的润滑油	—

中 文 索 引

英 文 索 引

A

B

C

D

F

G

I

L

ICS 27.020
J 91

中华人民共和国国家标准

GB/T 6809.7—2009/ISO 7967-7:2005
代替 GB/T 6809.7—2005

往复式内燃机　零部件和系统术语
第7部分:调节系统

Reciprocating internal combustion engines—Vocabulary of components and systems—Part 7:Governing systems

(ISO 7967-7:2005,IDT)

2009-03-19 发布　　2009-11-01 实施

中华人民共和国国家质量监督检验检疫总局
中国国家标准化管理委员会　发布

前　言

GB/T 6809《往复式内燃机　零部件和系统术语》分为九个部分：

——第1部分：固定件及外部罩盖；

——第2部分：气门、凸轮轴传动和驱动机构；

——第3部分：主要运动件；

——第4部分：增压及进排气管系统；

——第5部分：冷却系统；

——第6部分：润滑系统；

——第7部分：调节系统；

——第8部分：起动系统；

——第9部分：监控系统。

本部分为GB/T 6809的第7部分。

本部分等同采用ISO 7967-7:2005《往复式内燃机　零部件和系统词汇　第7部分：调节系统》（英文版）。

本部分等同翻译ISO 7967-7:2005。

为便于使用，本部分做了如下编辑性修改：

——"本国际标准"一词改为"本部分"；

——删除了国际标准的前言；

——对ISO 7967-7:2005中引用的其他国际标准，用已被采用为我国的标准代替对应的国际标准。

本部分是对GB/T 6809.7—2005《往复式内燃机零部件和系统术语　第7部分：调节系统》的修订。与GB/T 6809.7—2005相比，本部分主要变化如下：

——对术语和定义进行了重新编排；

——增加和修改了部分术语和定义。

本部分由中国机械工业联合会提出。

本部分由全国内燃机标准化技术委员会（SAC/TC 177）归口。

本部分起草单位：上海内燃机研究所。

本部分主要起草人：陈云清、瞿俊鸣、计维斌、谢亚平、宋国婵、毕晔。

本部分所代替标准的历次版本发布情况为：

——GB/T 6809.7—2005。

往复式内燃机　零部件和系统术语
第7部分:调节系统

1　范围

GB/T 6809 的本部分规定了往复式内燃机调节系统的相关术语。

GB/T 6809 的本部分主要涉及往复式内燃机的速度调节系统,对基于其他参数(诸如扭矩、温度和负荷)的调节系统,可以此提供的定义为基础。

GB/T 1883 则给出了往复式内燃机的分类,并规定了这种发动机及其工作特性的基本术语。

注:术语调速器可适用于通常安装在发动机上单独一个元件或由几个零件组成的一个速度调节系统。

2　规范性引用文件

下列文件中的条款通过 GB/T 6809 的本部分的引用而成为本部分的条款。凡是注日期的引用文件,其随后所有的修改单(不包括勘误的内容)或修订版均不适用于本部分,然而,鼓励根据本部分达成协议的各方研究是否可使用这些文件的最新版本。凡是不注日期的引用文件,其最新版本适用于本部分。

GB/T 1883.1　往复式内燃机　词汇　第1部分:发动机设计和运行术语(GB/T 1883.1—2005,ISO 2710-1:2000,IDT)

GB/T 1883.2　往复式内燃机　词汇　第2部分:发动机维修术语(GB/T 1883.2—2005,ISO 2710-2:1999,IDT)

GB/T 6072.6—2000　往复式内燃机　性能　第6部分:超速保护(idt ISO 3046-6:1990)

3　术语和定义

下列术语和定义适用于 GB/T 6809 的本部分。

3.1　一般定义

序　号	术　语	定　义
3.1.1	**发动机调速器** **engine speed governor**	通过实际转速与整定转速的比对,对输入发动机的燃料量进行修正,以调节发动机的实际转速,使其趋近整定转速的装置
3.1.2	**调速部件** **speed setting device**	根据用途和所需调节的类型,可调节调速器整定点的装置 注:整定点的调节可采用: a)　手动。 b)　自动按某一特定控制系统要求,以下列方式进行修改: ——持续;或 ——一步或分步完成。 调速器的整定点可以通过调速部件在调节范围内以下列方式改变: ——手动(如调速器控制杆,脚踏板); ——气动; ——液压; ——电动(如电磁阀,电动机)。

3.2 调速器工作原理

序号	术 语	符号	定 义	图 例
3.2.1	调速器输入信号 **governor input signal**	X_R	用以度量发动机瞬时转速而输入调速器的信号	1——调速器输入信号 X_R； 2——整定转速信号 W； 3——调速器； 4——调速器输出信号 Y_R。
3.2.2	调速器输出信号 **governor output signal**	Y_R	用以调节供油量而由调速器输出的信号	—
3.2.3	整定转速信号 **setting speed signal**	W	用以度量整定转速而输入调速器的信号	—
3.2.4	转速误差值 **speed error value**	—	用以度量调速器输入信号 X_R 与当前整定转速信号 W 之间的瞬时差值	—
3.2.5	整定转速 **setting speed**	—	1) 在转速/功率特性曲线上，按照所需功率，由调速部件确定的稳态转速； 注：如果调速器不是直接安装在燃料喷射泵上，调速器输出信号与油泵齿条的行程为线性关系。 2) 在调速器调节特性曲线上，供油量为零的理论转速	发动机功率 P 发动机转速 n

3.3 调速器分类

3.3.1 按转速感应和输出信号放大分类

序号	术 语	定 义	图 例
3.3.1.1	机械调速器 **mechanical governor**	利用飞锤总成的离心作用感应发动机的实际转速(输入信号 X_R)，并提供输出信号 Y_R，而无任何功率放大的调速器	W X_R Y_R
3.3.1.2	飞锤质量 **flyweight**	机械调速器为产生调速离心力所需的质量	—

序号	术　语	定　　义	图　　例
3.3.1.3	**惯性调速器** **inertia governor**	采用转速变化导致惯性力变化原理的调速器	—
3.3.1.4	**机械液压调速器** **mechanical-hydraulic governor**	对输出信号 Y_R 进行液压放大的机械调速器	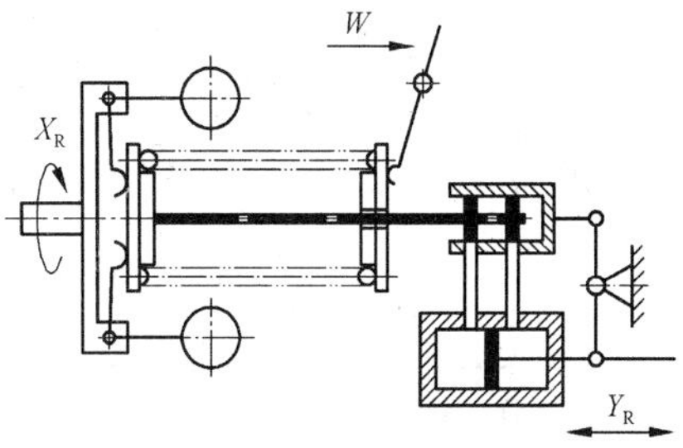
3.3.1.5	**机械气动调速器** **mechanical-pneumatic governor**	对输出信号 Y_R 进行气动放大的机械调速器	—
3.3.1.6	**气动调速器** **pneumatic governor**	转速输入信号或转速误差值由进气歧管压力 X_R 的变化决定，输出信号 Y_R 可以或不可以进行气动放大的调速器	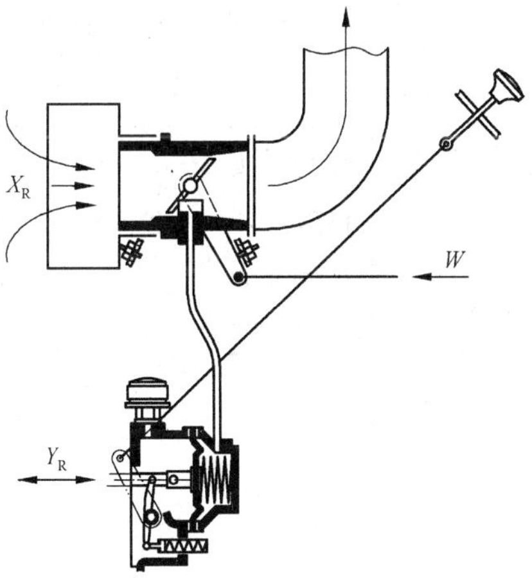
3.3.1.7	**液压调速器** **hydraulic governor**	转速输入信号或转速误差值由液压力 X_R 的变化决定，输出信号 Y_R 可以或不可以进行液压放大的调速器	—
3.3.1.8	**电子/电动调速器** **electronic/electric governor**	转速输入信号 X_R 决定于电子或电动输入传感器(如电磁传感器)，调速器的电子输出信号 Y_R 可以或不可以进行电子/电动放大的调速器	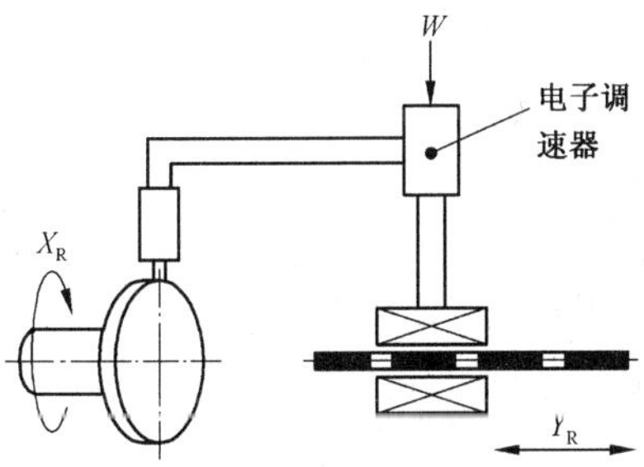

序号	术 语	定 义	图 例
3.3.1.9	**电-液调速器** **electrohydraulic governor**	对输出信号附加进行液压放大的电子/电动调动器	
3.3.1.10	**电-气调速器** **electropneumatic governor**	对输出信号进行气动放大的电子/电动调动器	—

3.3.2 按动态特性(传递函数)分类

注:调速器动态特性取决于输出信号与转速误差值之间的关系(传递函数)。这种关系对不同的转速整定信号值可以有不同的特性。3.3.2 中给出的是最常用的调速器型式。

序号	术 语	定 义	图 例
3.3.2.1	**比例调速器** **proportional governor** P 调速器[ab] P governor[ab]	输出信号 Y_R 与转速误差值成比例的调速器 注:负载变化会导致稳态转速的改变。	

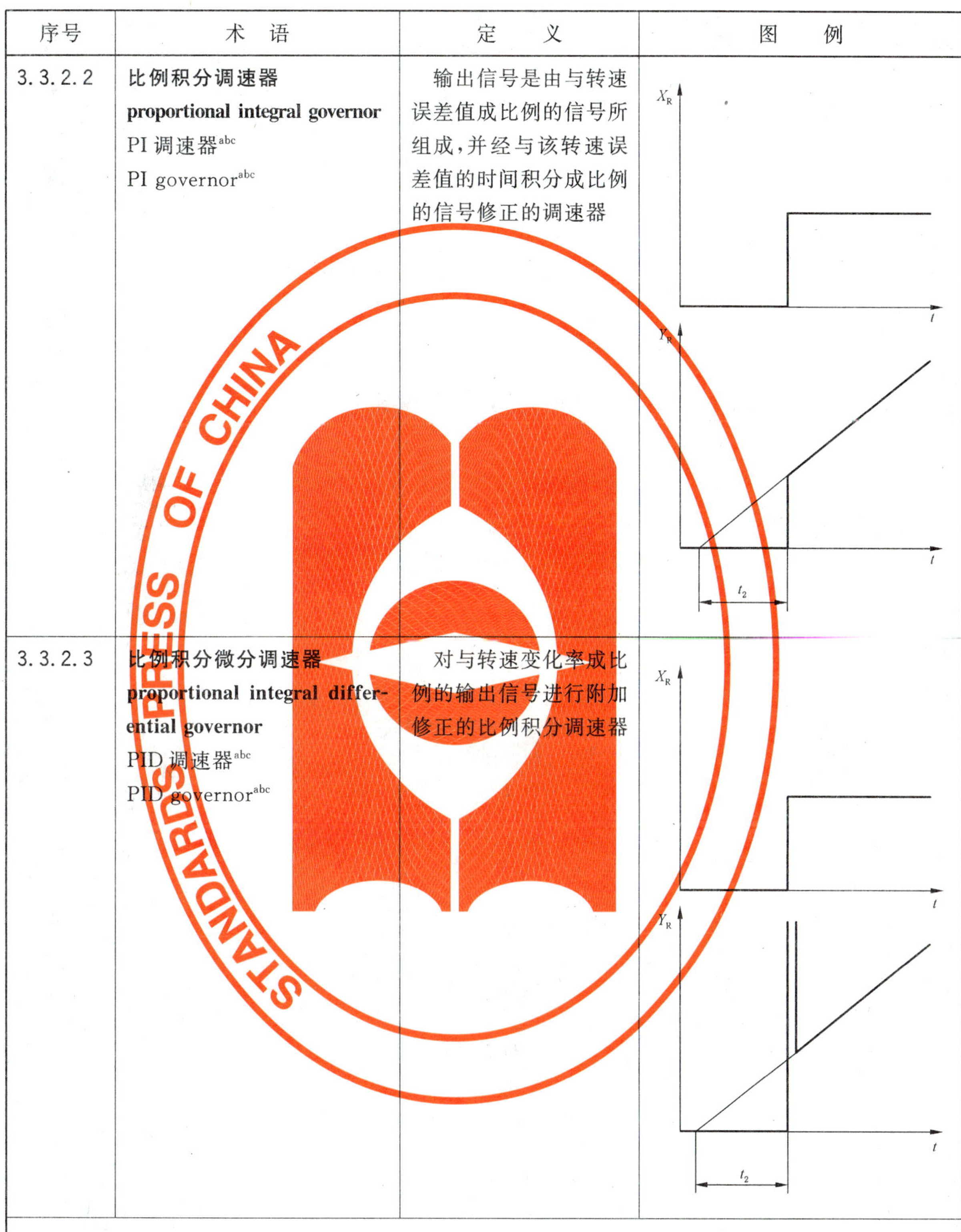

序号	术　语	定　　义	图　　例
3.3.2.2	**比例积分调速器** **proportional integral governor** PI 调速器[abc] PI governor[abc]	输出信号是由与转速误差值成比例的信号所组成，并经与该转速误差值的时间积分成比例的信号修正的调速器	
3.3.2.3	**比例积分微分调速器** **proportional integral differential governor** PID 调速器[abc] PID governor[abc]	对与转速变化率成比例的输出信号进行附加修正的比例积分调速器	

[a] 这种调速器的调速率可以调节或不可调节。

[b] 一个理想调速器的传递函数取决于调速器信号的微量调节。
由于只有比例增量与该积分特性有关，因而可以节省积分运算时间 t_2（复位时间）。

[c] 这种调速器的调速率通常为 0%，为了得到其他调速率值，需对其动态特性进行修正。为了使数台往复式内燃机性能并联运行，至少还应有一台调速器也按 P 调速器运行，除非能对负载分配提供附加控制。

3.3.3 按功能分类

序号	术 语	定 义	图 例
3.3.3.1	**单级式调速器** **single-speed governor**	在发动机规定转速下进行调节的调速器 注1：当规定转速为最高允许工作转速时，该调速器也可称为最高转速调速器。 注2：这种调速器的典型用途是发电机组。	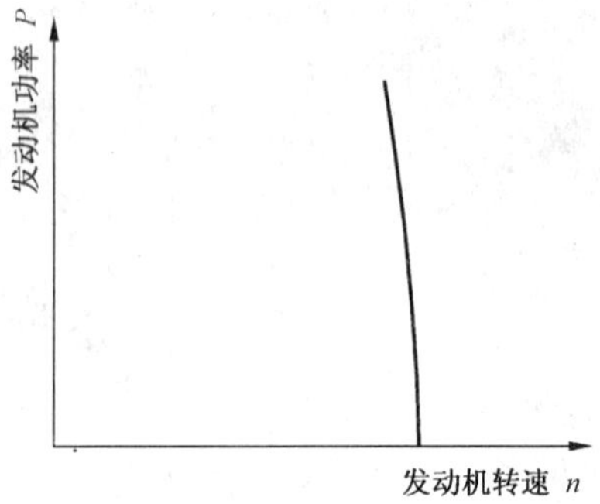 发动机功率 P 发动机转速 n
3.3.3.2	**全程式调速器** **all-speed governor** 变速调速器 variable-speed governor	在两个预先确定的转速限值范围内对任意选定的发动机转速进行调节的调速器 注：这种调速器的典型用途是船舶或农用拖拉机。	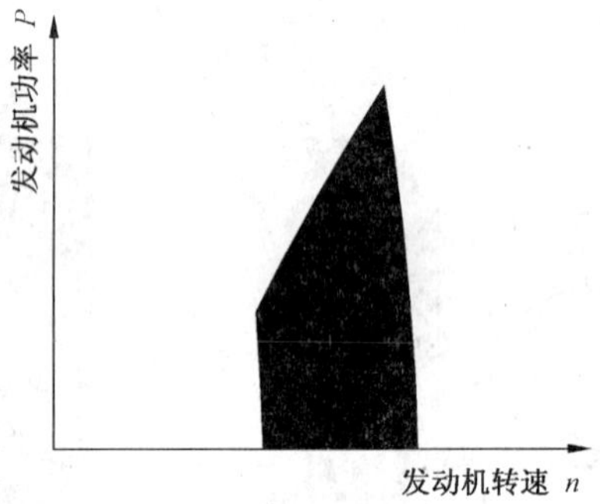 发动机功率 P 发动机转速 n
3.3.3.3	**多极式调速器** **multiple-speed governor**	可对数个预先确定的发动机转速中的某一转速进行调节的调速器 注：这种调速器的典型用途是机车。	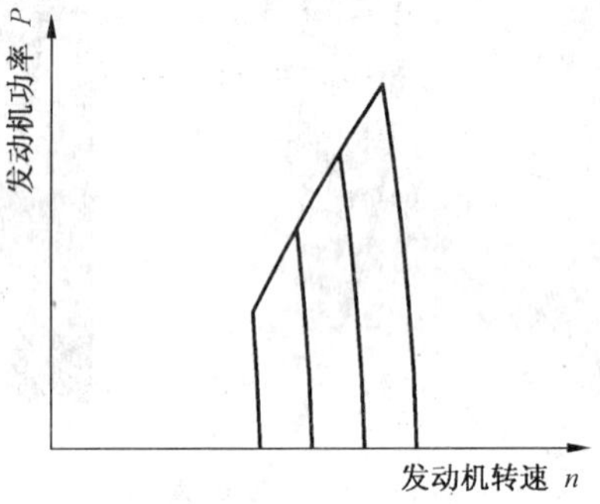 发动机功率 P 发动机转速 n
3.3.3.4	**两极式调速器** **idle and limiting speed governor**	对发动机怠速和极限转速进行调节，而中间转速由控制杆位置和发动机功率决定的调速器 注1：其他流行的术语有“two speed governor”和“min-max governor”（这些术语今后将不再使用）。 注2：极限转速是为发动机预调的最高转速（见GB/T 6072.4中的“标定转速”）。 注3：这种调速器的典型用途是道路车辆。	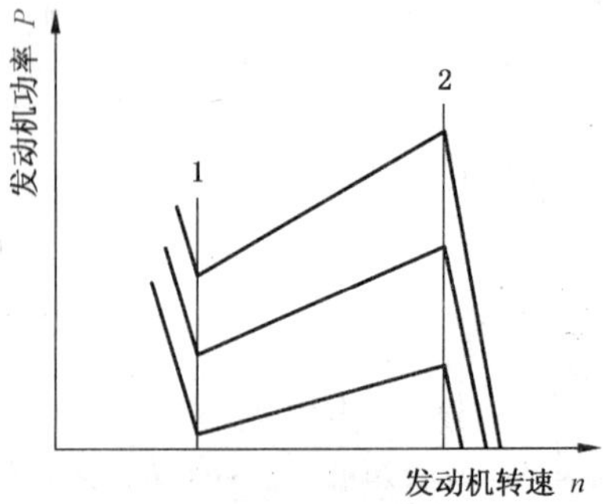 发动机功率 P 1 2 发动机转速 n 1——怠速； 2——极限转速。

序号	术　语	定　义	图　例
3.3.3.5	**复合式调速器** **combination governor**	具有与两极式调速器相似的特点，但扩大了低速和/或高速控制范围的调速器	

3.4 速度调节功能

序号	术　语	符号	定　义	图　例
3.4.1	**最大作用力** **maximum force**	—	在任意规定行程位置时，调速器输出端的最大作用力值	—
3.4.2	**最大扭矩** **maximum torque**	—	在任意规定行程位置时，调速器输出轴的最大扭矩值	—
3.4.3	**调速器增益率** **governor gain** 杠杆比 lever ratio	—	调速器输出信号与转速误差值之比 注：在整个调速器输出信号范围内，此比值可为常数或变量。对机械调速器，杠杆比是控制杆行程与飞锤轴向行程之比。这相当于该系统的稳态调速器增益率。	—
3.4.4	**调速器驱动扭矩** **governor drive torque**	—	驱动发动机调速器的转速感应元件及其他旋转件所需的扭矩	—
3.4.5	**调速器需求功率** **governor power demand**	—	视发动机运行工况，发动机调速器所要求的功率	—

序号	术 语	符号	定 义	图 例
3.4.6	**调速器特性曲线** **governor characteristic curves** 控制杆曲线 control rod curves	—	表示在不同规定工况下，调速器输出信号与(喷油泵或发动机)稳态转速之间的关系曲线	—
3.4.7	**调速器作用力曲线** **governor force curves**	—	表示在不同调速器飞锤位置时，调速器作用力与(喷油泵或发动机)转速之间的关系曲线	—
3.4.8	**调速率** **speed droop**	δn_{st}	空载转速与给定功率时规定转速的差值，用固定整定转速时与标定转速的百分数表示： $\delta n_{st}=\frac{n_i-n}{n}\times 100$ 注：以前使用的术语是“pull-off”，“run-out”和“permanent droop”。	发动机功率 P 发动机转速 n
3.4.9	**标定调速率** **declared speed droop**	δn_{str}	标定空载转速与标定功率时的标定转速的差值，用固定整定转速时与标定转速的百分数表示： $\delta n_{str}=\frac{n_i-n_r}{n_r}\times 100$	—
3.4.10	**无差调节** **isochronous governing**	—	在某一规定整定转速下，在整个功率范围内调速器均能保持一稳态转速的调节系统，亦即：调速率为0%	—
3.4.11	**有差调节** **speed droop governing**	—	在某一规定整定转速下，调速率大于0%的调节系统	—
3.4.12	**最小灵敏度** **minimum sensitivity** 不灵敏度 insensitivity	—	使输出信号不发生改变的转速误差值的最大变化	—

3.5 辅助调节功能

序号	术 语	符号	定 义
3.5.1	防失速装置 **antistall device**	—	防止发动机在减速时出现转速过度下冲的装置
3.5.2	超速限制装置 **overspeed limiting device**	—	在转速超过预定值时控制燃料供给量和/或其他参数，以保护发动机和所驱动的机械不致损坏的装置(另见 GB/T 6072.6—2000 的 4.1)
3.5.3	扭矩校正 **torque control**	—	在转速低于发动机标定转速下，对从燃料喷射系统获得的最大自然供油量曲线所作的修正；此时，喷油泵拉杆位置保持不变 注：通常，扭矩校正可用一附加的单独装置或由调速器内的零部件或装置来实现。
3.5.4	负扭矩校正 **negative torque control**	—	随转速降低而减少供油量的扭矩校正
3.5.5	正扭矩校正 **positive torque control**	—	随转速降低而增加供油量的扭矩校正
3.5.6	扭矩校正行程 **torque control travel**	—	当扭矩校正装置在整个转速范围内动作时，使控制杆位置产生的最大变化
3.5.7	功率限制附加装置 **additional power limiting device**	—	根据发动机的用途和运行参数(如进气歧管压力、增压空气压力、发动机机油压力和温度等)，用以限制发动机输出功率的装置
3.5.8	负载感应 **load sensing**	—	直接检测或感应发动机的扭矩(或功率)
3.5.9	负载分配装置 **load sharing device**	—	发动机并联运行时，无论用电力或单轴联接，可用以自动控制总功率中由每台发动机承担的份额的装置
3.5.10	并联运行的负载分配 **load sharing in parallel operation**	ΔP	单台发动机承担的功率比例与所有发动机承担的总标定功率之差，用百分数表示： $\Delta P=\left[\frac{P_a}{P_r}-\frac{(\sum P_a)}{(\sum P_r)}\right]\times 100$

3.6 发动机转速

3.6.1 稳态转速

序号	术 语	符号	定 义
3.6.1.1	发动机转速 **engine speed**	n	一定时间内曲轴旋转的圈数

序号	术　语	符号	定　　义
3.6.1.2	**发动机标定转速** **declared engine speed**	n_r	发动机输出标定功率时的转速(见 GB/T 1883.1)
3.6.1.3	**部分功率转速** **speed at partial power**	n_p	介于标定转速和最低可调转速之间的发动机稳态转速
3.6.1.4	**最低可调转速** **lowest adjustable speed**	n_{pmin}	当发动机按规定转速/功率曲线运行时,可由调速部件选择的发动机最低稳态转速
3.6.1.5	**最高可调转速** **highest adjustable speed**	n_{pmax}	当发动机按规定转速/功率曲线运行时,可由调速部件选择的发动机最高稳态转速
3.6.1.6	**空载转速** **no load speed** 怠速 idling speed	n_i	发动机空载时的稳态转速
3.6.1.7	**标定空载转速** **declared no load speed** 高怠速 high idling speed	n_{ir}	当转速调定在标定转速时的发动机空载稳态转速
3.6.1.8	**最低可调空载转速** **lowest adjustable no load speed** 低怠速 low idling speed	n_{imin}	当转速调定在最低可调转速时的发动机最低空载稳态转速
3.6.1.9	**最高可调空载转速** **highest adjustable no load speed**	n_{imax}	当转速调定在最高可调转速时的发动机最高空载稳态转速
3.6.1.10	**转速整定范围** **range of speed setting**	Δn_s	由调速部件决定的最低可调空载转速与最高可调空载转速之差
3.6.1.11	**下降范围** **downward range**	Δn_{min}	对应整定转速的空载转速与最低可调空载转速之差,用标定转速的百分数表示: $$\Delta n_{min}=\frac{n_i-n_{imin}}{n_r}\times 100$$
3.6.1.12	**上升范围** **upward range**	Δn_{max}	最高可调空载转速与对应整定转速的空载转速之差,用标定转速的百分数表示: $$\Delta n_{max}=\frac{n_{imax}-n_i}{n_r}\times 100$$
3.6.1.13	**快怠速** **fast idling speed**	n_{if}	提高的最低可调空载转速 注:该转速常常用于发动机的冷起动和预热时。可采用手动或自动调整达到。

序号	术　语	符号	定　　义
3.6.1.14	**转速整定变化率** **speed setting rate of change**	V_n	在转速整定范围内可以使整定转速改变的速率，用标定转速的百分数表示： $V_n = \frac{n_{imax} - n_{imin}}{n_r t} \times 100$
3.6.1.15	**稳定转速变化** **permanent speed change**	δ_s	负载变化 δn 前后的稳态转速差，用标定转速的百分数表示： $\delta_s = \frac{\delta n}{n_r} \times 100$
3.6.1.16	**稳态转速带** **steady state speed band**	β_n	在恒定功率时，转速围绕其平均值波动的包络线宽度，用标定转速的百分数表示： $\delta_s = \frac{\delta n}{n_r} \times 100$
3.6.1.17	**调速率** **speed droop**	δn_{st}	见定义 3.4.8
3.6.1.18	**标定调速率** **declared speed droop**	δn_{str}	见定义 3.4.9

3.6.2　瞬态转速

序号	术　语	符号	定　　义
3.6.2.1	**下冲转速** **undershoot speed**	n_{dmin}	当功率从小到大或转速从高到低变化时出现的最低瞬时转速
3.6.2.2	**上冲转速** **overshoot speed**	n_{dmax}	当功率从大到小或转速从低到高变化时出现的最高瞬时转速
3.6.2.3	**瞬态转速差（对初始转速）** **transient speed difference (from initial speed)**	δn_{dyn}	在随负载改变的调速过程中，下冲转速（或上冲转速）与初始转速 n_p 的瞬时转速差，用初始转速的百分比表示
3.6.2.4	**瞬态转速差（负载增加时）** **transient speed difference (on load increase)**	δn_{dyn}^-	$\delta n_{dyn}^- = \frac{(n_p - n_{dmin})}{n_p} \times 100$
3.6.2.5	**瞬态转速差（负载减少时）** **transient speed difference (on load decrease)**	δn_{dyn}^+	$\delta n_{dyn}^+ = \frac{(n_{dmax} - n_p)}{n_p} \times 100$

符号列表

β_n	3.6.1.16
δn_{dyn}	3.6.2.3
δn_{dyn}^{-}	3.6.2.4
δn_{dyn}^{+}	3.6.2.5
Δn_{max}	3.6.1.12
Δn_{min}	3.6.1.11
Δn_s	3.6.1.10
δn_{st}	3.4.8,3.6.1.17
δn_{str}	3.4.9,3.6.1.18
ΔP	3.5.10
δ_s	3.6.1.15
n	3.6.1.1
n_{dmax}	3.6.2.2
n_{dmin}	3.6.2.1
n_i	3.6.1.6
n_{if}	3.6.1.13
n_{imax}	3.6.1.9
n_{imin}	3.6.1.8
n_{ir}	3.6.1.7
n_p	3.6.1.3
n_{pmax}	3.6.1.5
n_{pmin}	3.6.1.4
n_r	3.6.1.2
V_n	3.6.1.14
W	3.2.3
X_R	3.2.1
Y_R	3.2.2

参 考 文 献

[1] GB/T 2820.5 往复式内燃机驱动的交流发电机组 第5部分:发电机组.

[2] GB/T 6072.1 往复式内燃机 性能 第1部分:功率、燃料消耗和机油消耗的标定及试验方法 通用发动机的附加要求.

[3] GB/T 6072.4 往复式内燃机 性能 第4部分:调速.

中文索引

W

X

Y

Z

英文索引

ICS 35.040
A 24

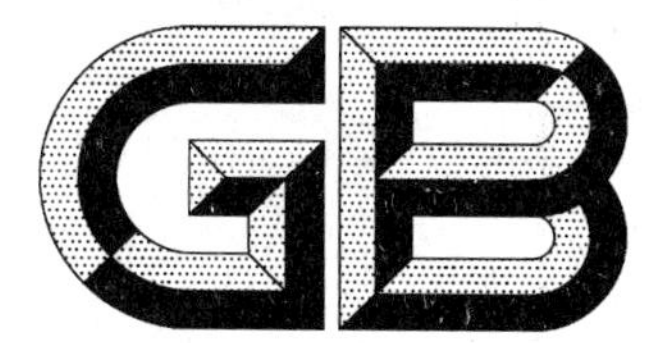

中华人民共和国国家标准

GB/T 6865—2009
代替 GB/T 6865—1986

语种熟练程度和外语考试等级代码

Codes for levels of language proficiency and foreign language test grades

2009-10-15 发布　　　　2009-12-01 实施

中华人民共和国国家质量监督检验检疫总局
中国国家标准化管理委员会　发布

前　　言

本标准代替 GB/T 6865—1986《语种熟练程度代码》，与 GB/T 6865—1986 相比主要变化如下：

a）　将标准名称《语种熟练程度代码》改为《语种熟练程度和外语考试等级代码》；

b）　根据 GB/T 1.1—2000 的要求对原标准进行了结构修改和格式编排，增加了前言和引言；

c）　增加了外语考试等级代码，并给出了外语考试等级代码表。

本标准由中国标准化研究院提出并归口。

本标准起草单位：中国标准化研究院、人力资源和社会保障部信息中心、教育部考试中心。

本标准主要起草人：史立武、张爱、戴瑞敏、刘庆思、李小林和刘植婷。

本标准于 1986 年首次发布，本次为第一次修订。

引　言

为了更加准确地反映相关人员的外语水平，本标准增加了外语考试等级代码。

本标准中的表1是语种熟练程度代码，表2是外语考试等级代码，它们是两种不同类型的代码序列。表1是一种定性表示，适用于因历史原因没有参加过国家教育主管部门或人力资源和社会保障部组织实施的相应外语等级考试而又具有一定外语水平的相关人员；而表2则是定量表示，适用于获得了国家教育主管部门或人力资源和社会保障部颁发的相应外语考试等级证书的相关人员。

在实际应用中，应根据具体情况来使用，既可以单独使用，也可以作为两个数据元项同时使用。

语种熟练程度和外语考试等级代码

1 范围

本标准规定了语种熟练程度和外语考试等级的代码。

本标准适用于相关人员外语水平的描述及相关信息处理系统之间的信息交换。

2 术语和定义

下列术语和定义适用于本标准。

2.1

语种熟练程度　levels of language proficiency

某人对除本国主要语种和本人使用的主要语种之外的其他语种的掌握程度。

2.2

外语考试等级　foreign language test grades

由相关国家外语考试主管部门界定，以获得相应外语考试等级证书为依据的外语等级。

3 编码方法

3.1　语种熟练程度用一位数字代码表示。语种熟练程度分为四级，各级的含义及代码之间的对应关系见表1。

3.2　外语考试等级代码采用三位层次码表示（见表2）：第1位数字表示大类，第2位数字表示中类，第3位数字表示具体类中的外语考试等级，其中类的含义如下：

1——大学外语专业考试；

11——大学外语专业考试笔试；

12——大学外语专业考试口试；

2——大学非外语专业考试；

21——大学非外语专业考试笔试；

22——大学非外语专业考试口试；

3——全国外语等级考试；

4——全国职称外语考试。

4 代码表

语种熟练程度代码见表1，外语考试等级代码见表2。

表1　语种熟练程度代码表

代　码	名　称	说　　明
1	精通	对该种语言有很强的阅读、听力、会话和写作的能力（写作包括该种语言文字与本人主要使用的语言文字之间互译以及用该种语言文字起草文稿等）
2	熟练	可以熟练地阅读和笔译该种语言文字资料等，对该种语言有较好的听力和会话能力，并能用该种语言文字起草一些简单的文稿等
3	良好	有一般的阅读和笔译该种语言文字资料的能力，并能用该种语言进行一般性简单会话
4	一般	能借助词典阅读和笔译该种语言文字资料

表 2 外语考试等级代码表

类		代码	名称	说明
1	11	111	大学外语专业笔试八级	通过了国家教育主管部门组织实施的相应外语等级考试，由"高等学校外语专业教学指导委员会"颁发外语专业八级证书
		112	大学外语专业笔试四级	通过了国家教育主管部门组织实施的相应外语等级考试，由"高等学校外语专业教学指导委员会"颁发外语专业四级证书
	12	121	大学外语专业口试八级	通过了国家教育主管部门组织实施的相应外语等级考试，由"教育部高等教育司"颁发外语专业八级口语与口译证书
		122	大学外语专业口试四级	通过了国家教育主管部门组织实施的相应外语等级考试，由"教育部高等教育司"颁发外语专业四级口语证书
2	21	211	大学六级	通过了国家教育主管部门组织实施的相应外语等级考试，由"教育部高等教育司"颁发大学外语四、六级考试六级证书
		212	大学四级	通过了国家教育主管部门组织实施的相应外语等级考试，由"教育部高等教育司"颁发大学外语四、六级考试四级证书
	22	221	大学外语四、六级考试口语考试A等	通过了国家教育主管部门组织实施的相应外语等级考试，由"教育部高等教育司"颁发大学外语四、六级考试口语考试证书(A等)
		222	大学外语四、六级考试口语考试B等	通过了国家教育主管部门组织实施的相应外语等级考试，由"教育部高等教育司"颁发大学外语四、六级考试口语考试证书(B等)
3		301	全国外语等级考试五级	通过了国家教育主管部门组织实施的相应外语等级考试，由"教育部考试中心"颁发全国外语等级考试五级合格证书
		302	全国外语等级考试四级	通过了国家教育主管部门组织实施的相应外语等级考试，由"教育部考试中心"颁发全国外语等级考试四级合格证书
		303	全国外语等级考试三级	通过了国家教育主管部门组织实施的相应外语等级考试，由"教育部考试中心"颁发全国外语等级考试三级合格证书
		304	全国外语等级考试二级	通过了国家教育主管部门组织实施的相应外语等级考试，由"教育部考试中心"颁发全国外语等级考试二级合格证书
		305	全国外语等级考试一级	通过了国家教育主管部门组织实施的相应外语等级考试，由"教育部考试中心"颁发全国外语等级考试一级合格证书
		306	全国外语等级考试一级(B)	通过了国家教育主管部门组织实施的相应等级考试，由"教育部考试中心"颁发全国外语等级考试一级(B)合格证书
4		401	全国职称外语考试A级	通过了人力资源和社会保障部统一组织的全国职称外语A级考试，由人力资源和社会保障部颁发职称外语A级考试合格证书
		402	全国职称外语考试B级	通过了人力资源和社会保障部统一组织的全国职称外语B级考试，由人力资源和社会保障部颁发职称外语B级考试合格证书
		403	全国职称外语考试C级	通过了人力资源和社会保障部统一组织的全国职称外语C级考试，由人力资源和社会保障部颁发职称外语C级考试合格证书

ICS 77.140.80
J 31

中华人民共和国国家标准

GB/T 6967—2009
代替 GB/T 6967—1986

工程结构用中、高强度不锈钢铸件

Martensitic stainlcss steel castings for general engineering application

(ISO 11972:1998,Corrosion-resistant cast steels for general applications;
ISO 4990:2003,Steel castings—General technical delivery requirements,MOD)

2009-03-05 发布 2009-09-01 实施

中华人民共和国国家质量监督检验检疫总局
中国国家标准化管理委员会 发布

前　言

本标准修改采用 ISO 11972:1998《一般用途耐蚀铸钢》和 ISO 4990:2003《铸钢件交货通用技术条件》,并参照 DIN EN 10293:2005《一般工程用途钢铸件》等国外标准的部分条款。

本标准将 ISO 3755:1991 和 ISO 4990:2003 合并后修改采用,在主要技术内容上存在如下差异:

——在结构上作了较大的编辑性修改,修改了 ISO 11972:1998 的第 6 章、第 7 章内容,第 6 章热处理工艺改由供方决定;第 7 章补充要求修改为本标准的第 3 章。

——删除了 ISO 4990:2003 中表 1 化学成分的允许偏差和表 2 替代材料表;修改了附录 B 中的力学性能试块规格、取样位置和尺寸。

本标准代替 GB/T 6967—1986《工程结构用中、高强度不锈钢铸件》,与 GB/T 6967—1986 相比,主要技术内容修订如下:

——增加两个超低碳高强度不锈钢铸件牌号 ZG04Cr13Ni4Mo 和 ZG04Cr13Ni5Mo,删除 ZG06Cr13Ni6Mo 牌号;

——增加低温冲击吸收功和冷弯性能要求;

——增加钢液纯净度的要求;

——增加采用精炼工艺的高强度和高韧性不锈钢铸件牌号。

本标准由全国铸造标准化技术委员会提出并归口。

本标准负责起草单位:沈阳铸造研究所、宁夏共享集团有限责任公司。

本标准参加起草单位:东方电气集团东方电机有限公司、中国第一重型机械集团公司天津研发中心、中国第二重型机械集团公司、哈尔滨电机厂有限责任公司。

本标准主要起草人:娄延春、张仲秋、郝立昌、马德生、张亚才、肖章玉、张嘉树。

本标准所代替标准的历次版本发布情况为:

——GB/T 6967—1986。

工程结构用中、高强度不锈钢铸件

1 范围

本标准规定了工程结构用中、高强度马氏体不锈钢铸件的技术要求、试验方法、检验规则及标志、包装和贮运。

本标准适用于工程结构用中高强度马氏体不锈钢铸件。

2 规范性引用文件

下列文件中的条款通过本标准的引用而成为本标准的条款。凡是注日期的引用文件，其随后所有的修改单(不包括勘误的内容)或修订版均不适用于本标准，然而，鼓励根据本标准达成协议的各方研究是否可使用这些文件的最新版本。凡是不注日期的引用文件，其最新版本适用于本标准。

GB/T 222 钢的成品化学成分允许偏差

GB/T 223.3 钢铁及合金化学分析方法 二安替比林甲烷磷钼酸重量法测定磷量

GB/T 223.4 钢铁及合金锰含量的测定 电位滴定或可视滴定法

GB/T 223.60 钢铁及合金化学分析方法 高氯酸脱水重量法测定硅含量

GB/T 228 金属材料 室温拉伸试验方法(GB/T 228—2002,eqv ISO 6892:1998)

GB/T 229 金属材料 夏比摆锤冲击试验方法(GB/T 229—2007,ISO 148-1:2006,MOD)

GB/T 231.1 金属布氏硬度试验 第1部分:试验方法(GB/T 231.1—2002,eqv ISO 6506-1:1999)

GB/T 231.2 金属布氏硬度试验 第2部分:硬度计的检验与校准(GB/T 231.2—2002,ISO 6506-2:1999,MOD)

GB/T 231.3 金属布氏硬度试验 第3部分:标准硬度块的标定(GB/T 231.3—2002,ISO 6506-3:1999,MOD)

GB/T 4336 碳素钢和中低合金钢 火花源原子发射光谱分析方法(常规法)

GB/T 5677 铸钢件射线照相检测(GB/T 5677—2007,ISO 4993:1987,IDT)

GB/T 6060.1 表面粗糙度比较样块 铸造表面(GB/T 6060.1—1997,eqv ISO 2632-3:1979)

GB/T 6414 铸件 尺寸公差与机械加工余量(GB/T 6414—1999,eqv ISO 8062:1994)

GB/T 7233 铸钢件超声探伤及质量评级方法

GB/T 9443 铸钢件渗透检测(GB/T 9443—2007,ISO 4987:1992,IDT)

GB/T 9444 铸钢件磁粉检测(GB/T 9444—2007,ISO 4986:1992,IDT)

3 订货要求

3.1 需方应在订货合同或订货协议中明确规定采用的标准、材料牌号、数量、相应的技术要求、检验项目及供货状态，并向供方提供订货图样。

3.2 当需方提出本标准以外的附加要求时，应经供需双方协商确认。

4 技术要求

4.1 化学成分

4.1.1 各铸钢牌号的化学成分应符合表1的规定。

4.1.2 除另有规定外，残余元素含量不作为验收依据。

4.1.3 对 ZG04Cr13Ni4Mo 和 ZG04Cr13Ni5Mo，其精炼钢液气体含量应控制为：[H]≤3×10⁻⁶，[N]≤200×10⁻⁶，[O]≤100×10⁻⁶。除另有规定外，气体含量不作为验收依据。

表 1 化学成分

质量分数，%

铸钢牌号	C	Si (≤)	Mn (≤)	P (≤)	S (≤)	Cr	Ni	Mo	残余元素(≤)			
									Cu	V	W	总量
ZG20Cr13	0.16～0.24	0.80	0.80	0.035	0.025	11.5～13.5	—	—	0.50	0.05	0.10	0.50
ZG15Cr13	≤0.15	0.80	0.80	0.035	0.025	11.5～13.5	—	—	0.50	0.05	0.10	0.50
ZG15Cr13Ni1	≤0.15	0.80	0.80	0.035	0.025	11.5～13.5	≤1.00	≤0.50	0.50	0.05	0.10	0.50
ZG10Cr13Ni1Mo	≤0.10	0.80	0.80	0.035	0.025	11.5～13.5	0.8～1.80	0.20～0.50	0.50	0.05	0.10	0.50
ZG06Cr13Ni4Mo	≤0.06	0.80	1.00	0.035	0.025	11.5～13.5	3.5～5.0	0.40～1.00	0.50	0.05	0.10	0.50
ZG06Cr13Ni5Mo	≤0.06	0.80	1.00	0.035	0.025	11.5～13.5	4.5～6.0	0.40～1.00	0.50	0.05	0.10	0.50
ZG06Cr16Ni5Mo	≤0.06	0.80	1.00	0.035	0.025	15.5～17.0	4.5～6.0	0.40～1.00	0.50	0.05	0.10	0.50
ZG04Cr13Ni4Mo	≤0.04	0.80	1.50	0.030	0.010	11.5～13.5	3.5～5.0	0.40～1.00	0.50	0.05	0.10	0.50
ZG04Cr13Ni5Mo	≤0.04	0.80	1.50	0.030	0.010	11.5～13.5	4.5～6.0	0.40～1.00	0.50	0.05	0.10	0.50

4.2 力学性能

4.2.1 各铸钢牌号的力学性能应符合表 2 规定。

表 2 力学性能

铸钢牌号		屈服强度 $R_{p0.2}$/MPa(≥)	抗拉强度 R_m/MPa(≥)	伸长率 A_5/%(≥)	断面收缩率 Z/%(≥)	冲击吸收功 A_{KV}/J(≥)	布氏硬度 HBW
ZG15Cr13		345	540	18	40	—	163～229
ZG20Cr13		390	590	16	35	—	170～235
ZG15Cr13Ni1		450	590	16	35	20	170～241
ZG10Cr13Ni1Mo		450	620	16	35	27	170～241
ZG06Cr13Ni4Mo		550	750	15	35	50	221～294
ZG06Cr13Ni5Mo		550	750	15	35	50	221～294
ZG06Cr16Ni5Mo		550	750	15	35	50	221～294
ZG04Cr13Ni4Mo	HT1[a]	580	780	18	50	80	221～294
	HT2[b]	830	900	12	35	35	294～350
ZG04Cr13Ni5Mo	HT1[a]	580	780	18	50	80	221～294
	HT2[b]	830	900	12	35	35	294～350

a 回火温度应在 600 ℃～650 ℃。

b 回火温度应在 500 ℃～550 ℃。

4.2.2 表 2 中牌号为 ZG15Cr13、ZG20Cr13、ZG15Cr13Ni1 铸钢的力学性能适用于壁厚小于或等于 150 mm 的铸件。牌号为 ZG10Cr13Ni1Mo、ZG06Cr13Ni4Mo、ZG06Cr13Ni5Mo、ZG06Cr16Ni5Mo、ZG04Cr13Ni4Mo、ZG04Cr13Ni5Mo 的铸钢适用于壁厚小于或等于 300 mm 的铸件。

4.2.3 ZG04Cr13Ni4Mo(HT2)、ZG04Cr13Ni5Mo(HT2)用于大中型铸焊结构铸件时，供需双方应另行商定。

4.2.4 需方要求做低温冲击试验时，其技术要求由供需双方商定。其中 ZG06Cr16Ni5Mo、

ZG06Cr13Ni4Mo、ZG04Cr13Ni4Mo、ZG06Cr13Ni5Mo 和 ZG04Cr13Ni5Mo 温度为 0 ℃的冲击吸收功应符合表 2 的规定。

4.2.5 如需做冷弯试验，由供需双方另行商定。

4.3 制造

4.3.1 熔炼

除另有规定外，熔炼方法由供方选定。但 ZG04Cr13Ni4Mo 和 ZG04Cr13Ni5Mo 两个牌号应采用钢液精炼工艺，如真空氧脱碳（VOD）、氩氧脱碳（AOD）或其他精炼方法。

4.3.2 铸造

除另有规定外，铸造工艺由供方决定。

4.3.3 热处理

铸件必须经过热处理。除另有规定外，热处理工艺由供方决定。

4.4 缺陷消除和焊补

4.4.1 铸件缺陷允许焊补修复，焊补前需将缺陷全部清理干净，露出致密金属表面，并经磁粉或渗透检测，确认符合焊补要求后，方可焊补。

4.4.2 铸件缺陷的焊补应由合格的操作人员按焊补工艺要求进行。

4.4.3 焊补用焊材分为同材质马氏体型不锈钢焊材或奥氏体型不锈钢焊材。一般应在性能热处理后进行焊补。不同于母材的焊材类型由双方商定。焊补前一般需进行焊接工艺评定，并得到需方认可。

4.4.4 较大缺陷焊补应事先征得需方的同意。

4.4.5 为焊补而制备的凹坑，其深度超过铸件壁厚的 20% 或 25 mm 者（二者中取较小者）；或当承压铸件的水压试验渗漏时，均应视为较大缺陷。

4.4.6 较大缺陷焊补后应进行消除应力热处理，并按该铸件探伤标准进行检测，确认焊补合格。

4.5 铸件尺寸公差和表面粗糙度

4.5.1 铸件尺寸公差和加工余量应符合图样或订货协议，如图样或订货协议中无规定，铸件尺寸公差和加工余量应符合 GB/T 6414 的规定。

4.5.2 铸件表面粗糙度应符合 GB/T 6060.1 的规定。

4.6 铸件表面质量

铸件应修整毛刺，去除浇冒口。表面应清除粘砂和氧化皮。

5 试验方法

5.1 化学成分

化学分析取样方法按 GB/T 222 的规定执行，光谱分析按 GB/T 4336 的规定执行，化学成分仲裁分析按 GB/T 223 的规定执行。

5.2 拉伸试验

拉伸试验按 GB/T 228 的规定执行。

5.3 冲击试验

冲击试验按 GB/T 229 的规定执行。

5.4 硬度试验

硬度试验按 GB/T 231.1～223.3 的规定执行。

5.5 无损检测

5.5.1 除另有规定外，铸件表面磁粉检测按 GB/T 9444 的规定执行。

5.5.2 除另有规定外，铸件渗透检测按 GB/T 9443 的规定执行。

5.5.3 除另有规定外，铸件超声波检测按 GB/T 7233 的规定执行。

5.5.4 除另有规定外，铸件射线照相检测按 GB/T 5677 的规定执行。

6 检验规则

6.1 化学成分检验

化学成分应按熔炼炉次逐炉进行检验。化学分析用试样以附铸试块或同熔炼炉次单独浇注的试块上取样为准,并允许在钢包中取样。分析样品应取自试块或铸件表层以下至少 6 mm 处。

当多包浇注一个铸件时,每包都要进行分析,且每包的分析结果都应符合所选牌号的技术要求。

6.2 力学性能检验

6.2.1 力学性能检验用试样应取自铸件的附铸试块或同熔炼炉次单独浇注的试块,并与其所代表的铸件同炉热处理。单铸试块主要尺寸和切取试样的位置见图 1。

6.2.2 附铸试块的附铸部位、尺寸和数量由供方决定。如需方有特殊要求,由供需双方商定。

单位为毫米

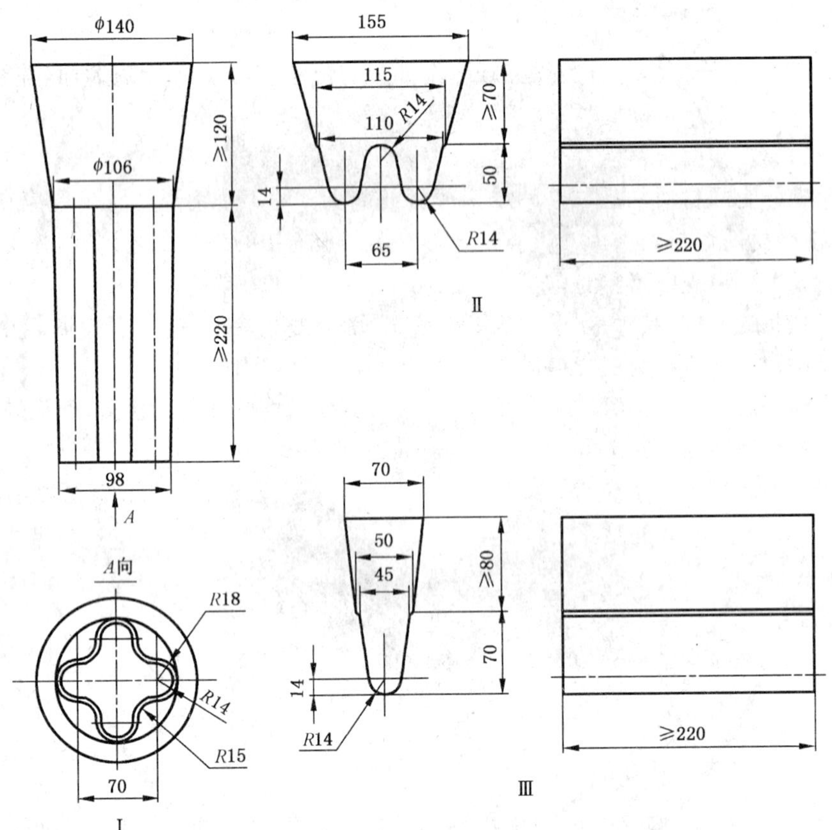

图 1 力学性能用单铸试块类型

6.2.3 力学性能用试块厚度应≥28 mm(包括经双方商定,在铸件上切取试块)。

6.2.4 每一熔炼炉次和每一热处理炉次至少取一个拉伸试样。

6.2.5 冲击试验按每一批量取三个冲击试样进行试验,三个冲击试样的平均值应符合表 2 规定。三个冲击试样中,只允许有一个试样冲击数值低于表 2 规定值,但不能低于规定值的 2/3。

6.3 复验

6.3.1 从同一炉次中取两个备用拉伸试样进行试验。如两个试验结果均符合表 2 的规定,则该炉次铸件的拉伸性能仍为合格。若复验中仍有一个试样结果不合格,则供方可按 6.4 处理。

6.3.2 从同一炉次中取三个备用的冲击试样进行试验,该结果与原结果相加重新计算平均值。若新平均值符合表 2 的规定,则该批铸件的冲击值仍为合格,否则供方可按 6.4 处理。

6.4 重新热处理

当力学性能复验结果仍不符合表 2 规定时,可将铸件和试块重新进行热处理,然后按 6.2.4 和

6.2.5 重新试验。未经需方同意，重新热处理次数不得超过两次（回火除外）。

6.5 无损检测

根据需方订货要求，铸件可采用渗透、磁粉、超声波或射线照相检测。所需检测方法、部位及验收标准由双方商定。

7 标志、包装和贮运

7.1 标志和合格证

7.1.1 每个铸件应在非加工面上做出下列标志或其中的一部分：

a) 供方标志；

b) 批量号；

c) 需方要求的其他标志。

当无法在铸件上做出标志时，标志可打印在附于每批铸件的标签上。

7.1.2 出厂铸件应附有检验合格证，合格证应包括：

a) 供方名称；

b) 铸件号或批量号；

c) 铸件图号或订货合同号；

d) 材料牌号、熔炼炉号、热处理炉号及热处理状态；

e) 制造日期（或编号）；

f) 所规定的各项检验结果；

g) 双方商定的其他内容；

h) 质量检验部门及其负责人的签章。

7.2 表面防护、包装和贮运

铸件在检验合格后应进行防护处理或包装。

铸件表面防护、运输和贮存应符合订货协议。

ICS 83.160.10
G 41

中华人民共和国国家标准

GB 7036.1—2009
代替 GB 7036.1—1997

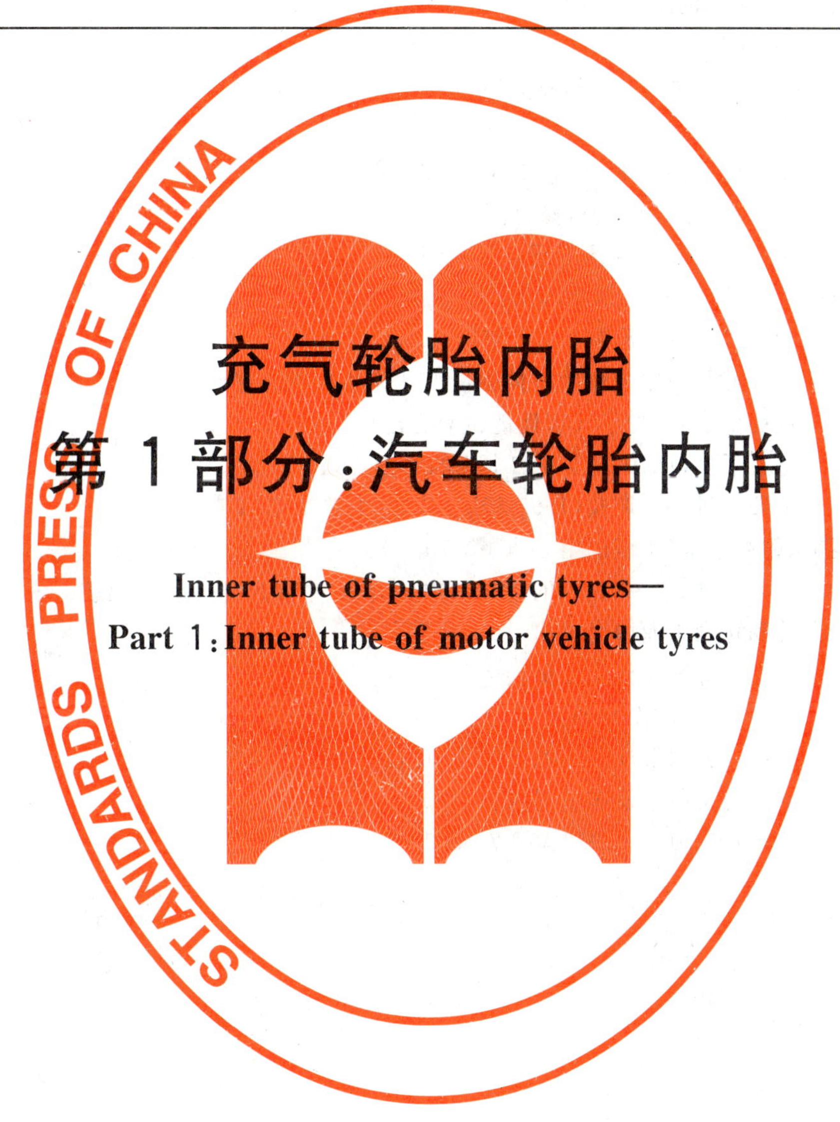

充气轮胎内胎 第1部分:汽车轮胎内胎

Inner tube of pneumatic tyres—Part 1:Inner tube of motor vehicle tyres

2009-12-15 发布　　　　2010-10-01 实施

中华人民共和国国家质量监督检验检疫总局
中国国家标准化管理委员会　发布

前　言

本部分的第 4 章、7.1 为强制性的，其余为推荐性的。

GB 7036《充气轮胎内胎》分为两个部分：

——第 1 部分：汽车轮胎内胎；

——第 2 部分：摩托车轮胎内胎。

本部分为 GB 7036 的第 1 部分，本部分代替 GB 7036.1—1997《充气轮胎内胎　第 1 部分：汽车轮胎内胎》。

本部分是参照日本工业产品标准 JIS D4231—1995《汽车轮胎内胎》，并结合国内外同类产品先进技术和实际需要，对 GB 7036.1—1997 进行修订的。

本部分与 GB 7036.1—1997 的主要差异：

——对范围进行了修改（1997 年版和本版的第 1 章）；

——对规范性引用文件进行了删减（1997 年版和本版的第 2 章）；

——对物理性能中天然胶内胎老化后拉伸强度变化率指标进行了修改（1997 年版和本版的表 1）；

——增加了气密性能要求，增加了气密性能试验方法（本版的 4.5，6.2）；

——对试验方法进行了修改（1997 年版和本版的第 6 章）；

——对标志和包装要求进行了调整（1997 年版和本版的第 7 章）；

——增加了运输、贮存要求（本版的第 8 章、第 9 章）；

——删除了 1997 年版的附录 A（提示的附录）"内胎规格、主要尺寸、基本参数"。

本部分由中国石油和化学工业协会提出。

本部分由全国轮胎轮辋标准化技术委员会归口。

本部分起草单位：三角轮胎股份有限公司、北京橡胶工业研究设计院。

本部分主要起草人：李渤、宋敬连、王波、王克先、徐丽红。

本部分所代替标准的历次版本发布情况为：

——GB 7036—1986、GB 7036—1989、GB 7036.1—1997。

充气轮胎内胎
第1部分：汽车轮胎内胎

1 范围

GB 7036的本部分规定了轿车充气轮胎、载重汽车充气轮胎内胎的要求、检验规则、试验方法、包装、运输、贮存。

本部分适用于轿车充气轮胎、载重汽车充气轮胎内胎。

2 规范性引用文件

下列文件中的条款通过GB 7036的本部分的引用而成为本部分的条款。凡是注日期的引用文件，其随后所有的修改单(不包括勘误的内容)或修订版均不适用于本部分，然而，鼓励根据本部分达成协议的各方研究是否可使用这些文件的最新版本。凡是不注日期的引用文件，其最新版本适用于本部分。

GB/T 519 充气轮胎物理性能试验方法

GB 1796 轮胎气门嘴

3 材料的种类

根据内胎制造通常所用的材料分为A类和B类。天然胶或天然胶并用胶为A类，丁基胶或丁基胶并用胶为B类。

4 要求

4.1 厚度

4.1.1 最薄厚度

内胎上最薄厚度不小于单层厚度的70%。

4.1.2 厚度均匀性

除接头外，采用GB/T 519规定方法取样，相同部位任何一点的厚度不应超过同一部位4点测定结果平均值的±17.5%(即冠部中心4点平均值、基部中心4点平均值、上模中心4点平均值、下模中心4点平均值)。

4.2 规格

内胎规格应符合相应外胎的配套要求。

4.3 气门嘴

内胎气门嘴性能、尺寸、要求应符合GB 1796的规定。

4.4 物理性能

内胎物理性能应符合表1的规定。

表1 物理性能和指标

项目		指标	
		A类	B类
拉伸强度/MPa	≥	14.7	8.4
老化后拉伸强度变化率的绝对值/%	≤	10	—

表 1（续）

项　　目		指　　标	
		A类	B类
扯断伸长率/%	≥	500	450
热拉伸变形/%	≤	25	35
接头强度/MPa	≥	8.3	3.4
胶垫气门嘴与胎身粘合强度/(kN/m)	≥	3.5	
有底座气门嘴与胶垫粘合强度/(kN/m)	≥	3.5	
无底座气门嘴与胶垫粘合力/N	≥	80	

4.5 气密性能

内胎应进行气密性检验。

可任选 6.2 规定的试验方法中的一种，应符合其气密性能要求。

4.6 外观质量

内胎不应存在伤痕、裂口、气泡、海绵状、杂质等影响使用的外观缺陷。

5 检验规则

5.1 抽样

每一规格的内胎，如每周产量超过 10 000 条，以每两周产量为一批；如每周产量不超过 10 000 条，以每 20 000 条为一批；如从生产日期起六个月内产量不足 20 000 条的，则以从生产日期起六个月内为一批。每批内胎抽取两条，按本部分中规定的要求，一条用于检查内胎的最薄厚度、厚度均匀性、物理性能，一条用于检查气密性能。

5.2 检验

内胎应按 5.1 的规定抽样检验。

凡出厂交付使用的内胎，应逐条检查外观质量。

凡出厂交付使用的内胎应符合本部分的规定，凡不符合本部分规定的内胎不应出厂投入使用。

6 试验方法

6.1 单层厚度和物理性能

单层厚度、拉伸强度、老化后拉伸强度变化率、扯断伸长率、热拉伸变形、接头强度、胶垫气门嘴与胎身粘合强度、有底座气门嘴与胶垫粘合强度、无底座气门嘴与胶垫粘合力试验按照 GB/T 519 的规定进行。

6.2 气密性能

6.2.1 充气停放试验

对内胎进行充气，待同一位置内胎断面周长约为内胎双倍平叠断面宽度的 110%，停止充气，拧紧气门芯，并停放不小于 24 h。然后测量内胎的断面周长，若内胎的断面周长值下降不大于 1%，视为合格。反之，应更换气门芯再次进行试验。若再次出现断面周长值下降大于 1%，则视为不合格。

6.2.2 水槽试验

6.2.2.1 对内胎进行充气，待同一位置内胎断面周长约为内胎双倍平叠断面宽度的 110%时，停止充气，拧紧气门芯。

6.2.2.2 将内胎放入水槽，使内胎全部浸入水中，待水平静后，开始观察内胎各部分有无气泡逸出，若在 1 min 内无气泡逸出，视为合格。

6.2.2.3 若在气门芯处有气泡逸出，应更换气门芯重新进行试验，若在 2 min 内无气泡逸出，仍视为合格。若内胎其他部位有气泡逸出，应取出内胎并对内胎进行检查，可重复进行一次试验，若在 1 min 内无气泡逸出，视为合格。反之，则视为不合格。

6.2.2.4 大规格内胎若完全进入水中有困难，可分段浸入水中进行试验。

7 产品标志和包装

7.1 标志

每条内胎应有下列清晰标志，其中 a)和 b)为永久性标志：

a) 规格；

b) 商标、厂名或地名；

c) 检验标记。

除天然胶内胎外，在其圆周上应标有不小于 2 mm 宽的色别线。

丁基胶内胎，其色别线为蓝色。

丁基胶并用卤化丁基胶内胎，其色别线为绿色。

丁基胶并用三元乙丙胶内胎，其色别线为红色。

7.2 包装

包装应符合外胎产品的需要。

8 运输

8.1 在运输过程中，应防止任何机械损伤。

8.2 在运输过程中，应防止阳光直射、雨雪浸淋，不应与油类、润滑脂、酸、碱等有损伤内胎质量的物质接触。

8.3 装卸以及转运途中，应防止由于垛码过高或过重而损伤码垛下面的装箱以及其中的产品。

9 贮存

9.1 与外胎作为整体销售或出厂的内胎，随外胎贮存。

9.2 贮存期间的温度应在常温以下，距离热源 1 m 以上。在自然通风的环境中存放。不应有太阳光直射，不应使用高紫外线的光源。

9.3 贮存室内不应有任何能产生臭氧的装置或可能通过光化学作用产生臭氧的可燃气体或有机物蒸气。

9.4 产品在贮存期间，不应与油类、润滑脂、酸、碱等有损伤内胎质量的物质接触。

9.5 贮存期间应防止生物对产品的危害。

ICS 65.060.10
T 62

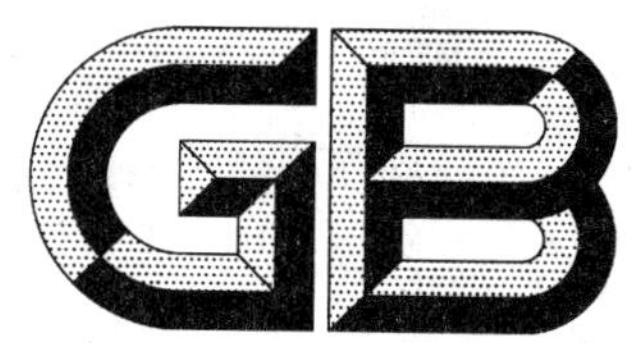

中华人民共和国国家标准

GB/T 7120—2009
代替 GB/T 7120—1986

农业轮式拖拉机和机具三点悬挂挂接器 3N类、4N类

Three-point quick-attaching coupler of implement to agricultural wheeled tractors—Category 3N、4N

2009-11-15 发布 2010-05-01 实施

中华人民共和国国家质量监督检验检疫总局
中国国家标准化管理委员会 发布

前　言

本标准与 ASAE S278.6 DEC94(SAE J909 JUN93)(美国农业工程师协会标准)《具有快速挂接器的农用轮式拖拉机与农具的连接装置》(英文版)一致性程度为非等效。

本标准参照采用了 ASAE S278.6 DEC94(SAE J909 JUN93)(美国农业工程师协会标准)《具有快速挂接器的农用轮式拖拉机与农具的连接装置》(英文版)中 3N 类和 4N 类相关条款，按我国的标准编写、制图要求进行了编辑性修改。

本标准是对 GB/T 7120—1986《农用轮式拖拉机三点悬挂农具快速挂接器　3N 类》的修订，与 GB/T 7120—1986 相比，主要内容变化如下：

——增加了农业轮式拖拉机和机具三点悬挂挂接器 4N 类的相关内容；

——增加了第 3 章"术语和定义"和第 6 章"锁定装置"的内容；

——第 4 章、第 5 章中分别用标准条款形式代替 GB/T 7120—1986 中的表 1、表 2 注解的内容；

——按我国制图标准中视图关系的要求修订了 GB/T 7120—1986 中的图 1 和图 2。

本标准自实施之日起代替 GB/T 7120—1986。

本标准由中国机械工业联合会提出。

本标准由全国拖拉机标准化技术委员会(SAC/TC 140)归口。

本标准负责起草单位：洛阳拖拉机研究所。

本标准参加起草单位：福田雷沃国际重工股份有限公司。

本标准主要起草人：孟琳、谢维祥、徐惠娟、张曙彩、岳芹。

本标准所代替标准的历次版本发布情况为：

——GB/T 7120—1986。

农业轮式拖拉机和机具三点悬挂挂接器 3N类、4N类

1 范围

本标准规定了3N类和4N类窄型挂接器、GB/T 1593.1—1996推荐的下悬挂点间距离较小的3类和4类特殊农具的挂接器、GB/T 1593.1—1996规定的3类和4类三点悬挂装置农业轮式拖拉机联结尺寸及空间尺寸范围。

本标准适用于GB/T 1593.1—1996中规定的3类和4类的农业轮式拖拉机使用双后轮或进行窄行距作业的窄轮距的三点悬挂装置。

本标准不包括锁闩机构的设计和三点悬挂挂接器部件的设计。

2 规范性引用文件

下列文件中的条款通过本标准的引用而成为本标准的条款。凡是注日期的引用文件，其随后所有的修改单(不包括勘误的内容)或修订版均不适用于本标准，然而，鼓励根据本标准达成协议的各方研究是否可使用这些文件的最新版本。凡是不注日期的引用文件，其最新版本适用于本标准。

GB/T 1593.1—1996　农业轮式拖拉机后置式三点悬挂装置　第1部分：1、2、3和4类(eqv ISO 730-1:1994)

GB/T 6960.6　拖拉机术语　第6部分：液压悬挂系及牵引、拖挂装置

JB/T 6684　三点悬挂装置联接的农具上的间隙范围

3 术语和定义

GB/T 6960.6确立的以及下列术语和定义适用于本标准。

3.1

三点悬挂挂接器　Three-point quick-attaching coupler

三点悬挂挂接器是位于拖拉机三点悬挂装置与农机具之间的一种附加装置。它的一端与拖拉机悬挂杆件球铰联结，另一端用挂钩与农具挂接。

3.2

挂接点　joint point

挂接器上挂钩与农具上的挂接销挂接的中心点。

3.3

悬挂点　hitch point

挂接器与拖拉机拉杆间球铰联结的中心点。

3.4

上挂接点　upper joint point

挂接器上挂钩与农具上挂接销挂接的中心点。

3.5

下挂接点　lower joint point

挂接器下挂钩与农具下挂接销挂接的中心点。

3.6

上悬挂点　upper hitch point

挂接器与拖拉机上拉杆间球铰联结的中心点。

3.7

下悬挂点　lower hitch point

挂接器与拖拉机下拉杆间球铰联结的中心点。

3.8

上挂接点联结销　pin for upper joint point

把挂接器上挂钩与农具联结在一起的销子。此销是农具的组成部分。

3.9

下挂接点联结销　pin for lower joint point

把挂接器下挂钩与农具联结在一起的销子。此销是农具的组成部分，一般刚性地固定在农具上。

3.10

上悬挂点联结销　pin for upper hitch point

把拖拉机上拉杆与挂接器联结在一起的销子。此销是上拉杆的组成部分，挂接器上对应销孔尺寸应符合 GB/T 1593.1 推荐值。

3.11

下悬挂点联结销　pin for lower hitch point

把拖拉机下拉杆与挂接器联结在一起的销子。此销是挂接器的组成部分，销子及其对应的销孔尺寸应符合 GB/T 1593.1 推荐值。

3.12

挂钩(或挂钩座)　hook

挂接器上与农具挂接点联结销直接挂接部位的钩子。上挂钩是挂接器与农具上挂接点联结销挂接的钩子。下挂钩座是挂接器与农具两下挂接点联结销挂接的钩子。

3.13

立柱　mast

农具上用来固定上、下挂接点联结销的部件。

3.14

立柱高度　mast height

农具上挂接点至两下挂接点公共轴线的垂直距离(图 2 中 h)。

3.15

下挂接点内跨度　lower hitch pin inner shoulder spread

农具两下挂接点联结销内凸肩之间的距离(图 2 中 l_1')。

3.16

下挂接点外跨度　lower hitch pin outer shoulder spread

农具两下挂接点联结销外凸肩之间的距离(图 2 中 l)。

3.17

下挂钩座内侧跨度　lower socket inside span

挂接器的两下挂钩内侧面之间距离(图 1 中 l_1)。

3.18

下挂钩座偏置量　lower socket offset

挂接器的下挂接点至下悬挂点的水平距离(图 1 中 b_1)。

3.19

上挂钩偏置量　upper hook offset

挂接器的上挂接点至下悬挂点的水平距离(图 1 中 b_5)。

3.20

下挂钩座外伸　lower socket overhang

下挂接点至下挂钩座外边缘的距离(图 1 中 b_2)。

3.21

上挂钩外伸　upper hook overhang

上挂接点至上挂钩外边缘的距离(图 1 中 b_3)。

3.22

下挂接点联结销座直径　lower socket diameter

下挂钩上与农具的下挂接点联结销联结座处的圆弧面直径(图 1 中 d)。

3.23

上挂接点联结销座开度　upper hook opening

上挂钩上与农具的上挂接点联结销联结座处的开口宽度(图 1 中 b_4)。

3.24

下挂钩座深度　lower socket depth

下挂接点至下挂钩座下边沿的垂直距离(图 1 中 h_1)。

3.25

上挂钩深度　upper hook depth

上挂接点至上挂钩下边沿的垂直距离(图 1 中 h_2)。

3.26

上挂钩高度　upper hook height

上挂接点至上挂钩顶端边沿的垂直距离(图 1 中 h_3)。

3.27

上下挂钩间垂直距离　vertical space between upper and lower hook

挂接器的上挂接点与两下挂接点连线间垂直距离(图 1 中 h_4)。

3.28

挂接器框架间隙高度　couple frame height

两下挂接点连线与框架上横梁下沿间垂直距离(图 1 中 h_5)。

4　挂接器联结尺寸

4.1　挂接器联结尺寸应符合图 1 和表 1 的规定。

4.2　上挂钩的偏置量(图 1 中 b_5)不应比下挂钩座偏置量(图 1 中 b_1)大 15.75 mm 或小 6.35 mm。

4.3　上挂钩应在两下挂钩座的对称中心平面上,其偏差应不大于 3 mm。

4.4　下挂钩座宽度(图 1 中 δ_1)应位于由尺寸 b_2、h_6、h_7 和 b_9 确定的区域内。

4.5　上悬挂点和两下悬挂点连线间距离与地面垂直时,拖拉机三点悬挂装置的动力提升范围、水平调节范围和立柱调整可满足 GB/T 1593.1—1996 中 3 类和 4 类规定。

4.6　下悬挂点联结销孔两端可以设计成凹形,并分别使尺寸 l_3 与 l_6、l_4 和 l_7 中有一尺寸通用。

单位为毫米

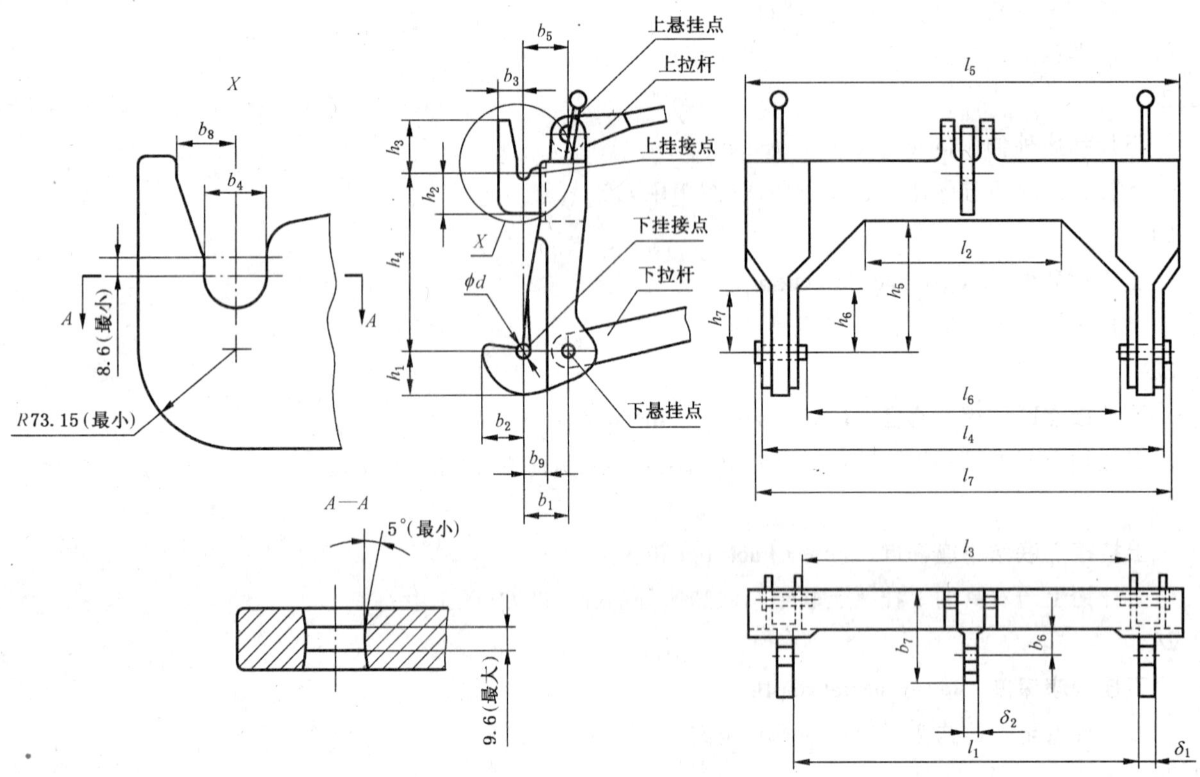

图 1 挂接器联结尺寸

表 1 挂接器联结尺寸

单位为毫米

项目	类型			
	3N		4N	
	最小	最大	最小	最大
l_1——下挂钩座内侧跨度	828.56	834.13	925	930
δ_1——下挂钩座宽度	64.26	66.55	87	89
b_1——下挂钩座偏置量	—	127	—	165
d——下挂接点联结销座直径	38.10	38.61	52	52.5
b_2——下挂钩座外伸	—	88.90	—	89
h_1——下挂钩座深度	—	88.90	—	127
δ_2——上挂钩宽度	—	31.75	—	45
b_3——上挂钩外伸	—	73.15	—	82
b_4——上挂钩开口	32.51	33.27	45.7	46.5
b_5——上挂钩偏置量	—	127	—	165
h_2——上挂钩深度	—	91.44	—	102
h_3——上挂钩高度	—	103.13	—	117
b_6——农具立柱间隙	41.15	—	54	—
h_4——上下挂钩间垂直距离	477.01	479.56	680	683

表 1（续） 单位为毫米

项目	类型			
	3N		4N	
	最小	最大	最小	最大
h_5——挂接器框架间隙高度	365.76	—	508	—
h_6——下挂钩座内侧间隙高度	203	—	330	—
h_7——下挂钩座外侧间隙高度	178	—	305	—
l_2——挂接器框架间隙宽度	559	—	660	—
l_3——挂接器框架内侧宽度	796.81	—	858	—
l_4——挂接器框架下外侧宽度	—	1 005.08	—	1 174
l_5——挂接器框架上外侧宽度	—	1 065.53	—	1 420
l_6——下拉杆联结销内侧跨度	762.0	—	858	—
l_7——下拉杆联结销外侧跨度	—	1 019.05	—	1 174
b_7——挂接器框架总跨度	—	222.25	—	305
b_8——上挂钩槽外伸	47.75	—	63	—
b_9——农具下框架间隙	41.15	—	54	—

5 与农具联结相关尺寸

5.1 与农具联结相关的尺寸应符合图 2 和表 2 的规定。

5.2 农具的空隙范围应符合 JB/T 6684 的规定。

5.3 除下挂接点联结销外，在下挂接点以上 203 mm 高度范围内，对应下挂钩座宽度（图 1 中 δ_1）范围内的农具其他部件，前伸不应超出下挂接点联结销座中心。

在 203 mm 高度以上的农具部件相对于挂接器中心线横向伸出超过 381 mm 时，通过上挂钩开口（图 1 中 b_4）垂直中心平面向前伸出量应不超过 25 mm。

5.4 农具应有足够的拆装空间，以保证农具与挂接器可靠地联结和分离。农具从挂接器上拆卸时，对 3N 类挂接器应允许下降 120.9 mm；对 4N 类挂接器应允许下降 146 mm。

5.5 农具上挂钩开口中心线应在两下挂接点联结销凸肩对称面上，其偏差最大为 3 mm。

5.6 对标准三点悬挂农具的下挂接点联结销可用加接头衬套的方法将下挂接点联结销尺寸转化为 d_1、l_1、l_2 和 d_2。接头衬套及其与农具联结的相关尺寸和使用方法由农具制造厂确定。

5.7 两下挂接点联结销在销的长度上的同轴度应小于 ϕ0.015 mm/1 mm。

单位为毫米

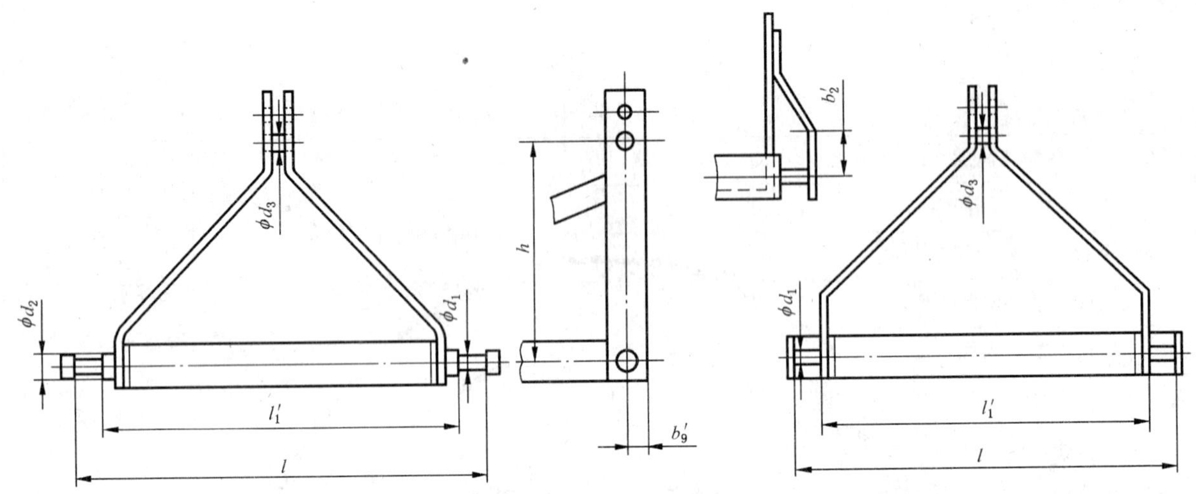

图 2　与农具联结相关尺寸

表 2　与农具联结相关尺寸

单位为毫米

项　　目	类　　型			
	3N		4N	
	最小	最大	最小	最大
d_1——下挂接点联结销直径	36.33	36.58	49.7	50.8
l_1'——下挂接点内跨度	822.5	825.5	919	922
l——下挂接点外跨度	970.28	973.33	1 111.50	1 114.55
d_2——下挂接点内外凸肩直径	50.55	63.75	63	101.6
d_3——上挂接点联结销直径	31.50	31.75	44.2	45
h——立柱高度	481.08	484.13	684.5	687.5
b_9'——挂接点距立柱外侧面水平距离	—	38.1	—	50.8
b_2'——下挂钩座间隙	70	—	90	—

6　锁定装置

挂接器应设置锁定装置，以防止农具意外分离。

ICS 47.020.20
U 22

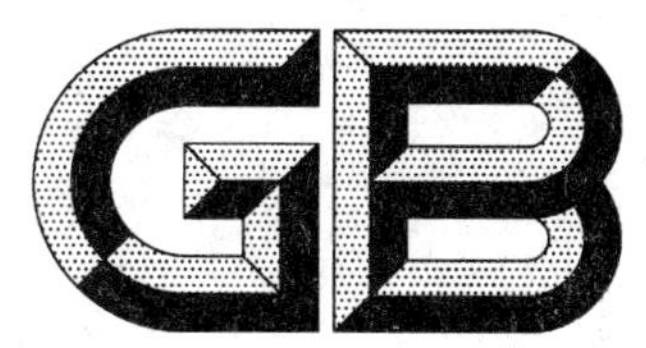

中华人民共和国国家标准

GB/T 7185—2009
代替 GB/T 7185—2002

内河船液压舵机

Hydraulic steering gear of inland vessel

2009-03-31 发布　　2009-11-01 实施

中华人民共和国国家质量监督检验检疫总局
中国国家标准化管理委员会 发布

前　言

本标准代替 GB/T 7185—2002《内河船液压舵机》。

本标准与 GB/T 7185—2002 相比主要变化如下：

——增加了通过三峡大坝及仅航行于库区的船舶转舵的时间(见 5.3 和 5.4)；

——调整了部分条款顺序及内容。

本标准由中华人民共和国交通运输部提出。

本标准由全国内河船标准化技术委员会(SAC/TC 130)归口。

本标准起草单位：长江船舶设计院。

本标准主要起草人：欧盛文、章鸣。

本标准所代替标准的历次版本发布情况为：

——GB 7185—1987、GB/T 7185—2002。

引 言

GB/T 7185—2002《内河船液压舵机》于2002年,发布实施后对推进内河船舶舵机标准化起了指导性的作用。但发布实施后的几年内,内河船舶运输高速发展,一些规范性引用文件已作了修改;在实施过程中,一些制造单位及使用单位亦反馈意见,要求修订。鉴于上述情况,为适应内河航运的发展,提高内河船舶航行的安全性,有必要对GB/T 7185—2002《内河船液压舵机》进行修订。

内河船液压舵机

1 范围

本标准规定了内河船液压舵机的产品分类、技术要求、检验规则、标志、包装、运输和储存，包括与液压舵机发生机械联系的电气设备及电动机的有关要求。

本标准适用于内河动力操纵液压舵机，不适用人力操纵液压舵机。

2 规范性引用文件

下列文件中的条款通过在本标准的引用而成为本标准的条款，凡是注日期的引用文件，其随后所有的修改单(不包括勘误的内容)或修订版均不适用于本标准，然而鼓励根据本标准达成协议的各方研究是否可使用这些文件的最新版本，凡是不注日期的引用文件，其最新版本适用于本标准。

GB/T 3221 柴油机动力内河船舶系泊和航行试验大纲

GB/T 3893 造船及海上结构物 甲板机械 术语和符号(GB/T 3893—2008，ISO/FDIS 3828：2007，IDT)

CB* 3129 液压舵机通用技术条件

CB/T 3130 液压舵机试验方法

CB/T 3882 往复柱塞式液压舵机装配技术条件

中国船级社(CCS)《钢质内河船舶建造规范》(简称《内规》)

中华人民共和国海事局(CMSA)《船舶与海上设施法定检验规则(内河船舶法定检验技术规则)》(简称《内法规》)

3 术语和定义

GB/T 3893 确立的以及下列术语和定义适用于本标准。

3.1

操舵装置 steering gear

在正常航行情况下为驾驶船舶而使舵产生动作所必需的设备，包括舵机装置动力设备、液压控制阀件、操舵装置控制系统、转舵机构及其他附属设备。

3.2

转舵机构 turning rudder mechanism

与舵杆直接连接的、用以推动舵杆转动的机械装置。转舵机构是操舵装置的控制对象。

3.3

舵机装置动力设备 steering gear power unit

电动机及与其相连的电气设备，以及与电动机(或驱动机)相连接的操舵用的液压泵的统称。

3.4

应急操舵动力设备 emergency steering gear power unit

与应急能源相连接的电动机及相连的电气设备，以及与电动机相连接的操舵用的液压泵等。

3.5

最大工作压力 maximum working pressure

当舵机以设计最大转舵速度下输出公称转舵扭矩值时，液压泵出口处压力。

3.6

系统安全阀整定压力　setting pressure of system relief valve

在设计最大转舵速度下液压泵调定的流量通过安全阀时，安全阀入口处的压力。

3.7

直控型　direct-control type

转舵机构由设在驾驶室控制台的手动换向阀或转向器直接控制的液压舵机。

3.8

液控型　hydraulic-control type

转舵机构由设在驾驶室控制台的手动换向阀间接控制舵机液压系统中的控制换向阀的液压舵机。

3.9

电控型　electric-control type

转舵机构由设在驾驶室控制台的电磁(或电液)换向阀直接控制的阀控型或电磁(或电液)换向阀间接控制的泵控型的液压舵机。

3.10

机械控型　mechanical-control type

转舵机构由设在驾驶室控制台的操舵手轮(或手柄)通过机械装置控制的转换阀控制的液压舵机。

3.11

动力操纵　power control

以电动机或主、辅柴油机等作为动力源对液压舵机进行的操纵。

4　产品分类

4.1　型式

4.1.1　液压舵机可按转舵机构、操纵方式、遥控方式、系统控制类别等进行分类。

4.1.2　按转舵机构分为：

——拨叉式(A 型)；

——摆缸式(B 型)；

——滚轮式(C 型)；

——齿轮齿条式(D 型)；

——转叶式(E 型)。

转舵机构形式见图 1～图 5。

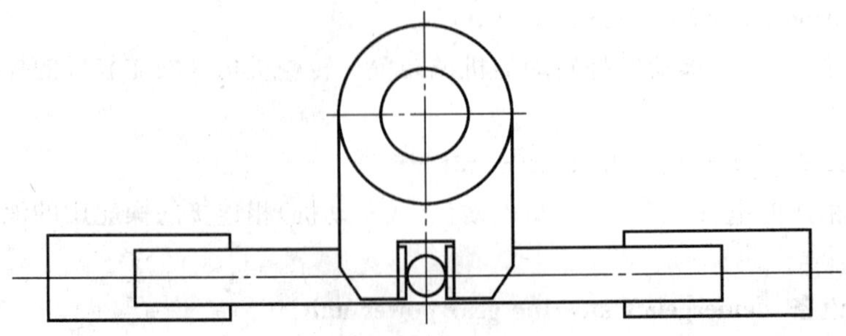

图 1　拨叉式转舵机构(A 型)

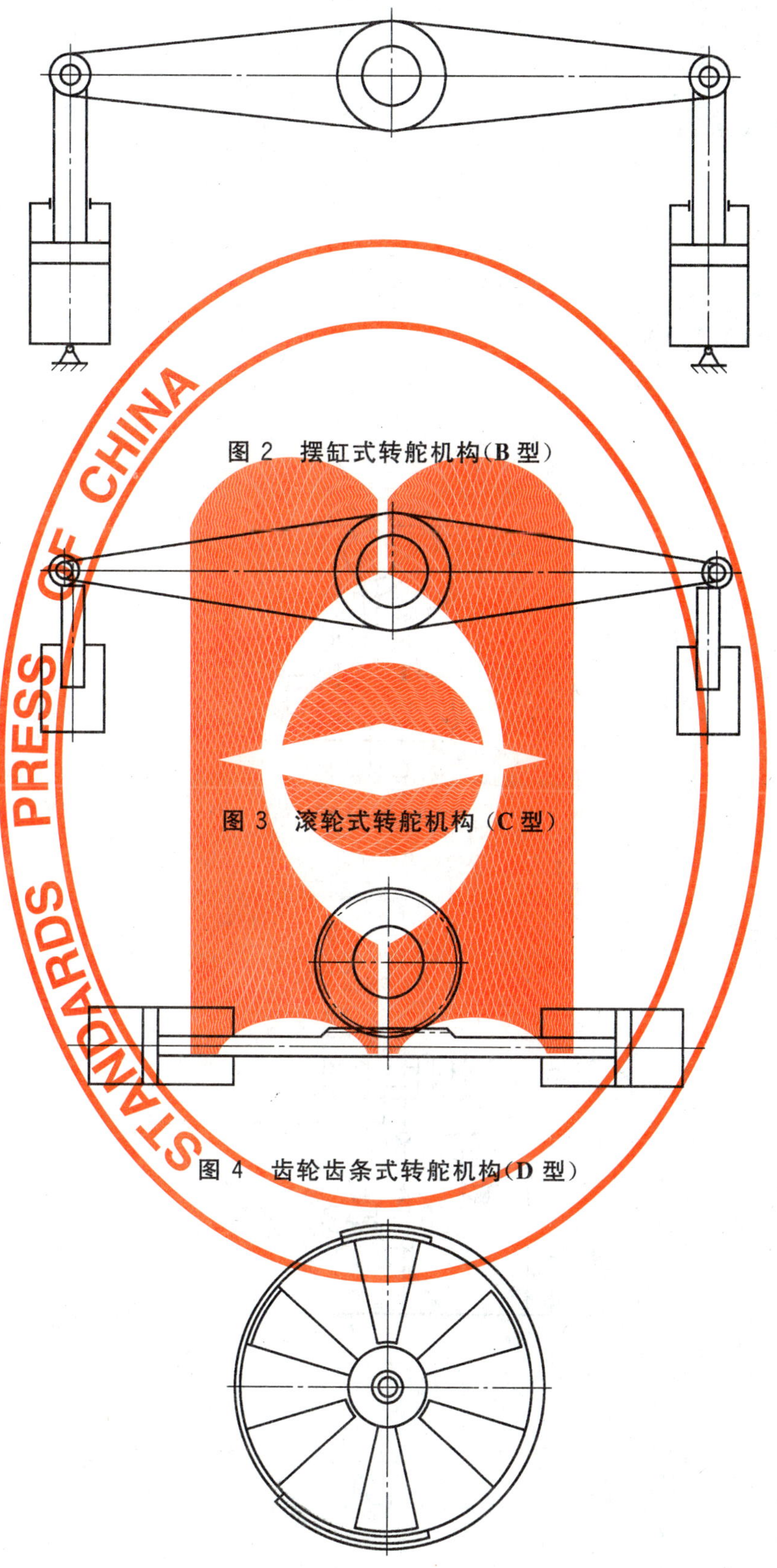

图 2　摆缸式转舵机构(B 型)

图 3　滚轮式转舵机构(C 型)

图 4　齿轮齿条式转舵机构(D 型)

图 5　转叶式转舵机构(E 型)

4.1.3 按操纵方式分为：

——随动操纵；

——非随动操纵。

4.1.4 按遥控方式分为：

——直控型；

——液控型；

——电控型；

——机械控型。

4.1.5 按系统控制类别分为：

——泵控型；

——阀控型。

系统控制类别见图6和图7。

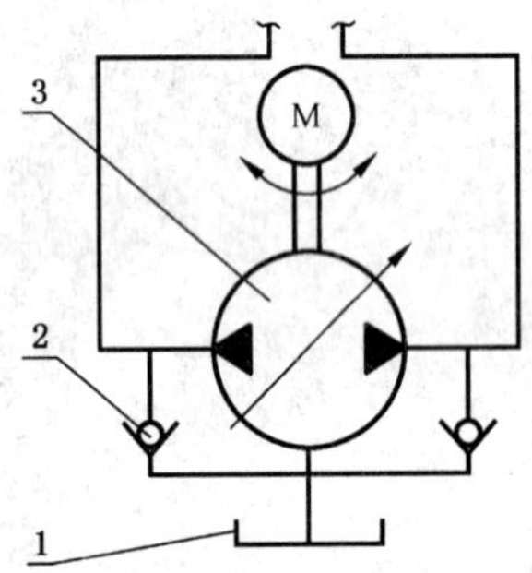

1——油箱；

2——单向阀；

3——变向变量泵。

图6 泵控型

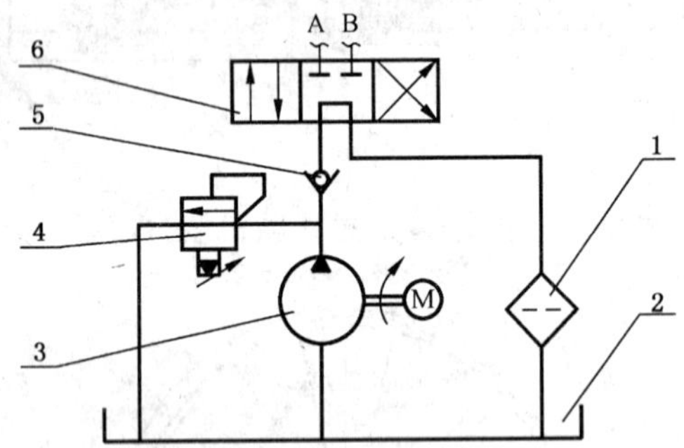

1——油滤器；

2——油箱；

3——液压阀；

4——安全阀；

5——单向阀；

6——换向阀。

图7 阀控型

4.2 产品类型

产品类型表示如下：

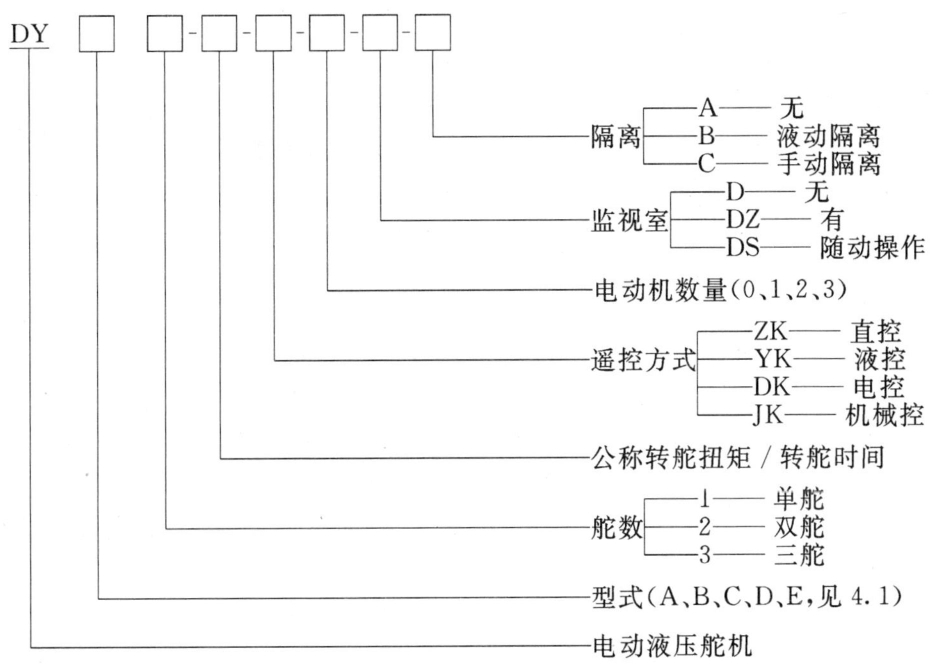

示例：公称扭矩 63 kN·m、转舵时间 20 s、电控、电动机数量 2、随动操纵、液动隔离、摆缸式、单舵电动液压舵机：DYB1-63/20-DK-2-DS-B。

5 技术要求

5.1 环境条件

环境空气温度在－10 ℃～45 ℃、相对湿度 95％时，舵机应能可靠工作。

5.2 操舵装置的操纵型式

对于急流航段公称扭矩大于 2.5 kN·m 和其他航段公称转舵扭矩大于 4 kN·m 的液压舵机，其操舵装置应采用动力操纵。

5.3 转舵角度为±35°的动力操纵操舵装置的转舵时间

对转舵角度为±35°的动力操舵装置，船舶在最大吃水和最大营运前进航速时，舵从一舷 35°至另一舷 30°所需转舵时间应满足下列要求：

a) 航行于急流航段的船舶不超过 12 s，船长小于 30 m 的船舶不超过 15 s；

b) 航行通过三峡大坝的船舶不超过 12 s，仅航行于三峡库区不通过大坝的船舶不超过 15 s；

c) 航行于其他航区的不超过 20 s。

5.4 转舵角度为±45°的动力操纵操舵装置的转舵时间

对转舵角度为±45°的动力操舵装置，舵从一舷 45°至另一舷 40°所需转舵时间应满足下列要求：

a) 航行于急流航段的不超过 15 s；

b) 航行于其他航区的不超过 25 s。

5.5 航行非急流航段船舶操舵装置动力设备

对航行非急流航段其他航区船舶操舵装置，应具有两组正常操舵装置动力设备。每组设备应可单独工作并可交替使用。

5.6 航行非急流航段船舶操舵装置控制系统

对航行于非急流航段的船舶操舵装置，其操舵装置控制系统应满足下列要求：

a) 对于电控液压舵机，两组正常操舵动力设备应在驾驶台设置两套可独立操作的控制系统。

b) 对于液控型和机械控型舵机，除了设正常操舵液压控制阀组外，还应设置备用换向阀，正常操舵液压控制阀组与备用换向阀之间应有效地隔离，并设转换装置进行切换。

c) 对采用手动转向器的直控型舵机，只设一套操舵装置控制系统，但应设置备用换向阀。

5.7 航行急流航段的船舶操舵装置动力设备及控制系统

5.7.1 对航行急流航段的船舶操舵装置，除了具有两组正常操舵装置动力设备外，还应配备应急能源。公称转舵扭矩小于或等于16 kN·m的舵机，可以在液压系统中设蓄能器或手动液压泵作为应急能源，蓄能器的容量及压力应能满足在正常操舵动力设备失效后可操左右满舵六次；公称转舵扭矩大于16 kN·m的舵机，则应采用蓄电池组驱动直流电动机泵组作应急能源。

5.7.2 对航行于急流航段的船舶操舵装置，两组正常操舵装置动力设备的控制系统按5.6的要求配备。公称转舵扭矩小于或等于16 kN·m时，其应急操舵动力设备的控制系统可以与正常操舵动力设备共用；其应急操舵动力设备的应急能力应在36%的公称转舵扭矩下（一般相当于60%最大营运前进航速），舵从一舷15°至另一舷15°的转舵时间不大于15 s。当公称转舵扭矩大于16 kN·m时，其应急操舵动力设备应另设一套应急操舵装置控制系统，其转舵时间应满足表1的要求。

表1 液压舵机基本参数

序号	优选公称舵扭矩/(kN·m)	工作舵角
1	2.5	±35°或±45°
2	4	
3	5	
4	6.3	
5	10	
6	16	
7	25	
8	30	
9	40	
10	50	
11	63	
12	75	
13	100	
14	125	
15	160	

5.8 主机或辅机带液压泵的操舵动力设备

对于采用主机或辅机带液压泵的两组正常操舵动力设备，其两台液压泵应分别由两台独立动力驱动，为保证系统流量的稳定，其系统应满足下列条件中的一种：

a) 液压泵采用恒流泵；

b) 液压泵采用非恒流泵加恒流装置。

当一台机带液压泵发生故障时，另一台机带液压泵投入使用时间不超过15 s。

5.9 正常操舵装置动力设备和应急操舵动力设备及系统

公称转舵扭矩大于16 kN·m的舵机，其正常操舵装置动力设备和应急操舵动力设备的管系、附件和操舵装置控制系统等应互相独立，并在油缸入口汇合处设隔离阀。当管路系统或动力设备发生故障时，使故障能被迅速有效隔离，对急流航段需在10 s内隔离故障系统，对非急流航段需在15 s内隔离故障系统，使操舵能力继续保持。对于电控型液压舵机，其正常操舵装置动力设备之间的管系、附件和操舵控制系统等也应互相独立，并在油缸入口汇合处设隔离阀。

5.10 基本参数

液压舵机基本参数见表1。

5.11 性能及保护

5.11.1 液压舵机的操舵装置应具有足够的操舵能力，其要求如下：

a) 操舵装置动力设备中的液压泵额定压力应大于或等于液压舵机的系统设计压力；其流量应按5.3及5.4中所规定的转舵时间选择或调定。

b) 操舵装置动力设备中的电动机的技术性能应符合我国现行船用异步电动机、船用直流电动机技术条件的有关标准；其功率应满足设计压力以及按5.3或5.4中的规定调定泵的流量（定量泵按泵的实际流量）所计算之功率，且计算功率的过载系数不大于1.6。

5.11.2 液压系统中由于动力源或外力作用能产生过高压力以及能被隔断的任何部分，均应设置安全阀，安全阀整定压力应不小于1.25倍的最大工作压力，但不大于设计压力。这些阀应具有足够大的通径，以防止压力的升高超过设计压力。安全阀的最小排量应不低于所有泵通过这些阀排放的总容量的110%。在此情况下，压力升高不超过整定压力的10%，且应计及在预定外界环境温度下液压油黏度的影响。

5.12 设计

5.12.1 操舵装置中承受内压力的部件，如往复液压缸、转叶缸、蓄压器等的设计应符合《内规》中对Ⅰ级压力容器有关规定。

5.12.2 液压舵机系统的设计压力应不小于1.25倍的最大工作压力。

5.12.3 动力设备的选型及系统设计应满足《内规》的相关要求。

5.12.4 舵机液压系统设计时应充分考虑液压泵的自吸性能。

5.13 结构

5.13.1 转舵机构

5.13.1.1 转舵机构上应装有舵角限位挡块。挡块的安装位置应比最大转舵角大1°30′。它可以位于液压缸内部，也可以装于液压缸外部。当采用液压缸外部装挡块限位时，液压缸内部的空隙应不少于10 mm。对往复柱塞式转舵机构的装配按CB/T 3882要求，其他型式的转舵机构的装配按制造厂标准或相关的标准执行。

5.13.1.2 在转舵机构上应设机械舵角指示器，其上的分度值应不大于1°，每5°应用数字表示，满舵线及数字应涂红色，其最大刻度应大于或等于挡块所允许的限位转舵角。舵角指示器应分别设在驾驶室和舵机室内（仅对舵机室要求操舵时设），舵角指示器应独立于操舵装置控制系统。

5.13.1.3 转舵机构（转叶式除外）在舵杆上、下总窜动量为4 mm情况下应能正常工作。

5.13.1.4 转舵机构应有放气、压力表等设施。

5.13.1.5 舵柄的结构尺寸应符合《内规》要求。其安装应按照CB/T 3882执行。

5.13.2 舵机装置动力设备

5.13.2.1 液压舵机应设两组独立动力驱动的操舵装置液压泵组及与其相连的电气设备，航行于急流航段的船舶还应设直流电动机驱动的应急液压泵组及与其相连的电气设备。

5.13.2.2 泵控型液压舵机：

a) 应具有补油功能，当设补油泵时，补油泵可以与主液压泵用同一台电动机驱动，也可以单独电动机驱动。单独驱动时电控设备应有连锁，在补油泵未启动前不能启动主液压泵。

b) 在采用非随动操纵时，其冲舵角应满足CB* 3129的要求，冲舵角不大于2°。

5.13.2.3 泵控型液压舵机，当泵处在零排量工况时，泵壳温度不得超过允许值，液压泵变量机构的零位漂移，应控制在不影响舵机正常工作范围内。

5.13.2.4 液压舵机原则上不应与其他设备共用一套液压系统。

5.13.3 操舵装置控制系统

5.13.3.1 液压舵机(直控型除外)除了能在驾驶室遥控外,还应在机旁设置操纵手柄(或按钮),以便在舵机舱直接进行操舵。对于电控、液控液压舵机,驾驶室和机旁的操纵应互相连锁,并且机旁操纵优先。

5.13.3.2 当采用随动舵时,舵控制系统应在最大舵角位置上设可调或不可调的舵角限位器。

5.13.3.3 液压舵机(直控型除外)应另设电、液压或其他形式的舵角限位器,其位置应在最大转舵角处。

5.13.4 液压管路、阀件和附件

5.13.4.1 液压管系推荐采用凹凸内放O型密封圈的法兰、全焊透型的焊接式管接头或其他型式金属密封管路接头连接。管路、阀件、法兰及其他附件应按规范关于Ⅰ级管系的要求,设计压力为1.25倍的最大工作压力。

5.13.4.2 液压管路应用管架牢固支撑,液压油管与管架之间应垫以吸振材料。

5.13.4.3 当需要设软管时,软管应有适当的长度。软管弯曲时的弯曲半径不得小于该型式软管所要求的最小曲率半径。软管的爆破压力不得小于最大工作压力的四倍。

5.13.4.4 液压管路的布置应避免空气积存,应在适当处设置放气设施,并应避免急转弯,管路的弯曲半径应大于按管径规定的值。

5.13.4.5 舵机工作油箱(动力柜)需设置低液位报警装置,并在驾驶室及机旁设声、光报警器。

5.13.4.6 若液压舵机系统内设置两个工作油箱,两油箱间应设置高位连通管。

5.13.4.7 工作油箱应设置液位计。

5.13.4.8 舵机系统应设置储存油柜,其容量至少足以可为一套液压操舵系统(包括工作油箱)进行再充液,并设液位计。

5.13.4.9 液压系统中设置的油滤器、加热器和冷却器应满足液压系统性能要求。为保证油质清洁,要求其滤芯便于清洗或更换。

5.13.5 报警、润滑及其他

5.13.5.1 按《内规》中规定的报警点要求,操舵装置系统内应提供报警信号的发讯装置,并在驾驶室或监视室内控制台处进行声、光报警。根据需要操舵装置还可以设滤油器阻塞的声、光报警。

5.13.5.2 紧固件、接头、调整部件都应有相应的防松措施。

5.13.5.3 运动部件应有充分的润滑或加油装置。

5.14 强度

转舵机构及管路附件的零部件应以设计压力作为计算负荷进行强度校核,计算应力不超过其材料屈服强度的40%。

5.15 材料

5.15.1 液压舵机所采用的材料及试验应符合《内规》、《内法规》及现行标准的规定。

5.15.2 操舵装置的重要负载传输部件如往复液压缸、转叶缸、柱、传力销轴、转舵机构的底座、舵柄、舵扇或类似的部件,须用锻钢或铸钢等韧性材料制造;往复液压缸、转叶缸的缸体也可以用延伸率大于12%的球墨铸铁制造。其抗拉强度应不超过650 N/mm^2。

5.16 其他要求

5.16.1 对于受压容器的强度、焊接结构、焊条、焊缝检验、液压试验、密性试验应满足《内规》的有关规定。

5.16.2 液压系统的清洗应按照现行船用液压系统通用技术条件有关清洗的标准进行。

6 试验方法

6.1 受内压的零、部件须经1.5倍的设计压力的液压试验。装船后对整个系统以1.25倍的设计压力进行密性试验。以上两种试验均应在试验压力下维持时间不小于 5 min。

6.2 整机试验应符合 CB* 3129 的规定,其试验方法按 CB/T 3130 的规定进行。

6.3 实船试验应按 GB/T 3221 的规定进行。

7 标志、包装、运输和储存

液压舵机的标志、包装、运输、储存应符合 CB* 3129 的有关规定。